高 等 学 校 研 究 生 教 材 10

矩阵分析教程

（第三版）

MATRIX ANALYSIS TUTORIAL
(THIRD EDITION)

董增福　编著

哈爾濱工業大學出版社
HARBIN INSTITUTE OF TECHNOLOGY PRESS

内容简介

本书全面、系统地介绍了矩阵论的基本理论、运算方法及其应用。全书分八章，前四章突出基础理论，重点介绍线性空间与线性变换，欧氏空间与酉空间，Jordan 标准形，向量与矩阵的范数理论。后四章侧重应用，学习矩阵的分析运算，特征值的估计，广义逆矩阵在解线性方程组中的应用，矩阵直积在解矩阵方程及矩阵微分方程中的应用。每章配有相应的习题，书末给出答案与提示。附录中给出哈工大研究生矩阵分析 2007—2012 年考试试题及参考答案。本书力求行文流畅，例题详实，推论严谨，深入浅出，旨在提高工科研究生的数学修养和自学能力。

本书可作为工科院校硕士生、博士生矩阵分析课程的教科书，也可供有关专业的教师、工程技术与科研人员参考使用。

图书在版编目(CIP)数据

矩阵分析教程/董增福编著. —3 版. —哈尔滨：
哈尔滨工业大学出版社，2013.7(2024.8 重印)
ISBN 978 - 7 - 5603 - 1937 - 7

Ⅰ.矩… Ⅱ.①董… Ⅲ.①矩阵分析—教材
Ⅳ.①O151.21

中国版本图书馆 CIP 数据核字(2013)第 154782 号

策划编辑 刘培杰 张永芹
责任编辑 张永芹 王勇钢
封面设计 孙茵艾
出版发行 哈尔滨工业大学出版社
社　　址 哈尔滨市南岗区复华四道街 10 号 邮编 150006
传　　真 0451－86414749
电　　话 0451－86416203
印　　刷 哈尔滨圣铂印刷有限公司
开　　本 787×1092 1/16 印张 22 字数 529 千字
版　　次 2003 年 10 月第 1 版 2013 年 7 月第 3 版
　　　　 2024 年 9 月第 3 次印刷
书　　号 ISBN 978-7-5603-1937-7
定　　价 48.00 元

第三版前言

自《矩阵分析教程》问世以来，已历经十余寒暑。在使用本书执教中，综合学生的学习体会及本人的教学实践与授课经验，笔者体会到矩阵分析课程应重点解决以下**三大问题**：

问题一　相容线性方程组 $\boldsymbol{Ax}=\boldsymbol{b}$ 的极小范数解

矛盾线性方程组 $\boldsymbol{Ax}=\boldsymbol{b}$ 的极小范数最小二乘解

方法与工具　**Moore-Penrose** 逆 $\boldsymbol{A}^{+}$

相容线性方程组的通解，矛盾线性方程组的通式

$$\boldsymbol{x}=\boldsymbol{A}^{+}\boldsymbol{b}+(\boldsymbol{I}_n-\boldsymbol{A}^{+}\boldsymbol{A})\boldsymbol{y},\quad \boldsymbol{y}\in\mathbf{C}^n$$

问题二　线性常系数齐次，非齐次微分方程组的初值问题

$$\begin{cases}\dfrac{\mathrm{d}\boldsymbol{x}}{\mathrm{d}t}=\boldsymbol{Ax}\\ \boldsymbol{x}(t_0)=\boldsymbol{x}_0\end{cases}\qquad\qquad \begin{cases}\dfrac{\mathrm{d}\boldsymbol{x}}{\mathrm{d}t}=\boldsymbol{Ax}+\boldsymbol{f}(t)\\ \boldsymbol{x}(t_0)=\boldsymbol{x}_0\end{cases}$$

方法与工具

（一）公式法

核心内容为求 $\mathrm{e}^{\boldsymbol{A}t}$，方法为：

①矩阵的 **Jordan** 标准形

②矩阵多项式的有限级数法

（二）向量矩阵的 **Laplace** 变换法

（三）相似变换法

问题三　**Lyapunov** 矩阵方程

$$\boldsymbol{AX}+\boldsymbol{XB}=\boldsymbol{F}$$

矩阵微分方程

$$\begin{cases}\dfrac{\mathrm{d}\boldsymbol{X}(t)}{\mathrm{d}t}=\boldsymbol{AX}(t)+\boldsymbol{X}(t)\boldsymbol{B}\\ \boldsymbol{X}(0)=\boldsymbol{X}_0\end{cases}$$

方法与工具　矩阵的 **Kronecker** 积

矩阵的按行拉直列向量 $\mathrm{vec}\boldsymbol{X}$

矩阵方程转化成线性方程组

$$(\boldsymbol{A}\otimes\boldsymbol{I}_n+\boldsymbol{I}_m\otimes\boldsymbol{B}^{\mathrm{T}})\mathrm{vec}\boldsymbol{X}=\mathrm{vec}\boldsymbol{F}$$

矩阵微分方程的解

$$\boldsymbol{X}(t)=\mathrm{e}^{\boldsymbol{A}t}\boldsymbol{X}_0\mathrm{e}^{\boldsymbol{B}t}$$

“工欲善其事，必先利其器”，为了圆满地解决上述问题，除了需要扎实的线性代数、微积分、微分方程、复变函数等基础知识之外，还要增添矩阵论方面的新的数学工具。不仅要充分了解矩阵的代数结构，而且还要深刻掌握矩阵的分析性质，并将二者有机地整合在一起。

为了更系统地学习矩阵分析的核心内容，由于学时所限，本书第三版主要作了以下方面的改动：

1. 删除了一般矩阵的谱分解，线性系统可控性与可观测性的有关内容。

2. 将矩阵的扰动分析，特征值的极大极小原理等内容标以 * 号，作为选学内容适当取舍。

3. 对习题部分做了一定的增删，保持每章后配有二十道习题。

4. 增加了附录，列选了与 36 学时配套的哈工大研究生 2007～2012 年矩阵分析试题，并给出详尽的试题参考答案。对一些复杂的题目，一题多解，便于初学者对于不同的解法进行分析对比，使知识融会贯通，收到事半功倍之效，这也构成本教程的特色之一。

矩阵分析是工科研究生重要的数学基础课，若能独自顺畅地演练本书每章后的习题以及近年来哈工大研究生矩阵分析试题，这种量的累积一定会产生质的跃变。这对于研究生全面系统地掌握矩阵分析的核心理论，从而指导实践必然得心应手，大有裨益。

最后，本人借此机会对于哈工大研究生院培养处的全体老师，哈工大出版社的唐余勇教授，张永芹编辑、王勇钢编辑表示衷心的谢意。

董增福

2013 年 7 月

前　言

本书是笔者在近年来为哈尔滨工业大学硕士生、博士生讲授矩阵分析课程的讲义基础上编写而成的。

矩阵作为一种基本的数学工具在数学理论及其他科学领域，如控制理论、数值分析、信息与科学技术、最优化理论、管理科学等学科都有十分重要的应用。毋庸置疑，深入学习和熟练掌握矩阵的基本理论和相关计算对于工科的研究生来说十分重要。

本书共八章，前四章主要侧重基础理论，重点介绍线性空间、线性变换、内积空间、正交投影、Jordan 标准形、向量与矩阵的范数理论。后四章侧重应用，主要学习矩阵的分析运算，矩阵在线性系统中的应用，在求解微分方程组中的应用，特征值的估计，广义逆矩阵在解线性方程组中的应用，矩阵直积在解矩阵方程及矩阵微分方程中的应用，等等。全书大约用 40 学时学完，有些内容因学时所限可以选讲，每章后面配有一定的习题，认真做好习题对掌握教材内容是非常必要的。

在编写本书过程中，得到哈尔滨工业大学研究生院、数学系有关领导的大力支持，特别是研究生院培养处吴林志处长、宋平老师的关怀与帮助为本书的出版创造了必要条件，在此深表诚挚的谢意。笔者还要感谢数学系教学带头人杨克劭教授，本书的出版是和他的鼓励与帮助分不开的。

由于水平所限，书中难免有纰漏之处，敬请广大读者指正。

董增福

2003 年 7 月

于哈尔滨工业大学

主要符号说明

$\mathbf{R}(\mathbf{C})$	实数域,实数集合(复数域,复数集合)
$\mathbf{R}^n(\mathbf{C}^n)$	n 维实向量集合(n 维复向量集合)
$\mathbf{R}^{m\times n}(\mathbf{C}^{m\times n})$	$m\times n$ 阶实矩阵集合($m\times n$ 复矩阵集合)
$\mathbf{R}_r^{m\times n}(\mathbf{C}_r^{m\times n})$	秩为 r 的实(复)$m\times n$ 矩阵集合
$\mathbf{U}^{n\times n}$	n 阶酉矩阵的集合
$\det \boldsymbol{A}$	矩阵 $\boldsymbol{A}$ 的行列式
$\boldsymbol{A}^{\mathrm{T}}$	矩阵 $\boldsymbol{A}$ 的转置
$\boldsymbol{A}^{\mathrm{H}}$	矩阵 $\boldsymbol{A}$ 的共轭转置
$\boldsymbol{\theta}$	零向量,零元素
$\boldsymbol{O}$	零矩阵
$\rho(\boldsymbol{A})$	矩阵 $\boldsymbol{A}$ 的谱半径
$\operatorname{rank} \boldsymbol{A}$	矩阵 $\boldsymbol{A}$ 的秩
$\operatorname{tr} \boldsymbol{A}$	矩阵 $\boldsymbol{A}$ 的迹
$\boldsymbol{J}$	方阵的 Jordan 标准形
$\varphi(\lambda)$	矩阵 $\boldsymbol{A}$ 的特征多项式
$m_{\boldsymbol{A}}(\lambda)$	矩阵 $\boldsymbol{A}$ 的最小多项式
$\boldsymbol{A}^-$	矩阵 $\boldsymbol{A}$ 的广义逆
$\boldsymbol{A}^+$	矩阵 $\boldsymbol{A}$ 的伪逆矩阵,矩阵 $\boldsymbol{A}$ 的 Moore-Penrose 逆
$R(\boldsymbol{A})$	矩阵 $\boldsymbol{A}$ 的列空间,值域
$N(\boldsymbol{A})$	矩阵 $\boldsymbol{A}$ 的核空间,零空间,线性方程组 $\boldsymbol{Ax}=\boldsymbol{\theta}$ 的解空间
$V_n(\mathbf{F})$	数域 $\mathbf{F}$ 上的 n 维线性空间
$V_1 \oplus V_2$	子空间 V_1,V_2 的直和
$\boldsymbol{A}\otimes \boldsymbol{B}$	矩阵 $\boldsymbol{A}$ 与 $\boldsymbol{B}$ 的直积或 Kronecker 积
$\operatorname{vec} \boldsymbol{A}$	矩阵 $\boldsymbol{A}$ 按行拉直的列向量
$\mathscr{A}(V_n(\mathbf{F}))$	线性变换的值域,也记为 $R(\mathscr{A})$
$\mathscr{A}^{-1}(\boldsymbol{\theta})$	线性变换的核,也记为 $N(\mathscr{A})$
$\Vert\boldsymbol{\alpha}\Vert$	向量范数
$\Vert\boldsymbol{A}\Vert$	矩阵范数
$\operatorname{span}(\boldsymbol{\alpha}_1,\boldsymbol{\alpha}_2,\cdots,\boldsymbol{\alpha}_m)$	向量 $\boldsymbol{\alpha}_1,\boldsymbol{\alpha}_2,\cdots,\boldsymbol{\alpha}_m$ 生成的子空间
$\operatorname{diag}(\lambda_1,\lambda_2,\cdots,\lambda_n)$	对角线元素为 $\lambda_1,\lambda_2,\cdots,\lambda_n$ 的对角阵
$\dim V$	线性空间 V 的维数
$\square$	表示定理、命题证毕

目　　录

第一章　线性空间与线性变换

线性空间与线性变换的概念是矩阵理论的基础，本教程从此讲起，当然假定读者已经具备了线性代数有关的基础知识.

1.1　线性空间

在线性代数里，我们知道 n 维向量对向量的加法、向量的数乘这两种线性运算保持封闭，并且 n 维向量的线性运算满足 8 条规则. 事实上对于矩阵，一元多项式等等也都具有加法和数乘的线性运算，并且这种线性运算也满足 8 条规则，把这里的基本东西抽象出来，就得出线性空间的概念.

定义 1.1　设 $\mathbf{F}$ 是一数域，V 是一非空集合，如果对任意两个元素 $\boldsymbol{\alpha}$、$\boldsymbol{\beta} \in V$，总有唯一的一个元素 $\boldsymbol{\gamma} \in V$ 与之对应，称 $\boldsymbol{\gamma}$ 为 $\boldsymbol{\alpha}$ 与 $\boldsymbol{\beta}$ 的和，记为 $\boldsymbol{\gamma} = \boldsymbol{\alpha} + \boldsymbol{\beta}$；又对于任一数 $k \in \mathbf{F}$ 及任一元素 $\boldsymbol{\alpha} \in V$，有唯一的一个元素 $\boldsymbol{\delta} \in V$ 与之对应，称 $\boldsymbol{\delta}$ 为 k 与 $\boldsymbol{\alpha}$ 的数量乘积，记为 $\boldsymbol{\delta} = k\boldsymbol{\alpha}$（称为对加法与数乘运算封闭）；并且这两种运算满足以下 8 条规则（设 $\boldsymbol{\alpha}, \boldsymbol{\beta}, \boldsymbol{\gamma} \in V$；$k, l \in \mathbf{F}$）：

(1) $\boldsymbol{\alpha} + \boldsymbol{\beta} = \boldsymbol{\beta} + \boldsymbol{\alpha}$；

(2) $(\boldsymbol{\alpha} + \boldsymbol{\beta}) + \boldsymbol{\gamma} = \boldsymbol{\alpha} + (\boldsymbol{\beta} + \boldsymbol{\gamma})$；

(3) 在 V 中存在零元素 $\boldsymbol{\theta}$，对任意 $\boldsymbol{\alpha} \in V$，都有 $\boldsymbol{\alpha} + \boldsymbol{\theta} = \boldsymbol{\alpha}$；

(4) 在 V 中存在负元素，即对任意 $\boldsymbol{\alpha} \in V$，存在 $\boldsymbol{\beta} \in V$，使 $\boldsymbol{\alpha} + \boldsymbol{\beta} = \boldsymbol{\theta}$，$\beta$ 称为 α 的负元素；

(5) $1 \cdot \boldsymbol{\alpha} = \boldsymbol{\alpha}$；

(6) $k(l\boldsymbol{\alpha}) = (kl)\boldsymbol{\alpha}$；

(7) $(k + l)\boldsymbol{\alpha} = k\boldsymbol{\alpha} + l\boldsymbol{\alpha}$；

(8) $k(\boldsymbol{\alpha} + \boldsymbol{\beta}) = k\boldsymbol{\alpha} + k\boldsymbol{\beta}$.

那么，称 V 为数域 $\mathbf{F}$ 上的线性空间，记为 $V(\mathbf{F})$.

上述定义中，没有涉及非空集合 V 是由什么元素组成的，对加法与数乘如何进行都没有具体规定，这样就使线性空间具有丰富的内涵. 考虑到线性空间与 n 维向量空间 $\mathbf{R}^n$ 在本质上十分相似，人们称线性空间为“向量空间”，其元素统称为向量.

线性空间的运算除上面的 8 条规则外，还具有如下性质：

① 零元素唯一；

② 负元素唯一；$\forall \boldsymbol{\alpha} \in V$，用 $-\boldsymbol{\alpha}$ 表示 $\boldsymbol{\alpha}$ 的负元素；

③ $k\boldsymbol{\theta} = \boldsymbol{\theta}$；特别有 $0\boldsymbol{\alpha} = \boldsymbol{\theta}$，$(-1)\boldsymbol{\alpha} = -\boldsymbol{\alpha}$；

④ $k\boldsymbol{\alpha} = \boldsymbol{\theta} \Rightarrow k = 0$ 或 $\boldsymbol{\alpha} = \boldsymbol{\theta}$；

⑤ 消去律成立，即若 $\boldsymbol{\alpha} + \boldsymbol{\beta} = \boldsymbol{\alpha} + \boldsymbol{\gamma}$，则 $\boldsymbol{\beta} = \boldsymbol{\gamma}$.

例 1.1 所有 $m\times n$ 实矩阵的全体构成的集合，关于矩阵的加法与数乘构成实数域 $\mathbf{R}$ 上的线性空间，记为 $\mathbf{R}^{m\times n}$.

例 1.2 次数小于 n 的实多项式的全体与零多项式组成的集合

$$P[x]_n=\{f(x)=a_{n-1}x^{n-1}+\cdots+a_1x+a_0 \mid a_i\in\mathbf{R}\quad i=0,\cdots,n-1\}$$

关于多项式的加法及数与多项式的乘法构成实线性空间，并用 $P[x]_n$ 表示此线性空间.

例 1.3 区间 $[a,b]$ 上全体连续实函数构成的集合，按函数的加法和数与函数的数量乘法构成实数域 $\mathbf{R}$ 上的线性空间，记为 $C[a,b]$.

下面介绍一个较复杂的例子.

例 1.4 设 $V=\{\boldsymbol{x}\mid \boldsymbol{x}=(x_1,x_2),x_1,x_2\in\mathbf{R}\}$.

定义加法与数乘运算为：若 $\boldsymbol{x}=(x_1,x_2)$，$\boldsymbol{y}=(y_1,y_2)$，有

$$\boldsymbol{x}\oplus\boldsymbol{y}\triangleq(x_1+y_1,x_2+y_2+x_1y_1)$$

$$\lambda\circ\boldsymbol{x}\triangleq(\lambda x_1,\lambda x_2+\frac{\lambda(\lambda-1)}{2}x_1^2),\lambda\in\mathbf{R}$$

为了与通常的加法、数量乘法相区别，此处用“$\oplus$”、“$\circ$”表示所定义的加法与数量乘法. 则按照如此定义的加法与数乘运算，V 构成 $\mathbf{R}$ 的线性空间.

显然，如此定义下 V 对加法与数乘运算封闭.

以下逐一检验 8 条规则成立.

(1) $\boldsymbol{x}\oplus\boldsymbol{y}=\boldsymbol{y}\oplus\boldsymbol{x}$.

(2) 另设 $\boldsymbol{z}=(z_1,z_2)$，有

$$(\boldsymbol{x}\oplus\boldsymbol{y})\oplus\boldsymbol{z}=(x_1+y_1,x_2+y_2+x_1y_1)\oplus(z_1,z_2)=$$
$$(x_1+y_1+z_1,x_2+y_2+x_1y_1+z_2+x_1z_1+y_1z_1)$$
$$\boldsymbol{x}\oplus(\boldsymbol{y}\oplus\boldsymbol{z})=(x_1,x_2)\oplus(y_1+z_1,y_2+z_2+y_1z_1)=$$
$$(x_1+y_1+z_1,x_2+y_2+z_2+y_1z_1+x_1y_1+x_1z_1)$$

故 $(\boldsymbol{x}\oplus\boldsymbol{y})\oplus\boldsymbol{z}=\boldsymbol{x}\oplus(\boldsymbol{y}\oplus\boldsymbol{z})$.

(3) V 中存在零元素 $\boldsymbol{\theta}=(0,0)$，使

$$\boldsymbol{x}\oplus\boldsymbol{\theta}=(x_1,x_2)\oplus(0,0)=(x_1+0,x_2+0+x_1\cdot 0)=\boldsymbol{x}$$

(4) $-\boldsymbol{x}=(-x_1,-x_2+x_1^2)$ 即为 $\boldsymbol{x}$ 的负元素，这是因为

$$\boldsymbol{x}\oplus(-\boldsymbol{x})=(x_1-x_1,x_2-x_2+x_1^2+x_1(-x_1))=$$
$$(0,0)=\boldsymbol{\theta}$$

(5) $1\circ\boldsymbol{x}=(1x_1,1x_2+\frac{1(1-1)}{2}x_1^2)=(x_1,x_2)=\boldsymbol{x}$.

(6) $k\circ(\lambda\circ\boldsymbol{x})=k\circ(\lambda x_1,\lambda x_2+\frac{\lambda(\lambda-1)}{2}x_1^2)=$

$$(k\lambda x_1,k(\lambda x_2+\frac{\lambda(\lambda-1)}{2}x_1^2)+\frac{k(k-1)}{2}(\lambda x_1)^2)=$$

$$(k\lambda x_1,k\lambda x_2+\frac{k\lambda(k\lambda-1)}{2}x_1^2)=$$

$$(k\lambda)\circ(x_1,x_2)=$$

$$(k\lambda)\circ \boldsymbol{x}$$

$$(7)(k+\lambda)\circ \boldsymbol{x}=((k+\lambda)x_1,(k+\lambda)x_2+\frac{1}{2}(k+\lambda)(k+\lambda-1)x_1^2)=$$

$$(kx_1+\lambda x_1,kx_2+\frac{k(k-1)}{2}x_1^2+\lambda x_2+\frac{\lambda(\lambda-1)}{2}x_1^2+(kx_1)(\lambda x_1))=$$

$$(kx_1,kx_2+\frac{k(k-1)}{2}x_1^2)^{\mathrm{T}}\oplus(\lambda x_1,\lambda x_2+\frac{\lambda(\lambda-1)}{2}x_1^2)=$$

$$k\circ \boldsymbol{x}\oplus\lambda\circ \boldsymbol{x}$$

上式中

$$\frac{1}{2}(k+\lambda)(k+\lambda-1)x_1^2=\frac{1}{2}[(k+\lambda)^2-(k+\lambda)]x_1^2=$$

$$\frac{1}{2}[(k^2-k)+(\lambda^2-\lambda)+2k\lambda]x_1^2=$$

$$\frac{k(k-1)}{2}x_1^2+\frac{\lambda(\lambda-1)}{2}x_1^2+(kx_1)(\lambda x_1)$$

$$(8)\lambda\circ(\boldsymbol{x}\oplus\boldsymbol{y})=\lambda\circ(x_1+y_1,x_2+y_2+x_1y_1)=$$

$$(\lambda(x_1+y_1),\lambda(x_2+y_2+x_1y_1)+\frac{\lambda(\lambda-1)}{2}(x_1+y_1)^2)=$$

$$(\lambda x_1+\lambda y_1,(\lambda x_2+\frac{\lambda(\lambda-1)}{2}x_1^2)+(\lambda y_2+\frac{\lambda(\lambda-1)}{2}y_1^2)+\lambda^2x_1y_1)=$$

$$(\lambda x_1,\lambda x_2+\frac{\lambda(\lambda-1)}{2}x_1^2)\oplus(\lambda y_1,\lambda y_2+\frac{\lambda(\lambda-1)}{2}y_1^2)=$$

$$\lambda\circ \boldsymbol{x}\oplus\lambda\circ \boldsymbol{y}$$

可见 V 构成 $\mathbf{R}$ 上的线性空间，记为 $\mathbf{R}^2(\oplus\quad\circ)$. 同 n 维线性空间 $\mathbf{R}^n$ 中向量组的线性相关性一样，如果 $\boldsymbol{x}_1,\cdots,\boldsymbol{x}_m$ 为线性空间 $V(\mathbf{F})$ 中的 m 个向量，且在数域 $\mathbf{F}$ 中存在一组数 $k_1,\cdots,k_m$，使

$$\boldsymbol{x}=k_1\boldsymbol{x}_1+k_2\boldsymbol{x}_2+\cdots+k_m\boldsymbol{x}_m \tag{1.1}$$

则说 $\boldsymbol{x}$ 为向量组 $\boldsymbol{x}_1,\cdots,\boldsymbol{x}_m$ 的线性组合，也称向量 $\boldsymbol{x}$ 可由 $\boldsymbol{x}_1,\boldsymbol{x}_2,\cdots,\boldsymbol{x}_m$ 线性表示.

如果存在不全为零的数 $k_1,k_2,\cdots,k_m$，使

$$k_1\boldsymbol{x}_1+k_2\boldsymbol{x}_2+\cdots+k_m\boldsymbol{x}_m=\boldsymbol{\theta} \tag{1.2}$$

则称 $\boldsymbol{x}_1,\boldsymbol{x}_2,\cdots,\boldsymbol{x}_m$ 线性相关，否则称其线性无关. 也就是说，只有 $k_1=k_2=\cdots=k_m=0$ 时式(1.2)才能成立，称 $\boldsymbol{x}_1,\boldsymbol{x}_2,\cdots,\boldsymbol{x}_m$ 线性无关.

因为式(1.1)、式(1.2)所述的概念仅与向量的线性运算有关，而与向量自身的属性无任何关联，所以在 $\mathbf{R}^n$ 中所讨论的向量相应的结论可以不加改变地移到线性空间中来.

设 $\boldsymbol{\alpha}_1,\boldsymbol{\alpha}_2,\cdots,\boldsymbol{\alpha}_r$ 与 $\boldsymbol{\beta}_1,\boldsymbol{\beta}_2,\cdots,\boldsymbol{\beta}_s$ 是线性空间 V 中两个向量组，如果 $\boldsymbol{\alpha}_1,\boldsymbol{\alpha}_2,\cdots,\boldsymbol{\alpha}_r$ 中每个向量都可由向量组 $\boldsymbol{\beta}_1,\boldsymbol{\beta}_2,\cdots,\boldsymbol{\beta}_s$ 线性表示，则称向量组 $\boldsymbol{\alpha}_1,\boldsymbol{\alpha}_2,\cdots,\boldsymbol{\alpha}_r$ 可以由向量组 $\boldsymbol{\beta}_1,\boldsymbol{\beta}_2,\cdots,\boldsymbol{\beta}_s$ 线性表示. 如果向量组 $\boldsymbol{\alpha}_1,\boldsymbol{\alpha}_2,\cdots,\boldsymbol{\alpha}_r$ 与向量组 $\boldsymbol{\beta}_1,\boldsymbol{\beta}_2,\cdots,\boldsymbol{\beta}_s$ 可以互相线性表示，则称向量组 $\boldsymbol{\alpha}_1,\boldsymbol{\alpha}_2,\cdots,\boldsymbol{\alpha}_r$ 与向量组 $\boldsymbol{\beta}_1,\boldsymbol{\beta}_2,\cdots,\boldsymbol{\beta}_s$ 是等价的. 容易证明向量组之间的等价满足自反性、对称性、传递性.

例 1.5 在线性空间 $\mathbf{R}^{m\times n}$ 中 $\boldsymbol{E}_{ij}=(e_{st}^{ij})_{m\times n}$，其中 $e_{st}^{ij}=\begin{cases}1 & s=i,t=j\\ 0 & 其余\end{cases}$，即 $\boldsymbol{E}_{ij}$ 是这样一个矩阵，它的第 i 行第 j 列元素为 1，其余元素为 0，则 $\boldsymbol{E}_{ij}, i=1,2,\cdots,m; j=1,2,\cdots,n$ 线性无关.

事实上设

$$k_{11}\boldsymbol{E}_{11}+k_{12}\boldsymbol{E}_{12}+\cdots+k_{ij}\boldsymbol{E}_{ij}+\cdots+k_{m1}\boldsymbol{E}_{m1}+\cdots+k_{mn}\boldsymbol{E}_{mn}=\boldsymbol{O}_{m\times n}$$

则有

$$\begin{bmatrix}k_{11} & \cdots & k_{1j} & \cdots & k_{1n}\\ k_{21} & \cdots & k_{2j} & \cdots & k_{2n}\\ k_{i1} & \cdots & k_{ij} & \cdots & k_{in}\\ \vdots & & \vdots & & \vdots\\ k_{m1} & \cdots & k_{mj} & \cdots & k_{mn}\end{bmatrix}=\boldsymbol{O}_{m\times n}$$

所以 $k_{ij}=0, i=1,2,\cdots,m; j=1,2,\cdots n$，即 $\boldsymbol{E}_{11},\boldsymbol{E}_{12},\cdots,\boldsymbol{E}_{ij},\cdots,\boldsymbol{E}_{mn}$ 线性无关.

例 1.6(Steinitz 定理) 设 V 为数域 $\mathbf{F}$ 上的线性空间，如果 V 中向量组 $\boldsymbol{\alpha}_1,\boldsymbol{\alpha}_2,\cdots,\boldsymbol{\alpha}_r$ 线性无关，并且它们可由向量组 $\boldsymbol{\beta}_1,\boldsymbol{\beta}_2,\cdots,\boldsymbol{\beta}_s$ 线性表示，则 $r\leqslant s$.

证 由 $\boldsymbol{\alpha}_1,\boldsymbol{\alpha}_2,\cdots,\boldsymbol{\alpha}_r$ 可由 $\boldsymbol{\beta}_1,\boldsymbol{\beta}_2,\cdots,\boldsymbol{\beta}_s$ 线性表示，因此存在常数 $k_{ij}, i=1,2,\cdots,s; j=1,2,\cdots,r$ 使

$$\begin{cases}\boldsymbol{\alpha}_1=k_{11}\boldsymbol{\beta}_1+k_{21}\boldsymbol{\beta}_2+\cdots+k_{s1}\boldsymbol{\beta}_s\\ \boldsymbol{\alpha}_2=k_{12}\boldsymbol{\beta}_1+k_{22}\boldsymbol{\beta}_2+\cdots+k_{s2}\boldsymbol{\beta}_s\\ \qquad\vdots\\ \boldsymbol{\alpha}_r=k_{1r}\boldsymbol{\beta}_1+k_{2r}\boldsymbol{\beta}_2+\cdots+k_{sr}\boldsymbol{\beta}_s\end{cases}$$

为书写紧凑方便，我们约定

$$\boldsymbol{\alpha}_1=(\boldsymbol{\beta}_1,\boldsymbol{\beta}_2,\cdots,\boldsymbol{\beta}_s)\begin{bmatrix}k_{11}\\ k_{21}\\ \vdots\\ k_{s1}\end{bmatrix},\cdots,\boldsymbol{\alpha}_r=(\boldsymbol{\beta}_1,\boldsymbol{\beta}_2,\cdots,\boldsymbol{\beta}_s)\begin{bmatrix}k_{1r}\\ k_{2r}\\ \vdots\\ k_{sr}\end{bmatrix}$$

于是有

$$(\boldsymbol{\alpha}_1,\boldsymbol{\alpha}_2,\cdots,\boldsymbol{\alpha}_r)=(\boldsymbol{\beta}_1,\boldsymbol{\beta}_2,\cdots,\boldsymbol{\beta}_s)\begin{bmatrix}k_{11} & k_{12} & \cdots & k_{1r}\\ k_{21} & k_{22} & \cdots & k_{2r}\\ \vdots & \vdots & & \vdots\\ k_{s1} & k_{s2} & \cdots & k_{sr}\end{bmatrix}\tag{1.3}$$

若 $r>s$，则线性方程组

$$\begin{bmatrix}k_{11} & k_{12} & \cdots & k_{1r}\\ k_{21} & k_{22} & \cdots & k_{2r}\\ \vdots & \vdots & & \vdots\\ k_{s1} & k_{s2} & \cdots & k_{sr}\end{bmatrix}\begin{bmatrix}x_1\\ x_2\\ \vdots\\ x_r\end{bmatrix}=\begin{bmatrix}0\\ 0\\ \vdots\\ 0\end{bmatrix}$$

必有非零解 $(c_1,c_2,\cdots,c_r)^{\mathrm{T}}$.

将这一非零解右乘式(1.3)两端有

$$c_1\boldsymbol{\alpha}_1+c_2\boldsymbol{\alpha}_2+\cdots+c_r\boldsymbol{\alpha}_r=\boldsymbol{\theta}$$

推出 $\boldsymbol{\alpha}_1,\boldsymbol{\alpha}_2,\cdots,\boldsymbol{\alpha}_r$ 线性相关,与已知条件矛盾,故 $r\leqslant s$. □

如果例 1.6 中 $\boldsymbol{\beta}_1,\cdots,\boldsymbol{\beta}_s$ 也线性无关,并且这两个向量组等价,显然 $r=s$.

与线性代数里的 n 维向量组一样,我们可以引入极大线性无关向量组及秩的概念,只是这里的向量不局限于 n 维向量而是广义的,于是显然有等价的向量组有相同的秩.

类似地有:若线性空间 V 中线性无关向量组所含向量最多个数为 n,则称 V 是 n 维的;如果 $n=\infty$,即在 V 中可以找到任意多个线性无关的向量,则称 V 是无限维的. 本教材只涉及有限维线性空间.

1.2　线性空间的基与坐标

定义 1.2　线性空间 $V(\mathbf{F})$ 中的向量组 $\boldsymbol{x}_1,\boldsymbol{x}_2,\cdots,\boldsymbol{x}_n$ 称为 $V(\mathbf{F})$ 的一个基或基向量组,如果它满足:

①$\boldsymbol{x}_1,\boldsymbol{x}_2,\cdots,\boldsymbol{x}_n$ 线性无关;

②$V(\mathbf{F})$ 中任一向量 $\boldsymbol{x}$ 均可表成 $\boldsymbol{x}_1,\boldsymbol{x}_2,\cdots,\boldsymbol{x}_n$ 的线性组合.

由定义 1.2 可见,线性空间 $V(\mathbf{F})$ 的基所含向量的个数即为 $V(\mathbf{F})$ 的维数,记为 $\dim V(\mathbf{F})=n$,也称 $V(\mathbf{F})$ 为 n 维线性空间,并记为 $V_n(\mathbf{F})$.

定义 1.3　设 $\boldsymbol{x}_1,\boldsymbol{x}_2,\cdots,\boldsymbol{x}_n$ 为 $V_n(\mathbf{F})$ 的基,对任意 $\boldsymbol{x}\in V_n(\mathbf{F})$,在此基下有唯一线性表示式 $\boldsymbol{x}=\sum\limits_{i=1}^{n}a_i\boldsymbol{x}_i,a_i\in\mathbf{F},i=1,\cdots,n$,称 $a_1,a_2,\cdots,a_n$ 为向量 $\boldsymbol{x}$ 在基 $\boldsymbol{x}_1,\boldsymbol{x}_2,\cdots,\boldsymbol{x}_n$ 下的坐标,为方便计,有时常常把坐标写成 $\mathbf{R}^n$ 中行向量或列向量的形式.

定义 1.3 中的唯一表示式是指:若 $\boldsymbol{x}$ 还有另一表示式 $\boldsymbol{x}=\sum\limits_{i=1}^{n}b_i\boldsymbol{x}_i$,则 $a_i=b_i,i=1,2,\cdots,n$.

只要两式相减则有

$$\boldsymbol{\theta}=\sum_{i=1}^{n}(a_i-b_i)\boldsymbol{x}_i$$

因为 $\boldsymbol{x}_1,\boldsymbol{x}_2,\cdots,\boldsymbol{x}_n$ 线性无关,故 $a_i-b_i=0$,即 $a_i=b_i,i=1,2,\cdots,n$.

这表明一个向量在同一基下的坐标是唯一的.

例 1.7　在线性空间 $\mathbf{R}^{m\times n}$ 中,$\boldsymbol{E}_{ij}(i=1,2,\cdots,m;j=1,2,\cdots,n)$ 为此空间的基,若 $\mathbf{A}=(a_{ij})_{m\times n}$,则有

$$\mathbf{A}=\sum_{i=1}^{m}\sum_{j=1}^{n}a_{ij}\boldsymbol{E}_{ij}$$

所以 $\mathbf{A}$ 在基 $\boldsymbol{E}_{ij}(i=1,2,\cdots,m;j=1,2,\cdots,n)$ 下的坐标即为 $a_{ij}(i=1,2,\cdots,m;j=1,2,\cdots,n)$.

例 1.8　对于线性空间 $P[x]_n$,以下证明 $1,x,x^2,\cdots,x^{n-1}$ 为它的基.

考虑线性表达式

$$k1+k_1x+k_2x^2+\cdots+k_{n-1}x^{n-1}=0$$

取 n 个互异的值 $x_1,x_2,\cdots,x_n$ 分别代入上式得

$$\begin{cases}k1+k_1x_1+k_2x_1^2+\cdots+k_{n-1}x_1^{n-1}=0\\ k1+k_1x_2+k_2x_2^2+\cdots+k_{n-1}x_2^{n-1}=0\\ \qquad\vdots\\ k1+k_1x_n+k_2x_n^2+\cdots+k_{n-1}x_n^{n-1}=0\end{cases}$$

这是以 $k,k_1,k_2,\cdots,k_{n-1}$ 为 n 个未知数,n 个方程的齐次线性方程组.其系数矩阵行列式为

$$D=V_n^{\mathrm{T}}(x_1,x_2,\cdots,x_n)=V_n(x_1,x_2,\cdots,x_n)=\prod_{1\leqslant j<i\leqslant n}(x_i-x_j)\neq 0$$

故仅有零解,即

$$k=k_1=k_2=\cdots=k_{n-1}=0$$

这说明 $1,x,x^2,\cdots,x^{n-1}$ 线性无关.

显然 $\forall f(x)\in P[x]_n$,有

$$f(x)=a_0+a_1x+a_2x^2+\cdots+a_{n-1}x^{n-1}$$

这表明 $f(x)$ 可以写成 $1,x,x^2,\cdots,x^{n-1}$ 的线性组合.从而 $1,x,x^2,\cdots,x^{n-1}$ 为 $P[x]_n$ 的基,且 $\dim P[x]_n=n$.

而 $a_0,a_1,a_2,\cdots,a_{n-1}$ 即为 $f(x)$ 在基 $1,x,x^2,\cdots,x^{n-1}$ 下的坐标.

另一方面 $f(x)=f(x_0)+f'(x_0)(x-x_0)+\cdots+\dfrac{f^{(n-1)}(x_0)}{(n-1)!}(x-x_0)^{n-1}$. $x_0\in\mathbf{F}$,而 $1,(x-x_0),\cdots,(x-x_0)^{n-1}$ 为 $P[x]_n$ 的另一基,可见 $f(x)$ 在基 $1,(x-x_0),\cdots,(x-x_0)^{n-1}$ 下的坐标为 $f(x_0),f'(x_0),\cdots,\dfrac{f^{(n-1)}(x^0)}{(n-1)!}$. 这说明尽管同一基下的坐标唯一,但是同一向量 $f(x)$ 在不同基下的坐标是不同的,那么它们之间关系如何呢?下面来讨论这个问题,这就是所谓的基变换公式与坐标变换公式.

设 $\boldsymbol{\alpha}_1,\boldsymbol{\alpha}_2,\cdots,\boldsymbol{\alpha}_n$ 及 $\boldsymbol{\beta}_1,\boldsymbol{\beta}_2,\cdots,\boldsymbol{\beta}_n$ 是线性空间 $V_n(\mathbf{F})$ 的两个基,且

$$\begin{cases}\boldsymbol{\beta}_1=p_{11}\boldsymbol{\alpha}_1+p_{21}\boldsymbol{\alpha}_2+\cdots+p_{n1}\boldsymbol{\alpha}_n\\ \boldsymbol{\beta}_2=p_{12}\boldsymbol{\alpha}_1+p_{22}\boldsymbol{\alpha}_2+\cdots+p_{n2}\boldsymbol{\alpha}_n\\ \qquad\vdots\\ \boldsymbol{\beta}_n=p_{1n}\boldsymbol{\alpha}_1+p_{2n}\boldsymbol{\alpha}_2+\cdots+p_{nn}\boldsymbol{\alpha}_n\end{cases}$$

约定写成紧凑形式如下

$$(\boldsymbol{\beta}_1,\boldsymbol{\beta}_2,\cdots,\boldsymbol{\beta}_n)=(\boldsymbol{\alpha}_1,\boldsymbol{\alpha}_2,\cdots,\boldsymbol{\alpha}_n)\boldsymbol{P}\tag{1.4}$$

其中

$$\boldsymbol{P}=(p_{ij})_{n\times n}$$

称式(1.4)为基变换公式,称矩阵 $\boldsymbol{P}$ 为由基 $\boldsymbol{\alpha}_1,\boldsymbol{\alpha}_2,\cdots,\boldsymbol{\alpha}_n$ 到基 $\boldsymbol{\beta}_1,\boldsymbol{\beta}_2,\cdots,\boldsymbol{\beta}_n$ 的过渡矩阵,因为 $\boldsymbol{\beta}_1,\boldsymbol{\beta}_2,\cdots,\boldsymbol{\beta}_n$ 线性无关,所以 $\boldsymbol{P}$ 显然是可逆的.

定理 1.1 设 $\boldsymbol{P}$ 是 $V_n(\mathbf{F})$ 的基 $\boldsymbol{\alpha}_1,\boldsymbol{\alpha}_2,\cdots,\boldsymbol{\alpha}_n$ 到基 $\boldsymbol{\beta}_1,\boldsymbol{\beta}_2,\cdots,\boldsymbol{\beta}_n$ 的过渡矩阵,$V_n(\mathbf{F})$ 的元素 $\boldsymbol{\gamma}$ 在基 $\boldsymbol{\alpha}_1,\boldsymbol{\alpha}_2,\cdots,\boldsymbol{\alpha}_n$ 及基 $\boldsymbol{\beta}_1,\boldsymbol{\beta}_2,\cdots,\boldsymbol{\beta}_n$ 下的坐标分别为$(x_1,x_2,\cdots,x_n)^{\mathrm{T}}$,$(x_1',x_2',\cdots,x_n')^{\mathrm{T}}$,则有坐标变换公式

$$\begin{bmatrix} x_1 \\ x_2 \\ \vdots \\ x_n \end{bmatrix} = \boldsymbol{P} \begin{bmatrix} x_1' \\ x_2' \\ \vdots \\ x_n' \end{bmatrix} \text{ 或 } \begin{bmatrix} x_1' \\ x_2' \\ \vdots \\ x_n' \end{bmatrix} = \boldsymbol{P}^{-1} \begin{bmatrix} x_1 \\ x_2 \\ \vdots \\ x_n \end{bmatrix} \tag{1.5}$$

证　可得

$$\boldsymbol{\gamma} = (\boldsymbol{\alpha}_1, \boldsymbol{\alpha}_2, \cdots, \boldsymbol{\alpha}_n) \begin{bmatrix} x_1 \\ x_2 \\ \vdots \\ x_n \end{bmatrix}$$

$$\boldsymbol{\gamma} = (\boldsymbol{\beta}_1, \boldsymbol{\beta}_2, \cdots, \boldsymbol{\beta}_n) \begin{bmatrix} x_1' \\ x_2' \\ \vdots \\ x_n' \end{bmatrix} =$$

$$(\boldsymbol{\alpha}_1, \boldsymbol{\alpha}_2, \cdots, \boldsymbol{\alpha}_n) \boldsymbol{P} \begin{bmatrix} x_1' \\ x_2' \\ \vdots \\ x_n' \end{bmatrix}$$

由于 $\boldsymbol{\gamma}$ 在基 $\boldsymbol{\alpha}_1, \boldsymbol{\alpha}_2, \cdots, \boldsymbol{\alpha}_n$ 下的坐标的唯一性，所以

$$\begin{bmatrix} x_1 \\ x_2 \\ \vdots \\ x_n \end{bmatrix} = \boldsymbol{P} \begin{bmatrix} x_1' \\ x_2' \\ \vdots \\ x_n' \end{bmatrix} \text{ 或 } \begin{bmatrix} x_1' \\ x_2' \\ \vdots \\ x_n' \end{bmatrix} = \boldsymbol{P}^{-1} \begin{bmatrix} x_1 \\ x_2 \\ \vdots \\ x_n \end{bmatrix}$$

□

例 1.9　设

$$\boldsymbol{\alpha}_1 = \begin{bmatrix} 1 \\ 0 \\ \vdots \\ 0 \end{bmatrix}, \boldsymbol{\alpha}_2 = \begin{bmatrix} 0 \\ 1 \\ \vdots \\ 0 \end{bmatrix}, \cdots, \boldsymbol{\alpha}_n = \begin{bmatrix} 0 \\ \vdots \\ 0 \\ 1 \end{bmatrix}$$

$$\boldsymbol{\beta}_1 = \begin{bmatrix} 1 \\ 1 \\ \vdots \\ 1 \end{bmatrix}, \boldsymbol{\beta}_2 = \begin{bmatrix} 0 \\ 1 \\ \vdots \\ 1 \end{bmatrix}, \cdots, \boldsymbol{\beta}_n = \begin{bmatrix} 0 \\ \vdots \\ 0 \\ 1 \end{bmatrix}$$

则 $\boldsymbol{\alpha}_1, \boldsymbol{\alpha}_2, \cdots, \boldsymbol{\alpha}_n$ 及 $\boldsymbol{\beta}_1, \boldsymbol{\beta}_2, \cdots, \boldsymbol{\beta}_n$ 为 $\mathbf{R}^n$ 中的两个基，若 $\boldsymbol{x} \in \mathbf{R}^n$，且 $\boldsymbol{x} = \sum_{i=1}^{n} x_i \boldsymbol{\alpha}_i = \sum_{i=1}^{n} x_i' \boldsymbol{\beta}_i$. 求由 $\boldsymbol{\alpha}_1, \boldsymbol{\alpha}_2, \cdots, \boldsymbol{\alpha}_n$ 到 $\boldsymbol{\beta}_1, \boldsymbol{\beta}_2, \cdots, \boldsymbol{\beta}_n$ 的过渡矩阵 $\boldsymbol{P}$，以及 $\boldsymbol{x}$ 的两个坐标之间的坐标变换公式.

解　显然有

$$(\boldsymbol{\beta}_1,\boldsymbol{\beta}_2,\cdots,\boldsymbol{\beta}_n)=(\boldsymbol{\alpha}_1,\boldsymbol{\alpha}_2,\cdots,\boldsymbol{\alpha}_n)\begin{bmatrix}1&0&\cdots&0\\1&1&\ddots&\vdots\\\vdots&\vdots&\ddots&0\\1&1&\cdots&1\end{bmatrix}$$

所以过渡矩阵

$$\boldsymbol{P}=\begin{bmatrix}1&0&\cdots&0\\1&1&\ddots&\vdots\\\vdots&\vdots&\ddots&0\\1&\cdots&\cdots&1\end{bmatrix}$$

经计算

$$\boldsymbol{P}^{-1}=\begin{bmatrix}1&0&\cdots&\cdots&0\\-1&1&\ddots&&\vdots\\0&\ddots&\ddots&\ddots&\vdots\\\vdots&\ddots&\ddots&\ddots&0\\0&\cdots&0&-1&1\end{bmatrix}$$

坐标变换公式为

$$\begin{bmatrix}x_1\\x_2\\\vdots\\x_n\end{bmatrix}=\begin{bmatrix}1&0&\cdots&0\\1&1&\ddots&\vdots\\\vdots&\vdots&\ddots&0\\1&1&\cdots&1\end{bmatrix}\begin{bmatrix}x_1'\\x_2'\\\vdots\\x_n'\end{bmatrix}$$

$$\begin{bmatrix}x_1'\\x_2'\\\vdots\\x_n'\end{bmatrix}=\begin{bmatrix}1&0&\cdots&\cdots&0\\-1&1&\ddots&&\vdots\\0&\ddots&\ddots&\ddots&\vdots\\\vdots&\ddots&\ddots&\ddots&0\\0&\cdots&0&-1&1\end{bmatrix}\begin{bmatrix}x_1\\x_2\\\vdots\\x_n\end{bmatrix}$$

即

$$\begin{cases}x_1=x_1'\\x_2=x_1'+x_2'\\\vdots\\x_n=x_1'+x_2'+\cdots+x_n'\end{cases}\text{或}\begin{cases}x_1'=x_1\\x_2'=x_2-x_1\\\vdots\\x_n'=x_n-x_{n-1}\end{cases}$$

例 1.10　在 $\mathbf{R}^{2\times2}$ 中，求由基 $\boldsymbol{A}_1=\begin{bmatrix}1&0\\0&0\end{bmatrix}$，$\boldsymbol{A}_2=\begin{bmatrix}-1&1\\0&0\end{bmatrix}$，$\boldsymbol{A}_3=\begin{bmatrix}0&0\\1&0\end{bmatrix}$，$\boldsymbol{A}_4=\begin{bmatrix}-1&0\\0&1\end{bmatrix}$到基 $\boldsymbol{B}_1=\begin{bmatrix}1&0\\1&0\end{bmatrix}$，$\boldsymbol{B}_2=\begin{bmatrix}-1&1\\0&0\end{bmatrix}$，$\boldsymbol{B}_3=\begin{bmatrix}-1&0\\1&0\end{bmatrix}$，$\boldsymbol{B}_4=\begin{bmatrix}-1&0\\0&1\end{bmatrix}$的过渡矩阵.

解　方法一(直接法)

由基变换公式有

$$(\boldsymbol{B}_1,\boldsymbol{B}_2,\boldsymbol{B}_3,\boldsymbol{B}_4)=(\boldsymbol{A}_1,\boldsymbol{A}_2,\boldsymbol{A}_3,\boldsymbol{A}_4)\boldsymbol{P}$$

其中

$$\boldsymbol{P}=(p_{ij})_{4\times4}\in\mathbf{R}^{4\times4}$$

$$\boldsymbol{B}_j=\sum_{i=1}^{4}p_{ij}\boldsymbol{A}_i,j=1,2,3,4$$

需要把矩阵方程化成等价的线性方程组,做法如下:

将 $\boldsymbol{A}_1,\boldsymbol{A}_2,\boldsymbol{A}_3,\boldsymbol{A}_4$ 横排竖放得到的 4 元列向量,并成矩阵 $\boldsymbol{A}\in\mathbf{R}^{4\times4}$,于是

$$\boldsymbol{A}=\begin{bmatrix}1&-1&0&-1\\0&1&0&0\\0&0&1&0\\0&0&0&1\end{bmatrix}=(\boldsymbol{\alpha}_1,\boldsymbol{\alpha}_2,\boldsymbol{\alpha}_3,\boldsymbol{\alpha}_4),\boldsymbol{\alpha}_j\in\mathbf{R}^4,j=1,2,3,4$$

将 $\boldsymbol{B}_1,\boldsymbol{B}_2,\boldsymbol{B}_3,\boldsymbol{B}_4$ 横排竖放得到的 4 元列向量,并成矩阵 $\boldsymbol{B}\in\mathbf{R}^{4\times4}$,于是

$$\boldsymbol{B}=\begin{bmatrix}1&-1&-1&-1\\0&1&0&0\\1&0&1&0\\0&0&0&1\end{bmatrix}=(\boldsymbol{\beta}_1,\boldsymbol{\beta}_2,\boldsymbol{\beta}_3,\boldsymbol{\beta}_4),\boldsymbol{\beta}_j\in\mathbf{R}^4,j=1,2,3,4$$

因此有

$$\boldsymbol{\beta}_j=\sum_{i=1}^{4}p_{ij}\,\boldsymbol{\alpha}_i=(\boldsymbol{\alpha}_1,\boldsymbol{\alpha}_2,\boldsymbol{\alpha}_3,\boldsymbol{\alpha}_4)\begin{bmatrix}p_{1j}\\p_{2j}\\p_{3j}\\p_{4j}\end{bmatrix},j=1,2,3,4$$

故

$$(\boldsymbol{\beta}_1,\boldsymbol{\beta}_2,\boldsymbol{\beta}_3,\boldsymbol{\beta}_4)=(\boldsymbol{\alpha}_1,\boldsymbol{\alpha}_2,\boldsymbol{\alpha}_3,\boldsymbol{\alpha}_4)\begin{bmatrix}p_{11}&p_{12}&p_{13}&p_{14}\\p_{21}&p_{22}&p_{23}&p_{24}\\p_{31}&p_{32}&p_{33}&p_{34}\\p_{41}&p_{42}&p_{43}&p_{44}\end{bmatrix}$$

所以

$$\boldsymbol{B}=\boldsymbol{AP}$$

$$\boldsymbol{P}=\boldsymbol{A}^{-1}\boldsymbol{B}$$

记

$$\overline{\boldsymbol{A}}=(\boldsymbol{A},\boldsymbol{B})\xrightarrow{r}(\boldsymbol{I},\boldsymbol{A}^{-1}\boldsymbol{B})=(\boldsymbol{I},\boldsymbol{P})$$

$$\left[\begin{array}{cccc:cccc}1&-1&0&-1&1&-1&-1&-1\\0&1&0&0&0&1&0&0\\0&0&1&0&1&0&1&0\\0&0&0&1&0&0&0&1\end{array}\right]\longrightarrow\left[\begin{array}{cccc:cccc}1&0&0&0&1&0&-1&0\\0&1&0&0&0&1&0&0\\0&0&1&0&1&0&1&0\\0&0&0&1&0&0&0&1\end{array}\right]$$

于是

$$\boldsymbol{P}=\begin{bmatrix}1&0&-1&0\\0&1&0&0\\1&0&1&0\\0&0&0&1\end{bmatrix}$$

这种直接由给定的两种基求过渡矩阵的方法我们称之为直接法.

方法二(间接法)

取 $\mathbf{R}^{2\times2}$ 中的简单基 $\boldsymbol{E}_{11},\boldsymbol{E}_{12},\boldsymbol{E}_{21},\boldsymbol{E}_{22}$.

设 $\boldsymbol{Q}_1$、$\boldsymbol{Q}_2$ 分别为由基 $\boldsymbol{E}_{11},\boldsymbol{E}_{12},\boldsymbol{E}_{21},\boldsymbol{E}_{22}$ 到基 $\boldsymbol{A}_1,\boldsymbol{A}_2,\boldsymbol{A}_3,\boldsymbol{A}_4$ 及基 $\boldsymbol{B}_1,\boldsymbol{B}_2,\boldsymbol{B}_3,\boldsymbol{B}_4$ 的过渡矩阵，于是有

$$(\boldsymbol{A}_1,\boldsymbol{A}_2,\boldsymbol{A}_3,\boldsymbol{A}_4)=(\boldsymbol{E}_{11},\boldsymbol{E}_{12},\boldsymbol{E}_{21},\boldsymbol{E}_{22})\boldsymbol{Q}_1$$

$$(\boldsymbol{B}_1,\boldsymbol{B}_2,\boldsymbol{B}_3,\boldsymbol{B}_4)=(\boldsymbol{E}_{11},\boldsymbol{E}_{12},\boldsymbol{E}_{21},\boldsymbol{E}_{22})\boldsymbol{Q}_2$$

由上述二式易得

$$(\boldsymbol{B}_1,\boldsymbol{B}_2,\boldsymbol{B}_3,\boldsymbol{B}_4)=(\boldsymbol{A}_1,\boldsymbol{A}_2,\boldsymbol{A}_3,\boldsymbol{A}_4)\boldsymbol{Q}_1^{-1}\boldsymbol{Q}_2$$

因此由基 $\boldsymbol{A}_1,\boldsymbol{A}_2,\boldsymbol{A}_3,\boldsymbol{A}_4$ 到基 $\boldsymbol{B}_1,\boldsymbol{B}_2,\boldsymbol{B}_3,\boldsymbol{B}_4$ 的过渡矩阵 $\boldsymbol{P}=\boldsymbol{Q}_1^{-1}\boldsymbol{Q}_2$.

因为 $\boldsymbol{E}_{11},\boldsymbol{E}_{12},\boldsymbol{E}_{21},\boldsymbol{E}_{22}$ 为简单基，故可以直接写出

$$\boldsymbol{Q}_1=\begin{bmatrix}1&-1&0&-1\\0&1&0&0\\0&0&1&0\\0&0&0&1\end{bmatrix}$$

它的第 j 个列向量恰为 $\boldsymbol{A}_j$，在简单基下的坐标，也正是 $\boldsymbol{A}_j$ 的元素横排竖放得到的列向量.

同理

$$\boldsymbol{Q}_2=\begin{bmatrix}1&-1&-1&-1\\0&1&0&0\\1&0&1&0\\0&0&0&1\end{bmatrix}$$

记

$$\boldsymbol{Q}=(\boldsymbol{Q}_1,\boldsymbol{Q}_2)\xrightarrow{r}(\boldsymbol{I},\boldsymbol{Q}_1^{-1}\boldsymbol{Q}_2)=(\boldsymbol{I},\boldsymbol{P})$$

同样得到

$$\boldsymbol{P}=\begin{bmatrix}1&0&-1&0\\0&1&0&0\\1&0&1&0\\0&0&0&1\end{bmatrix}$$

上述方程不是直接求过渡矩阵，而是引入第三个简单基，先求出简单基到给定基的过渡矩阵，最终求得给定基之间的过渡矩阵，我们称之为间接法.

通过此题的分析，看出两种方法思路不同，可谓殊途同归，而计算量基本是一致的.

1.3　线性子空间

在几何空间 $\mathbf{R}^3$ 中，考虑过原点的一条直线或一个平面，可以验证这一直线或这一平面对

于几何向量的加法与数乘运算封闭，分别形成了一个一维和二维的线性空间，以此为背景，我们引出以下定义.

定义 1.4　设 V_1 是数域 $\mathbf{F}$ 上的线性空间 V 的一个非空子集，且对 V 中线性运算满足：

① 如果 $\boldsymbol{\alpha},\boldsymbol{\beta} \in V_1$，则 $\boldsymbol{\alpha}+\boldsymbol{\beta} \in V_1$；

② 如果 $\boldsymbol{\alpha} \in V_1, k \in \mathbf{F}$，则 $k\boldsymbol{\alpha} \in V_1$.

则称 V_1 为 V 的线性子空间，简称子空间.

显然线性子空间也是线性空间，因为它除了对 V 所具备的线性运算封闭外，并且满足相应的 8 条运算规则. 线性子空间也有基、维数等概念，这里不再一一赘述，一个显而易见的事实是 $\dim V_1 \leqslant \dim V$.

对于每一个非零的线性空间 V 至少有两个子空间，一个是 V 自身，另一个仅由零向量所构成的子空间称为零空间，这两个子空间称为 V 的平凡子空间，我们关心的当然是非平凡子空间即真子空间的情况.

例 1.11　n 元齐次方程组 $\boldsymbol{Ax}=\boldsymbol{\theta}$ 的解的集合构成线性空间，称为解空间，记为 $N(\mathbf{A})$，它是 $\mathbf{R}^n$ 的子空间，若 $\mathbf{A}$ 的秩为 r，即 $\operatorname{rank} \mathbf{A}=r$，则 $\dim N(\mathbf{A})=n-r$.

例 1.12　设 $\mathbf{A} \in \mathbf{R}^{n\times n}$，$\mathbf{A}\boldsymbol{\xi}=\lambda_i\boldsymbol{\xi}$，则 $\mathbf{A}$ 的属于特征值 λ_i 的所有特征向量加上 $\boldsymbol{\theta}$ 构成 $\mathbf{R}^n$ 的子空间，记为 V_{λ_i}.

例 1.13　设 $\boldsymbol{\alpha}_1,\cdots,\boldsymbol{\alpha}_m$ 是 $V(\mathbf{F})$ 的一组向量，令 $V_1=\{k_1\boldsymbol{\alpha}_1+\cdots+k_m\boldsymbol{\alpha}_m \mid k_i \in \mathbf{F}, i=1,\cdots,m\}$，则 V_1 表示 $\boldsymbol{\alpha}_1,\cdots,\boldsymbol{\alpha}_m$ 生成的子空间，记为

$$V_1=\operatorname{span}(\boldsymbol{\alpha}_1,\boldsymbol{\alpha}_2,\cdots,\boldsymbol{\alpha}_m)$$

也记为

$$V_1=L(\boldsymbol{\alpha}_1,\boldsymbol{\alpha}_2,\cdots,\boldsymbol{\alpha}_m)$$

例 1.14（矩阵的值域与核）

设 $\mathbf{A} \in \mathbf{R}^{m\times n}$，记矩阵 $\mathbf{A}=(\boldsymbol{\alpha}_1,\cdots,\boldsymbol{\alpha}_j,\cdots,\boldsymbol{\alpha}_n)$，其中 $\boldsymbol{\alpha}_j(j=1,2,\cdots,n)$ 是 $\mathbf{A}$ 的第 j 个列向量，则 $\operatorname{span}(\boldsymbol{\alpha}_1,\boldsymbol{\alpha}_2,\cdots,\boldsymbol{\alpha}_n)$ 是 m 维线性空间 $\mathbf{R}^m$ 的子空间，称为矩阵 $\mathbf{A}$ 的列空间，记为 $R(\mathbf{A})$. $\forall\, \boldsymbol{y} \in \operatorname{span}(\boldsymbol{\alpha}_1,\boldsymbol{\alpha}_2,\cdots,\boldsymbol{\alpha}_n)=R(\mathbf{A})$，$\exists\, x_1,x_2,\cdots,x_n$，使

$$\boldsymbol{y}=x_1\boldsymbol{\alpha}_1+x_2\boldsymbol{\alpha}_2+\cdots+x_n\boldsymbol{\alpha}_n=(\boldsymbol{\alpha}_1,\boldsymbol{\alpha}_2,\cdots,\boldsymbol{\alpha}_n)\begin{bmatrix} x_1 \\ x_2 \\ \vdots \\ x_n \end{bmatrix}=\mathbf{A}\boldsymbol{x}$$

其中 $\boldsymbol{x}=(x_1,x_2,\cdots,x_n)^{\mathrm{T}}$，所以 $R(\mathbf{A})$ 可表成

$$R(\mathbf{A})=\{\boldsymbol{y} \mid \boldsymbol{y}=\mathbf{A}\boldsymbol{x}, \boldsymbol{x} \in \mathbf{R}^n\}$$

矩阵 $\mathbf{A}$ 的列空间也叫 $\mathbf{A}$ 的值域.

称集合 $\{\boldsymbol{x} \mid \mathbf{A}\boldsymbol{x}=\boldsymbol{\theta}\}$ 为 $\mathbf{A}$ 的核空间（零空间）. 显然这一空间恰为齐次线性方程组 $\mathbf{A}\boldsymbol{x}=\boldsymbol{\theta}$ 的解空间，于是 $N(\mathbf{A})=\{\boldsymbol{x} \mid \mathbf{A}\boldsymbol{x}=\boldsymbol{\theta}\}$，$\mathbf{A}$ 的核空间的维数称为 $\mathbf{A}$ 的零度.

设 $\boldsymbol{\alpha}_1,\cdots,\boldsymbol{\alpha}_m$ 是 V 中的一个向量组，与线性代数一致，其极大无关组中所含向量的个数称为此向量组的秩，记为 $\operatorname{rank}(\boldsymbol{\alpha}_1,\boldsymbol{\alpha}_2,\cdots,\boldsymbol{\alpha}_m)$. 若 $\boldsymbol{\alpha}_1,\cdots,\boldsymbol{\alpha}_r$ 是子空间 V_1 的一组基，显然有

$$V_1=\operatorname{span}(\boldsymbol{\alpha}_1,\cdots,\boldsymbol{\alpha}_r)$$

关于由向量组所生成的子空间，我们有如下重要结论.

定理 1.2　设 $\boldsymbol{\alpha}_i \in V(\mathbf{F}), i=1,2,\cdots,m$，则

$$\dim \operatorname{span}(\boldsymbol{\alpha}_1,\boldsymbol{\alpha}_2,\cdots,\boldsymbol{\alpha}_m)=\operatorname{rank}(\boldsymbol{\alpha}_1,\boldsymbol{\alpha}_2,\cdots,\boldsymbol{\alpha}_m)$$

证　不妨设 $\boldsymbol{\alpha}_1,\cdots,\boldsymbol{\alpha}_r (r\leqslant m)$ 为向量组 $\boldsymbol{\alpha}_1,\boldsymbol{\alpha}_2,\cdots,\boldsymbol{\alpha}_m$ 的一个极大无关组，于是

$$\operatorname{rank}(\boldsymbol{\alpha}_1,\boldsymbol{\alpha}_2,\cdots,\boldsymbol{\alpha}_m)=r$$

则对任意 $\boldsymbol{\alpha} \in \operatorname{span}(\boldsymbol{\alpha}_1,\boldsymbol{\alpha}_2,\cdots,\boldsymbol{\alpha}_m)$，存在 $k_i \in \mathbf{F}, i=1,\cdots,m$，使

$$\begin{aligned}\boldsymbol{\alpha} &= \sum_{i=1}^{m} k_i\boldsymbol{\alpha}_i = \sum_{i=1}^{r} k_i\boldsymbol{\alpha}_i + \sum_{j=r+1}^{m} k_j\boldsymbol{\alpha}_j = \\ &\sum_{i=1}^{r} k_i\boldsymbol{\alpha}_i + \sum_{j=r+1}^{m} k_j\Big(\sum_{i=1}^{r} l_{ij}\,\boldsymbol{\alpha}_i\Big) = \\ &\sum_{i=1}^{r} k_i\boldsymbol{\alpha}_i + \sum_{i=1}^{r}\Big(\sum_{j=r+1}^{m} k_j l_{ij}\Big)\boldsymbol{\alpha}_i = \\ &\sum_{i=1}^{r}\Big(k_i + \sum_{j=r+1}^{m} k_j l_{ij}\Big)\boldsymbol{\alpha}_i\end{aligned}$$

这说明 $\boldsymbol{\alpha}$ 可表成 $\boldsymbol{\alpha}_1,\boldsymbol{\alpha}_2,\cdots,\boldsymbol{\alpha}_r$ 的线性组合，故 $\boldsymbol{\alpha}_1,\boldsymbol{\alpha}_2,\cdots,\boldsymbol{\alpha}_r$ 是 $\operatorname{span}(\boldsymbol{\alpha}_1,\boldsymbol{\alpha}_2,\cdots,\boldsymbol{\alpha}_m)$ 的一个基，因此 $\dim \operatorname{span}(\boldsymbol{\alpha}_1,\boldsymbol{\alpha}_2,\cdots,\boldsymbol{\alpha}_m)=r=\operatorname{rank}(\boldsymbol{\alpha}_1,\boldsymbol{\alpha}_2,\cdots,\boldsymbol{\alpha}_m)$.　□

本定理说的是向量组生成子空间的维数恰为向量组的秩，由此可见例 1.14 中 $\dim R(\mathbf{A})=\operatorname{rank}\mathbf{A}$，且有 $\dim(R(\mathbf{A}))+\dim(N(\mathbf{A}))=n$.

前面曾提及两个向量组的等价问题，对于生成子空间对应有如下定理：

定理 1.3　$\operatorname{span}(\boldsymbol{\alpha}_1,\cdots,\boldsymbol{\alpha}_r)=\operatorname{span}(\boldsymbol{\beta}_1,\cdots,\boldsymbol{\beta}_s)$ 的充要条件是 $\boldsymbol{\alpha}_1,\cdots,\boldsymbol{\alpha}_r$ 与 $\boldsymbol{\beta}_1,\cdots,\boldsymbol{\beta}_s$ 等价.

证　先证必要性.

设 $\operatorname{span}(\boldsymbol{\alpha}_1,\cdots,\boldsymbol{\alpha}_r)=\operatorname{span}(\boldsymbol{\beta}_1,\cdots,\boldsymbol{\beta}_s)$，则 $\boldsymbol{\alpha}_1,\cdots,\boldsymbol{\alpha}_r \in \operatorname{span}(\boldsymbol{\beta}_1,\cdots,\boldsymbol{\beta}_s)$，即 $\boldsymbol{\alpha}_1,\cdots,\boldsymbol{\alpha}_r$ 可以由 $\boldsymbol{\beta}_1,\cdots,\boldsymbol{\beta}_s$ 线性表示，反过来同样 $\boldsymbol{\beta}_1,\cdots,\boldsymbol{\beta}_s$ 也可以由 $\boldsymbol{\alpha}_1,\cdots,\boldsymbol{\alpha}_r$ 线性表示，即 $\boldsymbol{\alpha}_1,\cdots,\boldsymbol{\alpha}_r$ 与 $\boldsymbol{\beta}_1,\cdots,\boldsymbol{\beta}_s$ 等价.

再证充分性.

由 $\boldsymbol{\alpha}_1,\cdots,\boldsymbol{\alpha}_r$ 与 $\boldsymbol{\beta}_1,\cdots,\boldsymbol{\beta}_s$ 等价知 $\boldsymbol{\alpha}_1,\cdots,\boldsymbol{\alpha}_r$ 可以由 $\boldsymbol{\beta}_1,\cdots,\boldsymbol{\beta}_s$ 线性表示，于是有形式写法

$$(\boldsymbol{\alpha}_1,\cdots,\boldsymbol{\alpha}_j,\cdots,\boldsymbol{\alpha}_r)=(\boldsymbol{\beta}_1,\cdots,\boldsymbol{\beta}_i,\cdots,\boldsymbol{\beta}_s)\mathbf{A},\mathbf{A}=(a_{ij})_{s\times r}$$

$$\boldsymbol{\alpha}_j=\sum_{i=1}^{s} a_{ij}\boldsymbol{\beta}_i, j=1,2,\cdots,r$$

$$\forall\,\boldsymbol{\alpha} \in \operatorname{span}(\boldsymbol{\alpha}_1,\boldsymbol{\alpha}_2,\cdots,\boldsymbol{\alpha}_r),\boldsymbol{\alpha}=\sum_{j=1}^{r} k_j\boldsymbol{\alpha}_j=\sum_{j=1}^{r} k_j\Big(\sum_{i=1}^{s} a_{ij}\boldsymbol{\beta}_i\Big)=\sum_{i=1}^{s}\Big(\sum_{j=1}^{r} k_j a_{ij}\Big)\boldsymbol{\beta}_i$$

这说明

$$\boldsymbol{\alpha} \in \operatorname{span}(\boldsymbol{\beta}_1,\boldsymbol{\beta}_2,\cdots,\boldsymbol{\beta}_s)$$

因此有

$$\operatorname{span}(\boldsymbol{\alpha}_1,\boldsymbol{\alpha}_2,\cdots,\boldsymbol{\alpha}_r) \subset \operatorname{span}(\boldsymbol{\beta}_1,\boldsymbol{\beta}_2,\cdots,\boldsymbol{\beta}_s)$$

同理

$$\operatorname{span}(\boldsymbol{\beta}_1,\boldsymbol{\beta}_2,\cdots,\boldsymbol{\beta}_s) \subset \operatorname{span}(\boldsymbol{\alpha}_1,\boldsymbol{\alpha}_2,\cdots,\boldsymbol{\alpha}_r)$$

所以

$$\operatorname{span}(\boldsymbol{\alpha}_1,\boldsymbol{\alpha}_2,\cdots,\boldsymbol{\alpha}_r)=\operatorname{span}(\boldsymbol{\beta}_1,\boldsymbol{\beta}_2,\cdots,\boldsymbol{\beta}_s)$$　□

集合有交、并运算，子空间作为集合，也有类似的重要概念及运算.

定理 1.4(基的扩充定理)　设 $W_m(\mathbf{F})$ 是 $V_n(\mathbf{F})$ 的子空间，$\boldsymbol{\alpha}_1,\cdots,\boldsymbol{\alpha}_m$ 是 $W_m(\mathbf{F})$ 的一个基，

则这个基可扩充为 $V_n(\mathbf{F})$ 的基. 本定理的证明留作习题.

以下研究子空间之间的运算及关系.

定义 1.5　设 V_1,V_2 是 $V(\mathbf{F})$ 的两个子空间,称

$$V_1 \cap V_2 = \{\boldsymbol{\alpha} \mid \boldsymbol{\alpha} \in V_1 \text{ 且 } \boldsymbol{\alpha} \in V_2\}$$

为 V_1,V_2 的交空间.

定理 1.5　两个子空间的交空间仍是子空间.

证　$\boldsymbol{\theta} \in V_1 \cap V_2$,所以 $V_1 \cap V_2$ 非空.

设 $\boldsymbol{\alpha},\boldsymbol{\beta} \in V_1 \cap V_2$,则 $\boldsymbol{\alpha},\boldsymbol{\beta} \in V_1$,$\boldsymbol{\alpha},\boldsymbol{\beta} \in V_2$.

故 $\boldsymbol{\alpha}+\boldsymbol{\beta} \in V_1$,$\boldsymbol{\alpha}+\boldsymbol{\beta} \in V_2$,于是 $\boldsymbol{\alpha}+\boldsymbol{\beta} \in V_1 \cap V_2$.

$\forall k \in \mathbf{F}$,由 $\boldsymbol{\alpha} \in V_1 \cap V_2$ 知 $k\boldsymbol{\alpha} \in V_1$,$k\boldsymbol{\alpha} \in V_2$. 故 $k\boldsymbol{\alpha} \in V_1 \cap V_2$.

这说明 $V_1 \cap V_2$ 是 V 的子空间.　□

需要注意的是两个子空间的并未必还是子空间,因为它对加法运算可能不封闭. 例如在二维空间 $\mathbf{R}^2$ 中,过原点的两个不同直线的并 $V_1 \cup V_2$ 不再是 $\mathbf{R}^2$ 的子空间.

为了保证加法的封闭性,我们有如下定义:

定义 1.6　设 V_1,V_2 是 V 的两个子空间,称

$V_1+V_2=\{\boldsymbol{\alpha} \mid \boldsymbol{\alpha}=\boldsymbol{\alpha}_1+\boldsymbol{\alpha}_2,\boldsymbol{\alpha}_1 \in V_1,\boldsymbol{\alpha}_2 \in V_2\}$ 为 V_1,V_2 的和空间.

定理 1.6　两个子空间的和空间仍是子空间.

证　$\boldsymbol{\theta} \in V_1+V_2$,所以 V_1+V_2 非空.

$\forall \boldsymbol{\alpha},\boldsymbol{\beta} \in V_1+V_2$,则

$$\boldsymbol{\alpha}=\boldsymbol{\alpha}_1+\boldsymbol{\alpha}_2 \quad \boldsymbol{\alpha}_1 \in V_1,\boldsymbol{\alpha}_2 \in V_2$$

$$\boldsymbol{\beta}=\boldsymbol{\beta}_1+\boldsymbol{\beta}_2 \quad \boldsymbol{\beta}_1 \in V_1,\boldsymbol{\beta}_2 \in V_2$$

于是

$$\boldsymbol{\alpha}+\boldsymbol{\beta}=(\boldsymbol{\alpha}_1+\boldsymbol{\beta}_1)+(\boldsymbol{\alpha}_2+\boldsymbol{\beta}_2)$$

因为 $\boldsymbol{\alpha}_1+\boldsymbol{\beta}_1 \in V_1$,$\boldsymbol{\alpha}_2+\boldsymbol{\beta}_2 \in V_2$,所以

$$\boldsymbol{\alpha}+\boldsymbol{\beta} \in V_1+V_2$$

$$\forall k \in \mathbf{F}, k\boldsymbol{\alpha}=k(\boldsymbol{\alpha}_1+\boldsymbol{\alpha}_2)=k\boldsymbol{\alpha}_1+k\boldsymbol{\alpha}_2 \in V_1+V_2$$

可见 V_1+V_2 是子空间.　□

由定义可知子空间的交与和满足交换律、结合律,由结合律我们可以定义多个子空间的交与和

$$V_1 \cap V_2 \cap \cdots \cap V_m = \bigcap_{i=1}^{m} V_i$$

$$V_1+V_2+\cdots+V_m=\sum_{i=1}^{m} V_i$$

用数学归纳法不难证明 $\bigcap\limits_{i=1}^{m} V_i$ 及 $\sum\limits_{i=1}^{m} V_i$ 都是 V 的子空间.

若 $W \subset V_1$,$W \subset V_2$,那么 $W \subset V_1 \cap V_2$,这说明 V_1,V_2 的子空间 W 是 $V_1 \cap V_2$ 的子空间,即 $V_1 \cap V_2$ 是包含在 V_1,V_2 中的最大的子空间.

若 $U \supset V_1$,$U \supset V_2$,那么 $U \supset V_1+V_2$,这说明包含 V_1,V_2 的子空间 U 也包含子空间 V_1+V_2,即 V_1+V_2 是包含 V_1,V_2 的最小的子空间.

关于子空间的交与和的维数，有如下的定理：

定理 1.7(子空间的维数定理)　设 V_1,V_2 为 $V(\mathbf{F})$ 的两个子空间，则

$$\dim V_1+\dim V_2=\dim(V_1+V_2)+\dim(V_1\cap V_2)$$

证　设 $\dim V_1=r,\dim V_2=s,\dim(V_1\cap V_2)=m$，只需证明 $\dim(V_1+V_2)=r+s-m$.

若 $m=r$，由 $V_1\cap V_2\subset V_1$ 知 $V_1\cap V_2=V_1$，再由 $V_1\cap V_2\subset V_2$，故 $V_1\subset V_2$，故 $V_1+V_2=V_2$，所以

$$\dim(V_1+V_2)=\dim V_2=s=r+s-r=r+s-m$$

同理若 $m=s,\dim(V_1+V_2)=r+s-m$ 亦成立.

以下设 $m<r$，且 $m<s$，$\boldsymbol{\alpha}_1,\boldsymbol{\alpha}_2,\cdots,\boldsymbol{\alpha}_m$ 为 $V_1\cap V_2$ 的基.

因为 $V_1\cap V_2$ 分别为 V_1,V_2 的子空间，由定理 1.4 可由

$$\boldsymbol{\alpha}_1,\boldsymbol{\alpha}_2,\cdots,\boldsymbol{\alpha}_m \text{ 扩充为 } V_1 \text{ 的基 } \boldsymbol{\alpha}_1,\cdots,\boldsymbol{\alpha}_m,\boldsymbol{\xi}_{m+1},\cdots,\boldsymbol{\xi}_r$$

$$\boldsymbol{\alpha}_1,\boldsymbol{\alpha}_2,\cdots,\boldsymbol{\alpha}_m \text{ 扩充为 } V_2 \text{ 的基 } \boldsymbol{\alpha}_1,\cdots,\boldsymbol{\alpha}_m,\boldsymbol{\eta}_{m+1},\cdots,\boldsymbol{\eta}_s$$

容易证明

$$V_1+V_2=\mathrm{span}(\boldsymbol{\alpha}_1,\boldsymbol{\alpha}_2,\cdots,\boldsymbol{\alpha}_m,\boldsymbol{\xi}_{m+1},\cdots,\boldsymbol{\xi}_r,\boldsymbol{\eta}_{m+1},\cdots,\boldsymbol{\eta}_s)$$

因此只要证明 $\boldsymbol{\alpha}_1,\boldsymbol{\alpha}_2,\cdots,\boldsymbol{\alpha}_m,\boldsymbol{\xi}_{m+1},\cdots,\boldsymbol{\xi}_r,\boldsymbol{\eta}_{m+1},\cdots,\boldsymbol{\eta}_s$ 线性无关即可.

考虑线性式

$$k_1\boldsymbol{\alpha}_1+\cdots+k_m\boldsymbol{\alpha}_m+l_{m+1}\boldsymbol{\xi}_{m+1}+\cdots+l_r\boldsymbol{\xi}_r+c_{m+1}\boldsymbol{\eta}_{m+1}+\cdots+c_s\boldsymbol{\eta}_s=\boldsymbol{\theta}\tag{1.6}$$

令

$$\begin{aligned}\boldsymbol{\beta}=k_1\boldsymbol{\alpha}_1+\cdots+k_m\boldsymbol{\alpha}_m+l_{m+1}\boldsymbol{\xi}_{m+1}+\cdots+l_r\boldsymbol{\xi}_r=\\-c_{m+1}\boldsymbol{\eta}_{m+1}-\cdots-c_s\boldsymbol{\eta}_s\end{aligned}\tag{1.7}$$

则 $\boldsymbol{\beta}\in V_1$，且 $\boldsymbol{\beta}\in V_2$，所以 $\boldsymbol{\beta}\in V_1\cap V_2$，因此存在 $t_1,\cdots,t_m\in\mathbf{F}$，使

$$\boldsymbol{\beta}=t_1\boldsymbol{\alpha}_1+t_2\boldsymbol{\alpha}_2+\cdots+t_m\boldsymbol{\alpha}_m$$

将其代入式(1.7) 第二式移项有

$$t_1\boldsymbol{\alpha}_1+t_2\boldsymbol{\alpha}_2+\cdots+t_m\boldsymbol{\alpha}_m+c_{m+1}\boldsymbol{\eta}_{m+1}+\cdots+c_s\boldsymbol{\eta}_s=\boldsymbol{\theta}$$

由于 $\boldsymbol{\alpha}_1,\cdots,\boldsymbol{\alpha}_m,\boldsymbol{\eta}_{m+1},\cdots,\boldsymbol{\eta}_s$ 为 V_2 的基，所以线性无关，因此

$$t_1=t_2=\cdots=t_m=c_{m+1}=\cdots=c_s=0$$

将其代回式(1.6) 得

$$k_1\boldsymbol{\alpha}_1+\cdots+k_m\boldsymbol{\alpha}_m+l_{m+1}\boldsymbol{\xi}_{m+1}+\cdots+l_r\boldsymbol{\xi}_r=\boldsymbol{\theta}$$

因为 $\boldsymbol{\alpha}_1,\cdots,\boldsymbol{\alpha}_m,\boldsymbol{\xi}_{m+1},\cdots,\boldsymbol{\xi}_r$ 为 V_1 的基，故线性无关，因此

$$k_1=k_2=\cdots=k_m=l_{m+1}=\cdots=l_r=0$$

由式(1.6) 知 $\boldsymbol{\alpha}_1,\cdots,\boldsymbol{\alpha}_m,\boldsymbol{\xi}_{m+1},\cdots,\boldsymbol{\xi}_r,\boldsymbol{\eta}_{m+1},\cdots,\boldsymbol{\eta}_s$ 线性无关，即

$$\dim(V_1+V_2)=r+s-m$$ □

定理 1.7 表明和空间的维数一般来说小于空间维数的和，若两者相等，则有 $\dim(V_1\cap V_2)=\boldsymbol{\theta}$，为此我们有如下定义：

定义 1.7　V_1,V_2 为 V 的子空间，若 $V_1\cap V_2=\{\boldsymbol{\theta}\}$，则它们的和称为直和，记为$V_1\oplus V_2$.

定理 1.8　设 V_1,V_2 为线性空间 $V(\mathbf{F})$ 的子空间，则下列命题等价：

①V_1+V_2 是直和；

②$\boldsymbol{\alpha}\in V_1+V_2$ 表达式唯一；

③ 若 $\boldsymbol{\alpha}_1,\boldsymbol{\alpha}_2,\cdots,\boldsymbol{\alpha}_r$ 是 V_1 的基，$\boldsymbol{\beta}_1,\boldsymbol{\beta}_2,\cdots,\boldsymbol{\beta}_s$ 是 V_2 的基，则 $\boldsymbol{\alpha}_1,\boldsymbol{\alpha}_2,\cdots,\boldsymbol{\alpha}_r,\boldsymbol{\beta}_1,\boldsymbol{\beta}_2,\cdots,\boldsymbol{\beta}_s$ 是 V_1+V_2 的基；

④$\dim(V_1+V_2)=\dim V_1+\dim V_2$.

证　采用循环论证.

①⇒②　设 $V_1+V_2-V_1\oplus V_2$，则 $V_1\cap V_2=\{\boldsymbol{\theta}\}$.

如果 $\boldsymbol{\alpha}\in V_1+V_2$ 的表达式不唯一，于是有

$$\boldsymbol{\alpha}=\boldsymbol{\alpha}_1+\boldsymbol{\beta}_1=\boldsymbol{\alpha}_2+\boldsymbol{\beta}_2,\boldsymbol{\alpha}_1,\boldsymbol{\alpha}_2\in V_1,\boldsymbol{\beta}_1,\boldsymbol{\beta}_2\in V_2,\text{其中 }\boldsymbol{\alpha}_1\neq\boldsymbol{\alpha}_2,\text{从而 }\boldsymbol{\beta}_1\neq\boldsymbol{\beta}_2$$

令
$$\boldsymbol{\gamma}=\boldsymbol{\alpha}_1-\boldsymbol{\alpha}_2=\boldsymbol{\beta}_2-\boldsymbol{\beta}_1,\text{则 }\boldsymbol{\gamma}\neq\boldsymbol{\theta}$$

但 $\boldsymbol{\gamma}\in V_1,\boldsymbol{\gamma}\in V_2$，所以 $\boldsymbol{\gamma}\in V_1\cap V_2$，这与 $V_1\cap V_2=\{\boldsymbol{\theta}\}$ 矛盾，故 ② 成立.

②⇒③　显然

$$V_1+V_2=\mathrm{span}(\boldsymbol{\alpha}_1,\boldsymbol{\alpha}_2,\cdots,\boldsymbol{\alpha}_r,\boldsymbol{\beta}_1,\boldsymbol{\beta}_2,\cdots,\boldsymbol{\beta}_s)$$

所以只需证向量组 $\boldsymbol{\alpha}_1,\boldsymbol{\alpha}_2,\cdots,\boldsymbol{\alpha}_r,\boldsymbol{\beta}_1,\boldsymbol{\beta}_2,\cdots,\boldsymbol{\beta}_s$ 线性无关.

如若不然，它们线性相关，则 $\mathbf{F}$ 内存在不全为零的数 $k_1,k_2,\cdots,k_r,c_1,c_2,\cdots,c_s$，使

$$k_1\boldsymbol{\alpha}_1+k_2\boldsymbol{\alpha}_2+\cdots+k_r\boldsymbol{\alpha}_r+c_1\boldsymbol{\beta}_1+c_2\boldsymbol{\beta}_2+\cdots+c_s\boldsymbol{\beta}_s=\boldsymbol{\theta}$$

这样 $\boldsymbol{\theta}$ 就有两种不同的表达式，与 ② 矛盾，故 ③ 成立.

③⇒④　由 ③ 知 $\dim V_1=r,\dim V_2=s,\dim(V_1+V_2)=r+s$，故 ④ 成立.

④⇒①　由 ④ 根据定理 1.7 知 $\dim(V_1\cap V_2)=0$，因此有 $V_1\cap V_2=\{\boldsymbol{\theta}\}$，即 V_1+V_2 是直和，故 ① 成立.　□

推论　设 V_1 是线性空间 V 的子空间，则一定存在 V 的另一个子空间 V_2，使 $V=V_1\oplus V_2$.

例 1.15　V_1,V_2 是线性空间 V 的子空间，V 的子集

$$V_1\cup V_2=\{\boldsymbol{\alpha}\mid\boldsymbol{\alpha}\in V_1\text{ 或 }\boldsymbol{\alpha}\in V_2\}$$

是否构成 V 的子空间？

解　$V_1\cup V_2$ 不一定构成子空间.

设 $V=\mathbf{R}^2$，取 $\boldsymbol{\alpha},\boldsymbol{\beta}\in\mathbf{R}^2$，使 $\boldsymbol{\alpha},\boldsymbol{\beta}$ 线性无关，令 $V_1=\mathrm{span}(\boldsymbol{\alpha}),V_2=\mathrm{span}(\boldsymbol{\beta})$，因为 $\boldsymbol{\alpha}\in V_1$，$\boldsymbol{\beta}\in V_2$，所以 $\boldsymbol{\alpha}\in V_1\cup V_2,\boldsymbol{\beta}\in V_1\cup V_2$，但 $\boldsymbol{\alpha}+\boldsymbol{\beta}\notin V_1,\boldsymbol{\alpha}+\boldsymbol{\beta}\notin V_2$，即 $\boldsymbol{\alpha}+\boldsymbol{\beta}\notin V_1\cup V_2$，这说明 $V_1\cup V_2$ 对加法运算不封闭，故 $V_1\cup V_2$ 不是子空间.

例 1.16　在例 1.4 中的线性空间 $\mathbf{R}^2(\oplus\quad\circ)$ 中，讨论向量组 $\boldsymbol{\alpha}_1=(1,1),\boldsymbol{\alpha}_2=(a,b)$ 的线性相关性，并说明 $\mathbf{R}^2(\oplus\quad\circ)$ 的维数，给出一个基.

解　设 $k_1,k_2\in\mathbf{R}$，考虑线性式

$$k_1\circ\boldsymbol{\alpha}_1\oplus k_2\circ\boldsymbol{\alpha}_2=\boldsymbol{\theta}$$

按照例 1.4 中所定义的加法与数乘运算于是有

$$\left(k_1,k_1+\frac{1}{2}k_1(k_1-1)\right)\oplus\left(k_2a,k_2b+\frac{1}{2}k_2(k_2-1)a^2\right)=(0,0)$$

即

$$\left(k_1+k_2a,k_1+\frac{1}{2}k_1(k_1-1)+k_2b+\frac{1}{2}k_2(k_2-1)a^2+k_1(k_2a)\right)=(0,0)$$

于是有

$$\begin{cases}k_1+k_2a=0\\ k_1+\dfrac{1}{2}k_1(k_1-1)+k_2b+\dfrac{1}{2}k_2(k_2-1)a^2+k_1k_2a=0\end{cases}$$

由第一式解出 $k_1=-ak_2$,代入第二式得

$$\left[b-\frac{1}{2}a(a+1)\right]k_2=0$$

(1) 若 $b\neq\frac{1}{2}a(a+1)$ 时,推出 $k_2=0,k_1=0$,这说明 $\boldsymbol{\alpha}_1,\boldsymbol{\alpha}_2$ 线性无关.

(2) 若 $b=\frac{1}{2}a(a+1)$ 时,可取 $k_2=1$,代入第一式,则 $k_1=-a$,此时有

$$(-a)\circ\boldsymbol{\alpha}_1\oplus 1\circ\boldsymbol{\alpha}_2=\boldsymbol{\theta}$$

说明 $\boldsymbol{\alpha}_1,\boldsymbol{\alpha}_2$ 线性相关.

需要指出的是在例1.4所定义的线性空间 $\mathbf{R}^2(\oplus\quad\circ)$ 中,由于加法运算、数乘运算不同于常规情况下的线性运算,因此就得到了不同的结论.

本例中 $\boldsymbol{\alpha}_1=(1,1),\boldsymbol{\alpha}_2=(a,b)$.

取 $\boldsymbol{\alpha}_2=(2,2)^{\mathrm{T}}$,即 $a=b=2$.因为 $b\neq\frac{1}{2}a(a+1)$,所以 $\boldsymbol{\alpha}_1=(1,1)$ 与 $\boldsymbol{\alpha}_2=(2,2)$ 线性无关.

取 $\boldsymbol{\alpha}_2=(2,3)$,即 $a=2,b=3$,此时 $b=\frac{1}{2}a(a+1)$,故 $\boldsymbol{\alpha}_1=(1,1)$ 与 $\boldsymbol{\alpha}_2=(2,3)$ 线性相关.

$\boldsymbol{\alpha}_1,\boldsymbol{\alpha}_2$ 的线性相关性与 $\mathbf{R}^2$ 中的结论正好相反.

显然 $\dim\mathbf{R}^2(\oplus\quad\circ)=2$, $(1,1),(2,2)$ 为它的一个基.

例 1.17 设 $\boldsymbol{B}\in\mathbf{R}^{n\times n}$,求证 $\mathbf{R}^{n\times n}$ 的子集

$$W=\{\boldsymbol{A}\mid\boldsymbol{AB}=\boldsymbol{BA},\boldsymbol{A}\in\mathbf{R}^{n\times n}\}$$

构成子空间.

证 n 阶单位阵 $\boldsymbol{I}_n\in W$,所以 W 非空.

设 $\boldsymbol{A}_1,\boldsymbol{A}_2\in W$,则有 $\boldsymbol{A}_1\boldsymbol{B}=\boldsymbol{BA}_1,\boldsymbol{A}_2\boldsymbol{B}=\boldsymbol{BA}_2$,因为

$$(\boldsymbol{A}_1+\boldsymbol{A}_2)\boldsymbol{B}=\boldsymbol{A}_1\boldsymbol{B}+\boldsymbol{A}_2\boldsymbol{B}=\boldsymbol{BA}_1+\boldsymbol{BA}_2=\boldsymbol{B}(\boldsymbol{A}_1+\boldsymbol{A}_2)$$

$$(k\boldsymbol{A}_1)\boldsymbol{B}=k\boldsymbol{A}_1\boldsymbol{B}=k\boldsymbol{BA}_1=\boldsymbol{B}(k\boldsymbol{A}_1)\quad(k\in\mathbf{R})$$

这说明 $\boldsymbol{A}_1+\boldsymbol{A}_2\in W,k\boldsymbol{A}_1\in W$,故 W 是 $\mathbf{R}^{n\times n}$ 的子空间.本题说明与任意 n 阶方阵可交换的矩阵全体构成 $\mathbf{R}^{n\times n}$ 的一个子空间.

例 1.18 设 $\mathbf{R}^{2\times 2}$ 的两个子空间为

$$V_1=\left\{\boldsymbol{A}\mid\boldsymbol{A}=\begin{bmatrix}x_1&x_2\\x_3&x_4\end{bmatrix},x_1-x_2+x_3-x_4=0\right\}$$

$$V_2=\mathrm{span}(\boldsymbol{B}_1,\boldsymbol{B}_2),\boldsymbol{B}_1=\begin{bmatrix}1&0\\1&3\end{bmatrix},\boldsymbol{B}_2=\begin{bmatrix}1&-1\\0&1\end{bmatrix}$$

试将 V_1+V_2 表示为生成子空间,并求它的一个基与维数.

解 在定理1.7证明过程中,我们知道若

$$V_1=\mathrm{span}(\boldsymbol{\alpha}_1,\cdots,\boldsymbol{\alpha}_r),V_2=\mathrm{span}(\boldsymbol{\beta}_1,\cdots,\boldsymbol{\beta}_s)$$

则
$$V_1+V_2=\mathrm{span}(\boldsymbol{\alpha}_1,\cdots,\boldsymbol{\alpha}_r,\boldsymbol{\beta}_1,\cdots,\boldsymbol{\beta}_s)$$

将 V_1 表成为生成子空间,容易求得方程 $\boldsymbol{x}_1-\boldsymbol{x}_2+\boldsymbol{x}_3-\boldsymbol{x}_4=\boldsymbol{\theta}$ 的基础解系为

$$\boldsymbol{\alpha}_1=\begin{bmatrix}1\\1\\0\\0\end{bmatrix},\boldsymbol{\alpha}_2=\begin{bmatrix}-1\\0\\1\\0\end{bmatrix},\boldsymbol{\alpha}_3=\begin{bmatrix}1\\0\\0\\1\end{bmatrix}$$

它们对应着 V_1 的一个基

$$\boldsymbol{A}_1=\begin{bmatrix}1 & 1\\0 & 0\end{bmatrix},\boldsymbol{A}_2=\begin{bmatrix}-1 & 0\\1 & 0\end{bmatrix},\boldsymbol{A}_3=\begin{bmatrix}1 & 0\\0 & 1\end{bmatrix}$$

于是 $V_1=\mathrm{span}(\boldsymbol{A}_1,\boldsymbol{A}_2,\boldsymbol{A}_3)$，从而有

$$V_1+V_2=\mathrm{span}(\boldsymbol{A}_1,\boldsymbol{A}_2,\boldsymbol{A}_3,\boldsymbol{B}_1,\boldsymbol{B}_2)$$

$\boldsymbol{B}_1,\boldsymbol{B}_2$ 对应的向量分别为

$$\boldsymbol{\beta}_1=\begin{bmatrix}1\\0\\1\\3\end{bmatrix},\boldsymbol{\beta}_2=\begin{bmatrix}1\\-1\\0\\1\end{bmatrix}$$

容易求得 $\boldsymbol{\alpha}_1,\boldsymbol{\alpha}_2,\boldsymbol{\alpha}_3,\boldsymbol{\beta}_1,\boldsymbol{\beta}_2$ 的一个极大无关组为 $\boldsymbol{\alpha}_1,\boldsymbol{\alpha}_2,\boldsymbol{\alpha}_3,\boldsymbol{\beta}_1$，所以矩阵 $\boldsymbol{A}_1,\boldsymbol{A}_2,\boldsymbol{A}_3,\boldsymbol{B}_1,\boldsymbol{B}_2$ 极大无关组为 $\boldsymbol{A}_1,\boldsymbol{A}_2,\boldsymbol{A}_3,\boldsymbol{B}_1$，它们即为 V_1+V_2 的一个基，且 $\dim(V_1+V_2)=4$.

1.4　线性映射与线性变换

映射的概念是函数概念的推广. 线性映射是一种重要的映射，自身映射即是变换，而线性变换是一种最简单也是一种最重要的变换.

定义 1.8　设 S 和 T 是任意两个非空集合，如果存在某个对应关系 $\boldsymbol{\sigma}$，使 $\forall s\in S$，在 T 中一定存在唯一的元素 t 与 s 相对应，则称此 $\boldsymbol{\sigma}$ 是 S 到 T 的一个映射，记为 $\boldsymbol{\sigma}:s\rightarrow t$，或 $\boldsymbol{\sigma}(s)=t$. 称 t 为 s 在 $\boldsymbol{\sigma}$ 之下的象，而 s 为 t 在 $\boldsymbol{\sigma}$ 之下的一个原象.

如果对应关系 $\boldsymbol{\sigma}$ 是映射的话，它应该满足 S 中任一元素都有象，象必在 T 中且象唯一.

如果 $\boldsymbol{\sigma}(S)=T$ 也就是说，T 中任一元素 t 在 $\boldsymbol{\sigma}$ 之下至少有一个原象 $s:\boldsymbol{\sigma}(s)=t$，则称 $\boldsymbol{\sigma}$ 是 S 映到 T 的满射.

如果 $\forall s_1,s_2\in S$，在 T 中的象同，即 $\boldsymbol{\sigma}(s_1)=\boldsymbol{\sigma}(s_2)$ 时，必有 $s_1=s_2$，则称 $\boldsymbol{\sigma}$ 是 S 映入 T 的单射.

如果 $\boldsymbol{\sigma}$ 既是满射又是单射，则说 $\boldsymbol{\sigma}$ 是 S 到 T 的双射或一一对应.

例 1.19　$\forall\boldsymbol{\alpha}\in\mathbf{R}^n,\boldsymbol{\alpha}=(a_1,\cdots,a_i,\cdots,a_n)^{\mathrm{T}}$，$\|\boldsymbol{\alpha}\|=\sqrt{\sum_{i=1}^{n}a_i^2}$，则 $\boldsymbol{\sigma}:\boldsymbol{\alpha}\rightarrow\|\boldsymbol{\alpha}\|$ 是 $\mathbf{R}^n$ 映入 $\mathbf{R}$ 的映射. 因为不同的向量可以有相同的长度，所以 $\boldsymbol{\sigma}$ 不是单射，由于 $\|\boldsymbol{\alpha}\|\geqslant 0$，所以 $\boldsymbol{\sigma}$ 不是满射.

例 1.20　$\forall\boldsymbol{A}\in\mathbf{R}^{n\times n}$，$\boldsymbol{\sigma}:\boldsymbol{A}\rightarrow\det\boldsymbol{A}$，因为不同的矩阵行列式可以相等，所以 $\boldsymbol{\sigma}$ 不是单射，对于任一实数 a，一定存在一对角阵 $\boldsymbol{D}=\mathrm{diag}(1,1,\cdots,1,a)$，使 $\det\boldsymbol{D}=a$，所以 $\boldsymbol{\sigma}$ 是 $\mathbf{R}^{n\times n}$ 映到 $\mathbf{R}$ 的满射.

定义 1.9　若 S 到 T 的映射满足 $\forall s_1,s_2\in S$，有 $\boldsymbol{\sigma}(s_1+s_2)=\boldsymbol{\sigma}(s_1)+\boldsymbol{\sigma}(s_2)$；$\forall s\in S$，$\forall k\in\mathbf{F}$，有 $\boldsymbol{\sigma}(ks)=k\boldsymbol{\sigma}(\mathrm{s})$，则称 $\boldsymbol{\sigma}$ 是从 S 到 T 的线性映射.

例 1.21　设映射 $\boldsymbol{\sigma}:P[x]_{n+1}\rightarrow P[x]_n$，其中 $\forall f(x)\in P[x]_{n+1}$，$\boldsymbol{\sigma}(f(x))=\frac{\mathrm{d}}{\mathrm{d}x}f(x)$ 是线性映射，即多项式的求导运算是线性映射.

例 1.22　设映射 $\boldsymbol{\sigma}:P[x]_n\rightarrow P[x]_{n+1}$，$f(x)\in P[x]n$.

$\boldsymbol{\sigma}(f(x))=\int_0^x f(t)\mathrm{d}t$，则 $\boldsymbol{\sigma}$ 是线性映射，即求多项式的积分运算是线性映射.

例 1.23　例 1.20 中的映射 $\boldsymbol{\sigma}:\boldsymbol{A}\to\det\boldsymbol{A}$ 不是线性映射.

今后我们主要讨论一个线性空间到另一线性空间的线性映射，$\boldsymbol{\sigma}:V(\mathbf{F})\to U(\mathbf{F})$.

线性映射有以下性质：

定理 1.9　设 $\boldsymbol{\sigma}:V(\mathbf{F})\to U(\mathbf{F})$ 是线性映射，则：

(1)$\boldsymbol{\sigma}(\boldsymbol{\theta}_v)=\boldsymbol{\theta}_u$，其中 $\boldsymbol{\theta}_v,\boldsymbol{\theta}_u$ 分别是 $V(\mathbf{F})$、$U(\mathbf{F})$ 的零元素；

(2)$\boldsymbol{\sigma}(-\boldsymbol{\alpha})=-\boldsymbol{\sigma}(\boldsymbol{\alpha})$；

(3)$\boldsymbol{\sigma}$ 将 $V(\mathbf{F})$ 中的线性相关向量组映射为 $U(\mathbf{F})$ 中的线性相关向量组，但把线性无关向量组不一定映射为 $U(\mathbf{F})$ 的线性无关向量组；

(4) 设 $V_1(\mathbf{F})$ 是 $V(\mathbf{F})$ 的子空间，令 $\boldsymbol{\sigma}(V_1(\mathbf{F}))=\{\boldsymbol{\sigma}(\boldsymbol{\alpha})\mid\boldsymbol{\alpha}\in V_1(\mathbf{F})\}$，则 $\boldsymbol{\sigma}(V_1(\mathbf{F}))$ 是 $U(\mathbf{F})$ 的子空间，且 $\dim\boldsymbol{\sigma}(V_1(\mathbf{F}))\leqslant\dim V_1(\mathbf{F})$.

证明　(1)
$$\boldsymbol{\sigma}(\boldsymbol{\theta}_v)=\boldsymbol{\sigma}(\boldsymbol{\theta}_v+\boldsymbol{\theta}_v)=\boldsymbol{\sigma}(\boldsymbol{\theta}_v)+\boldsymbol{\sigma}(\boldsymbol{\theta}_v)$$
两边消去 $\boldsymbol{\sigma}(\boldsymbol{\theta}_v)$，由此推出
$$\boldsymbol{\sigma}(\boldsymbol{\theta}_v)=\boldsymbol{\theta}_u$$

(2) 由 $\boldsymbol{\sigma}(\boldsymbol{\theta}_v)=\boldsymbol{\theta}_u$ 可得
$$\boldsymbol{\sigma}(-\boldsymbol{\alpha}+\boldsymbol{\alpha})=\boldsymbol{\sigma}(-\boldsymbol{\alpha})+\boldsymbol{\sigma}(\boldsymbol{\alpha})=\boldsymbol{\theta}_u$$
故
$$\boldsymbol{\sigma}(-\boldsymbol{\alpha})=-\boldsymbol{\sigma}(\boldsymbol{\alpha})$$

(3) 设 $\boldsymbol{\alpha}_1,\boldsymbol{\alpha}_2,\cdots,\boldsymbol{\alpha}_m$ 为 $V(\mathbf{F})$ 中线性相关的向量组，故有不全为零的数 $k_1,k_2,\cdots,k_m\in\mathbf{F}$，使
$$\sum_{i=1}^m k_i\boldsymbol{\alpha}_i=k_1\boldsymbol{\alpha}_1+k_2\boldsymbol{\alpha}_2+\cdots+k_m\boldsymbol{\alpha}_m=\boldsymbol{\theta}_v$$
于是
$$\boldsymbol{\sigma}\left(\sum_{i=1}^m k_i\boldsymbol{\alpha}_i\right)=\sum_{i=1}^m\boldsymbol{\sigma}(k_i\boldsymbol{\alpha}_i)=\sum_{i=1}^m k_i\boldsymbol{\sigma}(\boldsymbol{\alpha}_i)=\boldsymbol{\theta}_u$$
这说明 $\boldsymbol{\sigma}(\boldsymbol{\alpha}_1),\boldsymbol{\sigma}(\boldsymbol{\alpha}_2),\cdots,\boldsymbol{\sigma}(\boldsymbol{\alpha}_m)$ 线性相关，即 $\boldsymbol{\sigma}$ 将 $V(\mathbf{F})$ 中的线性相关的向量组映射为 $U(\mathbf{F})$ 中的线性相关向量组.

但是，若 $\boldsymbol{\alpha}_1,\boldsymbol{\alpha}_2,\cdots,\boldsymbol{\alpha}_m$ 线性无关，则不能保证 $\boldsymbol{\sigma}(\boldsymbol{\alpha}_1),\boldsymbol{\sigma}(\boldsymbol{\alpha}_2),\cdots,\boldsymbol{\sigma}(\boldsymbol{\alpha}_m)$ 线性无关，例如 $\boldsymbol{\sigma}$ 是零映射(把 $V(\mathbf{F})$ 中的元素变为 $\boldsymbol{\theta}_u$ 的映射)，就说明这一点.

(4) $\forall\boldsymbol{\beta}_1,\boldsymbol{\beta}_2\in\boldsymbol{\sigma}(V_1(\mathbf{F}))$，则 $\exists\boldsymbol{\alpha}_1,\boldsymbol{\alpha}_2\in(V_1(\mathbf{F}))$，使
$$\boldsymbol{\beta}_1=\boldsymbol{\sigma}(\boldsymbol{\alpha}_1),\boldsymbol{\beta}_2=\boldsymbol{\sigma}(\boldsymbol{\alpha}_2)$$
因为 $\boldsymbol{\sigma}$ 是线性映射，故
$$\boldsymbol{\beta}_1+\boldsymbol{\beta}_2=\boldsymbol{\sigma}(\boldsymbol{\alpha}_1)+\boldsymbol{\sigma}(\boldsymbol{\alpha}_2)=\boldsymbol{\sigma}(\boldsymbol{\alpha}_1+\boldsymbol{\alpha}_2)$$
因为 $V_1(\mathbf{F})$ 是 $V(\mathbf{F})$ 的子空间，故
$$\boldsymbol{\alpha}_1+\boldsymbol{\alpha}_2\in V_1(\mathbf{F})$$
所以
$$\boldsymbol{\beta}_1+\boldsymbol{\beta}_2\in\boldsymbol{\sigma}(V_1(\mathbf{F}))\subset\boldsymbol{\sigma}(V(\mathbf{F}))=U(\mathbf{F})$$
$$\forall k\in\mathbf{F},\forall\boldsymbol{\beta}\in\boldsymbol{\sigma}(V_1(\mathbf{F})),\exists\boldsymbol{\alpha}\in V_1(\mathbf{F})$$
使 $\boldsymbol{\beta}=\boldsymbol{\sigma}(\boldsymbol{\alpha})$，于是
$$k\boldsymbol{\beta}=k\boldsymbol{\sigma}(\boldsymbol{\alpha})=\boldsymbol{\sigma}(k\boldsymbol{\alpha})$$

故
$$k\boldsymbol{\beta} \in \boldsymbol{\sigma}(V_1(\mathbf{F})) \subset \boldsymbol{\sigma}(V(\mathbf{F})) = U(\mathbf{F})$$
这说明 $\boldsymbol{\sigma}(V_1(\mathbf{F}))$ 是 $U(\mathbf{F})$ 的子空间.

设 $\boldsymbol{\sigma}(\boldsymbol{\alpha}_1),\boldsymbol{\sigma}(\boldsymbol{\alpha}_2),\cdots,\boldsymbol{\sigma}(\boldsymbol{\alpha}_r)$ 为 $\boldsymbol{\sigma}(V_1(\mathbf{F}))$ 的一个基,$\boldsymbol{\alpha}_1,\boldsymbol{\alpha}_2,\cdots,\boldsymbol{\alpha}_r \in V_1(\mathbf{F})$,于是
$$\dim \boldsymbol{\sigma}(V_1(\mathbf{F})) = r$$

现断言 $\boldsymbol{\alpha}_1,\boldsymbol{\alpha}_2,\cdots,\boldsymbol{\alpha}_r$ 线性无关,如若不然,$\boldsymbol{\alpha}_1,\boldsymbol{\alpha}_2,\cdots,\boldsymbol{\alpha}_r$ 线性相关,由本定理(3),则必有 $\boldsymbol{\sigma}(\boldsymbol{\alpha}_1),\boldsymbol{\sigma}(\boldsymbol{\alpha}_2),\cdots,\boldsymbol{\sigma}(\boldsymbol{\alpha}_r)$ 线性相关,矛盾.

既然 $\boldsymbol{\alpha}_1,\boldsymbol{\alpha}_2,\cdots,\boldsymbol{\alpha}_r$ 线性无关,它就可以扩充为 $V_1(\mathbf{F})$ 的一个基,故
$$\dim \boldsymbol{\sigma}(V_1(\mathbf{F})) \leqslant \dim V_1(\mathbf{F}) \qquad \square$$

这一结论表明线性映射后子空间的维数不增.

定义 1.10　线性空间 $V_n(\mathbf{F})$ 到自身的线性映射称为 $V_n(\mathbf{F})$ 中的线性变换,记为 $\mathscr{A}$.

若 $\mathscr{A}_1,\mathscr{A}_2$ 都是 $V_n(\mathbf{F})$ 中的线性变换,$\forall \boldsymbol{\alpha} \in V_n(\mathbf{F})$,$\mathscr{A}_1(\boldsymbol{\alpha}) = \mathscr{A}_2(\boldsymbol{\alpha})$,则说 $\mathscr{A}_1,\mathscr{A}_2$ 相等,记为 $\mathscr{A}_1 = \mathscr{A}_2$.

设 $\boldsymbol{\varepsilon}_1,\cdots,\boldsymbol{\varepsilon}_i,\cdots,\boldsymbol{\varepsilon}_n$ 是 $V_n(\mathbf{F})$ 的基,$\forall \boldsymbol{\alpha} \in V_n(\mathbf{F})$,则
$$\boldsymbol{\alpha} = \sum_{i=1}^{n} x_i\boldsymbol{\varepsilon}_i, x_i \in F, i = 1,\cdots,n$$
若 $\mathscr{A}_1(\boldsymbol{\varepsilon}_i) = \mathscr{A}_2(\boldsymbol{\varepsilon}_i), i = 1,\cdots,n$,则
$$\mathscr{A}_1(\boldsymbol{\alpha}) = \sum_{i=1}^{n} x_i\mathscr{A}_1(\boldsymbol{\varepsilon}_i) = \sum_{i=1}^{n} x_i\mathscr{A}_2(\boldsymbol{\varepsilon}_i) = \mathscr{A}_2(\boldsymbol{\alpha})$$
由此
$$\mathscr{A}_1 = \mathscr{A}_2$$

反之,若 $\mathscr{A}_1 = \mathscr{A}_2$,必有 $\mathscr{A}_1(\boldsymbol{\varepsilon}_i) = \mathscr{A}_2(\boldsymbol{\varepsilon}_i), i = 1,\cdots,n$.

因此,$\mathscr{A}_1 = \mathscr{A}_2$ 的充分必要条件为 $\mathscr{A}_1(\boldsymbol{\varepsilon}_i) = \mathscr{A}_2(\boldsymbol{\varepsilon}_i), i = 1,\cdots,n$.

$\forall k \in \mathbf{F}, \forall \boldsymbol{\alpha} \in V_n(\mathbf{F})$,定义 $\mathscr{A}(\boldsymbol{\alpha}) = k\boldsymbol{\alpha}$. 易证 $\mathscr{A}$ 是线性变换,称 $\mathscr{A}$ 为由数 k 所决定的数乘变换,当 $k=1$,称为恒等变换,记为 $\mathscr{E}$,即 $\mathscr{E}(\boldsymbol{\alpha}) = \boldsymbol{\alpha}$;当 $k=0$,乘为零变换,记为 $\mathscr{O}$,即 $\mathscr{O}(\boldsymbol{\alpha}) = \boldsymbol{\theta}$.

定义 1.11　设 $\mathscr{A}_1,\mathscr{A}_2$ 为 $V_n(\mathbf{F})$ 的线性变换,$\forall \boldsymbol{\alpha} \in V_n(\mathbf{F})$,定义 $(\mathscr{A}_1 + \mathscr{A}_2)(\boldsymbol{\alpha}) = \mathscr{A}_1(\boldsymbol{\alpha}) + \mathscr{A}_2(\boldsymbol{\alpha})$,称 $\mathscr{A}_1 + \mathscr{A}_2$ 为线性变换 $\mathscr{A}_1$ 与 $\mathscr{A}_2$ 的和. $\forall k \in \mathbf{F}$,定义 $(k\mathscr{A})(\boldsymbol{\alpha}) = k\mathscr{A}(\boldsymbol{\alpha})$,$\forall \boldsymbol{\alpha} \in V_n(\mathbf{F})$,称 $k\mathscr{A}$ 为 k 与线性变换 $\mathscr{A}$ 的数量乘积. 记 $(-1)\mathscr{A} = -\mathscr{A}$,称 $-\mathscr{A}$ 为 $\mathscr{A}$ 的负变换,显然
$$\mathscr{A} + (-\mathscr{A}) = \mathscr{O}$$
$$(\mathscr{A}_1\mathscr{A}_2)(\boldsymbol{\alpha}) = \mathscr{A}_1(\mathscr{A}_2(\boldsymbol{\alpha})) \quad \forall \boldsymbol{\alpha} \in V_n(\mathbf{F})$$
称 $\mathscr{A}_1\mathscr{A}_2$ 为线性变换 $\mathscr{A}_1$ 与 $\mathscr{A}_2$ 的乘积.

以下证明 $\mathscr{A}_1 + \mathscr{A}_2, k\mathscr{A}, \mathscr{A}_1\mathscr{A}_2$ 都是线性变换.

设 $\mathscr{A}_1,\mathscr{A}_2$ 是 $V_n(\mathbf{F})$ 的线性变换.

$\forall \boldsymbol{\alpha},\boldsymbol{\beta} \in V_n(\mathbf{F})$;$\forall k,l \in \mathbf{F}$ 有
$$\begin{aligned}(\mathscr{A}_1 + \mathscr{A}_2)(k\boldsymbol{\alpha} + l\boldsymbol{\beta}) = {} & \mathscr{A}_1(k\boldsymbol{\alpha} + l\boldsymbol{\beta}) + \mathscr{A}_2(k\boldsymbol{\alpha} + l\boldsymbol{\beta}) = \\ & k\mathscr{A}_1(\boldsymbol{\alpha}) + l\mathscr{A}_1(\boldsymbol{\beta}) + k\mathscr{A}_2(\boldsymbol{\alpha}) + l\mathscr{A}_2(\boldsymbol{\beta}) = \\ & k(\mathscr{A}_1(\boldsymbol{\alpha}) + \mathscr{A}_2(\boldsymbol{\alpha})) + l(\mathscr{A}_1(\boldsymbol{\beta}) + \mathscr{A}_2(\boldsymbol{\beta})) = \\ & k(\mathscr{A}_1 + \mathscr{A}_2)(\boldsymbol{\alpha}) + l(\mathscr{A}_1 + \mathscr{A}_2)(\boldsymbol{\beta})\end{aligned}$$
这说明 $\mathscr{A}_1 + \mathscr{A}_2$ 是 $V_n(\mathbf{F})$ 的线性变换.

设 $\mathscr{A}$ 是 $V_n(\mathbf{F})$ 的线性变换.

$\forall \boldsymbol{\alpha},\boldsymbol{\beta} \in V_n(\mathbf{F})$;$\forall k,k_1,k_2 \in \mathbf{F}$ 有

$$(k\mathscr{A})(k_1\boldsymbol{\alpha}+k_2\boldsymbol{\beta})=k\mathscr{A}(k_1\boldsymbol{\alpha}+k_2\boldsymbol{\beta})=$$
$$k(k_1\mathscr{A}(\boldsymbol{\alpha})+k_2\mathscr{A}(\boldsymbol{\beta}))=$$
$$k_1(k\mathscr{A}(\boldsymbol{\alpha}))+k_2(k\mathscr{A}(\boldsymbol{\beta}))=$$
$$k_1(k\mathscr{A})(\boldsymbol{\alpha})+k_2(k\mathscr{A})(\boldsymbol{\beta})$$

这说明 k 与 $\mathscr{A}$ 的数量乘积 $k\mathscr{A}$ 是 $V_n(\mathbf{F})$ 的线性变换.

对于线性变换 $\mathscr{A}_1,\mathscr{A}_2$ 的乘积有

$$(\mathscr{A}_1\mathscr{A}_2)(k\boldsymbol{\alpha}+l\boldsymbol{\beta})=\mathscr{A}_1(\mathscr{A}_2(k\boldsymbol{\alpha}+l\boldsymbol{\beta}))=$$
$$\mathscr{A}_1(k\mathscr{A}_2(\boldsymbol{\alpha})+l\mathscr{A}_2(\boldsymbol{\beta}))=$$
$$k\mathscr{A}_1(\mathscr{A}_2(\boldsymbol{\alpha}))+l\mathscr{A}_1(\mathscr{A}_2(\boldsymbol{\beta}))=$$
$$k(\mathscr{A}_1\mathscr{A}_2)(\boldsymbol{\alpha})+l(\mathscr{A}_1\mathscr{A}_2)(\boldsymbol{\beta})$$

这说明 $\mathscr{A}_1\mathscr{A}_2$ 是 $V_n(\mathbf{F})$ 的线性变换.

线性变换的加法有如下性质：

(1) 交换律：$\mathscr{A}_1+\mathscr{A}_2=\mathscr{A}_2+\mathscr{A}_1$；

(2) 结合律：$(\mathscr{A}_1+\mathscr{A}_2)+\mathscr{A}_3=\mathscr{A}_1+(\mathscr{A}_2+\mathscr{A}_3)$；

(3) 对于零变换 $\mathscr{O}$：$\mathscr{A}+\mathscr{O}=\mathscr{A}$；

(4) 对于负变换：$\mathscr{A}+(-\mathscr{A})=\mathscr{O}$；

线性变换的数量乘积有如下性质：

(5) $1\mathscr{A}=\mathscr{A}$；

(6) $k(l\mathscr{A})=(kl)\mathscr{A}$；

(7) $(k+l)\mathscr{A}=k\mathscr{A}+l\mathscr{A}$；

(8) $k(\mathscr{A}_1+\mathscr{A}_2)=k\mathscr{A}_1+k\mathscr{A}_2$.

由定义 1.1 知 $V_n(\mathbf{F})$ 上的一切线性变换所组成的集合构成一个线性空间，记为 $\mathrm{End}(V)$.

线性变换的乘法有以下性质：

结合律：$(\mathscr{A}_1\mathscr{A}_2)\mathscr{A}_3=\mathscr{A}_1(\mathscr{A}_2\mathscr{A}_3)$.

分配律：$\mathscr{A}_1(\mathscr{A}_2+\mathscr{A}_3)=\mathscr{A}_1\mathscr{A}_2+\mathscr{A}_1\mathscr{A}_3$，$(\mathscr{A}_2+\mathscr{A}_3)\mathscr{A}_1=\mathscr{A}_2\mathscr{A}_1+\mathscr{A}_3\mathscr{A}_1$.

对于恒等变换 $\mathscr{E}$ 有

$$\mathscr{E}\mathscr{A}=\mathscr{A}\mathscr{E}=\mathscr{A}$$

且有

$$k(\mathscr{A}_1\mathscr{A}_2)=(k\mathscr{A}_1)\mathscr{A}_2=\mathscr{A}_1(k\mathscr{A}_2)$$

在一元多项式的全体 $F[x]$ 中考虑线性变换

$$\mathscr{A}(f(x))=f'(x)$$
$$\mathscr{B}(f(x))=\int_0^x f(t)\,\mathrm{d}t$$

显然 $\mathscr{A}\mathscr{B}=\mathscr{E}$，但一般来说，$\mathscr{B}\mathscr{A}\neq\mathscr{E}$. 即线性变换的乘积不满足交换律，但满足结合律和对加法的左、右分配律.

定义 1.12 设 $\mathscr{A}$ 是 $V_n(\mathbf{F})$ 的线性变换，若存在 $V_n(\mathbf{F})$ 的变换 $\mathscr{B}$，使得 $\mathscr{A}\mathscr{B}=\mathscr{B}\mathscr{A}=\mathscr{E}$，则称变换 $\mathscr{B}$ 为 $\mathscr{A}$ 的逆变换，此时称 $\mathscr{A}$ 为可逆线性变换. 可以证明若线性变换可逆，则其逆变换唯一.

事实上，设 $\mathscr{B}$ 与 $\mathscr{D}$ 都是 $\mathscr{A}$ 的逆变换，于是有

$$\mathscr{A}\mathscr{B}=\mathscr{B}\mathscr{A}=\mathscr{E},\ \mathscr{A}\mathscr{D}=\mathscr{D}\mathscr{A}=\mathscr{E}$$

则

$$\mathscr{B}=\mathscr{E}\mathscr{B}=(\mathscr{D}\mathscr{A})\mathscr{B}=\mathscr{D}(\mathscr{A}\mathscr{B})=\mathscr{D}\mathscr{E}=\mathscr{D}$$

由于 $\mathscr{A}$ 的逆变换仅有一个，将其记为 $\mathscr{A}^{-1}$.

下面证明线性变换 $\mathscr{A}$ 的逆变换 $\mathscr{A}^{-1}$ 也是线性变换

$$\begin{aligned}\mathscr{A}^{-1}(k\boldsymbol{\alpha}+l\boldsymbol{\beta})=&\mathscr{A}^{-1}[\mathscr{A}\mathscr{A}^{-1}(k\boldsymbol{\alpha}+l\boldsymbol{\beta})]=\\&\mathscr{A}^{-1}[k\mathscr{A}\mathscr{A}^{-1}(\boldsymbol{\alpha})+l\mathscr{A}\mathscr{A}^{-1}(\boldsymbol{\beta})]=\\&\mathscr{A}^{-1}[\mathscr{A}(k\mathscr{A}^{-1}(\boldsymbol{\alpha})+l\mathscr{A}^{-1}(\boldsymbol{\beta}))]=\\&k\mathscr{A}^{-1}(\boldsymbol{\alpha})+l\mathscr{A}^{-1}(\boldsymbol{\beta})\end{aligned}$$

可见 $\mathscr{A}^{-1}$ 是线性变换.

例 1.24　设 $\mathbf{A}$ 是 n 阶可逆矩阵，$\forall\,\boldsymbol{x}\in\mathbf{R}^n$，定义

$$\mathscr{A}(\boldsymbol{x})=\mathbf{A}\boldsymbol{x}$$

$$\mathscr{B}(\boldsymbol{x})=\mathbf{A}^{-1}\boldsymbol{x}$$

易见 $\mathscr{A},\mathscr{B}$ 都是 $\mathbf{R}^n$ 的线性变换，且对 $\forall\,\boldsymbol{x}$ 有

$$\mathscr{A}\mathscr{B}(\boldsymbol{x})=\mathscr{A}(\mathscr{B}(\boldsymbol{x}))=\mathscr{A}(\mathbf{A}^{-1}\boldsymbol{x})=\mathbf{A}(\mathbf{A}^{-1}\boldsymbol{x})=(\mathbf{A}\mathbf{A}^{-1})\boldsymbol{x}=\boldsymbol{x}=\varepsilon(x)$$

$$\mathscr{B}\mathscr{A}(\boldsymbol{x})=\mathscr{B}(\mathscr{A}(\boldsymbol{x}))=\mathscr{B}(\mathbf{A}\boldsymbol{x})=\mathbf{A}^{-1}(\mathbf{A}\boldsymbol{x})=(\mathbf{A}^{-1}\mathbf{A})\boldsymbol{x}=\boldsymbol{x}=\varepsilon(x)$$

因此有

$$\mathscr{A}\mathscr{B}=\mathscr{E}=\mathscr{B}\mathscr{A}$$

例 1.25(旋转变换)　$\mathbf{R}^2$ 为 Oxy 上以原点 O 为起点的全体向量，在 Oxy 平面直角坐标系下，$\boldsymbol{\alpha}=(x,y)$ 将 $\boldsymbol{\alpha}$ 绕 O 点逆时针旋转 θ 角(图 1.1)，设这一变换为 $\mathscr{A}$，记 $\mathscr{A}(\boldsymbol{\alpha})=\boldsymbol{\alpha}'=(x',y')$，则 $\mathscr{A}$ 是线性变换.

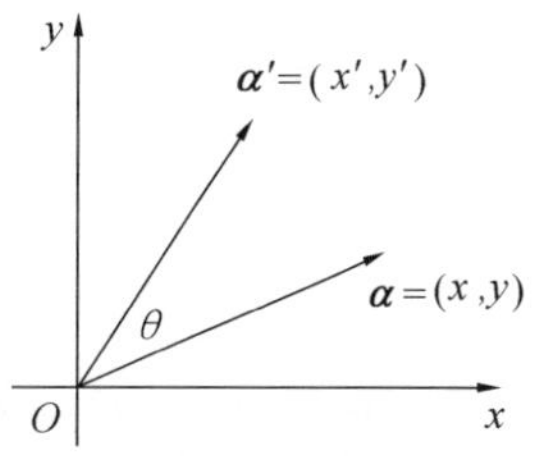

图 1.1

由解析几何知

$$x'=x\cos\theta-y\sin\theta$$

$$y'=x\sin\theta+y\cos\theta$$

写成矩阵形式为

$$\boldsymbol{\alpha}'=\mathbf{A}\boldsymbol{\alpha}$$

其中 $\mathbf{A}=\begin{bmatrix}\cos\theta & -\sin\theta\\ \sin\theta & \cos\theta\end{bmatrix}$，即

$$\mathscr{A}(\boldsymbol{\alpha})=\boldsymbol{\alpha}'=\mathbf{A}\boldsymbol{\alpha}$$

于是 $\forall\,\boldsymbol{\alpha},\boldsymbol{\beta}\in\mathbf{R}^2$，$\forall\,k,l\in\mathbf{R}$，有

$$\begin{aligned}\mathscr{A}(k\boldsymbol{\alpha}+l\boldsymbol{\beta})=&\mathbf{A}(k\boldsymbol{\alpha}+l\boldsymbol{\beta})=\\&k\mathbf{A}\alpha+l\mathbf{A}\boldsymbol{\beta}=\\&k\mathscr{A}(\boldsymbol{\alpha})+l\mathscr{A}(\boldsymbol{\beta})\end{aligned}$$

可见 $\mathscr{A}$ 为线性变换，称为旋转变换.

例 1.26(镜面反射)　考察 $\mathbf{R}^2$ 中每个向量关于过原点的直线 L(镜面)相对称的变换 r_L(图 1.2)

$$\forall\,\boldsymbol{\alpha}=\overrightarrow{OA}\in\mathbf{R}^2,\text{令 } r_L(\boldsymbol{\alpha})=\boldsymbol{\alpha}'=\overrightarrow{OB}$$

设 $\boldsymbol{\omega}$ 为 L 的单位方向向量，则

$$\overrightarrow{OC}=(\boldsymbol{\alpha},\boldsymbol{\omega})\boldsymbol{\omega}$$

其中$(\boldsymbol{\alpha},\boldsymbol{\omega})$为$\boldsymbol{\alpha}$与$\boldsymbol{\omega}$的内积，于是

$$r_L(\boldsymbol{\alpha})=\boldsymbol{\alpha}'=\boldsymbol{\alpha}+\overrightarrow{AB}=\boldsymbol{\alpha}+2\overrightarrow{AC}=\boldsymbol{\alpha}+2(\overrightarrow{OC}-\boldsymbol{\alpha})=$$
$$-\boldsymbol{\alpha}+2(\boldsymbol{\alpha},\boldsymbol{\omega})\boldsymbol{\omega}$$

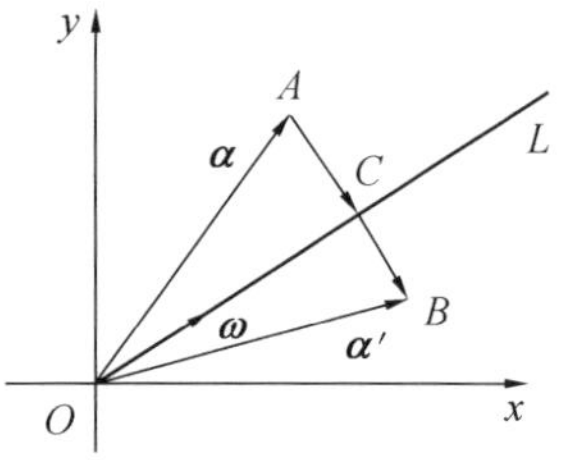

图 1.2

因此 $\forall\boldsymbol{\alpha},\boldsymbol{\beta}\in\mathbf{R}^2,k,l\in\mathbf{R}$有

$$r_L(k\boldsymbol{\alpha}+l\boldsymbol{\beta})=-(k\boldsymbol{\alpha}+l\boldsymbol{\beta})+2(k\boldsymbol{\alpha}+l\boldsymbol{\beta},\boldsymbol{\omega})\boldsymbol{\omega}=$$
$$k(-\boldsymbol{\alpha}+2(\boldsymbol{\alpha},\boldsymbol{\omega})\boldsymbol{\omega})+l(-\boldsymbol{\beta}+2(\boldsymbol{\beta},\boldsymbol{\omega})\boldsymbol{\omega})=$$
$$kr_L(\boldsymbol{\alpha})+lr_L(\boldsymbol{\beta})$$

这说明r_L是线性变换，称为镜面反射.

定义 1.13(线性变换的值域与核)

设$\mathscr{A}$是$V_n(\mathbf{F})$的线性变换

$$\mathscr{A}(V_n(\mathbf{F}))=\{\mathscr{A}(\boldsymbol{\alpha})\mid\boldsymbol{\alpha}\in V_n(\mathbf{F})\}$$

与

$$\mathscr{A}^{-1}(\boldsymbol{\theta})=\{\boldsymbol{\alpha}\in V_n(\mathbf{F})\mid\mathscr{A}(\boldsymbol{\alpha})=\boldsymbol{\theta}\}$$

分别称为$\mathscr{A}$的值域与核. 为了与矩阵$\mathbf{A}$的值域与核相对应，也将线性变换的值域与核分别记为$R(\mathscr{A}),N(\mathscr{A})$.

定理 1.10　设$\mathscr{A}$是$V_n(\mathbf{F})$的线性变换，则$\mathscr{A}$的值域与核都是$V_n(\mathbf{F})$的子空间.

证　因为$\boldsymbol{\theta}\in\mathscr{A}(V_n(\mathbf{F}))$，故$\mathscr{A}$的值域是$V_n(\mathbf{F})$的非空子集，在$\mathscr{A}(V_n(\mathbf{F}))$中任取向量$\mathscr{A}(\boldsymbol{\alpha}),\mathscr{A}(\boldsymbol{\beta})$，则有

$$\mathscr{A}(\boldsymbol{\alpha})+\mathscr{A}(\boldsymbol{\beta})=\mathscr{A}(\boldsymbol{\alpha}+\boldsymbol{\beta})\in\mathscr{A}(V_n(\mathbf{F}))$$

对$k\in\mathbf{F}$，有

$$k\mathscr{A}(\boldsymbol{\alpha})=\mathscr{A}(k\boldsymbol{\alpha})\in V_n(\mathbf{F})$$

故$\mathscr{A}$的值域是$V_n(\mathbf{F})$的子空间.

因为$\boldsymbol{\theta}\in\mathscr{A}^{-1}(\boldsymbol{\theta})$，故$\mathscr{A}^{-1}(\boldsymbol{\theta})$是$\boldsymbol{V}_n(\boldsymbol{F})$的非空子集.

设$\boldsymbol{\alpha},\boldsymbol{\beta}\in\mathscr{A}^{-1}(\boldsymbol{\theta})$，于是有$\mathscr{A}(\boldsymbol{\alpha})=\boldsymbol{\theta},\mathscr{A}(\boldsymbol{\beta})=\boldsymbol{\theta}$，则

$$\mathscr{A}(\boldsymbol{\alpha}+\boldsymbol{\beta})=\mathscr{A}(\boldsymbol{\alpha})+\mathscr{A}(\boldsymbol{\beta})=\boldsymbol{\theta}$$

即

$$\boldsymbol{\alpha}+\boldsymbol{\beta}\in\mathscr{A}^{-1}(\boldsymbol{\theta})$$

$\forall k\in\mathbf{F}$有

$$\mathscr{A}(k\boldsymbol{\alpha})=k\mathscr{A}(\boldsymbol{\alpha})=k\boldsymbol{\theta}=\boldsymbol{\theta}$$

即

$$k\boldsymbol{\alpha}\in\mathscr{A}^{-1}(\boldsymbol{\theta})$$

所以$\mathscr{A}$的核是$V_n(\mathbf{F})$的子空间.　□

定义 1.14　设$\mathscr{A}$是$V_n(\mathbf{F})$的线性变换，称$\mathscr{A}(V_n(\mathbf{F}))$的维数为$\mathscr{A}$的秩，称$\mathscr{A}^{-1}(\boldsymbol{\theta})$的维数为$\mathscr{A}$的零度.

定理 1.11　设$\mathscr{A}$是n维线性空间$V_n(\mathbf{F})$的线性变换，则

$$\mathscr{A}\text{的秩}+\mathscr{A}\text{的零度}=n$$

即

$$\dim\mathscr{A}(V_n(\mathbf{F}))+\dim\mathscr{A}^{-1}(\boldsymbol{\theta})=n$$

证　设$\mathscr{A}$的零度为r，即$\dim\mathscr{A}^{-1}(\boldsymbol{\theta})=r$，$\boldsymbol{\varepsilon}_1,\boldsymbol{\varepsilon}_2,\cdots,\boldsymbol{\varepsilon}_r$为$\mathscr{A}^{-1}(\boldsymbol{\theta})$中的一组基，将其扩充为

$V_n(\mathbf{F})$ 的基 $\boldsymbol{\varepsilon}_1,\boldsymbol{\varepsilon}_2,\cdots,\boldsymbol{\varepsilon}_r,\boldsymbol{\varepsilon}_{r+1},\cdots,\boldsymbol{\varepsilon}_n$. $\forall\, \mathscr{A}(\boldsymbol{\alpha}) \in \mathscr{A}(V_n(\mathbf{F}))$,设

$$\boldsymbol{\alpha} = k_1\boldsymbol{\varepsilon}_1 + \cdots + k_r\boldsymbol{\varepsilon}_r + k_{r+1}\boldsymbol{\varepsilon}_{r+1} + \cdots + k_n\boldsymbol{\varepsilon}_n$$

则有

$$\mathscr{A}(\boldsymbol{\alpha}) = k_1\mathscr{A}(\boldsymbol{\varepsilon}_1) + \cdots + k_r\mathscr{A}(\boldsymbol{\varepsilon}_r) + k_{r+1}\mathscr{A}(\boldsymbol{\varepsilon}_{r+1}) + \cdots + k_n\mathscr{A}(\boldsymbol{\varepsilon}_n) = k_{r+1}\mathscr{A}(\boldsymbol{\varepsilon}_{r+1}) + \cdots + k_n\mathscr{A}(\boldsymbol{\varepsilon}_n)$$

于是
$$\mathscr{A}(\boldsymbol{\alpha}) \in \operatorname{span}(\mathscr{A}(\boldsymbol{\varepsilon}_{r+1}),\cdots,\mathscr{A}(\boldsymbol{\varepsilon}_n))$$
所以
$$\mathscr{A}(V_n(\mathbf{F})) \subset \operatorname{span}(\mathscr{A}(\boldsymbol{\varepsilon}_{r+1}),\cdots,\mathscr{A}(\boldsymbol{\varepsilon}_n))$$
显然
$$\mathscr{A}(V_n(\mathbf{F})) \supset \operatorname{span}(\mathscr{A}(\boldsymbol{\varepsilon}_{r+1}),\cdots,\mathscr{A}(\boldsymbol{\varepsilon}_n))$$
故
$$\mathscr{A}(V_n(\mathbf{F})) = \operatorname{span}(\mathscr{A}(\boldsymbol{\varepsilon}_{r+1}),\cdots,\mathscr{A}(\boldsymbol{\varepsilon}_n))$$

以下来证 $\mathscr{A}(\boldsymbol{\varepsilon}_{r+1}),\cdots,\mathscr{A}(\boldsymbol{\varepsilon}_n)$ 线性无关.设

$$c_{r+1}\mathscr{A}(\boldsymbol{\varepsilon}_{r+1}) + c_{r+2}\mathscr{A}(\boldsymbol{\varepsilon}_{r+2}) + \cdots + c_n\mathscr{A}(\boldsymbol{\varepsilon}_n) = \boldsymbol{\theta}$$

其中
$$c_i \in \mathbf{F}, i = r+1, r+2, \cdots, n$$
则有
$$\mathscr{A}(c_{r+1}\boldsymbol{\varepsilon}_{r+1} + c_{r+2}\boldsymbol{\varepsilon}_{r+2} + \cdots + c_n\boldsymbol{\varepsilon}_n) = \boldsymbol{\theta}$$
故
$$c_{r+1}\boldsymbol{\varepsilon}_{r+1} + c_{r+2}\boldsymbol{\varepsilon}_{r+2} + \cdots + c_n\boldsymbol{\varepsilon}_n \in \mathscr{A}^{-1}(\boldsymbol{\theta})$$
所以存在常数 $c_1,c_2,\cdots,c_r$,使

$$c_{r+1}\boldsymbol{\varepsilon}_{r+1} + c_{r+2}\boldsymbol{\varepsilon}_{r+2} + \cdots + c_n\boldsymbol{\varepsilon}_n = c_1\boldsymbol{\varepsilon}_1 + c_2\boldsymbol{\varepsilon}_2 + \cdots + c_r\boldsymbol{\varepsilon}_r$$

因为 $\boldsymbol{\varepsilon}_1,\cdots,\boldsymbol{\varepsilon}_r,\boldsymbol{\varepsilon}_{r+1},\cdots,\boldsymbol{\varepsilon}_n$ 是 $V_n(\mathbf{F})$ 的基,所以 $c_{r+1} = c_{r+2} = \cdots = c_n = 0$,因此 $\mathscr{A}(\boldsymbol{\varepsilon}_{r+1}),\mathscr{A}(\boldsymbol{\varepsilon}_{r+2}),\cdots,\mathscr{A}(\boldsymbol{\varepsilon}_n)$ 线性无关.

即有 $\dim \mathscr{A}(V_n(\mathbf{F})) = n - r$.

由 $\dim \mathscr{A}^{-1}(\boldsymbol{\theta}) = r$,立即得到

$$\dim \mathscr{A}(V_n(\mathbf{F})) + \dim \mathscr{A}^{-1}(\boldsymbol{\theta}) = n - r + r = n$$

也就是说

$$\mathscr{A}\text{的秩} + \mathscr{A}\text{的零度} = n$$

例 1.27　在 $\mathbf{R}^3$ 中定义 $\mathscr{A}$

$$\mathscr{A}(x_1,x_2,x_3)^{\mathrm{T}} = (x_1, x_1 + x_2, x_2 + x_3)^{\mathrm{T}}$$

求 $\mathscr{A}$ 的值域与核,并确定其秩与零度.

解　令 $\boldsymbol{\alpha} = (x_1,x_2,x_3)^{\mathrm{T}} \in \mathscr{A}^{-1}(\boldsymbol{\theta})$,则

$$\mathscr{A}(\boldsymbol{\alpha}) = (x_1, x_1 + x_2, x_2 + x_3)^{\mathrm{T}} = (0,0,0)^{\mathrm{T}}$$

解得 $x_1 = x_2 = x_3 = 0$,即 $\boldsymbol{\alpha} = \boldsymbol{\theta}$,$\mathscr{A}^{-1}(\boldsymbol{\theta}) = \{\boldsymbol{\theta}\}$,$\mathscr{A}$的零度为 0,$\mathscr{A}$的秩为 3,因为 $\mathscr{A}(\mathbf{R}^3) \subset \mathbf{R}^3$,所以 $\mathscr{A}(\mathbf{R}^3) = \mathbf{R}^3$.

1.5　线性变换的矩阵表示

设 $\mathscr{A}$ 是 $V_n(\mathbf{F})$ 的一个线性变换,$\boldsymbol{\varepsilon}_1,\boldsymbol{\varepsilon}_2,\cdots,\boldsymbol{\varepsilon}_n$ 是 $V_n(\mathbf{F})$ 的一个基,于是 $\mathscr{A}(\boldsymbol{\varepsilon}_1),\mathscr{A}(\boldsymbol{\varepsilon}_2),\cdots,\mathscr{A}(\boldsymbol{\varepsilon}_n)$ 是 $V_n(\mathbf{F})$ 的一组确定的向量,它们可由基 $\boldsymbol{\varepsilon}_1,\boldsymbol{\varepsilon}_2,\cdots,\boldsymbol{\varepsilon}_n$ 线性表示,且表法唯一,设

$$\begin{aligned} \mathscr{A}(\boldsymbol{\varepsilon}_1) &= a_{11}\boldsymbol{\varepsilon}_1 + a_{21}\boldsymbol{\varepsilon}_2 + \cdots + a_{n1}\boldsymbol{\varepsilon}_n \\ \mathscr{A}(\boldsymbol{\varepsilon}_2) &= a_{12}\boldsymbol{\varepsilon}_1 + a_{22}\boldsymbol{\varepsilon}_2 + \cdots + a_{n2}\boldsymbol{\varepsilon}_n \\ &\ \ \vdots \\ \mathscr{A}(\boldsymbol{\varepsilon}_n) &= a_{1n}\boldsymbol{\varepsilon}_1 + a_{2n}\boldsymbol{\varepsilon}_2 + \cdots + a_{nn}\boldsymbol{\varepsilon}_n \end{aligned} \tag{1.8}$$

令 $\mathbf{A}=(a_{ij})_{n\times n}$，称 $\mathbf{A}$ 为线性变换 $\mathscr{A}$ 在基 $\boldsymbol{\varepsilon}_1,\boldsymbol{\varepsilon}_2,\cdots,\boldsymbol{\varepsilon}_n$ 下的表示矩阵.

将式(1.8)形式上写成

$$\mathscr{A}(\boldsymbol{\varepsilon}_1,\boldsymbol{\varepsilon}_2,\cdots,\boldsymbol{\varepsilon}_n)=(\mathscr{A}(\boldsymbol{\varepsilon}_1),\mathscr{A}(\boldsymbol{\varepsilon}_2),\cdots,\mathscr{A}(\boldsymbol{\varepsilon}_n))=(\boldsymbol{\varepsilon}_1,\boldsymbol{\varepsilon}_2,\cdots,\boldsymbol{\varepsilon}_n)\mathbf{A} \tag{1.9}$$

这样给定一组基 $\boldsymbol{\varepsilon}_1,\boldsymbol{\varepsilon}_2,\cdots,\boldsymbol{\varepsilon}_n$，则由式(1.8)知，$\mathscr{A}$ 可唯一确定方阵 $\mathbf{A}$，反之给定一个方阵 $\mathbf{A}$，$\forall\boldsymbol{\alpha}\in V_n(\mathbf{F})$，在基 $\boldsymbol{\varepsilon}_1,\boldsymbol{\varepsilon}_2,\cdots,\boldsymbol{\varepsilon}_n$ 下 $\boldsymbol{\alpha}$ 可由 $\boldsymbol{\varepsilon}_1,\boldsymbol{\varepsilon}_2,\cdots,\boldsymbol{\varepsilon}_n$ 唯一线性表示

$$\boldsymbol{\alpha}=\sum_{i=1}^{n}x_i\boldsymbol{\varepsilon}_i,x_i\in\mathbf{F},i=1,2,\cdots,n$$

于是

$$\mathscr{A}(\boldsymbol{\alpha})=\mathscr{A}(\sum_{i=1}^{n}x_i\boldsymbol{\varepsilon}_i)=\sum_{i=1}^{n}x_i\mathscr{A}(\boldsymbol{\varepsilon}_i)$$

这样 $\mathscr{A}(\boldsymbol{\alpha})$ 由 $\boldsymbol{\alpha}$ 在 $\boldsymbol{\varepsilon}_1,\boldsymbol{\varepsilon}_2,\cdots,\boldsymbol{\varepsilon}_n$ 下的坐标及基的象 $\mathscr{A}(\boldsymbol{\varepsilon}_1),\mathscr{A}(\boldsymbol{\varepsilon}_2),\cdots,\mathscr{A}(\boldsymbol{\varepsilon}_n)$ 所唯一确定. 由式(1.8)，式(1.9)知 $\mathscr{A}(\boldsymbol{\varepsilon}_1),\mathscr{A}(\boldsymbol{\varepsilon}_2),\cdots,\mathscr{A}(\boldsymbol{\varepsilon}_n)$ 由 $\mathbf{A}$ 唯一确定. 因此给定 $\mathbf{F}$ 上的一个方阵 $\mathbf{A}$，对于指定的基，可唯一确定 $V_n(\mathbf{F})$ 的一个线性变换 $\mathscr{A}$.

由式(1.9)容易证明在基 $\boldsymbol{\varepsilon}_1,\boldsymbol{\varepsilon}_2,\cdots,\boldsymbol{\varepsilon}_n$ 下每个线性变换的表示矩阵应有如下的性质：

(1) 线性变换的和对应于矩阵的和；

(2) 线性变换的乘积对应于矩阵的乘积；

(3) 线性变换的数乘对应于矩阵的数乘；

(4) 可逆的线性变换与可逆矩阵对应，且逆变换对应于逆矩阵.

有了线性变换的表示矩阵，可以直接计算向量的象的坐标，这就是下面的定理.

定理 1.12　设线性变换 $\mathscr{A}$ 在 $\boldsymbol{\varepsilon}_1,\boldsymbol{\varepsilon}_2,\cdots,\boldsymbol{\varepsilon}_n$ 下的表示矩阵为 $\mathbf{A}$，向量 $\boldsymbol{\alpha}$ 在基 $\boldsymbol{\varepsilon}_1,\boldsymbol{\varepsilon}_2,\cdots,\boldsymbol{\varepsilon}_n$ 下的坐标为 $x_1,x_2,\cdots,x_n$，$\mathscr{A}(\boldsymbol{\alpha})$ 在此基下的坐标为 $y_1,y_2,\cdots,y_n$，则

$$\begin{bmatrix}y_1\\y_2\\\vdots\\y_n\end{bmatrix}=\mathbf{A}\begin{bmatrix}x_1\\x_2\\\vdots\\x_n\end{bmatrix} \tag{1.10}$$

证　因为

$$\boldsymbol{\alpha}=\sum_{i=1}^{n}x_i\boldsymbol{\varepsilon}_i$$

所以

$$\mathscr{A}(\boldsymbol{\alpha})=\mathscr{A}(\sum_{i=1}^{n}x_i\boldsymbol{\varepsilon}_i)=\sum_{i=1}^{n}x_i\mathscr{A}(\boldsymbol{\varepsilon}_i)=$$

$$(\mathscr{A}(\boldsymbol{\varepsilon}_1),\mathscr{A}(\boldsymbol{\varepsilon}_2),\cdots,\mathscr{A}(\boldsymbol{\varepsilon}_n))\begin{bmatrix}x_1\\x_2\\\vdots\\x_n\end{bmatrix}=$$

$$(\boldsymbol{\varepsilon}_1,\boldsymbol{\varepsilon}_2,\cdots,\boldsymbol{\varepsilon}_n)\mathbf{A}\begin{bmatrix}x_1\\x_2\\\vdots\\x_n\end{bmatrix}$$

又因为

$$\mathscr{A}(\boldsymbol{\alpha})=\sum_{i=1}^{n}y_i\boldsymbol{\varepsilon}_i=(\boldsymbol{\varepsilon}_1,\boldsymbol{\varepsilon}_2,\cdots,\boldsymbol{\varepsilon}_n)\begin{bmatrix}y_1\\y_2\\\vdots\\y_n\end{bmatrix}$$

由向量坐标的唯一性，得

$$\begin{bmatrix}y_1\\y_2\\\vdots\\y_n\end{bmatrix}=\boldsymbol{A}\begin{bmatrix}x_1\\x_2\\\vdots\\x_n\end{bmatrix}$$ □

例 1.28　在 $\mathbf{R}^n$ 中线性变换 $\mathscr{A}$ 在自然基 $\boldsymbol{e}_1,\boldsymbol{e}_2,\cdots,\boldsymbol{e}_n$ 下的表示矩阵 $\boldsymbol{A}=(\mathscr{A}(\boldsymbol{e}_1),\mathscr{A}(\boldsymbol{e}_2),\cdots,\mathscr{A}(\boldsymbol{e}_n))$，所谓的自然基 $\boldsymbol{e}_1,\boldsymbol{e}_2,\cdots,\boldsymbol{e}_n$ 就是 n 阶单位阵的 n 个列向量.

例 1.29　求 $P[\boldsymbol{x}]_{n+1}$ 中的线性变换

$$\mathscr{A}(f(x))=f'(x),\forall f(x)\in P[x]_{n+1}$$

在基 $1,x,\cdots,x^n$ 下的表示矩阵.

解　可得

$$\begin{aligned}
&\mathscr{A}(1)=0 &&=0\cdot 1+0\cdot x+\cdots &&+0\cdot x^n\\
&\mathscr{A}(x)=1 &&=1\cdot 1+0\cdot x+\cdots &&+0\cdot x^n\\
&\mathscr{A}(x^2)=2x &&=0\cdot 1+2\cdot x+\cdots &&+0\cdot x^n\\
&\mathscr{A}(x^n)=nx^{n-1} &&=0\cdot 1+0\cdot x+\cdots &&+nx^{n-1}+0\cdot x^n
\end{aligned}$$

由式(1.8)知

$$\boldsymbol{A}=\begin{bmatrix}0&1&0&\cdots&0\\0&0&2&\cdots&0\\\vdots&\vdots&\vdots&\vdots&\\0&0&0&\cdots&n\\0&0&0&\cdots&0\end{bmatrix}$$

例 1.30　在 $\mathbf{R}^3$ 中线性变换 $\mathscr{A}$ 将基

$$\boldsymbol{\alpha}_1=\begin{bmatrix}1\\1\\-1\end{bmatrix},\boldsymbol{\alpha}_2=\begin{bmatrix}0\\2\\-1\end{bmatrix},\boldsymbol{\alpha}_3=\begin{bmatrix}1\\0\\-1\end{bmatrix}$$

变为基

$$\boldsymbol{\beta}_1=\begin{bmatrix}1\\-1\\0\end{bmatrix},\boldsymbol{\beta}_2=\begin{bmatrix}0\\1\\-1\end{bmatrix},\boldsymbol{\beta}_3=\begin{bmatrix}0\\3\\-2\end{bmatrix}$$

(1) 求 $\mathscr{A}$ 在基 $\boldsymbol{\alpha}_1,\boldsymbol{\alpha}_2,\boldsymbol{\alpha}_3$ 下的表示矩阵；

(2) 求向量 $\boldsymbol{\xi}=(1,2,3)^{\mathrm{T}}$ 及 $\mathscr{A}(\boldsymbol{\xi})$ 在基 $\boldsymbol{\alpha}_1,\boldsymbol{\alpha}_2,\boldsymbol{\alpha}_3$ 下的坐标.

解　(1) 可得

$$\mathscr{A}(\boldsymbol{\alpha}_1)=\boldsymbol{\beta}_1$$
$$\mathscr{A}(\boldsymbol{\alpha}_2)=\boldsymbol{\beta}_2$$
$$\mathscr{A}(\boldsymbol{\alpha}_3)=\boldsymbol{\beta}_3$$

$$(\mathscr{A}(\boldsymbol{\alpha}_1)),\mathscr{A}(\boldsymbol{\alpha}_2),\mathscr{A}(\boldsymbol{\alpha}_3)=(\boldsymbol{\alpha}_1,\boldsymbol{\alpha}_2,\boldsymbol{\alpha}_3)\boldsymbol{A}$$

即

$$(\boldsymbol{\beta}_1,\boldsymbol{\beta}_2,\boldsymbol{\beta}_3)=(\boldsymbol{\alpha}_1,\boldsymbol{\alpha}_2,\boldsymbol{\alpha}_3)\boldsymbol{A}$$

$$\boldsymbol{A}=(\boldsymbol{\alpha}_1,\boldsymbol{\alpha}_2,\boldsymbol{\alpha}_3)^{-1}(\boldsymbol{\beta}_1,\boldsymbol{\beta}_2,\boldsymbol{\beta}_3)=\begin{bmatrix}1&0&1\\1&2&0\\-1&-1&-1\end{bmatrix}^{-1}\begin{bmatrix}1&0&0\\-1&1&3\\0&-1&-2\end{bmatrix}=\begin{bmatrix}1&-1&-1\\-1&1&2\\0&1&1\end{bmatrix}$$

(2) 设

$$\boldsymbol{\xi}=x_1\boldsymbol{\alpha}_1+x_2\boldsymbol{\alpha}_2+x_3\boldsymbol{\alpha}_3=(\boldsymbol{\alpha}_1,\boldsymbol{\alpha}_2,\boldsymbol{\alpha}_3)\begin{bmatrix}x_1\\x_2\\x_3\end{bmatrix}$$

$$\begin{bmatrix}x_1\\x_2\\x_3\end{bmatrix}=(\boldsymbol{\alpha}_1,\boldsymbol{\alpha}_2,\boldsymbol{\alpha}_3)^{-1}\boldsymbol{\xi}=\begin{bmatrix}1&0&1\\1&2&0\\-1&-1&-1\end{bmatrix}^{-1}\begin{bmatrix}1\\2\\3\end{bmatrix}=\begin{bmatrix}10\\-4\\-9\end{bmatrix}$$

设 $\mathscr{A}(\boldsymbol{\xi})$ 在 $\boldsymbol{\alpha}_1,\boldsymbol{\alpha}_2,\boldsymbol{\alpha}_3$ 下的坐标为$(y_1,y_2,y_3)^{\mathrm{T}}$，由式(1.10) 有

$$\begin{bmatrix}y_1\\y_2\\y_3\end{bmatrix}=\boldsymbol{A}\begin{bmatrix}x_1\\x_2\\x_3\end{bmatrix}=\begin{bmatrix}1&-1&-1\\-1&1&2\\0&1&1\end{bmatrix}\begin{bmatrix}10\\-4\\-9\end{bmatrix}=\begin{bmatrix}23\\-32\\-13\end{bmatrix}$$

一般来说，同一个线性变换在不同基下的表示矩阵是不同的，它们的内在联系是什么呢？下面的定理说明了这一问题.

定理 1.13　$\boldsymbol{\alpha}_1,\boldsymbol{\alpha}_2,\cdots,\boldsymbol{\alpha}_n;\boldsymbol{\beta}_1,\boldsymbol{\beta}_2,\cdots,\boldsymbol{\beta}_n$ 为线性空间 $V_n(\mathbf{F})$ 的两组基，它们之间的过渡矩阵为 $\boldsymbol{P}$，$V_n(\mathbf{F})$ 中线性变换 $\mathscr{A}$ 在这两组基下的表示矩阵分别为 $\boldsymbol{A}$ 和 $\boldsymbol{B}$，则

$$\boldsymbol{B}=\boldsymbol{P}^{-1}\boldsymbol{A}\boldsymbol{P}$$

证　由已知条件有形式写法

$$\mathscr{A}(\boldsymbol{\alpha}_1,\boldsymbol{\alpha}_2,\cdots,\boldsymbol{\alpha}_n)=(\boldsymbol{\alpha}_1,\boldsymbol{\alpha}_2,\cdots,\boldsymbol{\alpha}_n)\boldsymbol{A}$$

$$\mathscr{A}(\boldsymbol{\beta}_1,\boldsymbol{\beta}_2,\cdots,\boldsymbol{\beta}_n)=(\boldsymbol{\beta}_1,\boldsymbol{\beta}_2,\cdots,\boldsymbol{\beta}_n)\boldsymbol{B}$$

$$(\boldsymbol{\beta}_1,\boldsymbol{\beta}_2,\cdots,\boldsymbol{\beta}_n)=(\boldsymbol{\alpha}_1,\boldsymbol{\alpha}_2,\cdots,\boldsymbol{\alpha}_n)\boldsymbol{P}$$

故

$$(\boldsymbol{\alpha}_1,\boldsymbol{\alpha}_2,\cdots,\boldsymbol{\alpha}_n)=(\boldsymbol{\beta}_1,\boldsymbol{\beta}_2,\cdots,\boldsymbol{\beta}_n)\boldsymbol{P}^{-1}$$

于是有

$$\begin{aligned}(\mathscr{A}\boldsymbol{\beta}_1,\mathscr{A}\boldsymbol{\beta}_2,\cdots,\mathscr{A}\boldsymbol{\beta}_n)=\mathscr{A}(\boldsymbol{\beta}_1,\boldsymbol{\beta}_2,\cdots,\boldsymbol{\beta}_n)=\mathscr{A}[(\boldsymbol{\alpha}_1,\boldsymbol{\alpha}_2,\cdots,\boldsymbol{\alpha}_n)\boldsymbol{P}]=\\ [\mathscr{A}(\boldsymbol{\alpha}_1,\boldsymbol{\alpha}_2,\cdots,\boldsymbol{\alpha}_n)]\boldsymbol{P}=[(\boldsymbol{\alpha}_1,\boldsymbol{\alpha}_2,\cdots,\boldsymbol{\alpha}_n)\boldsymbol{A}]\boldsymbol{P}=\\ (\boldsymbol{\alpha}_1,\boldsymbol{\alpha}_2,\cdots,\boldsymbol{\alpha}_n)\boldsymbol{A}\boldsymbol{P}=(\boldsymbol{\beta}_1,\boldsymbol{\beta}_2,\cdots,\boldsymbol{\beta}_n)\boldsymbol{P}^{-1}\boldsymbol{A}\boldsymbol{P}\end{aligned}$$

由于在 $\boldsymbol{\beta}_1,\boldsymbol{\beta}_2,\cdots,\boldsymbol{\beta}_n$ 这个基下线性变换 $\mathscr{A}$ 的表示矩阵是唯一的，故 $\boldsymbol{B}=\boldsymbol{P}^{-1}\boldsymbol{A}\boldsymbol{P}$. □

定理 1.13 表示在线性空间 $V_n(\mathbf{F})$ 中，同一线性变换在不同基下的表示矩阵是相似的，其相似变换矩阵是相应的过渡矩阵，当然应当在所有相似矩阵中找出其最简形式来表示线性变换，这就是 Jordan 标准形问题.

例 1.31　$\mathscr{A}$ 是 $\mathbf{R}^{2\times2}$ 上的线性变换，$\forall \boldsymbol{M}\in\mathbf{R}^{2\times2}$，有 $\mathscr{A}(\boldsymbol{M})=\begin{bmatrix}1&0\\0&-1\end{bmatrix}\boldsymbol{M}$，求 $\mathscr{A}$ 在基 $\boldsymbol{A}_1=\begin{bmatrix}1&0\\0&0\end{bmatrix}$，$\boldsymbol{A}_2=\begin{bmatrix}-1&1\\0&0\end{bmatrix}$，$\boldsymbol{A}_3=\begin{bmatrix}-1&0\\1&0\end{bmatrix}$，$\boldsymbol{A}_4=\begin{bmatrix}-1&0\\0&1\end{bmatrix}$下的表示矩阵.

解　方法一（直接法）

第一步：求基 $\boldsymbol{A}_j$ 的象 $\mathscr{A}(\boldsymbol{A}_j)$，$j=1,2,3,4$，即

$$\mathscr{A}(\boldsymbol{A}_1)=\begin{bmatrix}1&0\\0&-1\end{bmatrix}\begin{bmatrix}1&0\\0&0\end{bmatrix}=\begin{bmatrix}1&0\\0&0\end{bmatrix}$$

$$\mathscr{A}(\boldsymbol{A}_2)=\begin{bmatrix}1&0\\0&-1\end{bmatrix}\begin{bmatrix}-1&1\\0&0\end{bmatrix}=\begin{bmatrix}-1&1\\0&0\end{bmatrix}$$

$$\mathscr{A}(\boldsymbol{A}_3)=\begin{bmatrix}1&0\\0&-1\end{bmatrix}\begin{bmatrix}-1&0\\1&0\end{bmatrix}=\begin{bmatrix}-1&0\\-1&0\end{bmatrix}$$

$$\mathscr{A}(\boldsymbol{A}_4)=\begin{bmatrix}1&0\\0&-1\end{bmatrix}\begin{bmatrix}-1&0\\0&1\end{bmatrix}=\begin{bmatrix}-1&0\\0&-1\end{bmatrix}$$

第二步：求基象 $\mathscr{A}(\boldsymbol{A}_j)$ 在基 $\boldsymbol{A}_1,\boldsymbol{A}_2,\boldsymbol{A}_3,\boldsymbol{A}_4$ 下的坐标

$$\mathscr{A}(\boldsymbol{A}_j)=\sum_{i=1}^{4}a_{ij}\boldsymbol{A}_i=(\boldsymbol{A}_1,\boldsymbol{A}_2,\boldsymbol{A}_3,\boldsymbol{A}_4)\begin{bmatrix}a_{1j}\\a_{2j}\\a_{3j}\\a_{4j}\end{bmatrix}\quad j=1,2,3,4$$

$$(\mathscr{A}(\boldsymbol{A}_1),\mathscr{A}(\boldsymbol{A}_2),\mathscr{A}(\boldsymbol{A}_3),\mathscr{A}(\boldsymbol{A}_4))=(\boldsymbol{A}_1,\boldsymbol{A}_2,\boldsymbol{A}_3,\boldsymbol{A}_4)\boldsymbol{A}\quad \boldsymbol{A}=(a_{ij})_{4\times4}$$

将 $\boldsymbol{A}_1,\boldsymbol{A}_2,\boldsymbol{A}_3,\boldsymbol{A}_4$，横排竖放得到的列向量记为 $\boldsymbol{\varepsilon}_1,\boldsymbol{\varepsilon}_2,\boldsymbol{\varepsilon}_3,\boldsymbol{\varepsilon}_4$.

将 $\mathscr{A}(\boldsymbol{A}_1),\mathscr{A}(\boldsymbol{A}_2),\mathscr{A}(\boldsymbol{A}_3),\mathscr{A}(\boldsymbol{A}_4)$，横排竖放得到的列向量记为 $\boldsymbol{\eta}_1,\boldsymbol{\eta}_2,\boldsymbol{\eta}_3,\boldsymbol{\eta}_4$.

于是有

$$(\boldsymbol{\eta}_1,\boldsymbol{\eta}_2,\boldsymbol{\eta}_3,\boldsymbol{\eta}_4)=(\boldsymbol{\varepsilon}_1,\boldsymbol{\varepsilon}_2,\boldsymbol{\varepsilon}_3,\boldsymbol{\varepsilon}_4)\boldsymbol{A}$$

第三步：求 $\mathscr{A}$ 在基 $\boldsymbol{A}_1,\boldsymbol{A}_2,\boldsymbol{A}_3,\boldsymbol{A}_4$ 下的表示矩阵 $\boldsymbol{A}$

$$\boldsymbol{A}=(\boldsymbol{\varepsilon}_1,\boldsymbol{\varepsilon}_2,\boldsymbol{\varepsilon}_3,\boldsymbol{\varepsilon}_4)^{-1}(\boldsymbol{\eta}_1,\boldsymbol{\eta}_2,\boldsymbol{\eta}_3,\boldsymbol{\eta}_4)=$$

$$\begin{bmatrix}1&-1&-1&-1\\0&1&0&0\\0&0&1&0\\0&0&0&1\end{bmatrix}^{-1}\begin{bmatrix}1&-1&-1&-1\\0&1&0&0\\0&0&-1&0\\0&0&0&-1\end{bmatrix}=$$

$$\begin{bmatrix}1&0&-2&-2\\0&1&0&0\\0&0&-1&0\\0&0&0&-1\end{bmatrix}$$

方法二（间接法）

第一步:求简单基 $\boldsymbol{E}_{11},\boldsymbol{E}_{12},\boldsymbol{E}_{21},\boldsymbol{E}_{22}$ 的象 $\mathscr{A}(\boldsymbol{E}_{11}),\mathscr{A}(\boldsymbol{E}_{12}),\mathscr{A}(\boldsymbol{E}_{21}),\mathscr{A}(\boldsymbol{E}_{22})$

$$\mathscr{A}(\boldsymbol{E}_{11})=\begin{bmatrix}1&0\\0&-1\end{bmatrix}\begin{bmatrix}1&0\\0&0\end{bmatrix}=\begin{bmatrix}1&0\\0&0\end{bmatrix}$$

$$\mathscr{A}(\boldsymbol{E}_{12})=\begin{bmatrix}1&0\\0&-1\end{bmatrix}\begin{bmatrix}0&1\\0&0\end{bmatrix}=\begin{bmatrix}0&1\\0&0\end{bmatrix}$$

$$\mathscr{A}(\boldsymbol{E}_{21})=\begin{bmatrix}1&0\\0&-1\end{bmatrix}\begin{bmatrix}0&0\\1&0\end{bmatrix}=\begin{bmatrix}0&0\\-1&0\end{bmatrix}$$

$$\mathscr{A}(\boldsymbol{E}_{22})=\begin{bmatrix}1&0\\0&-1\end{bmatrix}\begin{bmatrix}0&0\\0&1\end{bmatrix}=\begin{bmatrix}0&0\\0&-1\end{bmatrix}$$

第二步:写出 $\mathscr{A}$ 在简单基 $\boldsymbol{E}_{11},\boldsymbol{E}_{12},\boldsymbol{E}_{21},\boldsymbol{E}_{22}$ 下的表示矩阵 $\widetilde{\boldsymbol{A}}$

$$(\mathscr{A}(\boldsymbol{E}_{11}),\mathscr{A}(\boldsymbol{E}_{12}),\mathscr{A}(\boldsymbol{E}_{21}),\mathscr{A}(\boldsymbol{E}_{22}))=(\boldsymbol{E}_{11},\boldsymbol{E}_{12},\boldsymbol{E}_{21},\boldsymbol{E}_{22})\widetilde{\boldsymbol{A}}$$

其中

$$\widetilde{\boldsymbol{A}}=\begin{bmatrix}1&0&0&0\\0&1&0&0\\0&0&-1&0\\0&0&0&-1\end{bmatrix}$$

$\widetilde{\boldsymbol{A}}$ 的各列恰为基象矩阵横排竖放所对应的列向量.

第三步:写出简单基 $\boldsymbol{E}_{11},\boldsymbol{E}_{12},\boldsymbol{E}_{21},\boldsymbol{E}_{22}$ 到基 $\boldsymbol{A}_1,\boldsymbol{A}_2,\boldsymbol{A}_3,\boldsymbol{A}_4$ 的过渡矩阵 $\boldsymbol{P}$.

$$\boldsymbol{P}=\begin{bmatrix}1&-1&-1&-1\\0&1&0&0\\0&0&1&0\\0&0&0&1\end{bmatrix}$$

$\boldsymbol{P}$ 的各列恰为基 $\boldsymbol{A}_1,\boldsymbol{A}_2,\boldsymbol{A}_3,\boldsymbol{A}_4$,横排竖放所对应的列向量.

第四步:求 $\mathscr{A}$ 在基 $\boldsymbol{A}_1,\boldsymbol{A}_2,\boldsymbol{A}_3,\boldsymbol{A}_4$ 下的表示矩阵 $\boldsymbol{A}$

$$\boldsymbol{A}=\boldsymbol{P}^{-1}\widetilde{\boldsymbol{A}}\boldsymbol{P}$$

由

$$\widetilde{\boldsymbol{A}}\boldsymbol{P}=\begin{bmatrix}1&0&0&0\\0&1&0&0\\0&0&-1&0\\0&0&0&-1\end{bmatrix}\begin{bmatrix}1&-1&-1&-1\\0&1&0&0\\0&0&1&0\\0&0&0&1\end{bmatrix}=\begin{bmatrix}1&-1&-1&-1\\0&1&0&0\\0&0&-1&0\\0&0&0&-1\end{bmatrix}$$

$$(\boldsymbol{P},\widetilde{\boldsymbol{A}}\boldsymbol{P})=\left[\begin{array}{cccc:cccc}1&-1&-1&-1&1&-1&-1&-1\\0&1&0&0&0&1&0&0\\0&0&1&0&0&0&-1&0\\0&0&0&1&0&0&0&-1\end{array}\right]\xrightarrow{\text{行}}$$

$$\left[\begin{array}{cccc:cccc}1&0&0&0&1&0&-2&-2\\0&1&0&0&0&1&0&0\\0&0&1&0&0&0&-1&0\\0&0&0&1&0&0&0&-1\end{array}\right]$$

$$\boldsymbol{A}=\begin{bmatrix}1&0&-2&-2\\0&1&0&0\\0&0&-1&0\\0&0&0&-1\end{bmatrix}$$

与直接法比较，间接法步骤清晰，但计算稍微复杂. 在求 $\boldsymbol{A}=\boldsymbol{P}^{-1}\widetilde{\boldsymbol{A}}\boldsymbol{P}$ 时，按上述的运算方法可避开求 $\boldsymbol{P}^{-1}$，并减少一次矩阵的乘法运算.

以下学习线性变换的特征值与特征向量的问题.

定义 1.15　设 $\mathscr{A}$ 是线性空间 $V_n(\mathbf{C})$ 上的线性变换，对于 $\lambda\in\mathbf{C}$，若存在非零向量 $\boldsymbol{\xi}\in V_n(\mathbf{C})$，使得

$$\mathscr{A}(\boldsymbol{\xi})=\lambda\boldsymbol{\xi}\tag{1.11}$$

则称 λ 为线性变换 $\mathscr{A}$ 的特征值，$\boldsymbol{\xi}$ 为 $\mathscr{A}$ 的属于特征值 λ 的特征向量.

由定义可知，从几何上表示特征向量的象 $\mathscr{A}(\boldsymbol{\xi})$ 与 $\boldsymbol{\xi}$ 共线.

设 $\boldsymbol{\varepsilon}_1,\boldsymbol{\varepsilon}_2,\cdots,\boldsymbol{\varepsilon}_n$ 是线性空间 $V_n(\mathbf{C})$ 的基，线性变换 $\mathscr{A}$ 在该基下的表示矩阵为 $\boldsymbol{A}=(a_{ij})_{n\times n}\in\mathbf{C}^{n\times n}$.

于是有

$$\boldsymbol{\xi}=\sum_{i=1}^{n}x_i\boldsymbol{\varepsilon}_i=(\boldsymbol{\varepsilon}_1,\cdots,\boldsymbol{\varepsilon}_i,\cdots,\boldsymbol{\varepsilon}_n)\begin{bmatrix}x_1\\\vdots\\x_i\\\vdots\\x_n\end{bmatrix}$$

x_i 为 $\boldsymbol{\xi}$ 在基 $\boldsymbol{\varepsilon}_1,\cdots,\boldsymbol{\varepsilon}_n$ 下的坐标.

令 $\boldsymbol{x}=(x_1,\cdots,x_i,\cdots,x_n)^{\mathrm{T}}$，则 $\boldsymbol{x}\neq\boldsymbol{\theta}$，$\boldsymbol{x}\in\mathbf{C}^n$，有

$$\mathscr{A}(\boldsymbol{\xi})=\sum_{i=1}^{n}x_i\mathscr{A}(\boldsymbol{\varepsilon}_i)=(\mathscr{A}(\boldsymbol{\varepsilon}_1),\cdots,\mathscr{A}(\boldsymbol{\varepsilon}_i),\cdots,\mathscr{A}(\boldsymbol{\varepsilon}_n))\begin{bmatrix}x_1\\\vdots\\x_i\\\vdots\\x_n\end{bmatrix}=$$

$$(\boldsymbol{\varepsilon}_1,\cdots,\boldsymbol{\varepsilon}_i,\cdots,\boldsymbol{\varepsilon}_n)\boldsymbol{A}\begin{bmatrix}x_1\\\vdots\\x_i\\\vdots\\x_n\end{bmatrix}$$

$$\lambda\boldsymbol{\xi}=(\boldsymbol{\varepsilon}_1,\cdots,\boldsymbol{\varepsilon}_i,\cdots,\boldsymbol{\varepsilon}_n)\lambda\begin{bmatrix}x_1\\\vdots\\x_i\\\vdots\\x_n\end{bmatrix}$$

因此有

$$\boldsymbol{A}\begin{bmatrix}x_1\\ \vdots\\ x_i\\ \vdots\\ x_n\end{bmatrix}=\lambda\begin{bmatrix}x_1\\ \vdots\\ x_i\\ \vdots\\ x_n\end{bmatrix}$$

即

$$\begin{aligned}&\boldsymbol{Ax}=\lambda\boldsymbol{x},\boldsymbol{x}\neq\boldsymbol{\theta}\\&(\lambda\boldsymbol{I}-\boldsymbol{A})\boldsymbol{x}=\boldsymbol{\theta}\end{aligned}\tag{1.12}$$

这说明 $\mathscr{A}$ 的特征向量 $\boldsymbol{\xi}$ 在基 $\boldsymbol{\varepsilon}_1,\cdots,\boldsymbol{\varepsilon}_i,\cdots,\boldsymbol{\varepsilon}_n$ 下的坐标向量 $\boldsymbol{x}$ 是以 $\lambda\boldsymbol{I}-\boldsymbol{A}$ 为系数矩阵的齐次线性方程组的非零解，因此必有

$$\det(\lambda\boldsymbol{I}-\boldsymbol{A})=0$$

称 $\lambda\boldsymbol{I}-\boldsymbol{A}$ 为矩阵 $\boldsymbol{A}$ 的特征矩阵，$\det(\lambda\boldsymbol{I}-\boldsymbol{A})$ 为 $\boldsymbol{A}$ 的特征多项式，方程 $\det(\lambda\boldsymbol{I}-\boldsymbol{A})=0$ 为 $\boldsymbol{A}$ 的特征方程，其根 λ 为 $\boldsymbol{A}$ 的特征值，非零向量 $\boldsymbol{x}$ 为 $\boldsymbol{A}$ 的属于特征值 λ 的特征向量.

由此可见：

① 线性变换 $\mathscr{A}$ 的特征值 λ 即为它在基 $\boldsymbol{\varepsilon}_1,\cdots,\boldsymbol{\varepsilon}_i,\cdots,\boldsymbol{\varepsilon}_n$ 下表示矩阵 $\boldsymbol{A}$ 的特征值 λ.

② 线性变换 $\mathscr{A}$ 的属于特征值 λ 的特征向量 $\boldsymbol{\xi}$ 在基 $\boldsymbol{\varepsilon}_1,\cdots,\boldsymbol{\varepsilon}_i,\cdots,\boldsymbol{\varepsilon}_n$ 下的坐标向量 $\boldsymbol{x}$ 即为在此基下的表示矩阵 $\boldsymbol{A}$ 的属于特征值 λ 的特征向量.

③ 线性变换 $\mathscr{A}$ 在两组基 $\boldsymbol{\varepsilon}_1,\cdots,\boldsymbol{\varepsilon}_i,\cdots,\boldsymbol{\varepsilon}_n$ 及 $\boldsymbol{\eta}_1,\cdots,\boldsymbol{\eta}_i,\cdots,\boldsymbol{\eta}_n$ 的表示矩阵分别为 $\boldsymbol{A},\boldsymbol{B}$，基 $\boldsymbol{\varepsilon}_1,\cdots,\boldsymbol{\varepsilon}_i,\cdots,\boldsymbol{\varepsilon}_n$ 到基 $\boldsymbol{\eta}_1,\cdots,\boldsymbol{\eta}_i,\cdots,\boldsymbol{\eta}_n$ 的过渡矩阵为 $\boldsymbol{P}$，则 $\boldsymbol{B}=\boldsymbol{P}^{-1}\boldsymbol{AP}$，$\boldsymbol{A},\boldsymbol{B}$ 有相同的特征值 λ，$\mathscr{A}$ 的特征向量 $\boldsymbol{\xi}$ 在基 $\boldsymbol{\eta}_1,\cdots,\boldsymbol{\eta}_i,\cdots,\boldsymbol{\eta}_n$ 下的坐标向量为 $\boldsymbol{y}$，则 $\boldsymbol{y}=\boldsymbol{P}^{-1}\boldsymbol{x}$. 也就是说，相似矩阵 $\boldsymbol{A},\boldsymbol{B}$ 的特征值相同，它们的特征向量不同，应有 $\boldsymbol{x}=\boldsymbol{Py}$.

考虑集合

$$V_\lambda=\{\boldsymbol{\xi}\mid\mathscr{A}(\boldsymbol{\xi})=\lambda\boldsymbol{\xi},\boldsymbol{\xi}\in V_n(\mathbf{C})\}$$

易证 V_λ 是 $V_n(\mathbf{C})$ 的一个线性子空间，称 V_λ 为 $\mathscr{A}$ 的属于特征值 λ 的特征子空间.

例 1.32　设 $\mathscr{A}$ 是 $\mathbf{R}^{2\times2}$ 中的线性变换 $\forall\boldsymbol{M}\in\mathbf{R}^{2\times2}$，$\mathscr{A}(\boldsymbol{M})=\begin{bmatrix}1&0\\0&-2\end{bmatrix}\boldsymbol{M}$，求线性变换 $\mathscr{A}$ 的特征值及特征向量.

解　第一步：选定 $\mathbf{R}^{2\times2}$ 上的简单基 $\boldsymbol{E}_{11},\boldsymbol{E}_{12},\boldsymbol{E}_{21},\boldsymbol{E}_{22}$，求出 $\mathscr{A}$ 在此基下的表示矩阵 $\boldsymbol{A}$

$$\boldsymbol{A}=\begin{bmatrix}1&0&0&0\\0&1&0&0\\0&0&-2&0\\0&0&0&-2\end{bmatrix}$$

第二步：求 $\mathscr{A}$ 的特征值

$$|\lambda\boldsymbol{I}-\boldsymbol{A}|=(\lambda-1)^2(\lambda+2)^2$$

故 $\lambda_1=\lambda_2=1,\lambda_3=\lambda_4=-2$.

它们为矩阵 $\boldsymbol{A}$ 的特征值，也是 $\mathscr{A}$ 的特征值.

第三步：求 $\mathscr{A}$ 的特征向量.

对于$\lambda_1=\lambda_2=1$，得到$\boldsymbol{A}$的线性无关的特征向量$\boldsymbol{\alpha}_1=\begin{bmatrix}1\\0\\0\\0\end{bmatrix}$，$\boldsymbol{\alpha}_2=\begin{bmatrix}0\\1\\0\\0\end{bmatrix}$，$\mathscr{A}$的属于特征值$\lambda_1=\lambda_2=1$的特征向量为

$$\boldsymbol{\xi}_1=1\boldsymbol{E}_{11}+0\boldsymbol{E}_{12}+0\boldsymbol{E}_{21}+0\boldsymbol{E}_{22}=\begin{bmatrix}1&0\\0&0\end{bmatrix}$$

$$\boldsymbol{\xi}_2=0\boldsymbol{E}_{11}+1\boldsymbol{E}_{12}+0\boldsymbol{E}_{21}+0\boldsymbol{E}_{22}=\begin{bmatrix}0&1\\0&0\end{bmatrix}$$

对于$\lambda_3=\lambda_4=-2$，得到$\boldsymbol{A}$的线性无关的特征向量$\boldsymbol{\beta}_1=\begin{bmatrix}0\\0\\1\\0\end{bmatrix}$，$\boldsymbol{\beta}_2=\begin{bmatrix}0\\0\\0\\1\end{bmatrix}$，$\mathscr{A}$的属于特征值$\lambda_3=\lambda_4=-1$的特征向量为

$$\boldsymbol{\xi}_3=0\boldsymbol{E}_{11}+0\boldsymbol{E}_{12}+1\boldsymbol{E}_{21}+0\boldsymbol{E}_{22}=\begin{bmatrix}0&0\\1&0\end{bmatrix}$$

$$\boldsymbol{\xi}_4=0\boldsymbol{E}_{11}+0\boldsymbol{E}_{12}+0\boldsymbol{E}_{21}+1\boldsymbol{E}_{22}=\begin{bmatrix}0&0\\0&1\end{bmatrix}$$

事实上，验证有$\mathscr{A}(\boldsymbol{\xi}_i)=\lambda_i\boldsymbol{\xi}_i$，$i=1,2,3,4$，证明上述计算是无误的．且有$V_{\lambda=1}=\mathrm{span}(\boldsymbol{\xi}_1,\boldsymbol{\xi}_2)$，$V_{\lambda=-2}=\mathrm{span}(\boldsymbol{\xi}_3,\boldsymbol{\xi}_4)$，$\dim V_{\lambda_1=1}=\dim V_{\lambda=-2}=2$．

在本章的最后，我们介绍线性空间的同构及不变子空间两个重要的概念．

定义 1.16　设$\boldsymbol{\sigma}$是$V_n(\mathbf{F})$到$U_m(\mathbf{F})$的线性映射，且：

(1)$\boldsymbol{\sigma}(V_n(\mathbf{F}))=U_m(\mathbf{F})$；

(2) 对于任意的$\boldsymbol{\alpha}_1,\boldsymbol{\alpha}_2\in V_n(\mathbf{F})$，若$\boldsymbol{\sigma}(\boldsymbol{\alpha}_1)=\boldsymbol{\sigma}(\boldsymbol{\alpha}_2)$，则$\boldsymbol{\alpha}_1=\boldsymbol{\alpha}_2$．

那么称$\boldsymbol{\sigma}$为$V_n(\mathbf{F})$与$U_m(\mathbf{F})$之间的一个同构映射．

(1) 表示$\boldsymbol{\sigma}$是满射，(2) 表示$\boldsymbol{\sigma}$是单射，两者结合说明$\boldsymbol{\sigma}$是双射，因此双射的线性映射即为同构映射，称$V_n(\mathbf{F})$与$U_m(\mathbf{F})$为同构的线性空间，简称$V_n(\mathbf{F})$与$U_m(\mathbf{F})$同构，记为$V_n(\mathbf{F})\cong U_m(\mathbf{F})$．

例 1.33　$V_n(\mathbf{F})$与$\mathbf{F}^n$同构．

证　设$\boldsymbol{\varepsilon}_1,\boldsymbol{\varepsilon}_2,\cdots,\boldsymbol{\varepsilon}_n$，是$V_n(\mathbf{F})$的基，$\forall\boldsymbol{\alpha}\in V_n(\mathbf{F})$，$\boldsymbol{\alpha}=\sum\limits_{i=1}^{n}x_i\boldsymbol{\varepsilon}_i$，且表法唯一，$x_1,x_2,\cdots,x_n\in\mathbf{F}$，称它为$\boldsymbol{\alpha}$在基$\boldsymbol{\varepsilon}_1,\boldsymbol{\varepsilon}_2,\cdots,\boldsymbol{\varepsilon}_n$下的坐标．

令$\boldsymbol{\sigma}(\boldsymbol{\alpha})=(x_1,x_2,\cdots,x_n)^{\mathrm{T}}\in\mathbf{F}^n$，则$\boldsymbol{\sigma}$是由$V_n(\mathbf{F})$到$\mathbf{F}^n$的线性映射，且是双射，所以是同构映射，故$V_n(\mathbf{F})$与$\mathbf{F}^n$同构．

因为$V_n(\mathbf{F})$表示内涵丰富的n维向量空间，而$\mathbf{F}^n$是数域$\mathbf{F}$上的n元向量空间，利用同构关系，可以将$V_n(\mathbf{F})$的问题转化到$\mathbf{F}^n$中的相应问题来研究．

定理 1.14　线性空间$V_n(\mathbf{F})$与$U_m(\mathbf{F})$同构的充要条件是$n=m$．

证　先证必要性．

设$V_n(\mathbf{F})$与$U_m(\mathbf{F})$同构，则存在同构映射$\boldsymbol{\sigma}$，使$\boldsymbol{\sigma}(V_n(\mathbf{F}))=U_m(\mathbf{F})$．令$\boldsymbol{\varepsilon}_1,\boldsymbol{\varepsilon}_2,\cdots,\boldsymbol{\varepsilon}_n$为

$V_n(\mathbf{F})$ 的基，易知 $U_m(\mathbf{F})=\text{span}(\boldsymbol{\sigma}(\boldsymbol{\varepsilon}_1),\boldsymbol{\sigma}(\boldsymbol{\varepsilon}_2),\cdots,\boldsymbol{\sigma}(\boldsymbol{\varepsilon}_n))$.

以下证 $\boldsymbol{\sigma}(\boldsymbol{\varepsilon}_1),\boldsymbol{\sigma}(\boldsymbol{\varepsilon}_2),\cdots,\boldsymbol{\sigma}(\boldsymbol{\varepsilon}_n)$ 线性无关.

考虑线性式：$\sum\limits_{i=1}^{n}k_i\boldsymbol{\sigma}(\boldsymbol{\varepsilon}_i)=\boldsymbol{\theta}_u$，即 $\boldsymbol{\sigma}(\sum\limits_{i=1}^{n}k_i\boldsymbol{\varepsilon}_i)=\boldsymbol{\theta}_u$. 其中 $\boldsymbol{\theta}_u$ 表示 $U_m(\mathbf{F})$ 中的零元素，$\boldsymbol{\theta}_v$ 表示 $V_n(\mathbf{F})$ 中的零元素. 因为 $\boldsymbol{\sigma}$ 是同构映射，由 $\boldsymbol{\sigma}(\boldsymbol{\theta}_v)=\boldsymbol{\theta}_u$，故 $\sum\limits_{i=1}^{n}k_i\boldsymbol{\varepsilon}_i=\boldsymbol{\theta}_v$.

所以 $k_i=0,i=1,\cdots,n$，说明 $\boldsymbol{\sigma}(\boldsymbol{\varepsilon}_1),\boldsymbol{\sigma}(\boldsymbol{\varepsilon}_2),\cdots,\boldsymbol{\sigma}(\boldsymbol{\varepsilon}_n)$ 线性无关，于是 $\dim U_m(\mathbf{F})=n$，即 $n=m$.

再证充分性.

设 $n=m,\boldsymbol{\varepsilon}_1,\boldsymbol{\varepsilon}_2,\cdots,\boldsymbol{\varepsilon}_n$ 与 $\boldsymbol{\eta}_1,\boldsymbol{\eta}_2,\cdots,\boldsymbol{\eta}_n$ 分别为 $V_n(\mathbf{F})$ 与 $U_n(\mathbf{F})$ 的基，对 $\forall\boldsymbol{\alpha}\in V_n(\mathbf{F})$，存在 $x_1,x_2,\cdots,x_n\in\mathbf{F}$，使

$$\boldsymbol{\alpha}=\sum_{i=1}^{n}x_i\boldsymbol{\varepsilon}_i$$

令 $\boldsymbol{\sigma}$ 是这样的映射，$\boldsymbol{\sigma}(\boldsymbol{\alpha})=\sum\limits_{i=1}^{n}x_i\boldsymbol{\eta}_i$，以下验证 $\boldsymbol{\sigma}$ 是 $V_n(\mathbf{F})$ 到 $U_n(\mathbf{F})$ 的同构映射.

先证 $\boldsymbol{\sigma}$ 是线性映射.

$\forall\boldsymbol{\alpha},\boldsymbol{\beta}\in V_n(\mathbf{F})$，记 $\boldsymbol{\alpha}=\sum\limits_{i=}^{n}x_i\boldsymbol{\varepsilon}_i,\boldsymbol{\beta}=\sum\limits_{i=1}^{n}y_i\boldsymbol{\varepsilon}_i$，有

$$\boldsymbol{\alpha}+\boldsymbol{\beta}=\sum_{i=1}^{n}(x_i+y_i)\boldsymbol{\varepsilon}_i$$

故

$$\boldsymbol{\sigma}(\boldsymbol{\alpha}+\boldsymbol{\beta})=\sum_{i=1}^{n}(x_i+y_i)\boldsymbol{\eta}_i=\sum_{i=1}^{n}x_i\boldsymbol{\eta}_i+\sum_{i=1}^{n}y_i\boldsymbol{\eta}_i=\boldsymbol{\sigma}(\boldsymbol{\alpha})+\boldsymbol{\sigma}(\boldsymbol{\beta})$$

$$\forall k\in\mathbf{F},k\boldsymbol{\alpha}=\sum_{i=1}^{n}kx_i\boldsymbol{\varepsilon}_i$$

$$\boldsymbol{\sigma}(k\boldsymbol{\alpha})=\sum_{i=1}^{n}kx_i\boldsymbol{\eta}_i=k\sum_{i=1}^{n}x_i\boldsymbol{\eta}_i=k\boldsymbol{\sigma}(\boldsymbol{\alpha})$$

可见 $\boldsymbol{\sigma}$ 是线性映射.

再证 $\boldsymbol{\sigma}$ 是双射.

(1) $\forall\tilde{\boldsymbol{\alpha}}\in U_n(\mathbf{F})$，则 $\exists x_1,x_2,\cdots,x_n\in\mathbf{F}$，使 $\tilde{\boldsymbol{\alpha}}=\sum\limits_{i=1}^{n}x_i\boldsymbol{\eta}_i$，令 $\sum\limits_{i=1}^{n}x_i\boldsymbol{\varepsilon}_i=\boldsymbol{\alpha}$，则 $\boldsymbol{\alpha}\in V_n(\mathbf{F})$，且 $\boldsymbol{\sigma}(\boldsymbol{\alpha})=\tilde{\boldsymbol{\alpha}}$，这说明 $\boldsymbol{\sigma}$ 是满射.

(2) $\forall\boldsymbol{\alpha}_1,\boldsymbol{\alpha}_2\in V_n(\mathbf{F}),\boldsymbol{\alpha}_1=\sum\limits_{i=1}^{n}a_i\boldsymbol{\varepsilon}_i,\boldsymbol{\alpha}_2=\sum\limits_{i=1}^{n}b_i\boldsymbol{\varepsilon}_i,a_i,b_i\in\mathbf{F};i=1,2,\cdots,n$.

$\boldsymbol{\sigma}(\boldsymbol{\alpha}_1)=\sum\limits_{i=1}^{n}a_i\boldsymbol{\eta}_i,\boldsymbol{\sigma}(\boldsymbol{\alpha}_2)=\sum\limits_{i=1}^{n}b_i\boldsymbol{\eta}_i$，若 $\boldsymbol{\sigma}(\boldsymbol{\alpha}_1)=\boldsymbol{\sigma}(\boldsymbol{\alpha}_2)$，即 $\sum\limits_{in=1}^{n}a_i\boldsymbol{\eta}_i=\sum\limits_{in=1}^{n}b_i\boldsymbol{\eta}_i$，因为 $\boldsymbol{\eta}_1,\boldsymbol{\eta}_2,\cdots,\boldsymbol{\eta}_n$ 是 $U_n(\mathbf{F})$ 的基，故 $a_i=b_i,1,2,\cdots,n$.

所以 $\boldsymbol{\alpha}_1=\boldsymbol{\alpha}_2$，这说明 $\boldsymbol{\sigma}$ 是单射.

综上所述，根据定义 1.16 知 $V_n(\mathbf{F})$ 与 $U_n(\mathbf{F})$ 同构. □

这一定理说明维数相同的线性空间同构. 特别有 $\mathbf{R}^{2\times2}$ 与 $\mathbf{R}^4$ 同构

定义 1.17　设 $\mathscr{A}$ 是线性空间的线性变换，$W(\mathbf{F})$ 是 $V(\mathbf{F})$ 的子空间，若 $\mathscr{A}(W(\mathbf{F}))\subset W(\mathbf{F})$，则称 $W(\mathbf{F})$ 是 $\mathscr{A}$ 的不变子空间.

显然 $V_n(\mathbf{F})$ 的平凡子空间是 $V_n(\mathbf{F})$ 的任一线性变换的不变子空间，任一子空间都是数乘变换的不变子空间，特别也是恒等变换 $\mathscr{E}$ 的不变子空间.

$P[x]_m$ 是 $P[x]_n(m\leqslant n)$ 关于导数变换的不变子空间.

由属于特征值 λ_i 的特征向量加上零向量构成的特征子空间 V_{λ_i} 是 $\mathscr{A}$ 的不变子空间.

例 1.33　线性变换 $\mathscr{A}$ 的不变子空间的交与和仍为线性变换的不变子空间.

线性变换的值域与核都是 $\mathscr{A}$ 的不变子空间.

不变子空间可以用来简化线性变换的表示矩阵，下面的定理给出这一结果.

定理 1.15　设 $\boldsymbol{\varepsilon}_1,\boldsymbol{\varepsilon}_2,\cdots,\boldsymbol{\varepsilon}_r$ 是 $V_n(\mathbf{F})$ 子空间 $W_r(\mathbf{F})$ 的基，$\boldsymbol{\varepsilon}_1,\boldsymbol{\varepsilon}_2,\cdots,\boldsymbol{\varepsilon}_r,\boldsymbol{\varepsilon}_{r+1},\cdots,\boldsymbol{\varepsilon}_n$ 为 $V_n(\mathbf{F})$ 的基，$V_n(\mathbf{F})$ 的线性变换 $\mathscr{A}$ 在此基下的表示矩阵为 $\mathbf{A}$，则 $W_r(\mathbf{F})$ 是 $\mathscr{A}$ 的不变子空间的充要条件是 $\mathbf{A}$ 是上三角分块阵. $\mathbf{A}=\begin{bmatrix}\mathbf{A}_1 & \mathbf{A}_2\\ \boldsymbol{O} & \mathbf{A}_3\end{bmatrix}$，其中 $\mathbf{A}_1\in\mathbf{F}^{r\times r}$，$\mathbf{A}_2\in\mathbf{F}^{r\times(n-r)}$，$\mathbf{A}_3\in\mathbf{F}^{(n-r)\times(n-r)}$，$\boldsymbol{O}\in\mathbf{F}^{(n-r)\times r}$.

证　先证必要性.

因为 $W_r(\mathbf{F})$ 是 $\mathscr{A}$ 的不变子空间，故 $\mathscr{A}(W_r(\mathbf{F}))\subset W_r(\mathbf{F})$.

$\mathscr{A}(\boldsymbol{\varepsilon}_i)\in W_r(\mathbf{F}),i=1,2,\cdots,r$，$\mathscr{A}(\boldsymbol{\varepsilon}_i)$ 可表成 $\boldsymbol{\varepsilon}_1,\boldsymbol{\varepsilon}_2,\cdots,\boldsymbol{\varepsilon}_r$ 的线性组合，$\mathscr{A}(\boldsymbol{\varepsilon}_j)\in V_n(\mathbf{F}),j=r+1,\cdots,n$，$\mathscr{A}(\boldsymbol{\varepsilon}_j)$ 只能表成 $\boldsymbol{\varepsilon}_1,\cdots,\boldsymbol{\varepsilon}_r,\boldsymbol{\varepsilon}_{r+1},\cdots,\boldsymbol{\varepsilon}_n$ 的线性组合，即有

$$\begin{aligned}
&\mathscr{A}(\boldsymbol{\varepsilon}_1)=a_{11}\boldsymbol{\varepsilon}_1+\cdots+a_{r1}\boldsymbol{\varepsilon}_r\\
&\quad\vdots\\
&\mathscr{A}(\boldsymbol{\varepsilon}_j)=a_{1j}\boldsymbol{\varepsilon}_1+\cdots+a_{ij}\boldsymbol{\varepsilon}_i+\cdots+a_{rj}\boldsymbol{\varepsilon}_r\\
&\quad\vdots\\
&\mathscr{A}(\boldsymbol{\varepsilon}_r)=a_{1r}\boldsymbol{\varepsilon}_1+\cdots+a_{rr}\boldsymbol{\varepsilon}_r\\
&\mathscr{A}(\boldsymbol{\varepsilon}_{r+1})=a_{1r+1}\boldsymbol{\varepsilon}_1+\cdots+a_{rr+1}\boldsymbol{\varepsilon}_r+a_{r+1r+1}\boldsymbol{\varepsilon}_{r+1}+\cdots+a_{nr+1}\boldsymbol{\varepsilon}_n\\
&\quad\vdots\\
&\mathscr{A}(\boldsymbol{\varepsilon}_n)=a_{1n}\boldsymbol{\varepsilon}_1+\cdots+a_{rn}\boldsymbol{\varepsilon}_r+a_{r+1n}\boldsymbol{\varepsilon}_{r+1}+\cdots+a_{nn}\boldsymbol{\varepsilon}_n
\end{aligned}\tag{1.13}$$

记成形式写法为

$$\mathscr{A}(\boldsymbol{\varepsilon}_1,\cdots,\boldsymbol{\varepsilon}_r,\boldsymbol{\varepsilon}_{r+1},\cdots,\boldsymbol{\varepsilon}_n)=$$
$$(\boldsymbol{\varepsilon}_1,\cdots,\boldsymbol{\varepsilon}_r,\boldsymbol{\varepsilon}_{r+1},\cdots,\boldsymbol{\varepsilon}_n)\begin{bmatrix}a_{11} & \cdots & a_{1r} & a_{1r+1} & \cdots & a_{1n}\\ \vdots & & \vdots & \vdots & & \vdots\\ a_{r1} & \cdots & a_{rr} & a_{rr+1} & \cdots & a_{rn}\\ 0 & \cdots & 0 & a_{r+1r+1} & \cdots & a_{r+1n}\\ \vdots & & \vdots & \vdots & & \vdots\\ 0 & \cdots & 0 & a_{nr+1} & \cdots & a_{nn}\end{bmatrix}$$

故 $\mathbf{A}=\begin{bmatrix}\mathbf{A}_1 & \mathbf{A}_2\\ \boldsymbol{O} & \mathbf{A}_3\end{bmatrix}$. 其中 $\mathbf{A}_1\in\mathbf{F}^{r\times r}$，$\mathbf{A}_2\in\mathbf{F}^{r\times(n-r)}$，$\mathbf{A}_3\in\mathbf{F}^{(n-r)\times(n-r)}$，$\boldsymbol{O}\in\mathbf{F}^{(n-r)\times r}$.

再证充分性.

若式(1.13) 成立，因 $W_r(\mathbf{F})=\operatorname{span}(\boldsymbol{\varepsilon}_1,\cdots,\boldsymbol{\varepsilon}_r)$，故 $\forall\boldsymbol{\alpha}\in W_r(\mathbf{F})$，则 $\boldsymbol{\alpha}=\sum\limits_{j=1}^{r}k_j\boldsymbol{\varepsilon}_j$，$k_j\in\mathbf{F}$. 由

式(1.13)知

$$\mathscr{A}(\boldsymbol{\alpha}) = \sum_{j=1}^{r} k_j \mathscr{A}(\boldsymbol{\varepsilon}_j) = \sum_{j=1}^{r} k_j (\sum_{i=1}^{r} a_{ij}\boldsymbol{\varepsilon}_i) = \sum_{j=1}^{r}\sum_{i=1}^{r} k_j a_{ij}\boldsymbol{\varepsilon}_i =$$

$$\sum_{i=1}^{r}(\sum_{j=1}^{r} k_j a_{ij})\boldsymbol{\varepsilon}_i \in \mathrm{span}(\boldsymbol{\varepsilon}_1,\cdots,\boldsymbol{\varepsilon}_r) = W_r(\mathbf{F})$$

所以 $\mathscr{A}(W_r(\mathbf{F})) \subset W_r(\mathbf{F})$，即 $W_r(\mathbf{F})$ 是 $\mathscr{A}$ 的不变子空间.

由上述出发，可以证明若 $\mathscr{A}$ 是 $V_n(\mathbf{F})$ 上的线性变换，且 $V_n(\mathbf{F})$ 可分解为 s 个 $\mathscr{A}$ 的不变子空间的直和

$$V_n(\mathbf{F}) = V_1 \oplus V_2 \oplus + \cdots \oplus V_s$$

$\boldsymbol{\alpha}_{i1},\boldsymbol{\alpha}_{i2},\cdots,\boldsymbol{\alpha}_{in_i}$ $(i=1,\cdots,s, \sum_{i=1}^{s} n_i = n)$ 是不变子空间 V_i 的基，将它们合并起来就是 $V_n(\mathbf{F})$ 的基. $\boldsymbol{A}_i$ 为 $\mathscr{A}$ 在 V_i 的基 $\boldsymbol{\alpha}_{i1},\boldsymbol{\alpha}_{i2},\cdots,\boldsymbol{\alpha}_{in_i}$ 下的表示矩阵，则 $\mathscr{A}$ 在 $V_n(\mathbf{F})$ 的这个基下的表示矩阵即为

$$\boldsymbol{A} = \mathrm{diag}(\boldsymbol{A}_1,\boldsymbol{A}_2,\cdots,\boldsymbol{A}_s)$$

可见矩阵 $\boldsymbol{A}$ 为分块对角阵与线性空间分解为不变子空间的直和是相对应的.

习　题　一

1. 正实数集 $\mathbf{R}^+ = \{a \mid a > 0, a \in \mathbf{R}\}$.

对 $\mathbf{R}^+$，规定加法运算 $a \oplus b \triangleq ab, \forall a,b \in \mathbf{R}^+$，规定数乘运算 $k \circ a \triangleq a^k, \forall k,a \in \mathbf{R}^+$.

证明 $\mathbf{R}^+$ 是数域 $\mathbf{R}$ 上的线性空间，并求它的维数和基.

2. 判断 $\mathbf{R}^{m\times n}$ 的下列子集是否构成子空间：

(1) $V_1 = \left\{\boldsymbol{A} \mid \boldsymbol{A} = (a_{ij})_{m\times n}, \sum_{i=1}^{m}\sum_{j=1}^{n} a_{ij} = 1\right\}$；

(2) $V_2 = \left\{\boldsymbol{A} \mid \boldsymbol{A} = (a_{ij})_{m\times n}, \sum_{i=1}^{m}\sum_{j=1}^{n} a_{ij} = 0\right\}$.

3. 讨论 $\mathbf{R}^{2\times 2}$ 中的矩阵 $\boldsymbol{A}_1 = \begin{bmatrix} a & 1 \\ 1 & 1 \end{bmatrix}, \boldsymbol{A}_2 = \begin{bmatrix} 1 & a \\ 1 & 1 \end{bmatrix}, \boldsymbol{A}_3 = \begin{bmatrix} 1 & 1 \\ a & 1 \end{bmatrix}, \boldsymbol{A}_4 = \begin{bmatrix} 1 & 1 \\ 1 & a \end{bmatrix}$ 的线性相关性.

4. 在 $P[x]_n$ 中求基 $1,x,x^2,\cdots,x^{n-1}$ 到基 $1,x-a,\cdots,(x-a)^{n-1}$ 的过渡矩阵.

5. 在 $\mathbf{R}^{2\times 2}$ 中 $\boldsymbol{\varepsilon}_1 = \begin{bmatrix} 1 & 0 \\ 0 & 0 \end{bmatrix}, \boldsymbol{\varepsilon}_2 = \begin{bmatrix} 0 & 1 \\ 0 & 0 \end{bmatrix}, \boldsymbol{\varepsilon}_3 = \begin{bmatrix} 0 & 0 \\ 1 & 0 \end{bmatrix}, \boldsymbol{\varepsilon}_4 = \begin{bmatrix} 0 & 0 \\ 0 & 1 \end{bmatrix}$ 和 $\boldsymbol{\eta}_1 = \begin{bmatrix} -1 & 0 \\ 0 & 2 \end{bmatrix}$，$\boldsymbol{\eta}_2 = \begin{bmatrix} 0 & 3 \\ -1 & 4 \end{bmatrix}, \boldsymbol{\eta}_3 = \begin{bmatrix} 2 & 1 \\ 0 & 1 \end{bmatrix}, \boldsymbol{\eta}_4 = \begin{bmatrix} 1 & -3 \\ 0 & 2 \end{bmatrix}$ 是两组基.

求由 $\boldsymbol{\varepsilon}_1,\boldsymbol{\varepsilon}_2,\boldsymbol{\varepsilon}_3,\boldsymbol{\varepsilon}_4$ 到 $\boldsymbol{\eta}_1,\boldsymbol{\eta}_2,\boldsymbol{\eta}_3,\boldsymbol{\eta}_4$ 的过渡矩阵，并求 $\boldsymbol{A} = \begin{bmatrix} -1 & 3 \\ 0 & 2 \end{bmatrix}$ 在这两组基下的坐标.

6. 设 $\boldsymbol{\alpha}_1 = (2,1,3,1)^{\mathrm{T}}, \boldsymbol{\alpha}_2 = (-1,1,-3,1)^{\mathrm{T}}, \boldsymbol{\beta}_1 = (4,5,3,-1)^{\mathrm{T}}, \boldsymbol{\beta}_2 = (1,5,-3,1)^{\mathrm{T}}$，$V_1 = \mathrm{span}(\boldsymbol{\alpha}_1,\boldsymbol{\alpha}_2), V_2 = \mathrm{span}(\boldsymbol{\beta}_1,\boldsymbol{\beta}_2)$.

求 $V_1 \cap V_2, V_1 + V_2$ 的基与维数.

7. 证明 $V = \left\{\boldsymbol{A} \mid \boldsymbol{A} = \begin{bmatrix} a_{11} & a_{12} \\ a_{21} & a_{22} \end{bmatrix} \in \mathbf{R}^{2\times 2}, a_{11} + a_{22} = 0\right\}$ 是 $\mathbf{R}^{2\times 2}$ 的子空间，并求其维数.

8. 证明 $S=\{\boldsymbol{A}\mid\boldsymbol{A}\in\mathbf{R}^{n\times n}$ 且 $\boldsymbol{A}=\boldsymbol{A}^{\mathrm{T}}\}$ 是 $\mathbf{R}^{n\times n}$ 的线性子空间，并求其基.

9. 设 $\boldsymbol{\alpha}_1,\cdots,\boldsymbol{\alpha}_r;\boldsymbol{\beta}_1,\cdots,\boldsymbol{\beta}_s$ 是线性空间 $V(\mathbf{F})$ 的两个向量组，求证：$\mathrm{span}(\boldsymbol{\alpha}_1,\cdots,\boldsymbol{\alpha}_r)+\mathrm{span}(\boldsymbol{\beta}_1,\cdots,\boldsymbol{\beta}_s)=\mathrm{span}(\boldsymbol{\alpha}_1,\cdots,\boldsymbol{\alpha}_r,\boldsymbol{\beta}_1,\cdots,\boldsymbol{\beta}_s)$.

10. 证明定理 1.4(基的扩充定理).

11. 设 $U(\neq\{\boldsymbol{\theta}\})$ 是线性空间 V 的子空间，则一定存在 V 的另一个子空间 W，使 $V=U\oplus W$.

12. $F[x]$ 表示一元多项式的全体(称为一元多项式环)，在 $F[x]$ 中定义以下两种变换，$\forall f(x)\in F[x]$

$$D(f(x))=\frac{\mathrm{d}}{\mathrm{d}x}f(x)$$

$$J(f(x))=\int_0^x f(t)\mathrm{d}t$$

求证：D,J 是 $F[x]$ 的线性变换.

13. 把 $\mathbf{R}^3$ 中每个向量 $\boldsymbol{\alpha}$ 投影到 Oxy 平面上的向量 $\boldsymbol{\beta}$ 的变换 $\mathscr{P}$ 称为投影变换，求证投影变换是线性变换.

14. 对 $\forall\boldsymbol{A},\boldsymbol{B}\in\mathbf{R}^{m\times n}$，求证：$R(\boldsymbol{A}+\boldsymbol{B})\subset R(\boldsymbol{A})+R(\boldsymbol{B})$.

15. 设 $\mathscr{A}$ 是 $V_n(\mathbf{F})$ 的线性变换，$\forall\boldsymbol{\alpha}\in V_n(\mathbf{F})$，若 $\mathscr{A}^{n-1}(\boldsymbol{\alpha})\neq\boldsymbol{\theta}$，$\mathscr{A}^n(\boldsymbol{\alpha})=\boldsymbol{\theta}$，求 $V_n(\mathbf{F})$ 的基及 $\mathscr{A}$ 在此基下的表示矩阵.

16. 设 V 是数域 $\mathbf{F}$ 上 n 维线性空间，证明 V 上一切线性变换所组成的集合 $\mathrm{End}(V)$ 构成一个线性空间，并求 $\mathrm{End}(V)$ 的基与维数.

17. 设 $\boldsymbol{A}\in\mathbf{C}^{m\times n}$，$\boldsymbol{B}\in\mathbf{C}^{n\times p}$，证明：(1)$R(\boldsymbol{AB})\subset R(\boldsymbol{A})$；(2)$N(\boldsymbol{AB})\supset N(\boldsymbol{B})$.

18. 设 $\boldsymbol{A},\boldsymbol{B}\in\mathbf{C}^{m\times n}$，证明：$N(\boldsymbol{A})\cap N(\boldsymbol{B})=N(\boldsymbol{A}+\boldsymbol{B})\cap N(\boldsymbol{A}-\boldsymbol{B})$.

19. 设 $\mathscr{A}$ 是线性空间 $V_n(\mathbf{F})$ 的线性变换，求证：线性 $\mathscr{A}$ 的值域 $\mathscr{A}(V_n(\mathbf{F}))$ 与核 $\mathscr{A}^{-1}(\boldsymbol{\theta})$ 都是 $\mathscr{A}$ 的不变子空间.

20. 设 λ,μ 是线性变换 $\mathscr{A}$ 的互异特征值，求证：(1)$V_\lambda+V_\mu$ 是直和 $V_\lambda\oplus V_\mu$；(2) 特征子空间 V_λ 是 $\mathscr{A}$ 的不变子空间.

第二章　内积空间

迄今为止，在线性空间中，我们仅限于加法和数乘两种运算，在几何空间 $\mathbf{R}^3$ 中，大家所熟知的向量的内积的概念是由向量的长度、夹角定义的，由此对向量的度量有了全面的了解. 在矩阵理论中，我们从代数的观点来出发，定义向量的内积，然后引入向量的长度、夹角、正交等度量性质.

2.1　欧氏空间与酉空间

定义 2.1　设 V 是实数域 $\mathbf{R}$ 上的 n 维线性空间，$\forall \boldsymbol{\alpha},\boldsymbol{\beta}\in V$，按某种法则对应着一个实数，记为$(\boldsymbol{\alpha},\boldsymbol{\beta})$，如果满足下面四个条件：

①交换律：$(\boldsymbol{\alpha},\boldsymbol{\beta})=(\boldsymbol{\beta},\boldsymbol{\alpha})$；

②齐次性：$(k\boldsymbol{\alpha},\boldsymbol{\beta})=k(\boldsymbol{\alpha},\boldsymbol{\beta})$，$k$ 为任意实数；

③分配律：$(\boldsymbol{\alpha}+\boldsymbol{\beta},\boldsymbol{\gamma})=(\boldsymbol{\alpha},\boldsymbol{\gamma})+(\boldsymbol{\beta},\boldsymbol{\gamma})$，$\boldsymbol{\gamma}\in V$；

④非负性：$(\boldsymbol{\alpha},\boldsymbol{\alpha})\geqslant 0$，$(\boldsymbol{\alpha},\boldsymbol{\alpha})=0$，当且仅当 $\boldsymbol{\alpha}=\boldsymbol{\theta}$.　　(2.1)

则称实数$(\boldsymbol{\alpha},\boldsymbol{\beta})$ 为定义在 V 上的内积，定义了这样内积的 n 维线性空间 V 为 n 维欧几里得(Euclid) 空间，简称欧氏空间，记为 $V_n(\mathbf{R},\mathbf{E})$.

按照上述定义，欧氏空间就是定义了内积的实线性空间，可见欧氏空间是一个特殊的实线性空间.

因为向量的内积与向量的线性运算是无关联的运算，因此不论如何规定内积，不会改变线性空间的维数.

在三维几何空间中，两个向量的数量积满足内积的四个条件，故数量积是一种内积.

例 2.1　在 n 维向量空间 $\mathbf{R}^n$ 中，对任意两个向量 $\boldsymbol{\alpha}=(a_1,a_2,\cdots,a_n)^{\mathrm{T}}$，$\boldsymbol{\beta}=(b_1,b_2,\cdots,b_n)^{\mathrm{T}}$，若规定

$$(\boldsymbol{\alpha},\boldsymbol{\beta})=\boldsymbol{\alpha}^{\mathrm{T}}\boldsymbol{\beta}=\boldsymbol{\beta}^{\mathrm{T}}\boldsymbol{\alpha}=\sum_{i=1}^{n}a_ib_i \tag{2.2}$$

容易验证它满足式(2.1)，因此式(2.2) 是内积，于是 $\mathbf{R}^n$ 是内积空间，仍以 $\mathbf{R}^n$ 记之.

式(2.2) 所定义的内积称为 $\mathbf{R}^n$ 中向量的标准内积.

例 2.2　对于 n^2 维线性空间 $\mathbf{R}^{n\times n}$ 中任意两个向量(这里即是 n 阶方阵)$\boldsymbol{A},\boldsymbol{B}$，规定内积为

$$(\boldsymbol{A},\boldsymbol{B})=\mathrm{tr}\,(\boldsymbol{A}^{\mathrm{T}}\boldsymbol{B}) \tag{2.3}$$

则可以验证 $\mathbf{R}^{n\times n}$ 为欧氏空间，仍记之 $\mathbf{R}^{n\times n}$.

证　设

$$\boldsymbol{A}=(a_{ij})_{n\times n},\boldsymbol{B}=(b_{ij})_{n\times n}$$

显然

$$\mathrm{tr}\,(\boldsymbol{A}^{\mathrm{T}}\boldsymbol{B})=\sum_{i=1}^{n}\sum_{j=1}^{n}a_{ij}b_{ij}$$

故

$$(\boldsymbol{A},\boldsymbol{B})=(\boldsymbol{B},\boldsymbol{A})$$

$$(k\boldsymbol{A},\boldsymbol{B})=\mathrm{tr}\,[(k\boldsymbol{A})^{\mathrm{T}}\boldsymbol{B}]=\mathrm{tr}\,(k\boldsymbol{A}^{\mathrm{T}}\boldsymbol{B})=k\mathrm{tr}\,(\boldsymbol{A}^{\mathrm{T}}\boldsymbol{B})=k(\boldsymbol{A},\boldsymbol{B})$$

$$\forall \boldsymbol{C}\in\mathbf{R}^{n\times n}$$

$$\begin{aligned}(\boldsymbol{A}+\boldsymbol{B},\boldsymbol{C})&=\mathrm{tr}\,[(\boldsymbol{A}+\boldsymbol{B})^{\mathrm{T}}\boldsymbol{C}]=\mathrm{tr}\,[(\boldsymbol{A}^{\mathrm{T}}+\boldsymbol{B}^{\mathrm{T}})\boldsymbol{C}]=\\&\mathrm{tr}\,(\boldsymbol{A}^{\mathrm{T}}\boldsymbol{C}+\boldsymbol{B}^{\mathrm{T}}\boldsymbol{C})=\mathrm{tr}\,(\boldsymbol{A}^{\mathrm{T}}\boldsymbol{C})+\mathrm{tr}\,(\boldsymbol{B}^{\mathrm{T}}\boldsymbol{C})=\\&(\boldsymbol{A},\boldsymbol{C})+(\boldsymbol{B},\boldsymbol{C})\end{aligned}$$

$(\boldsymbol{A},\boldsymbol{A})=\mathrm{tr}\,(\boldsymbol{A}^{\mathrm{T}}\boldsymbol{A})=\sum_{i=1}^{n}\sum_{j=1}^{n}a_{ij}^2\geqslant 0$，$(\boldsymbol{A},\boldsymbol{A})=0$ 当且仅当 $a_{ij}=0(i=1,2,\cdots,n;j=1,2,\cdots,n)$，当且仅当 $\boldsymbol{A}=\boldsymbol{O}$. 因$(\boldsymbol{A},\boldsymbol{A})$ 满足内积的四条，故 $\mathbf{R}^{n\times n}$ 是欧氏空间.

例 2.3　定义在闭区间$[a,b]$上所有实连续函数的全体 $C[a,b]$ 构成 $\mathbf{R}$ 上的线性空间，$\forall f(x),g(x)\in C[a,b]$ 规定

$$(f(x),g(x))=\int_a^b f(x)g(x)\mathrm{d}x \tag{2.4}$$

容易验证它满足内积的四个条件，故式(2.4) 是内积，$C[a,b]$ 是欧氏空间.

例 2.4　在 $\mathbf{R}^n$ 中，设 $\boldsymbol{\alpha}=(a_1,a_2,\cdots,a_n)^{\mathrm{T}}$，$\boldsymbol{\beta}=(b_1,b_2,\cdots,b_n)^{\mathrm{T}}$，定义$(\boldsymbol{\alpha},\boldsymbol{\beta})=\sum_{i=1}^{n}ia_ib_i$，说明它是否为 $\mathbf{R}^n$ 中的内积.

解　可得

$$(\boldsymbol{\alpha},\boldsymbol{\beta})=\sum_{i=1}^{n}ia_ib_i=\sum_{i=1}^{n}ib_ia_i=(\boldsymbol{\beta},\boldsymbol{\alpha})$$

对于 $k\in\mathbf{R}$

$$(k\boldsymbol{\alpha},\boldsymbol{\beta})=\sum_{i=1}^{n}i(ka_i)b_i=k\sum_{i=1}^{n}ia_ib_i=k(\boldsymbol{\alpha},\boldsymbol{\beta})$$

设 $\boldsymbol{\gamma}=(c_1,c_2,\cdots,c_n)^{\mathrm{T}}\in\mathbf{R}^n$，得

$$\begin{aligned}(\boldsymbol{\alpha}+\boldsymbol{\beta},\boldsymbol{\gamma})&=\sum_{i=1}^{n}i(a_i+b_i)c_i=\sum_{i=1}^{n}ia_ic_i+\sum_{i=1}^{n}ib_ic_i=\\&(\boldsymbol{\alpha},\boldsymbol{\gamma})+(\boldsymbol{\beta},\boldsymbol{\gamma})\end{aligned}$$

$(\boldsymbol{\alpha},\boldsymbol{\alpha})=\sum_{i=1}^{n}ia_i^2\geqslant 0$，$(\boldsymbol{\alpha},\boldsymbol{\alpha})=0$，当且仅当 $\boldsymbol{\alpha}=\boldsymbol{\theta}$.

如此定义的$(\boldsymbol{\alpha},\boldsymbol{\beta})$ 是 $\mathbf{R}^n$ 中 $\boldsymbol{\alpha}$ 与 $\boldsymbol{\beta}$ 的内积，$\mathbf{R}^n$ 为欧氏空间.

例 2.4 所定义的内积与例 2.1 所定义的内积是不同的，所以由不同的内积定义构成的欧氏空间可看作两个不同的欧氏空间. 今后如不特殊指明 $\mathbf{R}^n$ 中$(\boldsymbol{\alpha},\boldsymbol{\beta})$ 是例 2.1 中按通常的内积定义规定的标准内积.

根据定义 2.1 欧氏空间的内积有如下性质：

(1)$(\boldsymbol{\alpha},k\boldsymbol{\beta})=k(\boldsymbol{\alpha},\boldsymbol{\beta})$；

(2)$(\boldsymbol{\alpha},\boldsymbol{\beta}+\boldsymbol{\gamma})=(\boldsymbol{\alpha},\boldsymbol{\beta})+(\boldsymbol{\alpha},\boldsymbol{\gamma})$；

(3)$\left(\sum_{i=1}^{r}\lambda_i\boldsymbol{\alpha}_i,\sum_{j=1}^{s}\mu_j\boldsymbol{\beta}_j\right)=\sum_{i=1}^{r}\sum_{j=1}^{s}\lambda_i\mu_j(\boldsymbol{\alpha}_i,\boldsymbol{\beta}_j)$；其中 $\lambda_i,\mu_j\in\mathbf{R}$，$\boldsymbol{\alpha}_i,\boldsymbol{\beta}_j\in V$；$i=1,2,\cdots,r$；$j=$

$1,2,\cdots,s$.

上述性质的证明留给读者.

定义 2.2　设 V 是 n 维欧氏空间，$\boldsymbol{\varepsilon}_1,\boldsymbol{\varepsilon}_2,\cdots,\boldsymbol{\varepsilon}_n$ 是它的一个基，令 $g_{ij}=(\boldsymbol{\varepsilon}_i,\boldsymbol{\varepsilon}_j)$，$\boldsymbol{G}=(g_{ij})_{n\times n}$. 则称 $\boldsymbol{G}$ 为基 $\boldsymbol{\varepsilon}_1,\cdots,\boldsymbol{\varepsilon}_n$ 的度量矩阵，也称为基的 Gram 矩阵.

今后为方便起见，令 $a_{ij}=(\boldsymbol{\varepsilon}_i,\boldsymbol{\varepsilon}_j)$，$\boldsymbol{A}=(a_{ij})_{n\times n}$，用 $\boldsymbol{A}$ 表示基 $\boldsymbol{\varepsilon}_1,\cdots,\boldsymbol{\varepsilon}_n$ 的度量矩阵.

定理 2.1　设 $\boldsymbol{A}$ 为 n 维欧氏空间 V 的基 $\boldsymbol{\varepsilon}_1,\boldsymbol{\varepsilon}_2,\cdots,\boldsymbol{\varepsilon}_n$ 的度量矩阵，则：

①$\boldsymbol{A}=\boldsymbol{A}^{\mathrm{T}}$，即 $\boldsymbol{A}$ 是实对称矩阵；

②$\forall\boldsymbol{\alpha},\boldsymbol{\beta}\in V$，$\boldsymbol{\alpha},\boldsymbol{\beta}$ 在基 $\boldsymbol{\varepsilon}_1,\boldsymbol{\varepsilon}_2,\cdots,\boldsymbol{\varepsilon}_n$ 下的坐标分别为 $\boldsymbol{x}=(x_1,x_2,\cdots,x_n)^{\mathrm{T}}$，$\boldsymbol{y}=(y_1,y_2,\cdots,y_n)^{\mathrm{T}}$，即 $\boldsymbol{\alpha}=\sum\limits_{i=1}^{n}x_i\boldsymbol{\varepsilon}_i=(\boldsymbol{\varepsilon}_1,\boldsymbol{\varepsilon}_2,\cdots,\boldsymbol{\varepsilon}_n)\boldsymbol{x}$，$\boldsymbol{\beta}=\sum\limits_{i=1}^{n}y_i\boldsymbol{\varepsilon}_i=(\boldsymbol{\varepsilon}_1,\boldsymbol{\varepsilon}_2,\cdots,\boldsymbol{\varepsilon}_n)\boldsymbol{y}$，则

$$(\boldsymbol{\alpha},\boldsymbol{\beta})=\boldsymbol{x}^{\mathrm{T}}\boldsymbol{A}\boldsymbol{y}$$

③$\boldsymbol{\theta}\neq\forall\boldsymbol{\alpha}\in V$，$\boldsymbol{\alpha}=(\boldsymbol{\varepsilon}_1,\cdots,\boldsymbol{\varepsilon}_n)\boldsymbol{x}$，必有 $\boldsymbol{x}^{\mathrm{T}}\boldsymbol{A}\boldsymbol{x}>0$，即 $\boldsymbol{A}$ 是正定矩阵.

证　① 由　$a_{ij}=(\boldsymbol{\varepsilon}_i,\boldsymbol{\varepsilon}_j)=(\boldsymbol{\varepsilon}_j,\boldsymbol{\varepsilon}_i)=a_{ji}\quad i=1,2,\cdots,n;j=1,2,\cdots,n$

所以 $\boldsymbol{A}^{\mathrm{T}}=\boldsymbol{A}$，即 $\boldsymbol{A}$ 是实对称矩阵.

② 由性质(3)

$$\begin{aligned}(\boldsymbol{\alpha},\boldsymbol{\beta})&=(\sum_{i=1}^{n}x_i\boldsymbol{\varepsilon}_i,\sum_{i=1}^{n}y_i\boldsymbol{\varepsilon}_i)=(\sum_{i=1}^{n}x_i\boldsymbol{\varepsilon}_i,\sum_{j=1}^{n}y_j\boldsymbol{\varepsilon}_j)=\\&\sum_{i=1}^{n}\sum_{j=1}^{n}x_i(\boldsymbol{\varepsilon}_i,\boldsymbol{\varepsilon}_j)y_j=\sum_{i=1}^{n}\sum_{j=1}^{n}x_ia_{ij}y_j=\\&\sum_{i=1}^{n}x_i(\sum_{j=1}^{n}a_{ij}y_j)=(x_1,\cdots,x_i,\cdots,x_n)\begin{bmatrix}\sum\limits_{j=1}^{n}a_{1j}y_j\\ \vdots\\ \sum\limits_{j=1}^{n}a_{ij}y_j\\ \vdots\\ \sum\limits_{j=1}^{n}a_{nj}y_j\end{bmatrix}=\\&(x_1,\cdots,x_i,\cdots,x_n)\begin{bmatrix}a_{11}&\cdots&a_{1j}&\cdots&a_{1n}\\ \vdots&&\vdots&&\vdots\\ a_{i1}&\cdots&a_{ij}&\cdots&a_{in}\\ \vdots&&\vdots&&\vdots\\ a_{n1}&\cdots&a_{nj}&\cdots&a_{nn}\end{bmatrix}\begin{bmatrix}y_1\\ \vdots\\ y_j\\ \vdots\\ y_n\end{bmatrix}=\\&\boldsymbol{x}^{\mathrm{T}}\boldsymbol{A}\boldsymbol{y}\end{aligned}$$

这说明欧氏空间中抽象广义的向量的内积可通过它们在基下坐标及度量矩阵的双线性函数来计算.

③$\boldsymbol{\alpha}=\boldsymbol{\theta}$ 时，$(\boldsymbol{\alpha},\boldsymbol{\alpha})=0$.

$\boldsymbol{\alpha}\neq\boldsymbol{\theta}$ 时，$\boldsymbol{x}$ 为 $\mathbf{R}^n$ 中非零的 n 元列向量

$$(\boldsymbol{\alpha},\boldsymbol{\alpha})=\boldsymbol{x}^{\mathrm{T}}\boldsymbol{A}\boldsymbol{x}>0$$

这说明基的度量矩阵是正定矩阵. □

定理 2.2　设 $\boldsymbol{\varepsilon}_1,\boldsymbol{\varepsilon}_2,\cdots,\boldsymbol{\varepsilon}_n$；$\boldsymbol{\eta}_1,\boldsymbol{\eta}_2,\cdots,\boldsymbol{\eta}_n$ 为 n 维欧氏空间的两个基，它们的度量矩阵分别为 $\boldsymbol{A}$ 和 $\boldsymbol{B}$. $\boldsymbol{C}$ 是 $\boldsymbol{\varepsilon}_1,\boldsymbol{\varepsilon}_2,\cdots,\boldsymbol{\varepsilon}_n$ 到 $\boldsymbol{\eta}_1,\boldsymbol{\eta}_2,\cdots,\boldsymbol{\eta}_n$ 的过渡矩阵，则 $\boldsymbol{B}=\boldsymbol{C}^{\mathrm{T}}\boldsymbol{A}\boldsymbol{C}$.

证　设

$$\boldsymbol{A}=(a_{ij})_{n\times n},\boldsymbol{B}=(b_{ij})_{n\times n},\boldsymbol{C}=(c_{ij})_{n\times n}$$

$$(\boldsymbol{\eta}_1,\cdots,\boldsymbol{\eta}_i,\cdots,\boldsymbol{\eta}_j,\cdots,\boldsymbol{\eta}_n)=(\boldsymbol{\varepsilon}_1,\cdots,\boldsymbol{\varepsilon}_i,\cdots,\boldsymbol{\varepsilon}_j,\cdots,\boldsymbol{\varepsilon}_n)\boldsymbol{C}$$

$$\boldsymbol{\eta}_i=\sum_{k=1}^{n}c_{ki}\boldsymbol{\varepsilon}_k,\boldsymbol{\eta}_j=\sum_{s=1}^{n}c_{sj}\boldsymbol{\varepsilon}_s$$

$$b_{ij}=(\boldsymbol{\eta}_i,\boldsymbol{\eta}_j)=(\sum_{k=1}^{n}c_{ki}\boldsymbol{\varepsilon}_k,\sum_{s=1}^{n}c_{sj}\boldsymbol{\varepsilon}_s)=\sum_{k=1}^{n}\sum_{s=1}^{n}c_{ki}(\boldsymbol{\varepsilon}_k,\boldsymbol{\varepsilon}_s)c_{sj}=$$

$$\sum_{k=1}^{n}\sum_{s=1}^{n}c_{ki}a_{ks}c_{sj}=\sum_{k=1}^{n}c_{ki}\left[\sum_{s=1}^{n}a_{ks}c_{sj}\right]=$$

$$(c_{1i}\cdots c_{ki}\cdots c_{ni})\begin{bmatrix}\sum_{s=1}^{n}a_{1s}c_{sj}\\ \vdots\\ \sum_{s=1}^{n}a_{ks}c_{sj}\\ \vdots\\ \sum_{s=1}^{n}a_{ns}c_{sj}\end{bmatrix}=$$

$$\boldsymbol{C}_i^{\mathrm{T}}\begin{bmatrix}a_{11}&\cdots&a_{1s}&\cdots&a_{1n}\\ \vdots&&\vdots&&\vdots\\ a_{k1}&\cdots&a_{ks}&\cdots&a_{kn}\\ \vdots&&\vdots&&\vdots\\ a_{n1}&\cdots&a_{ns}&\cdots&a_{nn}\end{bmatrix}\begin{bmatrix}c_{1j}\\ \vdots\\ c_{sj}\\ \vdots\\ c_{nj}\end{bmatrix}=\boldsymbol{C}_i^{\mathrm{T}}\boldsymbol{A}\boldsymbol{C}_j$$

$$\boldsymbol{B}=(b_{ij})_{n\times n}=\begin{bmatrix}\boldsymbol{C}_1^{\mathrm{T}}\boldsymbol{A}\boldsymbol{C}_1&\cdots&\boldsymbol{C}_1^{\mathrm{T}}\boldsymbol{A}\boldsymbol{C}_j&\cdots&\boldsymbol{C}_1^{\mathrm{T}}\boldsymbol{A}\boldsymbol{C}_n\\ \vdots&&\vdots&&\vdots\\ \boldsymbol{C}_i^{\mathrm{T}}\boldsymbol{A}\boldsymbol{C}_1&\cdots&\boldsymbol{C}_i^{\mathrm{T}}\boldsymbol{A}\boldsymbol{C}_j&\cdots&\boldsymbol{C}_i^{\mathrm{T}}\boldsymbol{A}\boldsymbol{C}_n\\ \vdots&&\vdots&&\vdots\\ \boldsymbol{C}_n^{\mathrm{T}}\boldsymbol{A}\boldsymbol{C}_1&\cdots&\boldsymbol{C}_n^{\mathrm{T}}\boldsymbol{A}\boldsymbol{C}_j&\cdots&\boldsymbol{C}_n^{\mathrm{T}}\boldsymbol{A}\boldsymbol{C}_n\end{bmatrix}=\begin{bmatrix}\boldsymbol{C}_1^{\mathrm{T}}\\ \vdots\\ \boldsymbol{C}_i^{\mathrm{T}}\\ \vdots\\ \boldsymbol{C}_n^{\mathrm{T}}\end{bmatrix}\boldsymbol{A}(\boldsymbol{C}_1\cdots\boldsymbol{C}_j\cdots\boldsymbol{C}_n)=\boldsymbol{C}^{\mathrm{T}}\boldsymbol{A}\boldsymbol{C}$$

其中 $\boldsymbol{C}=(\boldsymbol{C}_1,\cdots,\boldsymbol{C}_i,\cdots,\boldsymbol{C}_j,\cdots,\boldsymbol{C}_n)$，将 $\boldsymbol{C}$ 按列分成 n 块，即 $\boldsymbol{B}=\boldsymbol{C}^{\mathrm{T}}\boldsymbol{A}\boldsymbol{C}$. □

定理 2.2 表明，同一欧氏空间不同基的度量矩阵是相合矩阵.

例 2.5　设欧氏空间 $P[x]_3$ 中的内积为

$$(f(x),g(x))=\int_{-1}^{1}f(x)g(x)\mathrm{d}x$$

(1) 求基 $1,x,x^2$ 的度量矩阵；

(2) 求 $f(x)=1-x+x^2$ 与 $g(x)=1-4x-5x^2$ 的内积.

解　(1) 设基 $1,x,x^2$ 的度量矩阵为 $\boldsymbol{A}=(a_{ij})_{3\times 3}$，因为 $\boldsymbol{A}$ 实对称，故只需计算 $a_{ij}(i\leqslant j)$，即

$$a_{11}=(1,1)=\int_{-1}^{1}1\cdot 1\mathrm{d}x=2$$

$$a_{12}=(1,x)=\int_{-1}^{1}x\mathrm{d}x=0$$

$$a_{13}=(1,x^2)=\int_{-1}^{1}x^2\mathrm{d}x=\frac{2}{3}$$

$$a_{22}=(x,x)=\int_{-1}^{1}x^2\mathrm{d}x=\frac{2}{3}$$

$$a_{23}=(x,x^2)=\int_{-1}^{1}x^3\mathrm{d}x=0$$

$$a_{33}=(x^2,x^2)=\int_{-1}^{1}x^4\mathrm{d}x=\frac{2}{5}$$

所以

$$\boldsymbol{A}=\begin{bmatrix}2 & 0 & \frac{2}{3}\\ 0 & \frac{2}{3} & 0\\ \frac{2}{3} & 0 & \frac{2}{5}\end{bmatrix}$$

(2) 因为 $f(x),g(x)$ 在基 $1,x,x^2$ 下的坐标分别为 $\boldsymbol{\alpha}=(1,-1,1)^{\mathrm{T}},\boldsymbol{\beta}=(1,-4,-5)^{\mathrm{T}}$，由定理 2.1 之②

$$(f,g)=\boldsymbol{\alpha}^{\mathrm{T}}\boldsymbol{A\beta}=(1,-1,1)\begin{bmatrix}2 & 0 & \frac{2}{3}\\ 0 & \frac{2}{3} & 0\\ \frac{2}{3} & 0 & \frac{2}{5}\end{bmatrix}\begin{bmatrix}1\\ -4\\ -5\end{bmatrix}=0$$

这与直接计算定积分得到的结果是一致的.

例 2.6　设 $\mathbf{R}^2$ 中的两个基为

$$\boldsymbol{\alpha}_1=\begin{bmatrix}1\\ 0\end{bmatrix},\boldsymbol{\alpha}_2=\begin{bmatrix}1\\ -1\end{bmatrix},\boldsymbol{\beta}_1=\begin{bmatrix}0\\ 1\end{bmatrix},\boldsymbol{\beta}_2=\begin{bmatrix}-1\\ 2\end{bmatrix}$$

按某种规定定义了内积，且 $\boldsymbol{\alpha}_i,\boldsymbol{\beta}_j$ 的内积为

$$(\boldsymbol{\alpha}_1,\boldsymbol{\beta}_1)=2,(\boldsymbol{\alpha}_1,\boldsymbol{\beta}_2)=3$$

$$(\boldsymbol{\alpha}_2,\boldsymbol{\beta}_1)=-4,(\boldsymbol{\alpha}_2,\boldsymbol{\beta}_2)=-7$$

求：(1) 基 $\boldsymbol{\alpha}_1,\boldsymbol{\alpha}_2$ 的度量矩阵 $\boldsymbol{A}$；

(2) 基 $\boldsymbol{\beta}_1,\boldsymbol{\beta}_2$ 的度量矩阵 $\boldsymbol{B}$.

解　(1) 因 $\boldsymbol{\beta}_1,\boldsymbol{\beta}_2$ 是基，故存在 $k_1,k_2\in\mathbf{R}$，使

$$\boldsymbol{\alpha}_1=k_1\boldsymbol{\beta}_1+k_2\boldsymbol{\beta}_2$$

即

$$\begin{bmatrix}1\\0\end{bmatrix}=\begin{bmatrix}0&-1\\1&2\end{bmatrix}\begin{bmatrix}k_1\\k_2\end{bmatrix}$$

$$\begin{bmatrix}k_1\\k_2\end{bmatrix}=\begin{bmatrix}0&-1\\1&2\end{bmatrix}^{-1}\begin{bmatrix}1\\0\end{bmatrix}=\begin{bmatrix}2&1\\-1&0\end{bmatrix}\begin{bmatrix}1\\0\end{bmatrix}=\begin{bmatrix}2\\-1\end{bmatrix}$$

解之
$$k_1=2,k_2=-1$$

因此
$$\boldsymbol{\alpha}_1=2\boldsymbol{\beta}_1-\boldsymbol{\beta}_2$$

同理可求得

$$\boldsymbol{\alpha}_2=\boldsymbol{\beta}_1-\boldsymbol{\beta}_2$$

于是

$$(\boldsymbol{\alpha}_1,\boldsymbol{\alpha}_1)=(\boldsymbol{\alpha}_1,2\boldsymbol{\beta}_1-\boldsymbol{\beta}_2)=2(\boldsymbol{\alpha}_1,\boldsymbol{\beta}_1)-(\boldsymbol{\alpha}_1,\boldsymbol{\beta}_2)=1$$

$$(\boldsymbol{\alpha}_1,\boldsymbol{\alpha}_2)=(\boldsymbol{\alpha}_1,\boldsymbol{\beta}_1-\boldsymbol{\beta}_2)=(\boldsymbol{\alpha}_1,\boldsymbol{\beta}_1)-(\boldsymbol{\alpha}_1,\boldsymbol{\beta}_2)=-1$$

$$(\boldsymbol{\alpha}_2,\boldsymbol{\alpha}_1)=-(\boldsymbol{\alpha}_2,2\boldsymbol{\beta}_1-\boldsymbol{\beta}_2)=2(\boldsymbol{\alpha}_2,\boldsymbol{\beta}_1)-(\boldsymbol{\alpha}_2,\boldsymbol{\beta}_2)=-1$$

$$(\boldsymbol{\alpha}_2,\boldsymbol{\alpha}_2)=(\boldsymbol{\alpha}_2,\boldsymbol{\beta}_1-\boldsymbol{\beta}_2)=(\boldsymbol{\alpha}_2,\boldsymbol{\beta}_1)-(\boldsymbol{\alpha}_2,\boldsymbol{\beta}_2)=3$$

上面计算中得出$(\boldsymbol{\alpha}_1,\boldsymbol{\alpha}_2)=(\boldsymbol{\alpha}_2,\boldsymbol{\alpha}_1)=-1$，验证了内积交换律的相容性，说明规定内积是合理的.

所以 $\boldsymbol{\alpha}_1,\boldsymbol{\alpha}_2$ 的度量矩阵 $\boldsymbol{A}=\begin{bmatrix}1&-1\\-1&3\end{bmatrix}$，显然 $\boldsymbol{A}$ 是对称正定矩阵.

(2) 方法一：将基 $\boldsymbol{\alpha}_1,\boldsymbol{\alpha}_2$ 与基 $\boldsymbol{\beta}_1,\boldsymbol{\beta}_2$ 的表达式写成矩阵形式有

$$(\boldsymbol{\alpha}_1,\boldsymbol{\alpha}_2)=(\boldsymbol{\beta}_1,\boldsymbol{\beta}_2)\begin{bmatrix}2&1\\-1&-1\end{bmatrix}$$

$$(\boldsymbol{\beta}_1,\boldsymbol{\beta}_2)=(\boldsymbol{\alpha}_1,\boldsymbol{\alpha}_2)\begin{bmatrix}2&1\\-1&-1\end{bmatrix}^{-1}=(\boldsymbol{\alpha}_1,\boldsymbol{\alpha}_2)\begin{bmatrix}1&1\\-1&-2\end{bmatrix}$$

故 $\boldsymbol{\alpha}_1,\boldsymbol{\alpha}_2$ 到 $\boldsymbol{\beta}_1,\boldsymbol{\beta}_2$ 的过渡矩阵

$$\boldsymbol{C}=\begin{bmatrix}1&1\\-1&-2\end{bmatrix}$$

所以基 $\boldsymbol{\beta}_1,\boldsymbol{\beta}_2$ 的度量矩阵为

$$\boldsymbol{B}=\boldsymbol{C}^{\mathrm{T}}\boldsymbol{A}\boldsymbol{C}=\begin{bmatrix}1&-1\\1&-2\end{bmatrix}\begin{bmatrix}1&-1\\-1&3\end{bmatrix}\begin{bmatrix}1&1\\-1&-2\end{bmatrix}=\begin{bmatrix}6&10\\10&17\end{bmatrix}$$

方法二：基 $\boldsymbol{\beta}_1,\boldsymbol{\beta}_2$ 的度量矩阵 $\boldsymbol{B}$ 也可直接求得.

由

$$\boldsymbol{\alpha}_1=2\boldsymbol{\beta}_1-\boldsymbol{\beta}_2$$

$$\boldsymbol{\alpha}_2=\boldsymbol{\beta}_1-\boldsymbol{\beta}_2$$

可求得

$$\boldsymbol{\beta}_1=\boldsymbol{\alpha}_1-\boldsymbol{\alpha}_2$$

$$\boldsymbol{\beta}_2=\boldsymbol{\alpha}_1-2\boldsymbol{\alpha}_2$$

故计算内积得

$$(\boldsymbol{\beta}_1,\boldsymbol{\beta}_1)=(\boldsymbol{\alpha}_1-\boldsymbol{\alpha}_2,\boldsymbol{\beta}_1)=(\boldsymbol{\alpha}_1,\boldsymbol{\beta}_1)-(\boldsymbol{\alpha}_2,\boldsymbol{\beta}_1)=6$$

$$(\boldsymbol{\beta}_1,\boldsymbol{\beta}_2)=(\boldsymbol{\alpha}_1-\boldsymbol{\alpha}_2,\boldsymbol{\beta}_2)=(\boldsymbol{\alpha}_1,\boldsymbol{\beta}_2)-(\boldsymbol{\alpha}_2,\boldsymbol{\beta}_2)=10$$

$$(\boldsymbol{\beta}_2,\boldsymbol{\beta}_1)=(\boldsymbol{\alpha}_1-2\boldsymbol{\alpha}_2,\boldsymbol{\beta}_1)=(\boldsymbol{\alpha}_1,\boldsymbol{\beta}_1)-2(\boldsymbol{\alpha}_2,\boldsymbol{\beta}_1)=10$$

$$(\boldsymbol{\beta}_2,\boldsymbol{\beta}_2)=(\boldsymbol{\alpha}_1-2\boldsymbol{\alpha}_2,\boldsymbol{\beta}_2)=(\boldsymbol{\alpha}_1,\boldsymbol{\beta}_2)-2(\boldsymbol{\alpha}_2,\boldsymbol{\beta}_2)=17$$

所以基 $\boldsymbol{\beta}_1,\boldsymbol{\beta}_2$ 的度量矩阵为

$$\boldsymbol{B}=\begin{bmatrix}6 & 10\\10 & 17\end{bmatrix}$$

以上讨论的问题都局限于欧氏空间中的实向量，现在我们拓广到复向量空间.

定义 2.3 设 V 是复数域 $\mathbf{C}$ 上的 n 维线性空间，$\forall\,\boldsymbol{\alpha},\boldsymbol{\beta}\in V$，按某种法则对应着一个复数，记为 $(\boldsymbol{\alpha},\boldsymbol{\beta})$，如果满足下面的四个条件：

①$(\boldsymbol{\alpha},\boldsymbol{\beta})=\overline{(\boldsymbol{\beta},\boldsymbol{\alpha})}$；

②$(k\boldsymbol{\alpha},\boldsymbol{\beta})=\bar{k}(\boldsymbol{\alpha},\boldsymbol{\beta})$；

③$(\boldsymbol{\alpha}+\boldsymbol{\beta},\boldsymbol{\gamma})=(\boldsymbol{\alpha},\boldsymbol{\gamma})+(\boldsymbol{\beta},\boldsymbol{\gamma})$；

④$(\boldsymbol{\alpha},\boldsymbol{\alpha})\geqslant 0,(\boldsymbol{\alpha},\boldsymbol{\alpha})=0$，当且仅当 $\boldsymbol{\alpha}=\boldsymbol{\theta}$.

则称 $(\boldsymbol{\alpha},\boldsymbol{\beta})$ 为向量 $\boldsymbol{\alpha}$ 与 $\boldsymbol{\beta}$ 的内积，而称这一复 n 维线性空间为酉空间，记为 $V_n(\mathbf{C},\mathbf{U})$.

在上述定义中，和定义 2.1 相比要注意 ①，② 的变化，由定义 2.3 可以得到酉空间中内积的性质：

①$(\boldsymbol{\alpha},k\boldsymbol{\beta})=k(\boldsymbol{\alpha},\boldsymbol{\beta})$；

②$(\boldsymbol{\alpha},\boldsymbol{\beta}+\boldsymbol{\gamma})=(\boldsymbol{\alpha},\boldsymbol{\beta})+(\boldsymbol{\alpha},\boldsymbol{\gamma})$；

③$\left(\sum\limits_{i=1}^{r}k_i\boldsymbol{\alpha}_i,\boldsymbol{\beta}\right)=\sum\limits_{i=1}^{r}\bar{k}_i(\boldsymbol{\alpha}_i,\boldsymbol{\beta})$；

④$\left(\boldsymbol{\alpha},\sum\limits_{j=1}^{s}k_j\boldsymbol{\beta}_j\right)=\sum\limits_{i=1}^{s}k_j(\boldsymbol{\alpha},\boldsymbol{\beta}_j)$；

⑤$\left(\sum\limits_{i=1}^{r}k_i\boldsymbol{\alpha}_i,\sum\limits_{j=1}^{s}\lambda_j\boldsymbol{\beta}_j\right)=\sum\limits_{i=1}^{r}\sum\limits_{j=1}^{s}\bar{k}_i\lambda_j(\boldsymbol{\alpha}_i,\boldsymbol{\beta}_j)$；

⑥$(\boldsymbol{\alpha},\boldsymbol{\theta})=(\boldsymbol{\theta},\boldsymbol{\alpha})=0$.

注意性质 ① 中右端 k 不取共轭，这是因为按定义 2.3 的 ① 有

$$(\boldsymbol{\alpha},k\boldsymbol{\beta})=\overline{(k\boldsymbol{\beta},\boldsymbol{\alpha})}=\overline{\bar{k}(\boldsymbol{\beta},\boldsymbol{\alpha})}=k\,\overline{(\boldsymbol{\beta},\boldsymbol{\alpha})}=k(\boldsymbol{\alpha},\boldsymbol{\beta})$$

例 2.7 在复数域 $\mathbf{C}$ 上 n 维线性空间 $\mathbf{C}^n$ 中，对向量

$$\boldsymbol{x}=(x_1,x_2,\cdots,x_n)^{\mathrm{T}},\boldsymbol{y}=(y_1,y_2,\cdots,y_n)^{\mathrm{T}}$$

定义内积

$$(\boldsymbol{x},\boldsymbol{y})=\boldsymbol{x}^{\mathrm{H}}\boldsymbol{y}=\sum_{i=1}^{n}\bar{x}_i y_i$$

其中 $\boldsymbol{x}^{\mathrm{H}}=(\bar{x}_1,\bar{x}_2,\cdots,\bar{x}_n)$，则 $\mathbf{C}^n$ 成为一个酉空间，仍用 $\mathbf{C}^n$ 表示这个酉空间. 上述内积称为 $\mathbf{C}^n$ 上的标准内积，以下不特别声明 $\mathbf{C}^n$ 上的内积指的是这种标准内积.

定义 2.4 设 $\boldsymbol{A}\in\mathbf{C}^{m\times n}$，用 $\overline{\boldsymbol{A}}$ 表示的 $\boldsymbol{A}$ 的元素的共轭复数为元素组成的矩阵，令

$$\boldsymbol{A}^{\mathrm{H}}=(\overline{\boldsymbol{A}})^{\mathrm{T}}$$

则称 $\boldsymbol{A}^{\mathrm{H}}$ 为 $\boldsymbol{A}$ 的复共轭转置阵.

特别若 $\boldsymbol{A}\in\mathbf{C}^{n\times n}$，且 $\boldsymbol{A}^{\mathrm{H}}=\boldsymbol{A}$，则称 $\boldsymbol{A}$ 为 Hermite 矩阵. 若 $\boldsymbol{A}^{\mathrm{H}}=-\boldsymbol{A}$，则称 $\boldsymbol{A}$ 为反 Hermite 矩阵，显然 Hermite 矩阵是实对称矩阵的推广.

容易验证复共轭转置阵有如下性质：

①$\boldsymbol{A}^{\mathrm{H}}=\overline{\boldsymbol{A}^{\mathrm{T}}}$；

②$(\boldsymbol{A}+\boldsymbol{B})^{\mathrm{H}}=\boldsymbol{A}^{\mathrm{H}}+\boldsymbol{B}^{\mathrm{H}}$；

③$(k\boldsymbol{A})^{\mathrm{H}}=\bar{k}\boldsymbol{A}^{\mathrm{H}}$；

④$(\boldsymbol{AB})^{\mathrm{H}}=\boldsymbol{B}^{\mathrm{H}}\boldsymbol{A}^{\mathrm{H}}$；

⑤$(\boldsymbol{A}^{\mathrm{H}})^{\mathrm{H}}=\boldsymbol{A}$；

⑥$\boldsymbol{A}$ 可逆时，$(\boldsymbol{A}^{\mathrm{H}})^{-1}=(\boldsymbol{A}^{-1})^{\mathrm{H}}$.

由定义 2.4 可以得到与定理 2.1，定理 2.2 平行的结果，我们有以下的定理.

定理 2.3　设 $\boldsymbol{A}$ 为 n 维酉空间 V 的基 $\boldsymbol{\varepsilon}_1,\boldsymbol{\varepsilon}_2,\cdots,\boldsymbol{\varepsilon}_n$ 的度量矩阵，则：

①$\boldsymbol{A}=\boldsymbol{A}^{\mathrm{H}}$，即 $\boldsymbol{A}$ 是 Hermite 矩阵；

②$\forall\boldsymbol{\alpha},\boldsymbol{\beta}\in V$，$\boldsymbol{\alpha},\boldsymbol{\beta}$ 在基 $\boldsymbol{\varepsilon}_1,\boldsymbol{\varepsilon}_2,\cdots,\boldsymbol{\varepsilon}_n$ 下的坐标分别为 $\boldsymbol{x}=(x_1,x_2,\cdots,x_n)^{\mathrm{T}}$，$\boldsymbol{y}=(y_1,y_2,\cdots,y_n)^{\mathrm{T}}$，则

$$(\boldsymbol{\alpha},\boldsymbol{\beta})=\boldsymbol{x}^{\mathrm{H}}\boldsymbol{A}\boldsymbol{y}$$

③$\boldsymbol{A}$ 是正定矩阵.

定理 2.4　设 $\boldsymbol{\varepsilon}_1,\boldsymbol{\varepsilon}_2,\cdots,\boldsymbol{\varepsilon}_n;\boldsymbol{\eta}_1,\boldsymbol{\eta}_2,\cdots,\boldsymbol{\eta}_n$ 为 n 维酉空间的两个基，它们的度量矩阵分别为 $\boldsymbol{A}$ 和 $\boldsymbol{B}$，$\boldsymbol{C}$ 是 $\boldsymbol{\varepsilon}_1,\boldsymbol{\varepsilon}_2,\cdots,\boldsymbol{\varepsilon}_n$ 到 $\boldsymbol{\eta}_1,\boldsymbol{\eta}_2,\cdots,\boldsymbol{\eta}_n$ 的过渡矩阵，则 $\boldsymbol{B}=\boldsymbol{C}^{\mathrm{H}}\boldsymbol{AC}$，即 $\boldsymbol{A},\boldsymbol{B}$ 为复相合矩阵.

2.2　内积空间的度量

酉空间和欧氏空间是最重要的内积空间，所以我们主要以它们为背景. 因为欧氏空间是特殊的酉空间，所以以下从酉空间谈起. 下面把几何空间的向量长度、夹角、垂直等概念推广到酉空间，其他内积空间也有相类似的结论.

定义 2.5　设 V 是酉(欧氏) 空间，$\boldsymbol{\alpha}\in V$，$\boldsymbol{\alpha}$ 的长度定义为 $\|\boldsymbol{\alpha}\|=\sqrt{(\boldsymbol{\alpha},\boldsymbol{\alpha})}$. 长度为 1 的向量称为单位向量，如果 $\boldsymbol{\alpha}\neq\boldsymbol{\theta}$，则 $\dfrac{\boldsymbol{\alpha}}{\|\boldsymbol{\alpha}\|}$ 是一个单位向量.

如此定义的向量长度与几何空间中向量的长度是一致的. $\forall\boldsymbol{\alpha},\boldsymbol{\beta}\in V$，称 $\|\boldsymbol{\alpha}-\boldsymbol{\beta}\|$ 为 $\boldsymbol{\alpha}$，$\boldsymbol{\beta}$ 之间的距离，记为 $\mathrm{d}(\boldsymbol{\alpha},\boldsymbol{\beta})$.

定理 2.5　设 V 是酉(欧氏) 空间，则向量长度具有以下性质：

①$\|\boldsymbol{\alpha}\|\geqslant 0$，当且仅当 $\boldsymbol{\alpha}=\boldsymbol{\theta}$ 时，$\|\boldsymbol{\alpha}\|=0$；

②$\|k\boldsymbol{\alpha}\|=|k|\,\|\boldsymbol{\alpha}\|$；

③$|(\boldsymbol{\alpha},\boldsymbol{\beta})|\leqslant\|\boldsymbol{\alpha}\|\,\|\boldsymbol{\beta}\|$；　(2.5)

等号成立的充要条件是 α,β 线性相关.

④$\|\boldsymbol{\alpha}+\boldsymbol{\beta}\|\leqslant\|\boldsymbol{\alpha}\|+\|\boldsymbol{\beta}\|$.　(2.6)

证　①、② 显然；

以下证 ③.

若 $\boldsymbol{\beta}=\boldsymbol{\theta}$，则 ③ 显然成立，以下设 $\boldsymbol{\beta}\neq\boldsymbol{\theta}$，有$\overline{(\boldsymbol{\beta},\boldsymbol{\beta})}=(\boldsymbol{\beta},\boldsymbol{\beta})$，$\forall k\in\mathbf{F}$，$\boldsymbol{\alpha}-k\boldsymbol{\beta}\in V$，则

$$0\leqslant(\boldsymbol{\alpha}-k\boldsymbol{\beta},\boldsymbol{\alpha}-k\boldsymbol{\beta})=(\boldsymbol{\alpha},\boldsymbol{\alpha})-\bar{k}(\boldsymbol{\beta},\boldsymbol{\alpha})-k(\boldsymbol{\alpha},\boldsymbol{\beta})+\bar{k}k(\boldsymbol{\beta},\boldsymbol{\beta})$$

上式中令 $k=\dfrac{\overline{(\boldsymbol{\alpha},\boldsymbol{\beta})}}{(\boldsymbol{\beta},\boldsymbol{\beta})}$，有

$$0\leqslant(\boldsymbol{\alpha},\boldsymbol{\alpha})-\frac{|(\boldsymbol{\alpha},\boldsymbol{\beta})|^2}{(\boldsymbol{\beta},\boldsymbol{\beta})}-\frac{|(\boldsymbol{\alpha},\boldsymbol{\beta})|^2}{(\boldsymbol{\beta},\boldsymbol{\beta})}+\frac{|(\boldsymbol{\alpha},\boldsymbol{\beta})|^2}{(\boldsymbol{\beta},\boldsymbol{\beta})}$$

$$0\leqslant(\boldsymbol{\alpha},\boldsymbol{\alpha})-\frac{|(\boldsymbol{\alpha},\boldsymbol{\beta})|^2}{(\boldsymbol{\beta},\boldsymbol{\beta})}$$

$$|(\boldsymbol{\alpha},\boldsymbol{\beta})|^2\leqslant(\boldsymbol{\alpha},\boldsymbol{\alpha})(\boldsymbol{\beta},\boldsymbol{\beta})$$

$$|(\boldsymbol{\alpha},\boldsymbol{\beta})|^2\leqslant\|\boldsymbol{\alpha}\|^2\|\boldsymbol{\beta}\|^2$$

即

$$|(\boldsymbol{\alpha},\boldsymbol{\beta})|\leqslant\|\boldsymbol{\alpha}\|\ \|\boldsymbol{\beta}\|$$

当 $\boldsymbol{\alpha},\boldsymbol{\beta}$ 线性相关时

$$\boldsymbol{\beta}=k\boldsymbol{\alpha}$$

$$|(\boldsymbol{\alpha},\boldsymbol{\beta})|=|(\boldsymbol{\alpha},k\boldsymbol{\alpha})|=|k|(\boldsymbol{\alpha},\boldsymbol{\alpha})=|k|\ \|\boldsymbol{\alpha}\|^2=\|\boldsymbol{\alpha}\|\cdot\|k\boldsymbol{\alpha}\|=\|\boldsymbol{\alpha}\|\ \|\boldsymbol{\beta}\|$$

等号成立.

反之，如果$|(\boldsymbol{\alpha},\boldsymbol{\beta})|=\|\boldsymbol{\alpha}\|\ \|\boldsymbol{\beta}\|$，则$\boldsymbol{\alpha},\boldsymbol{\beta}$线性相关. 如若不然，$\boldsymbol{\alpha},\boldsymbol{\beta}$线性无关，则 $\forall k\in\mathbf{F}$，使 $\boldsymbol{\alpha}-k\boldsymbol{\beta}\neq\boldsymbol{\theta}$，于是

$$(\boldsymbol{\alpha}-k\boldsymbol{\beta},\boldsymbol{\alpha}-k\boldsymbol{\beta})>0$$

取 $k=\dfrac{\overline{(\boldsymbol{\alpha},\boldsymbol{\beta})}}{(\boldsymbol{\beta},\boldsymbol{\beta})}$ 有

$$|(\boldsymbol{\alpha},\boldsymbol{\beta})|^2<(\boldsymbol{\alpha},\boldsymbol{\alpha})(\boldsymbol{\beta},\boldsymbol{\beta})=\|\boldsymbol{\alpha}\|^2\|\boldsymbol{\beta}\|^2$$

与等号成立矛盾，故 $\boldsymbol{\alpha},\boldsymbol{\beta}$ 线性相关.

再证 ④

$$\begin{aligned}\|\boldsymbol{\alpha}+\boldsymbol{\beta}\|^2=&(\boldsymbol{\alpha}+\boldsymbol{\beta},\boldsymbol{\alpha}+\boldsymbol{\beta})=\\&(\boldsymbol{\alpha},\boldsymbol{\alpha})+(\boldsymbol{\beta},\boldsymbol{\alpha})+(\boldsymbol{\alpha},\boldsymbol{\beta})+(\boldsymbol{\beta},\boldsymbol{\beta})=\\&(\boldsymbol{\alpha},\boldsymbol{\alpha})+\overline{(\boldsymbol{\alpha},\boldsymbol{\beta})}+(\boldsymbol{\alpha},\boldsymbol{\beta})+(\boldsymbol{\beta},\boldsymbol{\beta})=\\&\|\boldsymbol{\alpha}\|^2+2\mathrm{Re}(\boldsymbol{\alpha},\boldsymbol{\beta})+\|\boldsymbol{\beta}\|^2\leqslant\\&\|\boldsymbol{\alpha}\|^2+2|(\boldsymbol{\alpha},\boldsymbol{\beta})|+\|\boldsymbol{\beta}\|^2\leqslant\\&\|\boldsymbol{\alpha}\|^2+2\|\boldsymbol{\alpha}\|\ \|\boldsymbol{\beta}\|+\|\boldsymbol{\beta}\|^2=\\&(\|\boldsymbol{\alpha}\|+\|\boldsymbol{\beta}\|)^2\end{aligned}$$

所以

$$\|\boldsymbol{\alpha}+\boldsymbol{\beta}\|\leqslant\|\boldsymbol{\alpha}\|+\|\boldsymbol{\beta}\|$$

③ 称为Cauchy-Schwarz不等式，④ 称为三角不等式，在欧氏空间 $\mathbf{R}^n$ 中它们有十分重要的应用，由例 2.1 及例 2.3 可知其离散与连续形式的表达式分别为

$$\left(\sum_{i=1}^{n}a_ib_i\right)^2\leqslant\left(\sum_{i=1}^{n}a_i^2\right)\left(\sum_{i=1}^{n}b_i^2\right)\tag{2.7}$$

$$\left(\int_a^b f(x)g(x)\mathrm{d}x\right)^2\leqslant\int_a^b f^2(x)\mathrm{d}x\int_a^b g^2(x)\mathrm{d}x\tag{2.8}$$

由不等式(2.5)知

$$-1\leqslant \frac{|(\boldsymbol{\alpha},\boldsymbol{\beta})|}{\|\boldsymbol{\alpha}\|\ \|\boldsymbol{\beta}\|}\leqslant 1$$

所以给出以下的夹角定义.

定义 2.6　设 $\boldsymbol{\alpha},\boldsymbol{\beta}$ 为欧氏空间两个非零向量,它们之间的夹角 $<\boldsymbol{\alpha},\boldsymbol{\beta}>$ 定义为

$$<\boldsymbol{\alpha},\boldsymbol{\beta}>=\arccos\frac{(\boldsymbol{\alpha},\boldsymbol{\beta})}{\|\boldsymbol{\alpha}\|\ \|\boldsymbol{\beta}\|},0\leqslant<\boldsymbol{\alpha},\boldsymbol{\beta}>\leqslant\pi \tag{2.9}$$

对于酉空间的两个非零向量 $\boldsymbol{\alpha}$ 与 $\boldsymbol{\beta}$,其夹角定义为

$$\cos^2<\boldsymbol{\alpha},\boldsymbol{\beta}>=\frac{(\boldsymbol{\alpha},\boldsymbol{\beta})(\boldsymbol{\beta},\boldsymbol{\alpha})}{(\boldsymbol{\alpha},\boldsymbol{\alpha})(\boldsymbol{\beta},\boldsymbol{\beta})} \tag{2.10}$$

当 $(\boldsymbol{\alpha},\boldsymbol{\beta})=0$ 时,称 α 与 β 正交或垂直,记为 $\boldsymbol{\alpha}\perp\boldsymbol{\beta}$.

显然若 $\boldsymbol{\alpha}$ 与 $\boldsymbol{\beta}$ 正交,那么 $\boldsymbol{\beta}$ 与 $\boldsymbol{\alpha}$ 也正交,零向量与所有向量正交.

定义 2.7　$\boldsymbol{\alpha}_1,\boldsymbol{\alpha}_2,\cdots,\boldsymbol{\alpha}_r$ 是不含零向量的向量组,若它们两两正交,则说该向量组为正交向量组.

若正交向量组内每一个向量都是单位向量,则说向量组是标准正交向量组.

显然 $\boldsymbol{\alpha}_1,\boldsymbol{\alpha}_2,\cdots,\boldsymbol{\alpha}_r$ 是标准正交向量组的充要条件是

$$(\boldsymbol{\alpha}_i,\boldsymbol{\alpha}_j)=\delta_{ij}=\begin{cases}1, & i=j \qquad i=1,2,\cdots,r\\ 0, & i\neq j \qquad j=1,2,\cdots,r\end{cases} \tag{2.11}$$

定理 2.6　正交向量组是线性无关向量组.

这个定理说明 n 维内积空间中两两正交的非零向量不能多于 n 个,这一结论在 $\mathbf{R}^3$ 中有明显的几何意义,即三维空间中找不到 4 个两两垂直的非零向量.

定义 2.8　在 n 维内积空间中,由 n 个正交向量组所组成的基为正交基,由 n 个标准正交向量组所组成的基为标准正交基.

由式(2.11) 知 $\boldsymbol{\alpha}_1,\boldsymbol{\alpha}_2,\cdots,\boldsymbol{\alpha}_r$ 是标准正交基的充要条件是它的 Gram 矩阵,也就是度量矩阵 $\mathbf{A}$ 是单位矩阵.

对于线性空间,总能从一组线性无关向量组出发,构造一个标准正交基,这就是有名的 Gram-Schmidt 正交化,其方法如下:

设 $\boldsymbol{\alpha}_1,\boldsymbol{\alpha}_2,\cdots,\boldsymbol{\alpha}_r$ 是酉(欧氏) 空间中的 r 个线性无关的列向量,则可通过 Schmidt 正交化将 $\boldsymbol{\alpha}_1,\boldsymbol{\alpha}_2,\cdots,\boldsymbol{\alpha}_r$ 构造成 $\mathrm{span}(\boldsymbol{\alpha}_1,\boldsymbol{\alpha}_2,\cdots,\boldsymbol{\alpha}_r)$ 这个 r 维子空间的标准正交基.这一过程可分两步进行:

(1) 正交化

令

$$\begin{aligned}
&\boldsymbol{\beta}_1=\boldsymbol{\alpha}_1\\
&\boldsymbol{\beta}_2=\boldsymbol{\alpha}_2-\overline{\frac{(\boldsymbol{\alpha}_2,\boldsymbol{\beta}_1)}{(\boldsymbol{\beta}_1,\boldsymbol{\beta}_1)}}\boldsymbol{\beta}_1=\boldsymbol{\alpha}_2-\frac{(\boldsymbol{\beta}_1,\boldsymbol{\alpha}_2)}{(\boldsymbol{\beta}_1,\boldsymbol{\beta}_1)}\boldsymbol{\beta}_1\\
&\quad\vdots\\
&\boldsymbol{\beta}_r=\boldsymbol{\alpha}_r-\overline{\frac{(\boldsymbol{\alpha}_r,\boldsymbol{\beta}_1)}{(\boldsymbol{\beta}_1,\boldsymbol{\beta}_1)}}\boldsymbol{\beta}_1-\overline{\frac{(\boldsymbol{\alpha}_r,\boldsymbol{\beta}_2)}{(\boldsymbol{\beta}_2,\boldsymbol{\beta}_2)}}\boldsymbol{\beta}_2-\cdots-\overline{\frac{(\boldsymbol{\alpha}_r,\boldsymbol{\beta}_{r-1})}{(\boldsymbol{\beta}_{r-1},\boldsymbol{\beta}_{r-1})}}\boldsymbol{\beta}_{r-1}=\\
&\qquad\boldsymbol{\alpha}_r-\frac{(\boldsymbol{\beta}_1,\boldsymbol{\alpha}_r)}{(\boldsymbol{\beta}_1,\boldsymbol{\beta}_1)}\boldsymbol{\beta}_1-\frac{(\boldsymbol{\beta}_2,\boldsymbol{\alpha}_r)}{(\boldsymbol{\beta}_2,\boldsymbol{\beta}_2)}\boldsymbol{\beta}_2-\cdots-\frac{(\boldsymbol{\beta}_{r-1},\boldsymbol{\alpha}_r)}{(\boldsymbol{\beta}_{r-1},\boldsymbol{\beta}_{r-1})}\boldsymbol{\beta}_{r-1}
\end{aligned} \tag{2.12}$$

(2) 单位化(标准化)

令

$$\boldsymbol{\gamma}_1=\frac{\boldsymbol{\beta}_1}{\|\boldsymbol{\beta}_1\|}$$
$$\boldsymbol{\gamma}_2=\frac{\boldsymbol{\beta}_2}{\|\boldsymbol{\beta}_2\|}$$
$$\vdots \tag{2.13}$$
$$\boldsymbol{\gamma}_r=\frac{\boldsymbol{\beta}_r}{\|\boldsymbol{\beta}_r\|}$$

则 $\boldsymbol{\gamma}_1,\boldsymbol{\gamma}_2,\cdots,\boldsymbol{\gamma}_r$ 即为 $\mathrm{span}(\boldsymbol{\alpha}_1,\boldsymbol{\alpha}_2,\cdots,\boldsymbol{\alpha}_r)$ 的一个标准正交基.

特别 $\boldsymbol{\alpha}_1,\cdots,\boldsymbol{\alpha}_r$ 取自 $\mathbf{R}^n$ 中的向量时,这一作法就是线性代数中的 Schmidt 正交化过程.

例 2.8 设 $\boldsymbol{\alpha}_1=\begin{bmatrix}1\\ \mathrm{i}\\ 0\end{bmatrix},\boldsymbol{\alpha}_2=\begin{bmatrix}1\\ 0\\ \mathrm{i}\end{bmatrix},\boldsymbol{\alpha}_3=\begin{bmatrix}0\\ 0\\ 1\end{bmatrix}$,试用 Gram-Schmidt 方法将其标准正交化.

解 $\boldsymbol{\alpha}_1,\boldsymbol{\alpha}_2,\boldsymbol{\alpha}_3$ 线性无关.

(1) 正交化

令

$$\boldsymbol{\beta}_1=\boldsymbol{\alpha}_1=\begin{bmatrix}1\\ \mathrm{i}\\ 0\end{bmatrix}$$

$$\widetilde{\boldsymbol{\beta}_2}=\boldsymbol{\alpha}_2-\frac{(\boldsymbol{\beta}_1,\boldsymbol{\alpha}_2)}{(\boldsymbol{\beta}_1,\boldsymbol{\beta}_1)}\boldsymbol{\beta}_1=\begin{bmatrix}1\\ 0\\ \mathrm{i}\end{bmatrix}-\frac{(1,-\mathrm{i},0)\begin{bmatrix}1\\ 0\\ \mathrm{i}\end{bmatrix}}{(1,-\mathrm{i},0)\begin{bmatrix}1\\ \mathrm{i}\\ 0\end{bmatrix}}\begin{bmatrix}1\\ \mathrm{i}\\ 0\end{bmatrix}=\begin{bmatrix}1\\ 0\\ \mathrm{i}\end{bmatrix}-\frac{1}{2}\begin{bmatrix}1\\ \mathrm{i}\\ 0\end{bmatrix}=$$

$$\begin{bmatrix}\frac{1}{2}\\ -\frac{\mathrm{i}}{2}\\ \mathrm{i}\end{bmatrix}=\frac{1}{2}\begin{bmatrix}1\\ -\mathrm{i}\\ 2\mathrm{i}\end{bmatrix}$$

记

$$\boldsymbol{\beta}_2=2\widetilde{\boldsymbol{\beta}_2}=\begin{bmatrix}1\\ -\mathrm{i}\\ 2\mathrm{i}\end{bmatrix}$$

$$\widetilde{\boldsymbol{\beta}_3}=\boldsymbol{\alpha}_3-\frac{(\boldsymbol{\beta}_1,\boldsymbol{\alpha}_3)}{(\boldsymbol{\beta}_1,\boldsymbol{\beta}_1)}\boldsymbol{\beta}_1-\frac{(\boldsymbol{\beta}_2,\boldsymbol{\alpha}_3)}{(\boldsymbol{\beta}_2,\boldsymbol{\beta}_2)}\boldsymbol{\beta}_2=$$

$$\begin{bmatrix}0\\0\\1\end{bmatrix}-\frac{(1,-\mathrm{i},0)\begin{bmatrix}0\\0\\1\end{bmatrix}}{(1,-\mathrm{i},0)\begin{bmatrix}1\\\mathrm{i}\\0\end{bmatrix}}\begin{bmatrix}1\\\mathrm{i}\\0\end{bmatrix}-\frac{(1,\mathrm{i},-2\mathrm{i})\begin{bmatrix}0\\0\\1\end{bmatrix}}{(1,\mathrm{i},-2\mathrm{i})\begin{bmatrix}1\\-\mathrm{i}\\2\mathrm{i}\end{bmatrix}}\begin{bmatrix}1\\-\mathrm{i}\\2\mathrm{i}\end{bmatrix}=$$

$$\begin{bmatrix}0\\0\\1\end{bmatrix}-\frac{0}{2}\begin{bmatrix}1\\\mathrm{i}\\0\end{bmatrix}+\frac{\mathrm{i}}{3}\begin{bmatrix}1\\-\mathrm{i}\\2\mathrm{i}\end{bmatrix}=\frac{1}{3}\begin{bmatrix}\mathrm{i}\\1\\1\end{bmatrix}$$

记
$$\boldsymbol{\beta}_3=3\widetilde{\boldsymbol{\beta}_3}=\begin{bmatrix}\mathrm{i}\\1\\1\end{bmatrix}$$

(2) 单位化

$$(\boldsymbol{\beta}_1,\boldsymbol{\beta}_1)=\boldsymbol{\beta}_1^{\mathrm{H}}\boldsymbol{\beta}_1=(1,-\mathrm{i},0)\begin{bmatrix}1\\\mathrm{i}\\0\end{bmatrix}=2,\quad \|\boldsymbol{\beta}_1\|=\sqrt{2}$$

$$(\boldsymbol{\beta}_2,\boldsymbol{\beta}_2)=\boldsymbol{\beta}_2^{\mathrm{H}}\boldsymbol{\beta}_2=(1,\mathrm{i},-2\mathrm{i})\begin{bmatrix}1\\-\mathrm{i}\\2\mathrm{i}\end{bmatrix}=6,\quad \|\boldsymbol{\beta}_2\|=\sqrt{6}$$

$$(\boldsymbol{\beta}_3,\boldsymbol{\beta}_3)=\boldsymbol{\beta}_3^{\mathrm{H}}\boldsymbol{\beta}_3=(-\mathrm{i},1,1)\begin{bmatrix}\mathrm{i}\\1\\1\end{bmatrix}=3,\quad \|\boldsymbol{\beta}_3\|=\sqrt{3}$$

$$\boldsymbol{\gamma}_1=\frac{\boldsymbol{\beta}_1}{\|\boldsymbol{\beta}_1\|}=\frac{1}{\sqrt{2}}\begin{bmatrix}1\\\mathrm{i}\\0\end{bmatrix}$$

$$\boldsymbol{\gamma}_2=\frac{\boldsymbol{\beta}_2}{\|\boldsymbol{\beta}_2\|}=\frac{1}{\sqrt{6}}\begin{bmatrix}1\\-\mathrm{i}\\2\mathrm{i}\end{bmatrix}$$

$$\boldsymbol{\gamma}_3=\frac{\boldsymbol{\beta}_3}{\|\boldsymbol{\beta}_3\|}=\frac{1}{\sqrt{3}}\begin{bmatrix}\mathrm{i}\\1\\1\end{bmatrix}$$

则 $\boldsymbol{\gamma}_1,\boldsymbol{\gamma}_2,\boldsymbol{\gamma}_3$ 为 $\mathbf{C}^3$ 中的标准正交基.

例 2.9　按例 2.5 中内积的定义，将 $P[x]_3$ 中的基，$1,x,x^2$ 标准正交化，并求 $1,x,x^2$ 到标准正交基的过渡矩阵.

解　$\boldsymbol{\alpha}_1=1,\boldsymbol{\alpha}_2=x,\boldsymbol{\alpha}_3=x^2$.

(1) 正交化

$$\boldsymbol{\beta}_1=\boldsymbol{\alpha}_1=1$$

$$\boldsymbol{\beta}_2=\boldsymbol{\alpha}_2-\frac{(\boldsymbol{\alpha}_2,\boldsymbol{\beta}_1)}{(\boldsymbol{\beta}_1,\boldsymbol{\beta}_1)}\boldsymbol{\beta}_1=$$

$$x-\frac{\int_{-1}^{1}x\cdot 1\mathrm{d}x}{\int_{-1}^{1}1\cdot 1\mathrm{d}x}\cdot 1=x$$

$$\boldsymbol{\beta}_3=\boldsymbol{\alpha}_3-\frac{(\boldsymbol{\alpha}_3,\boldsymbol{\beta}_1)}{(\boldsymbol{\beta}_1,\boldsymbol{\beta}_1)}\boldsymbol{\beta}_1-\frac{(\boldsymbol{\alpha}_3,\boldsymbol{\beta}_2)}{(\boldsymbol{\beta}_2,\boldsymbol{\beta}_2)}\boldsymbol{\beta}_2=$$

$$x^2-\frac{\int_{-1}^{1}x^2\cdot 1\mathrm{d}x}{\int_{-1}^{1}1\cdot 1\mathrm{d}x}\cdot 1-\frac{\int_{-1}^{1}x^2\cdot x\mathrm{d}x}{\int_{-1}^{1}x\cdot x\mathrm{d}x}\cdot x=$$

$$x^2-\frac{1}{3}$$

(2) 单位化

$$\boldsymbol{\gamma}_1=\frac{\boldsymbol{\beta}_1}{\|\boldsymbol{\beta}_1\|}=\frac{\boldsymbol{\beta}_1}{\sqrt{(\boldsymbol{\beta}_1,\boldsymbol{\beta}_1)}}=\frac{1}{\sqrt{2}}=\sqrt{\frac{1}{2}}$$

$$\boldsymbol{\gamma}_2=\frac{\boldsymbol{\beta}_2}{\|\boldsymbol{\beta}_2\|}=\frac{\boldsymbol{\beta}_2}{\sqrt{(\boldsymbol{\beta}_2,\boldsymbol{\beta}_2)}}=\frac{x}{\sqrt{\int_{-1}^{1}x^2\mathrm{d}x}}=\sqrt{\frac{3}{2}}x$$

$$\boldsymbol{\gamma}_3=\frac{\boldsymbol{\beta}_3}{\|\boldsymbol{\beta}_3\|}=\frac{\boldsymbol{\beta}_3}{\sqrt{(\boldsymbol{\beta}_3,\boldsymbol{\beta}_3)}}=\frac{x^2-\frac{1}{3}}{\sqrt{\int_{-1}^{1}(x^4-\frac{2}{3}x^2+\frac{1}{9})\mathrm{d}x}}=\sqrt{\frac{5}{2}}\left(\frac{3x^2-1}{2}\right)$$

则 $\boldsymbol{\gamma}_1,\boldsymbol{\gamma}_2,\boldsymbol{\gamma}_3$ 为 $P[x]_3$ 中的标准正交基.

显然

$$\sqrt{\frac{1}{2}}=\sqrt{\frac{1}{2}}\cdot 1+0\cdot x+0\cdot x^2$$

$$\sqrt{\frac{3}{2}}x=0\cdot 1+\sqrt{\frac{3}{2}}\cdot x+0\cdot x^2$$

$$\sqrt{\frac{5}{2}}\left(\frac{3x^2-1}{2}\right)=-\frac{1}{2}\sqrt{\frac{5}{2}}\cdot 1+0\cdot x+\frac{3}{2}\sqrt{\frac{5}{2}}x^2$$

所以

$$\left(\sqrt{\frac{1}{2}},\ \sqrt{\frac{3}{2}}x,\ \sqrt{\frac{5}{2}}\left(\frac{3x^2-1}{2}\right)\right)=(1,x,x^2)\begin{bmatrix}\sqrt{\frac{1}{2}} & 0 & -\frac{1}{2}\sqrt{\frac{5}{2}}\\ 0 & \sqrt{\frac{3}{2}} & 0\\ 0 & 0 & \frac{3}{2}\sqrt{\frac{5}{2}}\end{bmatrix}$$

令

$$C=\begin{bmatrix}\sqrt{\frac{1}{2}} & 0 & -\frac{1}{2}\sqrt{\frac{5}{2}}\\ 0 & \sqrt{\frac{3}{2}} & 0\\ 0 & 0 & \frac{3}{2}\sqrt{\frac{5}{2}}\end{bmatrix}$$

则 $\boldsymbol{C}$ 为基 $1,x,x^2$ 到标准正交基 $\boldsymbol{\gamma}_1,\boldsymbol{\gamma}_2,\boldsymbol{\gamma}_3$ 的过渡矩阵.

由例 2.5 知 $1,x,x^2$ 的度量矩阵

$$A=\begin{bmatrix}2 & 0 & \frac{2}{3}\\ 0 & \frac{2}{3} & 0\\ \frac{2}{3} & 0 & \frac{2}{5}\end{bmatrix}$$

而标准正交基的度量矩阵为单位阵 $\boldsymbol{I}$,则

$$\boldsymbol{C}^{\mathrm{T}}\boldsymbol{A}\boldsymbol{C}=\boldsymbol{I}$$

经验证正是如此.

例 2.10　上述例子的一般情况是,线性空间 $P[x]_n$ 的基为 $1,x,\cdots,x^{n-1}$,在 $(f,g)=\int_{-1}^{1}f(x)g(x)\mathrm{d}x$ 定义的内积下

$$\boldsymbol{\varepsilon}_{k+1}=\sqrt{\frac{2k+1}{2}}L_k(x)\qquad k=0,1,2,\cdots,n-1$$

是 $P[x]_n$ 中的标准正交基,其中

$$L_k(x)=\frac{1}{2^k k!}\frac{\mathrm{d}^k}{\mathrm{d}x^k}(x^2-1)^k$$

称为 Legendre 多项式.

标准正交基有下述性质.

定理 2.7　若 $\boldsymbol{\varepsilon}_1,\boldsymbol{\varepsilon}_2,\cdots,\boldsymbol{\varepsilon}_n$ 为 $V_n(\mathbf{C},\mathbf{U})$ 的标准正交基,则:

①$\boldsymbol{\varepsilon}_1,\boldsymbol{\varepsilon}_2,\cdots,\boldsymbol{\varepsilon}_n$ 的度量矩阵为单位阵;

②$\forall\boldsymbol{\alpha},\boldsymbol{\beta}\in V_n(\mathbf{C},\mathbf{U})$,$\exists\boldsymbol{x},\boldsymbol{y}\in\mathbf{C}^n$,其中

$$\boldsymbol{x}=(x_1,x_2,\cdots,x_n)^{\mathrm{T}}$$
$$\boldsymbol{y}=(y_1,y_2,\cdots,y_n)^{\mathrm{T}}$$

使

$$\boldsymbol{\alpha}=(\boldsymbol{\varepsilon}_1,\boldsymbol{\varepsilon}_2,\cdots,\boldsymbol{\varepsilon}_n)\boldsymbol{x}=\sum_{i=1}^{n}x_i\boldsymbol{\varepsilon}_i$$

$$\boldsymbol{\beta}=(\boldsymbol{\varepsilon}_1,\boldsymbol{\varepsilon}_2,\cdots,\boldsymbol{\varepsilon}_n)\boldsymbol{y}=\sum_{i=1}^{n}y_i\boldsymbol{\varepsilon}_i\qquad(2.14)$$

则 $(\boldsymbol{\alpha},\boldsymbol{\beta})=(\boldsymbol{x},\boldsymbol{y})$;

③$x_i=(\boldsymbol{\varepsilon}_i,\boldsymbol{\alpha})$;

④ 若 $\boldsymbol{\eta}_1,\boldsymbol{\eta}_2,\cdots,\boldsymbol{\eta}_n$ 也是 $V_n(\mathbf{C},\mathbf{U})$ 的标准正交基，且 $\boldsymbol{\varepsilon}_1,\boldsymbol{\varepsilon}_2,\cdots,\boldsymbol{\varepsilon}_n$ 到 $\boldsymbol{\eta}_1,\boldsymbol{\eta}_2,\cdots,\boldsymbol{\eta}_n$ 的过渡矩阵为 $\boldsymbol{C}$，则 $\boldsymbol{C}^{\mathrm{H}}\boldsymbol{C}=\boldsymbol{I}_n$.

证　① 结论显然，因为重要再次提及.

② 得

$$(\boldsymbol{\alpha},\boldsymbol{\beta})=(\sum_{i=1}^{n}x_i\boldsymbol{\varepsilon}_i,\sum_{i=1}^{n}y_i\boldsymbol{\varepsilon}_i)=\sum_{i=1}^{n}\sum_{j=1}^{n}\overline{x_i}(\boldsymbol{\varepsilon}_i,\boldsymbol{\varepsilon}_j)y_j=$$

$$\sum_{i=1}^{n}\overline{x_i}(\boldsymbol{\varepsilon}_i,\boldsymbol{\varepsilon}_i)y_i=\sum_{i=1}^{n}\overline{x_i}y_i=(\boldsymbol{x},\boldsymbol{y}) \tag{2.15}$$

这一性质说明 $V_n(\mathbf{C},\mathbf{U})$ 中抽象的广义向量的内积可以用 $\mathbf{C}^n$ 中的具体的向量内积来代替.

③ 得

$$(\boldsymbol{\varepsilon}_i,\boldsymbol{\alpha})=(\boldsymbol{\varepsilon}_i,\sum_{j=1}^{n}x_j\boldsymbol{\varepsilon}_j)=\sum_{j=1}^{n}x_j(\boldsymbol{\varepsilon}_i,\boldsymbol{\varepsilon}_j)=x_i(\boldsymbol{\varepsilon}_i,\boldsymbol{\varepsilon}_i)=x_i$$

这一性质说明向量 $\boldsymbol{\alpha}$ 在基 $\boldsymbol{\varepsilon}_1,\boldsymbol{\varepsilon}_2,\cdots,\boldsymbol{\varepsilon}_n$ 下的坐标可用基与向量的内积来表示.

④ 由定理 2.4 有

$$\boldsymbol{B}=\boldsymbol{C}^{\mathrm{H}}\boldsymbol{A}\boldsymbol{C}$$

现 $\boldsymbol{\varepsilon}_1,\boldsymbol{\varepsilon}_2,\cdots,\boldsymbol{\varepsilon}_n$ 与 $\boldsymbol{\eta}_1,\boldsymbol{\eta}_2,\cdots,\boldsymbol{\eta}_n$ 均为标准正交基，故 $\boldsymbol{A}=\boldsymbol{B}=\boldsymbol{I}_n$ 所以 $\boldsymbol{C}^{\mathrm{H}}\boldsymbol{C}=\boldsymbol{I}_n$　□

定理 2.7 对于欧氏空间 $V_n(\mathbf{R},\mathbf{E})$ 显然同样成立，只是在性质 ④ 中把 $\boldsymbol{C}^{\mathrm{H}}$ 改为 $\boldsymbol{C}^{\mathrm{T}}$，即 $\boldsymbol{C}^{\mathrm{T}}\boldsymbol{C}=\boldsymbol{I}_n$，也就是说 $\boldsymbol{C}$ 为正交矩阵.

定义 2.9　设 $\boldsymbol{A}\in\mathbf{C}^{n\times n}$，若 $\boldsymbol{A}$ 满足

$$\boldsymbol{A}^{\mathrm{H}}\boldsymbol{A}=\boldsymbol{A}\boldsymbol{A}^{\mathrm{H}}=\boldsymbol{I}_n \tag{2.16}$$

则称 $\boldsymbol{A}$ 是酉矩阵，记之为 $\boldsymbol{A}\in\mathbf{U}^{n\times n}$，显然酉矩阵是正交矩阵的推广.

设 $\boldsymbol{A}$、$\boldsymbol{B}\in\mathbf{U}^{n\times n}$，则酉矩阵有以下性质：

①$\boldsymbol{A}^{-1}=\boldsymbol{A}^{\mathrm{H}}$；

②$\boldsymbol{A}$ 的列向量为 $\mathbf{C}^n$ 的标准正交基；

③$\boldsymbol{A}^{\mathrm{T}}\in\mathbf{U}^{n\times n}$；

④$\boldsymbol{AB}$、$\boldsymbol{BA}\in\mathbf{U}^{n\times n}$.

证　① 由定义 2.7 显然.

② 将 $\boldsymbol{A}$ 按列分块为 $\boldsymbol{A}=(\boldsymbol{\alpha}_1,\cdots,\boldsymbol{\alpha}_i,\cdots,\boldsymbol{\alpha}_j,\cdots,\boldsymbol{\alpha}_n)$

由 $\boldsymbol{A}^{\mathrm{H}}\boldsymbol{A}=\boldsymbol{I}_n$ 得

$$\begin{cases}\boldsymbol{\alpha}_i^{\mathrm{H}}\boldsymbol{\alpha}_i=1, & i=j \quad i=1,2,\cdots,n;j=1,2,\cdots,n\\ \boldsymbol{\alpha}_i^{\mathrm{H}}\boldsymbol{\alpha}_j=0, & i\neq j\end{cases}$$

即

$$(\boldsymbol{\alpha}_i,\boldsymbol{\alpha}_i)=1,(\boldsymbol{\alpha}_i,\boldsymbol{\alpha}_j)=0$$

故 $\boldsymbol{\alpha}_1,\cdots,\boldsymbol{\alpha}_i,\cdots,\boldsymbol{\alpha}_j,\cdots,\boldsymbol{\alpha}_n$ 为 $\mathbf{C}^n$ 的标准正交基.

③ 由 $\boldsymbol{A}\in\mathbf{U}^{n\times n}$ 知 $\boldsymbol{A}\boldsymbol{A}^{\mathrm{H}}=\boldsymbol{A}(\overline{\boldsymbol{A}})^{\mathrm{T}}=\boldsymbol{I}_n$.

取转置有 $\overline{\boldsymbol{A}}\boldsymbol{A}^{\mathrm{T}}=\boldsymbol{I}_n^{\mathrm{T}}=\boldsymbol{I}_n$，于是有

$$(\boldsymbol{A}^{\mathrm{T}})^{\mathrm{H}}\boldsymbol{A}^{\mathrm{T}}=(\overline{\boldsymbol{A}^{\mathrm{T}}})^{\mathrm{T}}\boldsymbol{A}^{\mathrm{T}}=((\overline{\boldsymbol{A}})^{\mathrm{T}})^{\mathrm{T}}\boldsymbol{A}^{\mathrm{T}}=\overline{\boldsymbol{A}}\boldsymbol{A}^{\mathrm{T}}=\boldsymbol{I}_n=\boldsymbol{A}^{\mathrm{T}}\overline{\boldsymbol{A}}=\boldsymbol{A}^{\mathrm{T}}(\boldsymbol{A}^{\mathrm{T}})^{\mathrm{H}}$$

这说明 $\boldsymbol{A}^{\mathrm{T}}\in\mathbf{U}^{n\times n}$.

④ $(\boldsymbol{AB})^{\mathrm{H}}(\boldsymbol{AB})=\boldsymbol{B}^{\mathrm{H}}\boldsymbol{A}^{\mathrm{H}}\boldsymbol{AB}=\boldsymbol{B}^{\mathrm{H}}\boldsymbol{B}=\boldsymbol{I}_n=\boldsymbol{ABB}^{\mathrm{H}}\boldsymbol{A}^{\mathrm{H}}=(\boldsymbol{AB})(\boldsymbol{AB})^{\mathrm{H}}$

即
$$\boldsymbol{AB}\in\mathbf{U}^{n\times n}$$
同理
$$\boldsymbol{BA}\in\mathbf{U}^{n\times n}$$
□

正交矩阵有类似的结果.

2.3 酉变换

定义 2.10　若 $V_n(\mathbf{C},\mathbf{U})$ 的变换 $\mathscr{A}$ 满足
$$(\mathscr{A}(\boldsymbol{\alpha}),\mathscr{A}(\boldsymbol{\beta}))=(\boldsymbol{\alpha},\boldsymbol{\beta})\quad\forall\,\boldsymbol{\alpha},\boldsymbol{\beta}\in V_n(\mathbf{C},\mathbf{U})\tag{2.17}$$
则称 $\mathscr{A}$ 为 $V_n(\mathbf{C},\mathbf{U})$ 的酉变换.

由定义可知酉变换是不变内积的变换,在欧氏空间中则称为正交变换.

例 2.11(Household 变换)　设 $\boldsymbol{H}=\boldsymbol{I}_n-2\boldsymbol{uu}^{\mathrm{H}}\in\mathbf{C}^{n\times n}$,$\boldsymbol{u},\boldsymbol{\alpha}\in\mathbf{C}^n$,且 $\boldsymbol{u}^{\mathrm{H}}\boldsymbol{u}=1$. 则由矩阵 $\boldsymbol{H}$ 所确定的线性变换 $\mathscr{H}(\boldsymbol{\alpha})=\boldsymbol{H\alpha}$ 是 $\mathbf{C}^n$ 中的酉变换.

证　对 $\forall\,\boldsymbol{\alpha},\boldsymbol{\beta}\in\mathbf{C}^n$,有
$$\begin{aligned}(\boldsymbol{H\alpha},\boldsymbol{H\beta})=&(\boldsymbol{\alpha}-2\boldsymbol{uu}^{\mathrm{H}}\boldsymbol{\alpha},\boldsymbol{\beta}-2\boldsymbol{uu}^{\mathrm{H}}\boldsymbol{\beta})=\\&(\boldsymbol{\alpha}-2\boldsymbol{uu}^{\mathrm{H}}\boldsymbol{\alpha})^{\mathrm{H}}(\boldsymbol{\beta}-2\boldsymbol{uu}^{\mathrm{H}}\boldsymbol{\beta})=\\&(\boldsymbol{\alpha}^{\mathrm{H}}-2\boldsymbol{\alpha}^{\mathrm{H}}\boldsymbol{uu}^{\mathrm{H}})(\boldsymbol{\beta}-2\boldsymbol{uu}^{\mathrm{H}}\boldsymbol{\beta})=\\&\boldsymbol{\alpha}^{\mathrm{H}}\boldsymbol{\beta}-4\boldsymbol{\alpha}^{\mathrm{H}}\boldsymbol{uu}^{\mathrm{H}}\boldsymbol{\beta}+4\boldsymbol{\alpha}^{\mathrm{H}}\boldsymbol{uu}^{\mathrm{H}}\boldsymbol{uu}^{\mathrm{H}}\boldsymbol{\beta}=\\&\boldsymbol{\alpha}^{\mathrm{H}}\boldsymbol{\beta}=(\boldsymbol{\alpha},\boldsymbol{\beta})\end{aligned}\tag{2.18}$$
故 $\mathscr{H}$ 是 $\mathbf{C}^n$ 中的酉变换,称为 Household 变换,称矩阵 $\boldsymbol{H}$ 为 Household 矩阵.

例 2.12　Household 矩阵有以下性质:

① $\boldsymbol{H}^{\mathrm{H}}=\boldsymbol{H}$;(Hermite 矩阵)

② $\boldsymbol{H}^{\mathrm{H}}\boldsymbol{H}=\boldsymbol{I}_n$;(酉矩阵)

③ $\boldsymbol{H}^2=\boldsymbol{I}_n$;(对合阵)

④ $\boldsymbol{H}^{-1}=\boldsymbol{H}$;(自逆阵)

⑤ 若 $\boldsymbol{u}\in\mathbf{R}^n$,则 $|\boldsymbol{H}|=-1$.

证　① $\boldsymbol{H}^{\mathrm{H}}=(\boldsymbol{I}_n-2\boldsymbol{uu}^{\mathrm{H}})^{\mathrm{H}}=\boldsymbol{I}_n-2(\boldsymbol{u}^{\mathrm{H}})^{\mathrm{H}}\boldsymbol{u}^{\mathrm{H}}=\boldsymbol{H}$;

② $\boldsymbol{H}^{\mathrm{H}}\boldsymbol{H}=(\boldsymbol{I}_n-2\boldsymbol{uu}^{\mathrm{H}})^{\mathrm{H}}\boldsymbol{H}=(\boldsymbol{I}_n-2\boldsymbol{uu}^{\mathrm{H}})(\boldsymbol{I}_n-2\boldsymbol{uu}^{\mathrm{H}})=\boldsymbol{I}_n-4\boldsymbol{uu}^{\mathrm{H}}+4\boldsymbol{uu}^{\mathrm{H}}\boldsymbol{uu}^{\mathrm{H}}=\boldsymbol{I}_n$;

③ 由 ② 证明过程即得;

④ 由 ③$\boldsymbol{HH}=\boldsymbol{I}_n$,知 $\boldsymbol{H}^{-1}=\boldsymbol{H}$;

⑤ 当 $\boldsymbol{u}\in\mathbf{R}^n$ 时,由行列式降阶定理有
$$|\boldsymbol{H}|=|\boldsymbol{I}_n-2\boldsymbol{uu}^{\mathrm{T}}|=1-2\boldsymbol{u}^{\mathrm{T}}\boldsymbol{u}=-1$$
Household 变换也称为初等反射变换,而 Household 矩阵也称为初等反射矩阵.

例 2.13　设 $\boldsymbol{A}\in\mathbf{R}^{n\times n}$,实数 c 与 s 满足
$$c^2+s^2=1$$

$$
\boldsymbol{A}=\begin{bmatrix}
1 & & & & & & & & & & \\
& \ddots & & & & & & & & & \\
& & 1 & & & & & & & & \\
& & & c & & & & s & & & \\
& & & & 1 & & & & & & \\
& & & & & \ddots & & & & & \\
& & & & & & 1 & & & & \\
& & & -s & & & & c & & & \\
& & & & & & & & 1 & & \\
& & & & & & & & & \ddots & \\
& & & & & & & & & & 1
\end{bmatrix} \tag{2.19}
$$

i 列　　　　　j 列

称为 **Givens** 矩阵，试证 $\boldsymbol{A}$ 是欧氏空间 $\mathbf{R}^n$ 上的正交矩阵，由 $\boldsymbol{A}$ 所确定的变换 $\mathscr{A}(\boldsymbol{\alpha})=\boldsymbol{A\alpha}$ 是正交变换.

证　容易验证 $\boldsymbol{A}^{\mathrm{T}}\boldsymbol{A}=\boldsymbol{I}_n$，且 $\forall\,\boldsymbol{\alpha},\boldsymbol{\beta}\in\mathbf{R}^n$，有

$$(\boldsymbol{A\alpha},\boldsymbol{A\beta})=(\boldsymbol{A\alpha})^{\mathrm{T}}\boldsymbol{A\beta}=\boldsymbol{\alpha}^{\mathrm{T}}\boldsymbol{A}^{\mathrm{T}}\boldsymbol{A\beta}=\boldsymbol{\alpha}^{\mathrm{T}}\boldsymbol{\beta}=(\boldsymbol{\alpha},\boldsymbol{\beta})$$

故 $\mathscr{A}$ 是 $\mathbf{R}^n$ 的正交变换.

矩阵 $\boldsymbol{A}$ 称为 Givens 矩阵，也叫初等旋转矩阵，由它所确定的线性变换为 Givens 变换，也叫初等旋转变换.

因为 $c^2+s^2=1$，所以存在 θ，使 $c=\cos\theta, s=\sin\theta$. 当 $\boldsymbol{A}=\begin{bmatrix}\cos\theta & \sin\theta\\ -\sin\theta & \cos\theta\end{bmatrix}$ 时，就是我们熟知的例 1.25 中的平面解析几何里的转轴变换.

定理 2.8　$V_n(\mathbf{C},\mathbf{U})$ 的酉变换是线性变换

证　设 $\mathscr{A}$ 是 $V_n(\mathbf{C},\mathbf{U})$ 的酉变换，$\forall\,\boldsymbol{\alpha},\boldsymbol{\beta}\in V_n(\mathbf{C},\mathbf{U})$，有

$$(\mathscr{A}(\boldsymbol{\alpha}),\mathscr{A}(\boldsymbol{\beta}))=(\boldsymbol{\alpha},\boldsymbol{\beta})$$

欲证 $\mathscr{A}$ 是线性变换，应证以下二式：

① $\mathscr{A}(\boldsymbol{\alpha}+\boldsymbol{\beta})=\mathscr{A}(\boldsymbol{\alpha})+\mathscr{A}(\boldsymbol{\beta})$；

② $\mathscr{A}(k\boldsymbol{\alpha})=k\mathscr{A}(\boldsymbol{\alpha}),\ \forall\,k\in\mathbf{C}$.

只需证明下面的等价等式即可

$$\mathscr{A}(\boldsymbol{\alpha}+\boldsymbol{\beta})-\mathscr{A}(\boldsymbol{\alpha})-\mathscr{A}(\boldsymbol{\beta})=\boldsymbol{\theta} \tag{2.20}$$

$$\mathscr{A}(k\boldsymbol{\alpha})-k\mathscr{A}(\boldsymbol{\alpha})=\boldsymbol{\theta} \tag{2.21}$$

计算内积得

$$
\begin{aligned}
&(\mathscr{A}(\boldsymbol{\alpha}+\boldsymbol{\beta})-\mathscr{A}(\boldsymbol{\alpha})-\mathscr{A}(\boldsymbol{\beta}),\mathscr{A}(\boldsymbol{\alpha}+\boldsymbol{\beta})-\mathscr{A}(\boldsymbol{\alpha})-\mathscr{A}(\boldsymbol{\beta}))=\\
&(\mathscr{A}(\boldsymbol{\alpha}+\boldsymbol{\beta}),\mathscr{A}(\boldsymbol{\alpha}+\boldsymbol{\beta}))-(\mathscr{A}(\boldsymbol{\alpha}),\mathscr{A}(\boldsymbol{\alpha}+\boldsymbol{\beta}))-(\mathscr{A}(\boldsymbol{\beta}),\mathscr{A}(\boldsymbol{\alpha}+\boldsymbol{\beta}))-\\
&(\mathscr{A}(\boldsymbol{\alpha}+\boldsymbol{\beta}),\mathscr{A}(\boldsymbol{\alpha}))+(\mathscr{A}(\boldsymbol{\alpha}),\mathscr{A}(\boldsymbol{\alpha}))+(\mathscr{A}(\boldsymbol{\beta}),\mathscr{A}(\boldsymbol{\alpha}))-\\
&(\mathscr{A}(\boldsymbol{\alpha}+\boldsymbol{\beta}),\mathscr{A}(\boldsymbol{\beta}))+(\mathscr{A}(\boldsymbol{\alpha}),\mathscr{A}(\boldsymbol{\beta}))+(\mathscr{A}(\boldsymbol{\beta}),\mathscr{A}(\boldsymbol{\beta}))=\\
&(\boldsymbol{\alpha}+\boldsymbol{\beta},\boldsymbol{\alpha}+\boldsymbol{\beta})-(\boldsymbol{\alpha},\boldsymbol{\alpha}+\boldsymbol{\beta})-(\boldsymbol{\beta},\boldsymbol{\alpha}+\boldsymbol{\beta})-(\boldsymbol{\alpha}+\boldsymbol{\beta},\boldsymbol{\alpha})+
\end{aligned}
$$

$$(\boldsymbol{\alpha},\boldsymbol{\alpha})+(\boldsymbol{\beta},\boldsymbol{\alpha})-(\boldsymbol{\alpha}+\boldsymbol{\beta},\boldsymbol{\beta})+(\boldsymbol{\alpha},\boldsymbol{\beta})+(\boldsymbol{\beta},\boldsymbol{\beta})=0 \tag{2.22}$$

故
$$\mathscr{A}(\boldsymbol{\alpha}+\boldsymbol{\beta})-\mathscr{A}(\boldsymbol{\alpha})-\mathscr{A}(\boldsymbol{\beta})=\boldsymbol{\theta}$$

同理计算得

$$(\mathscr{A}(k\boldsymbol{\alpha})-k\mathscr{A}(\boldsymbol{\alpha}),\mathscr{A}(k\boldsymbol{\alpha})-k\mathscr{A}(\boldsymbol{\alpha}))=0$$

故
$$\mathscr{A}(k\boldsymbol{\alpha})-k\mathscr{A}(\boldsymbol{\alpha})=\boldsymbol{\theta}$$ □

定理 2.9　设 $\mathscr{A}$ 是 $V_n(\mathbf{C},\mathbf{U})$ 的线性变换，则下列命题等价：

①$\mathscr{A}$ 是酉变换；

② $\|\mathscr{A}(\boldsymbol{\alpha})\|=\|\boldsymbol{\alpha}\|,\forall\boldsymbol{\alpha}\in V_n(\mathbf{C},\mathbf{U})$；

③ 若 $\boldsymbol{\varepsilon}_1,\boldsymbol{\varepsilon}_2,\cdots,\boldsymbol{\varepsilon}_n$ 是 $V_n(\mathbf{C},\mathbf{U})$ 的一组标准正交基，则 $\mathscr{A}(\boldsymbol{\varepsilon}_1),\mathscr{A}(\boldsymbol{\varepsilon}_2),\cdots,\mathscr{A}(\boldsymbol{\varepsilon}_n)$ 也是 $V_n(\mathbf{C},\mathbf{U})$ 的一组标准正交基；

④$\mathscr{A}$ 在 $V_n(\mathbf{C},\mathbf{U})$ 的任意一组标准正交基下的表示矩阵是酉矩阵.

证　①⇒②　由定义 2.10 显然.

②⇐①　$\forall\boldsymbol{\alpha},\boldsymbol{\beta}\in V_n(\mathbf{C},\mathbf{U})$，由 ② 得

$$(\mathscr{A}(\boldsymbol{\alpha}+\boldsymbol{\beta}),\mathscr{A}(\boldsymbol{\alpha}+\boldsymbol{\beta}))=(\boldsymbol{\alpha}+\boldsymbol{\beta},\boldsymbol{\alpha}+\boldsymbol{\beta}) \tag{2.23}$$

$$(\mathscr{A}(\boldsymbol{\alpha}+\mathrm{i}\boldsymbol{\beta}),\mathscr{A}(\boldsymbol{\alpha}+\mathrm{i}\boldsymbol{\beta}))=(\boldsymbol{\alpha}+\mathrm{i}\boldsymbol{\beta},\boldsymbol{\alpha}+\mathrm{i}\boldsymbol{\beta}) \tag{2.24}$$

因为 $\mathscr{A}$ 是线性变换，由内积性质展开上面两式，得

$$(\mathscr{A}(\boldsymbol{\alpha}),\mathscr{A}(\boldsymbol{\beta}))+(\mathscr{A}(\boldsymbol{\beta}),\mathscr{A}(\boldsymbol{\alpha}))=(\boldsymbol{\alpha},\boldsymbol{\beta})+(\boldsymbol{\beta},\boldsymbol{\alpha}) \tag{2.25}$$

$$(\mathscr{A}(\boldsymbol{\alpha}),\mathscr{A}(\boldsymbol{\beta}))-(\mathscr{A}(\boldsymbol{\beta}),\mathscr{A}(\boldsymbol{\alpha}))=(\boldsymbol{\alpha},\boldsymbol{\beta})-(\boldsymbol{\beta},\boldsymbol{\alpha}) \tag{2.26}$$

两式相加即得 ①.

①⇒③　$\mathscr{A}$ 是酉变换，$\boldsymbol{\varepsilon}_1,\boldsymbol{\varepsilon}_2,\cdots,\boldsymbol{\varepsilon}_n$ 为 $V_n(\mathbf{C},\mathbf{U})$ 上的标准正交基，则

$$(\mathscr{A}(\boldsymbol{\varepsilon}_i),\mathscr{A}(\boldsymbol{\varepsilon}_j))=(\boldsymbol{\varepsilon}_i,\boldsymbol{\varepsilon}_j)=\delta_{ij}$$

这说明 $\mathscr{A}(\boldsymbol{\varepsilon}_1),\cdots,\mathscr{A}(\boldsymbol{\varepsilon}_n)$ 为 $V_n(\mathbf{C},\mathbf{U})$ 的一组标准正交基.

③⇒①　设 $\boldsymbol{\varepsilon}_1,\cdots,\boldsymbol{\varepsilon}_n$ 与 $\mathscr{A}(\boldsymbol{\varepsilon}_1),\cdots,\mathscr{A}(\boldsymbol{\varepsilon}_n)$ 都是标准正交基，
对于 $\forall\boldsymbol{\alpha},\boldsymbol{\beta}\in V$ 有

$$\boldsymbol{\alpha}=\sum_{i=1}^{n}x_i\boldsymbol{\varepsilon}_i,\boldsymbol{\beta}=\sum_{j=1}^{n}y_j\boldsymbol{\varepsilon}_j$$

则

$$\begin{aligned}(\mathscr{A}(\boldsymbol{\alpha}),\mathscr{A}(\boldsymbol{\beta}))=&(\mathscr{A}(\sum_{i=1}^{n}x_i\boldsymbol{\varepsilon}_i),\mathscr{A}(\sum_{j=1}^{n}y_j\boldsymbol{\varepsilon}_j))=\\&(\sum_{i=1}^{n}x_i\mathscr{A}(\boldsymbol{\varepsilon}_i),\sum_{j=1}^{n}y_j\mathscr{A}(\boldsymbol{\varepsilon}_j))=\\&\sum_{i=1}^{n}\sum_{j=1}^{n}\overline{x_i}(\mathscr{A}(\boldsymbol{\varepsilon}_i),\mathscr{A}(\boldsymbol{\varepsilon}_j))y_j=\\&\sum_{i=1}^{n}\overline{x_i}\sum_{j=1}^{n}(\mathscr{A}(\boldsymbol{\varepsilon}_i),\mathscr{A}(\boldsymbol{\varepsilon}_j))y_j=\\&\sum_{i=1}^{n}\overline{x_i}y_i=\\&(\boldsymbol{\alpha},\boldsymbol{\beta})\end{aligned}$$

即 $\mathscr{A}$ 是酉变换.

③⇒④　设矩阵 $\mathbf{A}$ 为 $\mathscr{A}$ 在标准正交基 $\boldsymbol{\varepsilon}_1,\cdots,\boldsymbol{\varepsilon}_n$ 下的表示矩阵，$\mathscr{A}(\boldsymbol{\varepsilon}_1),\cdots,\mathscr{A}(\boldsymbol{\varepsilon}_n)$ 也是标准正交基，且有

$$(\mathscr{A}(\boldsymbol{\varepsilon}_1),\cdots,\mathscr{A}(\boldsymbol{\varepsilon}_n))=(\boldsymbol{\varepsilon}_1,\cdots,\boldsymbol{\varepsilon}_n)\mathbf{A} \tag{2.27}$$

$$\mathscr{A}(\boldsymbol{\varepsilon}_i)=\sum_{k=1}^{n}a_{ki}\boldsymbol{\varepsilon}_k,\mathscr{A}(\boldsymbol{\varepsilon}_j)=\sum_{s=1}^{n}a_{sj}\boldsymbol{\varepsilon}_s,i,j=1,2\cdots,n$$

于是有

$$\delta_{ij}=(\mathscr{A}(\boldsymbol{\varepsilon}_i),\mathscr{A}(\boldsymbol{\varepsilon}_j))=(\sum_{k=1}^{n}a_{ki}\boldsymbol{\varepsilon}_k,\sum_{s=1}^{n}a_{sj}\boldsymbol{\varepsilon}_s)=$$

$$\sum_{k=1}^{n}\sum_{s=1}^{n}\overline{a_{ki}}(\boldsymbol{\varepsilon}_k,\boldsymbol{\varepsilon}_s)a_{sj}=\sum_{k=1}^{n}\overline{a_{ki}}a_{kj}=\boldsymbol{\alpha}_i^{\mathrm{H}}\boldsymbol{\alpha}_j \tag{2.28}$$

其中 $\boldsymbol{\alpha}_j$ 为 $\mathbf{A}$ 的第 j 个列向量，$j=1,2,\cdots,n$.

这说明 $\mathbf{A}$ 的列向量是标准正交列向量，即 $\mathbf{A}$ 是酉矩阵.

④⇒③　设 $\boldsymbol{\varepsilon}_1,\cdots,\boldsymbol{\varepsilon}_n$ 是标准正交基，$\mathbf{A}$ 是酉矩阵，由式(2.27)及式(2.28)知

$$(\mathscr{A}(\boldsymbol{\varepsilon}_i),\mathscr{A}(\boldsymbol{\varepsilon}_j))=\delta_{ij}$$

故 $\mathscr{A}(\boldsymbol{\varepsilon}_1),\cdots,\mathscr{A}(\boldsymbol{\varepsilon}_n)$ 也是标准正交基.

例 2.14　设 $\mathscr{A}$ 是 $\mathbf{C}^n$ 的线性变换，且 $\forall\boldsymbol{\alpha}\in\mathbf{C}^n,\mathscr{A}(\boldsymbol{\alpha})=\boldsymbol{\alpha}$.

求证：$\mathscr{A}$ 是酉变换.

证　由

$$(\mathscr{A}(\boldsymbol{\alpha}),\mathscr{A}(\boldsymbol{\alpha}))=(\boldsymbol{\alpha},\boldsymbol{\alpha})$$

故 $\|\mathscr{A}(\boldsymbol{\alpha})\|=\|\boldsymbol{\alpha}\|$，由定理 2.9 之 ② 知结论正确.

本例题说明恒等变换是酉变换.

例 2.15　设 $\mathscr{A}$ 是内积空间的一个线性变换.

求证：$\mathscr{A}$ 是酉变换的充要条件是：$\forall\boldsymbol{\alpha},\boldsymbol{\beta}\in V$，有

$$\|\mathscr{A}(\boldsymbol{\alpha})-\mathscr{A}(\boldsymbol{\beta})\|=\|\boldsymbol{\alpha}-\boldsymbol{\beta}\|$$

证　设 $\mathscr{A}$ 是 V 中的酉变换，则 $\forall\boldsymbol{\alpha},\boldsymbol{\beta}\in V$；因为 $\mathscr{A}$ 是线性变换，由定理 2.9 有

$$\|\mathscr{A}(\boldsymbol{\alpha})-\mathscr{A}(\boldsymbol{\beta})\|=\|\mathscr{A}(\boldsymbol{\alpha}-\boldsymbol{\beta})\|=\|\boldsymbol{\alpha}-\boldsymbol{\beta}\|$$

反之，对 $\forall\boldsymbol{\alpha},\boldsymbol{\beta}\in V$，由

$$\|\mathscr{A}(\boldsymbol{\alpha})-\mathscr{A}(\boldsymbol{\beta})\|=\|\boldsymbol{\alpha}-\boldsymbol{\beta}\|$$

特取 $\boldsymbol{\beta}=\boldsymbol{\theta}$，则 $\|\mathscr{A}(\boldsymbol{\alpha})\|=\|\boldsymbol{\alpha}\|$.

由定理 2.9 知 $\mathscr{A}$ 为酉变换.

本例题说明不变距离的线性变换是酉变换.

定理 2.10　设 $\mathbf{A}\in\mathbf{U}^{n\times n}$，即 $\mathbf{A}$ 是酉矩阵，则：

① $(\mathbf{A}\boldsymbol{\alpha},\mathbf{A}\boldsymbol{\beta})=(\boldsymbol{\alpha},\boldsymbol{\beta})$，0 $\forall\boldsymbol{\alpha},\boldsymbol{\beta}\in\mathbf{C}^n$；

② $\|\mathbf{A}\boldsymbol{\alpha}\|=\|\boldsymbol{\alpha}\|$；

③ $\mathbf{A}$ 的特征值的模为 1；

④ $|\det\mathbf{A}|=1$.

证　① 因为 $\mathbf{A}$ 是酉矩阵，故

$$A^H A = I_n$$

$$\forall \boldsymbol{\alpha},\boldsymbol{\beta} \in \mathbf{C}^n, (A\boldsymbol{\alpha}, A\boldsymbol{\beta}) = (A\boldsymbol{\alpha})^H (A\boldsymbol{\beta}) = \boldsymbol{\alpha}^H A^H A\boldsymbol{\beta} = \boldsymbol{\alpha}^H \boldsymbol{\beta} = (\boldsymbol{\alpha},\boldsymbol{\beta})$$

② 由 ① 有

$$(A\boldsymbol{\alpha}, A\boldsymbol{\alpha}) = (\boldsymbol{\alpha},\boldsymbol{\alpha})$$

即 $\| A\boldsymbol{\alpha} \|^2 = \| \boldsymbol{\alpha} \|^2$,故 $\| A\boldsymbol{\alpha} \| = \| \boldsymbol{\alpha} \|$.

③ 设 λ 为酉矩阵 A 的特征值,$\boldsymbol{\alpha}$ 为对应的特征向量,所以

$$\boldsymbol{\alpha} \neq \boldsymbol{\theta}, A\boldsymbol{\alpha} = \lambda\boldsymbol{\alpha}$$

故 $$\boldsymbol{\alpha}^H\boldsymbol{\alpha} = \boldsymbol{\alpha}^H(A^H A)\boldsymbol{\alpha} = (A\boldsymbol{\alpha})^H(A\boldsymbol{\alpha}) = (\lambda\boldsymbol{\alpha})^H(\lambda\boldsymbol{\alpha}) = \bar{\lambda}\lambda\boldsymbol{\alpha}^H\boldsymbol{\alpha}$$

于是 $$(\bar{\lambda}\lambda - 1)\boldsymbol{\alpha}^H\boldsymbol{\alpha} = 0$$

因为 $\boldsymbol{\alpha}^H\boldsymbol{\alpha} \neq 0$,故 $\bar{\lambda}\lambda - 1 = 0$,即 $|\lambda|^2 = 1$, $|\lambda| = 1$.

④ 设 $\lambda_1, \lambda_2, \cdots, \lambda_n$ 为 A 的 n 个特征值,故

$$\det A = \prod_{i=1}^{n} \lambda_i$$

两边取模

$$|\det A| = \prod_{i=1}^{n} |\lambda_i| = 1$$ □

若 A 为正交矩阵,其结果是线性代数中熟知的结论,此不赘述.

定义 2.11　设 $\mathscr{A}$ 是酉(欧氏) 空间 V 的线性变换,如果满足:

$$(\mathscr{A}(\boldsymbol{\alpha}), \boldsymbol{\beta}) = (\boldsymbol{\alpha}, \mathscr{A}(\boldsymbol{\beta})) \quad \forall \boldsymbol{\alpha},\boldsymbol{\beta} \in V$$

则称 $\mathscr{A}$ 为 V 的 Hermite(对称) 变换.

定理 2.11　酉(欧氏) 空间中的线性变换是 Hermite(对称) 变换的充要条件为它在标准正交基下的表示矩阵是 Hermite(对称) 矩阵.

证　以下在 $V_n(\mathbf{C})$ 中证明,对称变换是其在欧氏空间中的情况. 设 $\boldsymbol{\varepsilon}_1, \cdots, \boldsymbol{\varepsilon}_n$ 为酉空间的标准正交基,线性变换 $\mathscr{A}$ 在此基下的表示矩阵为 A,于是有

$$\mathscr{A}(\boldsymbol{\varepsilon}_1, \cdots, \boldsymbol{\varepsilon}_i, \cdots, \boldsymbol{\varepsilon}_j, \cdots, \boldsymbol{\varepsilon}_n) = (\boldsymbol{\varepsilon}_1, \cdots, \boldsymbol{\varepsilon}_k, \cdots, \boldsymbol{\varepsilon}_n)A$$

$$\mathscr{A}(\boldsymbol{\varepsilon}_i) = \sum_{k=1}^{n} a_{ki}\boldsymbol{\varepsilon}_k, (\mathscr{A}(\boldsymbol{\varepsilon}_i), \boldsymbol{\varepsilon}_j) = \overline{a_{ji}}$$

$$\mathscr{A}(\boldsymbol{\varepsilon}_j) = \sum_{k=1}^{n} a_{kj}\boldsymbol{\varepsilon}_k, (\boldsymbol{\varepsilon}_i, \mathscr{A}(\boldsymbol{\varepsilon}_j)) = a_{ij}$$

先证必要性.

若 $\mathscr{A}$ 是酉空间的 Hermite 变换,则

$$(\mathscr{A}(\boldsymbol{\varepsilon}_i), \boldsymbol{\varepsilon}_j) = (\boldsymbol{\varepsilon}_i, \mathscr{A}(\boldsymbol{\varepsilon}_j))$$

即 $\overline{a_{ji}} = a_{ij}$, $i,j = 1, \cdots, n$,这说明 $A^H = A$,即 A 是 Hermite 矩阵.

再证充分性.

设 $A^H = A$,对任意 $\boldsymbol{\alpha},\boldsymbol{\beta} \in V_n(\mathbf{C})$,有

$$\boldsymbol{\alpha} = \sum_{i=1}^{n} x_i\boldsymbol{\varepsilon}_i = (\boldsymbol{\varepsilon}_1, \cdots, \boldsymbol{\varepsilon}_n)\begin{bmatrix} x_1 \\ \vdots \\ x_n \end{bmatrix}$$

$$\mathscr{A}(\boldsymbol{\alpha})=\sum_{i=1}^{n}x_i\mathscr{A}(\boldsymbol{\varepsilon}_i)=(\mathscr{A}(\boldsymbol{\varepsilon}_1),\cdots,\mathscr{A}(\boldsymbol{\varepsilon}_n))\begin{bmatrix}x_1\\ \vdots\\ x_n\end{bmatrix}=$$

$$(\boldsymbol{\varepsilon}_1,\cdots,\boldsymbol{\varepsilon}_n)\boldsymbol{A}\begin{bmatrix}x_1\\ \vdots\\ x_n\end{bmatrix}$$

$$\boldsymbol{\beta}=\sum_{i=1}^{n}y_i\boldsymbol{\varepsilon}_i=(\boldsymbol{\varepsilon}_1,\cdots,\boldsymbol{\varepsilon}_n)\begin{bmatrix}y_1\\ \vdots\\ y_n\end{bmatrix}$$

$$\mathscr{A}(\boldsymbol{\beta})=\sum_{i=1}^{n}y_i\mathscr{A}(\boldsymbol{\varepsilon}_i)=(\boldsymbol{A}(\boldsymbol{\varepsilon}_1),\cdots,\boldsymbol{A}(\boldsymbol{\varepsilon}_n))\begin{bmatrix}y_1\\ \vdots\\ y_n\end{bmatrix}=$$

$$(\boldsymbol{\varepsilon}_1,\cdots,\boldsymbol{\varepsilon}_n)\boldsymbol{A}\begin{bmatrix}y_1\\ \vdots\\ y_n\end{bmatrix}$$

这里 $x_1,\cdots,x_n;y_1,\cdots,y_n$ 分别为 $\boldsymbol{\alpha},\boldsymbol{\beta}$ 在标准正交基 $\boldsymbol{\varepsilon}_1,\cdots,\boldsymbol{\varepsilon}_n$ 下的坐标.

由定理 2.7 的 ② 有

$$(\mathscr{A}(\boldsymbol{\alpha}),\boldsymbol{\beta})=(\boldsymbol{A}\begin{bmatrix}x_1\\ \vdots\\ x_n\end{bmatrix})^{\mathrm{H}}\begin{bmatrix}y_1\\ \vdots\\ y_n\end{bmatrix}=(\overline{x_1},\cdots,\overline{x_n})\boldsymbol{A}^{\mathrm{H}}\begin{bmatrix}y_1\\ \vdots\\ y_n\end{bmatrix}=$$

$$(\overline{x_1},\cdots,\overline{x_n})\boldsymbol{A}\begin{bmatrix}y_1\\ \vdots\\ y_n\end{bmatrix}=(\boldsymbol{\alpha},\mathscr{A}(\boldsymbol{\beta}))$$

这说明 $\mathscr{A}$ 是 V 的 Hermite 变换. □

定理 2.12　Hermite 矩阵的特征值都是实数.

证　设 $\boldsymbol{A}^{\mathrm{H}}=\boldsymbol{A}$，$\lambda$ 是 $\boldsymbol{A}$ 的特征值，$\boldsymbol{x}=(x_1,\cdots,x_n)^{\mathrm{T}}$ 是 $\boldsymbol{A}$ 的属于特征值 λ 的特征向量，于是有

$$\boldsymbol{Ax}=\lambda\boldsymbol{x}$$

两边取共轭

$$\overline{\boldsymbol{Ax}}=\overline{\lambda\boldsymbol{x}}$$

再取转置

$$\boldsymbol{x}^{\mathrm{H}}\boldsymbol{A}^{\mathrm{H}}=\bar{\lambda}\boldsymbol{x}^{\mathrm{H}}$$

用 $\boldsymbol{x}$ 右乘上式有

$$\boldsymbol{x}^{\mathrm{H}}\boldsymbol{A}^{\mathrm{H}}\boldsymbol{x}=\bar{\lambda}\boldsymbol{x}^{\mathrm{H}}\boldsymbol{x}$$

由 $\boldsymbol{A}^{\mathrm{H}}=\boldsymbol{A}$ 得

$$\boldsymbol{x}^{\mathrm{H}}\boldsymbol{Ax}=\boldsymbol{x}^{\mathrm{H}}\lambda\boldsymbol{x}=\bar{\lambda}\boldsymbol{x}^{\mathrm{H}}\boldsymbol{x}$$

故

$$(\lambda-\bar{\lambda})(\boldsymbol{x},\boldsymbol{x})=0$$

因 $\boldsymbol{x}\neq\boldsymbol{\theta}$，故 $\lambda=\bar{\lambda}$，即 λ 是实数. □

定理 2.13　Hermite 矩阵的不同特征值所对应的特征向量是正交的.

证　设 λ、μ 是 Hermite 矩阵的两个不同的特征值，$\boldsymbol{x}$、$\boldsymbol{y}$ 是它们所对应的特征向量，则

$$\boldsymbol{Ax}=\lambda\boldsymbol{x}$$

$$\boldsymbol{Ay}=\mu\boldsymbol{y}$$

取共轭转置

$$\boldsymbol{x}^{\mathrm{H}}\boldsymbol{A}^{\mathrm{H}}=\lambda\boldsymbol{x}^{\mathrm{H}}$$

$$\boldsymbol{y}^{\mathrm{H}}\boldsymbol{A}^{\mathrm{H}}=\mu\boldsymbol{y}^{\mathrm{H}}$$

即
$$\lambda\boldsymbol{x}^{\mathrm{H}}=\boldsymbol{x}^{\mathrm{H}}\boldsymbol{A}$$

右乘 $\boldsymbol{y}$

$$\lambda\boldsymbol{x}^{\mathrm{H}}\boldsymbol{y}=\boldsymbol{x}^{\mathrm{H}}\boldsymbol{Ay}=\boldsymbol{x}^{\mathrm{H}}\mu\boldsymbol{y}$$

$$(\lambda-\mu)\boldsymbol{x}^{\mathrm{H}}\boldsymbol{y}=0$$

因为
$$\lambda\neq\mu$$

故
$$\boldsymbol{x}^{\mathrm{H}}\boldsymbol{y}=(\boldsymbol{x},\boldsymbol{y})=0$$

即 $\boldsymbol{x}$，$\boldsymbol{y}$ 正交. □

例 2.16　设 $\boldsymbol{e}$ 是欧氏空间 V 中的单位向量，定义变换

$$\mathscr{A}(\boldsymbol{\alpha})=\boldsymbol{\alpha}-2(\boldsymbol{\alpha},\boldsymbol{e})\boldsymbol{e}\quad \boldsymbol{\alpha}\in V$$

求证：①$\mathscr{A}$ 是线性变换；

②$\mathscr{A}$ 是正交变换；

③$\mathscr{A}$ 是对称变换.

证　① 设 $\boldsymbol{\alpha},\boldsymbol{\beta}\in V$，对 $\forall k_1,k_2\in\mathbf{R}$，有

$$\begin{aligned}\mathscr{A}(k_1\boldsymbol{\alpha}+k_2\boldsymbol{\beta})&=(k_1\boldsymbol{\alpha}+k_2\boldsymbol{\beta})-2(k_1\boldsymbol{\alpha}+k_2\boldsymbol{\beta},\boldsymbol{e})\boldsymbol{e}=\\&k_1[\boldsymbol{\alpha}-2(\boldsymbol{\alpha},\boldsymbol{e})\boldsymbol{e}]+k_2[\boldsymbol{\beta}-2(\boldsymbol{\beta},\boldsymbol{e})\boldsymbol{e}]=\\&k_1\mathscr{A}(\boldsymbol{\alpha})+k_2\mathscr{A}(\boldsymbol{\beta})\end{aligned}$$

故 $\mathscr{A}$ 是线性变换.

② 得

$$\begin{aligned}(\mathscr{A}(\boldsymbol{\alpha}),\mathscr{A}(\boldsymbol{\alpha}))&=(\boldsymbol{\alpha}-2(\boldsymbol{\alpha},\boldsymbol{e})\boldsymbol{e},\boldsymbol{\alpha}-2(\boldsymbol{\alpha},\boldsymbol{e})\boldsymbol{e})=\\&(\boldsymbol{\alpha},\boldsymbol{\alpha})-4(\boldsymbol{\alpha},\boldsymbol{e})(\boldsymbol{\alpha},\boldsymbol{e})+4(\boldsymbol{\alpha},\boldsymbol{e})(\boldsymbol{\alpha},\boldsymbol{e})=\\&(\boldsymbol{\alpha},\boldsymbol{\alpha})\end{aligned}$$

即
$$\|\mathscr{A}(\boldsymbol{\alpha})\|=\|\boldsymbol{\alpha}\|$$

由 $\mathscr{A}$ 是线性变换，故 $\mathscr{A}$ 是正交变换.

③ 得

$$\begin{aligned}(\mathscr{A}(\boldsymbol{\alpha}),\boldsymbol{\beta})&=(\boldsymbol{\alpha}-2(\boldsymbol{\alpha},\boldsymbol{e})\boldsymbol{e},\boldsymbol{\beta})=\\&(\boldsymbol{\alpha},\boldsymbol{\beta})-2(\boldsymbol{\alpha},\boldsymbol{e})(\boldsymbol{\beta},\boldsymbol{e})\end{aligned}$$

$$(\boldsymbol{\alpha},\mathscr{A}(\boldsymbol{\beta}))=(\boldsymbol{\alpha},\boldsymbol{\beta}-2(\boldsymbol{\beta},\boldsymbol{e})\boldsymbol{e})=(\boldsymbol{\alpha},\boldsymbol{\beta})-2(\boldsymbol{\beta},\boldsymbol{e})(\boldsymbol{\alpha},\boldsymbol{e})$$

因此
$$(\mathscr{A}(\boldsymbol{\alpha}),\boldsymbol{\beta})=(\boldsymbol{\alpha},\mathscr{A}(\boldsymbol{\beta}))$$
□

即 $\mathscr{A}$ 是对称变换.

2.4 正交子空间与正交投影

作为向量正交的推广，我们研究子空间的正交，并讨论如何将酉（欧氏）空间分解为相互正交的子空间的直和.

定义 2.12 设 V_1,V_2 是 $V_n(\mathbf{C},\mathbf{U})$ 的子空间，若 $\forall \boldsymbol{\beta}\in V_2$，有 $\boldsymbol{\alpha}$，使 $(\boldsymbol{\alpha},\boldsymbol{\beta})=0$，则说向量 $\boldsymbol{\alpha}$ 与子空间 V_2 正交，记为 $\boldsymbol{\alpha}\perp V_2$；若 $\forall\boldsymbol{\alpha}\in V_1$，有 $\boldsymbol{\alpha}\perp V_2$，则说子空间 V_1,V_2 正交，记为 $V_1\perp V_2$.

例 2.17 在三维空间 $\mathbf{R}^3$ 中，设 $V_1=\text{span}(\boldsymbol{k})$，$V_2=\text{span}(\boldsymbol{i},\boldsymbol{j})$，则 $V_1\perp V_2$.

定理 2.14 设 V_1,V_2 是 V_n 的子空间，且 $V_1\perp V_2$，则：

①$V_1\cap V_2=\{\boldsymbol{\theta}\}$； (2.29)

②$\dim(V_1+V_2)=\dim V_1+\dim V_2$. (2.30)

证 $\forall\boldsymbol{\alpha}\in V_1\cap V_2$，则 $\boldsymbol{\alpha}\in V_1,\boldsymbol{\alpha}\in V_2$，于是 $(\boldsymbol{\alpha},\boldsymbol{\alpha})=0$，故 $\boldsymbol{\alpha}=\boldsymbol{\theta}$，即 $V_1\cap V_2=\{\boldsymbol{\theta}\}$.

由 ① 根据子空间维数定理 1.7 知 ② 成立.

定义 2.13 设 V_1,V_2 是 V_n 的子空间，且 $V_1\perp V_2$，若

$$V_1+V_2=V_n$$

则称 V_1 与 V_2 互为正交补空间，记为 $V_1=V_2^{\perp}$，或 $V_2=V_1^{\perp}$，或 $V_n=V_1\oplus V_2$.

在定理 1.8 的推论中，我们曾提到线性空间可分解成两个子空间的直和，且知这种分解不是唯一的，但对酉空间的正交分解而言，它是唯一的，这就是下面的定理.

定理 2.15 设 V_1 是 V_n 的任一子空间，则存在唯一的子空间 $V_2\subset V_n$，使 $V_1\oplus V_2=V_n$.

证 设 $\dim V_1=r$，$\boldsymbol{\varepsilon}_1,\boldsymbol{\varepsilon}_2,\cdots,\boldsymbol{\varepsilon}_r$ 为 V_1 的正交基，将 $\boldsymbol{\varepsilon}_1,\cdots,\boldsymbol{\varepsilon}_r$ 扩充为 V_n 的正交基 $\boldsymbol{\varepsilon}_1,\cdots,\boldsymbol{\varepsilon}_r,\boldsymbol{\varepsilon}_{r+1},\cdots,\boldsymbol{\varepsilon}_n$，令 $V_2=\text{span}(\boldsymbol{\varepsilon}_{r+1},\cdots,\boldsymbol{\varepsilon}_n)$，显然 $V_1\perp V_2$，且 $V_1+V_2=V_n$，故

$$V_1\oplus V_2=V_n$$

再证唯一性. 若存在 $V_3\subset V_n$，使 $V_1\oplus V_3=V_n$，则对 V_3 中任意非零向量 $\boldsymbol{\beta}\overline{\in} V_1$，$\forall\boldsymbol{\alpha}\in V_1$，应有 $(\boldsymbol{\alpha},\boldsymbol{\beta})=0$，这说明 $\boldsymbol{\beta}\in V_2$，所以 $V_3\subset V_2$，同理可证 $V_2\subset V_3$，故 $V_3=V_2$.

唯一性得证. □

定理 2.16 设 $\mathbf{A}\in\mathbf{C}^{m\times n}$，则：

①$R(\mathbf{A})\perp N(\mathbf{A}^{\mathrm{H}})$； (2.31)

②$N(\mathbf{A})\perp R(\mathbf{A}^{\mathrm{H}})$. (2.32)

证 $\forall\boldsymbol{\beta}\in R(\mathbf{A})$，则 $\exists\boldsymbol{\alpha}$，使

$$\boldsymbol{\beta}=\mathbf{A}\boldsymbol{\alpha}$$

$\forall\boldsymbol{\gamma}\in N(\mathbf{A}^{\mathrm{H}})$，则

$$\mathbf{A}^{\mathrm{H}}\boldsymbol{\gamma}=\boldsymbol{\theta}$$

于是
$$(\boldsymbol{\gamma},\boldsymbol{\beta})=\boldsymbol{\gamma}^{\mathrm{H}}\boldsymbol{\beta}=\boldsymbol{\gamma}^{\mathrm{H}}\mathbf{A}\boldsymbol{\alpha}=(\mathbf{A}^{\mathrm{H}}\boldsymbol{\gamma})^{\mathrm{H}}\boldsymbol{\alpha}=0$$

这说明 $R(\mathbf{A})\perp N(\mathbf{A}^{\mathrm{H}})$.

在 ① 中以 $\mathbf{A}$ 代替 $\mathbf{A}^{\mathrm{H}}$ 即得 ②.

推论 ①$R(\mathbf{A})\oplus N(\mathbf{A}^{\mathrm{H}}))=\mathbf{C}^m$；

②$N(\mathbf{A}) \oplus R(\mathbf{A}^{\mathrm{H}})) = \mathbf{C}^n$.

证　$\dim N(\mathbf{A}) + \dim R(\mathbf{A}^{\mathrm{H}}) = (n - \operatorname{rank} \mathbf{A}) + \operatorname{rank} \mathbf{A} = n$.

故 ② 成立，① 类似于 ② 可得. □

以下学习有关投影变换和投影矩阵问题.

定义 2.14　设 S、T 是 $\mathbf{C}^n$ 子空间，且 $\mathbf{C}^n = S \oplus T$，于是 $\forall \boldsymbol{\alpha} \in \mathbf{C}^n$ 均可唯一地表成

$$\boldsymbol{\alpha} = \boldsymbol{x} + \boldsymbol{y}, \boldsymbol{x} \in S, \boldsymbol{y} \in T \tag{2.33}$$

则称 $\boldsymbol{x}$ 是 $\boldsymbol{\alpha}$ 沿 T 到 S 的投影，由式(2.33) 所确定的变换称为 $\mathbf{C}^n$ 沿 T 到 S 的投影变换，记为 $\mathscr{P}_{S,T}$，为了方便起见，简记为 $\mathscr{P}$，于是有 $\mathscr{P}(\boldsymbol{\alpha}) = \boldsymbol{x}$.

若 $\boldsymbol{\alpha} \in S$，则 $\mathscr{P}(\boldsymbol{\alpha}) = \boldsymbol{\alpha}$；若 $\boldsymbol{\alpha} \in T$，则 $\mathscr{P}(\boldsymbol{\alpha}) = \boldsymbol{\theta}$，所以

$$R(\mathscr{P}) = S,\ N(\mathscr{P}) = T$$

定理 2.17　设 S，T 为 $\mathbf{C}^n$ 的子空间，且 $\mathbf{C}^n = S \oplus T$，$\mathscr{P}$ 为 $\mathbf{C}^n$ 沿 T 到 S 的投影变换，则 $\mathscr{P}$ 为线性变换.

证　$\forall \boldsymbol{\alpha}_1, \boldsymbol{\alpha}_2 \in \mathbf{C}^n$，有 $\boldsymbol{\alpha}_1 = \boldsymbol{x}_1 + \boldsymbol{y}_1$，其中 $\boldsymbol{x}_1 \in S, \boldsymbol{y}_1 \in T$，$\boldsymbol{\alpha}_2 = \boldsymbol{x}_2 + \boldsymbol{y}_2$，其中 $\boldsymbol{x}_2 \in S$，$\boldsymbol{y}_2 \in T$，于是

$$\mathscr{P}(\boldsymbol{\alpha}_1) = x_1,\ \mathscr{P}(\boldsymbol{\alpha}_2) = x_2$$

$\forall k_1, k_2 \in \mathbf{C}$，则

$$k_1\boldsymbol{\alpha}_1 = k_1(\boldsymbol{x}_1 + \boldsymbol{y}_1) = k_1\boldsymbol{x}_1 + k_1\boldsymbol{y}_1, k_1\boldsymbol{x}_1 \in S,\ k_1\boldsymbol{y}_1 \in T$$
$$k_2\boldsymbol{\alpha}_2 = k_2(\boldsymbol{x}_2 + \boldsymbol{y}_2) = k_2\boldsymbol{x}_2 + k_2\boldsymbol{y}_2, k_2\boldsymbol{x}_2 \in S,\ k_2\boldsymbol{y}_2 \in T$$

故

$$\mathscr{P}(k_1\boldsymbol{\alpha}_1) = k_1\boldsymbol{x}_1 = k_1\mathscr{P}(\boldsymbol{\alpha}_1)$$
$$\mathscr{P}(k_2\boldsymbol{\alpha}_2) = k_2\boldsymbol{x}_2 = k_2\mathscr{P}(\boldsymbol{\alpha}_2)$$

因为　$k_1\boldsymbol{\alpha}_1 + k_2\boldsymbol{\alpha}_2 = (k_1\boldsymbol{x}_1 + k_1\boldsymbol{y}_1) + (k_2\boldsymbol{x}_2 + k_2\boldsymbol{y}_2) = (k_1\boldsymbol{x}_1 + k_2\boldsymbol{x}_2) + (k_1\boldsymbol{y}_1 + k_2\boldsymbol{y}_2)$

其中　$k_1\boldsymbol{x}_1 + k_2\boldsymbol{x}_2 \in S,\quad k_1\boldsymbol{y}_1 + k_2\boldsymbol{y}_2 \in T$

所以　$\mathscr{P}(k_1\boldsymbol{\alpha}_1 + k_2\boldsymbol{\alpha}_2) = k_1\boldsymbol{x}_1 + k_2\boldsymbol{x}_2 = k_1\mathscr{P}(\boldsymbol{\alpha}_1) + k_2\mathscr{P}(\boldsymbol{\alpha}_2)$

这说明 $\mathscr{P}$ 是线性变换. □

定义 2.15　投影变换 $\mathscr{P}$ 在 $\mathbf{C}^n$ 上的自然基 $\boldsymbol{e}_1, \boldsymbol{e}_2, \cdots, \boldsymbol{e}_n$ 下的表示矩阵称为投影矩阵，其中 $(\boldsymbol{e}_1, \boldsymbol{e}_2, \cdots, \boldsymbol{e}_n) = \boldsymbol{I}_n$，记为 $\boldsymbol{P}_{S,T}$，简记为 $\boldsymbol{P}$.

设投影变换 $\mathscr{P}$ 在基 $\boldsymbol{e}_1, \cdots, \boldsymbol{e}_n$ 下的表示矩阵为 $\boldsymbol{P}$，则由第一章式(1.9) 有

$$\mathscr{P}(\boldsymbol{e}_1, \cdots, \boldsymbol{e}_i, \cdots, \boldsymbol{e}_n) = (\mathscr{P}(\boldsymbol{e}_1), \cdots, \mathscr{P}(\boldsymbol{e}_i), \cdots, \mathscr{P}(\boldsymbol{e}_n)) = (\boldsymbol{e}_1, \cdots, \boldsymbol{e}_i, \cdots, \boldsymbol{e}_n)\boldsymbol{P}$$

$\forall \boldsymbol{\alpha} = \begin{bmatrix} a_1 \\ \vdots \\ a_i \\ \vdots \\ a_n \end{bmatrix} \in \mathbf{C}^n$，应有

$$\boldsymbol{\alpha} = \sum_{i=1}^{n} a_i \boldsymbol{e}_i$$

由于投影变换 $\mathscr{P}$ 是线性变换，故

$$\mathscr{P}(\boldsymbol{\alpha})=\sum_{i=1}^{n}a_i\mathscr{P}(\boldsymbol{e}_i)=(\mathscr{P}(\boldsymbol{e}_1),\cdots,\mathscr{P}(\boldsymbol{e}_i),\cdots,\mathscr{P}(\boldsymbol{e}_n))\begin{bmatrix}a_1\\ \vdots\\ a_i\\ \vdots\\ a_n\end{bmatrix}=$$

$$(\boldsymbol{e}_1,\cdots,\boldsymbol{e}_i,\cdots,\boldsymbol{e}_n)\boldsymbol{P}\begin{bmatrix}a_1\\ \vdots\\ a_i\\ \vdots\\ a_n\end{bmatrix}$$

故

$$\mathscr{P}(\boldsymbol{\alpha})=\boldsymbol{P\alpha} \tag{2.36}$$

这表明抽象的投影变换 $\mathscr{P}$ 对 $\boldsymbol{\alpha}$ 的变换可以用投影矩阵 $\boldsymbol{P}$ 与 $\boldsymbol{\alpha}$ 的乘积表示,可见投影矩阵的重要性.

若 $\boldsymbol{A}^2=\boldsymbol{A}$,则称 $\boldsymbol{A}$ 为幂等阵,事实上投影矩阵与幂等阵有着密切的联系.

定理 2.18　矩阵 $\boldsymbol{P}$ 为投影矩阵的充要条件是 $\boldsymbol{P}$ 为幂等矩阵.

证　先证必要性.

设 $\boldsymbol{P}$ 是投影变换 $\mathscr{P}$ 的投影矩阵,$\forall\boldsymbol{\alpha}\in\mathbf{C}^n,\boldsymbol{\alpha}=\boldsymbol{x}+\boldsymbol{y},\boldsymbol{x}\in S,\boldsymbol{y}\in T$,则

$$\boldsymbol{P\alpha}=\mathscr{P}(\boldsymbol{\alpha})=\boldsymbol{x}=\mathscr{P}(\boldsymbol{x})=\boldsymbol{Px}$$

$$\boldsymbol{P}^2\boldsymbol{\alpha}=\boldsymbol{P}(\boldsymbol{P\alpha})=\boldsymbol{Px}=\boldsymbol{P\alpha}$$

由 $\boldsymbol{\alpha}$ 的任意性,故 $\boldsymbol{P}^2=\boldsymbol{P}$,即 $\boldsymbol{P}$ 是幂等阵.

再证充分性.

设 $\boldsymbol{P}$ 是幂等阵,于是 $\boldsymbol{P}(\boldsymbol{I}-\boldsymbol{P})=\boldsymbol{O}$. 可以证明

$$N(\boldsymbol{P})=R(\boldsymbol{I}-\boldsymbol{P})\qquad\text{(习题二,第 10 题)} \tag{2.34}$$

$$\forall\boldsymbol{\alpha}\in\mathbf{C}^n,\boldsymbol{\alpha}=\boldsymbol{\alpha}+\boldsymbol{P\alpha}-\boldsymbol{P\alpha}=\boldsymbol{P\alpha}+(\boldsymbol{I}-\boldsymbol{P})\boldsymbol{\alpha} \tag{2.35}$$

其中 $\boldsymbol{P\alpha}\in R(\boldsymbol{P})$,因为 $\boldsymbol{P}(\boldsymbol{I}-\boldsymbol{P})\boldsymbol{\alpha}=\boldsymbol{\theta}$,故 $(\boldsymbol{I}-\boldsymbol{P})\boldsymbol{\alpha}\in N(\boldsymbol{P})$,因而

$$\mathbf{C}^n\subset R(\boldsymbol{P})+N(\boldsymbol{P})$$

所以

$$\mathbf{C}^n=R(\boldsymbol{P})+N(\boldsymbol{P})$$

以下证 $R(\boldsymbol{P})+N(\boldsymbol{P})$ 是直和.

$\forall\boldsymbol{\beta}\in R(\boldsymbol{P})\cap N(\boldsymbol{P})$,则

$$\boldsymbol{\beta}\in R(\boldsymbol{P}),\boldsymbol{\beta}\in N(\boldsymbol{P})=R(\boldsymbol{I}-\boldsymbol{P})$$

因此存在

$$\boldsymbol{u},\boldsymbol{v}\in\mathbf{C}^n$$

使

$$\boldsymbol{\beta}=\boldsymbol{Pu}=(\boldsymbol{I}-\boldsymbol{P})\boldsymbol{v}$$

从而

$$\boldsymbol{\beta}=\boldsymbol{P}^2\boldsymbol{u}=\boldsymbol{P}(\boldsymbol{I}-\boldsymbol{P})\boldsymbol{v}=\boldsymbol{\theta}$$

即 $R(\boldsymbol{P})\cap N(\boldsymbol{P})=\{\boldsymbol{\theta}\}$,因此

$$\mathbf{C}^n=R(\boldsymbol{P})\oplus N(\boldsymbol{P})$$

令 $\mathscr{P}(\boldsymbol{\alpha})=\boldsymbol{P\alpha}$,则由式(2.35)知,$\forall\boldsymbol{\alpha}\in\mathbf{C}^n,\mathscr{P}(\boldsymbol{\alpha})=\boldsymbol{P\alpha}$ 是 $\boldsymbol{\alpha}$ 沿着 $N(\boldsymbol{P})$ 到 $R(\boldsymbol{P})$ 的投影,即 $\boldsymbol{P}$ 为投影矩

阵. □

该定理说明幂等矩阵和投影矩阵是一一对应的.

下面介绍投影矩阵 $\boldsymbol{P}$ 的求法.

设 $\mathscr{P}$ 为 $\mathbf{C}^n$ 沿 T 到 S 的投影变换,$\boldsymbol{P}$ 为其投影矩阵. 在 S,T 的基已知时,可按下面作法计算出 $\boldsymbol{P}$:

设 $\dim S=r,\boldsymbol{\varepsilon}_1,\cdots,\boldsymbol{\varepsilon}_r$ 为 S 的基,$\dim T=n-r,\boldsymbol{\eta}_1,\cdots,\boldsymbol{\eta}_{n-r}$ 为 T 的基. 于是 $\boldsymbol{\varepsilon}_1,\cdots,\boldsymbol{\varepsilon}_r,\boldsymbol{\eta}_1,\cdots,\boldsymbol{\eta}_{n-r}$ 为 $\mathbf{C}^n$ 的基,且

$$\mathscr{P}(\boldsymbol{\varepsilon}_i)=\boldsymbol{\varepsilon}_i,\boldsymbol{P}\boldsymbol{\varepsilon}_i=\boldsymbol{\varepsilon}_i\quad i=1,\cdots,r$$

$$\mathscr{P}(\boldsymbol{\eta}_j)=\boldsymbol{\theta},\boldsymbol{P}\boldsymbol{\eta}_j=\boldsymbol{\theta}\quad j=1,\cdots,n-r$$

令

$$\boldsymbol{M}=(\boldsymbol{\varepsilon}_1,\cdots,\boldsymbol{\varepsilon}_r),\boldsymbol{N}=(\boldsymbol{\eta}_1,\cdots,\boldsymbol{\eta}_{n-r})$$

$$\boldsymbol{P}(\boldsymbol{M},\boldsymbol{N})=(\boldsymbol{M},\boldsymbol{O})$$

因为 $(\boldsymbol{M},\boldsymbol{N})$ 为 n 阶可逆阵,所以

$$\boldsymbol{P}=(\boldsymbol{M},\boldsymbol{O})(\boldsymbol{M},\boldsymbol{N})^{-1}\tag{2.36}$$

例 2.18　在 $\mathbf{R}^2$ 中,设 $S=\text{span}\begin{bmatrix}1\\0\end{bmatrix},T=\text{span}\begin{bmatrix}1\\1\end{bmatrix}$,$\mathscr{P}$ 为 $\mathbf{R}^2$ 中沿 T 到 S 的投影变换. 求投影矩阵 $\boldsymbol{P}$ 及向量 $\boldsymbol{\alpha}=\begin{bmatrix}3\\1\end{bmatrix}$ 沿 T 到 S 的投影.

解　可得

$$\boldsymbol{P}=\begin{bmatrix}1&0\\0&0\end{bmatrix}\begin{bmatrix}1&1\\0&1\end{bmatrix}^{-1}=\begin{bmatrix}1&0\\0&0\end{bmatrix}\begin{bmatrix}1&-1\\0&1\end{bmatrix}=\begin{bmatrix}1&-1\\0&0\end{bmatrix}$$

$$\mathscr{P}(\boldsymbol{\alpha})=\boldsymbol{P}\boldsymbol{\alpha}=\begin{bmatrix}1&-1\\0&0\end{bmatrix}\begin{bmatrix}3\\1\end{bmatrix}=\begin{bmatrix}2\\0\end{bmatrix}$$

本题的几何解释见图 2.1.

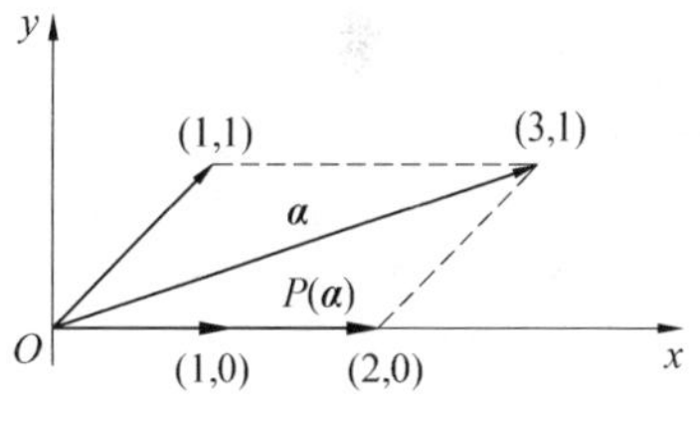

图 2.1

定义 2.16　设 $S\oplus T=\mathbf{C}^n$, $\forall\boldsymbol{\alpha}\in\mathbf{C}^n,\boldsymbol{\alpha}=\boldsymbol{x}+\boldsymbol{y},\boldsymbol{x}\in S,\boldsymbol{y}\in T$,线性变换 $\mathscr{P}(\boldsymbol{\alpha})=\boldsymbol{x}$,则称 $\mathscr{P}$ 是 $\mathbf{C}^n$ 沿 $S^{\perp}$ 到 S 的正交投影变换,简称正交投影. 将 $\mathscr{P}$ 在自然基 $\boldsymbol{e}_1,\cdots,\boldsymbol{e}_n$ 的表示矩阵称为正交投影矩阵.

因为 S 的正交补 $T=S^{\perp}$ 唯一,所以在正交投影中不再提沿 T 的正交投影,显然正交投影是特殊的投影变换.

对于正交投影矩阵则有下面的结论.

定理 2.19　n 阶矩阵 $\boldsymbol{P}$ 为正交投影矩阵的充要条件为

$$\boldsymbol{P}^2=\boldsymbol{P}=\boldsymbol{P}^{\mathrm{H}}\tag{2.37}$$

证　先证必要性.

设 $\boldsymbol{P}$ 为正交投影 $\mathscr{P}$ 的正交投影矩阵,由定理 2.15 知 $\boldsymbol{P}$ 是幂等矩阵,即 $\boldsymbol{P}^2=\boldsymbol{P}$.

$\forall\boldsymbol{\alpha}\in\mathbf{C}^n$,则

$$\boldsymbol{\alpha}=\boldsymbol{x}+\boldsymbol{y},\boldsymbol{x}\in S,\boldsymbol{y}\in S^{\perp}$$

$$\boldsymbol{P\alpha}=\boldsymbol{x}\in S$$

$$(\boldsymbol{I}-\boldsymbol{P})\boldsymbol{\alpha}=\boldsymbol{\alpha}-\boldsymbol{P\alpha}=\boldsymbol{\alpha}-\boldsymbol{x}=\boldsymbol{y}\in S^{\perp}$$

所以 $\boldsymbol{P\alpha}$ 与 $(\boldsymbol{I}-\boldsymbol{P})\boldsymbol{\alpha}$ 应正交，即

$$(\boldsymbol{P\alpha})^{\mathrm{H}}(\boldsymbol{I}-\boldsymbol{P})\boldsymbol{\alpha}=\boldsymbol{\alpha}^{\mathrm{H}}[\boldsymbol{P}^{\mathrm{H}}(\boldsymbol{I}-\boldsymbol{P})]\boldsymbol{\alpha}=0$$

由 $\boldsymbol{\alpha}$ 的任意性，必有

$$\boldsymbol{P}^{\mathrm{H}}(\boldsymbol{I}-\boldsymbol{P})=\boldsymbol{O}$$

即

$$\boldsymbol{P}^{\mathrm{H}}=\boldsymbol{P}^{\mathrm{H}}\boldsymbol{P}$$

所以有

$$\boldsymbol{P}^{\mathrm{H}}=\boldsymbol{P}^{\mathrm{H}}\boldsymbol{P}=(\boldsymbol{P}^{\mathrm{H}}\boldsymbol{P})^{\mathrm{H}}=(\boldsymbol{P}^{\mathrm{H}})^{\mathrm{H}}=\boldsymbol{P}$$

再证充分性.

设

$$\boldsymbol{P}^2=\boldsymbol{P}=\boldsymbol{P}^{\mathrm{H}}$$

由定理 2.15 充分性的证明知

$$\mathbf{C}^n=R(\boldsymbol{P})\oplus N(\boldsymbol{P})$$

因为 $\boldsymbol{P}^{\mathrm{H}}=\boldsymbol{P}$，由定理 2.13 推论有

$$\mathbf{C}^n=R(\boldsymbol{P})\oplus N(\boldsymbol{P}^{\mathrm{H}})=R(\boldsymbol{P})\oplus N(\boldsymbol{P})=R(\boldsymbol{P})\oplus R^{\perp}(\boldsymbol{P})\tag{2.38}$$

$\forall\boldsymbol{\alpha}\in\mathbf{C}^n$，令 $\mathscr{P}(\boldsymbol{\alpha})=\boldsymbol{P\alpha}$，则 $\mathscr{P}$ 为 $\mathbf{C}^n$ 中沿着 $R^{\perp}(\boldsymbol{P})$ 到 $R(\boldsymbol{P})$ 的正交投影，$\boldsymbol{P}$ 为正交投影矩阵. □

定理 2.16 说明幂等的 Hermite 矩阵与正交投影矩阵是一一对应的.

当给定 S 的基后，可用以下的方法求正交投影矩阵 $\boldsymbol{P}$：

设 S 的基为 $\boldsymbol{\varepsilon}_1,\cdots,\boldsymbol{\varepsilon}_i,\cdots,\boldsymbol{\varepsilon}_r$，$S^{\perp}$ 的基为 $\boldsymbol{\eta}_1,\cdots,\boldsymbol{\eta}_j,\cdots,\boldsymbol{\eta}_{n-r}$，于是

$$\mathbf{C}^n=S\oplus S^{\perp}$$

且

$$\boldsymbol{\varepsilon}_i^{\mathrm{H}}\boldsymbol{\eta}_j=0,i=1,\cdots,r;j=1,\cdots,n-r$$

记

$$\boldsymbol{M}=(\boldsymbol{\varepsilon}_1,\cdots,\boldsymbol{\varepsilon}_r),\boldsymbol{N}=(\boldsymbol{\eta}_1,\cdots,\boldsymbol{\eta}_{n-r})$$

则

$$\boldsymbol{M}^{\mathrm{H}}\boldsymbol{N}=\boldsymbol{O}$$

由式(2.36)有

$$\begin{aligned}\boldsymbol{P}=&(\boldsymbol{M},\boldsymbol{O})(\boldsymbol{M},\boldsymbol{N})^{-1}=\\&(\boldsymbol{M},\boldsymbol{O})(\boldsymbol{M},\boldsymbol{N})^{-1}[(\boldsymbol{M},\boldsymbol{N})^{\mathrm{H}}]^{-1}(\boldsymbol{M},\boldsymbol{N})^{\mathrm{H}}=\\&(\boldsymbol{M},\boldsymbol{O})[(\boldsymbol{M},\boldsymbol{N})^{\mathrm{H}}(\boldsymbol{M},\boldsymbol{N})]^{-1}(\boldsymbol{M},\boldsymbol{N})^{\mathrm{H}}=\\&(\boldsymbol{M},\boldsymbol{O})\left[\begin{bmatrix}\boldsymbol{M}^{\mathrm{H}}\\\boldsymbol{N}^{\mathrm{H}}\end{bmatrix}(\boldsymbol{M},\boldsymbol{N})\right]^{-1}(\boldsymbol{M},\boldsymbol{N})^{\mathrm{H}}=\\&(\boldsymbol{M},\boldsymbol{O})\begin{bmatrix}\boldsymbol{M}^{\mathrm{H}}\boldsymbol{M}&\boldsymbol{M}^{\mathrm{H}}\boldsymbol{N}\\\boldsymbol{N}^{\mathrm{H}}\boldsymbol{M}&\boldsymbol{N}^{\mathrm{H}}\boldsymbol{N}\end{bmatrix}^{-1}\begin{bmatrix}\boldsymbol{M}^{\mathrm{H}}\\\boldsymbol{N}^{\mathrm{H}}\end{bmatrix}=\\&(\boldsymbol{M},\boldsymbol{O})\begin{bmatrix}(\boldsymbol{M}^{\mathrm{H}}\boldsymbol{M})^{-1}&\boldsymbol{0}\\\boldsymbol{0}&(\boldsymbol{N}^{\mathrm{H}}\boldsymbol{N})^{-1}\end{bmatrix}\begin{bmatrix}\boldsymbol{M}^{\mathrm{H}}\\\boldsymbol{N}^{\mathrm{H}}\end{bmatrix}\end{aligned}$$

故

$$\boldsymbol{P}=\boldsymbol{M}(\boldsymbol{M}^{\mathrm{H}}\boldsymbol{M})^{-1}\boldsymbol{M}^{\mathrm{H}}\tag{2.39}$$

例 2.19 在二维空间 $\mathbf{R}^2$ 中，设 $S=\mathrm{span}\begin{bmatrix}2\\2\end{bmatrix}$，$\mathscr{P}$ 为 $\mathbf{R}^2$ 中沿 $S^{\perp}$ 到 S 的正交投影变换.

求：① 正交投影矩阵 $\boldsymbol{P}$；

②$\boldsymbol{\alpha}=\begin{bmatrix}0\\2\end{bmatrix}$ 沿 $S^{\perp}$ 到 S 的投影.

解 这里 $\boldsymbol{M}=\begin{bmatrix}2\\2\end{bmatrix}$，所以

$$\boldsymbol{P}=\begin{bmatrix}2\\2\end{bmatrix}\left[(2,\quad 2)\begin{bmatrix}2\\2\end{bmatrix}\right]^{-1}(2,2)=\begin{bmatrix}\frac{1}{2} & \frac{1}{2}\\ \frac{1}{2} & \frac{1}{2}\end{bmatrix}$$

$$\mathscr{P}(\boldsymbol{\alpha})=\boldsymbol{P\alpha}=\begin{bmatrix}\frac{1}{2} & \frac{1}{2}\\ \frac{1}{2} & \frac{1}{2}\end{bmatrix}\begin{bmatrix}0\\2\end{bmatrix}=\begin{bmatrix}1\\1\end{bmatrix}$$

本题的几何解释见图 2.2.

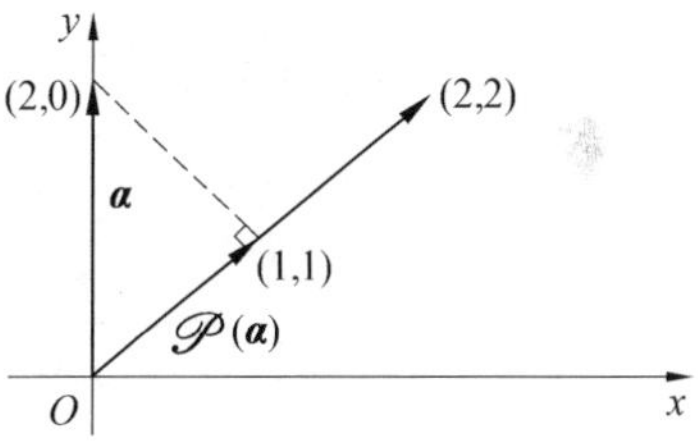

图 2.2

在求正交投影矩阵 $\boldsymbol{P}$ 时，如果 $\boldsymbol{\varepsilon}_1,\cdots,\boldsymbol{\varepsilon}_r$ 是 S 的标准正交基时，则式(2.39)变得更为简单.

记 $\boldsymbol{U}=(\boldsymbol{\varepsilon}_1,\cdots,\boldsymbol{\varepsilon}_i,\cdots,\boldsymbol{\varepsilon}_j,\cdots,\boldsymbol{\varepsilon}_r)$，$\boldsymbol{\varepsilon}_i^{\mathrm{H}}\boldsymbol{\varepsilon}_j=\delta_{ij}$，其中 $i,j=1,\cdots,r$. 于是

$$\begin{aligned}\boldsymbol{U}^{\mathrm{H}}\boldsymbol{U}&=\boldsymbol{I}_r\\ \boldsymbol{P}&=\boldsymbol{U}\boldsymbol{U}^{\mathrm{H}}\end{aligned}\tag{2.40}$$

称上述的矩阵 $\boldsymbol{U}$ 为次酉矩阵.

例 2.20 设 $\boldsymbol{U}=\begin{bmatrix}1 & 0\\ 0 & \frac{1}{\sqrt{2}}\\ 0 & \frac{1}{\sqrt{2}}\end{bmatrix}$，则 $\boldsymbol{U}$ 为次酉矩阵.

显然 $\boldsymbol{U}^{\mathrm{T}}\boldsymbol{U}=\begin{bmatrix}1 & 0\\ 0 & 1\end{bmatrix}$，而

$$\boldsymbol{U}\boldsymbol{U}^{\mathrm{T}}=\begin{bmatrix}1 & 0 & 0\\ 0 & \frac{1}{2} & \frac{1}{2}\\ 0 & \frac{1}{2} & \frac{1}{2}\end{bmatrix}$$

令 $\boldsymbol{P}=\boldsymbol{U}\boldsymbol{U}^{\mathrm{T}}$，则 $\boldsymbol{P}^{\mathrm{T}}=\boldsymbol{P}$，且

$$\boldsymbol{P}^2=(\boldsymbol{U}\boldsymbol{U}^{\mathrm{T}})(\boldsymbol{U}\boldsymbol{U}^{\mathrm{T}})=\boldsymbol{U}(\boldsymbol{U}^{\mathrm{T}}\boldsymbol{U})\boldsymbol{U}^{\mathrm{T}}=\boldsymbol{U}\boldsymbol{U}^{\mathrm{T}}=\boldsymbol{P}$$

故 $\boldsymbol{P}$ 是正交投影矩阵.

例 2.21 在二维空间 $\mathbf{R}^2$ 中，设 $S=\mathrm{span}\begin{bmatrix}1\\0\end{bmatrix}$，$S^{\perp}=\mathrm{span}\begin{bmatrix}0\\1\end{bmatrix}$，$P$ 为 $\mathbf{R}^2$ 中到 S 的正交投影变换，

求正交投影矩阵及向量 $\boldsymbol{\alpha}=\begin{bmatrix}3\\1\end{bmatrix}$ 到 S 的正交投影.

解　可得

$$\boldsymbol{M}=\begin{bmatrix}1\\0\end{bmatrix},\boldsymbol{M}^T=[1,0]$$

$$\boldsymbol{P}=\boldsymbol{M}\boldsymbol{M}^{\mathrm{T}}=\begin{bmatrix}1\\0\end{bmatrix}[1,0]=\begin{bmatrix}1&0\\0&0\end{bmatrix}$$

$$P(\alpha)=\boldsymbol{P}\boldsymbol{\alpha}=\begin{bmatrix}1&0\\0&0\end{bmatrix}\begin{bmatrix}3\\1\end{bmatrix}=\begin{bmatrix}3\\0\end{bmatrix}$$

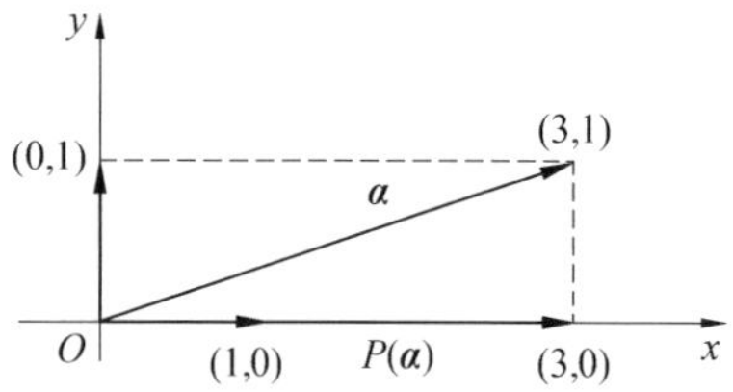

图 2.3

本题的几何解释见图 2.3.

在第七章广义逆矩阵有关理论中,将会用到投影矩阵与正交投影矩阵的知识.

习　题　二

1. 设 $\boldsymbol{A},\boldsymbol{B}\in\mathbf{R}^{n\times n}(n>1)$,分别定义实数 $(\boldsymbol{A},\boldsymbol{B})$ 如下:

(1) $(\boldsymbol{A},\boldsymbol{B})=\sum\limits_{i=1}^{n}a_{ii}b_{ii}$;

(2) $(\boldsymbol{A},\boldsymbol{B})=\sum\limits_{i=1}^{n}\sum\limits_{j=1}^{n}(i+j)a_{ij}b_{ij}$.

判断它们是否为 $\mathbf{R}^{n\times n}$ 中的内积.

2. 求证:$\boldsymbol{A}+\boldsymbol{A}^{\mathrm{H}},\boldsymbol{A}\boldsymbol{A}^{\mathrm{H}},\boldsymbol{A}^{\mathrm{H}}\boldsymbol{A}$ 都是 Hermite 矩阵.

3. 已知 $\boldsymbol{A},\boldsymbol{B}$ 为 Hermite 矩阵,则 $\boldsymbol{AB}$ 是 Hermite 矩阵的充要条件是 $\boldsymbol{AB}=\boldsymbol{BA}$.

4. 证明定理 2.6,即正交向量组是线性无关向量组.

5. 内积空间中保持距离不变的变换是否是酉变换? 试说明理由.

6. 求证初等旋转矩阵(Givens 矩阵)是两个初等反射矩阵(Household 矩阵)的乘积.

7. 设欧氏空间 $\mathbf{R}^n$ 的一组基为 $\boldsymbol{x}_1,\boldsymbol{x}_2,\cdots,\boldsymbol{x}_n$,证明存在正定矩阵 $\boldsymbol{C}$,使得由 $(\boldsymbol{y}_1,\boldsymbol{y}_2,\cdots,\boldsymbol{y}_n)=(\boldsymbol{x}_1,\boldsymbol{x}_2,\cdots,\boldsymbol{x}_n)\boldsymbol{C}$ 所确定的基为 $\mathbf{R}^n$ 的标准正交基.

8. 设 S,T 为 V_n 的子空间,求证:

(1) $(S+T)^{\perp}=S^{\perp}\cap T^{\perp}$;

(2) $(S\cap T)^{\perp}=S^{\perp}+T^{\perp}$.

9. 若 $\boldsymbol{P}$ 是幂等矩阵,则 $\boldsymbol{P}^{\mathrm{H}},\boldsymbol{I}-\boldsymbol{P},\boldsymbol{I}-\boldsymbol{P}^{\mathrm{H}}$ 是幂等矩阵.

10. $\boldsymbol{P}$ 是幂等阵,求证 $N(\boldsymbol{P})=R(\boldsymbol{I}-\boldsymbol{P})$.

11. $\boldsymbol{P}$ 是幂等矩阵,则 $\boldsymbol{Px}=\boldsymbol{x}\Leftrightarrow\boldsymbol{x}\in R(\boldsymbol{P})$.

12. 设 $\boldsymbol{P}_1,\boldsymbol{P}_2$ 为 n 阶幂等阵,证明:

(1) $\boldsymbol{P}_1+\boldsymbol{P}_2$ 是幂等阵的充要条件是 $\boldsymbol{P}_1\boldsymbol{P}_2=\boldsymbol{P}_2\boldsymbol{P}_1=\boldsymbol{O}$;

(2) $\boldsymbol{P}_1-\boldsymbol{P}_2$ 是幂等阵的充要条件是 $\boldsymbol{P}_1\boldsymbol{P}_2=\boldsymbol{P}_2\boldsymbol{P}_1=\boldsymbol{P}_2$;

(3) 若 $\boldsymbol{P}_1\boldsymbol{P}_2=\boldsymbol{P}_2\boldsymbol{P}_1$,则 $\boldsymbol{P}_1\boldsymbol{P}_2$ 是幂等阵.

13. 在 $\mathbf{R}^3$ 中 $S=\text{span}(\boldsymbol{\alpha},\boldsymbol{\beta})$，其中 $\boldsymbol{\alpha}=(1,2,0)^{\mathrm{T}},\boldsymbol{\beta}=(0,1,1)^{\mathrm{T}}$，求正交投影矩阵 $\boldsymbol{P}$，及 $\boldsymbol{x}=(1,2,3)^{\mathrm{T}}$ 沿 $S^{\perp}$ 到 S 的投影.

14. 设 $\boldsymbol{A},\boldsymbol{B}\in\mathbf{C}^{n\times n}$，求证：$R(\boldsymbol{A})$ 与 $R(\boldsymbol{B})$ 正交的充要条件是 $\boldsymbol{A}^{\mathrm{H}}\boldsymbol{B}=\boldsymbol{O}$.

15. 设 T 是欧氏空间 V 的正交变换，V 的两个子空间 $R=\{\boldsymbol{x}\mid T\boldsymbol{x}=\boldsymbol{x},\boldsymbol{x}\in V\}$，$S=(\boldsymbol{y}\mid\boldsymbol{y}=\boldsymbol{x}-T\boldsymbol{x},\boldsymbol{x}\in V)$. 求证：$R=S^{\perp}$.

16. 求证：欧氏空间中的线性变换是反对称变换的充要条件是它在标准正交基下的表示矩阵是反对称矩阵. 所谓反对称变换为

$$(\mathscr{A}(\boldsymbol{\alpha}),\boldsymbol{\beta})=-(\boldsymbol{\alpha},\mathscr{A}(\boldsymbol{\beta}))\quad\forall\,\boldsymbol{\alpha},\boldsymbol{\beta}\in V$$

17. 设欧氏空间 $V_n(\mathbf{F})$ 的基 $\boldsymbol{\varepsilon}_1,\boldsymbol{\varepsilon}_2,\cdots,\boldsymbol{\varepsilon}_n$ 的度量矩阵为 $\boldsymbol{G}$，正交变换 $\mathscr{A}$ 在 $\boldsymbol{\varepsilon}_1,\cdots,\boldsymbol{\varepsilon}_n$ 下的表示矩阵为 $\boldsymbol{A}$，则 $\boldsymbol{A}^{\mathrm{T}}\boldsymbol{G}\boldsymbol{A}=\boldsymbol{G}$.

18. 设 $\boldsymbol{A}\in\mathbf{C}^{m\times n}$，证明：(1) $N(\boldsymbol{A}^{\mathrm{H}}\boldsymbol{A})=N(\boldsymbol{A})$；(2) $N(\boldsymbol{A}\boldsymbol{A}^{\mathrm{H}})=N(\boldsymbol{A}^{\mathrm{H}})$.

19. 设 $\boldsymbol{A}\in\mathbf{C}^{m\times n}$，求证：$\text{rank}(\boldsymbol{A}^{\mathrm{H}}\boldsymbol{A})=\text{rank}(\boldsymbol{A}\boldsymbol{A}^{\mathrm{H}})=\text{rank}(\boldsymbol{A})$.

20. 设 $\boldsymbol{A}\in\mathbf{C}^{m\times n}$，证明：(1) $R(\boldsymbol{A}^{\mathrm{H}}\boldsymbol{A})=R(\boldsymbol{A}^{\mathrm{H}})$；(2) $R(\boldsymbol{A}\boldsymbol{A}^{\mathrm{H}})=R(\boldsymbol{A})$.

第三章　矩阵的 Jordan 标准形及矩阵分解

矩阵的 Jordan 标准形及矩阵分解不但在矩阵理论与计算中起着十分重要的作用，而且在控制理论、系统分析等领域有广泛的应用.

因课时所限，有些问题仅叙述结论而略去证明.

3.1　不变因子与初等因子

形如

$$\boldsymbol{A}(\lambda)=\begin{bmatrix} a_{11}(\lambda) & a_{12}(\lambda) & \cdots & a_{1n}(\lambda) \\ a_{21}(\lambda) & a_{22}(\lambda) & \cdots & a_{2n}(\lambda) \\ \vdots & \vdots & & \vdots \\ a_{m1}(\lambda) & a_{m2}(\lambda) & \cdots & a_{mn}(\lambda) \end{bmatrix}$$

的矩阵称为 λ 矩阵，它的元素 $a_{ij}(\lambda)(i=1,\cdots,m;j=1,\cdots,n)$ 是 λ 的多项式. 数字矩阵可看作是特殊的 λ 矩阵，它的元素 a_{ij} 为零次多项式. 如同数字矩阵一样，可定义 λ 矩阵的相等、加法、数乘、乘法等等. 对于 $n\times n$ 阶 λ 方阵可定义行列式、子式、余子式、伴随矩阵等等. 而 λ 矩阵的秩定义为 $\boldsymbol{A}(\lambda)$ 中不为零的子式的最大阶数，记为 $\operatorname{rank}\boldsymbol{A}(\lambda)$ 或 $r(\boldsymbol{A}(\lambda))$. 当 n 阶 λ 矩阵的秩为 n 时，称该 λ 矩阵为满秩的或非奇异的. 矩阵 $\boldsymbol{A}$ 的特征矩阵 $\lambda\boldsymbol{I}-\boldsymbol{A}$ 就是重要的满秩 λ 矩阵.

定义 3.1　若对于 n 阶 λ 方阵有

$$\boldsymbol{A}(\lambda)\boldsymbol{B}(\lambda)=\boldsymbol{B}(\lambda)\boldsymbol{A}(\lambda)=\boldsymbol{I}_n \tag{3.1}$$

则称 $\boldsymbol{A}(\lambda)$ 可逆，称 $\boldsymbol{B}(\lambda)$ 为 $\boldsymbol{A}(\lambda)$ 的逆矩阵，记为 $\boldsymbol{A}^{-1}(\lambda)$. 若 $\boldsymbol{A}(\lambda)$ 有逆，则一定唯一. 与数值矩阵不同的是满秩矩阵不一定可逆.

定理 3.1　$\boldsymbol{A}(\lambda)$ 可逆的充要条件是 $\boldsymbol{A}(\lambda)$ 的行列式为不等于零的常数.

对 λ 矩阵有以下初等变换：

① 换法变换：交换 $\boldsymbol{A}(\lambda)$ 的第 i 行(列) 与第 j 行(列)，其相应的初等矩阵为

$$
\boldsymbol{E}_{ij}=\begin{bmatrix}1&&&&&&&&&\\&\ddots&&&&&&&&\\&&1&&&&&&&\\&&&0&&&1&&&\\&&&&1&&&&&\\&&&&&\ddots&&&&\\&&&&&&1&&&\\&&&1&&&0&&&\\&&&&&&&1&&\\&&&&&&&&\ddots&\\&&&&&&&&&1\end{bmatrix}\begin{matrix}\\ \\ \\ i\text{行}\\ \\ \\ \\ j\text{行}\\ \\ \\ \\ \end{matrix}
$$

② 倍法变换:用不等于零的数 k 乘 $\boldsymbol{A}(\lambda)$ 的第 i 行(列),其相应的初等矩阵为

$$
\boldsymbol{E}_i(k)=\begin{bmatrix}1&&&&&&\\&\ddots&&&&&\\&&1&&&&\\&&&k&&&\\&&&&1&&\\&&&&&\ddots&\\&&&&&&1\end{bmatrix}
$$

③ 消法变换:将 $\boldsymbol{A}(\lambda)$ 的第 j 行(i 列)的 $\varphi(\lambda)$ 倍加入第 i 行(j 列),($\varphi(\lambda)$ 为一多项式)其相应的初等矩阵为

$$
\boldsymbol{E}_{ij}(\varphi(\lambda))=\begin{bmatrix}1&&&&&&\\&\ddots&&&&&\\&&1&\cdots&\varphi(\lambda)&\cdots&\\&&&\ddots&\vdots&&\\&&&&1&&\\&&&&&\ddots&\\&&&&&&1\end{bmatrix}\begin{matrix}\\ \\ i\text{行}\\ \\ j\text{行}\\ \\ \\ \end{matrix}
$$

初等矩阵为可逆阵,它们的逆分别为

$$
\boldsymbol{E}_{ij}^{-1}=\boldsymbol{E}_{ij},\boldsymbol{E}_i^{-1}(k)=\boldsymbol{E}_i\left(\frac{1}{k}\right),\boldsymbol{E}_{ij}^{-1}(\varphi(\lambda))=\boldsymbol{E}_{ij}(-\varphi(\lambda))
$$

定义 3.2　$\boldsymbol{A}(\lambda)$、$\boldsymbol{B}(\lambda)$ 为两个 $m\times n$ 的 λ 矩阵,若经过有限次行与列的初等变换,可将 $\boldsymbol{A}(\lambda)$ 化为 $\boldsymbol{B}(\lambda)$,则称 $\boldsymbol{A}(\lambda)$ 与 $\boldsymbol{B}(\lambda)$ 相抵,记为 $\boldsymbol{A}(\lambda)\cong\boldsymbol{B}(\lambda)$.

由初等变换的可逆性知道,相抵满足自反性,对称性,传递性,故相抵是一种等价关系.

由初等变换与初等矩阵的对应关系可得 $\boldsymbol{A}(\lambda)\cong\boldsymbol{B}(\lambda)$ 的充要条件是存在一些 m 阶与 n 阶的初等矩阵,分别左乘与右乘 $\boldsymbol{A}(\lambda)$ 得到 $\boldsymbol{B}(\lambda)$.

与数字矩阵不同的是秩相同的两个 λ 矩阵不一定相抵.

定理 3.2　若 $\operatorname{rank}(\boldsymbol{A}(\lambda))=r$,则

$$A(\lambda) \cong D(\lambda) = \begin{bmatrix} \varphi_1(\lambda) & & & & & & \\ & \varphi_2(\lambda) & & & & & \\ & & \ddots & & & & \\ & & & \varphi_r(\lambda) & & & \\ & & & & 0 & & \\ & & & & & \ddots & \\ & & & & & & 0 \end{bmatrix} \tag{3.2}$$

其中 $\varphi_i(\lambda) \mid \varphi_{i+1}(\lambda)(i=1,2\cdots,r-1)$，上述中的多项式 $\varphi_i(\lambda)$ 为首 1 多项式.

式(3.2) 中的 $\boldsymbol{D}(\lambda)$ 为 $\boldsymbol{A}(\lambda)$ 在相抵下的标准形式，称为 Smith 标准形或法式.

例 3.1　化 $\boldsymbol{A}(\lambda) = \begin{bmatrix} 1-\lambda & \lambda^2 & \lambda \\ \lambda & \lambda & -\lambda \\ 1+\lambda^2 & \lambda^2 & -\lambda^2 \end{bmatrix}$ 为 Smith 标准形.

解　可得

$$\boldsymbol{A}(\lambda) = \begin{bmatrix} 1-\lambda & \lambda^2 & \lambda \\ \lambda & \lambda & -\lambda \\ 1+\lambda^2 & \lambda^2 & -\lambda^2 \end{bmatrix} \xrightarrow[c_1+c_3]{} \begin{bmatrix} 1 & \lambda^2 & \lambda \\ 0 & \lambda & -\lambda \\ 1 & \lambda^2 & -\lambda^2 \end{bmatrix} \xrightarrow{r_3-r_1}$$

$$\begin{bmatrix} 1 & \lambda^2 & \lambda \\ 0 & \lambda & -\lambda \\ 0 & 0 & -\lambda^2-\lambda \end{bmatrix} \xrightarrow[\substack{c_2+(-\lambda^2)c_1 \\ c_3+(-\lambda)c_1}]{}$$

$$\begin{bmatrix} 1 & 0 & 0 \\ 0 & \lambda & -\lambda \\ 0 & 0 & -\lambda^2-\lambda \end{bmatrix} \xrightarrow[\substack{c_3+c_2 \\ c_3\times(-1)}]{}$$

$$\begin{bmatrix} 1 & 0 & 0 \\ 0 & \lambda & 0 \\ 0 & 0 & \lambda(\lambda+1) \end{bmatrix}$$

推论 1　任一 n 阶可逆 λ 矩阵 $\boldsymbol{A}(\lambda)$ 可经过若干次初等变换化为 n 阶单位阵 $\boldsymbol{I}_n$.

推论 2　可逆 λ 矩阵可表示为若干个初等矩阵之积.

定义 3.3　n 阶 λ 矩阵 $\boldsymbol{A}(\lambda)$ 中所有 k 阶子式的首项系数为 1 的最大公因式称为 $\boldsymbol{A}(\lambda)$ 的 k 阶行列式因子，记为 $D_k(\lambda)$.

由定义知 $D_n(\lambda)$ 即为 $\boldsymbol{A}(\lambda)$ 的行列式的值，显然 $D_k(\lambda) \mid D_{k+1}(\lambda)$（称为依次相除性），$k=1,2,\cdots,n-1$.

若 $\boldsymbol{A}(\lambda)$ 的秩为 r，则 $D_r(\lambda) \neq 0$，但 $D_{r+1}(\lambda)=0$，记

$$d_1(\lambda) = D_1(\lambda)$$

$$d_k(\lambda) = \frac{D_k(\lambda)}{D_{k-1}(\lambda)}, k=2,\cdots,r \tag{3.3}$$

则 $d_i(\lambda)(i=1,\cdots,r)$ 是 r 个首 1 的多项式.

定义 3.4　式(3.3) 中 $d_i(\lambda)(i=1,\cdots,r)$ 称为 $\boldsymbol{A}(\lambda)$ 的不变因子. 其中 r 为 $\boldsymbol{A}(\lambda)$ 的秩.

式(3.2) 里 $\boldsymbol{A}(\lambda)$ 的 Smith 标准形中的 $\varphi_1(\lambda),\cdots,\varphi_r(\lambda)$ 就是它的不变因子.

定理 3.3　相抵的 n 阶 λ 矩阵有相同的各阶行列式因子及不变因子. 两个 n 阶 λ 矩阵相抵

当且仅当它们有相同的行列式因子或相同的不变因子.

由此可知 n 阶 λ 矩阵的 Smith 标准形唯一.

例 3.2　在例 3.1 中 $\varphi_1(\lambda)=1,\varphi_2(\lambda)=\lambda,\varphi_3(\lambda)=\lambda(\lambda+1)$ 即为 $\boldsymbol{A}(\lambda)$ 的不变因子.

例 3.3　设 $\boldsymbol{A}(\lambda)=\begin{bmatrix}\lambda(\lambda+1)&&\\&\lambda&\\&&(\lambda+1)^2\end{bmatrix}$,求 $\boldsymbol{A}(\lambda)$ 的 Smith 标准形及不变因子.

解　$\boldsymbol{A}(\lambda)$ 虽然是对角形,但对角元素不满足依次相除性,故不是 Smith 标准形.

方法一:用初等变换

$$\boldsymbol{A}(\lambda)=\begin{bmatrix}\lambda(\lambda+1)&&\\&\lambda&\\&&(\lambda+1)^2\end{bmatrix}\xrightarrow{c_3+c_2}\begin{bmatrix}\lambda(\lambda+1)&&\\&\lambda&\lambda\\&&(\lambda+1)^2\end{bmatrix}\xrightarrow{r_3-(\lambda+2)r_2}$$

$$\begin{bmatrix}\lambda(\lambda+1)&&\\&\lambda&\lambda\\&-\lambda(\lambda+2)&1\end{bmatrix}\xrightarrow{c_2+\lambda(\lambda+2)c_3}$$

$$\begin{bmatrix}\lambda(\lambda+1)&&\\&\lambda(\lambda+1)^2&\lambda\\&0&1\end{bmatrix}\xrightarrow{r_2-\lambda r_3}$$

$$\begin{bmatrix}\lambda(\lambda+1)&&\\&\lambda(\lambda+1)^2&\\&&1\end{bmatrix}\xrightarrow[\substack{c_1\leftrightarrow c_3\\ c_2\leftrightarrow c_3}]{\substack{r_1\leftrightarrow r_3\\ r_2\leftrightarrow r_3}}$$

$$\begin{bmatrix}1&&\\&\lambda(\lambda+1)&\\&&\lambda(\lambda+1)^2\end{bmatrix}$$

化成 Smith 标准形.

不变因子 $d_1(\lambda)=1,d_2(\lambda)=\lambda(\lambda+1),d_3(\lambda)=\lambda(\lambda+1)^2$.

方法二:用定义计算.

根据最大公因式的计算,知行列式因子为

$$D_1(\lambda)=1,D_2(\lambda)=\lambda(\lambda+1),D_3(\lambda)=\lambda^2(\lambda+1)^3$$

不变因子为 $d_1(\lambda)=1,d_2(\lambda)=\dfrac{D_2(\lambda)}{D_1(\lambda)}=\lambda(\lambda+1),d_3(\lambda)=\dfrac{D_3(\lambda)}{D_2(\lambda)}=\lambda(\lambda+1)^2$.

所以 $\boldsymbol{A}(\lambda)$ 的 Smith 标准形为 $\begin{bmatrix}1&&\\&\lambda(\lambda+1)&\\&&\lambda(\lambda+1)^2\end{bmatrix}$.

以下在复数域内讨论问题.

秩为 r 的 λ 矩阵 $\boldsymbol{A}(\lambda)$ 的不变因子 $d_i(\lambda)(i=1,2,\cdots,r)$ 皆为 λ 的首 1 多项式,在复数域内可以将它们分解为一次式的乘积

$$
\begin{aligned}
d_1(\lambda) &= (\lambda-\lambda_1)^{k_{11}}(\lambda-\lambda_2)^{k_{12}}\cdots(\lambda-\lambda_j)^{k_{1j}}\cdots(\lambda-\lambda_s)^{k_{1s}} \\
&\vdots \\
d_i(\lambda) &= (\lambda-\lambda_1)^{k_{i1}}(\lambda-\lambda_2)^{k_{i2}}\cdots(\lambda-\lambda_j)^{k_{ij}}\cdots(\lambda-\lambda_s)^{k_{is}} \\
&\vdots \\
d_r(\lambda) &= (\lambda-\lambda_1)^{k_{r1}}(\lambda-\lambda_2)^{k_{r2}}\cdots(\lambda-\lambda_j)^{k_{rj}}\cdots(\lambda-\lambda_s)^{k_{rs}}
\end{aligned}
\tag{3.4}
$$

因为 $d_{i-1}(\lambda) \mid d_i(\lambda) \quad i=2,\cdots,r$

所以 $k_{1j} \leqslant k_{2j} \leqslant \cdots \leqslant k_{ij} \leqslant \cdots \leqslant k_{rj} \quad j=1,2,\cdots,s$

这里可能有 $k_{ij}=0$，此时必有 $k_{1j}=\cdots=k_{i-1j}=k_{ij}=0, i=1,2,\cdots,r-1; j=1,2,\cdots,s$，当然指数幂也可以有相等的.

定义 3.5 式(3.4)中所有幂指数不为 0 者，即不是常数 1 的 $(\lambda-\lambda_j)^{k_{ij}}, i=1,2,\cdots,r; j=1,2,\cdots,s$ 的因式(连同它的指数幂)称为 $\boldsymbol{A}(\lambda)$ 的初等因子，全体初等因子的集合称为初等因子组.

由定义 3.5 可知，初等因子组中可以有相同者.

例 3.3 中，$\boldsymbol{A}(\lambda)$ 的不变因子为 $1,\lambda(\lambda+1),\lambda(\lambda+1)^2$，所以它的初等因子组为 $\lambda,\lambda+1,\lambda,(\lambda+1)^2$.

定理 3.4 n 阶 λ 矩阵 $\boldsymbol{A}(\lambda)$、$\boldsymbol{B}(\lambda)$ 相抵的充要条件是它们有相同的初等因子组且秩相等.

需要说明的是仅仅初等因子组相同不能保证它们相抵，例如

$$
\boldsymbol{A}(\lambda)=\begin{bmatrix} 1 & & \\ & \lambda-2 & \\ & & (\lambda-2)^2 \end{bmatrix}
$$

$$
\boldsymbol{B}(\lambda)=\begin{bmatrix} \lambda-2 & & \\ & (\lambda-2)^2 & \\ & & 0 \end{bmatrix}
$$

尽管它们的初等因子组相同，但因为两者的秩不等，显然不相抵.

为了求 $\boldsymbol{A}(\lambda)$ 的初等因子，需要将 $\boldsymbol{A}(\lambda)$ 化成 Smith 标准形，这往往较困难，实际上只要将 $\boldsymbol{A}(\lambda)$ 化成准对角阵即可，因为有以下结论：

若 λ 矩阵

$$
\boldsymbol{A}(\lambda)\cong\begin{bmatrix} \boldsymbol{A}_1(\lambda) & & & \\ & \boldsymbol{A}_2(\lambda) & & \\ & & \ddots & \\ & & & \boldsymbol{A}_k(\lambda) \end{bmatrix} \tag{3.5}
$$

则 $\boldsymbol{A}_1(\lambda),\boldsymbol{A}_2(\lambda),\cdots,\boldsymbol{A}_k(\lambda)$ 的各个初等因子组的全体即为 $\boldsymbol{A}(\lambda)$ 的全部初等因子组.

在例 3.3 中

$$
\boldsymbol{A}(\lambda)=\begin{bmatrix} \lambda(\lambda+1) & & \\ & \lambda & \\ & & (\lambda+1)^2 \end{bmatrix}
$$

尽管 $\boldsymbol{A}(\lambda)$ 不是 Smith 标准形，但它是准对角阵，故它的初等因子组为 $\lambda,\lambda+1,\lambda,(\lambda+1)^2$，这与前面通过不变因子分解所得的结论是一致的.

例 3.4 求 $n_i\times n_i$ 的 λ 矩阵

$$A(\lambda)=\begin{bmatrix}\lambda-\lambda_i & -1 & & & \\ & \lambda-\lambda_i & -1 & & \\ & & \ddots & \ddots & \\ & & & \lambda-\lambda_i & -1 \\ & & & & \lambda-\lambda_i\end{bmatrix}_{n_i\times n_i} \tag{3.6}$$

的不变因子和初等因子组，其中 λ_i 是常数.

解　若将 $A(\lambda)$ 化成 Smith 标准形或准对角阵，都是比较困难的. 考虑最高阶行列式因子

$$D_{n_i}(\lambda)=(\lambda-\lambda_i)^{n_i}$$

由 $A(\lambda)$ 右上角的 n_i-1 阶子式的值为 $(-1)^{n_i-1}$，得

$$D_{n_i-1}(\lambda)=1$$

故
$$D_1(\lambda)=D_2(\lambda)=\cdots=D_{n_i-2}(\lambda)=D_{n_i-1}(\lambda)=1$$

所以 $A(\lambda)$ 的不变因子为

$$d_i(\lambda)=d_2(\lambda)=\cdots=d_{n_i-1}(\lambda)=1, d_{n_i}(\lambda)=(\lambda-\lambda_i)^{n_i}$$

所以，初等因子组仅有一个，为 $(\lambda-\lambda_i)^{n_i}$.

3.2　矩阵的 Jordan 标准形

有了上节的准备知识，我们来研究两个数字矩阵相似的条件，这和它们的特征矩阵是密不可分的.

以下设 $A,B\in C^{n\times n}$.

定理 3.5　$A\sim B\Leftrightarrow\lambda I-A\cong\lambda I-B$.

今后为叙述行文简约，规定对于数字矩阵 A，称 $\lambda I-A$ 的不变因子、初等因子分别称为 A 的不变因子、初等因子.

由定理 3.3，定理 3.5 可得到：

定理 3.6　$A\sim B$ 的充要条件是 A、B 有相同的不变因子.

由于 $\mathrm{rank}(\lambda I-A)=n$，由定理 3.4、定理 3.5 可得到：

定理 3.7　$A\sim B$ 的充要条件是 A、B 有相同的初等因子组.

定义 3.6　设 λ_i 为 A 的互异特征值，$i=1,2,\cdots,s$，且 A 的特征多项式

$$\det(\lambda I-A)=(\lambda-\lambda_1)^{n_1}\cdots(\lambda-\lambda_i)^{n_i}\cdots(\lambda-\lambda_s)^{n_s} \tag{3.7}$$

其中 $\sum_{i=1}^{s}n_i=n$，称 n_i 为 A 的特征值 λ_i 的代数重数，$\dim V_{\lambda_i}=r_i$ 为 λ_i 的几何重数.

定理 3.8　设 λ_i 为 A 的互异特征值，$i=1,2,\cdots,s$，n_i，r_i 分别为 λ_i 的代数重数与几何重数，则

$$r_i\leqslant n_i \tag{3.8}$$

定义 3.7　如果矩阵 A 的每个特征值的代数重数都等于它的几何重数，则称 A 为单纯矩阵.

定理 3.9　单纯矩阵与对角阵相似.

证　设 λ_i 为 A 的互异特征值，因为 A 是单纯矩阵，故

$$n_i=r_i, i=1,\cdots,s$$

于是
$$\dim V_{\lambda_i}=r_i=n_i$$

而
$$\sum_{i=1}^{s} r_i = \sum_{i=1}^{s} n_i = n$$

注意到每个特征子空间 V_{λ_i} 有 r_i 个线性无关的特征向量，将它们合到一起仍是线性无关的特征向量，所以 $\boldsymbol{A}$ 有 n 个线性无关的特征向量，于是

$$\boldsymbol{A} \sim \boldsymbol{D} = \mathrm{diag}(\underbrace{\lambda_1, \cdots, \lambda_1}_{n_1}, \underbrace{\lambda_2, \cdots, \lambda_2}_{n_2}, \cdots, \underbrace{\lambda_s, \cdots, \lambda_s}_{n_s})$$ □

当 $\boldsymbol{A}$ 不是单纯矩阵时，它肯定不与对角阵相似，但在与其相似的矩阵中可以找到形式最简单的矩阵，这就是它的 Jordan 标准形.

定义 3.8　设 λ_i 为 $\boldsymbol{A}$ 的互异特征值，$i = 1, 2, \cdots, s$.

r_i 为 λ_i 的几何重数，n_i 为 λ_i 的代数重数，$(\lambda - \lambda_i)^{n_{ik}}$ 为 $\boldsymbol{A}$ 的初等因子组，$k = 1, \cdots, r_i$. 有

$$\boldsymbol{J} = \begin{bmatrix} \boldsymbol{J}_1 & & & & \\ & \ddots & & & \\ & & \boldsymbol{J}_i & & \\ & & & \ddots & \\ & & & & \boldsymbol{J}_s \end{bmatrix}_{n \times n} \tag{3.9}$$

$$\boldsymbol{J}_i = \begin{bmatrix} \boldsymbol{J}_{i1} & & & & \\ & \ddots & & & \\ & & \boldsymbol{J}_{ip} & & \\ & & & \ddots & \\ & & & & \boldsymbol{J}_{ir_i} \end{bmatrix}_{n_i \times n_i} \qquad \boldsymbol{J}_{ip} = \begin{bmatrix} \lambda_i & 1 & & \\ & \ddots & \ddots & \\ & & \ddots & 1 \\ & & & \lambda_i \end{bmatrix}_{n_{ip} \times n_{ip}} \tag{3.10}$$

其中 $\sum_{k=1}^{r_i} n_{ip} = n_i, \sum_{i=1}^{s} n_i = n, n_{ip}$ 为 $\boldsymbol{A}$ 的初等因子 $(\lambda - \lambda_i)^{n_{ip}}$ 的指数幂.

称 $\boldsymbol{J}$ 为 $\boldsymbol{A}$ 的 **Jordan 标准形**，$\boldsymbol{J}_i$ 为 **Jordan 块**，$\boldsymbol{J}_{ip}$ 为与初等因子 $(\lambda - \lambda_i)^{n_{ip}}$ 对应的 **Jordan 子块**. 不考虑 Jordan 块的顺序，Jordan 标准形唯一.

定理 3.10　方阵 $\boldsymbol{A}$ 与它的 Jordan 标准形相似.

证　可得

$$\lambda \boldsymbol{I}_n - \boldsymbol{J} = \begin{bmatrix} \lambda \boldsymbol{I}_{n_1} - \boldsymbol{J}_1 & & & & \\ & \ddots & & & \\ & & \lambda \boldsymbol{I}_{n_i} - \boldsymbol{J}_i & & \\ & & & \ddots & \\ & & & & \lambda \boldsymbol{I}_{n_s} - \boldsymbol{J}_s \end{bmatrix}_{n \times n}$$

按照例 3.4 应有 $\lambda \boldsymbol{I}_{n_{ip}} - \boldsymbol{J}_{ip}$ 的初等因子为 $(\lambda - \lambda_i)^{n_{ip}}$，因此 $\boldsymbol{A}$ 与 $\boldsymbol{J}$ 有相同的初等因子组.

由定理 3.7，$\boldsymbol{A} \sim \boldsymbol{J}$.

例 3.5　求矩阵 $\boldsymbol{A} = \begin{bmatrix} -1 & -2 & 6 \\ -1 & 0 & 3 \\ -1 & -1 & 4 \end{bmatrix}$ 的 Jordan 标准形.

解　方法一：首先求 $\lambda \boldsymbol{I} - \boldsymbol{A}$ 的初等因子组

$$\lambda I-A=\begin{bmatrix}\lambda+1 & 2 & -6\\ 1 & \lambda & -3\\ 1 & 1 & \lambda-4\end{bmatrix}\xrightarrow[r_2-r_3]{r_1-(\lambda+1)r_3}\begin{bmatrix}0 & -\lambda+1 & -\lambda^2+3\lambda-2\\ 0 & \lambda-1 & -\lambda+1\\ 1 & 1 & \lambda-4\end{bmatrix}\xrightarrow[c_3-(\lambda-3)c_1]{c_2-c_1}$$

$$\begin{bmatrix}1 & 0 & 0\\ 0 & \lambda-1 & -\lambda+1\\ 0 & -\lambda+1 & -\lambda^2+3\lambda-2\end{bmatrix}\xrightarrow{r_3+r_2}\begin{bmatrix}1 & 0 & 0\\ 0 & \lambda-1 & -\lambda+1\\ 0 & 0 & -\lambda^2+2\lambda-1\end{bmatrix}\xrightarrow[c_3+c_2]{(-1)r_3}$$

$$\begin{bmatrix}1 & 0 & 0\\ 0 & \lambda-1 & 0\\ 0 & 0 & (\lambda-1)^2\end{bmatrix}$$

因此 A 的初等因子组为 $\lambda-1,(\lambda-1)^2$，故 A 的 Jordan 标准形为 $J=\begin{bmatrix}1 & 0 & 0\\ 0 & 1 & 1\\ 0 & 0 & 1\end{bmatrix}$.

方法二：求特征值 λ_i 及特征子空间的维数

$$r_i=\dim V_{\lambda_i}$$

$$|\lambda I-A|=\begin{vmatrix}\lambda+1 & 2 & -6\\ 1 & \lambda & -3\\ 1 & 1 & \lambda-4\end{vmatrix}=(\lambda-1)^3=0$$

故 A 的特征值为

$$\lambda_1=\lambda_2=\lambda_3=1$$

$$\lambda_i I-A=\begin{bmatrix}2 & 2 & -6\\ 1 & 1 & -3\\ 1 & 1 & -3\end{bmatrix}\xrightarrow{r}\begin{bmatrix}1 & 1 & -3\\ 0 & 0 & 0\\ 0 & 0 & 0\end{bmatrix}$$

所以

$$\operatorname{rank}(\lambda_i I-A)=1$$

$$\dim V_{\lambda_i}=3-1=2$$

即对应于特征值 $\lambda_i=1$ 有 2 个线性无关的特征向量.

故 A 的 Jordan 标准形为

$$J=\begin{bmatrix}1 & 0 & 0\\ 0 & 1 & 1\\ 0 & 0 & 1\end{bmatrix}$$

而不是

$$\begin{bmatrix}1 & 0 & 0\\ 0 & 1 & 0\\ 0 & 0 & 1\end{bmatrix}\quad 或 \quad\begin{bmatrix}1 & 1 & 0\\ 0 & 1 & 1\\ 0 & 0 & 1\end{bmatrix}$$

当矩阵阶数较低时，方法二是求其 Jordan 标准形的简单易行的方法.

由定理 3.10 中 A 矩阵的 Jordan 标准形的结构可以得到以下结论：

①A 的互异特征值 $\lambda_1,\cdots,\lambda_2,\cdots,\lambda_s$，对应着 Jordan 块 $J_1,\cdots,J_i,\cdots,J_s$；Jordan 块的个数 s 为互异特征值数.

② 对于每个 Jordan 块 J_i，它的子块 J_{ip} 对应着属于 λ_i 的一个特征向量，J_{ip} 的个数 r_i 说明 λ_i

有 r_i 个线性无关的特征向量,即它的几何重数,而 $\boldsymbol{J}_i$ 的阶数 n_i 为它的代数重数,显然有 $r_i \leqslant n_i$,$i=1,2,\cdots,s$.

③ 每个 Jordan 子块 $\boldsymbol{J}_{ip}$ 对应于一个与 λ_i 有关的初等因子 $(\lambda-\lambda_i)^{n_{ip}}$,而 $\boldsymbol{J}_{ip}$ 的阶数 n_{ip} 为这个初等因子的指数幂,对应于特征值 λ_i,$\boldsymbol{A}$ 共有 r_i 个初等因子.

④$\boldsymbol{A}$ 共有 $\sum_{i=1}^{s} r_i$ 个初等因子.如果 $r_i=n_i(i=1,\cdots,s)$,则 $\boldsymbol{A}$ 有 n 个初等因子,即 $\boldsymbol{A}$ 的初等因子都是一次的,于是 $\boldsymbol{A}$ 为单纯矩阵,$\boldsymbol{A}$ 相似对角化.

⑤$\boldsymbol{J}=\mathrm{diag}(\boldsymbol{J}_1,\cdots,\boldsymbol{J}_i,\cdots,\boldsymbol{J}_s)=\begin{bmatrix}\lambda_1 & k_1 & & & & & \\ & \lambda_2 & \ddots & & & & \\ & & \ddots & k_i & & & \\ & & & \lambda_{i+1} & \ddots & & \\ & & & & \ddots & k_{n-1} \\ & & & & & \lambda_n\end{bmatrix}$, $k_i=1$ 或 0,$i=1,\cdots,n-1$;$\lambda_1,\cdots,\lambda_n$ 中可以有相同者.

例 3.6 设 Jordan 子块 $\boldsymbol{J}_{ip}=\begin{bmatrix}\lambda_i & 1 & & \\ & \lambda_i & \ddots & \\ & & \ddots & 1 \\ & & & \lambda_i\end{bmatrix}_{n_{ip}\times n_{ip}}$,则

$$\boldsymbol{J}_{ip}^k=\begin{bmatrix}\lambda_i^k & \mathrm{C}_k^1\lambda_i^{k-1} & \mathrm{C}_k^2\lambda_i^{k-2} & \cdots & \mathrm{C}_k^{n_{ip}-1}\lambda_i^{k-n_{ip}+1} \\ & \lambda_i^k & \mathrm{C}_k^1\lambda_i^{k-1} & \cdots & \mathrm{C}_k^{n_{ip}-2}\lambda_i^{k-n_{ip}+2} \\ & & \lambda_i^k & \ddots & \vdots \\ & & & \ddots & \mathrm{C}_k^1\lambda_i^{k-1} \\ & & & & \lambda_i^k\end{bmatrix}_{n_{ip}\times n_{ip}} \tag{3.11}$$

$$\boldsymbol{J}_{ip}^k=\left.\begin{bmatrix}\lambda^k & (\lambda^k)' & \dfrac{(\lambda^k)''}{2!} & \cdots & \dfrac{(\lambda^k)^{(n_{ip}-1)}}{(n_{ip}-1)!} \\ & \lambda^k & (\lambda^k)' & \cdots & \dfrac{(\lambda^k)^{(n_{ip}-2)}}{(n_{ip}-2)!} \\ & & \lambda^k & \ddots & \vdots \\ & & & \ddots & (\lambda^k)' \\ & & & & \lambda^k\end{bmatrix}\right|_{\lambda=\lambda_i} \tag{3.12}$$

其中 $\mathrm{C}_k^t=\dfrac{k!}{t!\ (k-t)!}$,规定 $\mathrm{C}_k^t=0(t>k)$,$p=1,2,\cdots,r_i$.

证 记 $n_{ip}=d$,将 $\boldsymbol{J}_{ip}$ 写成如下形式

$$\boldsymbol{J}_{ip}=\lambda_i\boldsymbol{I}_d+\boldsymbol{H}$$

这里 $\boldsymbol{H}=\begin{bmatrix}\boldsymbol{\theta} & \boldsymbol{I}_{d-1} \\ 0 & \boldsymbol{\theta}^T\end{bmatrix}$,则

$$\boldsymbol{H}^k=\begin{cases}\begin{bmatrix}\boldsymbol{O} & \boldsymbol{I}_{d-k} \\ \boldsymbol{O} & \boldsymbol{O}\end{bmatrix} & 1\leqslant k\leqslant d-1 \\ \boldsymbol{O} & k\geqslant d\end{cases}$$

显然 $\lambda_i\boldsymbol{I}_d$ 与 $\boldsymbol{H}$ 可交换,于是

$$J_{ip}^{k}=(\lambda_i I_d+H)^k=\lambda_i^k I_d+C_k^1\lambda_i^{k-1}H+\cdots+C_k^{d-1}\lambda_i^{k-d+1}H^{d-1}$$

上式右端写成矩阵形式即为式(3.11).式(3.12)中矩阵各元素对 λ 求导数,以 $\lambda=\lambda_i$ 代入即为(3.11)式.

定理 3.11　设 $A\in C^{n\times n}$,A 与对角阵 D 相似的充分必要条件是 A 的所有初等因子都是一次的.

当 A 是单纯矩阵时,A 相似于对角阵 D;当 A 不是单纯矩阵时,A 与它的 Jordan 标准形相似,即存在非奇异矩阵 P,使 $P^{-1}AP=J$.一般地说,相似变换矩阵 P 比较难求.

下面通过例子给出求相似变换矩阵 P 的方法.

例 3.7　$A=\begin{bmatrix}-1&-2&6\\-1&0&3\\-1&-1&4\end{bmatrix}$,求 P,使 $P^{-1}AP=J$.

解　由例 3.5 知

$$J=\begin{bmatrix}1&0&0\\0&1&1\\0&0&1\end{bmatrix}$$

所以存在可逆矩阵 P,使 $P^{-1}AP=J$,即 $AP=PJ$,记 $P=(P_1,P_2,P_3)$,于是有

$$(AP_1,AP_2,AP_3)=(P_1,P_2,P_3)\begin{bmatrix}1&0&0\\0&1&1\\0&0&1\end{bmatrix}$$

比较上式两边得

$$\begin{cases}AP_1=P_1\\AP_2=P_2\\AP_3=P_2+P_3\end{cases}\tag{3.13}$$

可见 P_1、P_2 为 A 的属于特征值 $\lambda=1$ 的两个线性无关的特征向量.

由齐次方程组

$$(1\cdot I-A)x=\theta$$

可求得其基础解系为

$$\xi_1=\begin{bmatrix}-1\\1\\0\end{bmatrix},\xi_2=\begin{bmatrix}3\\0\\1\end{bmatrix}$$

可以选取 $P_1=\xi_1$.

但是这里不能简单地让 $P_2=\xi_2$,因为 P_2 还必须保证方程组(3.13)中非次线性方程组 $(I-A)P_3=-P_2$ 有解,因此构造 P_2 时,既要保证 P_2 是与 P_1 线性无关的齐次方程组 $(I-A)x=\theta$ 的解,又要确保非齐次方程组 $(I-A)P_3=-P_2$ 有解.

令

$$P_2=k_1\xi_1+k_2\xi_2=\begin{bmatrix}-k_1\\k_1\\0\end{bmatrix}+\begin{bmatrix}3k_2\\0\\k_2\end{bmatrix}=\begin{bmatrix}-k_1+3k_2\\k_1\\k_2\end{bmatrix}$$

k_1,k_2 为不全为零的待定常数,应使非齐次方程组系数矩阵 $I-A$ 的秩等于增广矩阵 $(I-A,P_2)$ 的秩,考虑增广矩阵

$$\begin{bmatrix}2&2&-6&k_1-3k_2\\1&1&-3&-k_1\\1&1&-3&-k_2\end{bmatrix}\xrightarrow{r}\begin{bmatrix}1&1&-3&-k_1\\0&0&0&3k_1-3k_2\\0&0&0&k_1-k_2\end{bmatrix}$$

因此只要满足 $k_1=k_2\neq 0$,即可令 $k_1=k_2=1$,于是

$$\boldsymbol{P}_2=\boldsymbol{\xi}_1+\boldsymbol{\xi}_2=\begin{bmatrix}2\\1\\1\end{bmatrix},\boldsymbol{P}_3=\begin{bmatrix}-1\\0\\0\end{bmatrix}$$

故

$$\boldsymbol{P}=(\boldsymbol{P}_1,\boldsymbol{P}_2,\boldsymbol{P}_3)=\begin{bmatrix}-1&2&-1\\1&1&0\\0&1&0\end{bmatrix}$$

于是

$$\boldsymbol{P}^{-1}=\begin{bmatrix}0&1&-1\\0&0&1\\-1&-1&3\end{bmatrix}$$

$$\boldsymbol{P}^{-1}\boldsymbol{A}\boldsymbol{P}=\begin{bmatrix}1&0&0\\0&1&1\\0&0&1\end{bmatrix}$$

本例中 $\boldsymbol{P}_3$ 不是特征向量,因为对 $\lambda=1$,由(3.13)第 3 个方程有

$$(\boldsymbol{I}-\boldsymbol{A})\boldsymbol{P}_3=-\boldsymbol{P}_2\neq\boldsymbol{\theta}$$

但是有

$$(\boldsymbol{I}-\boldsymbol{A})^2\boldsymbol{P}_3=-(\boldsymbol{I}-\boldsymbol{A})\boldsymbol{P}_2=\boldsymbol{\theta}$$

称 $\boldsymbol{P}_3$ 为 $\boldsymbol{A}$ 的属于特征根 $\lambda=1$ 的广义特征向量.

例 3.8　求解线性常系数非齐次微分方程组初值问题

$$\begin{cases}\dfrac{\mathrm{d}\boldsymbol{x}}{\mathrm{d}t}=\boldsymbol{A}\boldsymbol{x}+\boldsymbol{f}(t)\\ \boldsymbol{x}(0)=\boldsymbol{x}_0=(1,0,0)^{\mathrm{T}}\end{cases}\tag{3.14}$$

其中 $\boldsymbol{A}=\begin{bmatrix}-1&-2&6\\-1&0&3\\-1&-1&4\end{bmatrix},\boldsymbol{f}(t)=\begin{bmatrix}-\mathrm{e}^t\\0\\\mathrm{e}^t\end{bmatrix}$.

解　由例 3.7 知存在 $\boldsymbol{P}=\begin{bmatrix}-1&2&-1\\1&1&0\\0&1&0\end{bmatrix}$,使

$$\boldsymbol{P}^{-1}\boldsymbol{A}\boldsymbol{P}=\boldsymbol{J}=\begin{bmatrix}1&0&0\\0&1&1\\0&0&1\end{bmatrix},\text{其中 }\boldsymbol{P}^{-1}=\begin{bmatrix}0&1&-1\\0&0&1\\-1&-1&3\end{bmatrix}$$

令 $\boldsymbol{x}=\boldsymbol{P}\boldsymbol{y},\boldsymbol{y}=(y_1,y_2,y_3)^{\mathrm{T}}$,代入式(3.14)得

$$\frac{\mathrm{d}\boldsymbol{P}\boldsymbol{y}}{\mathrm{d}t}=\boldsymbol{A}\boldsymbol{P}\boldsymbol{y}+\boldsymbol{f}(t)$$

故

$$\frac{\mathrm{d}\boldsymbol{y}}{\mathrm{d}t}=\boldsymbol{P}^{-1}\boldsymbol{A}\boldsymbol{P}\boldsymbol{y}+\boldsymbol{P}^{-1}\boldsymbol{f}(t)=\boldsymbol{J}\boldsymbol{y}+\boldsymbol{P}^{-1}\boldsymbol{f}(t)$$

即
$$\begin{bmatrix}\dfrac{dy_1}{dt}\\ \dfrac{dy_2}{dt}\\ \dfrac{dy_3}{dt}\end{bmatrix}=\begin{bmatrix}1&0&0\\0&1&1\\0&0&1\end{bmatrix}\begin{bmatrix}y_1\\y_2\\y_3\end{bmatrix}+\begin{bmatrix}0&1&-1\\0&0&1\\-1&-1&3\end{bmatrix}\begin{bmatrix}-e^t\\0\\e^t\end{bmatrix}$$

写成分量形式为

$$\begin{cases}\dfrac{dy_1}{dt}=y_1-e^t\\ \dfrac{dy_2}{dt}=y_2+y_3+e^t\\ \dfrac{dy_3}{dt}=y_3+4e^t\end{cases}$$

上述三个方程中,第一个方程与第三个方程分别为一阶线性非齐次方程.

直接解得

$$y_1=e^t(C_1-t),y_3=e^t(C_3+4t)$$

将 $y_3=C_3e^t+4t$ 代入第二个方程解得

$$y_2=(C_2+C_3t+t+2t^2)e^t$$

故
$$\boldsymbol{y}=\begin{bmatrix}y_1\\y_2\\y_3\end{bmatrix}=\begin{bmatrix}(C_1-t)e^t\\(C_2+C_3t+t+2t^2)e^t\\(C_3+4t)e^t\end{bmatrix}=\begin{bmatrix}(C_1-t)\\(C_2+C_3t+t+2t^2)\\(C_3+4t)\end{bmatrix}e^t$$

代回

$$\boldsymbol{x}=\boldsymbol{Py}=\begin{bmatrix}-1&2&-1\\1&1&0\\0&1&0\end{bmatrix}\begin{bmatrix}(C_1-t)\\(C_2+C_3t+t+2t^2)\\(C_3+4t)\end{bmatrix}e^t \qquad (*)$$

为求出待定常数 C_1,C_2,C_3,将初始条件代入式(*),则

$$\begin{bmatrix}1\\0\\0\end{bmatrix}=\begin{bmatrix}-1&2&-1\\1&1&0\\0&1&0\end{bmatrix}\begin{bmatrix}(C_1-0)\\(C_2+C_30+0+2\cdot 0^2)\\(C_3+4\cdot 0)\end{bmatrix}e^0$$

即
$$\begin{bmatrix}1\\0\\0\end{bmatrix}=\begin{bmatrix}-1&2&-1\\1&1&0\\0&1&0\end{bmatrix}\begin{bmatrix}C_1\\C_2\\C_3\end{bmatrix}$$

故
$$\begin{bmatrix}C_1\\C_2\\C_3\end{bmatrix}=\begin{bmatrix}-1&2&-1\\1&1&0\\0&1&0\end{bmatrix}^{-1}\begin{bmatrix}1\\0\\0\end{bmatrix}=\begin{bmatrix}0\\0\\-1\end{bmatrix}$$

将 C_1,C_2,C_3 的值代入(*)得

$$\boldsymbol{x}(t)=\begin{bmatrix}-1&2&-1\\1&1&0\\0&1&0\end{bmatrix}\begin{bmatrix}(0-t)\\(0-1t+t+2t^2)\\(-1+4t)\end{bmatrix}e^t=$$

$$\begin{bmatrix} 1-3t+4t^2 \\ -t+2t^2 \\ 2t^2 \end{bmatrix} e^t$$

为非齐次微分方程组(3.14)的解.

本解法称之为**相似变换法**.

计算过程为:作变换 $\boldsymbol{x}=\boldsymbol{P}\boldsymbol{y}$,将矩阵 $\boldsymbol{A}$ 转变为它的Jordan标准形 $\boldsymbol{J}$,于是原微分方程组化成

$$\frac{\mathrm{d}\boldsymbol{y}}{\mathrm{d}t}=\boldsymbol{P}^{-1}\boldsymbol{A}\boldsymbol{P}\boldsymbol{y}+\boldsymbol{P}^{-1}\boldsymbol{f}(t)=\boldsymbol{J}\boldsymbol{y}+\boldsymbol{P}^{-1}\boldsymbol{f}(t)$$

这样在某种程度上实现了变量分离,从而可将微分方程组的每一个方程分别解之,再由 $\boldsymbol{x}=\boldsymbol{P}\boldsymbol{y}$ 回代,根据初始条件确定任意常数,最终解决问题.

这种解法的关键是求 $\boldsymbol{P}$ 与 $\boldsymbol{J}$,当 $\boldsymbol{A}$ 不相似于对角阵时,计算 $\boldsymbol{P}$ 与 $\boldsymbol{J}$ 稍繁.

本题的其他解法见第五章.

3.3 Cayley-Hamilton 定理

设 $\boldsymbol{A}\in\mathbf{C}^{n\times n}$,其特征多项式为

$$\varphi(\lambda)=\det(\lambda\boldsymbol{I}-\boldsymbol{A})=\lambda^n+a_1\lambda^{n-1}+a_2\lambda^{n-2}+\cdots+a_{n-1}\lambda+a_n$$

矩阵 $\boldsymbol{A}$ 与其特征多项式之间有如下重要的关系.

定理 3.12(Cayley-Hamilton)　设 $\boldsymbol{A}\in\mathbf{C}^{n\times n}$,$\varphi(\lambda)=\det(\lambda\boldsymbol{I}-\boldsymbol{A})$,则 $\boldsymbol{\varphi}(\boldsymbol{A})=\boldsymbol{O}$.

证　设 $\boldsymbol{J}$ 为 $\boldsymbol{A}$ 的 Jordan 标准形,则存在可逆矩阵 $\boldsymbol{P}$,使

$$\boldsymbol{P}^{-1}\boldsymbol{A}\boldsymbol{P}=\boldsymbol{J}=\begin{bmatrix} \lambda_1 & k_1 & & & & \\ & \lambda_2 & \ddots & & & \\ & & \ddots & k_i & & \\ & & & \lambda_{i+1} & \ddots & \\ & & & & \ddots & k_{n-1} \\ & & & & & \lambda_n \end{bmatrix}$$

其中 $\lambda_1,\cdots,\lambda_n$ 为 $\boldsymbol{A}$ 的特征值,它们之中可以有相同者;k_i 为 1 或 0,$i=1,\cdots,n-1$,有

$$\boldsymbol{A}=\boldsymbol{P}\boldsymbol{J}\boldsymbol{P}^{-1}$$

于是

$$\varphi(\lambda)=\det(\lambda\boldsymbol{I}-\boldsymbol{A})=(\lambda-\lambda_1)(\lambda-\lambda_2)\cdots(\lambda-\lambda_n)$$

从而

$$\begin{aligned}\varphi(\boldsymbol{A})=&(\boldsymbol{A}-\lambda_1\boldsymbol{I})(\boldsymbol{A}-\lambda_2\boldsymbol{I})\cdots(\boldsymbol{A}-\lambda_n\boldsymbol{I})=\\ &(\boldsymbol{P}\boldsymbol{J}\boldsymbol{P}^{-1}-\lambda_1\boldsymbol{I})(\boldsymbol{P}\boldsymbol{J}\boldsymbol{P}^{-1}-\lambda_2\boldsymbol{I})\cdots(\boldsymbol{P}\boldsymbol{J}\boldsymbol{P}^{-1}-\lambda_n\boldsymbol{I})=\\ &\boldsymbol{P}(\boldsymbol{J}-\lambda_1\boldsymbol{I})(\boldsymbol{J}-\lambda_2\boldsymbol{I})\cdots(\boldsymbol{J}-\lambda_n\boldsymbol{I})\boldsymbol{P}^{-1}=\\ &\boldsymbol{P}\begin{bmatrix} 0 & k_1 & & & \\ & \lambda_2-\lambda_1 & k_2 & & \\ & & \ddots & & \\ & & & \ddots & k_{n-1} \\ & & & & \lambda_n-\lambda_1 \end{bmatrix}\begin{bmatrix} \lambda_1-\lambda_2 & k_1 & & & \\ & 0 & k_2 & & \\ & & \ddots & & \\ & & & \ddots & k_{n-1} \\ & & & & \lambda_n-\lambda_2 \end{bmatrix}\cdot\cdots\cdot\end{aligned}$$

$$\begin{bmatrix}\lambda_1-\lambda_n & k_1 & & \\ & \ddots & \ddots & \\ & & \lambda_{n-1}-\lambda_n & k_{n-1} \\ & & & 0\end{bmatrix}\boldsymbol{P}^{-1}=\boldsymbol{P}\begin{bmatrix}0 & 0 & * & \cdots & * \\ 0 & 0 & * & \cdots & * \\ \vdots & \vdots & * & & \vdots \\ \vdots & \vdots & & \ddots & \vdots \\ 0 & 0 & & & *\end{bmatrix}$$

$$\begin{bmatrix}\lambda_1-\lambda_3 & k_1 & & & & \\ & \lambda_2-\lambda_3 & k_2 & & & \\ & & 0 & & & \\ & & & \ddots & \ddots & \\ & & & & \lambda_{n-1}-\lambda_3 & k_{n-1} \\ & & & & & \lambda_n-\lambda_3\end{bmatrix}\cdots\begin{bmatrix}\lambda_1-\lambda_n & k_1 & & & & \\ & \lambda_2-\lambda_n & k_2 & & & \\ & & \lambda_3-\lambda_n & & & \\ & & & \ddots & \ddots & \\ & & & & \lambda_{n-1}-\lambda_n & k_{n-1} \\ & & & & & 0\end{bmatrix}\boldsymbol{P}^{-1}=\boldsymbol{O}$$

由 Cayley-Hamilton 定理可以简化矩阵计算.

例 3.9　设 $\boldsymbol{A}=\begin{bmatrix}0 & 1 & 0 & 0\\ 0 & 0 & 1 & 0\\ 0 & 0 & 0 & 1\\ 1 & 0 & 0 & 0\end{bmatrix}$，求 $\boldsymbol{A}^{10}-\boldsymbol{A}^6+8\boldsymbol{A}$.

解　$\varphi(\lambda)=\det(\lambda\boldsymbol{I}-\boldsymbol{A})=\lambda^4-1$.

由 Cayley-Hamilton 定理 $\varphi(\boldsymbol{A})=\boldsymbol{A}^4-\boldsymbol{I}_4=\boldsymbol{O}$，因此 $\boldsymbol{A}^{10}-\boldsymbol{A}^6+8\boldsymbol{A}=\boldsymbol{A}^6(\boldsymbol{A}^4-\boldsymbol{I}_4)+8\boldsymbol{A}=8\boldsymbol{A}$.

例 3.10　设 $\boldsymbol{A}=\begin{bmatrix}-1 & 1 & 0\\ -4 & 3 & 0\\ 1 & 0 & 2\end{bmatrix}$，　计算

$$\boldsymbol{A}^5-4\boldsymbol{A}^4+6\boldsymbol{A}^3-6\boldsymbol{A}^2+6\boldsymbol{A}-3\boldsymbol{I}$$

解　可得　$\varphi(\lambda)=\det(\lambda\boldsymbol{I}-\boldsymbol{A})=(\lambda-1)^2(\lambda-2)=\lambda^3-4\lambda^2+5\lambda-2$

令

$$f(\lambda)=\lambda^5-4\lambda^4+6\lambda^3-6\lambda^2+6\lambda-3$$

容易求得

$$f(\lambda)=(\lambda^2+1)\varphi(\lambda)+\lambda-1$$

由于

$$\varphi(\boldsymbol{A})=\boldsymbol{O}$$

故

$$f(\boldsymbol{A})=\boldsymbol{A}-\boldsymbol{I}=\begin{bmatrix}-2 & 1 & 0\\ -4 & 2 & 0\\ 1 & 0 & 1\end{bmatrix}$$

定义 3.9　设 $\boldsymbol{A}\in\mathbf{C}^{n\times n}$，$f(\lambda)$ 是 λ 的多项式，若 $f(\boldsymbol{A})=\boldsymbol{O}$，则称 $f(\lambda)$ 为 $\boldsymbol{A}$ 的化零多项式.

$\boldsymbol{A}$ 的化零多项式一定存在，$\boldsymbol{A}$ 的特征多项式就是一个. 显然 $f(\lambda)$ 若是 $\boldsymbol{A}$ 的化零多项式，则对任意的多项式 $g(\lambda)$，$f(\lambda)g(\lambda)$ 也是 $\boldsymbol{A}$ 的化零多项式，可见 $\boldsymbol{A}$ 的化零多项式无最高次数者，因此我们所关心的是否存在比 $\varphi(\lambda)$ 次数低的化零多项式.

定义 3.10　设 $\boldsymbol{A}\in\mathbf{C}^{n\times n}$，在 $\boldsymbol{A}$ 的化零多项式中，次数最低的首 1 多项式称为 $\boldsymbol{A}$ 的最小多项式，记为 $m_{\boldsymbol{A}}(\lambda)$.

定理 3.13　$\boldsymbol{A}$ 的最小多项式 $m_{\boldsymbol{A}}(\lambda)$ 整除 $\boldsymbol{A}$ 的任一化零多项式，特别有 $m_{\boldsymbol{A}}(\lambda)\mid\varphi(\lambda)$，且最小多项式唯一.

定理 3.14　相似矩阵有相同的最小多项式.

证　设 $\boldsymbol{A} \sim \boldsymbol{B}, \boldsymbol{A}, \boldsymbol{B} \in \mathbf{C}^{n\times n}$,则 $\exists \boldsymbol{P} \in \mathbf{C}_n^{n\times n}$,使

$$\boldsymbol{B} = \boldsymbol{P}^{-1}\boldsymbol{A}\boldsymbol{P}, \boldsymbol{A} = \boldsymbol{P}\boldsymbol{B}\boldsymbol{P}^{-1}$$

因此,对任给的多项式 $f(\lambda)$ 总有

$$f(\boldsymbol{B}) = \boldsymbol{P}^{-1} f(\boldsymbol{A})\boldsymbol{P}, f(\boldsymbol{A}) = \boldsymbol{P} f(\boldsymbol{B})\boldsymbol{P}^{-1}$$

因此 $\boldsymbol{A}$、$\boldsymbol{B}$ 有相同的化零多项式,因此 $\boldsymbol{A}$、$\boldsymbol{B}$ 有相同的最小多项式. □

由最小多项式还可以判断矩阵是否相似对角化,事实上有以下的结论:n 阶方阵相似于对角阵的充分必要条件是它的最小多项式无重根. 最小多项式是它的第 n 个不变因子.

定理 3.15　设 $\lambda_1, \lambda_2, \cdots, \lambda_s$ 是 n 阶方阵 $\boldsymbol{A}$ 的互异特征值,则

$$m_{\boldsymbol{A}}(\lambda) = (\lambda - \lambda_1)^{q_1} \cdots (\lambda - \lambda_i)^{q_i} \cdots (\lambda - \lambda_s)^{q_s}$$

其中 q_i 是 $\boldsymbol{A}$ 的 Jordan 标准形的 Jordan 块 $\boldsymbol{J}_i$ 中,子块 $\boldsymbol{J}_{ip}$ 里 $\boldsymbol{J}_{i1}, \cdots, \boldsymbol{J}_{ir_i}$ 中阶数最高者,$i = 1, 2, \cdots, s$.

关于最小多项式,还有以下结论:

对于 Jordan 子块 $\boldsymbol{J}_{ip}$,它的最小多项式为 $(\lambda - \lambda_i)^{n_{ip}}$,对于分块对角阵 $\boldsymbol{A} = \mathrm{diag}(\boldsymbol{A}_1, \cdots, \boldsymbol{A}_i, \cdots, \boldsymbol{A}_s)$,它的最小多项式等于 $\boldsymbol{A}_1, \cdots, \boldsymbol{A}_i, \cdots, \boldsymbol{A}_s$ 的最小多项式的最小公倍式.

定理 3.13,定理 3.14,定理 3.15 给出了求矩阵 $\boldsymbol{A}$ 的最小多项式的方法.

例 3.11　求 $\boldsymbol{A} = \begin{bmatrix} -1 & -2 & 6 \\ -1 & 0 & 3 \\ -1 & -1 & 4 \end{bmatrix}$ 的最小多项式.

解　方法一:经计算

$$\varphi(\lambda) = \det(\lambda \boldsymbol{I} - \boldsymbol{A}) = (\lambda - 1)^3$$

由定理 3.13

$$m_{\boldsymbol{A}}(\lambda) \mid \varphi(\lambda)$$

所以 $m_{\boldsymbol{A}}(\lambda)$ 只能为

$$\lambda - 1, (\lambda - 1)^2, (\lambda - 1)^3$$

经验证

$$\boldsymbol{A} - \boldsymbol{I} \neq \boldsymbol{O}, (\boldsymbol{A} - \boldsymbol{I})^2 = \boldsymbol{O}$$

故

$$m_{\boldsymbol{A}}(\lambda) = (\lambda - 1)^2 = \lambda^2 - 2\lambda + 1$$

方法二:由例 3.5,$\boldsymbol{A}$ 的 Jordan 标准形为 $\boldsymbol{J} = \begin{bmatrix} 1 & 0 & 0 \\ 0 & 1 & 1 \\ 0 & 0 & 1 \end{bmatrix}$.

对 $\lambda = 1$ 有两个子块,由定理 3.15

$$m_{\boldsymbol{A}}(\lambda) = (\lambda - 1)^2 = \lambda^2 - 2\lambda + 1$$

矩阵的特征多项式,最小多项式与 Jordan 标准形有着密切的关系.

设 $\lambda_1, \cdots, \lambda_i, \cdots, \lambda_s$ 是 $\boldsymbol{A}$ 的互异特征值,$\varphi(\lambda)$,$m_{\boldsymbol{A}}(\lambda)$ 分别为 $\boldsymbol{A}$ 的特征多项式与最小多项式,则

$$\varphi(\lambda) = (\lambda - \lambda_1)^{n_1} \cdots (\lambda - \lambda_i)^{n_i} \cdots (\lambda - \lambda_s)^{n_s}$$

$$m_{\boldsymbol{A}}(\lambda) = (\lambda - \lambda_i)^{q_1} \cdots (\lambda - \lambda_i)^{q_i} \cdots (\lambda - \lambda_s)^{q_s}$$

这里 $q_i \leqslant n_i, i = 1, 2, \cdots, s$.

由式(3.9)、式(3.10)、定理3.10、定理3.15可以得到下面两种特殊情况：

(1) **不降阶矩阵**

$\boldsymbol{A}$ 的特征多项式就是它的最小多项式，此时

$$q_i = n_i \quad i = 1, 2, \cdots, s$$

由此

$$n_i = q_i = \max\{n_{i1}, \cdots, n_{ip}, \cdots, n_{ir_i}\} \leqslant \sum_{p=1}^{r_i} n_{ip} = n_i$$

故 $r_i = 1$，即Jordan标准形中对应于特征值 λ_i 的 $\boldsymbol{J}_i$ 只有自身一个子块. 由于每个特征子空间都是一维的，故 $\boldsymbol{A}$ 仅有 s 个线性无关的特征向量，称这种矩阵为不降阶矩阵.

设 $\boldsymbol{A}$ 是不降阶矩阵，且 $\boldsymbol{A}$ 的特征多项式为

$$\varphi(\lambda) = \lambda^n + a_1\lambda^{n-1} + \cdots + a_{n-1}\lambda + a_n$$

记
$$\boldsymbol{A}_c = \begin{bmatrix} 0 & 1 & & & \\ & 0 & \ddots & & \\ & & \ddots & & \\ & & & 0 & 1 \\ -a_n & \cdots & & -a_2 & -a_1 \end{bmatrix}, \quad \boldsymbol{A}_c^{\mathrm{T}} = \begin{bmatrix} 0 & & & & -a_n \\ 1 & & & & -a_1 \\ & \ddots & \ddots & & \vdots \\ & & & 0 & -a_2 \\ & & & 1 & -a_1 \end{bmatrix}$$

则称 $\boldsymbol{A}_c$ 或 $\boldsymbol{A}_c^{\mathrm{T}}$ 为 $\boldsymbol{A}$ 的友阵，$\boldsymbol{A}_c$ 称为 $\boldsymbol{A}$ 的相伴标准形，且有以下的结论：

$\boldsymbol{A}$ 与相伴标准形 $\boldsymbol{A}_c$（或 $\boldsymbol{A}_c^{\mathrm{T}}$）相似的充分必要条件是它的特征多项式与最小多项式相等，即 $\varphi(\lambda) = m_{\boldsymbol{A}}(\lambda)$.

(2) **单纯矩阵**

$r_i = n_i, i = 1, \cdots, s$，此时 $n_{ip} = 1, p = 1, \cdots, r_i$，即 $\boldsymbol{J}_i$ 有 q_i 个Jordan子块 $\boldsymbol{J}_{ip}$，而每个Jordan子块 $\boldsymbol{J}_{ip}$ 全是一阶方阵，因而 $\boldsymbol{J}$ 是对角阵，这时该矩阵为单纯矩阵，它的最小多项式为

$$m_{\boldsymbol{A}}(\lambda) = (\lambda - \lambda_1)\cdots(\lambda - \lambda_i)\cdots(\lambda - \lambda_s)$$

3.4 矩阵的满秩分解

将矩阵分解成一个列满秩矩阵与一个行满秩矩阵的乘积，在后面要学习的广义逆矩阵的问题中十分有用.

定义3.11 设 $\boldsymbol{A} \in \mathbf{C}_r^{m\times n}(r > 0)$，若存在矩阵 $\boldsymbol{F} \in \mathbf{C}_r^{m\times r}$ 和 $\boldsymbol{G} \in \mathbf{C}_r^{r\times n}$，即 $\boldsymbol{F}$ 是列满秩阵，$\boldsymbol{G}$ 是行满秩阵，使得

$$\boldsymbol{A} = \boldsymbol{F}\boldsymbol{G} \tag{3.15}$$

则称式(3.15)为矩阵 $\boldsymbol{A}$ 的满秩分解.

定理3.16 设 $\boldsymbol{A} \in \mathbf{C}_r^{m\times n}$，则 $\boldsymbol{A}$ 有满秩分解(3.15).

解 由 $\operatorname{rank}\boldsymbol{A} = r$，故存在 $\boldsymbol{P} \in \mathbf{C}_m^{m\times m}, \boldsymbol{Q} \in \mathbf{C}_n^{n\times n}$，使

$$\boldsymbol{PAQ} = \begin{bmatrix} \boldsymbol{I}_r & \boldsymbol{O} \\ \boldsymbol{O} & \boldsymbol{O} \end{bmatrix} = \begin{bmatrix} \boldsymbol{I}_r \\ \boldsymbol{O}_{(m-r)\times r} \end{bmatrix} [\boldsymbol{I}_r, \boldsymbol{O}_{r\times(n-r)}]$$

于是
$$\boldsymbol{A} = \boldsymbol{P}^{-1}\begin{bmatrix} \boldsymbol{I}_r \\ \boldsymbol{O} \end{bmatrix}[\boldsymbol{I}_r, \boldsymbol{O}]\boldsymbol{Q}^{-1} = \boldsymbol{F}\boldsymbol{G}$$

其中
$$F=P^{-1}\begin{bmatrix}I_r\\O\end{bmatrix},G=[I_r\quad O]Q^{-1}$$
显然 $F\in C_r^{m\times r},G\in C_r^{r\times n}$.

定理 3.16 的证明过程给出了 F,G 的求法，但较麻烦，为此先给出下面的定义.

定义 3.12 设 $H\in C_r^{m\times n}(r>0)$，且满足：

①H 的前 r 行中每行至少含一个非零元素，且第一个非零元素是 1，后 $m-r$ 行元素皆为零；

② 若 H 的第 i 行的第一个非零元素在第 j_i 列($i=1,2,\cdots,r$)，则 $j_1<j_2<\cdots<j_r$；

③H 中的 $j_1,j_2,\cdots,j_r$ 列为单位阵 I_m 的前 r 列.

则称 H 为 Hermite 标准形.

显然 $\forall A\in C_r^{m\times n}$，可由初等行变换将 A 化为 Hermite 标准形，且使 H 前 r 行线性无关.

定义 3.13 设 $I_n=(e_1,e_2,\cdots,e_n)$，则 $S=(e_{j_1},e_{j_2},\cdots,e_{j_n})$ 称为置换矩阵，这里 $j_1,j_2,\cdots,j_n$ 为 $1,2,\cdots,n$ 的一个排列.

定理 3.17 设 $A\in C_r^{m\times n}$ 的 Hermite 标准形为 H，那么在 A 的满分秩分解式(3.15)中，F 可取为 A 的第 $j_1,j_2,\cdots,j_r$ 列构成的 $m\times r$ 矩阵，G 为 H 的前 r 行的 $r\times n$ 矩阵.

例 3.12 求矩阵 $A=\begin{bmatrix}1&3&2&1\\2&6&1&-1\\3&9&3&0\end{bmatrix}$ 的满秩分解.

解 可得
$$A=\begin{bmatrix}1&3&2&1\\2&6&1&-1\\3&9&3&0\end{bmatrix}\xrightarrow{r}\begin{bmatrix}1&3&0&-1\\0&0&1&1\\0&0&0&0\end{bmatrix}=H$$
于是
$$F=\begin{bmatrix}1&2\\2&1\\3&3\end{bmatrix},G=\begin{bmatrix}1&3&0&-1\\0&0&1&1\end{bmatrix}$$
容易验证
$$FG=A$$
若 $A=FG$，则 $\forall P\in C_r^{r\times r}$，有
$$A=(FP)(P^{-1}G)=F_1G_1,F_1\in C_r^{m\times r},G_1\in C_r^{r\times n}$$
其中 $F_1=FP,G_1=P^{-1}G$.

可见满秩分解不唯一. 虽然满秩分解不唯一，但不同的分解却存在以下密切的联系.

定理 3.18 设 $A\in C_r^{m\times n}$，且 A 有两种不同形式的满秩分解，$A=F_1G_1=F_2G_2$，则：

① 存在矩阵 $Q\in C_r^{r\times r}$，使得 $F_1=F_2Q,G_1=Q^{-1}G_2$； (3.16)

②$G_1^H(G_1G_1^H)^{-1}(F_1^HF_1)^{-1}F_1^H=G_2^H(G_2G_2^H)^{-1}(F_2^HF_2)^{-1}F_2^H$. (3.17)

证 ① 由 $F_1G_1=F_2G_2$，右乘 G_1^H 有
$$F_1G_1G_1^H=F_2G_2G_1^H\tag{3.18}$$
因为 $\text{rank}\,G_1G_1^H=\text{rank}\,G_1=r,G_1G_1^H\in C_r^{r\times r}$，所以 $G_1G_1^H$ 可逆，在式(3.18)两端同时右乘 $(G_1G_1^H)^{-1}$ 得
$$F_1=F_2G_2G_1^H(G_1G_1^H)^{-1}=F_2Q_1\tag{3.19}$$

其中 $\boldsymbol{Q}_1=\boldsymbol{G}_2\boldsymbol{G}^{\mathrm{H}}(\boldsymbol{G}_1\boldsymbol{G}_1^{\mathrm{H}})^{-1}$，同理可得

$$\boldsymbol{G}_1=(\boldsymbol{F}_1^{\mathrm{H}}\boldsymbol{F}_1)^{-1}\boldsymbol{F}_1^{\mathrm{H}}\boldsymbol{F}_2\boldsymbol{G}_2=\boldsymbol{Q}_2\boldsymbol{G}_2 \tag{3.20}$$

将(3.19)、(3.20) 代入 $\boldsymbol{F}_1\boldsymbol{G}_1=\boldsymbol{F}_2\boldsymbol{G}_2$ 得

$$\boldsymbol{F}_2\boldsymbol{G}_2=\boldsymbol{F}_2\boldsymbol{Q}_1\boldsymbol{Q}_2\boldsymbol{G}_2$$

上式两端左乘 $\boldsymbol{F}_2^{\mathrm{H}}$，右乘 $\boldsymbol{G}_2^{\mathrm{H}}$ 得

$$\boldsymbol{F}_2^{\mathrm{H}}\boldsymbol{F}_2\boldsymbol{G}_2\boldsymbol{G}_2^{\mathrm{H}}=\boldsymbol{F}_2^{\mathrm{H}}\boldsymbol{F}_2\boldsymbol{Q}_1\boldsymbol{Q}_2\boldsymbol{G}_2\boldsymbol{G}_2^{\mathrm{H}}$$

由于 $\boldsymbol{F}_2^{\mathrm{H}}\boldsymbol{F}_2,\boldsymbol{G}_2\boldsymbol{G}_2^{\mathrm{H}}$ 均为可逆阵，上式两端分另左乘$(\boldsymbol{F}_2^{\mathrm{H}}\boldsymbol{F}_2)^{-1}$，右乘$(\boldsymbol{G}_2\boldsymbol{G}_2^{\mathrm{H}})^{-1}$ 得

$$\boldsymbol{I}_r=\boldsymbol{Q}_1\boldsymbol{Q}_2$$

因为 $\boldsymbol{Q}_1,\boldsymbol{Q}_2$ 都是 r 阶方阵，令 $\boldsymbol{Q}_1=\boldsymbol{Q}$，则 $\boldsymbol{Q}_2=\boldsymbol{Q}^{-1}$，即知 ① 成立.

② 将 $\boldsymbol{G}_1=\boldsymbol{Q}^{-1}\boldsymbol{G}_2$、$\boldsymbol{F}_1=\boldsymbol{F}_2\boldsymbol{Q}$ 代入式(3.17) 左端，有

$$\begin{aligned}
&\boldsymbol{G}_1^{\mathrm{H}}(\boldsymbol{G}_1\boldsymbol{G}_1^{\mathrm{H}})^{-1}(\boldsymbol{F}_1^{\mathrm{H}}\boldsymbol{F}_1)^{-1}\boldsymbol{F}_1^{\mathrm{H}}=\\
&(\boldsymbol{Q}^{-1}\boldsymbol{G}_2)^{\mathrm{H}}[(\boldsymbol{Q}^{-1}\boldsymbol{G}_2)(\boldsymbol{Q}^{-1}\boldsymbol{G}_2)^{\mathrm{H}}]^{-1}[(\boldsymbol{F}_2\boldsymbol{Q})^{\mathrm{H}}(\boldsymbol{F}_2\boldsymbol{Q})]^{-1}(\boldsymbol{F}_2\boldsymbol{Q})^{\mathrm{H}}=\\
&\boldsymbol{G}_2^{\mathrm{H}}(\boldsymbol{Q}^{-1})^{\mathrm{H}}[\boldsymbol{Q}^{-1}(\boldsymbol{G}_2\boldsymbol{G}_2^{\mathrm{H}})(\boldsymbol{Q}^{-1})^{\mathrm{H}}]^{-1}[\boldsymbol{Q}^{\mathrm{H}}(\boldsymbol{F}_2^{\mathrm{H}}\boldsymbol{F}_2)\boldsymbol{Q}]^{-1}\boldsymbol{Q}^{\mathrm{H}}\boldsymbol{F}_2^{\mathrm{H}}=\\
&\boldsymbol{G}_2^{\mathrm{H}}(\boldsymbol{Q}^{-1})^{\mathrm{H}}[\boldsymbol{Q}^{\mathrm{H}}(\boldsymbol{F}_2^{\mathrm{H}}\boldsymbol{F}_2)\boldsymbol{Q}\boldsymbol{Q}^{-1}(\boldsymbol{G}_2\boldsymbol{G}_2^{\mathrm{H}})(\boldsymbol{Q}^{-1})^{\mathrm{H}}]^{-1}\boldsymbol{Q}^{\mathrm{H}}\boldsymbol{F}_2^{\mathrm{H}}=\\
&\boldsymbol{G}_2^{\mathrm{H}}(\boldsymbol{Q}^{-1})^{\mathrm{H}}[(\boldsymbol{Q}^{-1})^{\mathrm{H}}]^{-1}(\boldsymbol{G}_2\boldsymbol{G}_2^{\mathrm{H}})^{-1}(\boldsymbol{F}_2^{\mathrm{H}}\boldsymbol{F}_2)^{-1}(\boldsymbol{Q}^{\mathrm{H}})^{-1}\boldsymbol{Q}^{\mathrm{H}}\boldsymbol{F}_2^{\mathrm{H}}=\\
&\boldsymbol{G}_2^{\mathrm{H}}(\boldsymbol{G}_2\boldsymbol{G}_2^{\mathrm{H}})^{-1}(\boldsymbol{F}_2^{\mathrm{H}}\boldsymbol{F}_2)^{-1}\boldsymbol{F}_2^{\mathrm{H}}
\end{aligned}$$

即 ② 成立. □

这一结果表明，尽管满秩分解不唯一，但是乘积

$$\boldsymbol{G}^{\mathrm{H}}(\boldsymbol{G}\boldsymbol{G}^{\mathrm{H}})^{-1}(\boldsymbol{F}^{\mathrm{H}}\boldsymbol{F})^{-1}\boldsymbol{F}^{\mathrm{H}} \tag{3.21}$$

保持不变，这一乘积不变量正是第七章中 $\boldsymbol{A}$ 的广义逆矩阵 $\boldsymbol{A}^{+}$.

3.5* 矩阵的三角分解，QR 分解

在线性代数中我们已经知道，对于 n 阶方阵 $\boldsymbol{A}=(a_{ij})_{n\times n}$，若 $i>j(i<j)$ 时 $a_{ij}=0$，则称 $\boldsymbol{A}$ 为上(下) 三角阵，上、下三角阵统称为三角阵. 特别对角元素为 1 的上(下) 三角阵称为单位上(下) 三角阵.

定义 3.14 对于 n 阶方阵 $\boldsymbol{A}$，若有下三角阵 $\boldsymbol{L}$ 和上三角矩阵 $\boldsymbol{U}$，使得 $\boldsymbol{A}=\boldsymbol{L}\boldsymbol{U}$，则称 $\boldsymbol{A}$ 可以三角分解，称 $\boldsymbol{A}=\boldsymbol{L}\boldsymbol{U}$ 为 $\boldsymbol{A}$ 的三角分解或 $\boldsymbol{L}\boldsymbol{U}$ 分解.

特别若 $\boldsymbol{L}$ 为单位下三角阵时，称之为 $\boldsymbol{A}$ 的 **Doolittle** 分解；若 $\boldsymbol{U}$ 为单位上三角阵时，称之为 $\boldsymbol{A}$ 的 **Crout** 分解.

定理 3.19 设 $\boldsymbol{A}$ 是 n 阶非奇异矩阵，则存在唯一的 Doolittle 分解或 Crout 分解，使得 $\boldsymbol{A}=\boldsymbol{L}\boldsymbol{U}$ 的充要条件是 $\boldsymbol{A}$ 的所有顺序主子式均非零，即

$$\triangle_k\neq 0,k=1,2,\cdots,n$$

其中 $\triangle_k=\det\boldsymbol{A}_k$ 为 $\boldsymbol{A}$ 的 k 阶顺序主子式，而 $\boldsymbol{A}_k$ 为 $\boldsymbol{A}$ 的 k 阶顺序主子阵，通常 k 阶顺序主子式也记为 $\boldsymbol{A}\begin{bmatrix}1,2,\cdots,k\\1,2,\cdots,k\end{bmatrix}$.

设 $\boldsymbol{U}$ 为非奇异上三角阵

$$U=\begin{bmatrix}u_{11}&u_{12}&\cdots&u_{1n}\\&u_{22}&\cdots&u_{2n}\\&&\ddots&\\ \mathbf{0}&&&u_{nn}\end{bmatrix}=\begin{bmatrix}u_{11}&&&\mathbf{0}\\&u_{22}&&\\&&\ddots&\\ \mathbf{0}&&&u_{nn}\end{bmatrix}\begin{bmatrix}1&\frac{u_{12}}{u_{11}}&\cdots&\frac{u_{1n}}{u_{11}}\\&1&\cdots&\vdots\\&&\ddots&\vdots\\ \mathbf{0}&&&1\end{bmatrix}$$

因此有下面的定理.

定理 3.20(*LDU* 分解定理)　设 $\boldsymbol{A}$ 是 n 阶非奇异矩阵,则存在唯一的单位下三角矩阵 $\boldsymbol{L}$,对角阵 $\boldsymbol{D}=\mathrm{diag}(d_1,d_2,\cdots,d_n)$,其中 $d_k>0,k=1,2,\cdots,n$ 和单位上三解矩阵 $\boldsymbol{U}$,使

$$\boldsymbol{A}=\boldsymbol{LDU}\tag{3.22}$$

的充分必要条件是 $\triangle_k=\det\boldsymbol{A}_k\neq0$,并且

$$d_1=a_{11},d_k=\frac{\triangle_k}{\triangle_{k-1}},k=2,\cdots,n\tag{3.23}$$

分解式(3.23) 称为 $\boldsymbol{A}$ 的 ***LDU* 分解**.

定理 3.21　设 $\boldsymbol{A}\in\mathbf{C}^{n\times n}$ 是 Hermite 正定矩阵,则存在具有正对角元素的下三角矩阵 $\boldsymbol{L}$,使

$$\boldsymbol{A}=\boldsymbol{LL}^{\mathrm{H}}\tag{3.24}$$

称为 $\boldsymbol{A}$ 的 **Cholesky 分解**.

定理 3.22　设 $\boldsymbol{A}$ 是 n 阶非奇异实(复) 矩阵,则存在正交(酉) 矩阵 $\boldsymbol{Q}$ 与非奇异实(复) 上三角矩阵 $\boldsymbol{R}$ 使得

$$\boldsymbol{A}=\boldsymbol{QR}\tag{3.25}$$

且除去对角元素绝对值(模) 全等于 1 的对角矩阵因子外,分解式(3.25) 是唯一的.

式(3.25) 称为矩阵 $\boldsymbol{A}$ 的 ***QR* 分解或正交(酉) 三角分解**,它也可以推广到长方形列满秩矩阵上.

定理 3.23　设 $\boldsymbol{A}\in\mathbf{R}_n^{m\times n}(\mathbf{C}_n^{m\times n})$,则 $\boldsymbol{A}$ 可唯一分解为 $\boldsymbol{A}=\boldsymbol{QR}$,其中 $\boldsymbol{Q}\in\mathbf{R}_n^{m\times n}(\mathbf{C}_n^{m\times n})$,且满足 $\boldsymbol{Q}^{\mathrm{T}}\boldsymbol{Q}(\boldsymbol{Q}^{\mathrm{H}}\boldsymbol{Q})=\boldsymbol{I},\boldsymbol{R}\in\mathbf{C}_n^{n\times n}$ 是具有正对角元素的上三角矩阵.

以上我们只对矩阵的三角分解及 $\boldsymbol{QR}$ 分解简单地叙述一下结论,有关的详细内容请参阅数值分析的相关教材.

3.6　单纯矩阵与正规矩阵的谱分解

单纯矩阵相似于对角阵,它有特殊的谱分解.

定理 3.24　设 $\boldsymbol{A}\in\mathbf{C}^{n\times n}$ 是单纯矩阵,$\lambda_1,\cdots,\lambda_i,\cdots,\lambda_s$ 是它的互异特征根,n_i、r_i 分别是 λ_i 的代数重数与几何重数,则存在 $\boldsymbol{E}_i\in\mathbf{C}^{n\times n},i=1,2,\cdots,s$,使得

$$①\boldsymbol{A}=\sum_{i=1}^{s}\lambda_i\boldsymbol{E}_i;\tag{3.26}$$

$$②\boldsymbol{E}_i\boldsymbol{E}_j=\begin{cases}\boldsymbol{E}_i & i=j\\ \boldsymbol{O} & i\neq j\end{cases};\tag{3.27}$$

$$③\sum_{i=1}^{s}\boldsymbol{E}_i=\boldsymbol{I}_n;\tag{3.28}$$

$$④\boldsymbol{E}_i\boldsymbol{A}=\boldsymbol{AE}_i=\lambda_i\boldsymbol{E}_i;\tag{3.29}$$

⑤rank $\boldsymbol{E}_i = n_i = r_i$；　　(3.30)

⑥ 满足以上性质的 $\boldsymbol{E}_i$ 是唯一的，称为投影矩阵.

证　对 $\forall \boldsymbol{A} \in \mathbf{C}^{n\times n}$，$\exists \boldsymbol{P} \in \mathbf{C}_n^{n\times n}$，使 $\boldsymbol{P}^{-1}\boldsymbol{A}\boldsymbol{P} = \boldsymbol{J} = \mathrm{diag}(\boldsymbol{J}_1, \cdots, \boldsymbol{J}_i, \cdots, \boldsymbol{J}_s)$.

现 $\boldsymbol{A}$ 是单纯矩阵，故 $\boldsymbol{J}$ 是对角阵，所以 $\boldsymbol{J}_i = \mathrm{diag}(\lambda_i, \cdots, \lambda_i)$，$\boldsymbol{J}_i$ 是 n_i 阶对角元素为 λ_i 的对角阵，$i = 1, 2, \cdots, s$.

将 $\boldsymbol{P}$ 按 $\boldsymbol{J}_i$ 列数分块，$\boldsymbol{P} = (\boldsymbol{P}_1, \cdots, \boldsymbol{P}_i, \cdots, \boldsymbol{P}_s)$，其中 $\boldsymbol{P}_i \in \mathbf{C}^{n\times n_i}$，记

$$\boldsymbol{P}^{-1} = (\widetilde{\boldsymbol{P}}_1, \cdots, \widetilde{\boldsymbol{P}}_i, \cdots, \widetilde{\boldsymbol{P}}_s)^{\mathrm{T}} = \begin{bmatrix} \widetilde{\boldsymbol{P}}_1^{\mathrm{T}} \\ \vdots \\ \widetilde{\boldsymbol{P}}_i^{\mathrm{T}} \\ \vdots \\ \widetilde{\boldsymbol{P}}_s^{\mathrm{T}} \end{bmatrix}$$

于是有

$$\boldsymbol{P}\boldsymbol{P}^{-1} = (\boldsymbol{P}_1, \cdots, \boldsymbol{P}_i, \cdots, \boldsymbol{P}_s) \begin{bmatrix} \widetilde{\boldsymbol{P}}_1^{\mathrm{T}} \\ \vdots \\ \widetilde{\boldsymbol{P}}_i^{\mathrm{T}} \\ \vdots \\ \widetilde{\boldsymbol{P}}_s^{\mathrm{T}} \end{bmatrix} =$$

$$\boldsymbol{P}_1\widetilde{\boldsymbol{P}}_1^{\mathrm{T}} + \cdots + \boldsymbol{P}_i\widetilde{\boldsymbol{P}}_i^{\mathrm{T}} + \cdots + \boldsymbol{P}_s\widetilde{\boldsymbol{P}}_s^{\mathrm{T}} = \boldsymbol{I}_n$$

$$\boldsymbol{P}^{-1}\boldsymbol{P} = \begin{bmatrix} \widetilde{\boldsymbol{P}}_1^{\mathrm{T}} \\ \vdots \\ \widetilde{\boldsymbol{P}}_i^{\mathrm{T}} \\ \vdots \\ \widetilde{\boldsymbol{P}}_s^{\mathrm{T}} \end{bmatrix} (\boldsymbol{P}_1, \cdots, \boldsymbol{P}_i, \cdots, \boldsymbol{P}_s) = \begin{bmatrix} \widetilde{\boldsymbol{P}}_1^{\mathrm{T}}\boldsymbol{P}_1 & \cdots & \widetilde{\boldsymbol{P}}_1^{\mathrm{T}}\boldsymbol{P}_i & \cdots & \widetilde{\boldsymbol{P}}_1^{\mathrm{T}}\boldsymbol{P}_s \\ \cdots & & & & \\ \widetilde{\boldsymbol{P}}_i^{\mathrm{T}}\boldsymbol{P}_1 & \cdots & \widetilde{\boldsymbol{P}}_i^{\mathrm{T}}\boldsymbol{P}_i & \cdots & \widetilde{\boldsymbol{P}}_i^{\mathrm{T}}\boldsymbol{P}_s \\ \cdots & & & & \\ \widetilde{\boldsymbol{P}}_s^{\mathrm{T}}\boldsymbol{P}_1 & \cdots & \widetilde{\boldsymbol{P}}_s^{\mathrm{T}}\boldsymbol{P}_i & \cdots & \widetilde{\boldsymbol{P}}_s^{\mathrm{T}}\boldsymbol{P}_s \end{bmatrix} =$$

$$\begin{bmatrix} \boldsymbol{I}_{n_1} & & & & \\ & \ddots & & & \\ & & \boldsymbol{I}_{n_i} & & \\ & & & \ddots & \\ & & & & \boldsymbol{I}_{n_s} \end{bmatrix} = \boldsymbol{I}_n$$

① 由

$$\boldsymbol{P}^{-1}\boldsymbol{A}\boldsymbol{P} = \mathrm{diag}(\lambda_1, \cdots, \lambda_j, \cdots, \lambda_n)$$

故

$$\boldsymbol{A} = \boldsymbol{P} \begin{bmatrix} \lambda_1 & & & & \\ & \ddots & & & \\ & & \lambda_j & & \\ & & & \ddots & \\ & & & & \lambda_n \end{bmatrix} \boldsymbol{P}^{-1} =$$

$$(\boldsymbol{P}_1,\cdots,\boldsymbol{P}_i,\cdots,\boldsymbol{P}_s)\begin{bmatrix}\lambda_1 & & & & \\ & \ddots & & & \\ & & \lambda_i & & \\ & & & \ddots & \\ & & & & \lambda_s\end{bmatrix}\begin{bmatrix}\widetilde{\boldsymbol{P}}_1^{\mathrm{T}} \\ \vdots \\ \widetilde{\boldsymbol{P}}_i^{\mathrm{T}} \\ \vdots \\ \widetilde{\boldsymbol{P}}_s^{\mathrm{T}}\end{bmatrix}=$$

$$(\boldsymbol{P}_1,\cdots,\boldsymbol{P}_i,\cdots,\boldsymbol{P}_s)\begin{bmatrix}\lambda_1\widetilde{\boldsymbol{P}}_1^{\mathrm{T}} \\ \vdots \\ \lambda_i\widetilde{\boldsymbol{P}}_i^{\mathrm{T}} \\ \vdots \\ \lambda_s\widetilde{\boldsymbol{P}}_s^{\mathrm{T}}\end{bmatrix}=$$

$$\sum_{i=1}^{s}\lambda_i\boldsymbol{P}_i\widetilde{\boldsymbol{P}}_i^{\mathrm{T}}$$

令 $\boldsymbol{P}_i\widetilde{\boldsymbol{P}}_i^{\mathrm{T}}=\boldsymbol{E}_i$，则 $\boldsymbol{A}=\sum_{I=1}^{s}\lambda_i\boldsymbol{E}_i$，即 ① 成立.

式(3.26)称为单纯矩阵 $\boldsymbol{A}$ 的谱分解，集合 $\{\lambda_1,\cdots,\lambda_i,\cdots,\lambda_s\}$ 称为 $\boldsymbol{A}$ 的谱，$\boldsymbol{E}_i$ 称为 $\boldsymbol{A}$ 的谱族，也叫 $\boldsymbol{A}$ 的投影矩阵.

② 可得

$$\boldsymbol{E}_i\boldsymbol{E}_j=(\boldsymbol{P}_i\widetilde{\boldsymbol{P}}_i^{\mathrm{T}})(\boldsymbol{P}_j\widetilde{\boldsymbol{P}}_j^{\mathrm{T}})=$$
$$\boldsymbol{P}_i(\widetilde{\boldsymbol{P}}_i^{\mathrm{T}}\boldsymbol{P}_j)\widetilde{\boldsymbol{P}}_j^{\mathrm{T}}=\delta_{ij}\boldsymbol{E}_i$$

③ 可得

$$\sum_{i=1}^{s}\boldsymbol{E}_i=\sum_{i=1}^{s}\boldsymbol{P}_i\widetilde{\boldsymbol{P}}_i^{\mathrm{T}}=(\boldsymbol{P}_1,\cdots,\boldsymbol{P}_i,\cdots,\boldsymbol{P}_s)\begin{bmatrix}\widetilde{\boldsymbol{P}}_1^{\mathrm{T}} \\ \vdots \\ \widetilde{\boldsymbol{P}}_i^{\mathrm{T}} \\ \vdots \\ \widetilde{\boldsymbol{P}}_s^{\mathrm{T}}\end{bmatrix}=\boldsymbol{P}\boldsymbol{P}^{-1}=\boldsymbol{I}_n$$

④ 可得

$$\boldsymbol{A}\boldsymbol{E}_i=(\sum_{j=1}^{s}\lambda_j\boldsymbol{E}_j)\boldsymbol{E}_i=(\lambda_i\boldsymbol{E}_i)\boldsymbol{E}_i=\lambda_i\boldsymbol{E}_i$$

$$\boldsymbol{E}_i\boldsymbol{A}=\boldsymbol{E}_i(\sum_{j=1}^{s}\lambda_j\boldsymbol{E}_j)=\boldsymbol{E}_i\lambda_i\boldsymbol{E}_i=\lambda_i\boldsymbol{E}_i$$

故
$$\boldsymbol{A}\boldsymbol{E}_i=\boldsymbol{E}_i\boldsymbol{A}=\lambda_i\boldsymbol{E}_i\quad i=1,2,\cdots,s$$

⑤ 由 $\boldsymbol{E}_i=\boldsymbol{P}_i\widetilde{\boldsymbol{P}}_i^{\mathrm{T}}$ 知

$$\operatorname{rank}\boldsymbol{E}_i\leqslant\operatorname{rank}\boldsymbol{P}_i=n_i$$

又由

$$\sum_{i=1}^{s}\boldsymbol{E}_i=\boldsymbol{I}_n$$

$$\sum_{i=1}^{s}\operatorname{rank}\boldsymbol{E}_i\geqslant\operatorname{rank}(\sum_{i=1}^{s}\boldsymbol{E}_i)=\operatorname{rank}\boldsymbol{I}_n=n=\sum_{i=1}^{s}n_i$$

$$\operatorname{rank}\boldsymbol{E}_i\geqslant n_i$$

故 $\operatorname{rank}\boldsymbol{E}_i=n_i=r_i$.

⑥ 若还有 $\boldsymbol{F}_i, i=1,2,\cdots,s$ 也满足以上结论，则考察

$$\begin{aligned}(\lambda_j-\lambda_i)\boldsymbol{E}_i\boldsymbol{F}_j=&\lambda_j\boldsymbol{E}_i\boldsymbol{F}_j-\lambda_i\boldsymbol{E}_i\boldsymbol{F}_j=\\&\boldsymbol{E}_i(\lambda_j\boldsymbol{F}_j)-(\lambda_i\boldsymbol{E}_i)\boldsymbol{F}_j=\\&\boldsymbol{E}_i\boldsymbol{A}\boldsymbol{E}_j-\boldsymbol{A}\boldsymbol{E}_i\boldsymbol{F}_j=\\&\boldsymbol{A}\boldsymbol{E}_i\boldsymbol{F}_j-\boldsymbol{A}\boldsymbol{E}_i\boldsymbol{F}_j=\boldsymbol{O}\end{aligned}$$

这说明当 $i\neq j$ 时，必有 $\boldsymbol{E}_i\boldsymbol{F}_j=\boldsymbol{O}$.

于是对于 $i=1,2,\cdots,s$，有

$$\boldsymbol{E}_i=\boldsymbol{E}_i\boldsymbol{I}_n=\boldsymbol{E}_i(\sum_{j=1}^{s}\boldsymbol{F}_j)=\boldsymbol{E}_i\boldsymbol{F}_i=(\sum_{j=1}^{s}\boldsymbol{E}_j)\boldsymbol{F}_i=\boldsymbol{I}_n\boldsymbol{F}_i=\boldsymbol{F}_i$$

即 $\boldsymbol{A}$ 的谱族唯一. □

定理 3.24 的证明过程给出了求单纯矩阵谱分解的方法：

(1) 要求出 $\boldsymbol{A}$ 的互异特征值 $\lambda_i, i=1,\cdots,s$ 以及 λ_i 的代数重数 n_i(等于几何重数)；

(2) 求出相似变换矩阵 $\boldsymbol{P}$ 与 $\boldsymbol{P}^{-1}$，按 n_i 列及 n_i 行将 $\boldsymbol{P}$ 与 $\boldsymbol{P}^{-1}$ 分成 s 块，从而求得 $\boldsymbol{E}_i$；

(3) 最终得到 $\boldsymbol{A}=\sum\limits_{i=1}^{s}\lambda_i\boldsymbol{E}_i$.

但对于特殊的单纯矩阵，对角阵的谱分解则简单易行.

设 $\boldsymbol{D}=\operatorname{diag}(d_1,\cdots,d_j\cdots,d_n)$，则其对角元 $d_j(j=1,\cdots,n)$ 即为其特征值 λ_j，设 λ_i 为 $\boldsymbol{D}$ 的互异特征值，$i=1,\cdots,s$. 于是 $\boldsymbol{E}_i$ 即为将 $\boldsymbol{D}$ 中与 λ_i 相等的对角元换成 1，其余换成 0 的对角阵.

例如：$\boldsymbol{D}=\operatorname{diag}(4,3,-1,4,3,3)$. 故 $\boldsymbol{D}$ 有 3 个互异的特征值，它们为

$$\lambda_1=4, n_1=2;\lambda_2=3, n_2=3;\lambda_3=-1, n_3=1$$

于是

$$\begin{aligned}\boldsymbol{E}_1&=\operatorname{diag}(1,0,0,1,0,0)\\\boldsymbol{E}_2&=\operatorname{diag}(0,1,0,0,1,1)\\\boldsymbol{E}_3&=\operatorname{diag}(0,0,1,0,0,0)\end{aligned}$$

$\boldsymbol{D}$ 的谱分解为

$$\boldsymbol{D}=4\boldsymbol{E}_1+3\boldsymbol{E}_2-\boldsymbol{E}_3$$

例 3.13　已知矩阵

$$\boldsymbol{A}=\begin{bmatrix}4&6&0\\-3&-5&0\\-3&-6&1\end{bmatrix}$$

① 求证 $\boldsymbol{A}$ 是单纯矩阵；

② 求 $\boldsymbol{A}$ 的谱分解.

证　① 可得

$$\det(\lambda \boldsymbol{I}-\boldsymbol{A})=\begin{vmatrix}\lambda-4 & -6 & 0\\ 3 & \lambda+5 & 0\\ 3 & 6 & \lambda-1\end{vmatrix}=(\lambda-1)^2(\lambda+2)$$

故 $\boldsymbol{A}$ 的特征值为:$\lambda_1=\lambda_2=1,\lambda_3=-2$.

当 $\lambda_1=\lambda_2=1$ 时

$$\begin{bmatrix}-3 & -6 & 0\\ 3 & 6 & 0\\ 3 & 6 & 0\end{bmatrix}\xrightarrow{r}\begin{bmatrix}1 & 2 & 0\\ 0 & 0 & 0\\ 0 & 0 & 0\end{bmatrix}$$

基础解系为

$$\boldsymbol{\xi}_1=\begin{bmatrix}-2\\ 1\\ 0\end{bmatrix},\boldsymbol{\xi}_2=\begin{bmatrix}0\\ 0\\ 1\end{bmatrix}$$

$$m_1=2=\dim V_{\lambda_1}=r_1$$

当 $\lambda_3=-2$ 时

$$\begin{bmatrix}-6 & -6 & 0\\ 3 & 3 & 0\\ 3 & 6 & -3\end{bmatrix}\xrightarrow{r}\begin{bmatrix}1 & 0 & 1\\ 0 & 1 & -1\\ 0 & 0 & 0\end{bmatrix}$$

$$\boldsymbol{\xi}_3=\begin{bmatrix}-1\\ 1\\ 1\end{bmatrix}$$

$$m_2=1=\dim V_{\lambda_3}=r_2$$

可见 $\boldsymbol{A}$ 为单纯矩阵.

② 由 ① 知

$$\boldsymbol{P}=(\boldsymbol{\xi}_1,\boldsymbol{\xi}_2,\boldsymbol{\xi}_3)=\begin{bmatrix}-2 & 0 & -1\\ 1 & 0 & 1\\ 0 & 1 & 1\end{bmatrix}$$

求得

$$\boldsymbol{P}^{-1}=\begin{bmatrix}-1 & -1 & 0\\ -1 & -2 & 1\\ 1 & 2 & 0\end{bmatrix}=\begin{bmatrix}\widetilde{\boldsymbol{P}}_1^{\mathrm{T}}\\ \widetilde{\boldsymbol{P}}_2^{\mathrm{T}}\end{bmatrix}$$

其中

$$\widetilde{\boldsymbol{P}}_1^{\mathrm{T}}=\begin{bmatrix}-1 & -1 & 0\\ -1 & -2 & 1\end{bmatrix},\widetilde{\boldsymbol{P}}_2^{\mathrm{T}}=(1\quad 2\quad 0)$$

$$\boldsymbol{E}_1=\boldsymbol{P}_1\widetilde{\boldsymbol{P}}_1^{\mathrm{T}}=(\boldsymbol{\xi}_1,\boldsymbol{\xi}_2)\widetilde{\boldsymbol{P}}_1^{\mathrm{T}}=$$

$$\begin{bmatrix}-2 & 0\\ 1 & 0\\ 0 & 1\end{bmatrix}\begin{bmatrix}-1 & -1 & 0\\ -1 & -2 & 1\end{bmatrix}=\begin{bmatrix}2 & 2 & 0\\ -1 & -1 & 0\\ -1 & -2 & 1\end{bmatrix}$$

$$\boldsymbol{E}_2=\boldsymbol{P}_2\widetilde{\boldsymbol{P}}_2^{\mathrm{T}}=\boldsymbol{\xi}_3\widetilde{\boldsymbol{P}}_2^{\mathrm{T}}=$$

$$\begin{bmatrix}-1\\1\\1\end{bmatrix}(1\quad 2\quad 0)=\begin{bmatrix}-1&-2&0\\1&2&0\\1&2&0\end{bmatrix}$$

于是

$$A=\lambda_1E_1+\lambda_2E_2=$$

$$1\cdot\begin{bmatrix}2&2&0\\-1&-1&0\\-1&-2&1\end{bmatrix}+(-2)\begin{bmatrix}-1&-2&0\\1&2&0\\1&2&0\end{bmatrix}$$

推论　设 $f(\lambda)=\sum\limits_{k=0}^{m}a_k\lambda^k$，$A\in C^{n\times n}$ 是单纯矩阵，A 的谱分解为 $A=\sum\limits_{i=1}^{s}\lambda_iE_i$，则 $f(A)=\sum\limits_{i=1}^{s}f(\lambda_i)E_i$.

下面学习在酉相似对角化问题中扮演了重要角色的正规矩阵，为此先给出如下定义：

定义 3.15　设 $A\in R^{n\times n}(C^{n\times n})$，若

$$A^TA=AA^T\quad(A^HA=AA^H)\tag{3.31}$$

则称 A 为实(复)正规矩阵.

对角阵、实对称阵、反对称阵、Hermite 阵、反 Hermite 阵、正交矩阵、酉矩阵都是正规矩阵. 但是正规矩阵并不仅限于上述七种矩阵.

例 3.14　设 $A=\begin{bmatrix}1&-1\\1&1\end{bmatrix}$，则

$$A^T=\begin{bmatrix}1&1\\-1&1\end{bmatrix}$$

$$A^TA=\begin{bmatrix}2&0\\0&2\end{bmatrix}=AA^T$$

故 A 是正规矩阵，但 A 既不是对角阵，也不是对称、反对阵，还不是正交阵.

再看一个复矩阵，设 $A=\begin{bmatrix}1&1-2i\\2+i&1\end{bmatrix}$，有

$$AA^H=A^HA=\begin{bmatrix}6&3-3i\\3+3i&6\end{bmatrix}$$

故 A 是正规矩阵，但

$$A^H=\begin{bmatrix}1&2-i\\1+2i&1\end{bmatrix}\neq A$$

所以 A 不是 Hermite 矩阵.

定理 3.25(Schur 定理)　设 $A\in C^{n\times n}$，则存在 $U\in U^{n\times n}$ 使得

$$U^HAU=R\tag{3.32}$$

其中 R 为对角元素是 A 的特征值的上三角矩阵.

证　对矩阵的阶数作归纳法，$n=1$ 时，定理显然成立.

设 $n=m$ 时定理成立，以下证明 $n=m+1$ 时定理成立.

设 ξ 是 A 的属于特征值 λ 的特征向量，于是

$$A\xi=\lambda\xi,\xi\neq\boldsymbol{\theta},\xi\in\mathbf{C}^{m+1}$$

令 $\boldsymbol{u}_1=\dfrac{\xi}{\|\xi\|}$，则有 $\boldsymbol{A}\boldsymbol{u}_1=\lambda\boldsymbol{u}_1$，且 $\|\boldsymbol{u}_1\|=1$，再取 $\boldsymbol{u}_2,\boldsymbol{u}_3,\cdots,\boldsymbol{u}_{m+1}$，使 $\boldsymbol{u}_1,\boldsymbol{u}_2,\cdots,\boldsymbol{u}_{m+1}$ 为 $\mathbf{C}^{m+1}$ 的标准正交基，记

$$\boldsymbol{U}_1=(\boldsymbol{u}_1,\boldsymbol{u}_2,\cdots,\boldsymbol{u}_{m+1})\in\mathbf{U}^{(m+1)\times(m+1)}$$

显然有

$$\boldsymbol{U}_1^{\mathrm{H}}\boldsymbol{A}\boldsymbol{U}_1=\begin{bmatrix}\lambda & \boldsymbol{\alpha}^{\mathrm{T}}\\ \boldsymbol{\theta} & \boldsymbol{A}_1\end{bmatrix}$$

其中，$\boldsymbol{A}_1\in\mathbf{C}^{m\times m}$，$\boldsymbol{\alpha}\in\mathbf{C}^m$.

由归纳法假设，对于矩阵 $\boldsymbol{A}_1$，存在 $\boldsymbol{V}_1\in\mathbf{U}^{m\times m}$，使

$$\boldsymbol{V}_1^{\mathrm{H}}\boldsymbol{A}_1\boldsymbol{V}_1=\boldsymbol{R}_1$$

其中 $\boldsymbol{R}_1$ 为对角元素是 $\boldsymbol{A}_1$ 的特征值的 m 阶的上三角阵.

因为
$$\boldsymbol{A}\sim\begin{bmatrix}\boldsymbol{\lambda} & \boldsymbol{\alpha}^{\mathrm{T}}\\ \boldsymbol{\theta} & \boldsymbol{A}_1\end{bmatrix}$$

所以 $\boldsymbol{A}_1$ 的特征值也是 $\boldsymbol{A}$ 的特征值.

令
$$\boldsymbol{U}_2=\begin{bmatrix}1 & \boldsymbol{\theta}^{\mathrm{T}}\\ \boldsymbol{\theta} & \boldsymbol{V}_1\end{bmatrix},\boldsymbol{U}=\boldsymbol{U}_1\boldsymbol{U}_2$$

则

$$\boldsymbol{U}^{\mathrm{H}}\boldsymbol{A}\boldsymbol{U}=\boldsymbol{U}_2^{\mathrm{H}}\boldsymbol{U}_1^{\mathrm{H}}\boldsymbol{A}\boldsymbol{U}_1\boldsymbol{U}_2=$$
$$\begin{bmatrix}1 & \boldsymbol{\theta}^{\mathrm{T}}\\ \boldsymbol{\theta} & \boldsymbol{V}_1^{\mathrm{H}}\end{bmatrix}\begin{bmatrix}\lambda & \boldsymbol{\alpha}^{\mathrm{T}}\\ \boldsymbol{\theta} & \boldsymbol{A}_1\end{bmatrix}\begin{bmatrix}1 & \boldsymbol{\theta}^{\mathrm{T}}\\ \boldsymbol{\theta} & \boldsymbol{V}_1\end{bmatrix}=$$
$$\begin{bmatrix}\lambda & \boldsymbol{\alpha}^{\mathrm{T}}\boldsymbol{V}_1\\ \boldsymbol{\theta} & \boldsymbol{V}_1^{\mathrm{H}}\boldsymbol{A}_1\boldsymbol{V}_1\end{bmatrix}=\begin{bmatrix}\lambda & \boldsymbol{\alpha}_1^{\mathrm{T}}\boldsymbol{V}_1\\ \boldsymbol{\theta} & \boldsymbol{R}_1\end{bmatrix}=\boldsymbol{R}$$

可见 $\boldsymbol{R}$ 为对角元素是 $\boldsymbol{A}$ 的特征值的上三角矩阵. □

定理的深刻含义是任一 n 阶方阵均能酉相似于一个上三角阵.

定理 3.26 设 $\boldsymbol{A}\in\mathbf{C}^{n\times n}$，则 $\boldsymbol{A}$ 是正规矩阵的充要条件是存在 $\boldsymbol{U}\in\mathbf{U}^{n\times n}$，使

$$\boldsymbol{U}^{\mathrm{H}}\boldsymbol{A}\boldsymbol{U}=\mathrm{diag}(\lambda_1,\cdots,\lambda_i,\cdots,\lambda_n)\tag{3.33}$$

其中，$\lambda_1,\cdots,\lambda_i,\cdots,\lambda_n$ 是 $\boldsymbol{A}$ 的特征值，即 $\boldsymbol{A}$ 酉相似于对角阵.

证 先证必要性.

设 $\boldsymbol{A}$ 是正规矩阵. 对 $\forall\boldsymbol{A}\in\mathbf{C}^{n\times n}$，由 Schur 定理，存在 $\boldsymbol{U}\in\mathbf{U}^{n\times n}$，使得

$$\boldsymbol{U}^{\mathrm{H}}\boldsymbol{A}\boldsymbol{U}=\boldsymbol{R}$$

其中 $\boldsymbol{R}$ 为上三角矩阵，其对角元素为 $\boldsymbol{A}$ 的特征值 $\lambda_1,\cdots,\lambda_i,\cdots,\lambda_n$. 于是有

$$\boldsymbol{A}=\boldsymbol{U}\boldsymbol{R}\boldsymbol{U}^{\mathrm{H}},\boldsymbol{A}^{\mathrm{H}}=\boldsymbol{U}\boldsymbol{R}^{\mathrm{H}}\boldsymbol{U}^{\mathrm{H}}$$

由于 $\boldsymbol{A}^{\mathrm{H}}\boldsymbol{A}=\boldsymbol{A}\boldsymbol{A}^{\mathrm{H}}$，故

$$\boldsymbol{U}\boldsymbol{R}^{\mathrm{H}}\boldsymbol{U}^{\mathrm{H}}\boldsymbol{U}\boldsymbol{R}\boldsymbol{U}^{\mathrm{H}}=\boldsymbol{U}\boldsymbol{R}\boldsymbol{U}^{\mathrm{H}}\boldsymbol{U}\boldsymbol{R}^{\mathrm{H}}\boldsymbol{U}^{\mathrm{H}}$$
$$\boldsymbol{R}^{\mathrm{H}}\boldsymbol{R}=\boldsymbol{R}\boldsymbol{R}^{\mathrm{H}}$$

设 $\boldsymbol{R}=(r_{ij})_{n\times n}$，则 $r_{ii}=\lambda_i,r_{ij}=0,i>j,i,j=1,\cdots,n$.

考虑 $\boldsymbol{R}^{\mathrm{H}}\boldsymbol{R}=\boldsymbol{R}\boldsymbol{R}^{\mathrm{H}}$ 的第 i 行第 i 列对角元素有

$$\sum_{k=1}^{n}\overline{r_{ki}}r_{ki}=\sum_{k=1}^{n}r_{ik}\overline{r_{ik}}\quad i=1,\cdots,n$$

即
$$\sum_{k=1}^{n}|r_{ki}|^2=\sum_{k=1}^{n}|r_{ik}|^2$$

由于 $\boldsymbol{R}$ 是上三角矩阵，故 $k>i$ 时 $r_{ki}=0$；$k<i$ 时 $r_{ik}=0$.

因此上式成为

$$\sum_{k=1}^{i}|r_{ki}|^2=\sum_{k=1}^{n}|r_{ik}|^2\quad i=1,\cdots,n$$

让 $i=1,\cdots,n$，逐次推出 $r_{ij}=0$，其中 $j>i$，这说明 $\boldsymbol{R}$ 是对角元素 $r_{ii}=\lambda_i,i=1,\cdots,n$ 的对角阵.

再证充分性.

由
$$\boldsymbol{U}^{\mathrm{H}}\boldsymbol{A}\boldsymbol{U}=\boldsymbol{D}=\mathrm{diag}(\lambda_1,\cdots,\lambda_i,\cdots,\lambda_n)$$

则

$$\boldsymbol{A}=\boldsymbol{U}\boldsymbol{D}\boldsymbol{U}^{\mathrm{H}},\boldsymbol{A}^{\mathrm{H}}=\boldsymbol{U}\boldsymbol{D}^{\mathrm{H}}\boldsymbol{U}^{\mathrm{H}}$$

$$\boldsymbol{A}^{\mathrm{H}}\boldsymbol{A}=\boldsymbol{U}\boldsymbol{D}^{\mathrm{H}}\boldsymbol{D}\boldsymbol{U}^{\mathrm{H}},\boldsymbol{A}\boldsymbol{A}^{\mathrm{H}}=\boldsymbol{U}\boldsymbol{D}\boldsymbol{D}^{\mathrm{H}}\boldsymbol{U}^{\mathrm{H}}$$

因为
$$\boldsymbol{D}^{\mathrm{H}}\boldsymbol{D}=\mathrm{diag}(|\lambda_1|^2,\cdots,|\lambda_i|^2,\cdots,|\lambda_n|^2)=\boldsymbol{D}\boldsymbol{D}^{\mathrm{H}}$$

所以
$$\boldsymbol{A}^{\mathrm{H}}\boldsymbol{A}=\boldsymbol{A}\boldsymbol{A}^{\mathrm{H}}$$

即 $\boldsymbol{A}$ 是正规矩阵. □

正规矩阵有以下性质：

性质 1　正规矩阵有 n 个线性无关的特征向量.

性质 2　正规矩阵属于不同特征值的特征向量是互相正交的.

性质 3　与正规矩阵酉相似的矩阵仍是正规矩阵.

由上述定理可知：

(1) 对于实矩阵 $\boldsymbol{A}$，若 $\boldsymbol{A}$ 不是正规矩阵，则 $\boldsymbol{A}$ 一定不会正交相似对角化，但是它仍可能相似对角化. 例如，取 $\boldsymbol{A}=\begin{bmatrix}1&-1\\0&2\end{bmatrix}$，易见

$$\boldsymbol{A}^{\mathrm{T}}\boldsymbol{A}=\begin{bmatrix}1&-1\\-1&5\end{bmatrix}\neq\begin{bmatrix}2&-2\\-2&4\end{bmatrix}=\boldsymbol{A}\boldsymbol{A}^{\mathrm{T}}$$

故 $\boldsymbol{A}$ 不是正规矩阵，因此 $\boldsymbol{A}$ 不会正交相似对角阵；但是由于 $\boldsymbol{A}$ 是对角元素互异的上三角阵，它的特征值显然为 1,2，可见 $\boldsymbol{A}$ 相似于对角阵 $\begin{bmatrix}1&0\\0&2\end{bmatrix}$.

(2) 需要注意的正规矩阵的特征值不一定是实数.

设 $\boldsymbol{A}=\begin{bmatrix}0&1\\-1&0\end{bmatrix}$，则

$$\boldsymbol{A}^{\mathrm{T}}\boldsymbol{A}=\boldsymbol{A}\boldsymbol{A}^{\mathrm{T}}=\begin{bmatrix}1&0\\0&1\end{bmatrix}$$

故 $\boldsymbol{A}$ 是正规矩阵

$$|\lambda\boldsymbol{I}-\boldsymbol{A}|=\begin{vmatrix}\lambda&-1\\1&\lambda\end{vmatrix}=\lambda^2+1=0,\lambda=\pm\mathrm{i}$$

可见 $\boldsymbol{A}$ 的特征值不是实数.

(3) 对于实对称矩阵,因为它的特征值全是实数,它可以正交相似对角化. 对于实正规矩阵,它一定酉相似对角化,但是由于它的特征值可能是复数,所以它不一定是正交相似.

例 3.15　设 $\boldsymbol{A}=\begin{bmatrix}1 & -1\\ 1 & 1\end{bmatrix}$,考查 $\boldsymbol{A}$ 相似对角化问题.

解　由例 3.14 知 $\boldsymbol{A}$ 是正规矩阵

$$|\lambda\boldsymbol{I}-\boldsymbol{A}|=\lambda^2-2\lambda+2=0$$

故 $\boldsymbol{A}$ 的特征值为

$$\lambda_1=1+\mathrm{i},\lambda_2=1-\mathrm{i}$$

对应的特征向量为

$$\boldsymbol{\xi}_1=\begin{bmatrix}1\\ -\mathrm{i}\end{bmatrix},\boldsymbol{\xi}_2=\begin{bmatrix}1\\ \mathrm{i}\end{bmatrix}$$

令

$$\boldsymbol{U}=\begin{bmatrix}\frac{1}{\sqrt{2}} & \frac{1}{\sqrt{2}}\\ \frac{-\mathrm{i}}{\sqrt{2}} & \frac{\mathrm{i}}{\sqrt{2}}\end{bmatrix},\boldsymbol{U}^{\mathrm{H}}=\begin{bmatrix}\frac{1}{\sqrt{2}} & \frac{\mathrm{i}}{\sqrt{2}}\\ \frac{1}{\sqrt{2}} & \frac{-\mathrm{i}}{\sqrt{2}}\end{bmatrix}$$

$$\boldsymbol{U}^{\mathrm{H}}\boldsymbol{A}\boldsymbol{U}=\begin{bmatrix}\frac{1}{\sqrt{2}} & \frac{\mathrm{i}}{\sqrt{2}}\\ \frac{1}{\sqrt{2}} & \frac{-\mathrm{i}}{\sqrt{2}}\end{bmatrix}\begin{bmatrix}1 & -1\\ 1 & 1\end{bmatrix}\begin{bmatrix}\frac{1}{\sqrt{2}} & \frac{1}{\sqrt{2}}\\ \frac{-\mathrm{i}}{\sqrt{2}} & \frac{\mathrm{i}}{\sqrt{2}}\end{bmatrix}=\begin{bmatrix}1+\mathrm{i} & 0\\ 0 & 1-\mathrm{i}\end{bmatrix}$$

$\boldsymbol{A}$ 酉相似对角阵.

与单纯矩阵类似,正规矩阵的谱分解如下:

定理 3.27　设 $\boldsymbol{A}\in\mathbf{C}^{n\times n}$ 是正规矩阵,λ_i 为 $\boldsymbol{A}$ 的互异特征值,$i=1,\cdots,s$,其代数重数为 n_i,则存在 s 个 n 阶矩阵 $\boldsymbol{P}_1,\cdots,\boldsymbol{P}_s$,满足:

①$\boldsymbol{A}=\sum_{i=1}^{s}\lambda_1\boldsymbol{P}_i$;

②$\boldsymbol{P}_i=\boldsymbol{P}_i^2=\boldsymbol{P}_i^{\mathrm{H}}$,即 $\boldsymbol{P}_i$ 为正交投影阵;

③$\boldsymbol{P}_i\boldsymbol{P}_j=\delta_{ij}\boldsymbol{P}_i$;

④$\sum_{i=1}^{s}\boldsymbol{P}_i=\boldsymbol{I}_n$;

⑤$\mathrm{rank}\ \boldsymbol{P}_i=n_i$;

⑥ 满足上述性质的 $\boldsymbol{P}_i$ 是唯一的.

显然正规矩阵一定是单纯矩阵,其结论与单纯矩阵相似,由于正规矩阵比单纯矩阵条件更强,故 $\boldsymbol{P}_i$ 是正交投影矩阵.

例 3.16　求正规矩阵 $\boldsymbol{A}=\begin{bmatrix}0 & 1 & 1 & -1\\ 1 & 0 & -1 & 1\\ 1 & -1 & 0 & 1\\ -1 & 1 & 1 & 0\end{bmatrix}$ 的谱分解.

解　因为 $\boldsymbol{A}$ 是实对称矩阵，故是正规矩阵，所以可作谱分解，分以下四个步骤进行：

① 求 $\boldsymbol{A}$ 的特征值与特征向量.

$$\det(\lambda \boldsymbol{E}-\boldsymbol{A})=(\lambda-1)^3(\lambda+3)$$

故 $\boldsymbol{A}$ 的特征值为 $\lambda_1=\lambda_2=\lambda_3=1,\lambda_4=-3$.

对于 $\lambda_1=1$，求得特征向量为

$$\boldsymbol{\xi}_1=\begin{bmatrix}1\\1\\0\\0\end{bmatrix},\boldsymbol{\xi}_2=\begin{bmatrix}1\\0\\1\\0\end{bmatrix},\boldsymbol{\xi}_3=\begin{bmatrix}-1\\0\\0\\1\end{bmatrix}$$

对于 $\lambda_4=-3$，求得特征向量为

$$\boldsymbol{\xi}_4=\begin{bmatrix}-1\\-1\\-1\\1\end{bmatrix}$$

②Schmidt 正交化.

把 $\boldsymbol{\xi}_1,\boldsymbol{\xi}_2,\boldsymbol{\xi}_3$ 标准正交化得

$$\boldsymbol{\alpha}_1=\begin{bmatrix}\frac{1}{\sqrt{2}}\\\frac{1}{\sqrt{2}}\\0\\0\end{bmatrix},\boldsymbol{\alpha}_2=\begin{bmatrix}\frac{1}{\sqrt{6}}\\\frac{1}{\sqrt{6}}\\\frac{2}{\sqrt{6}}\\0\end{bmatrix},\boldsymbol{\alpha}_3=-\begin{bmatrix}\frac{1}{\sqrt{12}}\\\frac{1}{\sqrt{12}}\\\frac{1}{\sqrt{12}}\\\frac{3}{\sqrt{12}}\end{bmatrix}$$

把 $\boldsymbol{\xi}_4$ 标准化得

$$\boldsymbol{\alpha}_4=\begin{bmatrix}\frac{1}{2}\\-\frac{1}{2}\\-\frac{1}{2}\\\frac{1}{2}\end{bmatrix}$$

③ 构造 $\boldsymbol{P}_1,\boldsymbol{P}_2$.

记

$$\boldsymbol{U}_1=(\boldsymbol{\alpha}_1,\boldsymbol{\alpha}_2,\boldsymbol{\alpha}_3),\boldsymbol{U}_2=\boldsymbol{\alpha}_4$$
$$\boldsymbol{U}=(\boldsymbol{\alpha}_1,\boldsymbol{\alpha}_2,\boldsymbol{\alpha}_3,\boldsymbol{\alpha}_4)=(\boldsymbol{U}_1,\boldsymbol{U}_2)$$

$$\boldsymbol{P}_1=\boldsymbol{U}_1\boldsymbol{U}_1^{\mathrm{H}}=(\boldsymbol{\alpha}_1,\boldsymbol{\alpha}_2,\boldsymbol{\alpha}_3)\begin{bmatrix}\boldsymbol{\alpha}_1^{\mathrm{H}}\\\boldsymbol{\alpha}_2^{\mathrm{H}}\\\boldsymbol{\alpha}_3^{\mathrm{H}}\end{bmatrix}=\boldsymbol{\alpha}_1\boldsymbol{\alpha}_1^{\mathrm{T}}+\boldsymbol{\alpha}_2\boldsymbol{\alpha}_2^{\mathrm{T}}+\boldsymbol{\alpha}_3\boldsymbol{\alpha}_3^{\mathrm{T}}=$$

$$\begin{bmatrix} \frac{3}{4} & \frac{1}{4} & \frac{1}{4} & -\frac{1}{4} \\ \frac{1}{4} & \frac{3}{4} & -\frac{1}{4} & \frac{1}{4} \\ \frac{1}{4} & -\frac{1}{4} & \frac{3}{4} & \frac{1}{4} \\ -\frac{1}{4} & \frac{1}{4} & \frac{1}{4} & \frac{3}{4} \end{bmatrix}$$

$$\boldsymbol{P}_2=\boldsymbol{U}_2\boldsymbol{U}_2^{\mathrm{H}}=\boldsymbol{\alpha}_4\boldsymbol{\alpha}_4^{\mathrm{T}}=$$

$$\begin{bmatrix} \frac{1}{4} & -\frac{1}{4} & -\frac{1}{4} & \frac{1}{4} \\ -\frac{1}{4} & \frac{1}{4} & \frac{1}{4} & -\frac{1}{4} \\ -\frac{1}{4} & \frac{1}{4} & \frac{1}{4} & -\frac{1}{4} \\ \frac{1}{4} & -\frac{1}{4} & -\frac{1}{4} & \frac{1}{4} \end{bmatrix}$$

④ 将正规矩阵谱分解

$$\boldsymbol{A}=\lambda_1\boldsymbol{P}_1+\lambda_4\boldsymbol{P}_2=\boldsymbol{P}_1-3\boldsymbol{P}_2$$

3.7　矩阵的奇异值分解

矩阵的奇异值分解是计算矩阵的重要手段，在控制理论、优化问题、广义逆矩阵等方面有直接的应用.

在介绍奇异值概念之前，先学习两个引理.

引理 1　设 $\boldsymbol{A}\in\mathbf{C}^{m\times n}$，则

$$\operatorname{rank}(\boldsymbol{A}^{\mathrm{H}}\boldsymbol{A})=\operatorname{rank}(\boldsymbol{A}\boldsymbol{A}^{\mathrm{H}})=\operatorname{rank}\boldsymbol{A} \tag{3.34}$$

若 $\boldsymbol{A}\in\mathbf{R}^{m\times n}$，这是线性代数中熟知的结论，现为其在复数域的推广，证明方法为用列空间 $\boldsymbol{R}(\boldsymbol{A}^{\mathrm{H}}\boldsymbol{A})=\boldsymbol{R}(\boldsymbol{A}^{\mathrm{H}})$ 及列空间 $\boldsymbol{R}(\boldsymbol{A}\boldsymbol{A}^{\mathrm{H}})=\boldsymbol{R}(\boldsymbol{A})$，或者通过两个齐线性方程组 $\boldsymbol{Ax}=\boldsymbol{\theta}$ 与 $\boldsymbol{A}^{\mathrm{H}}\boldsymbol{Ax}=\boldsymbol{\theta}$ 同解的办法来完成.(详见习题二 19 题)

引理 2　设 $\boldsymbol{A}\in\mathbf{C}^{m\times n}$，则:

①$\boldsymbol{A}^{\mathrm{H}}\boldsymbol{A}$ 与 $\boldsymbol{A}\boldsymbol{A}^{\mathrm{H}}$ 的特征值均为非负实数；

②$\boldsymbol{A}^{\mathrm{H}}\boldsymbol{A}$ 与 $\boldsymbol{A}\boldsymbol{A}^{\mathrm{H}}$ 的非零特征值相同，且非零特征值的个数等于 $\operatorname{rank}\boldsymbol{A}$.

证明　① 设 λ 是 $\boldsymbol{A}^{\mathrm{H}}\boldsymbol{A}$ 的特征值，$\boldsymbol{x}$ 为 λ 所对应的特征向量，则 $(\boldsymbol{A}^{\mathrm{H}}\boldsymbol{A})\boldsymbol{x}=\lambda\boldsymbol{x}$，$\boldsymbol{x}\neq\boldsymbol{\theta}$，显然 $\boldsymbol{A}^{\mathrm{H}}\boldsymbol{A}$ 为 Hermite 矩阵，所以 λ 为实数，且有

$$(\boldsymbol{Ax},\boldsymbol{Ax})=(\boldsymbol{Ax})^{\mathrm{H}}(\boldsymbol{Ax})=\boldsymbol{x}^{\mathrm{H}}(\boldsymbol{A}^{\mathrm{H}}\boldsymbol{Ax})=(\boldsymbol{x},\boldsymbol{A}^{\mathrm{H}}\boldsymbol{Ax})=$$
$$(\boldsymbol{x},\lambda\boldsymbol{x})=\lambda(\boldsymbol{x},\boldsymbol{x})\geqslant 0$$

因为 $(\boldsymbol{x},\boldsymbol{x})>0$，所以 $\lambda\geqslant 0$.

同理可证 $\boldsymbol{A}\boldsymbol{A}^{\mathrm{H}}$ 的特征值为非负实数.

② 显然 $\boldsymbol{A}^{\mathrm{H}}\boldsymbol{A}\in\mathbf{C}^{n\times n}$，$\boldsymbol{A}\boldsymbol{A}^{\mathrm{H}}\in\mathbf{C}^{m\times m}$.

由线性代数的特征多项式降阶定理有

$$\lambda^m \mid \lambda \boldsymbol{I}_n - \boldsymbol{A}^{\mathrm{H}}\boldsymbol{A} \mid = \lambda^n \mid \lambda \boldsymbol{I}_m - \boldsymbol{A}\boldsymbol{A}^{\mathrm{H}} \mid$$

这里 $|\lambda I_n - \boldsymbol{A}^{\mathrm{H}}\boldsymbol{A}|$ 表示 $\det(\lambda \boldsymbol{I}_n - \boldsymbol{A}^{\mathrm{H}}\boldsymbol{A})$，$|\lambda \boldsymbol{I}_m - \boldsymbol{A}\boldsymbol{A}^{\mathrm{H}}|$ 表示 $\det(\lambda \boldsymbol{I}_m - \boldsymbol{A}\boldsymbol{A}^{\mathrm{H}})$.

因为 $\boldsymbol{A}^{\mathrm{H}}\boldsymbol{A}$ 是 Hermite 矩阵，故是正规矩阵.

由定理 3.26 知 $\boldsymbol{A}^{\mathrm{H}}\boldsymbol{A}$ 可酉相似对角化，故对每个特征值均有几何重数等于代数重数，特别有

$$\mathrm{rank}(0 \cdot \boldsymbol{I} - \boldsymbol{A}^{\mathrm{H}}\boldsymbol{A}) = \mathrm{rank}(-\boldsymbol{A}^{\mathrm{H}}\boldsymbol{A}) = \mathrm{rank}(\boldsymbol{A}^{\mathrm{H}}\boldsymbol{A})$$

$$\dim V_{\lambda=0} = n - \mathrm{rank}(\boldsymbol{A}^{\mathrm{H}}\boldsymbol{A})$$

这说明非零特征值的个数恰为

$$n - (n - \mathrm{rank}(\boldsymbol{A}^{\mathrm{H}}\boldsymbol{A})) = \mathrm{rank}(\boldsymbol{A}^{\mathrm{H}}\boldsymbol{A})$$

由引理 1 即得结论. □

定义 3.16　设 $\boldsymbol{A} \in \mathbf{C}^{m\times n}$，$\boldsymbol{A}^{\mathrm{H}}\boldsymbol{A}$ 的特征值为

$$\lambda_1 \geqslant \lambda_2 \geqslant \cdots \geqslant \lambda_r > \lambda_{r+1} = \cdots = \lambda_n = 0$$

则称 $\sigma_i = \sqrt{\lambda_i}\,(i=1,2,\cdots,n)$ 为 $\boldsymbol{A}$ 的奇异值，称 $\sigma_i\,(i=1,2,\cdots,r)$ 为 $\boldsymbol{A}$ 的正奇异值，其中 $r = \mathrm{rank}\boldsymbol{A}$.

定义 3.17　设 $\boldsymbol{A},\boldsymbol{B} \in \mathbf{C}^{m\times n}$，若存在 m 阶酉矩阵 $\boldsymbol{U}$ 和 n 阶酉矩阵 $\boldsymbol{V}$，使 $\boldsymbol{U}^{\mathrm{H}}\boldsymbol{A}\boldsymbol{V} = \boldsymbol{B}$，则称 $\boldsymbol{A}$ 与 $\boldsymbol{B}$ 酉相抵.

定理 3.28　酉相抵矩阵有相同的奇异值.

证　设 $\boldsymbol{A},\boldsymbol{B} \in \mathbf{C}^{m\times n}$，它们酉相抵，故存在 m 阶酉阵 $\boldsymbol{U}$ 和 n 阶酉阵 $\boldsymbol{V}$，使 $\boldsymbol{U}^{\mathrm{H}}\boldsymbol{A}\boldsymbol{V} = \boldsymbol{B}$，于是有

$$\boldsymbol{B}^{\mathrm{H}}\boldsymbol{B} = (\boldsymbol{U}^{\mathrm{H}}\boldsymbol{A}\boldsymbol{V})^{\mathrm{H}}(\boldsymbol{U}^{\mathrm{H}}\boldsymbol{A}\boldsymbol{V}) = \boldsymbol{V}^{\mathrm{H}}\boldsymbol{A}^{\mathrm{H}}\boldsymbol{A}\boldsymbol{V}$$

这说明 $\boldsymbol{B}^{\mathrm{H}}\boldsymbol{B}$ 与 $\boldsymbol{A}^{\mathrm{H}}\boldsymbol{A}$ 酉相似，从而它们有相同的特征值，由定义 3.16 知 $\boldsymbol{A}$ 与 $\boldsymbol{B}$ 有相同的奇异值. □

以下给出 $\boldsymbol{A}$ 的奇异值分解定理.

定理 3.29　设 $\boldsymbol{A} \in \mathbf{C}_r^{m\times n}$，则存在 m 阶酉矩阵 $\boldsymbol{U}$ 和 n 阶酉矩阵 $\boldsymbol{V}$，使得

$$\boldsymbol{U}^{\mathrm{H}}\boldsymbol{A}\boldsymbol{V} = \begin{bmatrix} \boldsymbol{\Sigma} & \boldsymbol{O} \\ \boldsymbol{O} & \boldsymbol{O} \end{bmatrix} \tag{3.35}$$

其中 $\boldsymbol{\Sigma} = \mathrm{diag}(\sigma_1,\sigma_2,\cdots,\sigma_r)$，而 $\sigma_i\,(i=1,2,\cdots,r)$ 为 $\boldsymbol{A}$ 的正奇异值，称

$$\boldsymbol{A} = \boldsymbol{U}\begin{bmatrix} \boldsymbol{\Sigma} & \boldsymbol{O} \\ \boldsymbol{O} & \boldsymbol{O} \end{bmatrix}\boldsymbol{V}^{\mathrm{H}} \tag{3.36}$$

为 $\boldsymbol{A}$ 的奇异值分解.

证　由 $\boldsymbol{A} \in \mathbf{C}_r^{m\times n}$，故 $\boldsymbol{A}^{\mathrm{H}}\boldsymbol{A} \in \mathbf{C}_r^{n\times n}$ 且为 Hermite 矩阵，设其特征值为 $\lambda_1,\cdots,\lambda_n$，因此有

$$\sigma_i = \sqrt{\lambda_i},\ i = 1,\cdots,n$$

由定理 3.26，存在 n 阶酉矩阵 $\boldsymbol{V}$，使得

$$\boldsymbol{V}^{\mathrm{H}}\boldsymbol{A}^{\mathrm{H}}\boldsymbol{A}\boldsymbol{V} = \mathrm{diag}(\lambda_1,\lambda_2,\cdots,\lambda_n) = \begin{bmatrix} \boldsymbol{\Sigma}^2 & \boldsymbol{O} \\ \boldsymbol{O} & \boldsymbol{O} \end{bmatrix}$$

记 $\boldsymbol{V} = (\boldsymbol{V}_1,\boldsymbol{V}_2)$，其中 $\boldsymbol{V}_1 \in \mathbf{C}^{n\times r}$，$\boldsymbol{V}_2 \in \mathbf{C}^{n\times(n-r)}$，代入上式得

$$\boldsymbol{V}_1^{\mathrm{H}}\boldsymbol{A}^{\mathrm{H}}\boldsymbol{A}\boldsymbol{V}_1 = \boldsymbol{\Sigma}^2,\ \boldsymbol{V}_2^{\mathrm{H}}\boldsymbol{A}^{\mathrm{H}}\boldsymbol{A}\boldsymbol{V}_2 = \boldsymbol{O}$$

于是

$$\boldsymbol{\Sigma}^{-1}\boldsymbol{V}_1^{\mathrm{H}}\boldsymbol{A}^{\mathrm{H}}\boldsymbol{A}\boldsymbol{V}_1\boldsymbol{\Sigma}^{-1} = \boldsymbol{I}_r,\ (\boldsymbol{A}\boldsymbol{V}_2)^{\mathrm{H}}(\boldsymbol{A}\boldsymbol{V}_2) = \boldsymbol{O}$$

上面第二式说明 $\boldsymbol{A}\boldsymbol{V}_2 = \boldsymbol{O}$，令 $\boldsymbol{U}_1 = \boldsymbol{A}\boldsymbol{V}_1\boldsymbol{\Sigma}^{-1}$.

则由第一式得

$$\boldsymbol{U}_1^{\mathrm{H}}\boldsymbol{U}_1=\boldsymbol{I}_r$$

说明 $\boldsymbol{U}_1$ 为次酉矩阵，它的 r 个列向量是两两正交的单位向量，取 $\boldsymbol{U}_2\in\mathbf{C}^{m\times(m-r)}$，使 $\boldsymbol{U}=(\boldsymbol{U}_1,\boldsymbol{U}_2)$ 为 m 阶酉矩阵，即

$$\boldsymbol{U}_2^{\mathrm{H}}\boldsymbol{U}_1=\boldsymbol{O},\boldsymbol{U}_2^{\mathrm{H}}\boldsymbol{U}_2=\boldsymbol{I}_{m-r}$$

再注意到 $\boldsymbol{AV}_1=\boldsymbol{U}_1\boldsymbol{\Sigma},\boldsymbol{AV}_2=\boldsymbol{O}$，最后有

$$\boldsymbol{U}^{\mathrm{H}}\boldsymbol{AV}=\begin{bmatrix}\boldsymbol{U}_1^{\mathrm{H}}\\\boldsymbol{U}_2^{\mathrm{H}}\end{bmatrix}\boldsymbol{A}(\boldsymbol{V}_1,\boldsymbol{V}_2)=\begin{bmatrix}\boldsymbol{U}_1^{\mathrm{H}}\boldsymbol{AV}_1 & \boldsymbol{U}_1^{\mathrm{H}}\boldsymbol{AV}_2\\\boldsymbol{U}_2^{\mathrm{H}}\boldsymbol{AV}_1 & \boldsymbol{U}_2^{\mathrm{H}}\boldsymbol{AV}_2\end{bmatrix}=$$

$$\begin{bmatrix}\boldsymbol{U}_1^{\mathrm{H}}(\boldsymbol{U}_1\boldsymbol{\Sigma}) & \boldsymbol{O}\\\boldsymbol{U}_2^{\mathrm{H}}(\boldsymbol{U}_1\boldsymbol{\Sigma}) & \boldsymbol{O}\end{bmatrix}=\begin{bmatrix}\boldsymbol{\Sigma} & \boldsymbol{O}\\\boldsymbol{O} & \boldsymbol{O}\end{bmatrix}$$ □

推论 设 $\boldsymbol{A}\in\mathbf{C}_n^{n\times n}$，则存在 n 阶酉矩阵 $\boldsymbol{U}$ 和 $\boldsymbol{V}$，使得

$$\boldsymbol{U}^{\mathrm{H}}\boldsymbol{AV}=\mathrm{diag}(\sigma_1,\sigma_2,\cdots,\sigma_n) \tag{3.37}$$

其中 $\sigma_i>0(i=1,2,\cdots,n)$ 为 $\boldsymbol{A}$ 的 n 个正奇异值.

定理 3.29 的证明给出了求矩阵奇异值分解的方法.

例 3.17 求矩阵 $\boldsymbol{A}=\begin{bmatrix}1&2\\0&0\\0&0\end{bmatrix}$ 的奇异值分解.

解 分以下四步进行.

第一步：求 $\boldsymbol{A}$ 的正奇异值

$$\boldsymbol{A}^{\mathrm{H}}\boldsymbol{A}=\begin{bmatrix}1&0&0\\2&0&0\end{bmatrix}\begin{bmatrix}1&2\\0&0\\0&0\end{bmatrix}=\begin{bmatrix}1&2\\2&4\end{bmatrix}$$

$$\det(\lambda\boldsymbol{I}-\boldsymbol{A}^{\mathrm{H}}\boldsymbol{A})=\begin{vmatrix}\lambda-1&-2\\-2&\lambda-4\end{vmatrix}=\lambda(\lambda-5)$$

$$\lambda_1=5,\lambda_2=0$$

$$\sigma_1=\sqrt{5}$$

$\boldsymbol{A}$ 仅有一个正奇异值为 $\sqrt{5}$，$\boldsymbol{\Sigma}=(\sqrt{5})$.

第二步：求 $\boldsymbol{A}^{\mathrm{H}}\boldsymbol{A}$ 酉相似对角化的酉矩阵 $\boldsymbol{V}$

$$\lambda_1\boldsymbol{I}-\boldsymbol{A}^{\mathrm{H}}\boldsymbol{A}=\begin{bmatrix}4&-2\\-2&1\end{bmatrix}\xrightarrow{r}\begin{bmatrix}1&-\frac{1}{2}\\0&0\end{bmatrix}$$

求得 $\boldsymbol{\xi}_1=\begin{bmatrix}1\\2\end{bmatrix}$，标准化后

$$\boldsymbol{V}_1=\begin{bmatrix}\frac{1}{\sqrt{5}}\\\frac{2}{\sqrt{5}}\end{bmatrix}$$

$$\lambda_2\boldsymbol{I}-\boldsymbol{A}^{\mathrm{H}}\boldsymbol{A}=\begin{bmatrix}-1&-2\\-2&-4\end{bmatrix}\longrightarrow\begin{bmatrix}1&2\\0&0\end{bmatrix}$$

求得 $\boldsymbol{\xi}_2=\begin{bmatrix}-2\\1\end{bmatrix}$,标准化后

$$\boldsymbol{V}_2=\begin{bmatrix}-\dfrac{2}{\sqrt{5}}\\ \dfrac{1}{\sqrt{5}}\end{bmatrix}$$

故

$$\boldsymbol{V}=(\boldsymbol{V}_1,\boldsymbol{V}_2)=\begin{bmatrix}\dfrac{1}{\sqrt{5}} & -\dfrac{2}{\sqrt{5}}\\ \dfrac{2}{\sqrt{5}} & \dfrac{1}{\sqrt{5}}\end{bmatrix}$$

所以

$$\boldsymbol{V}^{\mathrm{H}}\boldsymbol{A}^{\mathrm{H}}\boldsymbol{A}\boldsymbol{V}=\begin{bmatrix}\boldsymbol{\Sigma}^2 & 0\\ 0 & 0\end{bmatrix}=\begin{bmatrix}5 & 0\\ 0 & 0\end{bmatrix}$$

第三步:求酉矩阵 $\boldsymbol{U}$

$$\boldsymbol{U}_1=\boldsymbol{A}\boldsymbol{V}_1\boldsymbol{\Sigma}^{-1}=\begin{bmatrix}1 & 2\\ 0 & 0\\ 0 & 0\end{bmatrix}\begin{bmatrix}\dfrac{1}{\sqrt{5}}\\ \dfrac{2}{\sqrt{5}}\end{bmatrix}\left(\frac{1}{\sqrt{5}}\right)=\begin{bmatrix}1\\0\\0\end{bmatrix}$$

取

$$\boldsymbol{U}_2=\begin{bmatrix}0 & 0\\ 1 & 0\\ 0 & 1\end{bmatrix}$$

则 $\boldsymbol{U}=(\boldsymbol{U}_1,\boldsymbol{U}_2)=\begin{bmatrix}1 & 0 & 0\\ 0 & 1 & 0\\ 0 & 0 & 1\end{bmatrix}$ 为酉矩阵.

第四步:求 $\boldsymbol{A}$ 的奇异值分解

$$\boldsymbol{A}=\boldsymbol{U}\begin{bmatrix}\boldsymbol{\Sigma} & \boldsymbol{O}\\ \boldsymbol{O} & \boldsymbol{O}\end{bmatrix}\boldsymbol{V}^{\mathrm{H}}=\begin{bmatrix}1 & 0 & 0\\ 0 & 1 & 0\\ 0 & 0 & 1\end{bmatrix}\begin{bmatrix}\sqrt{5} & 0\\ 0 & 0\\ 0 & 0\end{bmatrix}\begin{bmatrix}\dfrac{1}{\sqrt{5}} & \dfrac{2}{\sqrt{5}}\\ -\dfrac{2}{\sqrt{5}} & \dfrac{1}{\sqrt{5}}\end{bmatrix}$$

对于方阵而言,它既有奇异值,又有特征值,对于特殊的矩阵两者之间有以下的关系.

定理 3.30 正规矩阵的奇异值为它的特征值的模.

定理的证明见附录中 2012 年秋季学期试题参考答案第八题.

推论 正定矩阵的奇异值就是它的特征值.

习 题 三

1. 求下列 λ 矩阵的 Smith 标准形:

(1) $\begin{bmatrix}\lambda^3-\lambda & 2\lambda^2\\ \lambda^2+5\lambda & 3\lambda\end{bmatrix}$; (2) $\begin{bmatrix}0 & 0 & 0 & \lambda^2\\ 0 & 0 & \lambda^2-\lambda & 0\\ 0 & (\lambda-1)^2 & 0 & 0\\ \lambda^2-\lambda & 0 & 0 & 0\end{bmatrix}$.

2. 求 $\lambda\boldsymbol{I}-\boldsymbol{A}$ 的 Smith 标准形：

(1) $\boldsymbol{A}=\begin{bmatrix}1 & -1 & 1\\ 0 & -3 & -1\\ 2 & -2 & 0\end{bmatrix}$；　(2) $\boldsymbol{A}=\begin{bmatrix}0 & 1 & & \\ \vdots & \ddots & \ddots & \\ \vdots & & 0 & 1\\ -a_n & -a_{n-1} & \cdots & -a_1\end{bmatrix}$.

3. 求下列 λ 矩阵的不变因子：

(1) $\begin{bmatrix}\lambda-2 & -1 & 0\\ 0 & \lambda-2 & -1\\ 0 & 0 & \lambda-2\end{bmatrix}$；　(2) $\begin{bmatrix}\lambda & -1 & 0 & 0\\ 0 & \lambda & -1 & 0\\ 0 & 0 & \lambda & -1\\ 5 & 4 & 3 & \lambda+2\end{bmatrix}$；

(3) $\begin{bmatrix}\lambda+\alpha & \beta & 1 & 0\\ -\beta & \lambda+\alpha & 0 & 1\\ 0 & 0 & \lambda+\alpha & \beta\\ 0 & 0 & -\beta & \lambda+\alpha\end{bmatrix}$；　(4) $\begin{bmatrix}0 & 0 & 1 & \lambda+2\\ 0 & 1 & \lambda+2 & 0\\ 1 & \lambda+2 & 0 & 0\\ \lambda+2 & 0 & 0 & 0\end{bmatrix}$.

4. 求下列矩阵的初等因子组：

(1) $\boldsymbol{A}=\begin{bmatrix}1 & 2 & 0\\ 0 & 2 & 0\\ -2 & -2 & -1\end{bmatrix}$；　(2) $\boldsymbol{A}=\begin{bmatrix}-1 & 1 & 0\\ -4 & 3 & 0\\ 1 & 0 & 2\end{bmatrix}$.

5. 证明定理 3.8，即 $\boldsymbol{A}$ 的每个特征值 λ_i 的几何重数小于等于代数重数.

6. 求下列矩阵的 Jordan 标准形：

(1) $\boldsymbol{A}=\begin{bmatrix}4 & 6 & 0\\ -3 & -5 & 0\\ -3 & -6 & 1\end{bmatrix}$；　(2) $\boldsymbol{A}=\begin{bmatrix}-2 & 2 & -1\\ 0 & -2 & 0\\ 1 & -4 & 0\end{bmatrix}$；

(3) $\boldsymbol{A}=\begin{bmatrix}-1 & 0 & 1\\ 1 & 2 & 0\\ -4 & 0 & 3\end{bmatrix}$；　(4) $\boldsymbol{A}=\begin{bmatrix}1 & 2 & 3 & 4\\ 0 & 1 & 2 & 3\\ 0 & 0 & 1 & 2\\ 0 & 0 & 0 & 1\end{bmatrix}$.

7. 试用矩阵 Jordan 标准形证明 $\boldsymbol{A}\sim\boldsymbol{A}^{\mathrm{T}}$.

8. 求 $\boldsymbol{A}^{100}$：

(1) $\boldsymbol{A}=\begin{bmatrix}1 & -2 & 2\\ -2 & -2 & 4\\ 2 & 4 & -2\end{bmatrix}$；　(2) $\boldsymbol{A}=\begin{bmatrix}-1 & 0 & 1\\ 1 & 2 & 0\\ -4 & 0 & 3\end{bmatrix}$.

9. 解线性微分方程组

$$\begin{cases}\dfrac{\mathrm{d}x_1}{\mathrm{d}t}=3x_1+x_2-x_3\\[2mm] \dfrac{\mathrm{d}x_2}{\mathrm{d}t}=-2x_1+2x_3\\[2mm] \dfrac{\mathrm{d}x_3}{\mathrm{d}t}=-x_1-x_2+3x_3\end{cases}$$

10. 设 $\boldsymbol{A}=\begin{bmatrix}1&0&2\\0&-1&1\\0&1&0\end{bmatrix}$，由 Cayley-Hamilton 定理计算

$$f(\boldsymbol{A})=2\boldsymbol{A}^8-3\boldsymbol{A}^5+\boldsymbol{A}^4+\boldsymbol{A}^2-4\boldsymbol{I}$$

11. 设 $\boldsymbol{A}\sim\boldsymbol{B}$.

求证：$m_{\boldsymbol{A}}(\lambda)=m_{\boldsymbol{B}}(\lambda)$，其中 $m_{\boldsymbol{A}}(\lambda)$，$m_{\boldsymbol{B}}(\lambda)$ 分别为 $\boldsymbol{A}$，$\boldsymbol{B}$ 的最小多项式(定理 3.14).

12. 求 $\boldsymbol{A}=\begin{bmatrix}3&1&-1\\-2&0&2\\-1&-1&3\end{bmatrix}$ 的最小多项式.

13. 求 $\boldsymbol{A}=\begin{bmatrix}1&2&3&0\\0&2&1&-1\\1&0&2&1\end{bmatrix}$ 的满秩分解.

14. 利用矩阵的满秩分解证明

$$\operatorname{rank}(\boldsymbol{A}_1+\boldsymbol{A}_2)\leqslant \operatorname{ran}\boldsymbol{A}_1+\operatorname{ran}\boldsymbol{A}_2$$

其中 $\boldsymbol{A}_1$，$\boldsymbol{A}_2$ 均为 $m\times n$ 矩阵.

15. 求单纯矩阵 $\boldsymbol{A}=\begin{bmatrix}-29&6&18\\-20&5&12\\-40&8&25\end{bmatrix}$ 的谱分解.

16. 证明正规矩阵属于不同特征值的特征向量是正交的.

17. 设 $\boldsymbol{A}$ 是正规矩阵，若 $\boldsymbol{A}$ 是上三角矩阵，则 $\boldsymbol{A}$ 一定是对角阵.

18. 设 $\boldsymbol{A}=\begin{bmatrix}0&1&1\\1&0&1\\1&1&0\end{bmatrix}$.

(1) 验证 A 是正规矩阵；

(2) 将 A 进行谱分解.

19. 设 $\boldsymbol{A}=\begin{bmatrix}1&0\\0&1\\1&1\end{bmatrix}$，求 $\boldsymbol{A}$ 的奇异值分解.

20. 求矩阵 $\boldsymbol{A}=\begin{bmatrix}1&0&1\\0&1&1\\0&0&0\end{bmatrix}$ 的奇异值分解.

第四章　范数理论

在第二章中我们用内积定义了向量的长度，它是几何向量长度概念的一种推广，本章采用公理化的方法把向量长度的概念进一步推广，主要讨论向量范数、矩阵范数及其应用.

4.1　向量范数

定义 4.1　若对于 $\forall \boldsymbol{x} \in \mathbf{C}^n$ 都有一个实数 $\|\boldsymbol{x}\|$ 与之对应，且满足：

① 正定性：当 $\boldsymbol{x} \neq \boldsymbol{\theta}$，$\|\boldsymbol{x}\| > 0$；当 $\boldsymbol{x} = \boldsymbol{\theta}$，$\|\boldsymbol{x}\| = 0$；

② 齐次性：$\forall k \in \mathbf{C}$，$\|k\boldsymbol{x}\| = |k|\,\|\boldsymbol{x}\|$；　　(4.1)

③ 三角不等式：$\forall \boldsymbol{x}, \boldsymbol{y} \in \mathbf{C}^n$，都有 $\|\boldsymbol{x}+\boldsymbol{y}\| \leqslant \|\boldsymbol{x}\| + \|\boldsymbol{y}\|$；

则称 $\|\boldsymbol{x}\|$ 为 $\boldsymbol{x}$ 的向量范数. 定义了范数的线性空间称为赋范线性空间.

上述 ①、②、③ 称为向量范数三公理.

由向量范数的定义可得范数的性质如下：

性质 1　$\|-\boldsymbol{x}\| = \|\boldsymbol{x}\|$；

性质 2　$|\,\|\boldsymbol{x}\| - \|\boldsymbol{y}\|\,| \leqslant \|\boldsymbol{x}-\boldsymbol{y}\|$.

在定义 4.1 中看出作为向量范数，应满足三条公理，而未给出向量范数的具体的计算方法，下面我们将会看到它的丰富内容.

例 4.1　设 $\boldsymbol{x} = (x_1, x_2, \cdots, x_n)^{\mathrm{T}} \in \mathbf{C}^n$，定义

$$\|\boldsymbol{x}\|_1 = \sum_{k=1}^{n} |x_k|$$

则 $\|\boldsymbol{x}\|_1$ 是向量 $\boldsymbol{x}$ 的一种范数，称为向量 1- 范数.

证　① 正定性：

当 $\boldsymbol{x} \neq \boldsymbol{\theta}$，则 $\|\boldsymbol{x}\|_1 = \sum_{k=1}^{n} |x_k| > 0$；

当 $\boldsymbol{x} = \boldsymbol{\theta}$，$\boldsymbol{x}$ 的每一分量都是零，故 $\|\boldsymbol{x}\|_1 = 0$.

② 齐次性：$\forall k \in \mathbf{C}$，有

$$\|k\boldsymbol{x}\|_1 = \sum_{k=1}^{n} |kx_k| = |k| \sum_{k=1}^{n} |x_k| = |k|\,\|\boldsymbol{x}\|_1$$

③ 三角不等式：$\forall \boldsymbol{y} \in \mathbf{C}^n$，$\boldsymbol{y} = (y_1, y_2, \cdots, y_n)^{\mathrm{T}} \in \mathbf{C}^n$，有

$$\begin{aligned}\|\boldsymbol{x}+\boldsymbol{y}\|_1 &= \sum_{k=1}^{n} |x_k + y_k| \leqslant \sum_{k=1}^{n} (|x_k| + |y_k|) = \\ &\sum_{k=1}^{n} |x_k| + \sum_{k=1}^{n} |y_k| = \\ &\|\boldsymbol{x}\|_1 + \|\boldsymbol{y}\|_1\end{aligned}$$

即

$$\|\boldsymbol{x}+\boldsymbol{y}\| \leqslant \|\boldsymbol{x}\| + \|\boldsymbol{y}\|$$

故 $\|x\|_1$ 是 $\mathbf{C}^n$ 上的一种向量范数. □

例 4.2　设 $x=(x_1,x_2,\cdots,x_n)^{\mathrm{T}}\in\mathbf{C}^n$,定义

$$\|x\|_2=\sqrt{\sum_{k=1}^{n}|x_k|^2}=\sqrt{\sum_{k=1}^{n}\overline{x_k}x_k}=\sqrt{x^{\mathrm{H}}x}=(x,x)^{\frac{1}{2}} \tag{4.2}$$

则 $\|x\|_2$ 是向量 x 的一种范数,称为向量 2- 范数.

证　① 正定性显然.

② 齐次性:$\forall k\in\mathbf{C}$,有

$$\|kx\|_2=(kx,kx)^{\frac{1}{2}}=[\overline{k}k(x,x)]^{\frac{1}{2}}=|k|(x,x)^{\frac{1}{2}}=|k|\,\|x\|_2$$

③ 三角不等式

由定理 2.5 之 ④ 即知 $\forall x,y\in\mathbf{C}^n$

$$\|x+y\|_2\leqslant\|x\|_2+\|y\|_2$$

三角不等式成立.

故 $\|x\|_2$ 是 $\mathbf{C}^n$ 上的一种向量范数. □

$\|x\|_2$ 也叫 Euclid 范数,就是通常意义下的向量的长度.

向量的 2- 范数有如下重要的性质,对 $\forall x\in\mathbf{C}^n$ 和任意的酉矩阵 U,有

$$\|Ux\|_2=\sqrt{(Ux)^{\mathrm{H}}(Ux)}=\sqrt{x^{\mathrm{H}}U^{\mathrm{H}}Ux}=\sqrt{x^{\mathrm{H}}x}=\|x\|_2 \tag{4.3}$$

这一性质称为向量 2- 范数的酉不变性.

例 4.3　设 $x=(x_1,x_2,\cdots,x_n)^{\mathrm{T}}\in\mathbf{C}^n$,定义

$$\|x\|_\infty=\max_k|x_k| \tag{4.4}$$

证　①、② 的正定性,齐次性显然.

以下证 ③ 三角不等式:

设 $y=(y_1,y_2,\cdots,y_n)^{\mathrm{T}}\in\mathbf{C}^n$,有

$$\|x+y\|_\infty=\max_k|x_k+y_k|\leqslant\max_k|x_k|+\max_k|y_k|=\|x\|_\infty+\|y\|_\infty$$

故 $\|x\|_\infty$ 是 $\mathbf{C}^n$ 的一种向量范数. □

为了说明这三种范数的关联,先证明以下结论.

引理(Young 不等式)　对任意实数 $\alpha\geqslant0$ 和 $\beta\geqslant0$,都有

$$\alpha\beta\leqslant\frac{\alpha^p}{p}+\frac{\beta^q}{q} \tag{4.5}$$

其中 $p>1,q>1$,且 $\frac{1}{p}+\frac{1}{q}=1$,$p$、$q$ 称为共轭指数.

证　若 $\alpha\beta=0$,结论显然成立.

以下设 $\alpha>0,\beta>0$,构造函数

$$\psi(\beta)=\frac{\alpha^p}{p}+\frac{\beta^q}{q}-\alpha\beta$$

$$\psi'(\beta)=\beta^{q-1}-\alpha$$

求得唯一驻点

$$\beta_0=\alpha^{\frac{1}{q-1}}=\alpha^{p-1}=\alpha^{\frac{p}{q}}$$

$$\psi''(\beta)=(q-1)\beta^{q-2}>0$$

故 $\psi(\beta)$ 在 $\beta=\beta_0$ 取极小值，且是最小值.

因
$$\psi(\beta_0)=\frac{\alpha^p}{p}+\frac{\alpha^p}{q}-\alpha\cdot\alpha^{p-1}=\alpha^p-\alpha^p=0$$
故
$$\psi(\beta)\geqslant\psi(\beta_0)=0$$
即
$$\frac{\alpha^p}{p}+\frac{\beta^q}{q}\geqslant\alpha\beta$$
□

定理 4.1(Hölder 不等式)　对任意 x_k、$y_k\in\mathbf{C}$，$k=1,2,\cdots,n$，有
$$\sum_{k=1}^{n}|x_k||y_k|\leqslant(\sum_{k=1}^{n}|x_k|^p)^{\frac{1}{p}}(\sum_{k=1}^{n}|y_k|^q)^{\frac{1}{q}}\tag{4.6}$$
其中，$p>1$，$q>1$，且 $\frac{1}{p}+\frac{1}{q}=1$.

证　当 $x_k=y_k=0$；或者 $x_k=0$；或者 $y_k=0$，$k=1,2,\cdots,n$，结论显然成立. 以下设 x_k 不全为 0，y_k 也不全为 0.

由引理得
$$\frac{\sum_{k=1}^{n}|x_k||y_k|}{(\sum_{k=1}^{n}|x_k|^p)^{\frac{1}{p}}(\sum_{k=1}^{n}|y_k|^q)^{\frac{1}{q}}}=\sum_{k=1}^{n}\left[\frac{|x_k|}{(\sum_{k=1}^{n}|x_k|^p)^{\frac{1}{p}}}\right]\left[\frac{|y_k|}{(\sum_{k=1}^{n}|y_k|^q)^{\frac{1}{q}}}\right]\leqslant$$
$$\sum_{k=1}^{n}\left[\frac{|x_k|^p}{p(\sum_{k=1}^{n}|x_k|^p)}+\frac{|y_k|^q}{q(\sum_{k=1}^{n}|y_k|^q)}\right]=$$
$$\frac{1}{p}+\frac{1}{q}=1$$
去分母即得结论.　□

在 Hölder 不等式(4.6) 中，取 $p=q=2$，就是有名的 Cauchy-Schwarz 不等式.

定理 4.2(Minkowski 不等式)　对任何 $p\geqslant1$，有
$$(\sum_{k=1}^{n}|x_k+y_k|^p)^{\frac{1}{p}}\leqslant(\sum_{k=1}^{n}|x_k|^p)^{\frac{1}{p}}+(\sum_{k=1}^{n}|y_k|^p)^{\frac{1}{p}}\tag{4.7}$$

证　$p=1$ 时，式(4.7) 显然成立，以下考虑 $p>1$. 设 q 为 p 的共扼指数，于是
$$\sum_{k=1}^{n}|x_k+y_k|^p=\sum_{k=1}^{n}|x_k+y_k||x_k+y_k|^{p-1}\leqslant$$
$$\sum_{k=1}^{n}|x_k||x_k+y_k|^{p-1}+\sum_{k=1}^{n}|y_k||x_k+y_k|^{p-1}$$
上式右端两项各用 Hölder 不等式得
$$\sum_{k=1}^{n}|x_k+y_k|^p\leqslant(\sum_{k=1}^{n}|x_k|^p)^{\frac{1}{p}}(\sum_{k=1}^{n}|x_k+y_k|^{(p-1)\cdot q})^{\frac{1}{q}}+$$
$$(\sum_{k=1}^{n}|y_k|^p)^{\frac{1}{p}}(\sum_{k=1}^{n}|x_k+y_k|^{(p-1)\cdot q})^{\frac{1}{q}}=$$
$$[(\sum_{k=1}^{n}|x_k|^p)^{\frac{1}{p}}+(\sum_{k=1}^{n}|y_k|^p)^{\frac{1}{p}}](\sum_{k=1}^{n}|x_k+y_k|^p)^{\frac{1}{q}}$$
若 $x_k+y_k=0$，$k=1,2,\cdots,n$，式(4.7) 显然成立，否则 $(\sum_{k=1}^{n}|x_k+y_k|^p)^{\frac{1}{q}}>0$，不等式两端同

除$(\sum_{k=1}^{n}|x_k+y_k|^p)^{\frac{1}{q}}$，注意到$1-\frac{1}{q}=\frac{1}{p}$，最后得

$$(\sum_{k=1}^{n}|x_k+y_k|^p)^{\frac{1}{p}}\leqslant(\sum_{k=1}^{n}|x_k|^p)^{\frac{1}{p}}+(\sum_{k=1}^{n}|y_k|^p)^{\frac{1}{p}}$$ □

例 4.4　设 $\boldsymbol{x}=(x_1,x_2,\cdots,x_n)^{\mathrm{T}}\in\mathbf{C}^n$，定义

$$\|\boldsymbol{x}\|_p=(\sum_{k=1}^{n}|x_k|^p)^{\frac{1}{p}}\quad 1\leqslant p<+\infty \tag{4.8}$$

则 $\|\boldsymbol{x}\|_p$ 是向量 $\boldsymbol{x}$ 的一种范数，称为向量的 p- 范数.

证　① 正定性，② 齐次性显然.

以下证 ③ 三角不等式：

由 Minkowski 不等式(4.7)

$$(\sum_{k=1}^{n}|x_k+y_k|^p)^{\frac{1}{p}}\leqslant(\sum_{k=1}^{n}|x_k|^p)^{\frac{1}{p}}+(\sum_{k=1}^{n}|y_k|^p)^{\frac{1}{p}}$$

这正是

$$\|\boldsymbol{x}+\boldsymbol{y}\|_p\leqslant\|\boldsymbol{x}\|_p+\|\boldsymbol{y}\|_p$$

故 $\|\boldsymbol{x}\|_p$ 是 $\mathbf{C}^n$ 上的一种向量范数. □

对于 $\|\boldsymbol{x}\|_p$，$p=1$ 即为向量的 1- 范数；$p=2$ 即为向量的 2- 范数；$p=+\infty$ 是否为 ∞- 范数呢，我们有如下的定理.

定理 4.3　设 $\boldsymbol{x}=(x_1,x_2,\cdots,x_n)^{\mathrm{T}}\in\mathbf{C}^n$，则

$$\lim_{p\to+\infty}\|\boldsymbol{x}\|_p=\|\boldsymbol{x}\|_\infty \tag{4.9}$$

证　若 $\boldsymbol{x}=\boldsymbol{\theta}$，结论显然成立. 以下设 $\boldsymbol{x}\neq\boldsymbol{\theta}$，又设

$$|x_i|=\max_k|x_k|=\|\boldsymbol{x}\|_\infty$$

则有

$$\|\boldsymbol{x}\|_\infty=|x_i|\leqslant(\sum_{k=1}^{n}|x_k|^p)^{\frac{1}{p}}=\|\boldsymbol{x}\|_p\leqslant(n|x_i|^p)^{\frac{1}{p}}=n^{\frac{1}{p}}\|\boldsymbol{x}\|_\infty$$

注意到 $\lim\limits_{p\to+\infty}n^{\frac{1}{p}}=1$，由极限的两边夹挤准则

$$\lim_{p\to+\infty}\|\boldsymbol{x}\|_p=\|\boldsymbol{x}\|_\infty$$ □

从上面的讨论我们已学习了三种向量范数，实际上向量的范数远不止于此，事实上可以从已知的某种范数出发，构造新的向量范数.

定理 4.4　设 $\boldsymbol{A}\in\mathbf{C}_n^{m\times n}$，$\|\cdot\|_a$ 是 $\mathbf{C}^m$ 上的一种向量范数，对 $\forall\boldsymbol{x}\in\mathbf{C}^n$，定义

$$\|\boldsymbol{x}\|_b=\|\boldsymbol{Ax}\|_a \tag{4.10}$$

则 $\|\boldsymbol{x}\|_b$ 是 $\mathbf{C}^n$ 中的向量范数.

证　① 若 $\boldsymbol{x}=\boldsymbol{\theta}$，则 $\boldsymbol{Ax}=\boldsymbol{\theta}$，从而 $\|\boldsymbol{x}\|_b=\|\boldsymbol{Ax}\|=\boldsymbol{\theta}$；若 $\boldsymbol{x}\neq\boldsymbol{\theta}$，则由 $\boldsymbol{A}$ 列满秩，故 $\boldsymbol{Ax}\neq\boldsymbol{\theta}$，所以 $\|\boldsymbol{x}\|_b=\|\boldsymbol{Ax}\|_a>0$，正定性成立.

② $\forall k\in\mathbf{C}$，有

$$\|k\boldsymbol{x}\|_b=\|\boldsymbol{A}(k\boldsymbol{x})\|_a=|k|\,\|\boldsymbol{Ax}\|_a=|k|\,\|\boldsymbol{x}\|_b$$

齐次性成立.

③ $\forall\boldsymbol{y}\in\mathbf{C}^n$，有

$$\| x+y \|_b = \| A(x+y) \|_a = \| Ax+Ay \|_a \leqslant \| Ax \|_a + \| Ay \|_a = \| x \|_b + \| y \|_b$$

三角不等式成立,故 $\| x \|_b$ 是 $\mathbf{C}^n$ 中的向量范数. □

由此可见,由一个已知的向量范数可构造出无穷多个新的向量范数.

例 4.5 设 A 是 n 阶 Hermite 正定矩阵,对任意 $x \in \mathbf{C}^n$,定义

$$\| x \|_A = \sqrt{x^H A x} \tag{4.11}$$

则 $\| x \|_A$ 是一种向量范数.

证 因为 A 是 Hermite 正定矩阵,故存在 n 阶非奇异矩阵 Q,使 $A=Q^H Q$(参见定理6.9),于是

$$\| x \|_A = \sqrt{x^H Q^H Q x} = \sqrt{(Qx)^H (Qx)} = \| Qx \|_2$$

由定理 4.4 知 $\| x \|_A$ 是 $\mathbf{C}^n$ 上的一种向量范数. □

以上我们一直在 $\mathbf{C}^n$ 或 $\mathbf{C}^m$ 上讨论列向量范数,实际上向量的范数不限于此,只要把定义 4.1 中的 $\mathbf{C}^n$ 改为 V_n,满足向量范数三公理即可.

例 4.6 设 $V_n(\mathbf{C})$ 是复数域 $\mathbf{C}$ 上的 n 维线性空间,$\varepsilon_1,\varepsilon_2,\cdots,\varepsilon_n$ 是 $V_n(\mathbf{C})$ 的一组基. $\forall \alpha \in V_n(\mathbf{C})$ 可唯一地表示为 $\alpha = \sum\limits_{k=1}^{n} x_k \varepsilon_k$,$x=(x_1,x_2,\cdots,x_n)^T \in \mathbf{C}^n$. 又设 $\| \cdot \|$ 是 $\mathbf{C}^n$ 上的向量范数,定义

$$\| \alpha \|_v = \| x \| \tag{4.12}$$

则 $\| \alpha \|_v$ 是 $V_n(\mathbf{C})$ 上的向量范数.

证 ① $\forall \alpha \in V_n(\mathbf{C})$,若 α 为非零向量,则其坐标 $x \neq \theta$,从而 $\| \alpha \|_v = \| x \| > 0$,若 α 为零向量,则其坐标 $x=\theta$,于是 $\| \alpha \|_v = \| x \| = 0$,正定性得证.

② $\forall \alpha \in V_n(\mathbf{C})$,$k\alpha = \sum\limits_{k=1}^{n} kx_k \varepsilon_k$,即 $k\alpha$ 坐标为 $kx=(kx_1,kx_2,\cdots,kx_n)^T \in \mathbf{C}^n$,于是有

$$\| k\alpha \|_v = \| kx \| = |k| \, \| x \| = |k| \, \| \alpha \|_v$$

齐次性得证.

③ $\forall \beta \in V_n(\mathbf{C})$,则 $\beta = \sum\limits_{k=1}^{n} y_k \varepsilon_k$,$y=(y_1,y_2,\cdots,y_n)^T \in \mathbf{C}^n$,$\alpha+\beta = \sum\limits_{k=1}^{n} (x_k+y_k)\varepsilon_k$,其坐标向量为 $x+y$,于是

$$\| \alpha+\beta \|_v = \| x+y \| \leqslant \| x \| + \| y \| = \| \alpha \|_v + \| \beta \|_v$$

三角不等式成立,故 $\| \alpha \|_v$ 是 V 上的向量范数. □

这样抽象空间的向量范数可用 $\mathbf{C}^n$ 上的向量范数来表示.

例 4.7 设 $f(t) \in C[a,b]$ 定义

$$\| f(t) \|_1 = \int_a^b |f(t)| \mathrm{d}t \tag{4.13}$$

$$\| f(t) \|_p = \left(\int_a^b |f(t)|^p \mathrm{d}t \right)^{\frac{1}{p}} \tag{4.14}$$

$$\| f(t) \|_\infty = \max_{a \leqslant t \leqslant b} |f(t)| \tag{4.15}$$

则它们都是 $C[a,b]$ 上的向量范数.

容易证明 $\| f(t) \|_1$,$\| f(t) \|_\infty$ 是向量范数,至于要证 $\| f(t) \|_p$ 是范数要用到积分形式

的 Hölder 不等式

$$\int_a^b |f(t)g(t)|\,\mathrm{d}t \leqslant \left(\int_a^b |f(t)|^p \mathrm{d}t\right)^{\frac{1}{p}} \left(\int_a^b |g(t)|^q \mathrm{d}t\right)^{\frac{1}{q}}$$

其中，p,q 为共扼指数.

Minkowski 不等式

$$\int_a^b (|f(t)+g(t)|^p)^{\frac{1}{p}} \leqslant \left(\int_a^b |f(t)|^p \mathrm{d}t\right)^{\frac{1}{p}} + \left(\int_a^b |g(t)|^p \mathrm{d}t\right)^{\frac{1}{p}} \quad p \geqslant 1$$

例 4.8　设 $\boldsymbol{x}=(x_1,x_2,\cdots,x_n)^{\mathrm{T}} \in \mathbf{C}^n$，定义

$$\|\boldsymbol{x}\|_p = \left(\sum_{k=1}^n |x_k|^p\right)^{\frac{1}{p}} \quad 0<p<1$$

由于它不满足定义 4.1 中的 ③，故它不是 $\mathbf{C}^n$ 上的向量范数.

例如在 $\mathbf{R}^n$ 中，$\boldsymbol{x}=(1,0,\cdots,0)^{\mathrm{T}}$，$\boldsymbol{y}=(0,1,0,\cdots,0)^{\mathrm{T}}$，$p=\dfrac{1}{2}$，则

$$\|\boldsymbol{x}+\boldsymbol{y}\|_{\frac{1}{2}}=4,\ \|\boldsymbol{x}\|_{\frac{1}{2}}=1,\ \|\boldsymbol{y}\|_{\frac{1}{2}}=1$$

故 $\|\boldsymbol{x}\|_{\frac{1}{2}}$ 不是 $\mathbf{R}^n$ 上的向量范数.

迄今为止，我们已学习了几种不同的向量范数，同一向量按不同的范数定义算出的值一般不相等. 例如取 $\boldsymbol{x}=(1,1,\cdots,1)^{\mathrm{T}} \in \mathbf{R}^n$，有

$$\|\boldsymbol{x}\|_1=n,\ \|\boldsymbol{x}\|_2=\sqrt{n},\ \|\boldsymbol{x}\|_\infty=1$$

但是同一向量的不同范数之间存在重要的关系.

定义 4.2　设 $\|\cdot\|_a$ 和 $\|\cdot\|_b$ 是 $\mathbf{C}^n$ 上的两种向量范数，如果存在正数 c_1,c_2，使对任意 $\boldsymbol{x} \in \mathbf{C}^n$ 都有

$$c_1\|\boldsymbol{x}\|_b \leqslant \|\boldsymbol{x}\|_a \leqslant c_2\|\boldsymbol{x}\|_b$$

则称向量范数 $\|\cdot\|_a$ 与 $\|\cdot\|_b$ 等价.

易证向量范数的等价具有自反性、对称性和传递性.

定理 4.5　设 $\|\cdot\|$ 是 $V_n(\mathbf{F})$ 上的任一向量范数，$\boldsymbol{\varepsilon}_1,\cdots,\boldsymbol{\varepsilon}_n$ 为 $V_n(\mathbf{F})$ 的一组基. $\forall \boldsymbol{\alpha} \in V_n(\mathbf{F})$ 可唯一表示成 $\boldsymbol{\alpha}=\sum\limits_{k=1}^n x_k\boldsymbol{\varepsilon}_k$，$\boldsymbol{x}=(x_1,x_2,\cdots,x_n)^{\mathrm{T}} \in \mathbf{F}^n$，则 $\|\boldsymbol{\alpha}\|$ 是 $x_1,x_2,\cdots,x_n$ 的连续函数.

证　$\forall \boldsymbol{\beta} \in V_n(\mathbf{F})$，$\boldsymbol{\beta}=\sum\limits_{k=1}^n y_k\boldsymbol{\varepsilon}_k$，$\boldsymbol{y}=(y_1,\cdots,y_n)^{\mathrm{T}} \in \mathbf{F}^n$ 为 $\boldsymbol{\beta}$ 在基 $\boldsymbol{\varepsilon}_1,\cdots,\boldsymbol{\varepsilon}_n$ 上的坐标向量.

$\forall \varepsilon>0$，取 $\delta=\dfrac{\varepsilon}{\left(\sum\limits_{k=1}^n \|\boldsymbol{\varepsilon}_k\|^2\right)^{\frac{1}{2}}}$，于是当 $\|\boldsymbol{x}-\boldsymbol{y}\|_2<\delta$ 时，由向量范数的性质 2 及 Cauchy-Schwarz 不等式有

$$\big|\,\|\boldsymbol{\alpha}\|-\|\boldsymbol{\beta}\|\,\big| \leqslant \|\boldsymbol{\alpha}-\boldsymbol{\beta}\| = \left\|\sum_{k=1}^n (x_k-y_k)\boldsymbol{\varepsilon}_k\right\| \leqslant$$

$$\sum_{k=1}^n |x_k-y_k|\,\|\boldsymbol{\varepsilon}_k\| \leqslant \left(\sum_{k=1}^n |x_k-y_k|^2\right)^{\frac{1}{2}} \left(\sum_{k=1}^n \|\boldsymbol{\varepsilon}_k\|^2\right)^{\frac{1}{2}} < \varepsilon$$

这说明 $\|\boldsymbol{\alpha}\|$ 是 $x_1,x_2,\cdots,x_n$ 的连续函数.　□

有了范数的连续性就可以证明范数的等价性.

定理 4.6 n 维线性空间 $V_n(\mathbf{F})$ 上的任意两个向量范数都是等价的.

证 设 $\boldsymbol{\varepsilon}_1,\cdots,\boldsymbol{\varepsilon}_n$ 是 $V_n(\mathbf{F})$ 的一组基,则 $\forall \boldsymbol{\alpha}\in V_n(\mathbf{F})$ 可唯一表示成 $\boldsymbol{\alpha}=\sum_{k=1}^{n}x_k\boldsymbol{\varepsilon}_k$, $\boldsymbol{x}=(x_1,\cdots,x_n)^{\mathrm{T}}\in\mathbf{F}^n$,定义

$$\|\boldsymbol{\alpha}\|_2=\|\boldsymbol{x}\|_2=\left(\sum_{k=1}^{n}|x_k|^2\right)^{\frac{1}{2}}$$

由例 4.6 知 $\|\boldsymbol{\alpha}\|_2$ 是 V 上的一个向量范数.

设 $\|\boldsymbol{\alpha}\|$ 是 $V_n(\mathbf{F})$ 上的任一向量范数,由向量范数的等价具有传递性,只要证出 $\|\boldsymbol{\alpha}\|$ 与 $\|\boldsymbol{\alpha}\|_2$ 等价即可.

若 $\boldsymbol{\alpha}=\boldsymbol{\theta}$,则 $\|\boldsymbol{\alpha}\|$ 与 $\|\boldsymbol{\alpha}\|_2$ 显然等价,以下设 $\boldsymbol{\alpha}\neq\boldsymbol{\theta}$.

设 $f(x_1,\cdots,x_n)=\|\boldsymbol{\alpha}\|$,则由定理 4.5 知 $f(x_1,\cdots,x_n)$ 是 $x_1,\cdots,x_n$ 的连续函数.

考虑集合

$$S=\{\boldsymbol{x}\mid \|\boldsymbol{x}\|_2=1,\boldsymbol{x}\in\mathbf{F}^n\} \tag{4.16}$$

则 S 为 $\mathbf{F}^n$ 上的单位球面,为有界闭集.由有界闭集上的连续函数的性质,知 $f(x_1,\cdots,x_n)$ 可达到最大值 M 和最小值 m,由 $\boldsymbol{\alpha}\neq\boldsymbol{\theta}$,故 $m>0$,取

$$\boldsymbol{\beta}=\sum_{k=1}^{n}\frac{x_k}{\|\boldsymbol{x}\|_2}\boldsymbol{\varepsilon}_k=\sum_{k=1}^{n}y_k\boldsymbol{\varepsilon}_k$$

$$\boldsymbol{y}=(y_1,\cdots,y_k,\cdots,y_n)^{\mathrm{T}}\in\mathbf{F}^n,\ y_k=\frac{x_k}{\|\boldsymbol{x}\|_2}$$

则
$$\|\boldsymbol{y}\|_2=1$$

故 $\boldsymbol{y}\in S$,所以

$$0<m\leqslant\|\boldsymbol{\beta}\|\leqslant M$$

由于 $\boldsymbol{\beta}=\dfrac{1}{\|\boldsymbol{x}\|_2}\boldsymbol{\alpha}$,所以 $m\leqslant\dfrac{\|\boldsymbol{\alpha}\|}{\|\boldsymbol{x}\|_2}\leqslant M$,即

$$m\|\boldsymbol{x}\|_2\leqslant\|\boldsymbol{\alpha}\|\leqslant M\|\boldsymbol{x}\|_2$$

$$m\|\boldsymbol{\alpha}\|_2\leqslant\|\boldsymbol{\alpha}\|\leqslant M\|\boldsymbol{\alpha}\|_2$$

这说明 $\|\boldsymbol{\alpha}\|$ 与 $\|\boldsymbol{\alpha}\|_2$ 等价. □

由例 4.1、例 4.2、例 4.3 易知下列不等式成立

$$\|\boldsymbol{x}\|_\infty\leqslant\|\boldsymbol{x}\|_1\leqslant n\|\boldsymbol{x}\|_\infty$$

$$\|\boldsymbol{x}\|_\infty\leqslant\|\boldsymbol{x}\|_2\leqslant\sqrt{n}\|\boldsymbol{x}\|_\infty$$

可见 $\|\boldsymbol{x}\|_1,\|\boldsymbol{x}\|_2,\|\boldsymbol{x}\|_\infty$ 互相等价.

有了向量范数 $\|\cdot\|_a$ 与向量范数 $\|\cdot\|_b$ 的等价性,表明有关按 $\|\cdot\|_a$ 收敛的性质,按 $\|\cdot\|_b$ 也相应成立,这在研究向量序列收敛问题时表现出一致性.

定义 4.3 设 $\{\boldsymbol{x}^{(k)}\}$ 是 $\mathbf{C}^n$ 中的向量序列,其中 $\boldsymbol{x}^{(k)}=(x_1^{(k)},\cdots,x_i^{(k)},\cdots,x_n^{(k)})^{\mathrm{T}}$,若 $\lim\limits_{k\to+\infty}x_i^{(k)}=x_i(i=1,2,\cdots,n)$,则称向量序列 $\{\boldsymbol{x}^{(k)}\}$ 是收敛的,并说 $\{\boldsymbol{x}^{(k)}\}$ 的极限为向量 $\boldsymbol{x}=(x_1,\cdots,x_i,\cdots,x_n)^{\mathrm{T}}$,记为

$$\lim_{k\to+\infty}\boldsymbol{x}^{(k)}=\boldsymbol{x} \tag{4.17}$$

向量序列不收敛时称为发散的.

与数列收敛相类似,很容易证明向量序列的收敛性具有以下性质:

设 $\{\boldsymbol{x}^{(k)}\}$、$\{\boldsymbol{y}^{(k)}\}$ 是 $\mathbf{C}^n$ 中的两个向量序列，λ、μ 是两个复常数，$\boldsymbol{A}\in\mathbf{C}^{m\times n}$，且 $\lim\limits_{k\to+\infty}\{\boldsymbol{x}^{(k)}\}=\boldsymbol{x}$，$\lim\limits_{k\to+\infty}\{\boldsymbol{y}^{(k)}\}=\boldsymbol{y}$，则：

① $\lim\limits_{k\to+\infty}(\lambda\boldsymbol{x}^{(k)}+\mu\boldsymbol{y}^{(k)})=\lambda\boldsymbol{x}+\mu\boldsymbol{y}$；

② $\lim\limits_{k\to+\infty}\boldsymbol{A}\boldsymbol{x}^{(k)}=\boldsymbol{A}\boldsymbol{x}$.

定理 4.7　$\mathbf{C}^n$ 中向量序列 $\{\boldsymbol{x}^{(k)}\}$ 收敛于向量 $\boldsymbol{x}$ 的充分必要条件是，对于 $\mathbf{C}^n$ 上任一向量范数 $\|\cdot\|$，都有

$$\lim_{k\to\infty}\|\boldsymbol{x}^{(k)}-\boldsymbol{x}\|=0 \tag{4.18}$$

证　由范数的等价性，只要对 $\|\cdot\|_\infty$ 证明即可.

先证必要性.

设 $\lim\limits_{k\to+\infty}\boldsymbol{x}^{(k)}=\boldsymbol{x}$，于是有 $\lim\limits_{k\to+\infty}x_i^{(k)}=x_i$，即

$$x_i^{(k)}-x_i\to 0, i=1,2,\cdots,n$$

故

$$\max_i|x_i^{(k)}-x_i|\to 0\quad(k\to+\infty)$$

$\|\boldsymbol{x}^{(k)}-\boldsymbol{x}\|_\infty\to 0$，即

$$\lim_{k\to+\infty}\|\boldsymbol{x}^{(k)}-\boldsymbol{x}\|_\infty=0$$

再证充分性.

若 $\lim\limits_{k\to+\infty}\|\boldsymbol{x}^{(k)}-\boldsymbol{x}\|_\infty=0$，则

$$\max_i|x_i^{(k)}-x_i|\to 0(k\to+\infty)$$

因为 $0\leqslant|x_i^{(k)}-x_i|\leqslant\max\limits_i|x_i^{(k)}-x_i|(i=1,2,\cdots,n)$，所以

$$x_i^{(k)}-x_i\to 0\quad(i=1,2,\cdots,n,k\to+\infty)$$

即

$$\lim_{k\to+\infty}\boldsymbol{x}^{(k)}=\boldsymbol{x}$$

□

4.2　矩阵范数

由第一章例 1.1 知所有 $m\times n$ 实矩阵全体构成线性空间 $\mathbf{R}^{m\times n}$，若 $\boldsymbol{A}\in\mathbf{R}^{m\times n}$，则可将 $\boldsymbol{A}$ 看作 $\mathbf{R}^{m\times n}$ 的向量，可以按照向量范数三公理来定义它的向量范数

$$\|\boldsymbol{A}\|_{v_1}=\sum_{i=1}^m\sum_{j=1}^n|a_{ij}| \tag{4.19}$$

$$\|\boldsymbol{A}\|_{v_p}=(\sum_{i=1}^m\sum_{j=1}^n|a_{ij}|^p)^{\frac{1}{p}}\quad 1<p<+\infty \tag{4.20}$$

$$\|\boldsymbol{A}\|_{v_\infty}=\max_{i,j}|a_{ij}| \tag{4.21}$$

可以证明它们都是线性空间 $\mathbf{R}^{m\times n}$ 上的向量范数. 在线性空间中，仅有向量的加法和数乘运算，但是矩阵之间还有矩阵乘法运算，因此考虑矩阵范数时，仅仅满足向量范数三公理是不够的，这就是矩阵范数相容性公理的问题，我们先从方阵的范数谈起.

定义 4.4　若 $\forall\boldsymbol{A}\in\mathbf{C}^{n\times n}$ 都有一个实数 $\|\boldsymbol{A}\|$ 与之对应，且满足：

① 正定性：当 $\boldsymbol{A}\neq\boldsymbol{O}$，$\|\boldsymbol{A}\|>0$；当 $\boldsymbol{A}=\boldsymbol{O}$ 时，$\|\boldsymbol{A}\|=0$；

② 齐次性：$\forall k\in\mathbf{C}$，$\|k\boldsymbol{A}\|=|k|\,\|\boldsymbol{A}\|$；

③ 三角不等式：$\forall \boldsymbol{A},\boldsymbol{B}\in \mathbf{C}^{n\times n}$，都有 $\|\boldsymbol{A}+\boldsymbol{B}\| \leqslant \|\boldsymbol{A}\| + \|\boldsymbol{B}\|$；

④ 相容性：$\forall \boldsymbol{A},\boldsymbol{B}\in \mathbf{C}^{n\times n}$，都有 $\|\boldsymbol{AB}\| \leqslant \|\boldsymbol{A}\|\,\|\boldsymbol{B}\|$.

则称 $\|\boldsymbol{A}\|$ 为 $\mathbf{C}^{n\times n}$ 上矩阵 $\boldsymbol{A}$ 的矩阵范数.

在矩阵范数的定义里，由于前三条与向量范数定义中一致，因此矩阵范数与向量范数具有相类似的性质.

性质 1 $\|-\boldsymbol{A}\| = \|\boldsymbol{A}\|$.

性质 2 $\left|\|\boldsymbol{A}\| - \|\boldsymbol{B}\|\right| \leqslant \|\boldsymbol{A}-\boldsymbol{B}\|$.

但是由于矩阵范数定义里增加了相容性公理，这使得向量范数的表达式推广到矩阵时，必然会发生一定的变化.

例 4.9 设 $\boldsymbol{A}=(a_{ij})_{n\times n}\in \mathbf{C}^{n\times n}$，定义

$$\|\boldsymbol{A}\|_{m_1} = \sum_{i=1}^{n}\sum_{j=1}^{n}|a_{ij}| \tag{4.22}$$

则 $\|\boldsymbol{A}\|_{m_1}$ 是 $\mathbf{C}^{n\times n}$ 上的一种矩阵范数，称为矩阵的 m_1-范数.

证 ① 正定性，② 齐次性显然.

③ 再证三角不等式，设 $\boldsymbol{B}=(b_{ij})_{n\times n}$，则

$$\begin{aligned}\|\boldsymbol{A}+\boldsymbol{B}\|_{m_1} &= \sum_{i=1}^{n}\sum_{j=1}^{n}|a_{ij}+b_{ij}| \leqslant \\ &\sum_{i=1}^{n}\sum_{j=1}^{n}(|a_{ij}|+|b_{ij}|) \leqslant \\ &\sum_{i=1}^{n}\sum_{j=1}^{n}|a_{ij}| + \sum_{i=1}^{n}\sum_{j=1}^{n}|b_{ij}| = \\ &\|\boldsymbol{A}\|_{m_1} + \|\boldsymbol{B}\|_{m_1}\end{aligned}$$

④ 相容性

$$\boldsymbol{AB} = \left(\sum_{k=1}^{n} a_{ik}b_{kj}\right)_{n\times n}$$

$$\begin{aligned}\|\boldsymbol{AB}\|_{m_1} &= \sum_{i=1}^{n}\sum_{j=1}^{n}\left|\sum_{k=1}^{n}a_{ik}b_{kj}\right| \leqslant \sum_{i=1}^{n}\sum_{j=1}^{n}\left(\sum_{k=1}^{n}|a_{ik}|\,|b_{kj}|\right) \leqslant \\ &\sum_{i=1}^{n}\sum_{j=1}^{n}\left[\left(\sum_{k=1}^{n}|a_{ik}|\right)\left(\sum_{k=1}^{n}|b_{kj}|\right)\right] = \\ &\sum_{i=1}^{n}\left(\sum_{k=1}^{n}|a_{ik}|\right)\sum_{j=1}^{n}\left(\sum_{k=1}^{n}|b_{kj}|\right) = \\ &\left(\sum_{i=1}^{n}\sum_{k=1}^{n}|a_{ik}|\right)\left(\sum_{j=1}^{n}\sum_{k=1}^{n}|b_{kj}|\right) = \\ &\|\boldsymbol{A}\|_{m_1}\|\boldsymbol{B}\|_{m_1}\end{aligned}$$

可见 $\|\boldsymbol{A}\|_{m_1}$ 是 $\mathbf{C}^{n\times n}$ 上的一种矩阵范数. □

设 $\boldsymbol{A}=\begin{bmatrix}1 & -\mathrm{i}\\ -1 & \mathrm{i}\end{bmatrix}$，则 $\|\boldsymbol{A}\|_{m_1}=4$.

例 4.10 设 $\boldsymbol{A}=(a_{ij})_{n\times n}\in \mathbf{C}^{n\times n}$，定义

$$\|\boldsymbol{A}\|_F = \|\boldsymbol{A}\|_{m_2} = \sqrt{\sum_{i=1}^{n}\sum_{j=1}^{n}|a_{ij}|^2} = \left(\sum_{i=1}^{n}\sum_{j=1}^{n}|a_{ij}|^2\right)^{\frac{1}{2}} = \sqrt{\mathrm{tr}(\boldsymbol{A}^{\mathrm{H}}\boldsymbol{A})} \tag{4.23}$$

则 $\|A\|_F$ 是 $C^{n\times n}$ 上的一种矩阵范数,称为矩阵的 **Frobenius** 范数,简称 F- 范数.

证　正定性、齐次性显然,以下证 ③、④ 两条公理.

③ 三角不等式.

设

$$B=(b_{ij})_{n\times n}\in C^{n\times n}$$

$$\|A+B\|_F=(\sum_{i=1}^{n}\sum_{j=1}^{n}|a_{ij}+b_{ij}|^2)^{\frac{1}{2}}$$

由 Minkowski 不等式

$$\|A+B\|_F\leqslant(\sum_{i=1}^{n}\sum_{j=1}^{n}|a_{ij}|^2)^{\frac{1}{2}}+(\sum_{i=1}^{n}\sum_{j=1}^{n}|b_{ij}|^2)^{\frac{1}{2}}=\|A\|_F+\|B\|_F$$

④ 可得

$$\|AB\|_F=(\sum_{i=1}^{n}\sum_{j=1}^{n}\left|\sum_{k=1}^{n}a_{ik}b_{kj}\right|^2)^{\frac{1}{2}}\leqslant[\sum_{i=1}^{n}\sum_{j=1}^{n}(\sum_{k=1}^{n}|a_{ik}||b_{kj}|)^2]^{\frac{1}{2}}\leqslant$$
$$\left\{\sum_{i=1}^{n}\sum_{j=1}^{n}[(\sum_{k=1}^{n}|a_{ik}|^2)(\sum_{k=1}^{n}|b_{kj}|^2)]\right\}^{\frac{1}{2}}=$$
$$(\sum_{i=1}^{n}\sum_{k=1}^{n}|a_{ik}|^2)^{\frac{1}{2}}(\sum_{j=1}^{n}\sum_{k=1}^{n}|b_{kj}|^2)^{\frac{1}{2}}=$$
$$\|A\|_F\|B\|_F$$

故 $\|A\|_F$ 是 $C^{n\times n}$ 上一种范数.

上面不等式的推理过程中用到 Cauchy-Schwarz 不等式.

设 $A=\begin{bmatrix}2\sqrt{2} & 3+4\mathrm{i}\\ 6\mathrm{i} & -10\end{bmatrix}$,则 $\|A\|_F=\sqrt{8+25+36+100}=13$.

在众多的矩阵范数中,F- 范数是非常重要的一种,因为它有很好的性质.

定理 4.8　设 $A\in C^{n\times n}$,记 $A=(\alpha_1,\cdots,\alpha_j,\cdots,\alpha_n)$,$\alpha_j\in C^n$,$j=1,2,\cdots,n$,则:

① $\|A\|_F^2=\sum_{j=1}^{n}\|\alpha_j\|_2^2$;　(4.24)

② $\|A\|_F^2=\mathrm{tr}(A^HA)=\sum_{i=1}^{n}\lambda_i(A^HA)$;　(4.25)

其中 $\lambda_i(A^HA)(i=1,2,\cdots,n)$ 表示 A^HA 的第 i 个特征值.

③ 对任意的 n 阶酉阵 U、V 有

$$\|UA\|_F=\|AV\|_F=\|UAV\|_F=\|U^HAV\|_F=\|A\|_F \tag{4.26}$$

称之为 F- 范数的酉不变性.

证　① 可得

$$\|A\|_F^2=\sum_{i=1}^{n}\sum_{j=1}^{n}|a_{ij}|^2$$

$$\|\alpha_j\|_2^2=\sum_{i=1}^{n}|a_{ij}|^2\quad j=1,2,\cdots,n$$

所以

$$\sum_{j=1}^{n}\|\alpha_j\|_2^2=\sum_{j=1}^{n}\sum_{i=1}^{n}|a_{ij}|^2=\sum_{i=1}^{n}\sum_{j=1}^{n}|a_{ij}|^2=\|A\|_F^2$$

② 可得

$$\boldsymbol{A}^{\mathrm{H}}\boldsymbol{A}=\begin{bmatrix}\boldsymbol{\alpha}_1^{\mathrm{H}}\\ \vdots\\ \boldsymbol{\alpha}_j^{\mathrm{H}}\\ \vdots\\ \boldsymbol{\alpha}_n^{\mathrm{H}}\end{bmatrix}(\boldsymbol{\alpha}_1,\cdots,\boldsymbol{\alpha}_j,\cdots,\boldsymbol{\alpha}_n)=\begin{bmatrix}\boldsymbol{\alpha}_1^{\mathrm{H}}\boldsymbol{\alpha}_1\cdots & \boldsymbol{\alpha}_1^{\mathrm{H}}\boldsymbol{\alpha}_j\cdots & \boldsymbol{\alpha}_1^{\mathrm{H}}\boldsymbol{\alpha}_n\\ \vdots & \vdots & \vdots\\ \boldsymbol{\alpha}_j^{\mathrm{H}}\boldsymbol{\alpha}_1\cdots & \boldsymbol{\alpha}_j^{\mathrm{H}}\boldsymbol{\alpha}_j\cdots & \boldsymbol{\alpha}_j^{\mathrm{H}}\boldsymbol{\alpha}_n\\ \vdots & \vdots & \vdots\\ \boldsymbol{\alpha}_n^{\mathrm{H}}\boldsymbol{\alpha}_1\cdots & \boldsymbol{\alpha}_n^{\mathrm{H}}\boldsymbol{\alpha}_j\cdots & \boldsymbol{\alpha}_n^{\mathrm{H}}\boldsymbol{\alpha}_n\end{bmatrix}$$

$$\boldsymbol{\alpha}_j^{\mathrm{H}}\boldsymbol{\alpha}_j=(\bar{a}_{1j},\cdots,\bar{a}_{ij},\cdots,\bar{a}_{nj})\begin{bmatrix}a_{1j}\\ \vdots\\ a_{ij}\\ \vdots\\ a_{nj}\end{bmatrix}=\sum_{i=1}^{n}\bar{a}_{ij}a_{ij}$$

所以

$$\mathrm{tr}(\boldsymbol{A}^{\mathrm{H}}\boldsymbol{A})=\sum_{j=1}^{n}\boldsymbol{\alpha}_j^{\mathrm{H}}\boldsymbol{\alpha}_j=\sum_{j=1}^{n}(\sum_{i=1}^{n}\bar{a}_{ij}a_{ij})=$$
$$\sum_{i=1}^{n}\sum_{j=1}^{n}|a_{ij}|^2=\|\boldsymbol{A}\|_F^2$$

由于矩阵的迹等于矩阵特征值之和，所以有

$$\mathrm{tr}(\boldsymbol{A}^{\mathrm{H}}\boldsymbol{A})=\sum_{i=1}^{n}\lambda_i(\boldsymbol{A}^{\mathrm{H}}\boldsymbol{A})$$

故 ② 成立.

③ 由刚证得的 ② 有

$$\|\boldsymbol{UA}\|_F^2=\mathrm{tr}((\boldsymbol{UA})^{\mathrm{H}}(\boldsymbol{UA}))=\mathrm{tr}(\boldsymbol{A}^{\mathrm{H}}\boldsymbol{U}^{\mathrm{H}}\boldsymbol{UA})=$$
$$\mathrm{tr}(\boldsymbol{A}^{\mathrm{H}}\boldsymbol{A})=\|\boldsymbol{A}\|_F^2$$

故

$$\|\boldsymbol{UA}\|_F=\|\boldsymbol{A}\|_F$$
$$\|\boldsymbol{AV}\|_F^2=\mathrm{tr}((\boldsymbol{AV})^{\mathrm{H}}(\boldsymbol{AV}))=\mathrm{tr}(\boldsymbol{V}^{\mathrm{H}}\boldsymbol{A}^{\mathrm{H}}\boldsymbol{AV})=$$
$$\mathrm{tr}(\boldsymbol{AVV}^{\mathrm{H}}\boldsymbol{A}^{\mathrm{H}})=\mathrm{tr}(\boldsymbol{AA}^{\mathrm{H}})=\mathrm{tr}(\boldsymbol{A}^{\mathrm{H}}\boldsymbol{A})=\|\boldsymbol{A}\|_F^2$$

这里用到 $\mathrm{tr}(\boldsymbol{AB})=\mathrm{tr}(\boldsymbol{BA})$ 这个线性代数里的熟知的结论

$$\|\boldsymbol{UAV}\|_F=\|\boldsymbol{U}(\boldsymbol{AV})\|_F=\|\boldsymbol{AV}\|_F=\|\boldsymbol{A}\|_F$$
$$\|\boldsymbol{U}^{\mathrm{H}}\boldsymbol{AV}\|_F=\|(\boldsymbol{U}^{\mathrm{H}}\boldsymbol{A})\boldsymbol{V}\|_F=\|\boldsymbol{U}^{\mathrm{H}}\boldsymbol{A}\|_F=\|\boldsymbol{A}\|_F$$ □

定理 4.8 说明酉相抵的矩阵，它们的 F- 范数全相等.

由第二章例 2.2 知 $(\boldsymbol{A},\boldsymbol{A})=\mathrm{tr}(\boldsymbol{A}^{\mathrm{H}}\boldsymbol{A})$，由定理 4.8 之 ② 有

$$\|\boldsymbol{A}\|_F=\sqrt{\mathrm{tr}(\boldsymbol{A}^{\mathrm{H}}\boldsymbol{A})}=\sqrt{(\boldsymbol{A},\boldsymbol{A})}$$

由此看出矩阵的 Frobenius 范数是向量的 Euclid 范数的自然推广.

下面我们考虑 $\|\boldsymbol{A}\|_{m_\infty}$ 的定义问题.

取 $\boldsymbol{A}=\begin{bmatrix}1&1\\0&0\end{bmatrix}$，$\boldsymbol{B}=\begin{bmatrix}1&0\\1&0\end{bmatrix}$，则 $\boldsymbol{AB}=\begin{bmatrix}2&0\\0&0\end{bmatrix}$.

如果单纯仿照例 4.3，以 $\max\limits_{i,j}\{a_{ij}\}$ 来定义矩阵的 m_∞- 范数就会出现

$$\|\boldsymbol{AB}\|_{m_\infty}=2,\ \|\boldsymbol{A}\|_{m_\infty}=\|\boldsymbol{B}\|_{m_\infty}=1$$

这样矩阵范数的相容性公理 $\|\boldsymbol{AB}\|\leqslant\|\boldsymbol{A}\|\,\|\boldsymbol{B}\|$ 就不成立，这就告诉我们对于矩阵的范数

要做适当的改变.

例 4.11　设 $\boldsymbol{A}=(a_{ij})_{n\times n}\in\mathbf{C}^{n\times n}$，定义

$$\|\boldsymbol{A}\|_{m_\infty}=n\max_{i,j}|a_{ij}| \tag{4.27}$$

则 $\|\mathbf{A}\|_{m_\infty}$ 是 $\mathbf{C}^{n\times n}$ 上的矩阵范数，称为矩阵的 m_∞- 范数.

证：① 正定性与 ② 齐次性显然.

③ 三角不等式.

设 $\boldsymbol{B}=(b_{ij})_{n\times n}\in\mathbf{C}^{n\times n}$，有

$$\begin{aligned}\|\boldsymbol{A}+\boldsymbol{B}\|_{m_\infty}&=n\max_{i,j}|a_{ij}+b_{ij}|\leqslant\\&n\max_{i,j}(|a_{ij}|+|b_{ij}|)\leqslant\\&n(\max_{i,j}|a_{ij}|+\max_{i,j}|b_{ij}|)=\\&n\max_{i,j}|a_{ij}|+n\max_{i,j}|b_{ij}|=\\&\|\boldsymbol{A}\|_{m_\infty}+\|\boldsymbol{B}\|_{m_\infty}\end{aligned}$$

④ 相容性

$$\begin{aligned}\|\boldsymbol{AB}\|_{m_\infty}=n\max_{i,j}\left|\sum_{k=1}^{n}a_{ik}b_{kj}\right|\leqslant n\max_{i,j}\sum_{k=1}^{n}|a_{ik}||b_{kj}|\leqslant\\n\max_{i,j}\sum_{k=1}^{n}(\max_{i,j}|a_{ij}|)|b_{kj}|=\\n(\max_{i,j}|a_{ij}|)(\max_{i,j}\sum_{k=1}^{n}|b_{kj}|)=\\n\max_{i,j}|a_{ij}|(\max_{i,j}\sum_{i=1}^{n}|b_{ij}|)\leqslant\\n\max_{i,j}|a_{ij}|\cdot n\max_{i,j}|b_{ij}|)=\\\|\boldsymbol{A}\|_{m_\infty}\|\boldsymbol{B}\|_{m_\infty}\end{aligned}$$

故 $\|\boldsymbol{A}\|_{m_\infty}$ 是 $\mathbf{C}^{n\times n}$ 上的一种矩阵范数.　□

设 $\boldsymbol{A}=\begin{bmatrix}2\mathrm{i}&-1\\-5&3-4\mathrm{i}\end{bmatrix}$，则 $\|\boldsymbol{A}\|_{m_\infty}=10$.

与向量范数的定理 4.5、定理 4.6 类似，关于矩阵范数也有相应的结论.

定理 4.9　$\|\cdot\|_m$ 是 $\mathbf{C}^{n\times n}$ 上的矩阵范数，$\boldsymbol{A}=(a_{ij})_{n\times n}\in\mathbf{C}^{n\times n}$，则：

① $\|\boldsymbol{A}\|$ 是 a_{ij} 的连续函数，$i=1,\cdots,n;j=1,\cdots,n$；

② $\mathbf{C}^{n\times n}$ 上任意两个矩阵范数等价.

在矩阵范数定义中与向量范数的定义相比，增加了范数的相容性公理，即要求 $\|\boldsymbol{AB}\|\leqslant\|\boldsymbol{A}\|\|\boldsymbol{B}\|$，向量可以看作是列数为 1 的矩阵，这样在矩阵与向量的乘积运算中就出现了既有矩阵范数，又有向量范数，如何确定它们的关联呢？我们有如下的定义：

定义 4.5　设 $\|\cdot\|_m$ 是 $\mathbf{C}^{n\times n}$ 上的矩阵范数，$\|\cdot\|_v$ 是 $\mathbf{C}^n$ 上的向量范数，若 $\forall\boldsymbol{A}\in\mathbf{C}^{n\times n}$ 和 $\forall\boldsymbol{x}\in\mathbf{C}^n$ 都有

$$\|\boldsymbol{Ax}\|_v\leqslant\|\boldsymbol{A}\|_m\|\boldsymbol{x}\|_v \tag{4.28}$$

则称矩阵范数 $\|\cdot\|_m$ 与向量范数 $\|\cdot\|_v$ 是相容的.

例 4.12　求证 $\mathbf{C}^{n\times n}$ 上的矩阵 m_1- 范数与 $\mathbf{C}^n$ 上向量的 1- 范数相容.

证　设 $\boldsymbol{A}=(a_{ij})_{n\times n}\in\mathbf{C}^{n\times n},\boldsymbol{x}=(x_1,x_2,\cdots,x_n)^{\mathrm{T}}\in\mathbf{C}^n$，则

$$\begin{aligned}\|\boldsymbol{Ax}\|_1=\sum_{i=1}^{n}\Big|\sum_{j=1}^{n}a_{ij}x_j\Big|\leqslant\sum_{i=1}^{n}(\sum_{j=1}^{n}|a_{ij}||x_j|)\leqslant\\ \sum_{i=1}^{n}[(\sum_{j=1}^{n}|a_{ij}|)(\sum_{j=1}^{n}|x_j|)]=\\ (\sum_{i=1}^{n}\sum_{j=1}^{n}|a_{ij}|)\sum_{j=1}^{n}|x_j|=\|\boldsymbol{A}\|_{m_1}\|\boldsymbol{x}\|_1\end{aligned}$$

这说明矩阵的 m_1- 范数与向量的 1- 范数相容.　□

例 4.13　求证 $\mathbf{C}^{n\times n}$ 的矩阵 F- 范数与 $\mathbf{C}^n$ 上向量的 2- 范数相容.

证　由 Cauchy-Schwarz 不等式

$$\begin{aligned}\|\boldsymbol{Ax}\|_2^2=\sum_{i=1}^{n}\Big|\sum_{j=1}^{n}a_{ij}x_j\Big|^2\leqslant\sum_{i=1}^{n}(\sum_{j=1}^{n}|a_{ij}||x_j|)^2\leqslant\\ \sum_{i=1}^{n}[(\sum_{j=1}^{n}|a_{ij}|^2)(\sum_{j=1}^{n}|x_j|^2)]=\\ (\sum_{i=1}^{n}\sum_{j=1}^{n}|a_{ij}|^2)(\sum_{j=1}^{n}|x_j|^2)=\|\boldsymbol{A}\|_F^2\|\boldsymbol{x}\|_2^2\end{aligned}$$

即 $\|\boldsymbol{Ax}\|_2\leqslant\|\boldsymbol{A}\|_F\|\boldsymbol{x}\|_2$，这说明矩阵的 F- 范数与向量的 2- 范数相容.　□

例 4.14　求证 $\mathbf{C}^{n\times n}$ 上矩阵的 m_∞- 范数与 $\mathbf{C}^n$ 上向量的 ∞- 范数相容.

证　可得

$$\begin{aligned}\|\boldsymbol{Ax}\|_\infty=\max_i\Big|\sum_{j=1}^{n}a_{ij}x_j\Big|\leqslant\\ \max_i\sum_{j=1}^{n}|a_{ij}||x_j|\leqslant\\ \max_i\sum_{j=1}^{n}|a_{ij}|(\max_j|x_j|)=\\ (\max_i\sum_{j=1}^{n}|a_{ij}|)(\max_j|x_j|)\leqslant\\ \max_i\cdot n\max_j|a_{ij}|\cdot\max_j|x_j|=\\ n\max_{i,j}|a_{ij}|\cdot\max_j|x_j|=\|\boldsymbol{A}\|_{m_\infty}\|\boldsymbol{x}\|_\infty\end{aligned}$$

这说明矩阵的 m_∞- 范数与向量的 ∞- 范数相容.　□

类似地还可以证明：$\mathbf{C}^{n\times n}$ 上阵矩的 m_∞- 范数与 $\mathbf{C}^n$ 上的向量的 1- 范数，2- 范数均相容.

对于 $\|\boldsymbol{A}\|_{m_\infty}$，它与 $\|x\|_\infty,\|x\|_1,\|x\|_2$ 均相容. 现在的问题是对于 $\mathbf{C}^{n\times n}$ 上任意给定的矩阵范数是否一定有在与之相容的向量范数呢？回答是肯定的.

定理 4.10　设 $\|\cdot\|_m$ 是 $\mathbf{C}^{n\times n}$ 上的一种矩阵范数，则在 $\mathbf{C}^n$ 上必存在与它相容的向量范数.

证　任取 $\boldsymbol{\alpha}\in\mathbf{C}^n,\boldsymbol{\alpha}\neq\boldsymbol{\theta},\forall\,\boldsymbol{x}\in\mathbf{C}^n$，定义

$$\|\boldsymbol{x}\|_v=\|\boldsymbol{x\alpha}^{\mathrm{H}}\|_m \tag{4.29}$$

以下证明这样定义的向量范数 $\|\cdot\|_v$ 与 $\|\cdot\|_m$ 相容. 先证 $\|\boldsymbol{x}\|_v$ 是向量范数.

① 当 $\boldsymbol{x}\neq\boldsymbol{\theta}$ 时，$\boldsymbol{x\alpha}^{\mathrm{H}}\neq\boldsymbol{O}$，于是 $\|\boldsymbol{x}\|_v=\|\boldsymbol{x\alpha}^{\mathrm{H}}\|_m>0$；

当 $\boldsymbol{x}=\boldsymbol{\theta}$ 时，$\boldsymbol{x\alpha}^{\mathrm{H}}=\boldsymbol{\theta\alpha}^{\mathrm{H}}=\boldsymbol{O}$，$\|\boldsymbol{x}\|_v=\|\boldsymbol{x\alpha}^{\mathrm{H}}\|_m=0$，正定性得证.

② $\forall k \in \mathbf{C}$,有

$$\| k\boldsymbol{x} \|_v = \| (k\boldsymbol{x})\boldsymbol{\alpha}^{\mathrm{H}} \|_m = |k| \, \| \boldsymbol{x}\boldsymbol{\alpha}^{\mathrm{H}} \|_m = |k| \, \| \boldsymbol{x} \|_v$$

齐次性成立.

③ 另设 $\boldsymbol{y} \in \mathbf{C}^n$ 有

$$\| \boldsymbol{x} + \boldsymbol{y} \|_v = \| (\boldsymbol{x} + \boldsymbol{y})\boldsymbol{\alpha}^{\mathrm{H}} \|_m = \| \boldsymbol{x}\boldsymbol{\alpha}^{\mathrm{H}} + \boldsymbol{y}\boldsymbol{\alpha}^{\mathrm{H}} \|_m \leqslant \| \boldsymbol{x}\boldsymbol{\alpha}^{\mathrm{H}} \|_m + \| \boldsymbol{y}\boldsymbol{\alpha}^{\mathrm{H}} \|_m = \| \boldsymbol{x} \|_v + \| \boldsymbol{y} \|_v$$

三角不等式满足.

故 $\| \boldsymbol{x} \|_v$ 是 $\mathbf{C}^n$ 上的向量范数.

再证相容性

$$\| \boldsymbol{A}\boldsymbol{x} \|_v = \| (\boldsymbol{A}\boldsymbol{x})\boldsymbol{\alpha}^{\mathrm{H}} \|_m = \| \boldsymbol{A}(\boldsymbol{x}\boldsymbol{\alpha}^{\mathrm{H}}) \|_m \leqslant \| \boldsymbol{A} \|_m \| \boldsymbol{x}\boldsymbol{\alpha}^{\mathrm{H}} \|_m = \| \boldsymbol{A} \|_m \| \boldsymbol{x} \|_v$$

可见矩阵范数 $\| \boldsymbol{A} \|_m$ 与向量范数 $\| \boldsymbol{x} \|_v$ 相容.

4.3 算子范数

定理 4.10 告诉我们,对于 $\mathbf{C}^{n\times n}$ 上给定的矩阵范数,一定可以找到 $\mathbf{C}^n$ 上的一种向量范数与之相容,反之对于 $\mathbf{C}^n$ 上的向量范数,是否有矩阵范数与之相容.

另一方面,与向量范数类似,同一矩阵它的各种范数有一定的差别.例如取单位阵 $\boldsymbol{I}_n$,立见

$$\| \boldsymbol{I}_n \|_{m_1} = n, \ \| \boldsymbol{I}_n \|_F = \sqrt{n}, \ \| \boldsymbol{I}_n \|_{m_\infty} = n$$

这就给理论分析与实际实用造成不便,所以要找出一种矩阵范数,使 $\| \boldsymbol{I}_n \| = 1$,我们有如下的定理.

定理 4.11　设 $\| \cdot \|_v$ 是 $\mathbf{C}^n$ 上的向量范数,$\forall \boldsymbol{A} \in \mathbf{C}^{n\times n}$ 定义

$$\| \boldsymbol{A} \| = \max_{\boldsymbol{x}\neq\boldsymbol{\theta}} \frac{\| \boldsymbol{A}\boldsymbol{x} \|_v}{\| \boldsymbol{x} \|_v} \left(= \max_{\| \boldsymbol{x} \|_v = 1} \| \boldsymbol{A}\boldsymbol{x} \|_v\right) \tag{4.30}$$

则 $\| \cdot \|$ 是 $\mathbf{C}^{n\times n}$ 上与向量范数 $\| \cdot \|_v$ 相容的矩阵范数,且 $\| \boldsymbol{I}_n \| = 1$.

证　由式(4.30)显然有 $\| \boldsymbol{I}_n \| = 1$,又由

$$\| \boldsymbol{A} \| = \max_{\boldsymbol{x}\neq\boldsymbol{\theta}} \frac{\| \boldsymbol{A}\boldsymbol{x} \|_v}{\| \boldsymbol{x} \|_v} \geqslant \frac{\| \boldsymbol{A}\boldsymbol{x} \|_v}{\| \boldsymbol{x} \|_v}$$

得

$$\| \boldsymbol{A}\boldsymbol{x} \|_v \leqslant \| \boldsymbol{A} \| \, \| \boldsymbol{x} \|_v$$

从而 $\| \cdot \|$ 与向量范数 $\| \cdot \|_v$ 相容.

以下证明 $\| \cdot \|$ 满足矩阵范数四条公理.

① 若 $\boldsymbol{A} = \boldsymbol{O}$,则 $\| \boldsymbol{A} \| = 0$.

若 $\boldsymbol{A} \neq \boldsymbol{O}$,则定有 $\boldsymbol{\theta} \neq \boldsymbol{x}_0 \in \mathbf{C}^n$,使 $\boldsymbol{A}\boldsymbol{x}_0 \neq \boldsymbol{\theta}$,(如若不然,$\forall \boldsymbol{x} \in \mathbf{C}^n$ 都有 $\boldsymbol{A}\boldsymbol{x} = \boldsymbol{\theta}$,特取 $\boldsymbol{x} = \boldsymbol{e}_i, i = 1, \cdots, n, \boldsymbol{e}_i$ 为 $\boldsymbol{I}_n$ 第 i 个列向量,于是有 $\boldsymbol{A}\boldsymbol{I} = \boldsymbol{O}$,则 $\boldsymbol{A} = \boldsymbol{O}$,矛盾)从而

$$\| \boldsymbol{A} \| \geqslant \frac{\| \boldsymbol{A}\boldsymbol{x}_0 \|_v}{\| \boldsymbol{x}_0 \|_v} > 0$$

正定性得证.

② $\forall k \in \mathbf{C}$,有

$$\|kA\| = \max_{x\neq\theta}\frac{\|(kA)x\|_v}{\|x\|_v} = |k|\max_{x\neq\theta}\frac{\|Ax\|_v}{\|x\|_v} = |k|\ \|A\|$$

齐次性得证.

③ 另设 $B\in\mathbf{C}^{n\times n}$,有

$$\|A+B\| = \max_{x\neq\theta}\frac{\|(A+B)x\|_v}{\|x\|_v} \leqslant \max_{x\neq\theta}\frac{\|Ax\|_v}{\|x\|_v} + \max_{x\neq\theta}\frac{\|Bx\|_v}{\|x\|_v} = \|A\| + \|B\|$$

三角不等式成立.

④ 可得

$$\|AB\| = \max_{x\neq\theta}\frac{\|(AB)x\|_v}{\|x\|_v} \leqslant \max_{x\neq\theta}\frac{\|A\|\ \|Bx\|_v}{\|x\|_v} =$$

$$\|A\|\ \max_{x\neq\theta}\frac{\|Bx\|_v}{\|x\|_v} = \|A\|\ \|B\|$$

相容性满足,故 $\|\cdot\|$ 是 $\mathbf{C}^{n\times n}$ 上的矩阵范数. □

定义 4.6　式(4.30)中所定义的矩阵范数称为算子范数,或称之为由向量范数 $\|\cdot\|_v$ 导出的矩阵范数,也称为导出范数或从属范数.

定理 4.11 表明对于任意给定的向量范数,一定有与之相容的矩阵范数,由它导出的算子范数即是其例.

由算子范数的定义可知 $\|A\| = \max\limits_{x\neq\theta}\dfrac{\|Ax\|_v}{\|x\|_v} = \max\limits_{\|x\|=1}\|Ax\|$,即需要计算最大值,由定理 4.5 知向量范数是连续的,故在有界闭集上可达到最大值.但按此计算并非易事,下面给出从属于向量 1- 范数,向量 2- 范数,向量 ∞- 范数的矩阵范数的具体表达式.

定理 4.12　设 $A=(a_{ij})_{n\times n}\in\mathbf{C}^{n\times n}$,$\|A\|_1$ 是由向量 1- 范数导出的算子范数,则

$$\|A\|_1 = \max_j\sum_{i=1}^n |a_{ij}| \tag{4.31}$$

称为矩阵的 1- 范数或列模和范数.

证　对任意 $\theta\neq x=(x_1,\cdots,x_j,\cdots,x_n)^{\mathrm{T}}\in\mathbf{C}^n$,有

$$Ax = \left(\sum_{j=1}^n a_{1j}x_j,\cdots,\sum_{j=1}^n a_{ij}x_j,\cdots,\sum_{j=1}^n a_{nj}x_j\right)^{\mathrm{T}}$$

$$\begin{aligned}\|Ax\|_1 = \sum_{i=1}^n\left|\sum_{j=1}^n a_{ij}x_j\right| \leqslant \sum_{i=1}^n\left(\sum_{j=1}^n |a_{ij}|\,|x_j|\right) &= \\ \sum_{j=1}^n\left(\sum_{i=1}^n |a_{ij}|\right)|x_j| &\leqslant \\ \sum_{j=1}^n\left(\max_j\sum_{i=1}^n |a_{ij}|\right)|x_j| &= \\ \left(\max_j\sum_{i=1}^n |a_{ij}|\right)\sum_{j=1}^n |x_j| &= \\ \left(\max_j\sum_{i=1}^n |a_{ij}|\right)\|x\|_1 &\end{aligned}$$

因 $\|x\|_1\neq 0$,故

$$\frac{\|Ax\|_1}{\|x\|_1} \leqslant \max_j\sum_{i=1}^n |a_{ij}|$$

所以
$$\|A\|_1=\max_{x\neq\theta}\frac{\|Ax\|_1}{\|x\|_1}\leqslant\max_j\sum_{i=1}^{n}|a_{ij}|$$

设在第 t 列达到列模和最大(若有多个列同时列模和达到最大,取列数最小者),即
$$\sum_{i=1}^{n}|a_{it}|=\max_j\sum_{i=1}^{n}|a_{ij}|$$

令 $x^{(0)}=(x_1^{(0)},\cdots,x_j^{(0)},\cdots,x_n^{(0)})^{\mathrm T}$,其中
$$x_j^{(0)}=\begin{cases}1, & j=t\\ 0, & j\neq t\end{cases}$$

显然 $x^{(0)}$ 为单位向量,即 $\|x^{(0)}\|_1=1$,且有
$$\frac{\|Ax^{(0)}\|_1}{\|x^{(0)}\|_1}=\|Ax^{(0)}\|_1=\sum_{i=1}^{n}\left|\sum_{j=1}^{n}a_{ij}x_j^{(0)}\right|=$$
$$\sum_{i=1}^{n}|a_{it}|=\max_j\sum_{i=1}^{n}|a_{ij}|$$

这说明 $\dfrac{\|Ax\|_1}{\|x\|_1}$ 在 $x=x^{(0)}$ 达到最大,所以
$$\|A\|_1=\max_{x\neq\theta}\frac{\|Ax\|_1}{\|x\|_1}=\max_j\sum_{i=1}^{n}|a_{ij}|$$
□

设 $A=\begin{bmatrix}1&-1\\1&1\end{bmatrix}$,则 $\|A\|_1=2$.

定理 4.13　设 $A=(a_{ij})_{n\times n}\in\mathbf{C}^{n\times n}$,$\|A\|_2$ 是由向量 2- 范数导出的算子范数,则
$$\|A\|_2=\sqrt{\lambda_n}=\sqrt{\max_i\lambda_i(A^{\mathrm H}A)}\tag{4.32}$$
称为矩阵的 2- 范数,或谱范数. 这里 λ_n 是矩阵 $A^{\mathrm H}A$ 的最大特征值.

证　由 3.7 节引理 2 知,因为 $A^{\mathrm H}A$ 的特征值为非负实数,所以可设 $A^{\mathrm H}A$ 的 n 个特征值为
$$0\leqslant\lambda_1\leqslant\lambda_2\leqslant\cdots\leqslant\lambda_n$$
因为 $A^{\mathrm H}A$ 是 Hermite 矩阵,所以存在 n 阶酉矩阵 U,使
$$U^{\mathrm H}A^{\mathrm H}AU=\mathrm{diag}(\lambda_1,\cdots,\lambda_j,\cdots,\lambda_n)$$
即
$$A^{\mathrm H}A=U\mathrm{diag}(\lambda_1,\cdots,\lambda_j,\cdots,\lambda_n)U^{\mathrm H}$$
将 U 按列向量分块,记 $U=(u_1,\cdots,u_j,\cdots,u_n)$,于是 $u_1,\cdots,u_j,\cdots,u_n$ 构成 $\mathbf{C}^n$ 的一个标准正交基,对任意 $\theta\neq x\in\mathbf{C}^n$,有
$$x=\sum_{j=1}^{n}k_ju_j$$
那么
$$\|x\|_2=\sqrt{x^{\mathrm H}x}=\sqrt{\left(\sum_{j=1}^{n}\bar{k}_ju_j^{\mathrm H}\right)\left(\sum_{j=1}^{n}k_ju_j\right)}=\sqrt{\sum_{j=1}^{n}|k_j|^2}$$
另一方面
$$\|Ax\|_2=\sqrt{(Ax)^{\mathrm H}(Ax)}=\sqrt{x^{\mathrm H}A^{\mathrm H}Ax}=\sqrt{x^{\mathrm H}(A^{\mathrm H}Ax)}$$
由
$$A^{\mathrm H}A=(u_1,\cdots,u_j,\cdots,u_n)\mathrm{diag}(\lambda_1,\cdots,\lambda_j,\cdots,\lambda_n)(u_1,\cdots,u_j,\cdots,u_n)^{\mathrm H}=$$

$$(\lambda_1 \boldsymbol{u}_1, \cdots, \lambda_j \boldsymbol{u}_j, \cdots, \lambda_n \boldsymbol{u}_n) \begin{bmatrix} \boldsymbol{u}_1^{\mathrm{H}} \\ \vdots \\ \boldsymbol{u}_j^{\mathrm{H}} \\ \vdots \\ \boldsymbol{u}_n^{\mathrm{H}} \end{bmatrix} =$$

$$\sum_{j=1}^{n} \lambda_j \boldsymbol{u}_j \boldsymbol{u}_j^{\mathrm{H}}$$

故
$$\boldsymbol{A}^{\mathrm{H}} \boldsymbol{A} \boldsymbol{x} = \left(\sum_{j=1}^{n} \lambda_j \boldsymbol{u}_j \boldsymbol{u}_j^{\mathrm{H}}\right)\left(\sum_{j=1}^{n} k_j \boldsymbol{u}_j\right) = \sum_{j=1}^{n} \lambda_j k_j \boldsymbol{u}_j$$

于是

$$\| \boldsymbol{A}\boldsymbol{x} \|_2 = \sqrt{\left(\sum_{j=1}^{n} k_j \boldsymbol{u}_j\right)^{\mathrm{H}} \left(\sum_{j=1}^{n} \lambda_j k_j \boldsymbol{u}_j\right)} = \sqrt{\sum_{j=1}^{n} \lambda_j \bar{k}_j k_j \boldsymbol{u}_j^{\mathrm{H}} \boldsymbol{u}_j} =$$

$$\sqrt{\sum_{j=1}^{n} \lambda_j |k_j|^2} \leqslant \sqrt{\lambda_n} \sqrt{\sum_{j=1}^{n} |k_j|^2} = \sqrt{\lambda_n} \| \boldsymbol{x} \|_2$$

即
$$\frac{\| \boldsymbol{A}\boldsymbol{x} \|_2}{\| \boldsymbol{x} \|_2} \leqslant \sqrt{\lambda_n}$$

令 $\boldsymbol{x}^{(0)} = \boldsymbol{u}_n$，则

$$\frac{\| \boldsymbol{A}\boldsymbol{x}^{(0)} \|_2}{\| \boldsymbol{x}^0 \|_2} = \| \boldsymbol{A}\boldsymbol{x}^{(0)} \|_2 = \| \boldsymbol{A}\boldsymbol{u}_n \|_2 = \sqrt{\boldsymbol{u}_n^{\mathrm{H}} \boldsymbol{A}^{\mathrm{H}} \boldsymbol{A} \boldsymbol{u}_n} = \sqrt{\lambda_n \boldsymbol{u}_n^{\mathrm{H}} \boldsymbol{u}_n} = \sqrt{\lambda_n}$$

于是
$$\| \boldsymbol{A} \|_2 = \max_{\boldsymbol{x} \neq \boldsymbol{\theta}} \frac{\| \boldsymbol{A}\boldsymbol{x} \|_2}{\| \boldsymbol{x} \|_2} = \sqrt{\lambda_n} = \sqrt{\max_j \lambda_j (\boldsymbol{A}^{\mathrm{H}} \boldsymbol{A})}$$
□

设 $\boldsymbol{A} = \begin{bmatrix} 1 & -1 \\ 1 & 1 \end{bmatrix}$，于是 $\boldsymbol{A}^{\mathrm{T}} \boldsymbol{A} = \boldsymbol{A}\boldsymbol{A}^{\mathrm{T}} = \begin{bmatrix} 2 & 0 \\ 0 & 2 \end{bmatrix}$，$\boldsymbol{A}^{\mathrm{T}}\boldsymbol{A}$ 的特征值为 $\lambda_1 = \lambda_2 = 2$，于是 $\| \boldsymbol{A} \|_2 = \sqrt{2}$，注意 $\boldsymbol{A}$ 是正规矩阵，它的特征值为 $\lambda_1 = 1 + \mathrm{i}$，$\lambda_2 = 1 - \mathrm{i}$，且有

$$\| \boldsymbol{A} \|_2 = \max\{ |\lambda_1|, |\lambda_2| \} = \max\{ |1+\mathrm{i}|, |1-\mathrm{i}| \} = \sqrt{2}$$

定理 4.14　设 $\boldsymbol{A} = (a_{ij})_{n\times n} \in \mathbf{C}^{n\times n}$，$\| \boldsymbol{A} \|_\infty$ 是由向量 ∞- 范数导出的算子范数，则

$$\| \boldsymbol{A} \|_\infty = \max_i \sum_{j=1}^{n} |a_{ij}| \tag{4.33}$$

称为矩阵的 ∞- 范数或行模和范数.

证　对 $\boldsymbol{\theta} \neq \forall \boldsymbol{x} = (x_1, \cdots, x_j, \cdots, x_n)^{\mathrm{T}} \in \mathbf{C}^n$，有

$$\| \boldsymbol{A}\boldsymbol{x} \|_\infty = \max_i \left| \sum_{j=1}^{n} a_{ij} x_j \right| \leqslant \max_i \sum_{j=1}^{n} |a_{ij}| |x_j| \leqslant$$

$$\left(\max_i \sum_{j=1}^{n} |a_{ij}|\right)\left(\max_j |x_j|\right) = \max_i \left(\sum_{j=1}^{n} |a_{ij}|\right) \| \boldsymbol{x} \|_\infty$$

因此
$$\frac{\| \boldsymbol{A}\boldsymbol{x} \|_\infty}{\| \boldsymbol{x} \|_\infty} \leqslant \max_i \sum_{j=1}^{n} |a_{ij}|$$

所以
$$\| \boldsymbol{A} \|_\infty = \max_{\boldsymbol{x} \neq \boldsymbol{\theta}} \frac{\| \boldsymbol{A}\boldsymbol{x} \|_\infty}{\| \boldsymbol{x} \|_\infty} \leqslant \max_i \sum_{j=1}^{n} |a_{ij}| \tag{4.34}$$

设在第 s 行达到行模和最大，即

$$\sum_{j=1}^{n}|a_{sj}|=\max_i\sum_{j=1}^{n}|a_{ij}|$$

令 $\boldsymbol{x}^0=(x_1^{(0)},\cdots,x_j^{(0)},\cdots,x_n^{(0)})^{\mathrm{T}}$，其中

$$x_j^{(0)}=\begin{cases}\dfrac{|a_{sj}|}{a_{sj}}, & a_{sj}\neq 0\\ 1, & a_{sj}=0\end{cases}$$

显然 $\|\boldsymbol{x}^{(0)}\|_\infty=1$，于是

$$\boldsymbol{Ax}^{(0)}=(c_1,\cdots,c_{s-1},\sum_{j=1}^{n}|a_{sj}|,c_{s+1},\cdots,c_n)^{\mathrm{T}},\ \|\boldsymbol{Ax}^{(0)}\|_\infty\geqslant\sum_{j=1}^{n}|a_{sj}|$$

所以

$$\|\boldsymbol{A}\|_\infty=\max_{\boldsymbol{x}\neq\boldsymbol{0}}\frac{\|\boldsymbol{Ax}\|_\infty}{\|\boldsymbol{x}\|_\infty}\geqslant\frac{\|\boldsymbol{Ax}^{(0)}\|_\infty}{\|\boldsymbol{x}^{(0)}\|_\infty}=$$

$$\|\boldsymbol{Ax}^{(0)}\|_\infty\geqslant\sum_{j=1}^{n}|a_{sj}|=\max_i\sum_{j=1}^{n}|a_{ij}| \tag{4.35}$$

由式(4.34)、式(4.35)知

$$\|\boldsymbol{A}\|_\infty=\max_i\sum_{j=1}^{n}|a_{ij}|$$ □

设 $\boldsymbol{A}=\begin{bmatrix}1 & -1\\ 1 & 1\end{bmatrix}$，则 $\|\boldsymbol{A}\|_\infty=2$.

从式(4.31)、式(4.32)、式(4.33)看出 $\|\boldsymbol{A}\|_2$ 不如 $\|\boldsymbol{A}\|_1$，$\|\boldsymbol{A}\|_\infty$ 容易计算，但是它却有很好的性质.

定理 4.15　设 $\boldsymbol{A}\in\mathbf{C}^{n\times n}$，$\boldsymbol{U}$ 和 $\boldsymbol{V}$ 为 n 阶酉矩阵，则：

① $\|\boldsymbol{A}^{\mathrm{H}}\|_2=\|\boldsymbol{A}\|_2$；

② $\|\boldsymbol{UA}\|_2=\|\boldsymbol{AV}\|_2=\|\boldsymbol{UAV}\|_2=\|\boldsymbol{A}\|_2$，称为矩阵 2- 范数的酉不变性；

③ 若 $\boldsymbol{A}$ 是正规矩阵，$\lambda_1,\cdots,\lambda_j,\cdots,\lambda_n$ 是 $\boldsymbol{A}$ 的 n 个特征值，则 $\|\boldsymbol{A}\|_2=\max_j|\lambda_j|$.

证　① 由 3.7 节引理 2 知 $\boldsymbol{A}^{\mathrm{H}}\boldsymbol{A}$ 与 $\boldsymbol{AA}^{\mathrm{H}}$ 有相同的非零特征值. 设 λ_n 为 $\boldsymbol{A}^{\mathrm{H}}\boldsymbol{A}$ 与 $\boldsymbol{AA}^{\mathrm{H}}$ 的最大特征值，则

$$\|\boldsymbol{A}^{\mathrm{H}}\|_2=\|\boldsymbol{A}\|_2=\sqrt{\lambda_n}$$

② 可得

$$\|\boldsymbol{UA}\|_2=\sqrt{(\boldsymbol{UA})^{\mathrm{H}}(\boldsymbol{UA})\text{ 的最大特征值}}=\sqrt{\max_j\lambda_j(\boldsymbol{A}^{\mathrm{H}}\boldsymbol{A})}=\sqrt{\lambda_n}=\|\boldsymbol{A}\|_2$$

由 ① 及上式有

$$\|\boldsymbol{AV}\|_2=\|\boldsymbol{V}^{\mathrm{H}}\boldsymbol{A}^{\mathrm{H}}\|_2=\|\boldsymbol{A}^{\mathrm{H}}\|_2=\|\boldsymbol{A}\|_2$$

$$\|\boldsymbol{UAV}\|_2=\|\boldsymbol{AV}\|_2=\|\boldsymbol{A}\|_2$$

③ 因为 $\boldsymbol{A}$ 是正规矩阵，所以 $\boldsymbol{A}$ 酉相似对角阵，故存在酉矩阵 $\boldsymbol{U}$，使

$$\boldsymbol{U}^{\mathrm{H}}\boldsymbol{AU}=\mathrm{diag}(\lambda_1,\cdots,\lambda_j,\cdots,\lambda_n),\ \boldsymbol{U}^{\mathrm{H}}\boldsymbol{A}^{\mathrm{H}}\boldsymbol{U}=\mathrm{diag}(\overline{\lambda}_1,\cdots,\overline{\lambda}_j,\cdots,\overline{\lambda}_n)$$

其中，$\lambda_1,\cdots,\lambda_j,\cdots,\lambda_n$ 是 $\boldsymbol{A}$ 的特征值. 于是

$$\boldsymbol{U}^{\mathrm{H}}\boldsymbol{A}^{\mathrm{H}}\boldsymbol{AU}=\boldsymbol{U}^{\mathrm{H}}\boldsymbol{A}^{\mathrm{H}}\boldsymbol{UU}^{\mathrm{H}}\boldsymbol{AU}=\mathrm{diag}(\overline{\lambda}_1\lambda_1,\cdots,\overline{\lambda}_j\lambda_j,\cdots,\overline{\lambda}_n\lambda_n)=$$

$$\mathrm{diag}(|\lambda_1|^2,\cdots,|\lambda_j|^2,\cdots,|\lambda_n|^2)$$

这说明 $A^{H}A$ 的特征值为 $|\lambda_1|^2,\cdots,|\lambda_j|^2,\cdots,|\lambda_n|^2$. 故

$$\|A\|_2=\sqrt{A^{H}A\text{ 的最大的特征值}}=\sqrt{\max_j|\lambda_j|^2}=\max_j|\lambda_j|$$

在上面矩阵范数的讨论中,为简单计,$A\in C^{n\times n}$,显而易见对于长方形矩阵 $A\in C^{m\times n}$ 亦有相应的结果,当然需作稍微改动,主要的地方说明如下:

(1) 矩阵范数的定义相容性公理应为 $\forall A\in C^{m\times n},B\in C^{n\times p}$,有

$$\|AB\|\leqslant\|A\|\,\|B\| \tag{4.36}$$

上式 $\|AB\|$ 为 $C^{m\times p}$ 上的矩阵范数,$\|A\|$ 为 $C^{m\times n}$ 上的矩阵范数,$\|B\|$ 为 $C^{n\times p}$ 上的矩阵范数,当然这些矩阵范数应取相同类型的范数,如矩阵 2- 范数,或矩阵 F- 范数等等.

(2) 在与向量范数相容性的定义中,$\forall A\in C^{m\times n},\forall x\in C^{n}$,有

$$\|Ax\|_v\leqslant\|A\|_m\|x\|_v \tag{4.37}$$

上式 $\|Ax\|_v$ 是 C^{m} 上的向量范数,而 $\|x\|_v$ 是 C^{n} 上的向量范数,这两个向量范数应取相同类型的向量范数.

(3) 在算子范数定义中,对 $\forall A\in C^{m\times n}$,有

$$\|A\|=\max_{x\neq\theta}\frac{\|Ax\|_v}{\|x\|_v} \tag{4.38}$$

上式 $\|Ax\|_v$ 为 C^{m} 上的向量范数,$\|x\|_v$ 为 C^{n} 上的向量范数,这两个向量范数应取相同类型的向量范数.

对于 $\forall A\in C^{m\times n}$,常用的矩阵范数为以下六种:

① $\|A\|_{m_1}=\sum_{i=1}^{m}\sum_{j=1}^{n}|a_{ij}|$　　m_1- 范数

② $\|A\|_F=\sqrt{\sum_{i=1}^{m}\sum_{j=1}^{n}|a_{ij}|^2}=\sqrt{\mathrm{tr}(A^{H}A)}$　　F- 范数或迹范数

③ $\|A\|_{m_\infty}=\max\{m,n\}\max_{i,j}|a_{ij}|$　　m_∞- 范数

④ $\|A\|_1=\max_j\sum_{i=1}^{m}|a_{ij}|$　　1- 范数或列模和范数

⑤ $\|A\|_2=\sqrt{\max_j\lambda_j(A^{H}A)}$　　2- 范数或谱范数

⑥ $\|A\|_\infty=\max_i\sum_{j=1}^{n}|a_{ij}|$　　∞- 范数或行模和范数

以上的范数中,F- 范数和 2- 范数是酉不变的,矩阵 m_1- 范数与向量 1- 范数相容;矩阵 F- 范数与向量 2- 范数相容;矩阵 m_∞- 范数与向量 1-、2-、∞- 范数相容. 矩阵的 1-、2-、∞- 范数是由向量的 1-、2-、∞- 范数导出的算子范数.

简言之,矩阵的 p- 范数和 m_p- 范数都与向量的 p- 范数相容,这里 $p=1,2,\infty$.

4.4 范数的应用

在定理 4.7 中,曾经讨论了向量序列 $x^k\to x$ 的充要条件是 $\|x_k-x\|\to0$,这里主要介绍范数在特征值估计方面的应用.

定义 4.7 设 $A\in C^{n\times n}$,$\lambda_1,\cdots,\lambda_j,\cdots,\lambda_n$ 为 A 的 n 个特征值,称

$$\rho(\boldsymbol{A}) = \max_j |\lambda_j| \tag{4.39}$$

为 $\boldsymbol{A}$ 的谱半径.

关于矩阵的谱半径有如下结论.

定理 4.16 设 $\boldsymbol{A} \in \mathbf{C}^{n\times n}$,则:

①$\rho(\boldsymbol{A}^k) = [\rho(\boldsymbol{A})]^k$;

②$\rho(\boldsymbol{A}^{\mathrm{H}}\boldsymbol{A}) = \rho(\boldsymbol{A}\boldsymbol{A}^{\mathrm{H}}) = \|\boldsymbol{A}\|_2^2$;

③ 当 $\boldsymbol{A}$ 是正规矩阵时,$\rho(\boldsymbol{A}) = \|\boldsymbol{A}\|_2$.

证 ① 设 $\boldsymbol{A}$ 的 n 个特征值为 $\lambda_1,\cdots,\lambda_j,\cdots,\lambda_n$,则 $\boldsymbol{A}^k$ 的特征值显然为 $\lambda_1^k,\cdots,\lambda_j^k,\cdots,\lambda_n^k$,于是

$$\rho(\boldsymbol{A}^k) = \max_j |\lambda_j^k| = (\max_j |\lambda_j|)^k = [\rho(\boldsymbol{A})]^k$$

② 由定理 4.13 中矩阵 2- 范数计算公式(4.32) 知

$$\|\boldsymbol{A}\|_2 = \sqrt{\lambda_n} = \sqrt{\max_j \lambda_j(\boldsymbol{A}^{\mathrm{H}}\boldsymbol{A})}$$

又因为 $\boldsymbol{A}^{\mathrm{H}}\boldsymbol{A}$ 与 $\boldsymbol{A}\boldsymbol{A}^{\mathrm{H}}$ 有相同的非零特征值,故

$$\rho(\boldsymbol{A}^{\mathrm{H}}\boldsymbol{A}) = \rho(\boldsymbol{A}\boldsymbol{A}^{\mathrm{H}}) = \|\boldsymbol{A}\|_2^2$$

③ 当 $\boldsymbol{A}$ 是正规矩阵时,由定理 4.15 之 ③ 有

$$\|\boldsymbol{A}\|_2 = \max_j |\lambda_j| = \rho(\boldsymbol{A})$$

□

有了谱半径的概念,可以对矩阵范数作如下的初步估计.

定理 4.17 设 $\boldsymbol{A} \in \mathbf{C}^{n\times n}$,则对 $\mathbf{C}^{n\times n}$ 上的任一矩阵范数 $\|\cdot\|$,皆有

$$\rho(\boldsymbol{A}) \leqslant \|\boldsymbol{A}\| \tag{4.40}$$

证 设 λ 为 $\boldsymbol{A}$ 的特征值,$\boldsymbol{x}$ 为 $\boldsymbol{A}$ 的属于特征值 λ 的特征向量,故 $\boldsymbol{x} \neq \boldsymbol{\theta}$,所以 $\|\boldsymbol{x}\| > 0$. 另设 $\|\cdot\|_v$ 是 $\mathbf{C}^n$ 上与矩阵范数 $\|\cdot\|$ 相容的向量范数,由 $\boldsymbol{A}\boldsymbol{x} = \lambda\boldsymbol{x}$ 应有

$$\|\boldsymbol{A}\boldsymbol{x}\|_v = |\lambda| \, \|\boldsymbol{x}\|_v$$

而 $\|\boldsymbol{A}\boldsymbol{x}\|_v \leqslant \|\boldsymbol{A}\| \, \|\boldsymbol{x}\|_v$,于是有

$$|\lambda| \, \|\boldsymbol{x}\|_v \leqslant \|\boldsymbol{A}\| \, \|\boldsymbol{x}\|_v$$

同除 $\|\boldsymbol{x}\|_v > 0$,有

$$|\lambda| \leqslant \|\boldsymbol{A}\|$$

故

$$\max_j |\lambda| \leqslant \|\boldsymbol{A}\|$$

于是

$$\rho(\boldsymbol{A}) \leqslant \|\boldsymbol{A}\|$$

□

在定理 4.15 之 ③ 中已提过,当 $\boldsymbol{A}$ 是正规矩阵时 $\rho(\boldsymbol{A}) = \|\boldsymbol{A}\|_2$.

定理 4.17 为我们估计矩阵范数提供了一个下限,利用矩阵的 Jordan 标准形,在某种程度上可以认为给出矩阵范数的一个上限.

定理 4.18 设 $\boldsymbol{A} \in \mathbf{C}^{n\times n}$,$\forall \varepsilon > 0$,则存在某一矩阵范数 $\|\cdot\|_m$ 使得

$$\|\boldsymbol{A}\|_m \leqslant \rho(\boldsymbol{A}) + \varepsilon \tag{4.41}$$

证 由定理 3.10 知,$\forall \boldsymbol{A} \in \mathbf{C}^{n\times n}$,$\exists \boldsymbol{P} \in \mathbf{C}_n^{n\times n}$,使

$$\boldsymbol{P}^{-1}\boldsymbol{A}\boldsymbol{P} = \boldsymbol{J} = \begin{bmatrix} \lambda_1 & k_1 & & & \\ & \lambda_2 & k_2 & & \\ & & \ddots & & \\ & & & \ddots & k_{n-1} \\ & & & & \lambda_n \end{bmatrix},\text{其中 } k_i = 0 \text{ 或 } 1;i = 1,2,\cdots,n-1 \tag{4.42}$$

取
$$\boldsymbol{\Sigma}=\mathrm{diag}(1,\varepsilon,\varepsilon^2,\cdots,\varepsilon^{n-1})$$
则
$$\boldsymbol{\Sigma}^{-1}=\mathrm{diag}(1,\frac{1}{\varepsilon},\frac{1}{\varepsilon^2},\cdots,\frac{1}{\varepsilon^{n-1}})$$
于是
$$\boldsymbol{\Sigma}^{-1}(\boldsymbol{P}^{-1}\boldsymbol{AP})\boldsymbol{\Sigma}=\boldsymbol{\Sigma}^{-1}\boldsymbol{J\Sigma}=\begin{bmatrix}\lambda_1 & \varepsilon k_1 & & & \\ & \lambda_2 & \varepsilon k_2 & & \\ & & \ddots & \ddots & \\ & & & \ddots & \varepsilon k_{n-1} \\ & & & & \lambda_n\end{bmatrix}$$
考虑矩阵的 ∞- 范数有
$$\|\boldsymbol{\Sigma}^{-1}\boldsymbol{J\Sigma}\|_\infty=\max_j\{|\lambda_j|+\varepsilon k_j\}\leqslant \max_j(|\lambda_j|+\varepsilon)=\rho(\boldsymbol{A})+\varepsilon\quad(约定\ k_n=0)$$

$\forall \boldsymbol{A}\in \mathbf{C}^{m\times n}$,定义
$$\|\boldsymbol{A}\|_m=\|\boldsymbol{\Sigma}^{-1}\boldsymbol{P}^{-1}\boldsymbol{AP\Sigma}\|_\infty=\|\boldsymbol{\Sigma}^{-1}\boldsymbol{J\Sigma}\|_\infty$$
可以验证 $\|\boldsymbol{A}\|_m$ 是 $\mathbf{C}^{n\times n}$ 上的一种矩阵范数,且
$$\|\boldsymbol{A}\|_m\leqslant\rho(\boldsymbol{A})+\varepsilon$$ □

以下介绍矩阵的扰动分析方面的内容*.

在工程实际中,我们往往需要计算 $\boldsymbol{A}^{-1}$ 和求解线性方程组 $\boldsymbol{Ax}=\boldsymbol{b}$,这里 $\boldsymbol{A}\in\mathbf{C}_n^{n\times n}$,$\boldsymbol{b}\in\mathbf{C}^n$. 现在的问题是 $\boldsymbol{A}$、$\boldsymbol{b}$ 的微小变化 $\Delta\boldsymbol{A}$ 和 $\Delta\boldsymbol{b}$ 将会对实际问题的解产生什么影响?对于矩阵求逆而言,研究 $\boldsymbol{A}^{-1}$ 与 $(\boldsymbol{A}+\Delta\boldsymbol{A})^{-1}$ 是否非常接近;对于线性方程组来说解决误差扰动 $\Delta\boldsymbol{A}$,$\Delta\boldsymbol{b}$,引起解的误差 $\Delta\boldsymbol{x}$ 的大小如何变化等问题.

例 4.15* 讨论线性方程组 $\begin{cases}x_1+\dfrac{999}{1\,000}x_2=1\\ \dfrac{999}{1\,000}x_1+\dfrac{998}{1\,000}x_2=1\end{cases}$ 的扰动问题.

解 将线性方程组写成 $\boldsymbol{Ax}=\boldsymbol{b}$ 的形式,其中
$$\boldsymbol{A}=\begin{bmatrix}1 & \dfrac{999}{1\,000}\\ \dfrac{999}{1\,000} & \dfrac{998}{1\,000}\end{bmatrix},\boldsymbol{x}=\begin{bmatrix}x_1\\x_2\end{bmatrix},\boldsymbol{b}=\begin{bmatrix}1\\1\end{bmatrix}$$

显然 $\det\boldsymbol{A}\neq 0$,故方程组有唯一解,容易验证其解为 $\boldsymbol{x}=\begin{bmatrix}1\,000\\-1\,000\end{bmatrix}$.

当分别给 $\boldsymbol{A}$ 及 $\boldsymbol{b}$ 一个扰动,设 $\Delta\boldsymbol{A}=\begin{bmatrix}0 & 0\\0 & \dfrac{1}{1\,000}\end{bmatrix}$,$\Delta\boldsymbol{b}=\begin{bmatrix}0\\ \dfrac{11}{100\,000}\end{bmatrix}$,考查解的扰动 $\Delta\boldsymbol{x}$ 如何变化.

扰动后的线性方程组为
$$(\boldsymbol{A}+\Delta\boldsymbol{A})(\boldsymbol{x}+\Delta\boldsymbol{x})=\boldsymbol{b}+\Delta\boldsymbol{b}$$

即
$$\begin{bmatrix} 1 & \frac{999}{1\,000} \\ \frac{999}{1\,000} & \frac{999}{1\,000} \end{bmatrix} \begin{bmatrix} x_1+\Delta x_1 \\ x_2+\Delta x_2 \end{bmatrix} = \begin{bmatrix} 1 \\ \frac{100\,011}{100\,000} \end{bmatrix}$$

可以验证 $\begin{bmatrix} x_1+\Delta x_1 \\ x_2+\Delta x_2 \end{bmatrix} = \begin{bmatrix} -\frac{11}{100} \\ \frac{10}{9} \end{bmatrix}$ 为方程组的唯一解.

由此可见,系数矩阵 $\boldsymbol{A}$ 及向量 $\boldsymbol{b}$ 的微小扰动引起解发生了剧烈的变化.

定理 4.19*　设 $\boldsymbol{A}\in\mathbf{C}^{n\times n}$,若对 $\mathbf{C}^{n\times n}$ 上的某一矩阵范数 $\|\cdot\|$,如果 $\|\boldsymbol{A}\|<1$,则 $\boldsymbol{I}-\boldsymbol{A}$ 可逆.

证　反证法.

设 $\boldsymbol{I}-\boldsymbol{A}$ 不可逆,则齐次线性方程组 $(\boldsymbol{I}-\boldsymbol{A})\boldsymbol{x}=\boldsymbol{\theta}$ 有非零解 $\boldsymbol{\alpha}$,使
$$(\boldsymbol{I}-\boldsymbol{A})\boldsymbol{\alpha}=\boldsymbol{\theta}$$
即
$$\boldsymbol{\alpha}=\boldsymbol{A}\boldsymbol{\alpha}$$
设 $\|\cdot\|_v$ 是 $\mathbf{C}^n$ 上与矩阵范数 $\|\cdot\|$ 相容的向量范数,则
$$\|\boldsymbol{\alpha}\|_v=\|\boldsymbol{A}\boldsymbol{\alpha}\|_v\leqslant\|\boldsymbol{A}\|\,\|\boldsymbol{\alpha}\|_v$$
因为 $\|\boldsymbol{\alpha}\|>0$,上式两端除之得 $\|\boldsymbol{A}\|\geqslant 1$,矛盾.

所以 $\boldsymbol{I}-\boldsymbol{A}$ 可逆.　□

定理 4.20*　设可逆矩阵 $\boldsymbol{A}\in\mathbf{C}^{n\times n}$,若对 $\mathbf{C}^{n\times n}$ 上的某一矩阵范数 $\|\cdot\|$,如果
$$\|\boldsymbol{A}^{-1}\Delta\boldsymbol{A}\|<1$$
则:

①$\boldsymbol{A}+\Delta\boldsymbol{A}$ 可逆;

② $\|(\boldsymbol{A}+\Delta\boldsymbol{A})^{-1}\|\leqslant\dfrac{\|\boldsymbol{A}^{-1}\|}{1-\|\boldsymbol{A}^{-1}\Delta\boldsymbol{A}\|}$;

③ $\dfrac{\|(\boldsymbol{A}+\Delta\boldsymbol{A})^{-1}-\boldsymbol{A}^{-1}\|}{\|\boldsymbol{A}^{-1}\|}\leqslant\dfrac{\|\boldsymbol{A}^{-1}\Delta\boldsymbol{A}\|}{1-\|\boldsymbol{A}^{-1}\Delta\boldsymbol{A}\|}$.

证　① 可得
$$\boldsymbol{A}+\Delta\boldsymbol{A}=\boldsymbol{A}\boldsymbol{I}+\boldsymbol{A}\boldsymbol{A}^{-1}\Delta\boldsymbol{A}=$$
$$\boldsymbol{A}(\boldsymbol{I}+\boldsymbol{A}^{-1}\Delta\boldsymbol{A})=\boldsymbol{A}[\boldsymbol{I}-(-\boldsymbol{A}^{-1}\Delta\boldsymbol{A})]$$
因为
$$\|-\boldsymbol{A}^{-1}\Delta\boldsymbol{A}\|=\|\boldsymbol{A}^{-1}\Delta\boldsymbol{A}\|<1$$
由定理 4.19 知 $\boldsymbol{I}-(-\boldsymbol{A}^{-1}\Delta\boldsymbol{A})$ 可逆,故 $\boldsymbol{A}+\Delta\boldsymbol{A}$ 可逆.

② 因 $\boldsymbol{A}+\Delta\boldsymbol{A}$ 可逆,故
$$(\boldsymbol{A}+\Delta\boldsymbol{A})(\boldsymbol{A}+\Delta\boldsymbol{A})^{-1}=\boldsymbol{I}$$
将前一个括号乘开有
$$\boldsymbol{A}(\boldsymbol{A}+\Delta\boldsymbol{A})^{-1}+\Delta\boldsymbol{A}(\boldsymbol{A}+\Delta\boldsymbol{A})^{-1}=\boldsymbol{I}$$
$$\boldsymbol{A}(\boldsymbol{A}+\Delta\boldsymbol{A})^{-1}=\boldsymbol{I}-\Delta\boldsymbol{A}(\boldsymbol{A}+\Delta\boldsymbol{A})^{-1}$$
左乘 $\boldsymbol{A}^{-1}$ 有
$$(\boldsymbol{A}+\Delta\boldsymbol{A})^{-1}=\boldsymbol{A}^{-1}-\boldsymbol{A}^{-1}\Delta\boldsymbol{A}(\boldsymbol{A}+\Delta\boldsymbol{A})^{-1}$$
由范数三角不等式及相容性有

$$\|(\boldsymbol{A}+\Delta\boldsymbol{A})^{-1}\| \leqslant \|\boldsymbol{A}^{-1}\| + \|\boldsymbol{A}^{-1}\Delta\boldsymbol{A}\| \, \|(\boldsymbol{A}+\Delta\boldsymbol{A})^{-1}\|$$

右端第 2 项移项有

$$\|(\boldsymbol{A}+\Delta\boldsymbol{A})^{-1}\|(1-\|\boldsymbol{A}^{-1}\Delta\boldsymbol{A}\|) \leqslant \|\boldsymbol{A}^{-1}\|$$

由已知 $1-\|\boldsymbol{A}^{-1}\Delta\boldsymbol{A}\|>0$,除之

$$\|(\boldsymbol{A}+\Delta\boldsymbol{A})^{-1}\| \leqslant \frac{\|\boldsymbol{A}^{-1}\|}{1-\|\boldsymbol{A}^{-1}\Delta\boldsymbol{A}\|}$$

③ 可得

$$\begin{aligned}&(\boldsymbol{A}+\Delta\boldsymbol{A})^{-1}-\boldsymbol{A}^{-1}=\\&\boldsymbol{A}^{-1}\boldsymbol{A}(\boldsymbol{A}+\Delta\boldsymbol{A})^{-1}-\boldsymbol{A}^{-1}(\boldsymbol{A}+\Delta\boldsymbol{A})(\boldsymbol{A}+\Delta\boldsymbol{A})^{-1}=\\&\boldsymbol{A}^{-1}[\boldsymbol{A}-(\boldsymbol{A}+\Delta\boldsymbol{A})](\boldsymbol{A}+\Delta\boldsymbol{A})^{-1}=\\&-\boldsymbol{A}^{-1}\Delta\boldsymbol{A}(\boldsymbol{A}+\Delta\boldsymbol{A})^{-1}\end{aligned}$$

两端取范数,根据相容性及 ② 得

$$\begin{aligned}\|(\boldsymbol{A}+\Delta\boldsymbol{A})^{-1}-\boldsymbol{A}^{-1}\| &\leqslant \|\boldsymbol{A}^{-1}\Delta\boldsymbol{A}\| \, \|(\boldsymbol{A}+\Delta\boldsymbol{A})^{-1}\| \leqslant\\ &\|\boldsymbol{A}^{-1}\Delta\boldsymbol{A}\| \frac{\|\boldsymbol{A}^{-1}\|}{1-\|\boldsymbol{A}^{-1}\Delta\boldsymbol{A}\|}\end{aligned}$$

此即

$$\frac{\|(\boldsymbol{A}+\Delta\boldsymbol{A})^{-1}-\boldsymbol{A}^{-1}\|}{\|\boldsymbol{A}^{-1}\|} \leqslant \frac{\|\boldsymbol{A}^{-1}\Delta\boldsymbol{A}\|}{1-\|\boldsymbol{A}^{-1}\Delta\boldsymbol{A}\|}$$ □

推论* 设 $\boldsymbol{A}\in\mathbf{C}_n^{n\times n}$,$\Delta\boldsymbol{A}\in\mathbf{C}^{n\times n}$,若对 $\mathbf{C}^{n\times n}$ 上的某一矩阵范数 $\|\cdot\|$,如果 $\|\boldsymbol{A}^{-1}\|\,\|\Delta\boldsymbol{A}\|<1$,则

$$\frac{\|(\boldsymbol{A}+\Delta\boldsymbol{A})^{-1}-\boldsymbol{A}^{-1}\|}{\|\boldsymbol{A}^{-1}\|} \leqslant \frac{\|\boldsymbol{A}\|\,\|\boldsymbol{A}^{-1}\|\dfrac{\|\Delta\boldsymbol{A}\|}{\|\boldsymbol{A}\|}}{1-\|\boldsymbol{A}\|\,\|\boldsymbol{A}^{-1}\|\dfrac{\|\Delta\boldsymbol{A}\|}{\|\boldsymbol{A}\|}} \tag{4.43}$$

证　考虑函数

$$f(x)=\frac{x}{1-x},0<x<1$$

$$f'(x)=\frac{1}{(1-x)^2}>0$$

故 $f(x)$ 严格递增.

由矩阵范数的相容性知

$$\|\boldsymbol{A}^{-1}\Delta\boldsymbol{A}\| \leqslant \|\boldsymbol{A}^{-1}\|\,\|\Delta\boldsymbol{A}\| = \|\boldsymbol{A}\|\,\|\boldsymbol{A}^{-1}\|\frac{\|\Delta\boldsymbol{A}\|}{\|\boldsymbol{A}\|}$$

根据定理 4.20 之 ③ 即知推论成立.

关于线性方程组 $\boldsymbol{Ax}=\boldsymbol{b}$,矩阵及解的扰动有如下结果.

定理 4.21* 设可逆矩阵 $\boldsymbol{A}\in\mathbf{C}^{n\times n}$,$\Delta\boldsymbol{A}\in\mathbf{C}^{n\times n}$,$\boldsymbol{b},\Delta\boldsymbol{b}\in\mathbf{C}^n$,若对 $\mathbf{C}^{n\times n}$ 上的某一矩阵范数 $\|\cdot\|$,如果 $\|\boldsymbol{A}^{-1}\|\,\|\Delta\boldsymbol{A}\|<1$,则线性方程组

$$\boldsymbol{Ax}=\boldsymbol{b} \text{ 与 } (\boldsymbol{A}+\Delta\boldsymbol{A})(\boldsymbol{x}+\Delta\boldsymbol{x})=\boldsymbol{b}+\Delta\boldsymbol{b}$$

的解满足

$$\frac{\|\Delta\boldsymbol{x}\|_v}{\|\boldsymbol{x}\|_v} \leqslant \frac{\|\boldsymbol{A}\|\,\|\boldsymbol{A}^{-1}\|}{1-\|\boldsymbol{A}\|\,\|\boldsymbol{A}^{-1}\|\dfrac{\|\Delta\boldsymbol{A}\|}{\|\boldsymbol{A}\|}}\left(\frac{\|\Delta\boldsymbol{A}\|}{\|\boldsymbol{A}\|}+\frac{\|\Delta\boldsymbol{b}\|_v}{\|\boldsymbol{b}\|_v}\right) \tag{4.44}$$

其中 $\|\cdot\|_v$ 是 $\mathbf{C}^n$ 上与矩阵范数 $\|\cdot\|$ 相容的向量范数.

证　可得

$$(\boldsymbol{A}+\Delta\boldsymbol{A})(\boldsymbol{x}+\Delta\boldsymbol{x})=\boldsymbol{b}+\Delta\boldsymbol{b}$$

$$\boldsymbol{A}\boldsymbol{x}+(\Delta\boldsymbol{A})\boldsymbol{x}+\boldsymbol{A}(\Delta\boldsymbol{x})+(\Delta\boldsymbol{A})(\Delta\boldsymbol{x})=\boldsymbol{b}+\Delta\boldsymbol{b}$$

因为
$$\boldsymbol{A}\boldsymbol{x}=\boldsymbol{b}$$
故
$$\boldsymbol{A}(\Delta\boldsymbol{x})+(\Delta\boldsymbol{A})\boldsymbol{x}+(\Delta\boldsymbol{A})(\Delta\boldsymbol{x})=\Delta\boldsymbol{b}$$
左乘 $\boldsymbol{A}^{-1}$

$$\Delta\boldsymbol{x}+\boldsymbol{A}^{-1}(\Delta\boldsymbol{A})\boldsymbol{x}+\boldsymbol{A}^{-1}(\Delta\boldsymbol{A})(\Delta\boldsymbol{x})=\boldsymbol{A}^{-1}\Delta\boldsymbol{b}$$

即
$$\Delta\boldsymbol{x}=-\boldsymbol{A}^{-1}(\Delta\boldsymbol{A})\boldsymbol{x}-\boldsymbol{A}^{-1}(\Delta\boldsymbol{A})(\Delta\boldsymbol{x})+\boldsymbol{A}^{-1}\Delta\boldsymbol{b}$$

取范数,由三角不等式及相容性有

$$\|\Delta\boldsymbol{x}\|_v\leqslant\|\boldsymbol{A}^{-1}\|\,\|\Delta\boldsymbol{A}\|\,\|\boldsymbol{x}\|_v+\|\boldsymbol{A}^{-1}\|\,\|\Delta\boldsymbol{A}\|\,\|\Delta\boldsymbol{x}\|_v+\|\boldsymbol{A}^{-1}\|\,\|\Delta\boldsymbol{b}\|_v$$

移项

$$\|\Delta\boldsymbol{x}\|_v(1-\|\boldsymbol{A}^{-1}\|\,\|\Delta\boldsymbol{A}\|)\leqslant\|\boldsymbol{A}^{-1}\|(\|\Delta\boldsymbol{A}\|\,\|\boldsymbol{x}\|_v+\|\Delta\boldsymbol{b}\|_v)$$

由已知条件知 $1-\|\boldsymbol{A}^{-1}\|\,\|\Delta\boldsymbol{A}\|>0$,上式除以 $\|\boldsymbol{x}\|_v(1-\|\boldsymbol{A}^{-1}\|\,\|\Delta\boldsymbol{A}\|)$ 得

$$\frac{\|\Delta\boldsymbol{x}\|_v}{\|\boldsymbol{x}\|_v}\leqslant\frac{\|\boldsymbol{A}^{-1}\|}{1-\|\boldsymbol{A}^{-1}\|\,\|\Delta\boldsymbol{A}\|}\left(\|\Delta\boldsymbol{A}\|+\frac{\|\Delta\boldsymbol{b}\|_v}{\|\boldsymbol{x}\|_v}\right)=$$

$$\frac{\|\boldsymbol{A}\|\,\|\boldsymbol{A}^{-1}\|}{1-\|\boldsymbol{A}^{-1}\|\,\|\Delta\boldsymbol{A}\|}\left(\frac{\Delta\boldsymbol{A}}{\|\boldsymbol{A}\|}+\frac{\|\Delta\boldsymbol{b}\|_v}{\|\boldsymbol{A}\|\,\|\boldsymbol{x}\|_v}\right)$$

以 $\|\boldsymbol{b}\|_v=\|\boldsymbol{A}\boldsymbol{x}\|_v\leqslant\|\boldsymbol{A}\|\,\|\boldsymbol{x}\|_v$ 代入上式右端括号中第二项的分母得

$$\frac{\|\Delta\boldsymbol{x}\|_v}{\|\boldsymbol{x}\|_v}\leqslant\frac{\|\boldsymbol{A}\|\,\|\boldsymbol{A}^{-1}\|}{1-\|\boldsymbol{A}\|\,\|\boldsymbol{A}^{-1}\|\dfrac{\|\Delta\boldsymbol{A}\|}{\|\boldsymbol{A}\|}}\left(\frac{\|\Delta\boldsymbol{A}\|}{\|\boldsymbol{A}\|}+\frac{\|\Delta\boldsymbol{b}\|_v}{\|\boldsymbol{b}\|_v}\right)$$ □

从式(4.43)及式(4.44)可以看出在计算逆矩阵和线性方程组的求解中,误差扰动 $\Delta\boldsymbol{A}$、$\Delta\boldsymbol{b}$、$\Delta\boldsymbol{x}$ 对其影响与 $\|\boldsymbol{A}\|\,\|\boldsymbol{A}\|^{-1}$ 的大小有密切关系.

定义 4.8*　设 $\boldsymbol{A}\in\mathbf{C}_n^{n\times n}$,$\|\cdot\|$ 是 $\mathbf{C}^{n\times n}$ 上的矩阵范数,称

$$\operatorname{cond}\boldsymbol{A}=\|\boldsymbol{A}\|\,\|\boldsymbol{A}^{-1}\| \tag{4.45}$$

为矩阵 $\boldsymbol{A}$ 关于求逆的条件数,也称为求解线性方程组 $\boldsymbol{A}\boldsymbol{x}=\boldsymbol{b}$ 的条件数.

有了矩阵关于求逆条件数的概念,上述推论为　、

$$\frac{\|(\boldsymbol{A}+\Delta\boldsymbol{A})^{-1}-\boldsymbol{A}^{-1}\|}{\|\boldsymbol{A}^{-1}\|}\leqslant\frac{\operatorname{cond}\boldsymbol{A}\cdot\dfrac{\|\Delta\boldsymbol{A}\|}{\|\boldsymbol{A}\|}}{1-\operatorname{cond}\boldsymbol{A}\cdot\dfrac{\|\Delta\boldsymbol{A}\|}{\|\boldsymbol{A}\|}} \tag{4.46}$$

此式给出矩阵 $\boldsymbol{A}^{-1}$ 的相对误差对于 $\boldsymbol{A}$ 的相对误差的依赖程度.

定理 4.21 的结论成为

$$\frac{\|\Delta\boldsymbol{x}\|_v}{\|\boldsymbol{x}\|_v}\leqslant\frac{\operatorname{cond}\boldsymbol{A}}{1-\operatorname{cond}\boldsymbol{A}\,\dfrac{\Delta\boldsymbol{A}}{\|\boldsymbol{A}\|}}\left(\frac{\Delta\boldsymbol{A}}{\|\boldsymbol{A}\|}+\frac{\|\Delta\boldsymbol{b}\|_v}{\|\boldsymbol{b}\|_v}\right) \tag{4.47}$$

在线性方程组 $\boldsymbol{A}\boldsymbol{x}=\boldsymbol{b}$ 中,式(4.47)表明了解向量 $\boldsymbol{x}$ 的相对误差对于系数矩阵 $\boldsymbol{A}$ 及向量 $\boldsymbol{b}$ 的相对误差的相关程度.

当 $\boldsymbol{A}$ 不改变,即 $\Delta\boldsymbol{A}=\boldsymbol{O}$,仅 $\boldsymbol{b}$ 发生微小变化 $\Delta\boldsymbol{b}$ 时,式(4.47)为

$$\frac{\|\Delta\boldsymbol{x}\|_v}{\|\boldsymbol{x}\|_v}\leqslant\operatorname{cond}\boldsymbol{A}\cdot\frac{\|\Delta\boldsymbol{b}\|_v}{\|\boldsymbol{b}\|_v} \tag{4.48}$$

当 $\boldsymbol{b}$ 不改变,即 $\Delta\boldsymbol{b}=\boldsymbol{\theta}$,仅 $\boldsymbol{A}$ 发生微小变化 $\Delta\boldsymbol{A}$ 时,式(4.47)为

$$\frac{\|\Delta\boldsymbol{x}\|_v}{\|\boldsymbol{x}\|_v}\leqslant\frac{\operatorname{cond}\boldsymbol{A}}{1-\operatorname{cond}\boldsymbol{A}\dfrac{\|\Delta\boldsymbol{A}\|}{\|\boldsymbol{A}\|}}\cdot\frac{\|\Delta\boldsymbol{A}\|}{\|\boldsymbol{A}\|}\tag{4.49}$$

一般地,若 $\operatorname{cond}\boldsymbol{A}$ 较大,就说 $\boldsymbol{A}$ 对于求逆或求解线性方程组是病态(敏感)的或不稳定的,否则称为良态(不敏感)的或稳定的.

由定义 4.8 知矩阵的条件数与所取范数的类型有关,常用的条件数有

$$\operatorname{cond}_1\boldsymbol{A}=\|\boldsymbol{A}\|_1\|\boldsymbol{A}^{-1}\|_1$$

$$\operatorname{cond}_2\boldsymbol{A}=\|\boldsymbol{A}\|_2\|\boldsymbol{A}^{-1}\|_2$$

$$\operatorname{cond}_\infty\boldsymbol{A}=\|\boldsymbol{A}\|_\infty\|\boldsymbol{A}^{-1}\|_\infty$$

例 4.16* 讨论线性方程组 $\begin{cases}10\,000x_1+x_2=10\,000\\x_1+x_2=2\end{cases}$ 的状态性.

解 线性方程组的矩阵形式为

$$\begin{bmatrix}10\,000 & 1\\1 & 1\end{bmatrix}\begin{bmatrix}x_1\\x_2\end{bmatrix}=\begin{bmatrix}10\,000\\1\end{bmatrix}$$

记 $\boldsymbol{A}=\begin{bmatrix}10\,000 & 1\\1 & 1\end{bmatrix}$,则

$$\boldsymbol{A}^{-1}=\frac{1}{9\,999}\begin{bmatrix}1 & -1\\-1 & 10\,000\end{bmatrix}$$

$$\|\boldsymbol{A}\|_\infty=10\,001,\ \|\boldsymbol{A}^{-1}\|_\infty=\frac{10\,001}{9\,999}$$

于是 $\operatorname{cond}_\infty\boldsymbol{A}=\dfrac{10\,001^2}{9\,999}\approx10\,001$,由此可见线性方程组是病态的.

将原方程组的第 1 个方程两端同除 10 000 化成它的同解方程组有

$$\begin{cases}x_1+0.000\,1x_2=1\\x_1+x_2=2\end{cases}$$

记 $\widetilde{\boldsymbol{A}}=\begin{bmatrix}1 & 0.000\,1\\1 & 1\end{bmatrix}$,则

$$\widetilde{\boldsymbol{A}}^{-1}=\frac{1}{0.999\,9}\begin{bmatrix}1 & 0.000\,1\\1 & 1\end{bmatrix}$$

于是 $\operatorname{cond}_\infty\widetilde{\boldsymbol{A}}=\dfrac{4}{0.999\,9}\approx4$,此时线性方程组成为良态的.

设矩阵 $\boldsymbol{H}=(h_{ij})_{n\times n}\in\mathbf{R}^{n\times n}$,其中

$$h_{ij}=\frac{1}{i+j-1},\ i,j=1,2,\cdots,n$$

即

$$H=\begin{bmatrix}1 & \frac{1}{2} & \cdots & \frac{1}{n}\\ \frac{1}{2} & \frac{1}{3} & \cdots & \frac{1}{n+1}\\ \vdots & \vdots & & \vdots\\ \frac{1}{n} & \frac{1}{n+1} & \cdots & \frac{1}{n+(n-1)}\end{bmatrix}$$

$\boldsymbol{H}$ 称为 Hilbert 矩阵，它是一个对称正定阵，是典型的病态矩阵.

关于非奇异矩阵 $\boldsymbol{A}\in\mathbf{C}^{n\times n}$，以下结论成立：

①$\operatorname{cond}\boldsymbol{A}\geqslant 1$；

②$\operatorname{cond}\boldsymbol{A}=\operatorname{cond}\boldsymbol{A}^{-1}$；

③$\operatorname{cond}_2\boldsymbol{A}=\dfrac{\sigma_n}{\sigma_1}$，其中 $\sigma_1=\sqrt{\lambda_1}$，$\sigma_n=\sqrt{\lambda_n}$，$\lambda_1,\lambda_n$ 分别为 $\boldsymbol{A}^{\mathrm{H}}\boldsymbol{A}$ 的最小、最大特征值，σ_1,σ_n 为 $\boldsymbol{A}$ 的最小、最大奇异值；

④ 若 $\boldsymbol{A}$ 是正规矩阵，则 $\operatorname{cond}_2\boldsymbol{A}=\dfrac{\max\limits_i|\lambda_i(\boldsymbol{A})|}{\min\limits_i|\lambda_i(\boldsymbol{A})|}$；

⑤ 若 $\boldsymbol{A}$ 是酉矩阵，则 $\operatorname{cond}_2\boldsymbol{A}=1$.

有关范数的应用就介绍到此.

习　题　四

1. 设 $\boldsymbol{x}=(1+\mathrm{i},-2,4\mathrm{i},1,0)^{\mathrm{T}}$，求：$\|\boldsymbol{x}\|_1$，$\|\boldsymbol{x}\|_2$，$\|\boldsymbol{x}\|_\infty$.

2. 设 $\boldsymbol{P}\in\mathbf{C}_n^{n\times n}$，$\|\cdot\|_v$ 是 $\mathbf{C}^n$ 中的向量范数，$\forall\boldsymbol{\alpha}\in\mathbf{C}^n$，定义 $\|\boldsymbol{\alpha}\|=\|\boldsymbol{P\alpha}\|_v$，求证：$\|\boldsymbol{\alpha}\|$ 是 $\mathbf{C}^n$ 中的向量范数.

3. 设 $f(t)\in C[a,b]$，对于 $f(t)\in C[a,b]$，定义：

(1) $\|f(t)\|_1=\int_a^b|f(t)|\mathrm{d}t$；

(2) $\|f(t)\|_\infty=\max\limits_{a\leqslant t\leqslant b}|f(t)|\mathrm{d}t$.

求证：$\|f(t)\|_1$ 与 $\|f(t)\|_\infty$ 都是 $C[a,b]$ 中的向量范数.

4. 设 $\|\cdot\|_a$ 与 $\|\cdot\|_b$ 是 $\mathbf{C}^n$ 上的两种向量范数，且 k_1,k_2 为正的常数，证明下列函数是 $\mathbf{C}^n$ 上的向量范数.

(1) $\max\{\|\boldsymbol{x}\|_a,\|\boldsymbol{x}\|_b\}$；

(2) $k_1\|\boldsymbol{x}\|_a+k_2\|\boldsymbol{x}\|_b$.

5. 设 $\|\cdot\|_m$ 是 $\mathbf{C}^{n\times n}$ 上的矩阵范数，$\boldsymbol{P}$ 是 n 阶可逆矩阵，$\forall\boldsymbol{A}\in\mathbf{C}^{n\times n}$，定义 $\|\boldsymbol{A}\|=\|\boldsymbol{P}^{-1}\boldsymbol{AP}\|_m$.

求证：$\|\cdot\|$ 是 $\mathbf{C}^{n\times n}$ 上的一种矩阵范数.

6. 设 $\boldsymbol{A}\in\mathbf{C}^{n\times n}$，$\boldsymbol{x}\in\mathbf{C}^n$，求证 $\|\boldsymbol{A}\|_{m_\infty}$ 与 $\|\boldsymbol{x}\|_1$ 及 $\|\boldsymbol{x}\|_2$ 分别相容.

7. 设 $\boldsymbol{A}=\begin{bmatrix}2 & -1 & 0\\ 0 & 2 & 3\\ 1 & 2 & 0\end{bmatrix}$.

求：$\|\boldsymbol{A}\|_{m_1}$，$\|\boldsymbol{A}\|_F$，$\|\boldsymbol{A}\|_{m_\infty}$，$\|\boldsymbol{A}\|_1$，$\|\boldsymbol{A}\|_2$，$\|\boldsymbol{A}\|_\infty$.

8. 已知 $\boldsymbol{A}=\begin{bmatrix}1+\mathrm{i} & 0 & -3\\ 5 & 4\mathrm{i} & 0\\ -2 & 3 & 1\end{bmatrix}$，求 $\|\boldsymbol{A}\|_{m_1}$，$\|\boldsymbol{A}\|_F$，$\|\boldsymbol{A}\|_{m_\infty}$，$\|\boldsymbol{A}\|_1$，$\|\boldsymbol{A}\|_\infty$.

9. 设 $\boldsymbol{A}\in\mathbf{C}^{n\times n}$，求证 $\|\boldsymbol{A}\|_2^2\leqslant\|\boldsymbol{A}\|_1\|\boldsymbol{A}\|_\infty$.

10. 设 $\boldsymbol{A}=(a_{ij})_{m\times n}\in\mathbf{C}^{m\times n}$，定义

$$\|\boldsymbol{A}\|=\max\{m,n\}\cdot\max_{ij}|a_{ij}|$$

则 $\|\boldsymbol{A}\|$ 是 $\mathbf{C}^{m\times n}$ 上的一种矩阵范数，记为 $\|\boldsymbol{A}\|_{m_\infty}$.

11. 判断 $\mathbf{C}^{n\times n}(n>1)$ 中矩阵的 1- 范数与 $\mathbf{C}^n$ 中向量的 ∞- 范数是否相容.

12. 设 $\boldsymbol{A}=(a_{ij})_{n\times n}(n>1)$，判断实数 $\|\boldsymbol{A}\|=\max_{ij}|a_{ij}|$ 是否构成 $\mathbf{C}^{n\times n}$ 中的矩阵范数.

13. 设 $\boldsymbol{A}\in\mathbf{C}^{m\times n}$，$\boldsymbol{\alpha}\in\mathbf{C}^n$，求证矩阵范数 $\|\boldsymbol{A}\|_{m_1}$ 与向量范数 p- 范数$(1\leqslant p<\infty)$相容.

14. 设 $\boldsymbol{A},\boldsymbol{B}\in\mathbf{C}^{n\times n}$，求证 $\|\boldsymbol{AB}\|_F\leqslant\min\{\|\boldsymbol{A}\|_2\|\boldsymbol{B}\|_F,\|\boldsymbol{A}\|_F\|\boldsymbol{B}\|_2\}$.

15. 设单位列向量 $\boldsymbol{u}\in\mathbf{R}^n(n>1)$，令 $\boldsymbol{A}=\boldsymbol{I}-\boldsymbol{uu}^{\mathrm{T}}$，求证：(1) $\|\boldsymbol{A}\|_2=1$；(2) $\forall\boldsymbol{x}\in\mathbf{R}^n$，若 $\boldsymbol{Ax}\neq\boldsymbol{x}$，则 $\|\boldsymbol{Ax}\|_2<\|\boldsymbol{x}\|_2$.

16. 设 $\boldsymbol{A}\in\mathbf{C}_r^{m\times n}$ 的非零奇异值为 $\sigma_1,\sigma_2,\cdots,\sigma_r(r>0)$，求证：$\|\boldsymbol{A}\|_F^2=(\sigma_1^2+\sigma_2^2+\cdots+\sigma_r^2)$.

17. 设 $\boldsymbol{A}\in\mathbf{C}^{n\times n}$，求证 $\|\boldsymbol{A}\|_{m_1}$ 与 $\|\boldsymbol{A}\|_F$ 等价.

18. 设 $\lambda_1,\cdots,\lambda_i,\cdots,\lambda_n$ 为矩阵 $\boldsymbol{A}\in\mathbf{C}^{n\times n}$ 的特征值，求证

$$\|\boldsymbol{A}\|_F\geqslant\left(\sum_{i=1}^n|\lambda_i|^2\right)^{\frac{1}{2}}$$

19. 设 $\boldsymbol{A}\in\mathbf{C}^{n\times n}$，若 $\|\boldsymbol{A}\|<1$，则 $\|(\boldsymbol{I}-\boldsymbol{A})^{-1}\|\leqslant\dfrac{1}{1-\|\boldsymbol{A}\|}$，其中 $\|\cdot\|$ 表示矩阵的算子范数.

20. 设 λ 是可逆矩阵 $\boldsymbol{A}$ 的任意一个特征值，求证：$|\lambda|\geqslant\dfrac{1}{\|\boldsymbol{A}^{-1}\|}$.

第五章　矩阵分析

在矩阵论的内容中除了代数运算外，矩阵的分析运算也是非常重要的. 本章从矩阵范数出发，学习矩阵序列、矩阵级数、矩阵的微分与积分，以及它们的应用.

5.1　矩阵序列

定义 5.1　设有矩阵序列 $\{\boldsymbol{A}^{(k)}\}$，其中 $\boldsymbol{A}^{(k)}\in\mathbf{C}^{m\times n}$，$\boldsymbol{A}^{(k)}=(a_{ij}^{(k)})_{m\times n}$，如果 $\lim\limits_{k\to+\infty}a_{ij}^{(k)}=a_{ij}$ $(i=1,2,\cdots,m;j=1,2,\cdots,n)$，则称矩阵序列 $\{\boldsymbol{A}^{(k)}\}$ 收敛到 $\boldsymbol{A}=(a_{ij})_{m\times n}$，称 $\boldsymbol{A}$ 为 $\{\boldsymbol{A}^{(k)}\}$ 的极限，记为

$$\boldsymbol{A}^{(k)}\to\boldsymbol{A}，当\ k\to+\infty，或\ \lim_{k\to+\infty}\boldsymbol{A}^{(k)}=\boldsymbol{A}$$

矩阵序列不收敛，称为矩阵序列发散. 由上述定义可知，矩阵序列收敛要求 mn 个常数数列同时收敛.

与数列收敛相类似，很容易证明矩阵序列的收敛具有以下结论：

① 设 $\{\boldsymbol{A}^{(k)}\}$，$\{\boldsymbol{B}^{(k)}\}$ 是 $\mathbf{C}^{m\times n}$ 中两个矩阵序列，λ,μ 是两个复常数，$\boldsymbol{A},\boldsymbol{B}\in\mathbf{C}^{m\times n}$，且 $\lim\limits_{k\to+\infty}\boldsymbol{A}^{(k)}=\boldsymbol{A}$，$\lim\limits_{k\to+\infty}\boldsymbol{B}^{(k)}=\boldsymbol{B}$，则

$$\lim_{k\to+\infty}(\lambda\boldsymbol{A}^{(k)}+\mu\boldsymbol{B}^{(k)})=\lambda\boldsymbol{A}+\mu\boldsymbol{B}\tag{5.1}$$

② 设 $\boldsymbol{A}^{(k)},\boldsymbol{A}\in\mathbf{C}^{m\times n}$；$\boldsymbol{B}^{(k)},\boldsymbol{B}\in\mathbf{C}^{n\times p}$，则

$$\lim_{k\to+\infty}\boldsymbol{A}^{(k)}\boldsymbol{B}^{(k)}=\boldsymbol{A}\boldsymbol{B}\tag{5.2}$$

与向量序列相同，我们可以用矩阵范数使矩阵序列的极限问题简单一致化.

定理 5.1　设 $\boldsymbol{A}^{(k)},\boldsymbol{A}\in\mathbf{C}^{m\times n}$，$k=1,2,\cdots$. 则 $\lim\limits_{k\to+\infty}\boldsymbol{A}^{(k)}=\boldsymbol{A}$ 的充分必要条件是 $\lim\limits_{k\to+\infty}\|\boldsymbol{A}^{(k)}-\boldsymbol{A}\|=0$，其中 $\|\cdot\|$ 是 $\mathbf{C}^{m\times n}$ 上的任一矩阵范数. 特别若 $\boldsymbol{A}=\boldsymbol{O}$，则 $\lim\limits_{k\to+\infty}\boldsymbol{A}^{(k)}=\boldsymbol{O}$ 的充分必要条件是 $\lim\limits_{k\to+\infty}\|\boldsymbol{A}^{(k)}\|=0$.

证　由定义 5.1 知

$$\begin{aligned}\lim_{k\to+\infty}\boldsymbol{A}^{(k)}=\boldsymbol{A}\Leftrightarrow&\lim_{k\to+\infty}a_{ij}^{(k)}=a_{ij},i=1,\cdots,m;j=1,\cdots,n\Leftrightarrow\\&\lim_{k\to+\infty}(a_{ij}^{(k)}-a_{ij})=0\Leftrightarrow\\&\lim_{k\to+\infty}|a_{ij}^{(k)}-a_{ij}|=0\Leftrightarrow\\&\lim_{k\to+\infty}\sqrt{\sum_{i=1}^{m}\sum_{j=1}^{n}|a_{ij}^{(k)}-a_{ij}|^2}=0\end{aligned}$$

最后一式为 $\lim\limits_{k\to+\infty}\|\boldsymbol{A}^{(k)}-\boldsymbol{A}\|_F=0$.

由矩阵范数的等价性知，对于 $\mathbf{C}^{m\times n}$ 上的任一矩阵范数 $\|\cdot\|$，存在常数 $c_1>0,c_2>0$，使

$$c_1\|\boldsymbol{A}^{(k)}-\boldsymbol{A}\|_F\leqslant\|\boldsymbol{A}^{(k)}-\boldsymbol{A}\|\leqslant c_2\|\boldsymbol{A}^{(k)}-\boldsymbol{A}\|_F$$

所以
$$\lim_{k\to+\infty}\|\boldsymbol{A}^{(k)}-\boldsymbol{A}\|_F=0\Leftrightarrow\lim_{k\to+\infty}\|\boldsymbol{A}^{(k)}-\boldsymbol{A}\|=0$$

故结论正确.

特别若 $\boldsymbol{A}=\boldsymbol{O}$，则有

$$\lim_{k\to+\infty}\boldsymbol{A}^{(k)}=\boldsymbol{O}\Leftrightarrow\lim_{k\to+\infty}\|\boldsymbol{A}^{(k)}-\boldsymbol{O}\|=\lim_{k\to+\infty}\|\boldsymbol{A}^{(k)}\|=0$$
□

定理 5.2　设 $\boldsymbol{A}^{(k)},\boldsymbol{A}\in\mathbf{C}^{m\times n},k=1,2,\cdots,\lim\limits_{k\to+\infty}\boldsymbol{A}^{(k)}=\boldsymbol{A}$，则 $\lim\limits_{k\to+\infty}\|\boldsymbol{A}^{(k)}\|=\|\boldsymbol{A}\|$，其中 $\|\cdot\|$ 是 $\mathbf{C}^{m\times n}$ 上任一矩阵范数.

证　由 4.2 节矩阵范数的性质 2 有

$$\big|\|\boldsymbol{A}^{(k)}\|-\|\boldsymbol{A}\|\big|\leqslant\|\boldsymbol{A}^{(k)}-\boldsymbol{A}\|$$

即知结论正确.

特别若 $\boldsymbol{A}=\boldsymbol{O}$，则 $\lim\limits_{k\to+\infty}\|\boldsymbol{A}^{(k)}\|=0$.　□

需要注意的是定理 5.2 的逆命题并非正确.

例 5.1　$\boldsymbol{A}^{(k)}=\begin{bmatrix}0&1\\\frac{1}{k}&(-1)^k\end{bmatrix},\boldsymbol{A}=\begin{bmatrix}0&1\\0&1\end{bmatrix}$，则 $\lim\limits_{k\to+\infty}\|\boldsymbol{A}^{(k)}\|_F=\lim\limits_{k\to+\infty}\sqrt{2+\frac{1}{k^2}}=\sqrt{2}$，$\|\boldsymbol{A}\|_F=\sqrt{2}$，$\lim\limits_{k\to+\infty}\|\boldsymbol{A}^{(k)}\|_F=\|\boldsymbol{A}\|_F$，但显然 $\boldsymbol{A}^{(k)}$ 不收敛.

定理 5.3　设 $\lim\limits_{k\to+\infty}\boldsymbol{A}^{(k)}=\boldsymbol{A}$，其中 $\boldsymbol{A}^{(k)},\boldsymbol{A}\in\mathbf{C}^{n\times n}$，且 $\boldsymbol{A}^{(k)},\boldsymbol{A}$ 均可逆，$k=1,2,\cdots$，则

$$\lim_{k\to+\infty}(\boldsymbol{A}^{(k)})^{-1}=\boldsymbol{A}^{-1}\tag{5.3}$$

证明　首先注意到

$$\lim_{k\to+\infty}\det\boldsymbol{A}^{(k)}=\det\boldsymbol{A}$$

这可以对方阵 $\boldsymbol{A}^{(k)}$ 与 $\boldsymbol{A}$ 的阶数 n 应用数学归纳法来证出.

对于二阶方阵显然式(5.3)成立.

假设对于 $n-1$ 阶方阵式(5.3)成立，往证对于 n 阶方阵也成立.

因为 n 阶行列式可以按某行或某列展成该行或该列元素与其代数余子式乘积之和，故式(5.3)对 n 阶方阵也成立. 再注意到 $\boldsymbol{A}^{(k)}$ 的伴随矩阵 $(\boldsymbol{A}^{(k)})^*$ 的元素都是 $\boldsymbol{A}$ 的元素组成的 $n-1$ 阶的行列式，因此有

$$\lim_{k\to+\infty}(\boldsymbol{A}^{(k)})^{-1}=\lim_{k\to+\infty}\frac{1}{\det\boldsymbol{A}^{(k)}}(\boldsymbol{A}^{(k)})^*=\lim_{k\to+\infty}\frac{1}{\det\boldsymbol{A}}\boldsymbol{A}^*=\boldsymbol{A}^{-1}$$
□

定理 5.3 中条件 $\boldsymbol{A}^{(k)},\boldsymbol{A}$ 可逆是不可缺少的，考虑下面的例子.

例 5.2　$\boldsymbol{A}^{(k)}=\begin{bmatrix}1+\frac{1}{k}&-1\\-1&1\end{bmatrix},(\boldsymbol{A}^{(k)})^{-1}=\begin{bmatrix}k&k\\k&k+1\end{bmatrix},k=1,2,\cdots,\boldsymbol{A}=\begin{bmatrix}1&-1\\-1&1\end{bmatrix}$

$$\lim_{k\to+\infty}\boldsymbol{A}^{(k)}=\begin{bmatrix}1&-1\\-1&1\end{bmatrix}=\boldsymbol{A}$$

但是，显然 $\boldsymbol{A}$ 是不可逆的. 此例说明，虽然所有的 $\boldsymbol{A}^{(k)}$ 可逆，且 $\lim\limits_{k\to+\infty}\boldsymbol{A}^{(k)}=\boldsymbol{A}$，但不能保证 $\boldsymbol{A}$ 的可逆性，式(5.3) 不成立.

由矩阵的乘幂所构成的序列是非常重要的矩阵序列.

定义 5.2　设 $\boldsymbol{A}\in\mathbf{C}^{n\times n}$，如果 $\lim\limits_{k\to+\infty}\boldsymbol{A}^k=\boldsymbol{O}$，则称 $\boldsymbol{A}$ 为收敛矩阵.

定理 5.4　n 阶方阵 $\boldsymbol{A}$ 为收敛矩阵的充分必要条件是

$$\rho(\boldsymbol{A})<1 \tag{5.4}$$

证　由定理 4.16 及定理 4.17 有

$$0\leqslant[\rho(\boldsymbol{A})]^k=\rho(\boldsymbol{A}^k)\leqslant\|\boldsymbol{A}^k\| \tag{5.5}$$

其中 $\|\cdot\|$ 是 $\mathbf{C}^{n\times n}$ 上任一矩阵范数.

先证必要性.

设 $\boldsymbol{A}$ 是收敛矩阵，故 $\lim\limits_{k\to+\infty}\boldsymbol{A}^k=\boldsymbol{O}$. 由定理 5.2，有 $\lim\limits_{k\to+\infty}\|\boldsymbol{A}^k\|=0$，由式(5.5) 根据两边夹挤准则，得 $\lim\limits_{k\to+\infty}[\rho(\boldsymbol{A})]^k=0$，从而 $\rho(\boldsymbol{A})<1$.

再证充分性.

因为 $\rho(\boldsymbol{A})<1$，故存在 $\varepsilon>0$ 使 $\rho(\boldsymbol{A})+\varepsilon<1$. 由定理 4.18，存在 $\mathbf{C}^{n\times n}$ 上的某一种矩阵范数 $\|\cdot\|_m$，使

$$\|\boldsymbol{A}\|_m\leqslant\rho(\boldsymbol{A})+\varepsilon<1$$

于是由矩阵乘法范数的相容性，得 $\|\boldsymbol{A}^k\|_m\leqslant\|\boldsymbol{A}\|_m^k\leqslant(\rho(\boldsymbol{A})+1)^k$，从而有 $\lim\limits_{k\to+\infty}\|\boldsymbol{A}^k\|_m=0$. 由定理 5.1，故 $\lim\limits_{k\to+\infty}\boldsymbol{A}^k=\boldsymbol{O}$，所以 $\boldsymbol{A}$ 为收敛矩阵. □

推论　设 $\boldsymbol{A}\in\mathbf{C}^{n\times n}$，若 $\mathbf{C}^{n\times n}$ 上存在某一种矩阵范数 $\|\cdot\|$，使 $\|\boldsymbol{A}\|<1$，则 $\boldsymbol{A}$ 为收敛矩阵.

上述推论给出判断矩阵 $\boldsymbol{A}$ 是否是收敛矩阵一种行之有效的方法，即先验证是否有某一种矩阵范数满足 $\|\boldsymbol{A}\|<1$，如果不易找着这样的矩阵范数，则可以计算出 $\boldsymbol{A}$ 的所有特征值后，求出 $\rho(\boldsymbol{A})$ 进一步判断.

例 5.3　设 $\boldsymbol{A}=\begin{bmatrix}0.1 & 0.2 & -0.2\\ -0.4 & 0.3 & 0.1\\ 0.3 & 0.1 & 0.2\end{bmatrix}$，问 $\boldsymbol{A}$ 是否是收敛矩阵.

解　显然 $\|\boldsymbol{A}\|_1=0.8<1$，故 $\boldsymbol{A}$ 是收敛矩阵.

例 5.4　设 $\boldsymbol{A}=\begin{bmatrix}0 & a & a\\ a & 0 & a\\ a & a & 0\end{bmatrix}$，其中 a 为实数，试问 a 取何值时 $\boldsymbol{A}$ 为收敛矩阵.

解　经计算 $\boldsymbol{A}$ 的特征值为 $\lambda_1=2a,\lambda_2=\lambda_3=-a$，所以

$$\rho(\boldsymbol{A})=2|a|$$

由定理 5.4 知 $\rho(\boldsymbol{A})=2|a|<1$，即 $|a|<\dfrac{1}{2}$ 时，$\boldsymbol{A}$ 为收敛矩阵.

5.2　矩阵级数

在建立矩阵函数及求解线性微分方程组时，往往与矩阵级数密不可分. 同数项级数相类似，我们用部分和矩阵序列的敛散性来讨论矩阵级数的敛散性.

定义 5.3　设 $\{\boldsymbol{A}^{(k)}\}$ 是 $\mathbf{C}^{m\times n}$ 上的矩阵序列，$\boldsymbol{A}^{(k)}=(a_{ij}^{(k)})_{m\times n}\in\mathbf{C}^{m\times n}$，$\boldsymbol{S}=(s_{ij})_{m\times n}\in\mathbf{C}^{m\times n}$，无穷和

$$\boldsymbol{A}^{(0)}+\boldsymbol{A}^{(1)}+\boldsymbol{A}^{(2)}+\cdots+\boldsymbol{A}^{(k)}+\cdots \tag{5.6}$$

称为矩阵级数，记为 $\sum\limits_{k=0}^{+\infty}\boldsymbol{A}^{(k)}$. 记 $\boldsymbol{S}^{(k)}=\sum\limits_{i=0}^{k}\boldsymbol{A}^{(i)}$，称 $\boldsymbol{S}^{(k)}$ 为矩阵级数 $\sum\limits_{k=0}^{+\infty}\boldsymbol{A}^{(k)}$ 的部分和. 如果 $\lim\limits_{k\to+\infty}\boldsymbol{S}^{(k)}=\boldsymbol{S}$，则称矩阵级数 $\sum\limits_{k=0}^{+\infty}\boldsymbol{A}^{(k)}$ 收敛，并称 $\boldsymbol{S}$ 为矩阵级数 $\sum\limits_{k=1}^{+\infty}\boldsymbol{A}^{(k)}$ 的和，记为 $\sum\limits_{k=0}^{+\infty}\boldsymbol{A}^{(k)}=\boldsymbol{S}$.

不收敛的级数称为发散的.

$\sum\limits_{k=0}^{+\infty}\boldsymbol{A}^{(k)}=\boldsymbol{S}$ 等价于 $m\times n$ 个数项级数 $\sum\limits_{k=0}^{+\infty}a_{ij}{}^{(k)}=s_{ij}$，$i=1,\cdots,m;j=1,\cdots,n$.

例 5.5　设　$\boldsymbol{A}^{(k)}=\begin{bmatrix}\dfrac{1}{3^k} & 0\\ 0 & \sqrt{k+2}-2\sqrt{k+1}+\sqrt{k}\end{bmatrix}$　　$k=0,1,\cdots$

说明矩阵级数 $\sum\limits_{k=0}^{+\infty}\boldsymbol{A}^{(k)}$ 的敛散性.

解　可得

$$\boldsymbol{S}^{(k)}=\sum_{i=0}^{k}\boldsymbol{A}^{(i)}=\begin{bmatrix}\sum\limits_{i=0}^{k}\dfrac{1}{3^i} & 0\\ 0 & \sum\limits_{i=0}^{k}(\sqrt{i+2}-2\sqrt{i+1}+\sqrt{i})\end{bmatrix}$$

$$\boldsymbol{S}=\lim_{k\to+\infty}\boldsymbol{S}^{(k)}=\begin{bmatrix}\dfrac{3}{2} & 0\\ 0 & -1\end{bmatrix}$$

故 $\sum\limits_{k=0}^{+\infty}\boldsymbol{A}^{(k)}$ 收敛，其和为 $\boldsymbol{S}$，即

$$\sum_{k=0}^{+\infty}\begin{bmatrix}\dfrac{1}{3^k} & 0\\ 0 & \sqrt{k+2}-2\sqrt{k+1}+\sqrt{k}\end{bmatrix}=\begin{bmatrix}\dfrac{3}{2} & 0\\ 0 & -1\end{bmatrix}$$

由矩阵级数的收敛性的定义，显然以下性质成立.

性质 1　若 $\sum\limits_{k=0}^{+\infty}\boldsymbol{A}^{(k)}$ 收敛，则

$$\lim_{k\to+\infty}\boldsymbol{A}^{(k)}=\boldsymbol{O} \tag{5.7}$$

性质 2　若矩阵级数$\sum_{k=0}^{+\infty}\boldsymbol{A}^{(k)}=\boldsymbol{A},\sum_{k=0}^{+\infty}\boldsymbol{B}^{(k)}=\boldsymbol{B},\lambda,\mu\in\mathbf{C}$是常数,则

$$\sum_{k=0}^{+\infty}(\lambda\boldsymbol{A}^{(k)}+\mu\boldsymbol{B}^{(k)})=\lambda\boldsymbol{A}+\mu\boldsymbol{B}\tag{5.8}$$

性质 3　设$\boldsymbol{P}\in\mathbf{C}^{m\times m},\boldsymbol{Q}\in\mathbf{C}^{n\times n},\sum_{k=0}^{+\infty}\boldsymbol{A}^{(k)}$收敛,则$\sum_{k=0}^{+\infty}\boldsymbol{P}\boldsymbol{A}^{(k)}\boldsymbol{Q}$收敛,且

$$\sum_{k=0}^{+\infty}\boldsymbol{P}\boldsymbol{A}^{(k)}\boldsymbol{Q}=\boldsymbol{P}(\sum_{k=0}^{+\infty}\boldsymbol{A}^{(k)})\boldsymbol{Q}\tag{5.9}$$

定义 5.4　设$\sum_{k=0}^{+\infty}\boldsymbol{A}^{(k)}$是矩阵级数,其中$\boldsymbol{A}^{(k)}=(a_{ij}^{(k)})_{m\times n}\in\mathbf{C}^{m\times n}$. 如果$m\times n$个级数$\sum_{k=0}^{+\infty}|a_{ij}^{(k)}|(i=1,2,\cdots,m;j=1,2,\cdots,n)$都收敛,则称矩阵数$\sum_{k=0}^{+\infty}\boldsymbol{A}^{(k)}$绝对收敛.

定理 5.5　设$\boldsymbol{A}^{(k)}=(a_{ij}^{(k)})_{m\times n}\in\mathbf{C}^{m\times n}$,则矩阵级数$\sum_{k=0}^{+\infty}\boldsymbol{A}^{(k)}$绝对收敛的充分必要条件是正项级数$\sum_{k=0}^{+\infty}\|\boldsymbol{A}^{(k)}\|$收敛,其中$\|\cdot\|$是$\mathbf{C}^{m\times n}$上任一矩阵范数.

证　先证必要性.

设$\sum_{k=0}^{+\infty}\boldsymbol{A}^{(k)}$绝对收敛,则$m\times n$个级数$\sum_{k=0}^{+\infty}|a_{ij}^{(k)}|$都收敛,故$\sum_{k=0}^{+\infty}|a_{ij}^{(k)}|<M_{ij},i=1,2,\cdots,m;j=1,2,\cdots,n$.

令$M=\max\limits_{i,j}M_{ij}$,取矩阵范数$\|\cdot\|$为$m_1$-范数,则有

$$\sum_{k=0}^{+\infty}\|\boldsymbol{A}^{(k)}\|_{m_1}=\sum_{k=0}^{+\infty}(\sum_{i=1}^{m}\sum_{j=1}^{n}|a_{ij}^{(k)}|)<mnM\tag{5.10}$$

这说明正项级数$\sum_{k=0}^{+\infty}\|\boldsymbol{A}^{(k)}\|_{m_1}$收敛,由矩阵范数的等价性,对任意矩阵范数,正项级数$\sum_{k=0}^{+\infty}\|\boldsymbol{A}^{(k)}\|$收敛.

再证充分性.

因为$\sum_{k=0}^{+\infty}\|\boldsymbol{A}^{(k)}\|$收敛,由矩阵范数的等价性,所以$\sum_{k=0}^{+\infty}\|\boldsymbol{A}^{(k)}\|_{m_1}$收敛.

因　$$|a_{ij}^{(k)}|\leqslant\sum_{i=1}^{m}\sum_{j=1}^{n}|a_{ij}^{(k)}|=\|\boldsymbol{A}^{(k)}\|_{m_1},i=1,2,\cdots,m;j=1,2,\cdots,n$$

由正项级数的比较判别法知$\sum_{k=0}^{+\infty}|a_{ij}^{(k)}|$收敛,即$\sum_{k=0}^{+\infty}a_{ij}^{(k)}$绝对收敛$(i=1,2,\cdots,m;j=1,2,\cdots,n)$.

由定义 5.4 即知$\sum_{k=0}^{+\infty}\boldsymbol{A}^{(k)}$绝对收敛. □

有了定理 5.5,我们就可以将判断矩阵级数是否绝对收敛的问题归结为判定一个正项级数$\sum_{k=0}^{+\infty}\|\boldsymbol{A}^{(k)}\|$是否收敛的问题,从而使问题大大简化.

与数项级数类似,若矩阵级数$\sum\limits_{k=0}^{+\infty}\boldsymbol{A}^{(k)}$绝对收敛,则它一定收敛,并且任意改变各项求和次序而得到的更序级数仍收敛,且其和不变.

同样对于矩阵级数也有幂级数的概念.

定义 5.5 称矩阵级数

$$\sum_{k=0}^{+\infty}c_k\boldsymbol{A}^k=c_0\boldsymbol{I}+c_1\boldsymbol{A}+c_2\boldsymbol{A}^2+\cdots+c_k\boldsymbol{A}^k+\cdots$$

为矩阵$\boldsymbol{A}$的幂级数,这里$\boldsymbol{A}\in\mathbf{C}^{n\times n}$,$c_k\in\mathbf{C}(k=0,1,\cdots)$.

根据定义 5.3 要想判定级数的敛散性,需要判断n^2个数项级数的敛散性,通常这是非常麻烦的事情. 为此我们换个角度来考虑这个问题,我们把矩阵幂级数看作是复变量幂级数$\sum\limits_{k=0}^{+\infty}c_kz^k$的推广. 若幂级数$\sum\limits_{k=0}^{+\infty}c_kz^k$的收敛半径为$R$,则对收敛圆$|z|<R$内的所有$z$,$\sum\limits_{k=0}^{+\infty}c_k\boldsymbol{z}^k$都是绝对收敛的. 因此矩阵幂级数$\sum\limits_{k=0}^{+\infty}c_k\boldsymbol{A}^k$的敛散性与复变量幂级数$\sum\limits_{k=0}^{+\infty}c_kz^k$有密切的联系.

定理 5.6 设幂级数$\sum\limits_{k=0}^{+\infty}c_kz^k$的收敛半径为$R$,则:

① 当$\rho(\boldsymbol{A})<R$时,矩阵幂级数$\sum\limits_{k=0}^{+\infty}c_k\boldsymbol{A}^k$绝对收敛;

② 当$\rho(\boldsymbol{A})>R$时,矩阵幂级数$\sum\limits_{k=0}^{+\infty}c_k\boldsymbol{A}^k$发散.

证 ① 设$\rho(\boldsymbol{A})<R$,则存在正数ε,使$\rho(\boldsymbol{A})+\varepsilon<R$,由定理 4.18 知,存在某一矩阵范数$\|\cdot\|_m$,使

$$\|\boldsymbol{A}\|_m\leqslant\rho(\boldsymbol{A})+\varepsilon<R$$

于是有

$$\|c_k\boldsymbol{A}^k\|_m\leqslant|c_k|\,\|\boldsymbol{A}\|_m^k\leqslant|c_k|(\rho(\boldsymbol{A})+\varepsilon)^k$$

因为幂级数$\sum\limits_{k=0}^{+\infty}|c_k|(\rho(\boldsymbol{A})+\varepsilon)^k$收敛,所以由数项级数的比较判别法及定理 5.5 知矩阵幂级数$\sum\limits_{k=0}^{+\infty}c_k\boldsymbol{A}^k$绝对收敛.

② 设$\rho(\boldsymbol{A})>R$,$\lambda_1,\lambda_2,\cdots,\lambda_n$为$\boldsymbol{A}$的$n$个特征值,则一定至少存在一个特征值$\lambda_t$,$|\lambda_t|>R$. 由定理 3.10 所得的结论 ⑤,存在$n$阶非奇异矩阵$\boldsymbol{P}$,使

$$\boldsymbol{P}^{-1}\boldsymbol{A}\boldsymbol{P}=\boldsymbol{J}=\begin{bmatrix}\lambda_1 & k_1 & & \\ & \lambda_2 & \ddots & \\ & & \ddots & k_{n-1}\\ & & & \lambda_n\end{bmatrix}$$

其中k_i为 1 或 0,$i=1,2,\cdots,n-1$.

因为 J^k 的对角元素为 $\lambda_i^k(i=1,2,\cdots,n)$，故矩阵幂级数 $\sum_{k=0}^{+\infty}c_kJ^k$ 的对角元素为 $\sum_{k=0}^{+\infty}c_k\lambda_i^k(i=1,2,\cdots,n)$，其中 $\sum_{k=0}^{+\infty}c_k\lambda_i^k$ 发散，所以 $\sum_{k=0}^{+\infty}c_kJ^k$ 发散. 又 $A=PJP^{-1}$，故 $A^k=PJ^kP^{-1}$，$c_kA^k=P(c_kJ^k)P^{-1}$，由性质 3 知 $\sum_{k=0}^{+\infty}c_kA^k$ 发散. □

推论 1　若幂级数 $\sum_{k=0}^{+\infty}c_kz^k$ 在整个平面上都收敛，则对任意 $A\in\mathbf{C}^{n\times n}$，矩阵幂级数 $\sum_{k=0}^{+\infty}c_kA^k$ 收敛.

推论 2　设幂级数 $\sum_{k=0}^{+\infty}c_kz^k$ 的收敛半径为 R，$A\in\mathbf{C}^{n\times n}$. 如果存在 $\mathbf{C}^{n\times n}$ 上的某一矩阵范数 $\|\cdot\|$，使 $\|A\|<R$，则矩阵幂级数 $\sum_{k=0}^{+\infty}c_kA^k$ 绝对收敛.

例 5.6　判断矩阵幂级数 $\sum_{k=0}^{+\infty}\begin{bmatrix}\frac{1}{6} & -\frac{1}{3}\\ -\frac{4}{3} & \frac{1}{6}\end{bmatrix}^k$ 的敛散性.

解　记 $A=\begin{bmatrix}\frac{1}{6} & -\frac{1}{3}\\ -\frac{4}{3} & \frac{1}{6}\end{bmatrix}$，容易求得 A 的特征值 $\lambda_1=-\frac{1}{2}$，$\lambda_2=\frac{5}{6}$，故 $\rho(A)=\frac{5}{6}<1$.

因为幂级数 $\sum_{k=0}^{+\infty}z^k$ 的收敛半径为 $R=1$，所以由推论 2 知矩阵幂级数 $\sum_{k=0}^{+\infty}A^k$ 即矩阵幂级数 $\sum_{k=0}^{+\infty}\begin{bmatrix}\frac{1}{6} & -\frac{1}{3}\\ -\frac{4}{3} & \frac{1}{3}\end{bmatrix}^k$ 绝对收敛.

定义 5.6　设 $A\in\mathbf{C}^{n\times n}$，矩阵幂级数 $\sum_{k=0}^{+\infty}A^k$ 称为 **Neumann** 级数.

定理 5.7　Neumann 级数收敛的充分必要条件是 $\rho(A)<1$，并且在收敛时，其和为

$$\sum_{k=0}^{+\infty}A^k=(I-A)^{-1}\tag{5.11}$$

证　先证必要性.

设 $\sum_{k=0}^{+\infty}A^k$ 收敛，由 5.2 节性质 1 有 $\lim\limits_{k\to+\infty}A^k=O$，即 A 为收敛矩阵. 由定理 5.4，$\rho(A)<1$.

再证充分性.

设 $\rho(A)<1$，显然幂级数 $\sum_{k=0}^{+\infty}z^k$ 的收敛半径为 $R=1$，因此由定理 5.6 知 Neumann 级数 $\sum_{k=0}^{+\infty}A^k$ 绝对收敛.

以下证明式(5.11)成立.

设$\sum_{k=0}^{+\infty}\boldsymbol{A}^k$收敛,故$\rho(\boldsymbol{A})<1$,因此必有$\varepsilon>0$,使$\rho(\boldsymbol{A})+\varepsilon<1$,由定理4.18知存在某一矩阵范数$\|\cdot\|_m$,使$\|\boldsymbol{A}\|_m\leqslant\rho(\boldsymbol{A})+\varepsilon<1$,由定理4.19知$\boldsymbol{I}-\boldsymbol{A}$可逆.

令$\boldsymbol{S}_m=\sum_{k=0}^{m}\boldsymbol{A}^k$,则

$$\boldsymbol{S}_m(\boldsymbol{I}-\boldsymbol{A})=(\boldsymbol{I}+\boldsymbol{A}+\boldsymbol{A}^2+\cdots+\boldsymbol{A}^m)(\boldsymbol{I}-\boldsymbol{A})=\boldsymbol{I}-\boldsymbol{A}^{m+1}$$

故

$$\boldsymbol{S}_m=(\boldsymbol{I}-\boldsymbol{A}^{m+1})(\boldsymbol{I}-\boldsymbol{A})^{-1}=(\boldsymbol{I}-\boldsymbol{A})^{-1}-\boldsymbol{A}^{m+1}(\boldsymbol{I}-\boldsymbol{A})^{-1}$$

令$m\to+\infty$有

$$\boldsymbol{S}=\lim_{m\to+\infty}\boldsymbol{S}_m=(\boldsymbol{I}-\boldsymbol{A})^{-1}$$

□

例 5.7　求 Neumann 级数$\sum_{k=0}^{+\infty}\begin{bmatrix}0.2&0.5\\0.7&0.4\end{bmatrix}^k$的和.

解　设

$$\boldsymbol{A}=\begin{bmatrix}0.2&0.5\\0.7&0.4\end{bmatrix}$$

因为$\|\boldsymbol{A}\|_1=0.9<1$,由定理4.17有$\rho(\boldsymbol{A})\leqslant\|\boldsymbol{A}\|_1<1$,由定理5.7知Neumann级数$\sum_{k=0}^{+\infty}\boldsymbol{A}^k$收敛,且和为$(\boldsymbol{I}-\boldsymbol{A})^{-1}$

$$\boldsymbol{I}-\boldsymbol{A}=\begin{bmatrix}0.8&-0.5\\-0.7&0.6\end{bmatrix}=\frac{1}{10}\begin{bmatrix}8&-5\\-7&6\end{bmatrix}$$

$$(\boldsymbol{I}-\boldsymbol{A})^{-1}=\frac{10}{13}\begin{bmatrix}6&5\\7&8\end{bmatrix}$$

故

$$\sum_{k=0}^{+\infty}\begin{bmatrix}0.2&0.5\\0.7&0.4\end{bmatrix}^k=\frac{10}{13}\begin{bmatrix}6&5\\7&8\end{bmatrix}$$

5.3　矩阵函数

所谓矩阵函数是指以n阶方阵为自变量,并且取值也是n阶方阵的一类函数,我们以定理5.6为出发点,给出矩阵函数的幂级数表示.

定义 5.7　设幂级数$\sum_{k=0}^{+\infty}c_kz^k$的收敛半径为$R$,当$|z|<R$时,幂级数收敛于$f(z)$,即

$$f(z)=\sum_{k=0}^{+\infty}c_kz^k\quad(|z|<R)\tag{5.12}$$

如果$\boldsymbol{A}\in\mathbf{C}^{n\times n}$满足$\rho(\boldsymbol{A})<R$,则将收敛的矩阵幂级数$\sum_{k=0}^{+\infty}c_k\boldsymbol{A}^k$的和定义为矩阵函数,记为

$f(\boldsymbol{A})$，即

$$f(\boldsymbol{A})=\sum_{k=0}^{+\infty}c_k\boldsymbol{A}^k \tag{5.13}$$

由上述定义与数学分析及复变函数中的一些幂级数展开式，可以得到相应的矩阵函数.

对于大家熟知的幂级数展开式：

$$\mathrm{e}^z=\sum_{k=0}^{+\infty}\frac{z^k}{k!}\qquad R=+\infty$$

$$\sin z=\sum_{k=0}^{+\infty}\frac{(-1)^k}{(2k+1)!}z^{2k+1}\qquad R=+\infty$$

$$\cos z=\sum_{k=0}^{+\infty}\frac{(-1)^k}{(2k)!}z^{2k}\qquad R=+\infty$$

$$(1-z)^{-1}=\sum_{k=0}^{+\infty}z^k\qquad R=1$$

$$\ln(1+z)=\sum_{k=1}^{+\infty}\frac{(-1)^{k-1}}{k}z^k\qquad R=1$$

相应地矩阵函数为：

$$\mathrm{e}^{\boldsymbol{A}}=\sum_{k=0}^{+\infty}\frac{\boldsymbol{A}^k}{k!}\qquad \forall\boldsymbol{A}\in\mathbf{C}^{n\times n} \tag{5.14}$$

$$\sin\boldsymbol{A}=\sum_{k=0}^{+\infty}\frac{(-1)^k}{(2k+1)!}\boldsymbol{A}^{2k+1}\qquad \forall\boldsymbol{A}\in\mathbf{C}^{n\times n} \tag{5.15}$$

$$\cos\boldsymbol{A}=\sum_{k=0}^{+\infty}\frac{(-1)^k}{(2k)!}\boldsymbol{A}^{2k}\qquad \forall\boldsymbol{A}\in\mathbf{C}^{n\times n} \tag{5.16}$$

$$(\boldsymbol{I}-\boldsymbol{A})^{-1}=\sum_{k=0}^{+\infty}\boldsymbol{A}^k\qquad \rho(\boldsymbol{A})<1 \tag{5.17}$$

$$\ln(\boldsymbol{I}+\boldsymbol{A})=\sum_{k=1}^{+\infty}\frac{(-1)^{k-1}}{k}\boldsymbol{A}^k\qquad \rho(\boldsymbol{A})<1 \tag{5.18}$$

分别称 $\mathrm{e}^{\boldsymbol{A}}$，$\sin\boldsymbol{A}$，$\cos\boldsymbol{A}$ 为矩阵指数函数，矩阵正弦函数，矩阵余弦函数.

在实际应用中，常常需要求含参数 t 的矩阵函数，将 $f(\boldsymbol{A})$ 的变元 $\boldsymbol{A}$ 用 $\boldsymbol{A}t$ 代替，相应地有

$$f(\boldsymbol{A}t)=\sum_{k=0}^{+\infty}c_k(\boldsymbol{A}t)^k \tag{5.19}$$

对于矩阵指数函数及矩阵正弦函数，矩阵余弦函数，由式(5.14)，式(5.15)，式(5.16)可推出以下结果

$$\begin{aligned}
&\mathrm{e}^{\mathrm{i}\boldsymbol{A}}=\cos\boldsymbol{A}+\mathrm{i}\sin\boldsymbol{A}\\
&\cos\boldsymbol{A}=\frac{1}{2}(\mathrm{e}^{\mathrm{i}\boldsymbol{A}}+\mathrm{e}^{-\mathrm{i}\boldsymbol{A}})\\
&\sin\boldsymbol{A}=\frac{1}{2\mathrm{i}}(\mathrm{e}^{\mathrm{i}\boldsymbol{A}}-\mathrm{e}^{-\mathrm{i}\boldsymbol{A}})\\
&\sin(-\boldsymbol{A})=-\sin\boldsymbol{A}\\
&\cos(-\boldsymbol{A})=\cos\boldsymbol{A}
\end{aligned} \tag{5.20}$$

定理 5.8 设 $\boldsymbol{A},\boldsymbol{B}\in\mathbf{C}^{n\times n}$,如果 $\boldsymbol{AB}=\boldsymbol{BA}$,则:

①$e^{\boldsymbol{A}}e^{\boldsymbol{B}}=e^{\boldsymbol{B}}e^{\boldsymbol{A}}=e^{\boldsymbol{A}+\boldsymbol{B}}$; (5.21)

②$\sin(\boldsymbol{A}+\boldsymbol{B})=\sin\boldsymbol{A}\cos\boldsymbol{B}+\cos\boldsymbol{A}\sin\boldsymbol{B}$; (5.22)

③$\cos(\boldsymbol{A}+\boldsymbol{B})=\cos\boldsymbol{A}\cos\boldsymbol{B}-\sin\boldsymbol{A}\sin\boldsymbol{B}$. (5.23)

证 ① 可得

$$e^{\boldsymbol{A}}e^{\boldsymbol{B}}=\left(\sum_{k=0}^{+\infty}\frac{1}{k!}\boldsymbol{A}^k\right)\left(\sum_{k=0}^{+\infty}\frac{1}{k!}\boldsymbol{B}^k\right)=$$

$$\boldsymbol{I}+(\boldsymbol{A}+\boldsymbol{B})+\frac{1}{2!}(\boldsymbol{A}^2+2\boldsymbol{AB}+\boldsymbol{B}^2)+\frac{1}{3!}(\boldsymbol{A}^3+3\boldsymbol{A}^2\boldsymbol{B}+3\boldsymbol{AB}^2+\boldsymbol{B}^3)+\cdots=$$

$$\sum_{k=0}^{+\infty}\frac{1}{k!}(\boldsymbol{A}+\boldsymbol{B})^k=e^{\boldsymbol{A}+\boldsymbol{B}}$$

$$e^{\boldsymbol{B}}e^{\boldsymbol{A}}=e^{\boldsymbol{B}+\boldsymbol{A}}=e^{\boldsymbol{A}+\boldsymbol{B}}=e^{\boldsymbol{A}}e^{\boldsymbol{B}}$$

② 可得

$$\sin(\boldsymbol{A}+\boldsymbol{B})=\frac{1}{2i}(e^{i(\boldsymbol{A}+\boldsymbol{B})}-e^{-i(\boldsymbol{A}+\boldsymbol{B})})=$$

$$\frac{1}{2i}(e^{i\boldsymbol{A}}e^{i\boldsymbol{B}}-e^{-i\boldsymbol{A}}e^{-i\boldsymbol{B}})=$$

$$\frac{1}{4i}(2e^{i\boldsymbol{A}}e^{i\boldsymbol{B}}-2e^{-i\boldsymbol{A}}e^{-i\boldsymbol{B}})=$$

$$\frac{1}{4i}[(e^{i\boldsymbol{A}}e^{i\boldsymbol{B}}-e^{-i\boldsymbol{A}}e^{-i\boldsymbol{B}})+(e^{i\boldsymbol{A}}e^{i\boldsymbol{B}}-e^{-i\boldsymbol{A}}e^{-i\boldsymbol{B}})]=$$

$$\frac{1}{4i}[(e^{i\boldsymbol{A}}e^{i\boldsymbol{B}}-e^{-i\boldsymbol{A}}e^{i\boldsymbol{B}}+e^{i\boldsymbol{A}}e^{-i\boldsymbol{B}}-e^{-i\boldsymbol{A}}e^{-i\boldsymbol{B}})+(e^{i\boldsymbol{A}}e^{i\boldsymbol{B}}+e^{-i\boldsymbol{A}}e^{i\boldsymbol{B}}-e^{i\boldsymbol{A}}e^{-i\boldsymbol{B}}-e^{-i\boldsymbol{A}}e^{-i\boldsymbol{B}})]=$$

$$\frac{1}{2i}(e^{i\boldsymbol{A}}-e^{-i\boldsymbol{A}})\frac{1}{2}(e^{i\boldsymbol{B}}+e^{-i\boldsymbol{B}})+\frac{1}{2}(e^{i\boldsymbol{A}}+e^{-i\boldsymbol{A}})\frac{1}{2i}(e^{i\boldsymbol{B}}-e^{-i\boldsymbol{B}})=$$

$$\sin\boldsymbol{A}\cos\boldsymbol{B}+\cos\boldsymbol{A}\sin\boldsymbol{B}$$

同理可证 ③.

推论 ① $e^{\boldsymbol{A}}e^{-\boldsymbol{A}}=e^{-\boldsymbol{A}}e^{\boldsymbol{A}}=e^{\boldsymbol{O}}=\boldsymbol{I}$;

② $(e^{\boldsymbol{A}})^{-1}=e^{-\boldsymbol{A}}$;

③ $(e^{\boldsymbol{A}})^m=e^{m\boldsymbol{A}}$;

④ $\sin^2\boldsymbol{A}+\cos^2\boldsymbol{A}=\boldsymbol{I}$;

⑤ $\sin 2\boldsymbol{A}=2\sin\boldsymbol{A}\cos\boldsymbol{A}$;

⑥ $\cos 2\boldsymbol{A}=\cos^2\boldsymbol{A}-\sin^2\boldsymbol{A}$;

⑦ $e^{\boldsymbol{A}+2\pi i\boldsymbol{I}}=e^{\boldsymbol{A}}$;

⑧ $\sin(\boldsymbol{A}+2\pi\boldsymbol{I})=\sin\boldsymbol{A}$;

⑨ $\cos(\boldsymbol{A}+2\pi\boldsymbol{I})=\cos\boldsymbol{A}$;

⑩$\det e^{\boldsymbol{A}}=e^{\operatorname{tr}\boldsymbol{A}}$.

以上我们给出了常用的矩阵函数 $e^{\boldsymbol{A}}$,$\sin\boldsymbol{A}$,$\cos\boldsymbol{A}$ 的一些性质,有些性质可以看作是相应

的函数的性质的推广. 但是由于矩阵乘法不满足交换律,所以在某些情况下又不尽相同.

在定理 5.8 的 ① 中要求 $\boldsymbol{AB}=\boldsymbol{BA}$,如果 $\boldsymbol{A}$、$\boldsymbol{B}$ 不可交换,结论不成立.

例 5.8　设 $\boldsymbol{A}=\begin{bmatrix}1 & -1\\ 0 & 0\end{bmatrix}$,$\boldsymbol{B}=\begin{bmatrix}1 & 1\\ 0 & 0\end{bmatrix}$,则 $\mathrm{e}^{\boldsymbol{A}}\mathrm{e}^{\boldsymbol{B}}$,$\mathrm{e}^{\boldsymbol{B}}\mathrm{e}^{\boldsymbol{A}}$,$\mathrm{e}^{\boldsymbol{A}+\boldsymbol{B}}$ 互不相等.

解　$\boldsymbol{AB}=\begin{bmatrix}1 & 1\\ 0 & 0\end{bmatrix}$,$\boldsymbol{BA}=\begin{bmatrix}1 & -1\\ 0 & 0\end{bmatrix}$,$\boldsymbol{AB}\neq\boldsymbol{BA}$,经计算有

$$\boldsymbol{A}^2=\boldsymbol{A},\text{故 }\boldsymbol{A}^k=\boldsymbol{A},k=1,2,3\cdots$$

$$\boldsymbol{B}^2=\boldsymbol{B},\text{故 }\boldsymbol{B}^2=\boldsymbol{B},k=1,2,3\cdots$$

$\boldsymbol{A}$、$\boldsymbol{B}$ 皆为幂等阵,且有

$$\boldsymbol{A}+\boldsymbol{B}=\begin{bmatrix}2 & 0\\ 0 & 0\end{bmatrix},(\boldsymbol{A}+\boldsymbol{B})^k=2^{k-1}(\boldsymbol{A}+\boldsymbol{B}),k=1,2,\cdots$$

$$\mathrm{e}^{\boldsymbol{A}}=\sum_{k=0}^{+\infty}\frac{1}{k!}\boldsymbol{A}^k=\boldsymbol{I}+\sum_{k=1}^{+\infty}\frac{1}{k!}\boldsymbol{A}=\boldsymbol{I}+(\mathrm{e}-1)\boldsymbol{A}=\begin{bmatrix}\mathrm{e} & 1-\mathrm{e}\\ 0 & 1\end{bmatrix}$$

$$\mathrm{e}^{\boldsymbol{B}}=\sum_{k=0}^{+\infty}\frac{1}{k!}\boldsymbol{B}^k=\boldsymbol{I}+\sum_{k=1}^{+\infty}\frac{1}{k!}\boldsymbol{B}=\boldsymbol{I}+(\mathrm{e}-1)\boldsymbol{B}=\begin{bmatrix}\mathrm{e} & \mathrm{e}-1\\ 0 & 1\end{bmatrix}$$

$$\mathrm{e}^{\boldsymbol{A}}\mathrm{e}^{\boldsymbol{B}}=\begin{bmatrix}\mathrm{e} & 1-\mathrm{e}\\ 0 & 1\end{bmatrix}\begin{bmatrix}\mathrm{e} & \mathrm{e}-1\\ 0 & 1\end{bmatrix}=\begin{bmatrix}\mathrm{e}^2 & (\mathrm{e}-1)^2\\ 0 & 1\end{bmatrix}$$

$$\mathrm{e}^{\boldsymbol{B}}\mathrm{e}^{\boldsymbol{A}}=\begin{bmatrix}\mathrm{e} & \mathrm{e}-1\\ 0 & 1\end{bmatrix}\begin{bmatrix}\mathrm{e} & 1-\mathrm{e}\\ 0 & 1\end{bmatrix}=\begin{bmatrix}\mathrm{e}^2 & -(\mathrm{e}-1)^2\\ 0 & 1\end{bmatrix}$$

$$\mathrm{e}^{\boldsymbol{A}+\boldsymbol{B}}=\sum_{k=0}^{+\infty}\frac{1}{k!}(\boldsymbol{A}+\boldsymbol{B})^k=$$

$$\boldsymbol{I}+\sum_{k=1}^{+\infty}\frac{2^{k-1}}{k!}(\boldsymbol{A}+\boldsymbol{B})=\boldsymbol{I}+\frac{1}{2}(\mathrm{e}^2-1)(\boldsymbol{A}+\boldsymbol{B})=\begin{bmatrix}\mathrm{e}^2 & 0\\ 0 & 1\end{bmatrix}$$

由此可知 $\mathrm{e}^{\boldsymbol{A}}\mathrm{e}^{\boldsymbol{B}}$,$\mathrm{e}^{\boldsymbol{B}}\mathrm{e}^{\boldsymbol{A}}$,$\mathrm{e}^{\boldsymbol{A}+\boldsymbol{B}}$ 互不相等.

上式计算中用到 $\sum_{k=1}^{+\infty}\frac{2^{k-1}}{k!}=\frac{1}{2}(\mathrm{e}^2-1)$ 这一结果. 这是因为

$$\sum_{k=1}^{+\infty}\frac{x^k}{k!}=\mathrm{e}^x-1$$

令 $x=2$,则 $\sum_{k=1}^{+\infty}\frac{2^{k-1}}{k!}=\frac{1}{2}\sum_{k=1}^{+\infty}\frac{2^k}{k!}=\frac{1}{2}(\mathrm{e}^2-1)$.

特别要注意的是 $\forall\boldsymbol{A}\in\mathbf{C}^{n\times n}$,$\mathrm{e}^{\boldsymbol{A}}$ 总是可逆的,这是因为 $\det\mathrm{e}^{\boldsymbol{A}}=\mathrm{e}^{\mathrm{tr}\,\boldsymbol{A}}\neq 0$.(见习题五,6. ③)但 $\sin\boldsymbol{A}$,$\cos\boldsymbol{A}$ 不一定可逆.

在例 5.8 中,对于 $\boldsymbol{A}$、$\boldsymbol{B}$ 这样特殊的幂等阵,通过矩阵幂级数,求和计算出 $\mathrm{e}^{\boldsymbol{A}}$,$\mathrm{e}^{\boldsymbol{B}}$.

根据定义 5.7,矩阵函数 $f(\boldsymbol{A})$ 表示收敛的矩阵幂级数的和,以此很简洁地证明了常用的矩阵函数 $\mathrm{e}^{\boldsymbol{A}}$,$\sin\boldsymbol{A}$,$\cos\boldsymbol{A}$ 的一些性质. 但是在实际应用中,需要将 $f(\boldsymbol{A})$,$f(\boldsymbol{A}t)$ 所表示的矩阵,即收敛的矩阵幂级数的和具体地计算出来.

按照定义 5.7 来定义矩阵函数 $f(\boldsymbol{A})$，条件较强，实际上是要求 $f(z)$ 为应能展开成收敛幂级数的解析函数. 有些函数未必满足这一条件，因此需要另辟途径重新定义矩阵函数.

定义 5.8 设 $\lambda_1,\cdots,\lambda_i,\cdots,\lambda_s$ 为矩阵 $\boldsymbol{A}\in\mathbf{C}^{n\times n}$ 的互异特征值，$m_{\boldsymbol{A}}(\lambda)$ 为 $\boldsymbol{A}$ 的最小多项式，且

$$m_{\boldsymbol{A}}(\lambda)=(\lambda-\lambda_1)^{q_1}\cdots(\lambda-\lambda_i)^{q_i}\cdots(\lambda-\lambda_s)^{q_s}$$

对任意函数 $f(z)$，如果

$$f(\lambda_i),f'(\lambda_i),\cdots,f^{(q_i-1)}(\lambda_i),i=1,2,\cdots,s$$

存在，则称函数 $f(z)$ 在 $\boldsymbol{A}$ 的谱 $\lambda(\boldsymbol{A})$ 有定义，并称 $f(\lambda_i),f'(\lambda_i),\cdots,f^{(q_i-1)}(\lambda_i),i=1,2,\cdots,s$ 为 $f(z)$ 在 $\boldsymbol{A}$ 的谱 $\lambda(\boldsymbol{A})$ 上的值.

若对于两个多项式 $g_1(\lambda),g_2(\lambda)$ 有

$$g_1^{(k)}(\lambda_i)=g_2^{(k)}(\lambda_i)\quad i=1,2,\cdots,s;k=0,1,\cdots,q_i-1$$

则称 $g_1(\lambda),g_2(\lambda)$ 在 $\boldsymbol{A}$ 的谱 $\lambda(\boldsymbol{A})$ 上一致.

可以证明 $g_1(\lambda),g_2(\lambda)$ 在 $\boldsymbol{A}$ 的谱 $\lambda(\boldsymbol{A})$ 上一致的充分必要条件是 $g_1(\boldsymbol{A})=g_2(\boldsymbol{A})$.

为此可以用多项式给出矩阵函数的另外一种定义.

定义 5.9 设函数 $f(z)$ 在 $\boldsymbol{A}\in\mathbf{C}^{n\times n}$ 的谱上有定义，如果存在多项式 $p(\lambda)$ 满足

$$p^{(k)}(\lambda_i)=f^{(k)}(\lambda_i),i=1,\cdots,s;k=0,1,\cdots,q_i-1$$

则定义矩阵函数 $f(\boldsymbol{A})$ 为

$$f(\boldsymbol{A})=p(\boldsymbol{A}) \tag{5.24}$$

理论上满足上述定义中条件的多项式 $p(\lambda)$ 一定存在，称之为 Hermite 插值多项式.

尽管矩阵 $\boldsymbol{A}$ 的特征多项式往往比它的最小多项式次数高，但是由于易求，常用特征多项式代替最小多项式来定义 $f(\boldsymbol{A})$.

以下我们介绍矩阵函数的另外三种计算方法，以下均假设式(5.13)，式(5.19) 中的矩阵幂级数收敛.

一、Jordan 标准形法

分以下三种情况：

Ⅰ. $\boldsymbol{A}$ 是对角阵

$$\boldsymbol{A}=\boldsymbol{D}=\mathrm{diag}(d_1,\cdots,d_i,\cdots,d_n)=\mathrm{diag}(\lambda_1,\cdots,\lambda_i,\cdots,\lambda_n)$$

$$\boldsymbol{A}^k=\boldsymbol{D}^k=\mathrm{diag}(\lambda_1^k,\cdots,\lambda_i^k,\cdots,\lambda_n^k)$$

$$f(\boldsymbol{A})=\sum_{k=0}^{\infty}c_k\boldsymbol{A}^k=\sum_{k=0}^{\infty}c_k\boldsymbol{D}^k=$$

$$\sum_{k=0}^{\infty}\mathrm{diag}(c_k\lambda_1^k,\cdots,c_k\lambda_i^k,\cdots,c_k\lambda_n^k)=$$

$$\mathrm{diag}\left(\sum_{k=0}^{\infty}c_k\lambda_1^k,\cdots,\sum_{k=0}^{\infty}c_k\lambda_i^k,\cdots,\sum_{k=0}^{\infty}c_k\lambda_n^k\right)=$$

$$\mathrm{diag}(f(\lambda_1),\cdots,f(\lambda_i),\cdots,f(\lambda_n))$$

$$f(\boldsymbol{A}t)=\mathrm{diag}(f(\lambda_1t),\cdots,f(\lambda_it),\cdots,f(\lambda_nt))$$

例 5.9　设 $\boldsymbol{A}=\begin{bmatrix}1 & & \\ & -2 & \\ & & 3\end{bmatrix}$，求 $\mathrm{e}^{\boldsymbol{A}}$，$\mathrm{e}^{\boldsymbol{A}t}$.

解　$\mathrm{e}^{\boldsymbol{A}}=\begin{bmatrix}\mathrm{e}^{1} & & \\ & \mathrm{e}^{-2} & \\ & & \mathrm{e}^{3}\end{bmatrix}$，　$\mathrm{e}^{\boldsymbol{A}t}=\begin{bmatrix}\mathrm{e}^{t} & & \\ & \mathrm{e}^{-2t} & \\ & & \mathrm{e}^{3t}\end{bmatrix}$；

$\sin\boldsymbol{A}=\begin{bmatrix}\sin 1 & & \\ & \sin(-2) & \\ & & \sin 3\end{bmatrix}$，$\sin\boldsymbol{A}t=\begin{bmatrix}\sin t & & \\ & \sin(-2)t & \\ & & \sin 3t\end{bmatrix}$.

Ⅱ. **A** 相似于对角阵

$$\boldsymbol{A}\sim\boldsymbol{D}=\mathrm{diag}(\lambda_1,\cdots,\lambda_i,\cdots,\lambda_n)$$

这里 $\lambda_1,\cdots,\lambda_i,\cdots,\lambda_n$ 为 **A** 的特征值.

故存在可逆阵 **P**，使 $\boldsymbol{P}^{-1}\boldsymbol{A}\boldsymbol{P}=\boldsymbol{D}$，即有 $\boldsymbol{A}=\boldsymbol{P}\boldsymbol{D}\boldsymbol{P}^{-1}$，$\boldsymbol{A}^k=(\boldsymbol{P}\boldsymbol{D}\boldsymbol{P}^{-1})^k=\boldsymbol{P}\boldsymbol{D}^k\boldsymbol{P}^{-1}$，于是

$$f(\boldsymbol{A})=\sum_{k=0}^{\infty}c_k\boldsymbol{A}^k=\sum_{k=0}^{\infty}c_k\boldsymbol{P}\boldsymbol{D}^k\boldsymbol{P}^{-1}=\boldsymbol{P}\left(\sum_{k=0}^{\infty}c_k\boldsymbol{D}^k\right)\boldsymbol{P}^{-1}=$$

$$\boldsymbol{P}\mathrm{diag}\left(\sum_{k=0}^{\infty}c_k\lambda_1^k,\cdots,\sum_{k=0}^{\infty}c_k\lambda_i^k,\cdots,\sum_{k=0}^{\infty}c_k\lambda_n^k\right)\boldsymbol{P}^{-1}=$$

$$\boldsymbol{P}\mathrm{diag}(f(\lambda_1),\cdots,f(\lambda_i),\cdots,f(\lambda_n))\boldsymbol{P}^{-1}$$

$$f(\boldsymbol{A}t)=\boldsymbol{P}\mathrm{diag}(f(\lambda_1 t),\cdots,f(\lambda_i t),\cdots,f(\lambda_n t))\boldsymbol{P}^{-1}$$

与 Ⅰ 相比，Ⅱ 需求 **P** 与 $\boldsymbol{P}^{-1}$，左右分别乘之.

例 3.13#　$\boldsymbol{A}=\begin{bmatrix}4 & 6 & 0\\ -3 & -5 & 0\\ -3 & -6 & 1\end{bmatrix}$，求 $\mathrm{e}^{\boldsymbol{A}}$，$\mathrm{e}^{\boldsymbol{A}t}$.

解　此题的矩阵就是第三章的例 3.13 中处的矩阵.

由例 3.13 知 **A** 是单纯矩阵，且 **A** 的特征值为

$$\lambda_1=\lambda_2=1,\lambda_3=-2$$

故 $\boldsymbol{A}:\boldsymbol{D}=\mathrm{diag}(1,1,-2)$.

前已算出

$$\boldsymbol{P}=\begin{bmatrix}-2 & 0 & -1\\ 1 & 0 & 1\\ 0 & 1 & 1\end{bmatrix},\boldsymbol{P}^{-1}=\begin{bmatrix}-1 & -1 & 0\\ -1 & -2 & 1\\ 1 & 2 & 0\end{bmatrix}$$

因 $f(\boldsymbol{A})=\boldsymbol{P}\mathrm{diag}(f(\lambda_1),\cdots,f(\lambda_i),\cdots,f(\lambda_n))\boldsymbol{P}^{-1}$. 故

$$\mathrm{e}^{\boldsymbol{A}}=\boldsymbol{P}\mathrm{diag}(\mathrm{e},\mathrm{e},\mathrm{e}^{-2})\boldsymbol{P}^{-1}=$$

$$\begin{bmatrix}-2 & 0 & -1\\ 1 & 0 & 1\\ 0 & 1 & 1\end{bmatrix}\begin{bmatrix}\mathrm{e} & 0 & 0\\ 0 & \mathrm{e} & 0\\ 0 & 0 & \mathrm{e}^{-2}\end{bmatrix}\begin{bmatrix}-1 & -1 & 0\\ -1 & -2 & 1\\ 1 & 2 & 0\end{bmatrix}=$$

$$\mathrm{e}\begin{bmatrix} 2-\mathrm{e}^{-3} & 2-2\mathrm{e}^{-3} & 0 \\ -1+\mathrm{e}^{-3} & -1+2\mathrm{e}^{-3} & 0 \\ -1+\mathrm{e}^{-3} & -2+2\mathrm{e}^{-3} & 1 \end{bmatrix}$$

因 $f(\boldsymbol{A}t)=\boldsymbol{P}\mathrm{diag}(f(\lambda_1 t),\cdots,f(\lambda_i t),\cdots,f(\lambda_n t))\boldsymbol{P}^{-1}$. 故

$$\mathrm{e}^{\boldsymbol{A}t}=\begin{bmatrix} -2 & 0 & -1 \\ 1 & 0 & 1 \\ 0 & 1 & 1 \end{bmatrix}\begin{bmatrix} \mathrm{e}^{t} & 0 & 0 \\ 0 & \mathrm{e}^{t} & 0 \\ 0 & 0 & \mathrm{e}^{-2t} \end{bmatrix}\begin{bmatrix} -1 & -1 & 0 \\ -1 & -2 & 1 \\ 1 & 2 & 0 \end{bmatrix}=$$

$$\mathrm{e}^{t}\begin{bmatrix} 2-\mathrm{e}^{-3t} & 2-2\mathrm{e}^{-3t} & 0 \\ -1+\mathrm{e}^{-3t} & -1+2\mathrm{e}^{-3t} & 0 \\ -1+\mathrm{e}^{-3t} & -2+2\mathrm{e}^{-3t} & 1 \end{bmatrix}$$

Ⅲ. $\boldsymbol{A}$ 相似于 Jordan 标准形

设 $\boldsymbol{A}\in\mathbf{C}^{n\times n}$ 的 Jordan 标准形为 $\boldsymbol{J}$，则存在非奇异矩阵 $\boldsymbol{P}$，使

$$\boldsymbol{P}^{-1}\boldsymbol{A}\boldsymbol{P}=\boldsymbol{J}=\mathrm{diag}(\boldsymbol{J}_1,\cdots,\boldsymbol{J}_i,\cdots,\boldsymbol{J}_s)$$

其中

$$\boldsymbol{J}_i=\begin{bmatrix} \lambda_i & 1 & & \\ & \lambda_i & \ddots & \\ & & \ddots & 1 \\ & & & \lambda_i \end{bmatrix}_{n_i\times n_i}\qquad i=1,\cdots,s,\ \sum_{i=1}^{s}m_i=n$$

由此

$$\boldsymbol{A}=\boldsymbol{P}\boldsymbol{J}\boldsymbol{P}^{-1},\boldsymbol{A}^k=\boldsymbol{P}\boldsymbol{J}^k\boldsymbol{P}^{-1}$$

$$f(\boldsymbol{A})=\sum_{k=0}^{+\infty}c_k\boldsymbol{A}^k=\boldsymbol{P}\Big(\sum_{k=0}^{+\infty}c_k\boldsymbol{J}^k\Big)\boldsymbol{P}^{-1}=$$

$$\boldsymbol{P}\begin{bmatrix} \sum_{k=0}^{+\infty}c_k\boldsymbol{J}_1^k & & & & \\ & \ddots & & & \\ & & \sum_{k=0}^{+\infty}c_k\boldsymbol{J}_i^k & & \\ & & & \ddots & \\ & & & & \sum_{k=0}^{+\infty}c_k\boldsymbol{J}_s^k \end{bmatrix}\boldsymbol{P}^{-1}=$$

$$\boldsymbol{P}\begin{bmatrix} f(\boldsymbol{J}_1) & & & & \\ & \ddots & & & \\ & & f(\boldsymbol{J}_i) & & \\ & & & \ddots & \\ & & & & f(\boldsymbol{J}_s) \end{bmatrix}\boldsymbol{P}^{-1}=$$

$$\boldsymbol{P}f(\boldsymbol{J})\boldsymbol{P}^{-1}\tag{5.25}$$

这里

$$f(\boldsymbol{J}_i)=\sum_{k=0}^{+\infty}c_k\boldsymbol{J}_i^k=\begin{bmatrix}\sum_{k=0}^{+\infty}c_k\lambda_i^k & \sum_{k=0}^{+\infty}c_k\mathrm{C}_k^1\lambda_i^{k-1} & \cdots & \sum_{k=m_i-1}^{+\infty}c_k\mathrm{C}_k^{n_i-1}\lambda_i^{k-n_i+1}\\ & \sum_{k=0}^{+\infty}c_k\lambda_i^k & \ddots & \vdots\\ & & \ddots & \sum_{k=0}^{+\infty}c_k\mathrm{C}_k^1\lambda_i^{k-1}\\ & & & \sum_{k=0}^{+\infty}c_k\lambda_i^k\end{bmatrix}=$$

$$\begin{bmatrix}f(\lambda_i) & \frac{1}{1!}f'(\lambda_i) & \cdots & \frac{1}{(n_i-1)!}f^{(n_i-1)}(\lambda_i)\\ & f(\lambda_i) & \ddots & \vdots\\ & & \ddots & \frac{1}{1!}f'(\lambda_i)\\ & & & f(\lambda_i)\end{bmatrix}\tag{5.26}$$

这表明 $f(\boldsymbol{A})$ 与 $\boldsymbol{A}$ 的 Jordan 标准形的结构以及 $f(\lambda)$ 在 $\boldsymbol{A}$ 的特征值 λ_i 处的函数值及前 n_i-1 阶导数值有关 $(i=1,\cdots,s)$.

类似地以 $\boldsymbol{A}t$ 代替 $\boldsymbol{A}$，则有

$$f(\boldsymbol{A}t)=\boldsymbol{P}\begin{bmatrix}f(\boldsymbol{J}_1t) & & & & \\ & \ddots & & & \\ & & f(\boldsymbol{J}_it) & & \\ & & & \ddots & \\ & & & & f(\boldsymbol{J}_st)\end{bmatrix}\boldsymbol{P}^{-1}\tag{5.27}$$

$$f(\boldsymbol{J}_it)=\left.\begin{bmatrix}f(\lambda) & \frac{t}{1!}f'(\lambda) & \cdots & \frac{t^{n_i-1}}{(m_i-1)!}f^{(n_i-1)}(\lambda)\\ & f(\lambda) & \ddots & \vdots\\ & & \ddots & \frac{t}{1!}f'(\lambda)\\ & & & f(\lambda)\end{bmatrix}\right|_{\lambda=\lambda_it}$$

以上是 λ_i 仅有一个线性无关的特征向量的情况，若 $\boldsymbol{J}_i=\mathrm{diag}(\boldsymbol{J}_{i1},\cdots,\boldsymbol{J}_{ik},\cdots,\boldsymbol{J}_{ir_i})$，形式稍微复杂，结论是一样的，这从后面的例子就可以看出.

当 $\boldsymbol{A}$ 有 n 个线性无关的特征向量，或 $\boldsymbol{A}$ 的初等因子都是一次式时，$\boldsymbol{A}$ 相似于对角阵，即 $\boldsymbol{J}$ 为对角阵，计算简化.

例 5.10　设

$$A=\begin{bmatrix}-1 & -2 & 6\\ -1 & 0 & 3\\ -1 & -1 & 4\end{bmatrix}$$

求 e^{A}，e^{At}，$\sin A$.

解 由例 3.5，$\lambda_1=\lambda_2=\lambda_3=1$.

A 的 Jordan 标准形

$$J=\begin{bmatrix}1 & 0 & 0\\ 0 & 1 & 1\\ 0 & 0 & 1\end{bmatrix}$$

由例 3.7 求得

$$P=\begin{bmatrix}-1 & 2 & -1\\ 1 & 1 & 0\\ 0 & 1 & 0\end{bmatrix},P^{-1}=\begin{bmatrix}0 & 1 & -1\\ 0 & 0 & 1\\ -1 & -1 & 3\end{bmatrix},P^{-1}AP=\begin{bmatrix}1 & 0 & 0\\ 0 & 1 & 1\\ 0 & 0 & 1\end{bmatrix}$$

当 $f(\lambda)=e^{\lambda}$ 时，$f(1)=e$，$f'(1)=e$，于是有

$$e^{A}=P\begin{bmatrix}e & 0 & 0\\ 0 & e & e\\ 0 & 0 & e\end{bmatrix}P^{-1}=$$

$$\begin{bmatrix}-1 & 2 & -1\\ 1 & 1 & 0\\ 0 & 1 & 0\end{bmatrix}\begin{bmatrix}e & 0 & 0\\ 0 & e & e\\ 0 & 0 & e\end{bmatrix}\begin{bmatrix}0 & 1 & -1\\ 0 & 0 & 1\\ -1 & -1 & 3\end{bmatrix}=$$

$$\begin{bmatrix}-e & -2e & 6e\\ -e & 0 & 3e\\ -e & -e & 4e\end{bmatrix}$$

当 $f(\lambda)=e^{\lambda}$ 时，$f(1t)=e^{t}$，$f'(1t)=e^{t}$，则

$$e^{At}=P\begin{bmatrix}e^{t} & 0 & 0\\ 0 & e^{t} & te^{t}\\ 0 & 0 & e^{t}\end{bmatrix}P^{-1}=$$

$$\begin{bmatrix}(1-2t)e^{t} & -2te^{t} & 6te^{t}\\ -te^{t} & (1-t)e^{t} & 3te^{t}\\ -te^{t} & -te^{t} & (1+3t)e^{t}\end{bmatrix}=e^{t}\begin{bmatrix}1-2t & -2t & 6t\\ -t & 1-t & 3t\\ -t & -t & 1+3t\end{bmatrix}$$

当 $f(\lambda)=\sin\lambda$ 时，$f(1)=\sin 1$，$f'(1)=\cos 1$，则

$$\sin A=P\begin{bmatrix}\sin 1 & 0 & 0\\ 0 & \sin 1 & \cos 1\\ 0 & 0 & \sin 1\end{bmatrix}P^{-1}=$$

$$\begin{bmatrix} \sin 1-2\cos 1 & -2\cos 1 & 6\cos 1 \\ -\cos 1 & \sin 1-\cos 1 & 3\cos 1 \\ -\cos 1 & -\cos 1 & \sin 1+3\cos 1 \end{bmatrix}$$

通过上述例子，实际上我们给出矩阵函数的另一种定义：

设 $\boldsymbol{A}\in \mathbf{C}^{n\times n}$，$\lambda_i$ 为 $\boldsymbol{A}$ 的互异特征值，$i=1,2,\cdots,s$，$\boldsymbol{J}$ 为 $\boldsymbol{A}$ 的 Jordan 标准形，即有非奇矩阵 $\boldsymbol{P}\in \mathbf{C}^{n\times n}$，使 $\boldsymbol{P}^{-1}\boldsymbol{A}\boldsymbol{P}=\boldsymbol{J}$，$\boldsymbol{J}=\mathrm{diag}(\boldsymbol{J}_1,\cdots,\boldsymbol{J}_i,\cdots,\boldsymbol{J}_s)$，$\boldsymbol{J}_i=\begin{bmatrix} \lambda_i & 1 & & \\ & \ddots & \ddots & \\ & & \ddots & 1 \\ & & & \lambda_i \end{bmatrix}_{n_i\times n_i}$，$f(z)$ 在 λ_i 处有直到 n_i-1 阶的导数，$f(\boldsymbol{A})$ 定义为

$$f(\boldsymbol{A})=\boldsymbol{P}\begin{bmatrix} f(\boldsymbol{J}_1) & & & & \\ & \ddots & & & \\ & & f(\boldsymbol{J}_i) & & \\ & & & \ddots & \\ & & & & f(\boldsymbol{J}_s) \end{bmatrix}\boldsymbol{P}^{-1}$$

其中

$$f(\boldsymbol{J}_i)=\begin{bmatrix} f(\lambda_i) & \frac{1}{1!}f'(\lambda_i) & \cdots & \frac{1}{(n_i-1)!}f^{(n_i-1)}(\lambda_i) \\ & f(\lambda_i) & \ddots & \vdots \\ & & \ddots & \frac{1}{1!}f(\lambda_i) \\ & & & f(\lambda_i) \end{bmatrix}$$

这一定义对于那些不能展开成收敛的幂级数的函数 $f(z)$ 也能定义出矩阵函数.

用 Jordan 标准形的方法来求矩阵函数的难点在于需要求 $\boldsymbol{J}$ 矩阵及相似变换矩阵 $\boldsymbol{P}$，$\boldsymbol{P}^{-1}$，所以即使 $\boldsymbol{A}$ 形式比较简单，这一工作量也是繁杂的.

为了避开这一点，有下面的多项式法，但要通过解线性方程组把待定系数求出来.

二、矩阵多项式法

设 $\boldsymbol{A}\in \mathbf{C}^{n\times n}$，$\boldsymbol{A}$ 的特征多项式

$$\varphi(\lambda)=\det(\lambda\boldsymbol{I}-\boldsymbol{A})=(\lambda-\lambda_1)^{n_1}\cdots(\lambda-\lambda_i)^{n_i}\cdots(\lambda-\lambda_s)^{n_s} \tag{5.28}$$

其中，$\lambda_1,\cdots,\lambda_i,\cdots,\lambda_s$ 是 $\boldsymbol{A}$ 的全部互异特征值，$\sum_{i=1}^{s}n_i=n$.

设矩阵函数 $f(\boldsymbol{A}t)=\sum_{k=0}^{+\infty}c_k\boldsymbol{A}^k t^k$，$f(\lambda t)=\sum_{k=0}^{+\infty}c_k\lambda^k t^k$，由带余除法

$$f(\lambda t)=q(\lambda t)\varphi(\lambda)+r(\lambda,t) \tag{5.29}$$

其中 $r(\lambda,t)$ 是含参数 t，且次数低于 n 的 λ 的多项式，记之为

$$r(\lambda,t)=a_{n-1}(t)\lambda^{n-1}+\cdots+a_1(t)\lambda+a_0(t)$$

由 Cayley-Hamilton 定理知 $\varphi(\boldsymbol{A})=\boldsymbol{O}$,于是由式(5.29)得

$$f(\boldsymbol{A}t)=a_{n-1}(t)\boldsymbol{A}^{n-1}+\cdots+a_1(t)\boldsymbol{A}+a_0(t)\boldsymbol{I} \tag{5.30}$$

由(5.28)得

$$\varphi^{(p)}(\lambda_i)=0,p=0,1,\cdots,n_i-1;i=1,2,\cdots,s$$

将式(5.29)两边对 λ 求导,并将上式代入得

$$\frac{\mathrm{d}^P}{\mathrm{d}\lambda^P}f(\lambda t)\bigg|_{\lambda=\lambda_i}=\frac{\mathrm{d}^P}{\mathrm{d}\lambda^P}r(\lambda,t)\bigg|_{\lambda=\lambda_i}$$

此式即为

$$t^P\frac{\mathrm{d}^P}{\mathrm{d}u^P}f(u)\bigg|_{u=\lambda_i t}=\frac{\mathrm{d}^P}{\mathrm{d}\lambda^P}r(\lambda,t)\bigg|_{\lambda=\lambda_i},p=0,1,\cdots,n_i-1;i=1,2,\cdots,s \tag{5.31}$$

这就给出以 $a_0(t),a_1(t),\cdots,a_{n-1}(t)$ 为未知量的线性方程组.

取 $t=1$ 时,可得出计算 $f(\boldsymbol{A})$ 的算式.

矩阵多项式法也称为**有限级数法**或**待定系数法**.

下面通过实例来说明如何用矩阵多项式法求矩阵函数的值.

例 5.11 设 $\boldsymbol{A}=\begin{bmatrix}-1&-2&6\\-1&0&3\\-1&-1&4\end{bmatrix}$,用矩阵多项式法求 $\mathrm{e}^{\boldsymbol{A}t},\mathrm{e}^{\boldsymbol{A}}$.

解 分以下步骤进行.

(1) 计算 $\boldsymbol{A}$ 的特征多项式.

$\det(\lambda\boldsymbol{I}-\boldsymbol{A})=(\lambda-1)^3$, $\lambda_1=\lambda_2=\lambda_3=1$ 为特征值.

(2) 设 $r(\lambda)=a_0+a_1\lambda+a_2\lambda^2$(不妨记 $a_i=a_i(t),i=0,1,2$)

由 $r^{(p)}(\lambda_i)=t^pf^{(p)}(\lambda)\big|_{\lambda=\lambda_i t}\quad p=0,1,2$

列方程组求解 a_0,a_1,a_2,有

$$\begin{cases}r(1)=a_0+a_1+a_2=\mathrm{e}^t\\r'(1)=a_1+2a_2=t\mathrm{e}^t\\r''(1)=2a_2=t^2\mathrm{e}^t\end{cases}$$

解之得

$$a_0=\mathrm{e}^t-t\mathrm{e}^t+\frac{t^2}{2}\mathrm{e}^t$$

$$a_1=t\mathrm{e}^t-t^2\mathrm{e}^t$$

$$a_2=\frac{t^2}{2}\mathrm{e}^t$$

(3) 计算

$$f(\boldsymbol{A}t)=a_0\boldsymbol{I}+a_1\boldsymbol{A}+a_2\boldsymbol{A}^2$$

$$e^{At}=e^t\begin{bmatrix}1-2t & -2t & 6t\\ -t & 1-t & 3t\\ -t & -t & 1+3t\end{bmatrix}$$

令 $t=1$,则

$$e^{A}=e\begin{bmatrix}-1 & -2 & 6\\ -1 & 0 & 3\\ -1 & -1 & 4\end{bmatrix}=eA=\begin{bmatrix}-e & -2e & 6e\\ -e & 0 & 3e\\ -e & -e & 4e\end{bmatrix}$$

其结果与例 5.10 的结果是一致的.

如果容易求得最小多项式 $m_A(\lambda)$,并且其次数低于特征多项式,则在式(5.29) 中可以用 $m_A(\lambda)$ 代替 $\varphi(\lambda)$,这样余式 $r(\lambda,t)$ 的次数可以降低,使计算简化.

如例 5.10 中,求得 $\varphi(\lambda)=(\lambda-1)^3$,因 $m_A(\lambda)\mid\varphi(\lambda)$,而 $\boldsymbol{A}-\boldsymbol{I}\neq\boldsymbol{O}$,但$(\boldsymbol{A}-\boldsymbol{I})^2=\boldsymbol{O}$,故 $m_A(\lambda)=(\lambda-1)^2$,于是 $r(\lambda)=a_0+a_1\lambda$,故

$$\begin{cases}r(1)=a_0+a_1=e^t\\ r'(1)=a_1=te^t\end{cases}$$

解之得

$$\begin{cases}a_0=e^t-te^t\\ a_1=te^t\end{cases}$$

所以

$$e^{At}=a_0\boldsymbol{I}+a_1\boldsymbol{A}=e^t\begin{bmatrix}1-2t & -2t & 6t\\ -t & 1-t & 3t\\ -t & -t & 1+3t\end{bmatrix}$$

三、单纯矩阵的谱分解法

设 $\boldsymbol{A}\in\mathbf{C}^{n\times n}$ 是单纯矩阵,则它相似于对角阵,设 $\lambda_1,\cdots,\lambda_i,\cdots,\lambda_s$ 是它的互异特征值. 由定理 3.24 知

$$\boldsymbol{A}=\sum_{i=1}^{s}\lambda_i\boldsymbol{E}_i \tag{5.32}$$

$$\boldsymbol{P}^{-1}\boldsymbol{A}\boldsymbol{P}=\boldsymbol{D}=\mathrm{diag}(\boldsymbol{D}_1,\cdots,\boldsymbol{D}_i,\cdots,\boldsymbol{D}_s)$$

其中 $\boldsymbol{D}_i=\mathrm{diag}(\lambda_i,\cdots,\lambda_i)$ 为 n_i 阶的对角阵

$$\boldsymbol{P}=(\boldsymbol{P}_1,\cdots,\boldsymbol{P}_i,\cdots,\boldsymbol{P}_s)\quad \boldsymbol{P}_i\in\mathbf{C}_{n_i}^{n\times n_i},i=1,\cdots,s$$

$$\boldsymbol{P}^{-1}=(\widetilde{\boldsymbol{P}}_1,\cdots,\widetilde{\boldsymbol{P}}_i,\cdots,\widetilde{\boldsymbol{P}}_s)^{\mathrm{T}}=\begin{bmatrix}\widetilde{\boldsymbol{P}}_1^{\mathrm{T}}\\ \vdots\\ \widetilde{\boldsymbol{P}}_i^{\mathrm{T}}\\ \vdots\\ \widetilde{\boldsymbol{P}}_s^{\mathrm{T}}\end{bmatrix}$$

$$\boldsymbol{E}_i=\boldsymbol{P}_i\widetilde{\boldsymbol{P}}_i^{\mathrm{T}}$$

$$\boldsymbol{E}_i\boldsymbol{E}_j=\delta_{ij}\boldsymbol{E}_i$$

由式(5.32)有

$$A^2=(\sum_{i=1}^{s}\lambda_i E_i)(\sum_{j=1}^{s}\lambda_j E_j)=\sum_{i=1}^{s}\lambda_i^2 E_i$$

所以有

$$A^k=\sum_{i=1}^{s}\lambda_i^k E_i$$

设 $f(\lambda)=\sum_{k=0}^{+\infty}c_k\lambda^k$，于是有

$$f(A)=\sum_{k=0}^{+\infty}c_kA^k=\sum_{k=0}^{+\infty}c_k(\sum_{i=1}^{s}\lambda_i^kE_i)=\sum_{i=1}^{s}(\sum_{k=0}^{+\infty}c_k\lambda_i^k)E_i=\sum_{i=1}^{s}f(\lambda_i)E_i$$

于是

$$f(At)=\sum_{i=1}^{s}f(\lambda_i t)E_i$$

例 5.12　设 $A=\begin{bmatrix}4&6&0\\-3&-5&0\\-3&-6&1\end{bmatrix}$，求 e^A，e^{At}.

解　由例 3.13 知 A 为单纯矩阵，其特征值为

$$\lambda_1=\lambda_2=1,\lambda_3=-2$$

$$E_1=\begin{bmatrix}2&2&0\\-1&-1&0\\-1&-2&1\end{bmatrix},\quad E_2=\begin{bmatrix}-1&-2&0\\1&2&0\\1&2&0\end{bmatrix}$$

$$e^{\lambda_1}=e^1=e,e^{\lambda_3}=e^{-2}$$

$$e^{\lambda_1t}=e^t,e^{\lambda_3t}=e^{-2t}$$

于是 e^A 的谱分解为

$$e^A=e\begin{bmatrix}2&2&0\\-1&-1&0\\-1&-2&1\end{bmatrix}+e^{-2}\begin{bmatrix}-1&-2&0\\1&2&0\\1&1&0\end{bmatrix}=\begin{bmatrix}2-e^{-3}&2-2e^{-3}&0\\-1+e^{-3}&-1+2e^{-3}&0\\-1+e^{-3}&-2+2e^{-3}&1\end{bmatrix}$$

$$e^{At}=e^t\begin{bmatrix}2&2&0\\-1&-1&0\\-1&-2&1\end{bmatrix}+e^{-2t}\begin{bmatrix}-1&-2&0\\1&2&0\\1&2&0\end{bmatrix}=e^t\begin{bmatrix}2-e^{-3t}&2-2e^{-3t}&0\\-1+e^{-3t}&-1+2e^{-3t}&0\\-1+e^{-3t}&-2+2e^{-3t}&1\end{bmatrix}$$

5.4　函数矩阵与矩阵值函数的微分

本节介绍矩阵的分析性质，主要学习以函数为元素的矩阵的微分和积分运算，这在研究微分方程组及优化问题中是非常重要的.

定义 5.10　设 $a_{ij}(t)(i=1,2,\cdots,m;j=1,2,\cdots,n)$ 都是定义在区间$[a,b]$上的实函数，则称 $m\times n$ 矩阵 $\boldsymbol{A}(t)=(a_{ij}(t))_{m\times n}$ 为定义在$[a,b]$上的函数矩阵或矩阵值函数.

类似于常数矩阵的相应概念及运算，我们可以定义函数矩阵的加法、减法、数乘、乘法、转置等运算.

同样还可以定义 n 阶函数矩阵 $\boldsymbol{A}(t)$ 的行列式、子式、代数余子式等等，并用 $\det \boldsymbol{A}(t)$ 表示它的行列式.

称函数矩阵 $\boldsymbol{A}(t)$ 不恒等于零的子式的最高阶数为 $\boldsymbol{A}(t)$ 的秩，记为 $\operatorname{rank}\boldsymbol{A}(t)$，若 $\operatorname{rank}\boldsymbol{A}(t)=m$，则说 $\boldsymbol{A}(t)$ 是行满秩的；若 $\operatorname{rank}\boldsymbol{A}(t)=n$，则说 $\boldsymbol{A}(t)$ 是列满秩的；若 $\operatorname{rank}\boldsymbol{A}(t)=m=n$，则说 n 阶函数矩阵 $\boldsymbol{A}(t)$ 是满秩的.

定义 5.11　设 $\boldsymbol{A}(t)=(a_{ij}(t))_{n\times n}$ 是区间$[a,b]$上的 n 阶函数矩阵，若存在 n 阶函数矩阵 $\boldsymbol{B}(t)=(b_{ij}(t))_{n\times n}$，使对 $\forall t\in[a,b]$，都有

$$\boldsymbol{A}(t)\boldsymbol{B}(t)=\boldsymbol{B}(t)\boldsymbol{A}(t)=\boldsymbol{I}$$

则称 $\boldsymbol{A}(t)$ 在$[a,b]$上可逆，并称 $\boldsymbol{B}(t)$ 为 $\boldsymbol{A}(t)$ 的逆矩阵，记为 $\boldsymbol{A}^{-1}(t)$.

n 阶函数矩阵 $\boldsymbol{A}(t)$ 在$[a,b]$上可逆的充分必要条件是 $\det \boldsymbol{A}(t)$ 在$[a,b]$上处处不为零，并且

$$\boldsymbol{A}^{-1}(t)=\frac{1}{\det \boldsymbol{A}(t)}\operatorname{adj}\boldsymbol{A}(t)$$

其中 $\operatorname{adj}\boldsymbol{A}(t)=(A_{ji}(t))=(A_{ij}(t))^{\mathrm{T}}$ 为 $\boldsymbol{A}(t)$ 的伴随矩阵，$\boldsymbol{A}_{ij}(t)$ 是 $\boldsymbol{A}(t)$ 中元素 $a_{ij}(t)$ 的代数余子式.

和常数矩阵不同的是满秩函数矩阵未必可逆.

对于函数矩阵 $\boldsymbol{A}(t)$ 的极限，连续概念是指 $a_{ij}(t)$ 存在极限及连续，容易验证函数极限的运算法则对函数矩阵也成立.

定义 5.12　若 $m\times n$ 阶函数矩阵 $\boldsymbol{A}(t)=(a_{ij}(t))$ 的所有元素 $a_{ij}(t)(i=1,2,\cdots,m;j=1,2,\cdots,n)$，在$[a,b]$上可导、可积，则称函数矩阵 $\boldsymbol{A}(t)$ 在$[a,b]$上可导、可积，并且

$$\boldsymbol{A}'(t)=\frac{\mathrm{d}\boldsymbol{A}(t)}{\mathrm{d}t}=(a'_{ij}(t))_{m\times n}$$

$$\int_a^b \boldsymbol{A}(t)\mathrm{d}t=\left(\int_a^b a_{ij}(t)\mathrm{d}t\right)_{m\times n}$$

可导的函数矩阵有以下性质：

设函数矩阵 $\boldsymbol{A}(t)$，$\boldsymbol{B}(t)$，函数 $k(t)$ 在$[a,b]$上皆可导，并可进行相应的加法与乘法运算，则：

①$\boldsymbol{A}(t)$ 是常数矩阵的充分必要条件是 $\dfrac{\mathrm{d}\boldsymbol{A}(t)}{\mathrm{d}t}=\boldsymbol{O}$；

② $\dfrac{\mathrm{d}}{\mathrm{d}t}[\boldsymbol{A}(t)+\boldsymbol{B}(t)]=\dfrac{\mathrm{d}\boldsymbol{A}(t)}{\mathrm{d}t}+\dfrac{\mathrm{d}\boldsymbol{B}(t)}{\mathrm{d}t}$；

③ $\frac{\mathrm{d}}{\mathrm{d}t}[k(t)\boldsymbol{A}(t)]=\frac{\mathrm{d}k(t)}{\mathrm{d}t}\boldsymbol{A}(t)+k(t)\frac{\mathrm{d}\boldsymbol{A}(t)}{\mathrm{d}t}$;

④ $\frac{\mathrm{d}}{\mathrm{d}t}[\boldsymbol{A}(t)\boldsymbol{C}(t)]=\frac{\mathrm{d}\boldsymbol{A}(t)}{\mathrm{d}t}\boldsymbol{C}(t)+\boldsymbol{A}(t)\frac{\mathrm{d}\boldsymbol{C}(t)}{\mathrm{d}t}$,其中 $\boldsymbol{C}(t)$ 是 $n\times p$ 的函数矩阵;

⑤ 如果 $t=f(u)$ 是 u 的可微函数,则

$$\frac{\mathrm{d}}{\mathrm{d}u}\boldsymbol{A}(t)=\frac{\mathrm{d}\boldsymbol{A}(t)}{\mathrm{d}t}f'(u)=f'(u)\frac{\mathrm{d}\boldsymbol{A}(t)}{\mathrm{d}t}$$

定理 5.9 若 n 阶可逆函数矩阵在$[a,b]$上可导,则

$$\frac{\mathrm{d}}{\mathrm{d}t}\boldsymbol{A}^{-1}(t)=-\boldsymbol{A}^{-1}(t)\left(\frac{\mathrm{d}}{\mathrm{d}t}\boldsymbol{A}(t)\right)\boldsymbol{A}^{-1}(t)$$

证 由

$$\boldsymbol{A}(t)\boldsymbol{A}^{-1}(t)=\boldsymbol{I}$$

两边对 t 求导,得

$$\left(\frac{\mathrm{d}}{\mathrm{d}t}\boldsymbol{A}(t)\right)\boldsymbol{A}^{-1}(t)+\boldsymbol{A}(t)\frac{\mathrm{d}}{\mathrm{d}t}\boldsymbol{A}^{-1}(t)=\boldsymbol{O}$$

移项有

$$\boldsymbol{A}(t)\frac{\mathrm{d}}{\mathrm{d}t}\boldsymbol{A}^{-1}(t)=-\left(\frac{\mathrm{d}}{\mathrm{d}t}\boldsymbol{A}(t)\right)\boldsymbol{A}^{-1}(t)$$

左乘 $\boldsymbol{A}^{-1}(t)$

$$\frac{\mathrm{d}}{\mathrm{d}t}\boldsymbol{A}^{-1}(t)=-\boldsymbol{A}^{-1}(t)\left(\frac{\mathrm{d}}{\mathrm{d}t}\boldsymbol{A}(t)\right)\boldsymbol{A}^{-1}(t)$$ □

可积的函数矩阵具有以下性质:

设 $\boldsymbol{A}(t)$,$\boldsymbol{B}(t)$ 为$[a,b]$上可积的函数矩阵,$\boldsymbol{A}$,$\boldsymbol{B}$ 是常数矩阵,并可进行相应的加法运算,$k\in\mathbf{C}$,则:

① $\int_a^b[\boldsymbol{A}(t)+\boldsymbol{B}(t)]\mathrm{d}t=\int_a^b\boldsymbol{A}(t)\mathrm{d}t+\int_a^b\boldsymbol{B}(t)\mathrm{d}t$;

② $\int_a^b k\boldsymbol{A}(t)\mathrm{d}t=k\int_a^b\boldsymbol{A}(t)\mathrm{d}t$;

③ 对于常数矩阵 $\boldsymbol{A}$ 和 $\boldsymbol{C}$,有

$$\int_a^b(\boldsymbol{A}\boldsymbol{B}(t)\boldsymbol{C})\mathrm{d}t=\boldsymbol{A}\left(\int_a^b\boldsymbol{B}(t)\mathrm{d}t\right)\boldsymbol{C}$$

④ 当 $\boldsymbol{A}(t)$ 在$[a,b]$上连续时,对 $\forall t\in(a,b)$,有

$$\frac{\mathrm{d}}{\mathrm{d}t}\left(\int_a^t\boldsymbol{A}(u)du\right)=\boldsymbol{A}(t)$$

⑤ 当 $\boldsymbol{A}(t)$ 在$[a,b]$上连续可微时,有

$$\int_a^b\boldsymbol{A}'(t)\mathrm{d}t=\boldsymbol{A}(b)-\boldsymbol{A}(a)$$

对于上述的微分、积分概念,还可以作一定的推广,比如可以定义 $\boldsymbol{A}(t)$ 的广义积分,Laplace 变换等等.多数情况下,这往往是一种形式上的约定.

例 5.13 求函数矩阵 $\boldsymbol{A}(t)=\begin{bmatrix}t & \sin t & 4\\ \cos t & \mathrm{e}^t & \ln t\end{bmatrix}$ 的导数.

解 $\frac{\mathrm{d}}{\mathrm{d}t}\boldsymbol{A}(t)=\begin{bmatrix}1 & \cos t & 0\\ -\sin t & e^t & \frac{1}{t}\end{bmatrix}$.

例 5.14 设 $\boldsymbol{A}\in\mathbf{C}^{n\times n}$，则

$$\frac{\mathrm{d}}{\mathrm{d}t}\mathrm{e}^{\boldsymbol{A}t}=\boldsymbol{A}\mathrm{e}^{\boldsymbol{A}t}=\mathrm{e}^{\boldsymbol{A}t}\boldsymbol{A}$$

证 对 $\mathrm{e}^{\boldsymbol{A}t}=\sum\limits_{k=0}^{+\infty}\frac{t^k}{k!}\boldsymbol{A}^k$，逐项微分得

$$\frac{\mathrm{d}}{\mathrm{d}t}\mathrm{e}^{\boldsymbol{A}t}=\sum_{k=0}^{+\infty}\frac{\mathrm{d}}{\mathrm{d}t}(\frac{t^k}{k!}\boldsymbol{A}^k)=\sum_{k=1}^{+\infty}\frac{t^{k-1}}{(k-1)!}\boldsymbol{A}^k=$$
$$\boldsymbol{A}\sum_{k=1}^{+\infty}\frac{t^{k-1}}{(k-1)!}\boldsymbol{A}^{k-1}=\boldsymbol{A}\sum_{k=0}^{+\infty}\frac{t^k}{k!}\boldsymbol{A}^k=\boldsymbol{A}\mathrm{e}^{\boldsymbol{A}t}$$

另一方面

$$\frac{\mathrm{d}}{\mathrm{d}t}\mathrm{e}^{\boldsymbol{A}t}=\sum_{k=1}^{+\infty}\frac{t^{k-1}}{(k-1)!}\boldsymbol{A}^k=(\sum_{k=1}^{+\infty}\frac{t^{k-1}}{(k-1)!}\boldsymbol{A}^{k-1})\boldsymbol{A}=\mathrm{e}^{\boldsymbol{A}t}\boldsymbol{A}$$ □

以上讨论了函数矩阵的微分问题，下面学习较为复杂的对矩阵变量的求导问题.

一、数量函数对矩阵变量的导数

定义 5.13 设 $f(\boldsymbol{X})$ 是以矩阵 $\boldsymbol{X}=(x_{ij})_{m\times n}$ 为变量的 mn 元函数，并且 $\frac{\partial f}{\partial x_{ij}}(i=1,2,\cdots,m;j=1,2,\cdots,n)$ 都存在，定义 f 对矩阵变量 $\boldsymbol{X}$ 的导数 $\frac{\mathrm{d}f}{\mathrm{d}\boldsymbol{X}}$ 为

$$\frac{\mathrm{d}f}{\mathrm{d}\boldsymbol{X}}=\left(\frac{\partial f}{\partial x_{ij}}\right)_{m\times n}=\begin{bmatrix}\frac{\partial f}{\partial x_{11}} & \cdots & \frac{\partial f}{\partial x_{1j}} & \cdots & \frac{\partial f}{\partial x_{1n}}\\ \vdots & & \vdots & & \vdots\\ \frac{\partial f}{\partial x_{i1}} & \cdots & \frac{\partial f}{\partial x_{ij}} & \cdots & \frac{\partial f}{\partial x_{in}}\\ \vdots & & \vdots & & \vdots\\ \frac{\partial f}{\partial x_{m1}} & \cdots & \frac{\partial f}{\partial x_{mj}} & \cdots & \frac{\partial f}{\partial x_{mn}}\end{bmatrix} \tag{5.35}$$

即数量函数 $f(\boldsymbol{X})$ 对矩阵 $\boldsymbol{X}$ 求导，得到的是与 $\boldsymbol{X}$ 同型的矩阵，其元素为 f 对 $\boldsymbol{X}$ 相应元素的偏导数.

作为特殊情况，若 $\boldsymbol{X}$ 为列向量 $\boldsymbol{x}=(x_1,x_2,\cdots,x_n)^{\mathrm{T}}$，则有

$$\frac{\mathrm{d}f}{\mathrm{d}\boldsymbol{x}}=(\frac{\partial f}{\partial x_1},\frac{\partial f}{\partial x_2},\cdots,\frac{\partial f}{\partial x_n})^{\mathrm{T}} \tag{5.36}$$

称为数量函数 f 对向量变量的导数，这正是我们所熟知的梯度向量.

例 5.15 设 $\boldsymbol{A}=(a_{ij})_{m\times n}$ 为常数矩阵，$\boldsymbol{X}=(x_{ij})_{n\times m}$ 是矩阵变量，$f(\boldsymbol{X})=\mathrm{tr}(\boldsymbol{AX})$，求 $\frac{\mathrm{d}f}{\mathrm{d}\boldsymbol{X}}$.

解 由 $\boldsymbol{AX}=(\sum\limits_{k=1}^{n}a_{ik}x_{kj})_{m\times m}$，则 $\boldsymbol{AX}$ 的对角元素为

$$\sum_{k=1}^{n}a_{ik}x_{ki},i=1,2,\cdots,m$$

于是

$$f(\boldsymbol{X})=\mathrm{tr}(\boldsymbol{AX})=\sum_{i=1}^{m}\sum_{k=1}^{n}a_{ik}x_{ki}=\sum_{i=1}^{m}\sum_{j=1}^{n}a_{ij}x_{ji}$$

故
$$\frac{\partial f}{\partial x_{ji}}=a_{ij}$$
所以
$$\frac{\partial f}{\partial x_{ij}}=a_{ji}$$
$$\frac{\mathrm{d}f}{\mathrm{d}\boldsymbol{X}}=\left(\frac{\partial f}{\partial x_{ij}}\right)_{n\times m}=(a_{ji})_{n\times m}=\boldsymbol{A}^{\mathrm{T}}$$
特别当 $\boldsymbol{X}$ 是 n 阶矩阵变量，取 $\boldsymbol{A}=\boldsymbol{I}_n$ 时
$$\frac{\mathrm{d}}{\mathrm{d}\boldsymbol{X}}(\mathrm{tr}\ \boldsymbol{X})=\boldsymbol{I}_n$$

例 5.16　设 $\boldsymbol{x}=(x_1,\cdots,x_n)^{\mathrm{T}}$，$f(\boldsymbol{x})=\boldsymbol{x}^{\mathrm{T}}\boldsymbol{x}$，求：
① $\frac{\mathrm{d}f}{\mathrm{d}\boldsymbol{x}}$；② $\frac{\mathrm{d}f}{\mathrm{d}\boldsymbol{x}^{\mathrm{T}}}$.

解　因
$$f(\boldsymbol{x})=\boldsymbol{x}^{\mathrm{T}}\boldsymbol{x}=\sum_{i=1}^{n}x_i^2$$
故
$$\frac{\partial f}{\partial x_i}=2x_i,i=1,2,\cdots,n$$
所以有
$$\frac{\mathrm{d}f}{\mathrm{d}\boldsymbol{x}}=2\boldsymbol{x}=2(x_1,x_2,\cdots,x_n)^{\mathrm{T}},\text{即}\frac{\mathrm{d}}{\mathrm{d}\boldsymbol{x}}(\boldsymbol{x}^{\mathrm{T}}\boldsymbol{x})=2\boldsymbol{x}$$
$$\frac{\mathrm{d}f}{\mathrm{d}\boldsymbol{x}^{\mathrm{T}}}=2\boldsymbol{x}^{\mathrm{T}}=2(x_1,x_2,\cdots,x_n),\text{即}\frac{\mathrm{d}}{\mathrm{d}\boldsymbol{x}^{\mathrm{T}}}(\boldsymbol{x}^{\mathrm{T}}\boldsymbol{x})=2\boldsymbol{x}^{\mathrm{T}}$$

例 5.17　设 $\boldsymbol{A}=(a_{ij})_{n\times n}$ 是常数矩阵，$\boldsymbol{x}=(x_1,\cdots,x_n)^{\mathrm{T}}$ 是向量变量，$f(\boldsymbol{x})=\boldsymbol{x}^{\mathrm{T}}\boldsymbol{A}\boldsymbol{x}$，求$\frac{\mathrm{d}f}{\mathrm{d}\boldsymbol{x}}$.

解　由
$$f(\boldsymbol{x})=\boldsymbol{x}^{\mathrm{T}}\boldsymbol{A}\boldsymbol{x}=(x_1,\cdots,x_i,\cdots,x_n)\begin{bmatrix}a_{11}&\cdots&a_{1j}&\cdots&a_{1n}\\ \vdots&&\vdots&&\vdots\\ a_{i1}&\cdots&a_{ij}&\cdots&a_{in}\\ \vdots&&\vdots&&\vdots\\ a_{n1}&\cdots&a_{nj}&\cdots&a_{nn}\end{bmatrix}\begin{bmatrix}x_1\\ \vdots\\ x_j\\ \vdots\\ x_n\end{bmatrix}=$$
$$(x_1,\cdots,x_i,\cdots,x_n)\begin{bmatrix}\sum_{j=1}^{n}a_{1j}x_j\\ \vdots\\ \sum_{j=1}^{n}a_{ij}x_j\\ \vdots\\ \sum_{j=1}^{n}a_{nj}x_j\end{bmatrix}=\sum_{i=1}^{n}x_i\sum_{j=1}^{n}a_{ij}x_j=$$
$$\sum_{i=1}^{k-1}x_i\sum_{j=1}^{n}a_{ij}x_j+x_k\sum_{j=1}^{n}a_{kj}x_j+\sum_{i=k+1}^{n}x_i\sum_{j=1}^{n}a_{ij}x_j$$
于是有

$$\frac{\partial f}{\partial x_k}=\sum_{i=1}^{k-1}x_i a_{ik}+(\sum_{j=1}^{n}a_{kj}x_j+x_k a_{kk})+\sum_{i=k+1}^{n}x_i a_{ik}=$$

$$\sum_{i=1}^{n}a_{ik}x_i+\sum_{j=1}^{n}a_{kj}x_j$$

则

$$\frac{\mathrm{d}f}{\mathrm{d}\boldsymbol{x}}=\begin{bmatrix}\frac{\partial f}{\partial x_1}\\ \vdots\\ \frac{\partial f}{\partial x_k}\\ \vdots\\ \frac{\partial f}{\partial x_n}\end{bmatrix}=\begin{bmatrix}\sum_{i=1}^{n}a_{i1}x_i+\sum_{j=1}^{n}a_{1j}x_j\\ \vdots\\ \sum_{i=1}^{n}a_{ik}x_i+\sum_{j=1}^{n}a_{kj}x_j\\ \vdots\\ \sum_{i=1}^{n}a_{in}x_i+\sum_{j=1}^{n}a_{nj}x_j\end{bmatrix}=$$

$$\begin{bmatrix}\sum_{i=1}^{n}a_{i1}x_i\\ \vdots\\ \sum_{i=1}^{n}a_{ik}x_i\\ \vdots\\ \sum_{i=1}^{n}a_{in}x_i\end{bmatrix}+\begin{bmatrix}\sum_{j=1}^{n}a_{1j}x_j\\ \vdots\\ \sum_{j=1}^{n}a_{kj}x_j\\ \vdots\\ \sum_{j=1}^{n}a_{nj}x_j\end{bmatrix}=$$

$$\boldsymbol{A}^{\mathrm{T}}\boldsymbol{x}+\boldsymbol{A}\boldsymbol{x}=$$

$$(\boldsymbol{A}^{\mathrm{T}}+\boldsymbol{A})\boldsymbol{x}$$

特别当 $\boldsymbol{A}$ 为实对称矩阵时，$\boldsymbol{A}^{\mathrm{T}}=\boldsymbol{A}$，此时有

$$\frac{\mathrm{d}f}{\mathrm{d}\boldsymbol{x}}=2\boldsymbol{A}\boldsymbol{x}$$

例 5.18　设 $\boldsymbol{A},\boldsymbol{B}$ 是 n 阶实对称矩阵，且 $\boldsymbol{B}$ 正定，$\boldsymbol{x}\in\mathbf{R}^n$，$R_{\boldsymbol{B}}(\boldsymbol{x})=\dfrac{\boldsymbol{x}^{\mathrm{T}}\boldsymbol{A}\boldsymbol{x}}{\boldsymbol{x}^{\mathrm{T}}\boldsymbol{B}\boldsymbol{x}}$，$\boldsymbol{x}\neq\boldsymbol{\theta}$，非零向量 $\boldsymbol{x}_0$ 是 $R_{\boldsymbol{B}}(\boldsymbol{x})$ 的驻点的充要条件是 $\boldsymbol{x}_0$ 是满足向量方程 $\boldsymbol{A}\boldsymbol{x}=\lambda\boldsymbol{B}\boldsymbol{x}$ 的解向量.

证　先证必要性.

由 $R_{\boldsymbol{B}}(\boldsymbol{x})=\dfrac{\boldsymbol{x}^{\mathrm{T}}\boldsymbol{A}\boldsymbol{x}}{\boldsymbol{x}^{\mathrm{T}}\boldsymbol{B}\boldsymbol{x}}$，$\boldsymbol{x}\neq\boldsymbol{\theta}$ 得

$$\boldsymbol{x}^{\mathrm{T}}\boldsymbol{B}\boldsymbol{x}\cdot R_{\boldsymbol{B}}(\boldsymbol{x})=\boldsymbol{x}^{\mathrm{T}}\boldsymbol{A}\boldsymbol{x}$$

上式两端对向量 $\boldsymbol{x}$ 求导

$$2\boldsymbol{B}\boldsymbol{x}\cdot R_{\boldsymbol{B}}(\boldsymbol{x})+\boldsymbol{x}^{\mathrm{T}}\boldsymbol{B}\boldsymbol{x}\cdot\frac{\mathrm{d}}{\mathrm{d}\boldsymbol{x}}R_{\boldsymbol{B}}(\boldsymbol{x})=2\boldsymbol{A}\boldsymbol{x}$$

$$\frac{\mathrm{d}}{\mathrm{d}\boldsymbol{x}}R_{\boldsymbol{B}}(\boldsymbol{x})=\frac{2}{\boldsymbol{x}^{\mathrm{T}}\boldsymbol{B}\boldsymbol{x}}(\boldsymbol{A}\boldsymbol{x}-R_{B}(\boldsymbol{x})\boldsymbol{B}\boldsymbol{x})\qquad(*)$$

设非零向量 $\boldsymbol{x}_0$ 是 $R_{\boldsymbol{B}}(\boldsymbol{x})$ 的驻点，故 $\left.\frac{\mathrm{d}}{\mathrm{d}\boldsymbol{x}}R_{\boldsymbol{B}}(\boldsymbol{x})\right|_{\boldsymbol{x}=\boldsymbol{x}_0}=\boldsymbol{\theta}$，由式(＊)得

$$\boldsymbol{A}\boldsymbol{x}_0=R_{\boldsymbol{B}}(\boldsymbol{x}_0)\boldsymbol{B}\boldsymbol{x}_0$$

这说明 $\boldsymbol{x}_0$ 为向量方程 $\boldsymbol{A}\boldsymbol{x}=\lambda\boldsymbol{B}\boldsymbol{x}$ 的解向量，其中 $\lambda=R_{\boldsymbol{B}}(\boldsymbol{x}_0)$.

再证充分性.

设非零向量 $\boldsymbol{x}_0$ 满足

$$\boldsymbol{A}\boldsymbol{x}_0=\lambda\boldsymbol{B}\boldsymbol{x}_0$$

用 $\boldsymbol{x}_0^{\mathrm{T}}$ 左乘上式得

$$\boldsymbol{x}_0^{\mathrm{T}}\boldsymbol{A}\boldsymbol{x}_0=\lambda\boldsymbol{x}_0^{\mathrm{T}}\boldsymbol{B}\boldsymbol{x}_0$$

因为 $\boldsymbol{B}$ 正定，故 $\boldsymbol{x}_0^{\mathrm{T}}\boldsymbol{B}\boldsymbol{x}_0>0$，除之

$$\lambda=\frac{\boldsymbol{x}_0^{\mathrm{T}}\boldsymbol{A}\boldsymbol{x}_0}{\boldsymbol{x}_0^{\mathrm{T}}\boldsymbol{B}\boldsymbol{x}_0}=R_{\boldsymbol{B}}(\boldsymbol{x}_0)$$

由(＊)式知 $\left.\frac{\mathrm{d}}{\mathrm{d}\boldsymbol{x}}R_{\boldsymbol{B}}(\boldsymbol{x})\right|_{\boldsymbol{x}=\boldsymbol{x}_0}=\boldsymbol{\theta}$，故 $\boldsymbol{x}_0$ 为 $R_{\boldsymbol{B}}(\boldsymbol{x})$ 的驻点. □

按照后面第六章中的定义 6.9 及定理 6.21 知 $\boldsymbol{x}_0$ 是属于 $R_{\boldsymbol{B}}(\boldsymbol{x}_0)$ 的广义特征向量.

二、矩阵值函数对矩阵变量的导数

定义 5.14　设 $\boldsymbol{F}(\boldsymbol{X})=(f_{ij}(\boldsymbol{X}))_{p\times q}$ 的元素 $f_{ij}(\boldsymbol{X})(i=1,2,\cdots,p;j=1,2,\cdots,q)$ 都是矩阵变量 $\boldsymbol{X}=(x_{ij})_{m\times n}$ 的函数，通常称 $\boldsymbol{F}(\boldsymbol{X})$ 为矩阵值函数. 定义 $\boldsymbol{F}(\boldsymbol{X})$ 对矩阵变量 $\boldsymbol{X}$ 的导数为

$$\frac{\mathrm{d}\boldsymbol{F}}{\mathrm{d}\boldsymbol{X}}=\begin{bmatrix}\frac{\partial \boldsymbol{F}}{\partial x_{11}} & \cdots & \frac{\partial \boldsymbol{F}}{\partial x_{1n}}\\ \vdots & & \vdots\\ \frac{\partial \boldsymbol{F}}{\partial x_{m1}} & \cdots & \frac{\partial \boldsymbol{F}}{\partial x_{mn}}\end{bmatrix},\text{其中}\frac{\partial \boldsymbol{F}}{\partial x_{ij}}=\begin{bmatrix}\frac{\partial f_{11}}{\partial x_{ij}} & \cdots & \frac{\partial f_{1q}}{\partial x_{ij}}\\ \vdots & & \vdots\\ \frac{\partial f_{p1}}{\partial x_{ij}} & \cdots & \frac{\partial f_{pq}}{\partial x_{ij}}\end{bmatrix},i=1,\cdots,m;j=1,\cdots,n \tag{5.37}$$

因为 $\frac{\partial \boldsymbol{F}}{\partial x_{ij}}$ 是 $p\times q$ 矩阵，所以 $\frac{\mathrm{d}\boldsymbol{F}}{\mathrm{d}\boldsymbol{X}}$ 是 $mp\times nq$ 矩阵.

上述定义中，若 $q=n=1$ 时，式(5.37)表示向量值函数对于向量变量的导数；若 $q=1,n>1$ 时，式(5.37)表示向量值函数对于矩阵变量的导数；若 $q>1,n=1$ 时，式(5.37)表示矩阵值函数对于向量变量的导数，它们都是矩阵值函数对矩阵变量的导数的特殊情况，从形式与计算上都简单一些.

例 5.19　设 $\boldsymbol{x}=(x_1,\cdots,x_n)^{\mathrm{T}}$ 是向量变量，求 ① $\frac{\mathrm{d}\boldsymbol{x}^{\mathrm{T}}}{\mathrm{d}\boldsymbol{x}}$；② $\frac{\mathrm{d}\boldsymbol{x}}{\mathrm{d}\boldsymbol{x}^{\mathrm{T}}}$.

解　① 这是行向量值函数对列向量变量的导数.

由定义 5.14 有

$$\frac{\mathrm{d}\boldsymbol{x}^{\mathrm{T}}}{\mathrm{d}\boldsymbol{x}}=\begin{bmatrix}\dfrac{\partial \boldsymbol{x}^{\mathrm{T}}}{\partial x_1}\\ \vdots \\ \dfrac{\partial \boldsymbol{x}^{\mathrm{T}}}{\partial x_n}\end{bmatrix}=\begin{bmatrix}1&0&\cdots&0\\0&1&\cdots&0\\ \vdots&\vdots&&\vdots\\0&0&\cdots&1\end{bmatrix}=\boldsymbol{I}_n$$

② 类似地有

$$\frac{\mathrm{d}\boldsymbol{x}}{\mathrm{d}\boldsymbol{x}^{\mathrm{T}}}=\left(\frac{\partial \boldsymbol{x}}{\partial x_1},\frac{\partial \boldsymbol{x}}{\partial x_2},\cdots,\frac{\partial \boldsymbol{x}}{\partial x_n}\right)=$$

$$\begin{bmatrix}1&0&\cdots&0\\0&1&\cdots&0\\ \vdots&\vdots&&\vdots\\0&0&\cdots&1\end{bmatrix}=\boldsymbol{I}_n$$

例 5.20　设 $\boldsymbol{\alpha}=\begin{bmatrix}a_1\\ \vdots\\ a_n\end{bmatrix}$，$\boldsymbol{X}=(x_{ij})_{m\times n}$ 是矩阵变量，求 $\dfrac{\mathrm{d}(\boldsymbol{X\alpha})}{\mathrm{d}\boldsymbol{X}}$.

解　这是向量值函数对矩阵变量的导数

$$\boldsymbol{X\alpha}=\begin{bmatrix}\sum_{j=1}^{n}x_{1j}a_j\\ \vdots\\ \sum_{j=1}^{n}x_{ij}a_j\\ \vdots\\ \sum_{j=1}^{n}x_{mj}a_j\end{bmatrix}$$

令
$$F(\boldsymbol{X})=\boldsymbol{X\alpha}=\left[\sum_{j=1}^{n}x_{ij}a_j\right]_{m\times 1}$$

则
$$\frac{\mathrm{d}\boldsymbol{F}}{\mathrm{d}\boldsymbol{X}}=\left[\frac{\partial \boldsymbol{F}}{\partial x_{ij}}\right]_{m^2\times n}$$

而
$$\frac{\partial \boldsymbol{F}}{\partial x_{ij}}=\frac{\partial}{\partial x_{ij}}\begin{bmatrix}\sum_{j=1}^{n}x_{1j}a_j\\ \vdots\\ \sum_{j=1}^{n}x_{ij}a_j\\ \vdots\\ \sum_{j=1}^{n}x_{mj}a_j\end{bmatrix}=\begin{bmatrix}0\\ \vdots\\ a_j\\ \vdots\\ 0\end{bmatrix}$$

故
$$\frac{\mathrm{d}\boldsymbol{F}}{\mathrm{d}\boldsymbol{X}}=\left[\begin{array}{cccc}
a_1 & a_2 & \cdots & a_n \\
0 & 0 & & 0 \\
\vdots & \vdots & & \vdots \\
0 & 0 & & 0 \\
0 & 0 & \cdots & 0 \\
a_1 & a_2 & \cdots & a_n \\
0 & 0 & \cdots & 0 \\
\vdots & \vdots & & \vdots \\
0 & 0 & \cdots & 0 \\
0 & 0 & \cdots & 0 \\
0 & 0 & \cdots & 0 \\
a_1 & a_2 & \cdots & a_n \\
0 & 0 & \cdots & 0 \\
\vdots & \vdots & & \vdots \\
0 & 0 & \cdots & 0 \\
\vdots & \vdots & & \vdots \\
0 & 0 & \cdots & 0 \\
\vdots & \vdots & & \vdots \\
0 & 0 & \cdots & 0 \\
a_1 & a_2 & \cdots & a_n
\end{array}\right]\begin{array}{l}
\\ \\ \\ m\text{ 行} \\ \\ \\ \\ \\ 2m\text{ 行} \\ \\ \\ \\ \\ \\ 3m\text{ 行} \\ \\ \\ \\ \\ m\times m\text{ 行}
\end{array}$$

例 5.21　设 $y_i=f(\boldsymbol{x})$，其中 $\boldsymbol{x}=(x_1,\cdots,x_j,\cdots,x_n)^{\mathrm{T}}, i=1,\cdots,m$.

记 $\boldsymbol{y}=(y_1,\cdots,y_i,\cdots,y_m)^{\mathrm{T}}$，则

$$\frac{\mathrm{d}\boldsymbol{y}}{\mathrm{d}\boldsymbol{x}^{\mathrm{T}}}=\left[\frac{\partial \boldsymbol{y}}{\partial x_1},\cdots,\frac{\partial \boldsymbol{y}}{\partial x_j},\cdots,\frac{\partial \boldsymbol{y}}{\partial x_n}\right]=$$

$$\begin{bmatrix}
\dfrac{\partial y_1}{\partial x_1} & \cdots & \dfrac{\partial y_1}{\partial x_j} & \cdots & \dfrac{\partial y_1}{\partial x_n} \\
\vdots & & \vdots & & \vdots \\
\dfrac{\partial y_i}{\partial x_1} & \cdots & \dfrac{\partial y_i}{\partial x_i} & \cdots & \dfrac{\partial y_i}{\partial x_n} \\
\vdots & & \vdots & \cdots & \vdots \\
\dfrac{\partial y_m}{\partial x_1} & \cdots & \dfrac{\partial y_m}{\partial x_j} & \cdots & \dfrac{\partial y_m}{\partial x_n}
\end{bmatrix}=\left(\frac{\partial y_i}{\partial x_j}\right)_{m\times n}$$

称为 **Jacobi** 矩阵.

当 $m=n$ 时，Jacobi矩阵的行列式称为**Jacobi**行列式，记为 $\det\left[\dfrac{\mathrm{d}\boldsymbol{y}}{\mathrm{d}\boldsymbol{x}^{\mathrm{T}}}\right]=\dfrac{\partial(y_1,\cdots,y_n)}{\partial(x_1,\cdots,x_n)}$，这在多元函数微分学中是我们早已熟知的表达式.

关于矩阵值函数对矩阵变量的导数，我们简单地介绍到这里.

5.5　矩阵微分的应用

在线性控制系统中，常常要求解线性微分方程组，在 3.2 节中，我们利用矩阵的 Jordan 标准形，通过例 3.8 学习了线性齐次微分方程组的解法，下面我们从矩阵值函数的角度进一步来讨论这一问题.

定理 5.10　设 $\boldsymbol{A}$ 是 n 阶常系数矩阵，则满足初始条件的线性齐次微分方程组

$$\begin{cases}\dfrac{\mathrm{d}\boldsymbol{x}}{\mathrm{d}t}=\boldsymbol{A}\boldsymbol{x}(t)\\ \boldsymbol{x}(t_0)=\boldsymbol{x}_0\end{cases}\tag{5.38}$$

的解为

$$\boldsymbol{x}(t)=\mathrm{e}^{\boldsymbol{A}(t-t_0)}\boldsymbol{x}_0\tag{5.39}$$

这里

$$\boldsymbol{A}=(a_{ij})_{n\times n},\boldsymbol{x}(t)=(x_1(t),\cdots,x_i(t),\cdots,x_n(t))^{\mathrm{T}}$$
$$\boldsymbol{x}(t_0)=\boldsymbol{x}_0=(x_1^0,\cdots,x_i^0,\cdots,x_n^0)$$

特别 $t_0=0$ 时，$\boldsymbol{x}(t)=\mathrm{e}^{\boldsymbol{A}t}\boldsymbol{x}_0$.

证　由于

$$\frac{\mathrm{d}}{\mathrm{d}t}(\mathrm{e}^{-\boldsymbol{A}t}\boldsymbol{x}(t))=$$
$$\mathrm{e}^{-\boldsymbol{A}t}(-\boldsymbol{A})\boldsymbol{x}(t)+\mathrm{e}^{-\boldsymbol{A}t}\frac{\mathrm{d}}{\mathrm{d}t}\boldsymbol{x}(t)=$$
$$\mathrm{e}^{-\boldsymbol{A}t}\left(\frac{\mathrm{d}\boldsymbol{x}(t)}{\mathrm{d}t}-\boldsymbol{A}\boldsymbol{x}(t)\right)=\boldsymbol{\theta}$$

将上式两端在 $[t_0,t]$ 上积分，得

$$\int_{t_0}^{t}\frac{\mathrm{d}}{\mathrm{d}\tau}[\mathrm{e}^{-\boldsymbol{A}\tau}\boldsymbol{x}(\tau)]\mathrm{d}\tau=\boldsymbol{\theta}$$
$$\mathrm{e}^{-\boldsymbol{A}t}\boldsymbol{x}(t)-\mathrm{e}^{-\boldsymbol{A}t_0}\boldsymbol{x}(t_0)=\boldsymbol{\theta}$$

因此方程(5.38) 满足初始条件的解的形式为

$$\boldsymbol{x}(t)=\mathrm{e}^{\boldsymbol{A}(t-t_0)}\boldsymbol{x}_0$$ □

若 $t_0=0$ 时，则 $\boldsymbol{x}(t)=\mathrm{e}^{\boldsymbol{A}t}\boldsymbol{x}_0$.

例 5.22　求解线性常系数齐次微分方程组初值问题

$$\begin{cases}\dfrac{\mathrm{d}\boldsymbol{x}}{\mathrm{d}t}=\boldsymbol{A}\boldsymbol{x}\\ \boldsymbol{x}(0)=(1,1,0)^{\mathrm{T}}\end{cases}\qquad \boldsymbol{A}=\begin{bmatrix}3&-1&1\\2&0&-1\\1&-1&2\end{bmatrix}$$

解　可得

$$|\lambda\boldsymbol{I}-\boldsymbol{A}|=\begin{vmatrix}\lambda-3&1&-1\\-2&\lambda&1\\-1&1&\lambda-2\end{vmatrix}=\lambda(\lambda-2)(\lambda-3)=0$$

故 $\lambda_1=0,\lambda_2=2,\lambda_3=3$.

由于 $\boldsymbol{A}$ 的特征值互异,故 $\boldsymbol{A}$ 相似于对角阵,容易求得三个特征值所对应的特征向量为

$$\boldsymbol{P}_1=\begin{bmatrix}1\\5\\2\end{bmatrix},\boldsymbol{P}_2=\begin{bmatrix}1\\1\\0\end{bmatrix},\boldsymbol{P}_3=\begin{bmatrix}2\\1\\1\end{bmatrix}$$

故 $\boldsymbol{P}=(\boldsymbol{P}_1,\boldsymbol{P}_2,\boldsymbol{P}_3)\begin{bmatrix}1&1&2\\5&1&1\\2&0&1\end{bmatrix}\qquad \boldsymbol{P}^{-1}=-\frac{1}{6}\begin{bmatrix}1&-1&-1\\-3&-3&9\\-2&2&-4\end{bmatrix}$

由矩阵函数的 Jordan 标准形法可求得

$$\mathrm{e}^{\boldsymbol{A}t}=\boldsymbol{P}\begin{bmatrix}\mathrm{e}^{0t}&0&0\\0&\mathrm{e}^{2t}&0\\0&0&\mathrm{e}^{3t}\end{bmatrix}\boldsymbol{P}^{-1}$$

由定理 5.10,方程组的解 $\boldsymbol{x}(t)$ 为

$$\boldsymbol{x}(t)=\mathrm{e}^{\boldsymbol{A}t}\boldsymbol{x}_0=$$

$$\begin{bmatrix}1&1&2\\5&1&1\\2&0&1\end{bmatrix}\begin{bmatrix}1&0&0\\0&\mathrm{e}^{2t}&0\\0&0&\mathrm{e}^{3t}\end{bmatrix}\left(-\frac{1}{6}\right)\begin{bmatrix}1&-1&-1\\-3&-3&9\\-2&2&-4\end{bmatrix}\begin{bmatrix}1\\1\\0\end{bmatrix}=$$

$$\begin{bmatrix}\mathrm{e}^{2t}\\\mathrm{e}^{2t}\\0\end{bmatrix}$$

定义 5.15 设 $\boldsymbol{x}(t)$ 是方程(5.38)的解,如果 $\lim\limits_{t\to+\infty}\boldsymbol{x}(t)=\boldsymbol{\theta}$,则称微分方程组 $\frac{\mathrm{d}\boldsymbol{x}}{\mathrm{d}t}=\boldsymbol{A}\boldsymbol{x}(t)$ 的解是渐近稳定的.

可以证明方程(5.38)的解 $\boldsymbol{x}(t)$ 是渐近稳定的充分必要条件是矩阵 $\boldsymbol{A}$ 的所有特征值的实部是负的. 若 $\boldsymbol{A}$ 的特征值全为负实部,则称 $\boldsymbol{A}$ 为稳定矩阵.

定理 5.11 设 $\boldsymbol{A}$ 是 n 阶常系数矩阵,则满足初始条件的线性非齐次微分方程组

$$\begin{cases}\frac{\mathrm{d}\boldsymbol{x}}{\mathrm{d}t}=\boldsymbol{A}\boldsymbol{x}+\boldsymbol{f}(t)\\ \boldsymbol{x}(t_0)=\boldsymbol{x}_0\end{cases}\tag{5.40}$$

的解为

$$\boldsymbol{x}(t)=\mathrm{e}^{\boldsymbol{A}(t-t_0)}\boldsymbol{x}_0+\int_{t_0}^{t}\mathrm{e}^{\boldsymbol{A}(t-\tau)}\boldsymbol{f}(\tau)\mathrm{d}\tau\tag{5.41}$$

这里 $\boldsymbol{f}(t)=(f_1(t),f_2(t),\cdots,f_n(t))^{\mathrm{T}}$.

特别当 $t_0=0$ 时

$$\boldsymbol{x}(t)=\mathrm{e}^{\boldsymbol{A}t}\boldsymbol{x}_0+\int_0^t\mathrm{e}^{\boldsymbol{A}(t-\tau)}\boldsymbol{f}(\tau)\mathrm{d}\tau$$

证 由于

$$\frac{\mathrm{d}}{\mathrm{d}t}(\mathrm{e}^{-\boldsymbol{A}t}\boldsymbol{x}(t))=$$

$$\mathrm{e}^{-\boldsymbol{A}t}(-\boldsymbol{A})\boldsymbol{x}(t)+\mathrm{e}^{-\boldsymbol{A}t}\frac{\mathrm{d}\boldsymbol{x}(t)}{\mathrm{d}t}=$$

$$\mathrm{e}^{-\boldsymbol{A}t}(\frac{\mathrm{d}\boldsymbol{x}(t)}{\mathrm{d}t}-\boldsymbol{A}\boldsymbol{x}(t))=$$

$$\mathrm{e}^{-\boldsymbol{A}t}\boldsymbol{f}(t)$$

将上式两端在$[t_0,t]$上积分，得

$$\int_{t_0}^{t}\frac{\mathrm{d}}{\mathrm{d}\tau}(\mathrm{e}^{-\boldsymbol{A}\tau}\boldsymbol{x}(\tau))\mathrm{d}\tau=\int_{t_0}^{t}\mathrm{e}^{-\boldsymbol{A}\tau}\boldsymbol{f}(\tau)\mathrm{d}\tau$$

$$\mathrm{e}^{-\boldsymbol{A}t}\boldsymbol{x}(t)-\mathrm{e}^{-\boldsymbol{A}t_0}\boldsymbol{x}(t_0)=\int_{t_0}^{t}\mathrm{e}^{-\boldsymbol{A}\tau}\boldsymbol{f}(\tau)\mathrm{d}\tau$$

故微分方程组(5.40)的解为

$$\boldsymbol{x}(t)=\mathrm{e}^{\boldsymbol{A}(t-t_0)}\boldsymbol{x}_0+\mathrm{e}^{\boldsymbol{A}t}\int_{t_0}^{t}\mathrm{e}^{-\boldsymbol{A}\tau}\boldsymbol{f}(\tau)\mathrm{d}\tau$$

例 5.23 求解线性常系数非齐次微分方程组初值问题

$$\begin{cases}\dfrac{\mathrm{d}x_1(t)}{\mathrm{d}t}=-x_1(t)-2x_2(t)+6x_3(t)-\mathrm{e}^t\\ \dfrac{\mathrm{d}x_2(t)}{\mathrm{d}t}=-x_1(t)\qquad\qquad+3x_3(t)\\ \dfrac{\mathrm{d}x_3(t)}{\mathrm{d}t}=-x_1(t)-x_2(t)+4x_3(t)+\mathrm{e}^t\\ x_1(0)=1,x_2(0)=0,x_3(0)=0\end{cases}\tag{5.42}$$

解 记

$$\boldsymbol{A}=\begin{bmatrix}-1&-2&6\\-1&0&3\\-1&-1&4\end{bmatrix},\boldsymbol{x}(t)=(x_1(t),x_2(t),x_3(t))^{\mathrm{T}}$$

$$\boldsymbol{f}(t)=(-\mathrm{e}^t,0,\mathrm{e}^t)^{\mathrm{T}},\boldsymbol{x}(0)=\boldsymbol{x}_0=(1,0,0)^{\mathrm{T}}$$

则满足初始条件的微分方程组(5.42)可写为

$$\begin{cases}\dfrac{\mathrm{d}\boldsymbol{x}(t)}{\mathrm{d}t}=\boldsymbol{A}\boldsymbol{x}+\boldsymbol{f}(t)\\ \boldsymbol{x}(0)=\boldsymbol{x}_0\end{cases}$$

由例 5.10 知

$$\mathrm{e}^{\boldsymbol{A}t}=\mathrm{e}^t\begin{bmatrix}1-2t&-2t&6t\\-t&1-t&3t\\-t&-t&1+3t\end{bmatrix}$$

因 $t_0=0$，故 $t-t_0=t$.

计算如下各量得

$$e^{\boldsymbol{A}t}\boldsymbol{x}_0 = e^t \begin{bmatrix} 1-2t \\ -t \\ -t \end{bmatrix}$$

$$e^{\boldsymbol{A}(t-\tau)} = e^{(t-\tau)} \begin{bmatrix} 1-2(t-\tau) & -2(t-\tau) & 6(t-\tau) \\ -(t-\tau) & 1-(t-\tau) & 3(t-\tau) \\ -(t-\tau) & -(t-\tau) & 1+3(t-\tau) \end{bmatrix}$$

$$e^{\boldsymbol{A}(t-\tau)}\boldsymbol{f}(\tau) = e^t \begin{bmatrix} -1+8(t-\tau) \\ 4(t-\tau) \\ 4(t-\tau)+1 \end{bmatrix}$$

$$\int_0^t e^{\boldsymbol{A}(t-\tau)}\boldsymbol{f}(\tau)\mathrm{d}\tau = e^t \begin{bmatrix} \int_0^t [-1+8(t-\tau)]\mathrm{d}\tau \\ \int_0^t 4(t-\tau)\mathrm{d}\tau \\ \int_0^t [4(t-\tau)+1]\mathrm{d}\tau \end{bmatrix} = e^t \begin{bmatrix} 4t^2-t \\ 2t^2 \\ 2t^2+t \end{bmatrix}$$

最后得到微分方程(5.42)的解为

$$\boldsymbol{x}(t) = e^t \begin{bmatrix} 1-3t+4t^2 \\ -t+2t^2 \\ 2t^2 \end{bmatrix}$$

5.6 Laplace 变换

在控制理论与工程技术及解微分方程组(5.38),(5.40)中需要计算 e^{At},除了前面介绍的作法外,**Laplace 变换**方法是最常用的,为此先简单地介绍一下 Laplace 变换.

定义 5.16 设 $f(t)$ 在实变数 $t \geqslant 0$ 上有定义,对于某些复数 s,若下面的广义积分存在,称

$$F(s) = \int_0^{+\infty} e^{-st} f(t)\mathrm{d}t \tag{5.43}$$

为函数 $f(t)$ 的 Laplace 变换,记为

$$F(s) = \mathscr{L}[f(t)] \tag{5.44}$$

当 $f(t)$ 在 $t \geqslant 0$ 每个有限区向上分段连续,且 $\exists M > 0, \sigma \geqslant 0$,使对所有 $t \geqslant 0$,都有

$$|f(t)| < Me^{\sigma t}$$

则 $f(t)$ 的 Laplace 变换存在,并称满足上述条件的 $f(t)$ 为(象)原函数,把 $F(s) = \mathscr{L}[f(t)]$ 称为象函数.

Laplace 变换有如下性质:

①Laplace 变换是线性变换

$\forall a, b \in \mathbf{C}$,有 $\mathscr{L}[af(t)+bg(t)] = a\mathscr{L}[f(t)] + b\mathscr{L}[g(t)]$.

② 原函数微分性质

如果原函数 $f(t)$ 的前 n 阶导数 $f^{(n)}(t)$ 都是原函数，则

$$\mathscr{L}[f'(t)]=s\mathscr{L}[f(t)]-f(0)$$

$$\mathscr{L}[f^{(n)}(t)]=s^n\mathscr{L}[f(t)]-s^{n-1}f(0)-s^{n-2}f'(0)-\cdots-f^{(n-1)}(0)$$

特别如果有 $f(0)=f'(0)=\cdots=f^{(n-1)}(0)=0$，则

$$\mathscr{L}[f^{(n)}(t)]=s^n\mathscr{L}[f(t)]$$

③ 象函数微分性质

$$F'(s)=-\int_0^{+\infty}te^{-st}f(t)\mathrm{d}t$$

更一般地有

$$F^{(n)}(s)=(-1)^n\int_0^{+\infty}t^ne^{-st}f(t)\mathrm{d}t$$

常用的 Laplace 变换公式有

$\mathscr{L}[1]=\frac{1}{s}$　　(Re $s>0$，这里 Re s 表示 s 的实部)

$\mathscr{L}[t]=\frac{1}{s^2}$　　(Re $s>0$)

$\mathscr{L}[t^n]=\frac{n!}{s^{n+1}}$　　(Re $s>0$)

$\mathscr{L}[\sin\omega t]=\frac{\omega}{s^2+\omega^2}$　　(Re $s>0$)

$\mathscr{L}[\cos\omega t]=\frac{s}{s^2+\omega^2}$　　(Re $s>0$)

$\mathscr{L}[e^{zt}]=\frac{1}{s-z}$　　(Re $s>$ Re z　　$z=\lambda+i\omega$)

$\mathscr{L}[te^{zt}]=\frac{1}{(s-z)^2}$　　(Re $s>$ Re z)

$\mathscr{L}[t^2e^{zt}]=\frac{2}{(s-z)^3}$　　(Re $s>$ Re z)

由复变量表达式 $F(s)$ 求时间变量表达式 $f(t)$ 的数学运算叫 **Laplace 反变换**，记为 $\mathscr{L}^{-1}$，即有

$$\mathscr{L}^{-1}[F(s)]=f(t) \tag{5.45}$$

$f(t)$ 可由如下积分算出

$$f(t)=\frac{1}{2\pi i}\int_{c-i\infty}^{c+i\infty}F(s)e^{st}\mathrm{d}s \tag{5.46}$$

式中 $c=\mathrm{Re}\,s>\sigma$($\sigma\geqslant 0$ 为实常数).

上式积分比较复杂，实际计算中根据 Laplace 变换表由象函数就可查出原函数.

Laplace 变换可以推广到函数向量.

定义 5.17　设 $\boldsymbol{f}(t)$ 为 n 维函数向量，如果它的每一分量都存在 Laplace 变换，则定义

$$\boldsymbol{F}(s)=\mathscr{L}[\boldsymbol{f}(t)]=\int_{0}^{+\infty}\mathrm{e}^{-st}\boldsymbol{f}(t)\mathrm{d}t \tag{5.47}$$

可以证明如果对函数向量 $\boldsymbol{f}(t)$，存在常数 $M>0$，及 $\sigma>0$，使不等式

$$\|\boldsymbol{f}(t)\|_2\leqslant M\mathrm{e}^{\sigma t} \tag{5.48}$$

对充分大的 t 成立，则 $\boldsymbol{f}(t)$ 的 Laplace 变换存在.

并且还可进一步保证方程(5.40) 的解 $\boldsymbol{x}=\boldsymbol{x}(t)$ 及其导数 $\boldsymbol{x}'(t)$ 都能像 $\boldsymbol{f}(t)$ 一样满足类似式(5.48) 的不等式，所以它们的 Laplace 变换都存在.

对于函数向量 $\boldsymbol{f}(t)$，也有反 Laplace 变换

$$\mathscr{L}^{-1}[\boldsymbol{F}(s)]=\boldsymbol{f}(t)$$

原函数、象函数也有相应的微分性质. 同样对函数矩阵也是如此，只需把相应的运算移到分量上进行.

以下介绍用 Laplace 变换如何计算 $\mathrm{e}^{\boldsymbol{A}t}$.

考虑线性常系数齐次微分方程组

$$\begin{cases}\dfrac{\mathrm{d}\boldsymbol{x}}{\mathrm{d}t}=\boldsymbol{A}\boldsymbol{x}(t)\\ \boldsymbol{x}(0)=\boldsymbol{x}_0\end{cases} \tag{5.49}$$

记 $\boldsymbol{X}(s)=\mathscr{L}[\boldsymbol{x}(t)]$.

则由 Laplace 变换原函数的微分性质有

$$s\boldsymbol{X}(s)-\boldsymbol{x}(0)=\boldsymbol{A}\boldsymbol{X}(s)$$

于是

$$(s\boldsymbol{I}-\boldsymbol{A})\boldsymbol{X}(s)=\boldsymbol{x}(0)$$

在有理分式矩阵范围内，$s\boldsymbol{I}-\boldsymbol{A}$ 可逆，上式两端左乘其逆得

$$\boldsymbol{X}(s)=(s\boldsymbol{I}-\boldsymbol{A})^{-1}\boldsymbol{x}(0)$$

由反 Laplace 变换得

$$\boldsymbol{x}(t)=\mathscr{L}^{-1}[(s\boldsymbol{I}-\boldsymbol{A})^{-1}]\boldsymbol{x}(0) \tag{5.50}$$

由定理 5.10 知方程(5.49) 的解为

$$\boldsymbol{x}(t)=\mathrm{e}^{\boldsymbol{A}t}\boldsymbol{x}(0)$$

由微分方程满足初始条件解的唯一性得

$$\mathrm{e}^{\boldsymbol{A}t}=\mathscr{L}^{-1}[(s\boldsymbol{I}-\boldsymbol{A})^{-1}] \tag{5.51}$$

这里

$$(s\boldsymbol{I}-\boldsymbol{A})^{-1}=\frac{\mathrm{adj}(s\boldsymbol{I}-\boldsymbol{A})}{\det(s\boldsymbol{I}-\boldsymbol{A})}$$

由此可知齐次微分方程组(5.38) 的解为 $\boldsymbol{x}(t)=\mathscr{L}^{-1}[(s\boldsymbol{I}-\boldsymbol{A})^{-1}\boldsymbol{x}_0]$.

例 5.24 设 $\boldsymbol{A}=\begin{bmatrix}0 & 1\\ 0 & -2\end{bmatrix}$，用 Laplace 变换的方法求 $\mathrm{e}^{\boldsymbol{A}t}$.

解 可得

$$sI - A = \begin{bmatrix} s & -1 \\ 0 & s+2 \end{bmatrix}$$

$$\det(sI - A) = s(s+2)$$

$$\mathrm{adj}(sI - A) = \begin{bmatrix} s+2 & 1 \\ 0 & s \end{bmatrix}$$

故

$$(sI - A)^{-1} = \frac{1}{s(s+2)}\begin{bmatrix} s+2 & 1 \\ 0 & s \end{bmatrix} = \begin{bmatrix} \frac{1}{s} & \frac{1}{s(s+2)} \\ 0 & \frac{1}{s+2} \end{bmatrix} = \begin{bmatrix} \frac{1}{s} & \frac{1}{2}(\frac{1}{s} - \frac{1}{s+2}) \\ 0 & \frac{1}{s+2} \end{bmatrix}$$

于是

$$e^{At} = \mathscr{L}^{-1}[(sI - A)^{-1}] = \begin{bmatrix} 1 & \frac{1}{2}(1 - e^{-2t}) \\ 0 & e^{-2t} \end{bmatrix}$$

当运算中遇到 0 的 Laplace 反变换时,约定 $\mathscr{L}^{-1}(0) = 0$.

再看一个例 5.10 及例 5.11 已经算过的三阶矩阵的例子.

例 5.25　设 $A = \begin{bmatrix} -1 & -2 & 6 \\ -1 & 0 & 3 \\ -1 & -1 & 4 \end{bmatrix}$,用 Laplace 变换方法计算 e^{At}.

解　可得

$$sI - A = \begin{bmatrix} s+1 & 2 & -6 \\ 1 & s & -3 \\ 1 & 1 & s-4 \end{bmatrix}$$

$$\det(sI - A) = (s-1)^3$$

$$\mathrm{adj}(sI - A) = \begin{bmatrix} (s-1)(s-3) & -2(s-1) & 6(s-1) \\ -(s-1) & (s-1)(s-2) & 3(s-1) \\ -(s-1) & -(s-1) & (s-1)(s+2) \end{bmatrix}$$

$$(sI - A)^{-1} = \frac{\mathrm{adj}(sI - A)}{\det(sI - A)} =$$

$$\begin{bmatrix} \frac{s-3}{(s-1)^2} & -\frac{2}{(s-1)^2} & \frac{6}{(s-1)^2} \\ \frac{-1}{(s-1)^2} & \frac{s-2}{(s-1)^2} & \frac{3}{(s-1)^2} \\ \frac{-1}{(s-1)^2} & \frac{-1}{(s-1)^2} & \frac{s+2}{(s-1)^2} \end{bmatrix} =$$

$$\begin{bmatrix} \frac{1}{s-1}-\frac{2}{(s-1)^2} & \frac{-2}{(s-1)^2} & \frac{6}{(s-1)^2} \\ \frac{-1}{(s-1)^2} & \frac{1}{(s-1)}-\frac{1}{(s-1)^2} & \frac{3}{(s-1)^2} \\ \frac{-1}{(s-1)^2} & \frac{-1}{(s-1)^2} & \frac{1}{s-1}+\frac{3}{(s-1)^2} \end{bmatrix}$$

$$\mathrm{e}^{\boldsymbol{A}t}=\mathscr{L}^{-1}[(s\boldsymbol{I}-\boldsymbol{A})^{-1}]=\begin{bmatrix} \mathrm{e}^t-2t\mathrm{e}^t & -2t\mathrm{e}^t & 6t\mathrm{e}^t \\ -t\mathrm{e}^t & \mathrm{e}^t-t\mathrm{e}^t & 3t\mathrm{e}^t \\ -t\mathrm{e}^t & -t\mathrm{e}^t & \mathrm{e}^t+3t\mathrm{e}^t \end{bmatrix}=$$

$$\mathrm{e}^t\begin{bmatrix} 1-2t & -2t & 6t \\ -t & 1-t & 3t \\ -t & -t & 1+3t \end{bmatrix}$$

这和例 5.10 及例 5.11 的结果完全一致.

例 5.26　用 Laplace 变换的方法求解例 5.23.

解　由例 5.23 知

$$\begin{cases} \frac{\mathrm{d}\boldsymbol{x}}{\mathrm{d}t}=\boldsymbol{A}\boldsymbol{x}+\boldsymbol{f}(t) \\ \boldsymbol{x}(0)=(1,0,0)^{\mathrm{T}} \end{cases}$$

其中

$$\boldsymbol{A}=\begin{bmatrix} -1 & -2 & 6 \\ -1 & 0 & 3 \\ -1 & -1 & 4 \end{bmatrix},\ \boldsymbol{f}(t)=\begin{bmatrix} -\mathrm{e}^t \\ 0 \\ \mathrm{e}^t \end{bmatrix}$$

对微分方程组两边取 Laplace 变换得

$$s\boldsymbol{X}(s)-\boldsymbol{x}(0)=\boldsymbol{A}\boldsymbol{X}(s)+\begin{bmatrix} -\frac{1}{s-1} \\ 0 \\ \frac{1}{s-1} \end{bmatrix}$$

$$(s\boldsymbol{I}-\boldsymbol{A})\boldsymbol{X}(s)=\begin{bmatrix} 1 \\ 0 \\ 0 \end{bmatrix}+\begin{bmatrix} -\frac{1}{s-1} \\ 0 \\ \frac{1}{s-1} \end{bmatrix}$$

$$\boldsymbol{X}(s)=(s\boldsymbol{I}-\boldsymbol{A})^{-1}\left(\begin{bmatrix} 1 \\ 0 \\ 0 \end{bmatrix}+\begin{bmatrix} -\frac{1}{s-1} \\ 0 \\ \frac{1}{s-1} \end{bmatrix}\right)$$

由例 5.25 知

$$(s\boldsymbol{I}-\boldsymbol{A})^{-1}=\begin{bmatrix}\frac{1}{s-1}-\frac{2}{(s-1)^2} & \frac{-2}{(s-1)^2} & \frac{6}{(s-1)^2}\\ \frac{-1}{(s-1)^2} & \frac{1}{s-1}-\frac{1}{(s-1)^2} & \frac{3}{(s-1)^2}\\ \frac{-1}{(s-1)^2} & \frac{-1}{(s-1)^2} & \frac{1}{s-1}+\frac{3}{(s-1)^2}\end{bmatrix}$$

代入上式得

$$\boldsymbol{X}(s)=\begin{bmatrix}\frac{1}{s-1}-\frac{2}{(s-1)^2}\\ -\frac{1}{(s-1)^2}\\ -\frac{1}{(s-1)^2}\end{bmatrix}+\begin{bmatrix}\frac{-1}{(s-1)^2}+\frac{8}{(s-1)^3}\\ \frac{4}{(s-1)^3}\\ \frac{1}{(s-1)^2}+\frac{4}{(s-1)^3}\end{bmatrix}=$$

$$\begin{bmatrix}\frac{1}{s-1}-\frac{3}{(s-1)^2}+\frac{8}{(s-1)^3}\\ -\frac{1}{(s-1)^2}+\frac{4}{(s-1)^3}\\ \frac{4}{(s-1)^3}\end{bmatrix}$$

由 Laplace 变换表即知

$$\boldsymbol{x}(t)=\begin{bmatrix}\mathrm{e}^t-3t\mathrm{e}^t+4t^2\mathrm{e}^t\\ -t\mathrm{e}^t+2t^2\mathrm{e}^t\\ 2t^2\mathrm{e}^t\end{bmatrix}=\mathrm{e}^t\begin{bmatrix}1-3t+4t^2\\ -t+2t^2\\ 2t^2\end{bmatrix}$$

这与例 5.23 的结果完全一致.

从上述计算过程可知非齐次线性微分方程组(5.40) 的解为

$$\boldsymbol{x}(t)=\mathscr{L}^{-1}[(s\boldsymbol{I}-\boldsymbol{A})^{-1}(\boldsymbol{x}_0+\boldsymbol{F}(s))]$$

从例 5.26 看出用 Laplace 变换的方法解常系数非齐次线性微分方程组的过程中，将微积分的运算转换成了复变数的代数运算. 在求满足初始条件的解时，不再按照通常的方法，先求出通解，然后将初始条件代入，确定出任意常数，从而求出特解这一常规模式进行. 而是采用 Laplace 变换后，通过化成部分分式，用 Laplace 反变换或查 Laplace 变换表的方法来解决这一问题. 在 $\boldsymbol{f}(t)$ 不复杂、矩阵 $\boldsymbol{A}$ 的阶数不很高的情况下，用 Laplace 变换的方法求 $\mathrm{e}^{\boldsymbol{A}t}$ 的值，求解微分方程组(5.38)、(5.40) 不失为一种简捷明快的办法.

例 5.27　$\boldsymbol{A}=\begin{bmatrix}0 & 1\\ -1 & 0\end{bmatrix}$，求：$\mathrm{e}^{\boldsymbol{A}t}$.

解　方法一：矩阵指数函数展开式法.

$\boldsymbol{A}=\begin{bmatrix}0 & 1\\ -1 & 0\end{bmatrix}$，经计算有

$$\boldsymbol{A}^2=-\boldsymbol{I},\boldsymbol{A}^3=-\boldsymbol{A},\boldsymbol{A}^4=\boldsymbol{I},\boldsymbol{A}^5=\boldsymbol{A},\cdots$$

由矩阵指数函数的定义有

$$\mathrm{e}^{\boldsymbol{A}t}=\sum_{k=0}^{+\infty}\frac{\boldsymbol{A}^k t^k}{k!}=\sum_{m=0}^{+\infty}\frac{\boldsymbol{A}^{2m}t^{2m}}{(2m)!}+\sum_{m=0}^{+\infty}\frac{\boldsymbol{A}^{2m+1}t^{2m+1}}{(2m+1)!}=$$

$$\sum_{n=0}^{+\infty}\frac{(-1)^n\boldsymbol{I}t^{2n}}{(2n)!}+\sum_{n=0}^{+\infty}\frac{(-1)^n\boldsymbol{A}t^{2n+1}}{(2n+1)!}=$$

$$\left(\sum_{n=0}^{+\infty}\frac{(-1)^n}{(2n)!}t^{2n}\right)\boldsymbol{I}+\left(\sum_{n=0}^{+\infty}\frac{(-1)^n}{(2n+1)!}t^{2n+1}\right)\boldsymbol{A}=$$

$$(\cos t)\boldsymbol{I}+(\sin t)\boldsymbol{A}=$$

$$\begin{bmatrix}\cos t & \sin t\\ -\sin t & \cos t\end{bmatrix}$$

方法二:Jordan 标准形法

$$|\lambda\boldsymbol{I}-\boldsymbol{A}|=\begin{vmatrix}\lambda & -1\\ 1 & \lambda\end{vmatrix}=\lambda^2+1$$

故 $\boldsymbol{A}$ 的特征值为$\lambda_1=\mathrm{i},\lambda_2=-\mathrm{i}$.

由于 $\boldsymbol{A}$ 的特征值互异,故

$$\boldsymbol{J}=\boldsymbol{D}=\begin{bmatrix}\mathrm{i} & 0\\ 0 & -\mathrm{i}\end{bmatrix}$$

$$\lambda_1\boldsymbol{I}-\boldsymbol{A}=\begin{bmatrix}\mathrm{i} & -1\\ 1 & \mathrm{i}\end{bmatrix}\xrightarrow{r}\begin{bmatrix}1 & \mathrm{i}\\ 0 & 0\end{bmatrix},\boldsymbol{P}_1=\begin{bmatrix}-\mathrm{i}\\ 1\end{bmatrix}$$

$$\lambda_2\boldsymbol{I}-\boldsymbol{A}=\begin{bmatrix}-\mathrm{i} & -1\\ 1 & -\mathrm{i}\end{bmatrix}\xrightarrow{r}\begin{bmatrix}1 & -\mathrm{i}\\ 0 & 0\end{bmatrix},\boldsymbol{P}_2=\begin{bmatrix}\mathrm{i}\\ 1\end{bmatrix}$$

故

$$\boldsymbol{P}=\begin{bmatrix}-\mathrm{i} & \mathrm{i}\\ 1 & 1\end{bmatrix},\boldsymbol{P}^{-1}=\frac{1}{-2\mathrm{i}}\begin{bmatrix}1 & -\mathrm{i}\\ -1 & -\mathrm{i}\end{bmatrix}=\frac{1}{2}\begin{bmatrix}\mathrm{i} & 1\\ -\mathrm{i} & 1\end{bmatrix}$$

$$\mathrm{e}^{\boldsymbol{A}t}=\boldsymbol{P}\boldsymbol{J}(t)\boldsymbol{P}^{-1}=$$

$$\frac{1}{2}\begin{bmatrix}-\mathrm{i} & \mathrm{i}\\ 1 & 1\end{bmatrix}\begin{bmatrix}\mathrm{e}^{\mathrm{i}t} & 0\\ 0 & \mathrm{e}^{-\mathrm{i}t}\end{bmatrix}\begin{bmatrix}\mathrm{i} & 1\\ -\mathrm{i} & 1\end{bmatrix}=$$

$$\frac{1}{2}\begin{bmatrix}\mathrm{e}^{\mathrm{i}t}+\mathrm{e}^{-\mathrm{i}t} & -\mathrm{i}\mathrm{e}^{\mathrm{i}t}+\mathrm{i}\mathrm{e}^{-\mathrm{i}t}\\ \mathrm{i}\mathrm{e}^{\mathrm{i}t}-\mathrm{i}\mathrm{e}^{-\mathrm{i}t} & \mathrm{e}^{\mathrm{i}t}+\mathrm{e}^{-\mathrm{i}t}\end{bmatrix}=$$

$$\begin{bmatrix}\dfrac{\mathrm{e}^{\mathrm{i}t}+\mathrm{e}^{-\mathrm{i}t}}{2} & \dfrac{\mathrm{e}^{\mathrm{i}t}-\mathrm{e}^{-\mathrm{i}t}}{2\mathrm{i}}\\ -\dfrac{\mathrm{e}^{\mathrm{i}t}-\mathrm{e}^{-\mathrm{i}t}}{2\mathrm{i}} & \dfrac{\mathrm{e}^{\mathrm{i}t}+\mathrm{e}^{-\mathrm{i}t}}{2}\end{bmatrix}=$$

$$\begin{bmatrix}\cos t & \sin t\\ -\sin t & \cos t\end{bmatrix}$$

方法三:矩阵多项式法

$$|\lambda \boldsymbol{I}-\boldsymbol{A}|=\begin{vmatrix}\lambda & -1\\ 1 & \lambda\end{vmatrix}=\lambda^2+1$$

故 $\boldsymbol{A}$ 的特征值为 $\lambda_1=\mathrm{i},\lambda_2=-\mathrm{i}$. 设 $r(\lambda t)=a_0(t)+a_1(t)\lambda$，则

$$r(\mathrm{i}t)=a_0(t)+\mathrm{i}a_1(t)=\mathrm{e}^{\mathrm{i}t} \quad ①$$

$$r(-\mathrm{i}t)=a_0(t)-\mathrm{i}a_1(t)=\mathrm{e}^{-\mathrm{i}t} \quad ②$$

式 ①＋②

$$a_0(t)=\frac{\mathrm{e}^{\mathrm{i}t}+\mathrm{e}^{-\mathrm{i}t}}{2}=\cos t$$

式 ①－②

$$a_1(t)=\frac{\mathrm{e}^{\mathrm{i}t}-\mathrm{e}^{-\mathrm{i}t}}{2\mathrm{i}}=\sin t$$

故

$$\mathrm{e}^{\boldsymbol{A}t}=a_0(t)\boldsymbol{I}+a_1(t)\boldsymbol{A}=$$

$$\cos t\begin{bmatrix}1 & 0\\ 0 & 1\end{bmatrix}+\sin t\begin{bmatrix}0 & 1\\ -1 & 0\end{bmatrix}=$$

$$\begin{bmatrix}\cos t & \sin t\\ -\sin t & \cos t\end{bmatrix}$$

方法四:矩阵的谱分解法

$$|\lambda \boldsymbol{I}-\boldsymbol{A}|=\begin{vmatrix}\lambda & -1\\ 1 & \lambda\end{vmatrix}=\lambda^2+1$$

$\boldsymbol{A}$ 的特征值 $\lambda_1=\mathrm{i},\lambda_2=-\mathrm{i}$.

因为 $\boldsymbol{A}$ 的特征值互异，所以 $\boldsymbol{A}$ 相似于对角阵，故 $\boldsymbol{A}$ 是单纯矩阵

$$|\lambda_1\boldsymbol{I}-\boldsymbol{A}|=\begin{bmatrix}\mathrm{i} & -1\\ 1 & \mathrm{i}\end{bmatrix}\xrightarrow{r}\begin{bmatrix}1 & \mathrm{i}\\ 0 & 0\end{bmatrix},\boldsymbol{P}_1=\begin{bmatrix}-\mathrm{i}\\ 1\end{bmatrix}$$

$$|\lambda_2\boldsymbol{I}-\boldsymbol{A}|=\begin{bmatrix}-\mathrm{i} & -1\\ 1 & -\mathrm{i}\end{bmatrix}\xrightarrow{r}\begin{bmatrix}1 & -\mathrm{i}\\ 0 & 0\end{bmatrix},\boldsymbol{P}_2=\begin{bmatrix}\mathrm{i}\\ 1\end{bmatrix}$$

$$\boldsymbol{P}=\begin{bmatrix}-\mathrm{i} & \mathrm{i}\\ 1 & 1\end{bmatrix},\boldsymbol{P}^{-1}=\frac{1}{-2\mathrm{i}}\begin{bmatrix}1 & -\mathrm{i}\\ -1 & -\mathrm{i}\end{bmatrix}=\frac{1}{2}\begin{bmatrix}\mathrm{i} & 1\\ -\mathrm{i} & 1\end{bmatrix}=\begin{bmatrix}\widetilde{\boldsymbol{P}}_1\\ \widetilde{\boldsymbol{P}}_2\end{bmatrix}$$

$$\boldsymbol{E}_1=\boldsymbol{P}_1\widetilde{\boldsymbol{P}}_1=\begin{bmatrix}-\mathrm{i}\\ 1\end{bmatrix}\frac{1}{2}(\mathrm{i}\quad 1)=\frac{1}{2}\begin{bmatrix}1 & -\mathrm{i}\\ \mathrm{i} & 1\end{bmatrix}$$

$$\boldsymbol{E}_2=\boldsymbol{P}_2\widetilde{\boldsymbol{P}}_2=\begin{bmatrix}\mathrm{i}\\ 1\end{bmatrix}\frac{1}{2}(-\mathrm{i}\quad 1)=\frac{1}{2}\begin{bmatrix}1 & \mathrm{i}\\ -\mathrm{i} & 1\end{bmatrix}$$

$$e^{At}=\sum_{i=1}^{2}e^{\lambda_i t}E_i=$$

$$e^{it}\cdot\frac{1}{2}\begin{bmatrix}1 & -i\\ i & 1\end{bmatrix}+e^{-it}\frac{1}{2}\begin{bmatrix}1 & i\\ -i & 1\end{bmatrix}=$$

$$\begin{bmatrix}\dfrac{e^{it}+e^{-it}}{2} & \dfrac{-ie^{it}+ie^{-it}}{2}\\ \dfrac{ie^{it}-ie^{-it}}{2} & \dfrac{e^{it}+e^{-it}}{2}\end{bmatrix}=$$

$$\begin{bmatrix}\dfrac{e^{it}+e^{-it}}{2} & \dfrac{e^{it}-e^{-it}}{2i}\\ -\dfrac{e^{it}-e^{-it}}{2i} & \dfrac{e^{it}+e^{-it}}{2}\end{bmatrix}=$$

$$\begin{bmatrix}\cos t & \sin t\\ -\sin t & \cos t\end{bmatrix}$$

方法五：Laplace 变换

$$e^{At}=\mathscr{L}^{-1}[(s\boldsymbol{I}-\boldsymbol{A})^{-1}]$$

$$s\boldsymbol{I}-\boldsymbol{A}=\begin{bmatrix}s & -1\\ 1 & s\end{bmatrix}$$

$$(s\boldsymbol{I}-\boldsymbol{A})^{-1}=\frac{(s\boldsymbol{I}-\boldsymbol{A})^{*}}{|s\boldsymbol{I}-\boldsymbol{A}|}=$$

$$\frac{\begin{bmatrix}s & 1\\ -1 & s\end{bmatrix}}{s^2+1}=$$

$$\begin{bmatrix}\dfrac{s}{s^2+1} & \dfrac{1}{s^2+1}\\ -\dfrac{1}{s^2+1} & \dfrac{s}{s^2+1}\end{bmatrix}$$

$$e^{At}=\mathscr{L}^{-1}\begin{bmatrix}\dfrac{s}{s^2+1} & \dfrac{1}{s^2+1}\\ -\dfrac{1}{s^2+1} & \dfrac{s}{s^2+1}\end{bmatrix}=\begin{bmatrix}\cos t & \sin t\\ -\sin t & \cos t\end{bmatrix}$$

上面用五种不同的方法计算了 e^{At}，各种方法有简有繁，对于本例这一具体问题而言，孰优孰劣，还需读者认真揣摩，细心体会.

5.7* 矩阵函数在线性系统中的应用

状态转移矩阵与传递函数矩阵

动力学系统的数学模型分为连续型和离散型两大类，在连续型中又包含连续定常系统和连续时变系统，本文主要介绍连续定常线性系统.

定义 5.18　线性方程组

$$\begin{cases} \dfrac{\mathrm{d}\boldsymbol{x}(t)}{\mathrm{d}t}=\boldsymbol{A}\boldsymbol{x}(t)+\boldsymbol{B}\boldsymbol{u}(t) & (5.52\mathrm{a}) \\ \boldsymbol{y}(t)=\boldsymbol{C}\boldsymbol{x}(t)+\boldsymbol{D}\boldsymbol{u}(t) & (5.52\mathrm{b}) \end{cases}$$

称为定常线性系统的状态空间表达式，微分方程(5.52a) 称为状态方程，变换方程(5.52b) 称为输出方程. 其中：

$\boldsymbol{A}\in\mathbf{C}^{n\times n}$ 称为系统矩阵，表示系统内部，各状态变量之间的关联情况；

$\boldsymbol{B}\in\mathbf{C}^{n\times m}$ 称为输入矩阵，表示输入对每个状态变量的作用情况；

$\boldsymbol{C}\in\mathbf{C}^{p\times n}$ 称为输出矩阵或量测矩阵，表示输出与每个状态变量的组成关系；

$\boldsymbol{D}\in\mathbf{C}^{p\times m}$ 称为直接传递矩阵；

$\boldsymbol{x}\in\mathbf{C}^{n\times 1}$ 称为状态向量；

$\boldsymbol{u}\in\mathbf{C}^{m\times 1}$ 称为输入或控制向量；

$\boldsymbol{y}\in\mathbf{C}^{p\times 1}$ 称为输出向量；

$\dfrac{\mathrm{d}\boldsymbol{x}(t)}{\mathrm{d}t}$ 也常常写成 $\dot{\boldsymbol{x}}(t)$.

上述方程中，$\boldsymbol{A}$、$\boldsymbol{B}$、$\boldsymbol{C}$、$\boldsymbol{D}$ 四个矩阵描述了线性系统状态空间的表达式，它们与时间 t 无关，均为常数矩阵.

为分析简便，往往不考虑输入对输出的直接传递，故 $\boldsymbol{D}=\boldsymbol{O}$，将系统简记为($\boldsymbol{A}$、$\boldsymbol{B}$、$\boldsymbol{C}$)，称为多输入多输出系统. 若状态向量 $\boldsymbol{x}$ 及输入向量退化为一元变量时，称为单输入单输出系统.

求解状态空间表达式，关键是求解状态方程. 在状态方程(5.52a) 中，求得状态向量与初始条件和输入控制作用的关系式后，代入输出方程(5.52b) 就可得到系统输出与初始状态和控制输入的关系式.

考虑齐次状态方程

$$\begin{cases} \dfrac{\mathrm{d}\boldsymbol{x}}{\mathrm{d}t}=\boldsymbol{A}\boldsymbol{x} \\ \boldsymbol{x}(t_0)=\boldsymbol{x}_0 \end{cases}$$

由定理 5.10 之式(5.39) 得唯一解为

$$\boldsymbol{x}(t)=\mathrm{e}^{\boldsymbol{A}(t-t_0)}\boldsymbol{x}_0$$

特别当 $t_0=0$ 时

$$x(t)=e^{At}x_0 \tag{5.53}$$

因为 e^{At} 是 n 阶方阵，故由上式可把 e^{At} 看作是一个变换矩阵，它把初始状态向量 $\boldsymbol{x}(0)$ 变换为另一个状态向量 $\boldsymbol{x}(t)$.

因为 e^{At} 是一个时间函数矩阵，它不断地把初始状态变换为一系列的状态向量，因此矩阵指数函数 e^{At} 起着一种状态转移的作用.

定义 5.19　$\boldsymbol{\Phi}(t)=e^{At}$ 称为状态转移矩阵.

显然状态转移矩阵具有以下性质：

① $\boldsymbol{\Phi}(t)\boldsymbol{\Phi}(\tau)=\boldsymbol{\Phi}(t+\tau)$；

② $\boldsymbol{\Phi}(t-t)=\boldsymbol{\Phi}(0)=\boldsymbol{I}$；

③ $\boldsymbol{\Phi}(t)$ 总是可逆的，且 $\boldsymbol{\Phi}^{-1}(t)=\boldsymbol{\Phi}(-t)$；

④ $\dfrac{d\boldsymbol{\Phi}(t)}{dt}=\boldsymbol{A}\boldsymbol{\Phi}(t)=\boldsymbol{\Phi}(t)\boldsymbol{A}$，即 $\boldsymbol{\Phi}(t)$ 与 $\boldsymbol{A}$ 可交换.

有关状态转移矩阵 $\boldsymbol{\Phi}(t)$ 的求法，就是计算 e^{At}，在前几节中已给出了具体的计算方法.

定义 5.20　若矩阵 $\boldsymbol{G}(\lambda)=(g_{ij}(\lambda))_{m\times n}$ 的元素

$$g_{ij}(\lambda)=\frac{p_{ij}(\lambda)}{q_{ij}(\lambda)}\quad i=1,2,\cdots,m;j=1,2,\cdots,n \tag{5.54}$$

都是 λ 的有理分式，这里 $p_{ij}(\lambda),q_{ij}(\lambda)$ 都是 λ 的多项式，则称 $\boldsymbol{G}(\lambda)$ 为有理分式矩阵. 显然有理分式矩阵是多项式矩阵的推广.

由于有理分式对四则运算封闭，因而如同常数矩阵或多项式矩阵那样，可以类似地定义有理分式矩阵 $\boldsymbol{G}(\lambda)$ 的一些概念和运算. 特别 $\boldsymbol{G}(\lambda)$ 是方阵且 $\det \boldsymbol{G}(\lambda)\neq 0$ 时，也说 $\boldsymbol{G}(\lambda)$ 可逆，并用 $\boldsymbol{G}^{-1}(\lambda)$ 表示其逆矩阵，通常它也是有理分式矩阵.

对于多项式矩阵，如果它的逆还是多项式矩阵，则称其为单位模阵.

定理 5.12　设 $\boldsymbol{G}(\lambda)=(g_{ij}(\lambda))_{m\times n}$ 是有理分式矩阵，且 $\operatorname{rank}\boldsymbol{G}(\lambda)=r\geqslant 1$，则存在 m 阶单位模阵 $\boldsymbol{P}(\lambda)$ 与 n 阶单位模阵 $\boldsymbol{Q}(\lambda)$，使

$$\boldsymbol{P}(\lambda)\boldsymbol{G}(\lambda)\boldsymbol{Q}(\lambda)=\begin{bmatrix}\boldsymbol{R}(\lambda) & \boldsymbol{0}\\ \boldsymbol{0} & \boldsymbol{0}\end{bmatrix} \tag{5.55}$$

其中

$$\boldsymbol{R}(\lambda)=\begin{bmatrix}\dfrac{\varphi_1(\lambda)}{\psi_1(\lambda)} & & & \boldsymbol{0}\\ & \dfrac{\varphi_2(\lambda)}{\psi_1(\lambda)} & & \\ & & \ddots & \\ \boldsymbol{0} & & & \dfrac{\varphi_r(\lambda)}{\psi_r(\lambda)}\end{bmatrix}$$

且满足下列条件：

(1) $\varphi_i(\lambda),\psi_i(\lambda)$ 都是互素的首 1 多项式，$i=1,2,\cdots,r$；

(2) $\varphi_i(\lambda)\mid\varphi_{i+1}(\lambda),i=1,2,\cdots,r-1$；

(3) $\psi_{i+1}(\lambda) \mid \psi_i(\lambda), i=1,2,\cdots,r-1$.

矩阵 $\begin{bmatrix} \boldsymbol{R}(\lambda) & \boldsymbol{0} \\ \boldsymbol{0} & \boldsymbol{0} \end{bmatrix}$ 称为有理分式矩阵的 Macmillan 标准形，它是唯一的.

例 5.28　$\boldsymbol{G}(\lambda)=\begin{bmatrix} \dfrac{\lambda+1}{\lambda} & 1 \\ \dfrac{1}{\lambda} & 1 \end{bmatrix}$ 的 Macmillan 标准形为 $\begin{bmatrix} \dfrac{1}{\lambda} & 0 \\ 0 & \lambda \end{bmatrix}$.

解　可得

$$\boldsymbol{G}(\lambda)=\begin{bmatrix} \dfrac{\lambda+1}{\lambda} & 1 \\ \dfrac{1}{\lambda} & 1 \end{bmatrix} \xrightarrow{r_1-r_2}$$

$$\begin{bmatrix} 1 & 0 \\ \dfrac{1}{\lambda} & 1 \end{bmatrix} \xrightarrow{r_1 \leftrightarrow r_2} \begin{bmatrix} \dfrac{1}{\lambda} & 1 \\ 1 & 0 \end{bmatrix} \xrightarrow[c_2-\lambda c_1]{}$$

$$\begin{bmatrix} \dfrac{1}{\lambda} & 0 \\ 1 & -\lambda \end{bmatrix} \xrightarrow{\substack{r_2-\lambda r_1 \\ r_2\times(-1)}} \begin{bmatrix} \dfrac{1}{\lambda} & 0 \\ 0 & \lambda \end{bmatrix}$$

由定理 5.12 知 $\begin{bmatrix} \dfrac{1}{\lambda} & 0 \\ 0 & \lambda \end{bmatrix}$ 是 $\boldsymbol{G}(\lambda)$ 的 Macmillan 标准形.

以下介绍系统的传递函数矩阵.

当 $\boldsymbol{x}(0)=\boldsymbol{\theta}$ 时，对方程(5.52a)，(5.52b) 进行 Laplace 变换得

$$s\boldsymbol{X}(s)=\boldsymbol{A}\boldsymbol{X}(s)+\boldsymbol{B}\boldsymbol{U}(s) \tag{5.56a}$$

$$\boldsymbol{Y}(s)=\boldsymbol{C}\boldsymbol{X}(s)+\boldsymbol{D}\boldsymbol{U}(s) \tag{5.56b}$$

由式(5.56a) 得

$$(s\boldsymbol{I}-\boldsymbol{A})\boldsymbol{X}(s)=\boldsymbol{B}\boldsymbol{U}(s)$$

在有理分式矩阵范围内 $s\boldsymbol{I}-\boldsymbol{A}$ 可逆，故

$$\boldsymbol{X}(s)=(s\boldsymbol{I}-\boldsymbol{A})^{-1}\boldsymbol{B}\boldsymbol{U}(s)$$

代入式(5.56b) 得

$$\boldsymbol{Y}(s)=[\boldsymbol{C}(s\boldsymbol{I}-\boldsymbol{A})^{-1}\boldsymbol{B}+\boldsymbol{D}]\boldsymbol{U}(s)$$

记

$$\boldsymbol{G}(s)=\boldsymbol{C}(s\boldsymbol{I}-\boldsymbol{A})^{-1}\boldsymbol{B}+\boldsymbol{D} \tag{5.57}$$

定义 5.21　$\boldsymbol{G}(s)=\boldsymbol{C}(s\boldsymbol{I}-\boldsymbol{A})^{-1}\boldsymbol{B}+\boldsymbol{D}$ 是 $p\times m$ 矩阵，称为系统的传递函数矩阵，特别 $\boldsymbol{D}=\boldsymbol{O}$ 时

$$\boldsymbol{G}(s)=\boldsymbol{C}(s\boldsymbol{I}-\boldsymbol{A})^{-1}\boldsymbol{B} \tag{5.58}$$

例 5.29　设系统状态空间表达式为

$$\begin{cases}\dfrac{\mathrm{d}\boldsymbol{x}}{\mathrm{d}t}=\boldsymbol{A}\boldsymbol{x}+\boldsymbol{B}\boldsymbol{u}\\ \boldsymbol{y}=\boldsymbol{C}\boldsymbol{x}\end{cases}$$

其中 $\boldsymbol{A}=\begin{bmatrix}-1 & -2 & 6\\ -1 & 0 & 3\\ -1 & -1 & 4\end{bmatrix}, \boldsymbol{B}=\begin{bmatrix}1 & 0\\ 2 & -1\\ 0 & 2\end{bmatrix}, \boldsymbol{C}=\begin{bmatrix}1 & -1 & 0\\ 2 & 1 & -1\end{bmatrix}$

求系统的传递函数矩阵 $\boldsymbol{G}(s)$.

解　由例 5.25 求得

$$(s\boldsymbol{I}-\boldsymbol{A})^{-1}=\frac{\operatorname{adj}(s\boldsymbol{I}-\boldsymbol{A})}{\det(s\boldsymbol{I}-\boldsymbol{A})}=$$

$$\begin{bmatrix}\dfrac{s-3}{(s-1)^2} & -\dfrac{2}{(s-1)^2} & \dfrac{6}{(s-1)^2}\\ \dfrac{-1}{(s-1)^2} & \dfrac{s-2}{(s-1)^2} & \dfrac{3}{(s-1)^2}\\ \dfrac{-1}{(s-1)^2} & \dfrac{-1}{(s-1)^2} & \dfrac{s+2}{(s-1)^2}\end{bmatrix}=$$

$$\frac{1}{(s-1)^2}\begin{bmatrix}s-3 & -2 & 6\\ -1 & s-2 & 3\\ -1 & -1 & s+2\end{bmatrix}$$

故

$$\boldsymbol{G}(s)=\boldsymbol{C}(s\boldsymbol{I}-\boldsymbol{A})^{-1}\boldsymbol{B}=$$

$$\frac{1}{(s-1)^2}\begin{bmatrix}1 & -1 & 0\\ 2 & 1 & -1\end{bmatrix}\begin{bmatrix}s-3 & -2 & 6\\ -1 & s-2 & 3\\ -1 & -1 & s+2\end{bmatrix}\begin{bmatrix}1 & 0\\ 2 & -1\\ 0 & 2\end{bmatrix}=$$

$$\frac{1}{(s-1)^2}\begin{bmatrix}-s-2 & s+6\\ 4s-22 & s+41\end{bmatrix}=$$

$$\begin{bmatrix}\dfrac{-s-2}{(s-1)^2} & \dfrac{s+6}{(s-1)^2}\\ \dfrac{4s-22}{(s-1)^2} & \dfrac{s+41}{(s-1)^2}\end{bmatrix}$$

对于状态向量 $\boldsymbol{x}$，作线性变换 $\boldsymbol{x}=\boldsymbol{P}\tilde{\boldsymbol{x}}$，这里 $\boldsymbol{P}$ 是 n 阶非奇异矩阵. 于是方程(5.52a)、(5.52b) 变成

$$\begin{cases}\dfrac{\mathrm{d}\tilde{\boldsymbol{x}}}{\mathrm{d}t}=\tilde{\boldsymbol{A}}\tilde{\boldsymbol{x}}+\tilde{\boldsymbol{B}}\boldsymbol{u} & (5.59\mathrm{a})\\ \boldsymbol{y}=\tilde{\boldsymbol{C}}\tilde{\boldsymbol{x}}+\boldsymbol{D}\boldsymbol{u} & (5.59\mathrm{b})\end{cases}$$

其中，$\tilde{\boldsymbol{A}}=\boldsymbol{P}^{-1}\boldsymbol{A}\boldsymbol{P}$，$\tilde{\boldsymbol{B}}=\boldsymbol{P}^{-1}\boldsymbol{B}$，$\tilde{\boldsymbol{C}}=\boldsymbol{C}\boldsymbol{P}$.

这里 $\boldsymbol{A}$ 作相似变换，存在非奇异矩阵 $\boldsymbol{P}$，使

$$\widetilde{\boldsymbol{A}}=\boldsymbol{P}^{-1}\boldsymbol{A}\boldsymbol{P}=\boldsymbol{J}$$

$\boldsymbol{J}$ 是 $\boldsymbol{A}$ 的 Jordan 标准形，特殊情况下是对角阵. $\boldsymbol{B}$、$\boldsymbol{C}$ 分别作相应的行变换和列变换，这样使状态空间表达式简化，从而求解.

对于一个线性系统，经过状态变量的非奇异变换，尽管状态空间表达式不唯一，但是其传递函数矩阵是不变的.

由式(5.59a)、(5.59b) 有

$$\begin{aligned}\widetilde{\boldsymbol{G}}(s)=&\widetilde{\boldsymbol{C}}(s\boldsymbol{I}-\widetilde{\boldsymbol{A}})^{-1}\widetilde{\boldsymbol{B}}+\boldsymbol{D}=\\&\boldsymbol{CP}(s\boldsymbol{I}-\boldsymbol{P}^{-1}\boldsymbol{AP})^{-1}\boldsymbol{P}^{-1}\boldsymbol{B}+\boldsymbol{D}=\\&\boldsymbol{CP}(\boldsymbol{P}^{-1}(s\boldsymbol{I}-\boldsymbol{A})\boldsymbol{P})^{-1}\boldsymbol{P}^{-1}\boldsymbol{B}+\boldsymbol{D}=\\&\boldsymbol{CPP}^{-1}(s\boldsymbol{I}-\boldsymbol{A})^{-1}\boldsymbol{PP}^{-1}\boldsymbol{B}+\boldsymbol{D}=\\&\boldsymbol{C}(s\boldsymbol{I}-\boldsymbol{A})^{-1}\boldsymbol{B}+\boldsymbol{D}=\\&\boldsymbol{G}(s)\end{aligned}$$

习　题　五

1. 判断下面矩阵是否为收敛矩阵：

(1) $\boldsymbol{A}=\begin{bmatrix}0.1&-0.1&0.2\\0.2&0.3&0.3\\0.1&0.5&0.1\end{bmatrix}$；　(2) $\boldsymbol{A}=\begin{bmatrix}\frac{1}{6}&-\frac{4}{3}\\-\frac{1}{3}&\frac{1}{6}\end{bmatrix}$.

2. 设 $\boldsymbol{A}^{(k)}=\begin{bmatrix}\frac{1}{2^k}&\frac{1}{3^k}\\\frac{1}{(k+1)(k+2)}&0\end{bmatrix}$, $k=0,1,2,\cdots$. 说明矩阵级数 $\sum_{k=0}^{+\infty}\boldsymbol{A}^{(k)}$ 的敛散性.

3. 求证：$\sin^2\boldsymbol{A}+\cos^2\boldsymbol{A}=\boldsymbol{I}$.

4. 已知 $\boldsymbol{A}=\begin{bmatrix}-1&0&1\\1&2&0\\-4&0&3\end{bmatrix}$，用 Jordan 标准形法求 $e^{\boldsymbol{A}}$，$\sin\boldsymbol{A}t$.

5. 已知 $\boldsymbol{A}=\begin{bmatrix}3&1&-1\\-2&0&2\\-1&-1&3\end{bmatrix}$，用多项式法求 $e^{\boldsymbol{A}t}$，$\sin A$.

6. 设 $\boldsymbol{A}\in\mathbf{C}^{n\times n}$，求证：

(1) 若 $\boldsymbol{A}$ 为实反对称阵，则 $e^{\boldsymbol{A}}$ 为正交阵；

(2) 若 $\boldsymbol{A}$ 是 Hermite 矩阵，则 $e^{i\boldsymbol{A}}$ 是酉矩阵；

(3) $\det e^{\boldsymbol{A}}=e^{\operatorname{tr}\boldsymbol{A}}$.

7. 设 $\boldsymbol{A}\in\mathbf{C}^{n\times n}$，由矩阵函数的幂级数表达式证明：

(1) $\frac{\mathrm{d}}{\mathrm{d}t}\sin \boldsymbol{A}t=\boldsymbol{A}\cos \boldsymbol{A}t=(\cos \boldsymbol{A}t)\boldsymbol{A}$；

(2) $\frac{\mathrm{d}}{\mathrm{d}t}\cos \boldsymbol{A}t=-\boldsymbol{A}\sin \boldsymbol{A}t=-(\sin \boldsymbol{A}t)\boldsymbol{A}$.

8. 设 $\boldsymbol{A}(t)$ 是 $m\times n$ 可微矩阵，$\boldsymbol{B}(t)$ 是 $n\times p$ 可微矩阵，则

$$\frac{\mathrm{d}}{\mathrm{d}t}[\boldsymbol{A}(t)\boldsymbol{B}(t)]=\frac{\mathrm{d}}{\mathrm{d}t}\boldsymbol{A}(t)\cdot\boldsymbol{B}(t)+\boldsymbol{A}(t)\frac{\mathrm{d}}{\mathrm{d}t}\boldsymbol{B}(t)$$

9. 设 $\boldsymbol{X}=(x_{ij})_{n\times n}$，求 $\frac{\mathrm{d}}{\mathrm{d}\boldsymbol{X}}\det \boldsymbol{X}$.

10. 设 $\boldsymbol{A}$ 是 n 阶实对称矩阵，$\boldsymbol{x},\boldsymbol{b}\in\mathbf{R}^n$，$f(\boldsymbol{x})=\frac{1}{2}\boldsymbol{x}^{\mathrm{T}}\boldsymbol{A}\boldsymbol{x}-\boldsymbol{b}^{\mathrm{T}}\boldsymbol{x}$，求 $\frac{\mathrm{d}f}{\mathrm{d}\boldsymbol{x}}$.

11. 设 $\boldsymbol{x}=(x_1,\cdots,x_n)^{\mathrm{T}}$ 是向量变量，$\boldsymbol{\alpha}\in\mathbf{R}^n$，求 $\frac{\mathrm{d}\boldsymbol{\alpha}^{\mathrm{T}}\boldsymbol{x}}{\mathrm{d}\boldsymbol{x}},\frac{\mathrm{d}\boldsymbol{x}^{\mathrm{T}}\boldsymbol{\alpha}}{\mathrm{d}\boldsymbol{x}},\frac{\mathrm{d}\boldsymbol{x}^{\mathrm{T}}\boldsymbol{\alpha}}{\mathrm{d}\boldsymbol{x}^{\mathrm{T}}}$.

12. 设 $\boldsymbol{\alpha}=(a_1,\cdots,a_4)^{\mathrm{T}}$，$\boldsymbol{X}=(x_{ij})_{2\times 4}$ 是矩阵变量，求 $\frac{\mathrm{d}(\boldsymbol{X}\boldsymbol{\alpha})^{\mathrm{T}}}{\mathrm{d}\boldsymbol{X}}$.

13. 设 $f(X)=\|\boldsymbol{X}\|_2^2=\mathrm{tr}(\boldsymbol{X}^{\mathrm{T}}\boldsymbol{X})$，其中 $\boldsymbol{X}\in\mathbf{R}^{m\times n}$ 是矩阵变量，求 $\frac{\mathrm{d}f}{\mathrm{d}\boldsymbol{X}}$.

14. 设 $\boldsymbol{A}\in\mathbf{C}^{m\times n}$，$\boldsymbol{x}\in\mathbf{R}^n$ 是向量变量，$\boldsymbol{F}(\boldsymbol{x})=\boldsymbol{A}\boldsymbol{x}$，求 $\frac{\mathrm{d}\boldsymbol{F}(\boldsymbol{x})}{\mathrm{d}\boldsymbol{x}}$.

15. 用 Laplace 变换的方法求 $\mathrm{e}^{\boldsymbol{A}t}$：

(1) $\boldsymbol{A}=\begin{bmatrix}1 & 2\\4 & 3\end{bmatrix}$；(2) $\boldsymbol{A}=\begin{bmatrix}2 & -3 & 3\\4 & -5 & 3\\4 & -4 & 2\end{bmatrix}$.

16. 用 Laplace 变换的方法求解线性齐次微分方程组的初值问题

$$\begin{cases}\frac{\mathrm{d}\boldsymbol{x}}{\mathrm{d}t}=\boldsymbol{A}\boldsymbol{x}\\ \boldsymbol{x}(0)=\boldsymbol{x}_0\end{cases}$$

其中 $\boldsymbol{A}=\begin{bmatrix}2 & 1\\-1 & 4\end{bmatrix}$，$\boldsymbol{x}_0=\begin{bmatrix}1\\0\end{bmatrix}$.

17. 用 Laplace 变换的方法求解线性非齐次微分方程组的初值问题

$$\begin{cases}\frac{\mathrm{d}\boldsymbol{x}}{\mathrm{d}t}=\boldsymbol{A}\boldsymbol{x}+\boldsymbol{f}(t)\\ \boldsymbol{x}(0)=\boldsymbol{x}_0\end{cases}$$

其中 $\boldsymbol{A}=\begin{bmatrix}2 & 1\\-1 & 4\end{bmatrix}$，$\boldsymbol{f}(t)=\begin{bmatrix}0\\ \mathrm{e}^{3t}\end{bmatrix}$，$\boldsymbol{x}_0=\begin{bmatrix}1\\0\end{bmatrix}$.

18. 求解向量微分方程初值问题

$$\begin{cases}\frac{\mathrm{d}\boldsymbol{x}(t)}{\mathrm{d}t}=\boldsymbol{A}\boldsymbol{x}(t)+\boldsymbol{f}(t)\\ \boldsymbol{x}(0)=\boldsymbol{x}_0=(1,0,1)^{\mathrm{T}}\end{cases}$$

其中　$\boldsymbol{A}=\begin{bmatrix}-1 & 0 & 1\\ 1 & 2 & 0\\ -4 & 0 & 3\end{bmatrix}$，$\boldsymbol{x}(t)=(x_1(t),x_2(t),x_3(t))^{\mathrm{T}}$，$\boldsymbol{f}(t)=(1,-1,2)^{\mathrm{T}}$.

19. 设 $\boldsymbol{A}=\begin{bmatrix}0 & 1 & 0\\ 0 & 0 & 1\\ 2 & -5 & 4\end{bmatrix}$，用 Jordan 标准形方法求状态转移矩阵 $\boldsymbol{\Phi}(t)$.

20. 求线性系统($\boldsymbol{A}$、$\boldsymbol{B}$、$\boldsymbol{C}$) 的传递函数矩阵：

(1)$\boldsymbol{A}=\begin{bmatrix}2 & 1\\ -1 & 4\end{bmatrix}$，$\boldsymbol{B}=\begin{bmatrix}1 & -1\\ 0 & 1\end{bmatrix}$，$\boldsymbol{C}=\begin{bmatrix}1 & 1\\ 0 & -1\end{bmatrix}$；

(2)$\boldsymbol{A}=\begin{bmatrix}1 & 0 & 0\\ 1 & 1 & 1\\ 1 & 0 & 2\end{bmatrix}$，$\boldsymbol{B}=\begin{bmatrix}1 & 0\\ 0 & 0\\ 0 & 1\end{bmatrix}$，$\boldsymbol{C}=\begin{bmatrix}0 & 1 & 0\\ -1 & 0 & 0\end{bmatrix}$.

第六章　特征值的估计

作为矩阵的重要数字特征，特征值可以看作是复平面上的一个点，矩阵特征值计算与估计在理论和实际应用中是非常重要的.随着矩阵阶数的增加，特征值的精确计算难度加大，甚至无法实现.

在许多实际应用问题中，并不要求求出特征值的准确值，而只是估计它的大小或分布范围.例如在讨论矩阵幂级数 $\sum_{k=0}^{\infty} c_k \boldsymbol{A}^k$ 是否收敛时，需要判别 $\rho(\boldsymbol{A})$ 是否小于幂级数 $\sum_{k=0}^{\infty} c_k z^k$ 的收敛半径；在线性系统理论中为判定系统的稳定性，只需估计系统矩阵的特征值是否都有负实部，即是否都位于复平面的左半面上.如果能从矩阵自身元素出发，不用求特征方程的根，即可估计出特征值的范围，则使计算大大简化了.

6.1　特征值界的估计

下面的定理给出矩阵特征值模的平方和的上界估计.

定理 6.1(Schur 不等式)　设 $\lambda_1,\cdots,\lambda_n$ 为 $\boldsymbol{A}\in\mathbf{C}^{n\times n}$ 的特征值，则有 Schur 不等式

$$\sum_{i=1}^{n}|\lambda_i|^2 \leqslant \sum_{i=1}^{n}\sum_{j=1}^{n}|a_{ij}|^2 = \|\boldsymbol{A}\|_F^2 \tag{6.1}$$

等号成立的充要条件是 $\boldsymbol{A}$ 是正规矩阵.

证　由定理 3.25(Schur 定理)，$\forall \boldsymbol{A}\in\mathbf{C}^{n\times n}$，存在 $\boldsymbol{U}\in\mathbf{U}^{n\times n}$，使

$$\boldsymbol{U}^{\mathrm{H}}\boldsymbol{A}\boldsymbol{U}=\boldsymbol{R}$$

其中 $\boldsymbol{R}=(r_{ij})_{n\times n}$ 为对角线元素为 $\boldsymbol{A}$ 的特征值 $\lambda_1,\cdots,\lambda_n$ 的上三角矩阵.因此取共轭转置有

$$\boldsymbol{U}^{\mathrm{H}}\boldsymbol{A}^{\mathrm{H}}\boldsymbol{U}=\boldsymbol{R}^{\mathrm{H}}$$

上述二式相乘有

$$\boldsymbol{U}^{\mathrm{H}}\boldsymbol{A}^{\mathrm{H}}\boldsymbol{A}\boldsymbol{U}=\boldsymbol{R}^{\mathrm{H}}\boldsymbol{R}$$

这说明 $\boldsymbol{A}^{\mathrm{H}}\boldsymbol{A}$ 与 $\boldsymbol{R}^{\mathrm{H}}\boldsymbol{R}$ 酉相似，故它们的迹相等

$$\mathrm{tr}(\boldsymbol{A}^{\mathrm{H}}\boldsymbol{A})=\mathrm{tr}(\boldsymbol{R}^{\mathrm{H}}\boldsymbol{R}) \tag{6.2}$$

因为上三角阵 $\boldsymbol{R}$ 的对角线元素为 $\boldsymbol{A}$ 的特征值，故

$$\sum_{i=1}^{n}|\lambda_i|^2=\sum_{i=1}^{n}|r_{ii}|^2 \leqslant \sum_{i=1}^{n}\sum_{j=1}^{n}|r_{ij}|^2=\mathrm{tr}(\boldsymbol{R}^{\mathrm{H}}\boldsymbol{R})$$

由式(6.2)

$$\sum_{i=1}^{n}\sum_{j=1}^{n}|a_{ij}|^2=\mathrm{tr}(\boldsymbol{A}^{\mathrm{H}}\boldsymbol{A})=\mathrm{tr}(\boldsymbol{R}^{\mathrm{H}}\boldsymbol{R})=\sum_{i=1}^{n}\sum_{j=1}^{n}|r_{ij}|^2$$

故

$$\sum_{i=1}^{n}|\lambda_i|^2 \leqslant \sum_{i=1}^{n}\sum_{j=1}^{n}|a_{ij}|^2=\|\boldsymbol{A}\|_F^2$$

Schur 不等式取等号当且仅当

$$\sum_{i=1}^{n}|r_{ii}|^2=\sum_{i=1}^{n}\sum_{j=1}^{n}|r_{ij}|^2$$

即 $i\neq j$ 时，$r_{ij}=0$，此即 $\boldsymbol{R}$ 为对角阵，由定理 3.26 知 $\boldsymbol{A}$ 是正规矩阵. □

任何一个 n 阶复数矩阵都可表示成一个 Hermite 矩阵与反 Hermite 矩阵之和.

设 $\boldsymbol{A}\in\mathbf{C}^{n\times n}$，则

$$\boldsymbol{A}=\frac{1}{2}(\boldsymbol{A}+\boldsymbol{A}^{\mathrm{H}})+\frac{1}{2}(\boldsymbol{A}-\boldsymbol{A}^{\mathrm{H}})=\boldsymbol{B}+\boldsymbol{C}$$

其中

$$\boldsymbol{B}=\frac{1}{2}(\boldsymbol{A}+\boldsymbol{A}^{\mathrm{H}}),\boldsymbol{C}=\frac{1}{2}(\boldsymbol{A}-\boldsymbol{A}^{\mathrm{H}}) \tag{6.3}$$

显然 $\boldsymbol{B}^{\mathrm{H}}=\boldsymbol{B},\boldsymbol{C}^{\mathrm{H}}=-\boldsymbol{C}$.

定理 6.2　设　$\boldsymbol{A}\in\mathbf{C}^{n\times n},\boldsymbol{B}=\frac{1}{2}(\boldsymbol{A}+\boldsymbol{A}^{\mathrm{H}}),\boldsymbol{C}=\frac{1}{2}(\boldsymbol{A}-\boldsymbol{A}^{\mathrm{H}})$

$\lambda_1,\cdots,\lambda_i,\cdots,\lambda_n$ 为 $\boldsymbol{A}$ 的特征值，则：

① $|\lambda_i|\leqslant n\cdot\max\limits_{i,j}|a_{ij}|=\|\boldsymbol{A}\|_{m_\infty},i=1,2,\cdots,n$;　(6.4)

② $|\mathrm{Re}(\lambda_i)|\leqslant n\cdot\max\limits_{i,j}|b_{ij}|=\|\boldsymbol{B}\|_{m_\infty},i=1,2,\cdots,n$;　(6.5)

③ $|\mathrm{Im}(\lambda_i)|\leqslant n\cdot\max\limits_{i,j}|c_{ij}|=\|\boldsymbol{C}\|_{m_\infty},i=1,2,\cdots,n$.　(6.6)

证　① 由定理 6.1 有

$$|\lambda_i|^2\leqslant\sum_{i=1}^{n}|\lambda_i|^2\leqslant\sum_{i=1}^{n}\sum_{j=1}^{n}|a_{ij}|^2\leqslant n^2\max_{i,j}|a_{ij}|^2$$

即

$$|\lambda_i|\leqslant n\cdot\max_{i,j}|a_{ij}|=\|\boldsymbol{A}\|_{m_\infty}$$

则 ① 得证.

因 $\boldsymbol{U}^{\mathrm{H}}\boldsymbol{A}\boldsymbol{U}=\boldsymbol{R},\boldsymbol{U}^{\mathrm{H}}\boldsymbol{A}^{\mathrm{H}}\boldsymbol{U}=\boldsymbol{R}^{\mathrm{H}}$，由 $\boldsymbol{B},\boldsymbol{C}$ 的定义，于是有

$$\boldsymbol{U}^{\mathrm{H}}\boldsymbol{B}\boldsymbol{U}=\boldsymbol{U}^{\mathrm{H}}(\frac{1}{2}(\boldsymbol{A}+\boldsymbol{A}^{\mathrm{H}}))\boldsymbol{U}=\frac{1}{2}(\boldsymbol{R}+\boldsymbol{R}^{\mathrm{H}})$$

$$\boldsymbol{U}^{\mathrm{H}}\boldsymbol{C}\boldsymbol{U}=\boldsymbol{U}^{\mathrm{H}}(\frac{1}{2}(\boldsymbol{A}-\boldsymbol{A}^{\mathrm{H}}))\boldsymbol{U}=\frac{1}{2}(\boldsymbol{R}-\boldsymbol{R}^{\mathrm{H}})$$

由于酉相似下矩阵的 Frobenius 范数不变，所以 $\|\frac{1}{2}(\boldsymbol{R}+\boldsymbol{R}^{\mathrm{H}})\|_F^2=\|\boldsymbol{B}\|_F^2$.

因为

$$\frac{1}{2}(\boldsymbol{R}+\boldsymbol{R}^{\mathrm{H}})=\frac{1}{2}(\begin{bmatrix}\lambda_1 & r_{12} & \cdots & r_{1n}\\ & \ddots & & \vdots\\ 0 & & & \lambda_n\end{bmatrix}+\begin{bmatrix}\overline{\lambda_1} & & 0 & \\ \overline{r_{12}} & \ddots & & \\ \vdots & & & \\ \overline{r_{1n}} & \cdots & \overline{r_{n-1n}} & \overline{\lambda_n}\end{bmatrix})=$$

$$\frac{1}{2}\begin{bmatrix} \lambda_1+\overline{\lambda_1} & r_{12} & \cdots & r_{1n} \\ \overline{r_{12}} & \lambda_2+\overline{\lambda_2} & \cdots & r_{2n} \\ \vdots & \vdots & \ddots & \vdots \\ \overline{r_{1n}} & \overline{r_{2n}} & & \lambda_n+\overline{\lambda_n} \end{bmatrix}$$

所以有

$$\sum_{i=1}^{n}\frac{1}{4}|\lambda_i+\bar{\lambda}_i|^2+\sum_{i\neq j}\frac{1}{2}|r_{ij}|^2=\sum_{i=1}^{n}\sum_{j=1}^{n}|b_{ij}|^2\leqslant n^2\cdot\max_{i,j}|b_{ij}|^2$$

$$\sum_{i=1}^{n}\frac{1}{4}|\lambda_i-\bar{\lambda}_i|^2+\sum_{i\neq j}\frac{1}{2}|r_{ij}|^2=\sum_{i=1}^{n}\sum_{j=1}^{n}|c_{ij}|^2\leqslant n^2\cdot\max_{i,j}|c_{ij}|^2$$

即有

$$\sum_{i=1}^{n}|\mathrm{Re}(\lambda_i)|^2=\sum_{i=1}^{n}\frac{1}{4}|\lambda_i+\bar{\lambda}_i|^2\leqslant n^2\cdot\max_{i,j}|b_{ij}|^2$$

$$\sum_{i=1}^{n}|\mathrm{Im}(\lambda_i)|^2=\sum_{i=1}^{n}\frac{1}{4}|\lambda_i-\bar{\lambda}_i|^2\leqslant n^2\cdot\max_{i,j}|c_{ij}|^2$$

此即 ②、③ 的等价不等式. □

由定理 6.2 显然可以得出以下两个结论：

(1) Hermite 矩阵的特征值都是实数；

(2) 反 Hermite 矩阵的特征值为零或纯虚数.

因为当 $\boldsymbol{A}^{\mathrm{H}}=\boldsymbol{A}$ 时，$\boldsymbol{C}=\boldsymbol{O}$，$\mathrm{Im}(\lambda_i)=0$，即 λ_i 为实数，$i=1,2,\cdots,n$；当 $\boldsymbol{A}^{\mathrm{H}}=-\boldsymbol{A}$ 时，$\boldsymbol{B}=\boldsymbol{O}$，$\mathrm{Re}(\lambda_i)=0$，即 λ_i 为零或纯虚数，$i=1,2,\cdots,n$.

对于实矩阵特征值虚部的估计有比定理 6.2 之 ③ 更精细的结果.

定理 6.3 设 $\boldsymbol{A}\in\mathbf{R}^{n\times n}$，$\boldsymbol{C}=\frac{1}{2}(\boldsymbol{A}-\boldsymbol{A}^{\mathrm{T}})$，则

$$|\mathrm{Im}(\lambda)|\leqslant\sqrt{\frac{n-1}{2n}}\,\|\boldsymbol{C}\|_{m_\infty} \tag{6.7}$$

这里 λ 为 $\boldsymbol{A}$ 的任一特征值.

因为 $\sqrt{\frac{n-1}{2n}}<\sqrt{\frac{n}{2n}}=\sqrt{\frac{1}{2}}<1$. 所以对于实矩阵，定理 6.3 给出的特征值虚部的界的估计要比定理 6.2 的 ③ 更精确.

例 6.1 设 $\boldsymbol{A}=\begin{bmatrix}0&1&1\\-1&0&1\\-1&-1&0\end{bmatrix}$，估计 $\boldsymbol{A}$ 的特征值的界.

解 $\boldsymbol{A}$ 为反对称矩阵，所以有

$$\boldsymbol{B}=\frac{1}{2}(\boldsymbol{A}+\boldsymbol{A}^{\mathrm{T}})=\boldsymbol{O}$$

$$\boldsymbol{C}=\frac{1}{2}(\boldsymbol{A}-\boldsymbol{A}^{\mathrm{T}})=\boldsymbol{A}$$

于是

$$\|A\|_{m_\infty}=3,\ \|B\|_{m_\infty}=0,\ \|C\|_{m_\infty}=3$$

由定理 6.2 知对 A 的任一特征值 λ 有

$$|\lambda|\leqslant 3,\ |\operatorname{Re}(\lambda)|=0,\ |\operatorname{Im}(\lambda)|\leqslant 3$$

若用定理 6.3，$|\operatorname{Im}(\lambda)|\leqslant\sqrt{\dfrac{3-1}{2\times 3}}\|C\|_{m_\infty}=\sqrt{3}$.

经计算 A 的特征值为 $\lambda_1=0,\lambda_2=\sqrt{3}\,\mathrm{i},\lambda_3=-\sqrt{3}\,\mathrm{i}$.

因为 A 是反对称阵，故它的特征值 0 或纯虚数，从中还可看出对 $|\operatorname{Im}(\lambda)|$ 的估计，定理 6.3 要比定理 6.2 更精确些.

6.2　圆盘定理

在 6.1 节中对矩阵的特征值的模，实部和虚部的绝对值作了初步的估计，本节将对特征值在复平面上分布的位置作更精细的估计.

定义 6.1　设

$$A=(a_{ij})_{n\times n}$$

$$R_i=\sum_{\substack{j=1\\ j\neq i}}^{n}|a_{ij}|=|a_{i1}|+\cdots+|a_{ii-1}|+|a_{ii+1}|+\cdots+|a_{in}|\quad(i=1,2,\cdots,n)\tag{6.8}$$

称复平面上的圆域

$$G_i=\{z\mid |z-a_{ii}|\leqslant R_i,z\in\mathbf{C}\}\qquad(i=1,2,\cdots,n)\tag{6.9}$$

为矩阵 A 的第 i 个 **Gerschgorin 圆盘**，简称**盖尔圆**，称 R_i 为盖尔圆 G_i 的半径.

定理 6.4(Gerschgorin 1)　矩阵 $A\in\mathbf{C}^{n\times n}$ 的 n 个特征值都在它的 n 个盖尔圆的并集中. 即 $\lambda_i\in\bigcup G_i$，λ_i 为 A 的特征值，$i=1,\cdots,n$. 简称此定理为圆盘定理.

证　设 λ 为 A 的任一特征值，$x=(x_1,\cdots,x_j,\cdots,x_n)^{\mathrm{T}}\in\mathbf{C}^n$ 为 A 的属于特征值 λ 的特征向量，故 $Ax=\lambda x$，$x\neq\theta$.

设 $|x_k|=\max\limits_j|x_j|$，故 $|x_k|\neq 0$. 由于

$$\sum_{j=1}^{n}a_{ij}x_j=\lambda x_i$$

所以

$$\sum_{j=1}^{n}a_{kj}x_j=\lambda x_k$$

$$\lambda=\sum_{j=1}^{n}a_{kj}\frac{x_j}{x_k}$$

$$|\lambda-a_{kk}|\leqslant\sum_{\substack{j=1\\ j\neq k}}^{n}|a_{kj}|\frac{|x_j|}{|x_k|}\leqslant\sum_{\substack{j=1\\ j\neq k}}^{n}|a_{kj}|=R_k$$

即

$$\lambda\in G_k$$

因此 λ 在 n 个盖尔圆的并集之中. □

当 a_{ii} 是实数时，G_i 关于实轴对称. 当 A 是实矩阵时，A 的盖尔圆为圆心都在实轴上的圆的

并集.

例 6.2　估计矩阵 $\boldsymbol{A}$ 的特征值范围

$$\boldsymbol{A}=\begin{bmatrix} \mathrm{i} & 0.1 & 0.2 & 0.3 \\ 0.5 & 3 & 0.1 & 0.2 \\ 1 & 0.3 & -1 & 0.5 \\ 0.2 & -0.3 & -0.1 & -4 \end{bmatrix}$$

解　由定理 6.4,$\boldsymbol{A}$ 的四个盖尔圆盘为

$$G_1: |z-\mathrm{i}| \leqslant 0.1+0.2+0.3=0.6$$
$$G_2: |z-3| \leqslant 0.5+0.1+0.2=0.8$$
$$G_3: |z+1| \leqslant 1+0.3+0.5=1.8$$
$$G_4: |z+4| \leqslant 0.2+0.3+0.1=0.6$$

则 $\boldsymbol{A}$ 的特征值应落在 $\bigcup\limits_{i=1}^{4} G_i$ 中.

定理 6.4 只是笼统地说 $\boldsymbol{A}$ 的 n 个特征值落在 $\boldsymbol{A}$ 的 n 个盖尔圆的并集中,并未说明在每个盖尔圆内是否都有一个特征值,以及一个盖尔圆内到底有几个特征值在其中.

在复平面上把例 6.2 的盖尔圆画出(图 6.1),发现 G_1,G_3 两个圆盘是相交的,而 G_2,G_4 是孤立的,这里所说的孤立就是不与其他盖尔圆相交.

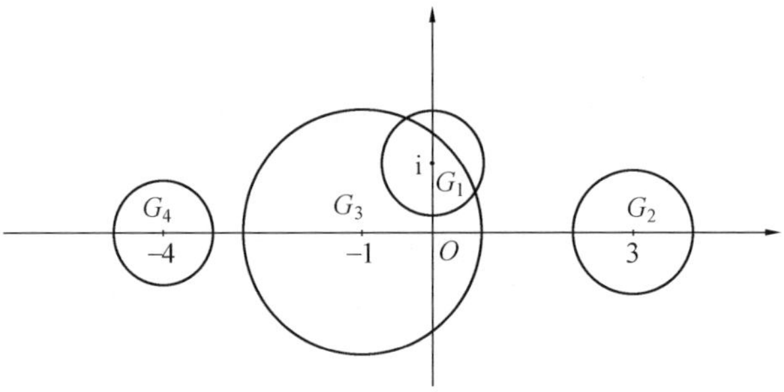

图 6.1

定义 6.2　矩阵 $\boldsymbol{A}$ 的盖尔圆中,相交在一起的盖尔圆构成的最大连通区域称为一个连通部分,规定孤立的盖尔圆也是一个连通部分.

在例 6.2 中,$G_1 \cup G_3$ 是一个连通部分,G_2,G_4 各是一个连通部分.

定理 6.5(Gerschgorin 2)*　矩阵 $\boldsymbol{A}$ 的任一由 k 个盖尔圆组成的连通部分里,有且仅有 $\boldsymbol{A}$ 的 k 个特征值. 若 $\boldsymbol{A}$ 的对角线有相同元素,能使盖尔圆重合时,需重复计数,特征值相同时也重复计数.

证　设矩阵

$$\boldsymbol{A}(t)=\begin{bmatrix} a_{11} & a_{12}t & \cdots & a_{1n}t \\ a_{21}t & a_{22} & \cdots & a_{2n}t \\ \vdots & \vdots & & \vdots \\ a_{n1}t & a_{n2}t & \cdots & a_{nn} \end{bmatrix}$$

则

$$\boldsymbol{A}(1)=\boldsymbol{A}=(a_{ij})_{n\times n}$$

$$\boldsymbol{A}(0)=\mathrm{diag}(a_{11},a_{22},\cdots,a_{nn})$$

它的特征值即为 $a_{11},a_{22},\cdots,a_{nn}$，也是 $\boldsymbol{A}$ 的 n 个盖尔圆的圆心.

因为矩阵的特征值连续依赖于矩阵的元素，所以 $\boldsymbol{A}(t)$ 的特征值 $\lambda_i(t)(i=1,2,\cdots,n)$ 连续依赖于 t，设 $t\in[0,1]$，$\lambda_i(0)=a_{ii}$ 是 $\boldsymbol{A}(0)$ 的特征值，$\lambda_i(1)$ 是 $\boldsymbol{A}$ 的特征值，因此 $\lambda_i(t)$ 为复平面上以 $\lambda_i(0)$ 为起点，$\lambda_i(1)$ 为终点的连续曲线.

设 $\boldsymbol{A}(1)=\boldsymbol{A}$ 的一个连通部分是由它的 k 个盖尔圆组成的，记之为 D. 因此 $\boldsymbol{A}(0)$ 的 k 个特征值必在 D 中，恰为 D 的 k 个盖尔圆的圆心.

若 D 中没有 $\boldsymbol{A}(1)=\boldsymbol{A}$ 的 k 个特征值，则至少有一个 i_0，使特征值 $\lambda_{i_0}(1)\,\overline{\in}\,D$，设 $\lambda_{i_0}(1)$ 在 $\boldsymbol{A}$ 的另一个连通部分 $\widetilde{D}$ 中，当点 $\lambda_{i_0}(0)$ 连续地变动到点 $\lambda_{i_0}(1)$，如图 6.2 所示，一条连续曲线 $\lambda_{i_0}(t)$ 必有一段既不在 D 中，又不在 $\widetilde{D}$ 中，也不在 $\boldsymbol{A}$ 的其他连通部分之中(否则 $\boldsymbol{A}$ 的所有盖尔圆构成一个连通部分，定理不用证明，自然成立). 这说明存在 $t_0\in(0,1)$，使得 $\lambda_{i_0}(t_0)\,\overline{\in}\,\bigcup\limits_{i=1}^{n}G_i$，即不在 $\boldsymbol{A}$ 的盖尔圆的并集之中.

另一方面，$\lambda_{i_0}(t_0)$ 是 $\boldsymbol{A}(t_0)$ 的特征值，由定理 6.4，它一定在盖尔圆

$$|z-a_{ii}|\leqslant\sum_{j\neq i}|t_0a_{ij}|=t_0\sum_{j\neq i}|a_{ij}|=t_0R_i\qquad i=1,2,\cdots,n$$

的并集之中. 但是 $|z-a_{ii}|\leqslant t_0R_i$ 包含于 $|z-a_{ii}|\leqslant R_i$，矛盾. 所以 $\boldsymbol{A}$ 在 D 中的特征值的个数不能少于 k. 同样可证 $\boldsymbol{A}$ 在 D 中的特征值的个数也不能多于 k，因此 $\boldsymbol{A}$ 在 D 中的特征值个数只能等于 k. □

由定理 6.5 知，若 A 的盖尔圆互不相交，即 $\boldsymbol{A}$ 有 n 个连通部分，则它的特征值互不相等. 此时若 $\boldsymbol{A}$ 是实矩阵，由于实矩阵的复特征值一定成对共轭出现，所以每个盖尔圆中的特征值不能是复数，所以 $\boldsymbol{A}$ 的特征值只能是实数.

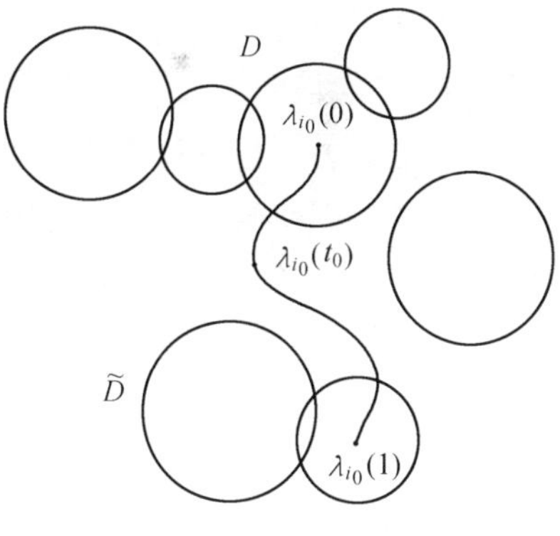

图 6.2

例 6.3　估计矩阵 $\boldsymbol{A}=\begin{bmatrix}10 & -8\\ 5 & 0\end{bmatrix}$ 的特征值的分布范围.

解　矩阵 $\boldsymbol{A}$ 的两个盖尔圆为

$$G_1:|z-10|\leqslant 8$$

$$G_2:|z-0|\leqslant 5$$

在复平面上 G_1,G_2 相交为一连通部分，故 $\boldsymbol{A}$ 的两个特征值都在 $G_1\cup G_2$ 这个连通部分中.

经计算 $\lambda_1=5+\sqrt{15}\mathrm{i}$，$\lambda_2=5-\sqrt{15}\mathrm{i}$. 由于 $|\lambda_1|=|\lambda_2|=\sqrt{40}>5$，所以 λ_1,λ_2 都不在 G_2 中，而都在 G_1 中，如图 6.3 所示.

由定理 6.5 我们知道在由 $\boldsymbol{A}$ 的 k 个盖尔圆组成的连通部分里有 k 个特征值，进一步我们能否实现在每个盖尔圆里仅有一个特征值呢？这就是特征值的隔离问题.

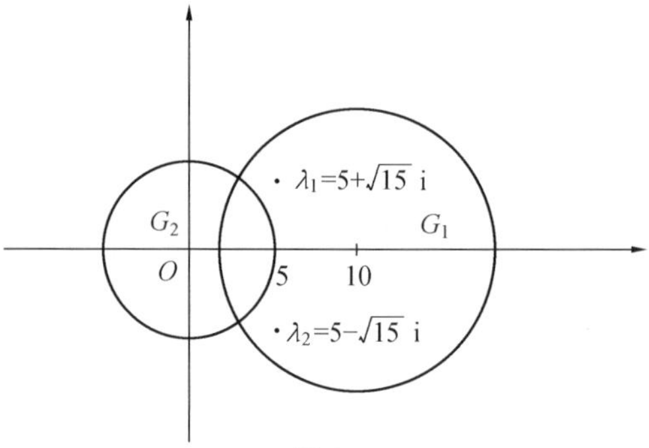

图 6.3

通常采用以下两种作法：

1. 结合 $\boldsymbol{A}$ 的列盖尔圆研究 $\boldsymbol{A}$ 的特征值的分布. 所谓 $\boldsymbol{A}$ 的列盖尔圆是指 $\boldsymbol{A}^{\mathrm{T}}$ 的盖尔圆，因为 $\boldsymbol{A}^{\mathrm{T}}$ 和 $\boldsymbol{A}$ 有相同的特征值，因此 $\boldsymbol{A}$ 的特征值也在 $\boldsymbol{A}^{\mathrm{T}}$ 的 n 个盖尔圆的并集之中.

2. 设 $\boldsymbol{D}=\begin{bmatrix} d_1 & & & \boldsymbol{0} \\ & d_2 & & \\ & & \ddots & \\ \boldsymbol{0} & & & d_n \end{bmatrix}$，其中，$d_1,\cdots,d_n$ 皆为正数. 构造矩阵 $\boldsymbol{B}$ 与 $\boldsymbol{A}$ 相似，使

$$\boldsymbol{B}=\boldsymbol{DAD}^{-1}=\left(a_{ij}\frac{d_i}{d_j}\right)_{n\times n} \tag{6.10}$$

因为 $\boldsymbol{A}\sim\boldsymbol{B}$，故 $\boldsymbol{A}$ 与 $\boldsymbol{B}$ 的特征值相同. 所以适当选取 $d_1,\cdots,d_n$ 就可能使 $\boldsymbol{B}$ 的每一个盖尔圆包含 $\boldsymbol{A}$ 的一个特征值. 具体作法为：要想 $\boldsymbol{A}$ 的第 i 个盖尔圆缩小，可取 $d_i<1$，其余取为 1；要想 $\boldsymbol{A}$ 的第 i 个盖尔圆放大，取 $d_i>1$，其余取为 1.

当然上述方法也有局限性，当 $\boldsymbol{A}$ 的对角线上有相同元素时，这两种方法就失效了.

例 6.4 利用圆盘定理隔离矩阵

$$\boldsymbol{A}=\begin{bmatrix} 9 & 1 & 1 \\ 1 & \mathrm{i} & 1 \\ 1 & 1 & 3 \end{bmatrix}$$

的特征值.

解 矩阵 $\boldsymbol{A}$ 的 3 个盖尔圆为

$$G_1:|z-9|\leqslant 2$$
$$G_2:|z-\mathrm{i}|\leqslant 2$$
$$G_3:|z-3|\leqslant 2$$

在图 6.4 中可见

选取 $\boldsymbol{D}=\begin{bmatrix} 2 & 0 & 0 \\ 0 & 1 & 0 \\ 0 & 0 & 1 \end{bmatrix}$，则

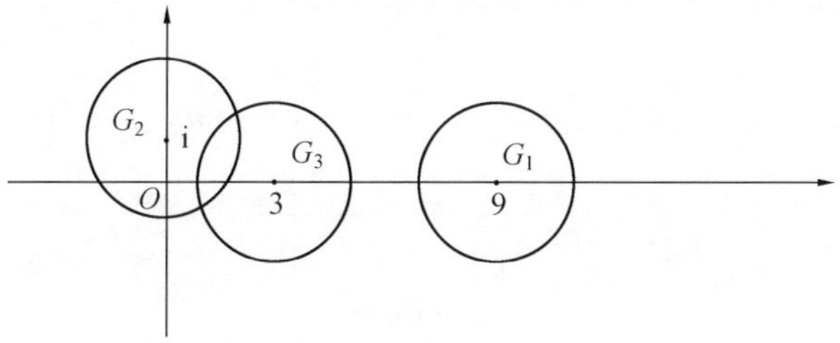

图 6.4

$$\boldsymbol{B}=\boldsymbol{DAD}^{-1}=\begin{bmatrix}9 & 2 & 2\\ 0.5 & \mathrm{i} & 1\\ 0.5 & 1 & 3\end{bmatrix}$$

于是矩阵 $\boldsymbol{B}$ 的 3 个盖尔圆为

$$G'_1:|z-9|\leqslant 4$$
$$G'_2:|z-\mathrm{i}|\leqslant 1.5$$
$$G'_3:|z-3|\leqslant 1.5$$

从图 6.5 可见 G'_1,G'_2,G'_3 互不相交,由于 $G_1\subset G'_1$,G_1 是弧立的盖尔圆,必含 $\boldsymbol{A}$ 的一个特征值,故 $\boldsymbol{A}$ 的特征值分别在 G_1,G'_2,G'_3 中.

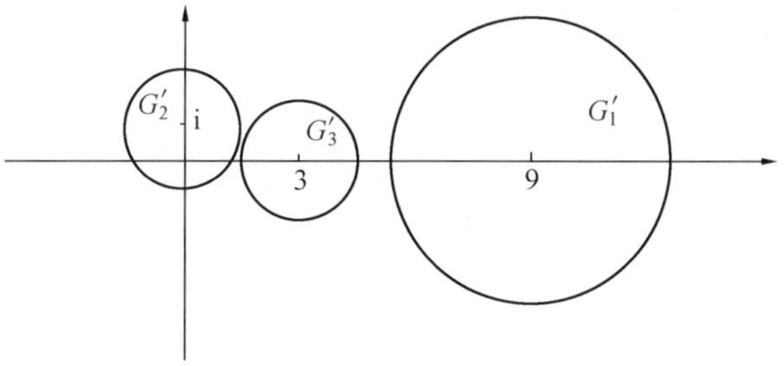

图 6.5

下面给出判别矩阵 $\boldsymbol{A}$ 可逆的一种方法.

定义 6.3　若 $\boldsymbol{A}=(a_{ij})_{n\times n}$ 满足

$$|a_{ii}|>R_i,R_i=\sum_{\substack{j=1\\ j\neq i}}^{n}|a_{ij}|,i=1,\cdots,n \tag{6.11}$$

则说矩阵 $\boldsymbol{A}$ 按行严格对角占优;

若满足

$$|a_{jj}|>R'_j,R'_j=\sum_{\substack{i=1\\ i\neq j}}^{n}|a_{ij}|,j=1,\cdots,n \tag{6.12}$$

则说矩阵 $\boldsymbol{A}$ 按列严格对角占优.

定理 6.6　若矩阵 $\boldsymbol{A}$ 按行严格对角占优,则 $\boldsymbol{A}$ 可逆.

证　$\boldsymbol{A}$ 可逆 $\Leftrightarrow\det\boldsymbol{A}\neq 0\Leftrightarrow\boldsymbol{A}$ 的特征值均非零,故只需证 $\boldsymbol{A}$ 的特征值不为零即可.

(反证法)若 $\boldsymbol{A}$ 有零特征值,则存在 $\boldsymbol{A}$ 的盖尔圆 G_{i_0},使 $0 \in G_{i_0}$,即

$$|a_{i_0 i_0}| = |0 - a_{i_0 i_0}| \leqslant R_{i_0}$$

这与 $\boldsymbol{A}$ 按行严格对角占优矛盾,所以 0 不是 $\boldsymbol{A}$ 的特征值,即 $\det \boldsymbol{A} \neq 0$,故 $\boldsymbol{A}$ 可逆. □

显然,将定理 6.6 中的行换成列,结论亦成立,留作习题.

例 6.5　判断矩阵 $\boldsymbol{A} = \begin{bmatrix} 10 & -3 & 4 \\ 2 & 5\mathrm{i} & 1 \\ 3\mathrm{i} & -5 & 9 \end{bmatrix}$ 的可逆性.

解　可得

$$|10| > |-3| + |4|$$
$$|5\mathrm{i}| > |2| + |1|$$
$$|9| > |3\mathrm{i}| + |-5|$$

故 $\boldsymbol{A}$ 是按行严格对角占优,由定理 6.6 知 $\boldsymbol{A}$ 可逆.

定义 6.4　设 $\boldsymbol{A} = (a_{ij})_{n \times n}$,$R_i$ 为 $\boldsymbol{A}$ 的第 i 个盖尔圆 G_i 的半径,称复平面上的区域

$$\Omega_{ij} = \{z \mid |z - a_{ii}| \, |z - a_{jj}| \leqslant R_i R_j, z \in \mathbf{C}\}, i, j = 1, 2, \cdots n \tag{6.13}$$

为矩阵 $\boldsymbol{A}$ 的 **Cassini 卵形**.

由上述定义可知 $\boldsymbol{A}$ 共有 $\dfrac{1}{2}n(n-1)$ 个 Cassini 卵形.

定理 6.7(Ostrowski)　矩阵 $\boldsymbol{A} \in \mathbf{C}^{n \times n}$ 的全体特征值都在它的 Cassini 卵形的并集之中.

证*　设 λ 为 $\boldsymbol{A}$ 的任意特征值,$\boldsymbol{x} = (x_1, \cdots, x_j, \cdots, x_n)^{\mathrm{T}}$ 为 $\boldsymbol{A}$ 的属于特征值 λ 的特征向量,即 $\boldsymbol{A}\boldsymbol{x} = \lambda \boldsymbol{x}, \boldsymbol{x} \neq \boldsymbol{\theta}$.

选取 j_1, j_2,使 $|x_{j_1}| \geqslant |x_{j_2}| \geqslant |x_j| \, (j \neq j_1, j_2)$ 以下证明 $\lambda \in \Omega_{j_1 j_2}$.

① 如果 $x_{j_2} = 0$,则 $x_j = 0, (j \neq j_1)$,因为 $\boldsymbol{x} \neq \boldsymbol{\theta}$ 此时必有 $x_{j_1} \neq 0$.

由 $\boldsymbol{A}\boldsymbol{x} = \lambda \boldsymbol{x}$ 的第 j_1 行分量得

$$\lambda x_{j_1} = \sum_{k=1}^{n} a_{j_1 k} x_k = a_{j_1 j_1} x_{j_1}$$

消掉 $x_{j_1} \neq 0$,得

$$\lambda = a_{j_1 j_1}$$

从而有

$$|\lambda - a_{j_1 j_1}| \, |\lambda - a_{j_2 j_2}| = 0 \leqslant R_{j_1} R_{j_2}$$

即 $\lambda \in \Omega_{j_1 j_2}$.

② 如果 $x_{j_2} \neq 0$,则由

$$\boldsymbol{A}\boldsymbol{x} = \lambda \boldsymbol{x}$$

$$(\lambda - a_{ii}) x_i = \sum_{j \neq i} a_{ij} x_j \quad (i = 1, 2, \cdots, n)$$

分别取 $i = j_1, i = j_2$,有

$$|\lambda - a_{j_1 j_1}| \, |x_{j_1}| \leqslant \sum_{j \neq j_1} |a_{j_1 j}| \, |x_j| \leqslant R_{j_1} |x_{j_2}|$$

$$|\lambda - a_{j_2 j_2}| \, |x_{j_2}| \leqslant \sum_{j \neq j_2} |a_{j_2 j}| \, |x_j| \leqslant R_{j_2} |x_{j_1}|$$

上面两式相乘

$$|\lambda - a_{j_1j_1}||\lambda - a_{j_2j_2}||x_{j_1}||x_{j_2}| \leqslant R_{j_1}R_{j_2}|x_{j_2}||x_{j_1}|$$

因为

$$|x_{j_1}| \geqslant |x_{j_2}| > 0$$

故

$$|x_{j_1}||x_{j_2}| > 0$$

所以

$$|\lambda - a_{j_1j_1}||\lambda - a_{j_2j_2}| \leqslant R_{j_1}R_{j_2}$$

即 $\lambda \in \Omega_{j_1j_2}$.

所以 **A** 的特征值的全体存在于它的 Cassini 卵形的并集之中. □

定义 6.5　若 $\boldsymbol{A} = (a_{ij})_{n\times n}$ 满足

$$|a_{ii}||a_{jj}| > R_iR_j \quad i < j, i, j = 1, 2, \cdots, n \tag{6.14}$$

则说 **A** 按行广义严格对角占优.

定理 6.8　若 $\boldsymbol{A} \in \mathbf{C}^{n\times n}$ 按行广义严格对角占优,则 **A** 可逆.

证　与定理 6.6 的证法一样,只需证明 **A** 的特征值不为零.

反证法. 若 0 是 **A** 的特征值,则存在 **A** 的 Cassini 卵形 $\Omega_{j_1j_2}(j_1 < j_2)$,则得 $0 \in \Omega_{j_1j_2}$,则

$$|a_{j_1j_1}||a_{j_2j_2}| = |0 - a_{j_1j_1}||0 - a_{j_2j_2}| \leqslant R_{j_1}R_{j_2}$$

这与 **A** 按行广义严格对角占优矛盾,所以 **A** 的特征值不为零,因此 $\det \boldsymbol{A} \neq 0$,故 **A** 可逆. □

例 6.6　讨论矩阵 $\boldsymbol{A} = \begin{bmatrix} 10 & 5 & 6 \\ 4 & -20 & 8 \\ 7 & 12 & 25 \end{bmatrix}$ 的可逆性.

解　由 **A** 的第一行、第一列易见 **A** 既不是按行严格对角占优,又不是按列严格对角占优,所以不能用定理 6.6 判断 **A** 的可逆性

$$R_1 = 11, R_2 = 12, R_3 = 19$$

因为

$$|a_{11}||a_{22}| = 200 > 132 = R_1R_2$$

$$|a_{11}||a_{33}| = 250 > 209 = R_1R_3$$

$$|a_{22}||a_{33}| = 500 > 228 = R_2R_3$$

可见 **A** 矩阵按行广义严格对角占优,由定理 6.8 知 **A** 可逆.

可以证明(习题六第 10 题)**A** 的 Cassini 卵形并集包含在 **A** 的盖尔圆并集之中,所以 Ostrowski 定理给出的特征值的范围要比 Gerschgorin 定理给出的范围更准确些. 但是盖尔圆的图形要比 Cassini 卵形直观简单得多,所以圆盘定理更加适用.

6.3　Hermite 矩阵的正定条件与 Rayleigh 商

Hermite 矩阵是实对称矩阵的推广,与实对称矩阵的二次型类似,复数域内也有 Hermite 二次齐式,即 Hermite 二次型.

定义 6.6　复二次齐式

$$f(\boldsymbol{x}) = f(x_1, \cdots, x_n) = \sum_{i=1}^{n}\sum_{j=1}^{n} a_{ij}\,\overline{x}_i x_j \tag{6.15}$$

称为 Hermite 二次型，其中 $a_{ij}=\overline{a_{ji}}$.

记 $\boldsymbol{A}=(a_{ij})_{n\times n}$，则 $\boldsymbol{A}^{\mathrm{H}}=\boldsymbol{A}$，故 $\boldsymbol{A}$ 为 Hermite 矩阵，称 $\boldsymbol{A}$ 为 Hermite 二次型的矩阵，$\boldsymbol{A}$ 的秩为 Hermite 二次型的秩.

式(6.15) 用矩阵乘法可改写为 $f(\boldsymbol{x})=\boldsymbol{x}^{\mathrm{H}}\boldsymbol{A}\boldsymbol{x}$，其中 $\boldsymbol{x}=(x_1,\cdots,x_n)^{\mathrm{T}}$.

在可逆线性变换 $\boldsymbol{x}=\boldsymbol{P}\boldsymbol{y}$ 下

$$f(\boldsymbol{x})=\boldsymbol{x}^{\mathrm{H}}\boldsymbol{A}\boldsymbol{x}=\boldsymbol{y}^{\mathrm{H}}(\boldsymbol{P}^{\mathrm{H}}\boldsymbol{A}\boldsymbol{P})\boldsymbol{y}=\boldsymbol{y}^{\mathrm{H}}\boldsymbol{B}\boldsymbol{y}$$

其中 $\boldsymbol{B}=\boldsymbol{P}^{\mathrm{H}}\boldsymbol{A}\boldsymbol{P}$，显然 $\boldsymbol{B}$ 也是 Hermite 矩阵，$\boldsymbol{A}$、$\boldsymbol{B}$ 为复相合矩阵.

若在可逆线性变换 $\boldsymbol{x}=\boldsymbol{P}\boldsymbol{y}$ 下

$$f(\boldsymbol{x})=\lambda_1\overline{y_1}y_1+\lambda_2\overline{y_2}y_2+\cdots+\lambda_n\overline{y_n}y_n \tag{6.16}$$

则称式(6.16) 为标准形

$$f(\boldsymbol{x})=\overline{y_1}y_1+\cdots+\overline{y_p}y_p-\overline{y_{p+1}}y_{p+1}-\cdots-\overline{y_r}y_r \tag{6.17}$$

其中 $r=\operatorname{rank}\boldsymbol{A}$，则称式(6.17) 为 Hermite 二次型的规范形，p 称为正惯性指数，$q=r-p$ 为负惯性指数.

定义 6.7　设 $f(\boldsymbol{x})=\boldsymbol{x}^{\mathrm{H}}\boldsymbol{A}\boldsymbol{x}$ 为 Hermite 二次型，如果 $\forall\boldsymbol{x}\in\mathbf{C}^n,\boldsymbol{x}\neq\boldsymbol{\theta}$，都有 $\boldsymbol{x}^{\mathrm{H}}\boldsymbol{A}\boldsymbol{x}>0$，则称 $f(\boldsymbol{x})$ 正定，且 $\boldsymbol{A}$ 是正定矩阵，记作 $\boldsymbol{A}>0$；若 $\boldsymbol{x}^{\mathrm{H}}\boldsymbol{A}\boldsymbol{x}\geqslant0$，则称 $f(\boldsymbol{x})$ 半正定或非负定，且 $\boldsymbol{A}$ 是半正定或非负定矩阵，记作 $\boldsymbol{A}\geqslant0$.

如果 $\boldsymbol{x}^{\mathrm{H}}\boldsymbol{A}\boldsymbol{x}<0$，则称 $f(\boldsymbol{x})$ 负定，且 $\boldsymbol{A}$ 是负定矩阵，记作 $\boldsymbol{A}<0$；若 $\boldsymbol{x}^{\mathrm{H}}\boldsymbol{A}\boldsymbol{x}\leqslant0$，则称 $f(\boldsymbol{x})$ 半负定或非正定，且 $\boldsymbol{A}$ 是半负定或非正定矩阵，记作 $\boldsymbol{A}\leqslant0$.

和实正定矩阵类似，我们有以下定理.

定理 6.9　设 $\boldsymbol{A}$ 是 n 阶 Hermite 矩阵，则下列命题等价：

①$\boldsymbol{A}$ 是正定矩阵；

②$\boldsymbol{A}$ 与单位阵相合，即存在 n 阶可逆阵 $\boldsymbol{P}$，使 $\boldsymbol{P}^{\mathrm{H}}\boldsymbol{A}\boldsymbol{P}=\boldsymbol{I}$；

③ 存在 n 阶可逆阵 $\boldsymbol{Q}$，使得 $\boldsymbol{A}=\boldsymbol{Q}^{\mathrm{H}}\boldsymbol{Q}$；

④$\boldsymbol{A}$ 的特征值全为正数.

定理 6.10　n 阶 Hermite 矩阵正定的充要条件是 $\boldsymbol{A}$ 的顺序主子式均为正数.

定义 6.8　设 $\boldsymbol{A}$ 是 Hermite 矩阵，称实数

$$R(\boldsymbol{x})=\frac{\boldsymbol{x}^{\mathrm{H}}\boldsymbol{A}\boldsymbol{x}}{\boldsymbol{x}^{\mathrm{H}}\boldsymbol{x}}\quad\forall\boldsymbol{x}\in\mathbf{C}^n,\boldsymbol{x}\neq\boldsymbol{\theta} \tag{6.18}$$

为 Hermite 矩阵 $\boldsymbol{A}$ 的 **Rayleigh 商**.

由于 Hermite 矩阵 $\boldsymbol{A}$ 的特征值全为实数，不妨设 $\boldsymbol{A}$ 的特征值可按递增顺序排列如下

$$\lambda_1\leqslant\lambda_2\leqslant\cdots\leqslant\lambda_n$$

定理 6.11　Rayleigh 商具有以下结果：

①$R(k\boldsymbol{x})=R(\boldsymbol{x})$，$k$ 为非零实数；

②$\lambda_1\leqslant R(\boldsymbol{x})\leqslant\lambda_n$；

③ $\min\limits_{\boldsymbol{x}\neq\boldsymbol{\theta}}R(\boldsymbol{x})=\lambda_1$，$\max\limits_{\boldsymbol{x}\neq\boldsymbol{\theta}}R(\boldsymbol{x})=\lambda_n$.

证　① 由定义显然.

② 因为 $\boldsymbol{A}$ 是 Hermite 矩阵，故可以酉相似对角化，即存在酉矩阵 $\boldsymbol{U}$，使

$$U^{H}AU=\operatorname{diag}(\lambda_1,\cdots,\lambda_n)=D$$

令 $x=Uy$，则

$$R(x)=\frac{y^{H}U^{H}AUy}{y^{H}U^{H}Uy}=\frac{y^{H}Dy}{y^{H}y}=\frac{\lambda_1\overline{y_1}y_1+\lambda_2\overline{y_2}y_2+\cdots+\lambda_n\overline{y_n}y_n}{y^{H}y}$$

因为

$$\lambda_1(\overline{y_1}y_1+\cdots+\overline{y_n}y_n)\leqslant\lambda_1\overline{y_1}y_1+\cdots+\lambda_n\overline{y_n}y_n\leqslant\lambda_n(\overline{y_1}y_1+\cdots+\overline{y_n}y_n)$$

即

$$\lambda_1 y^{H}y\leqslant y^{H}Dy\leqslant\lambda_n y^{H}y$$

于是

$$\lambda_1\leqslant\frac{y^{H}Dy}{y^{H}y}\leqslant\lambda_n$$

故

$$\lambda_1\leqslant R(x)\leqslant\lambda_n$$

于是 ② 得证.

③ 选取 $y^{(1)}=(y_1,0,\cdots,0)^{T}$，$y_1\neq 0$，记

$$Uy^{(1)}=x^{(1)}$$

于是 $R(x^{(1)})=\lambda_1$，即 $R(x)$ 在 $x^{(1)}$ 达到 λ_1.

选取 $y^{(2)}=(0,\cdots,0,y_n)^{T}$，$y_n\neq 0$，记

$$Uy^{(2)}=x^{(2)}$$

于是 $R(x^{(2)})=\lambda_n$，即 $R(x)$ 在 $x^{(2)}$ 达到 λ_n.

最后得到 $\min\limits_{x\neq\theta}R(x)=\lambda_1$，$\max\limits_{x\neq\theta}R(x)=\lambda_n$. □

由 Rayleigh 商的定义可知 $R(x)$ 是 x 的连续函数，因此它在闭区域上有界，并且存在最小值和最大值. 由定理 6.11 之 ② 可知 λ_1,λ_n 可分别取为它的下界、上界；由 ③ 知 $R(x)$ 在 λ_1,λ_n 达到最小值和最大值.

考察单位球面 $S=\{x\,|\,x\in\mathbf{C}^n,\ \|x\|=1\}$，因为 S 是闭集，$R(x)$ 在 S 上连续，于是存在 $x_1,x_2\in S$，使

$$\min_{x\in S}R(x)=R(x_1),\ \max_{x\in S}R(x)=R(x_2)$$

对于 $\theta\neq\forall\,y\in\mathbf{C}^n$，令 $y_0=\dfrac{y}{\|y\|}$，则 $y_0\in S$，则 $R(x_1)\leqslant R(y_0)\leqslant R(x_2)$.

由定理 6.11 之 ①

$$R(y)=R(\|y\|y_0)=R(y_0)$$

故

$$R(x_1)\leqslant R(y)\leqslant R(x_2)$$

由 y 的任意性，说明 $R(x)$ 的最小值和最大值可在单位球面达到. 基于此，在研究 $R(x)$ 的极值问题时，可以仅仅在单位球面上考虑.

定理 6.12*　设 Hermite 矩阵 A 的 n 个特征值为 $\lambda_1\leqslant\lambda_2\leqslant\cdots\leqslant\lambda_n$，对应的标准正交特征向量分别为 $\varepsilon_1,\varepsilon_2,\cdots,\varepsilon_n$，则 $\lambda_1=R(\varepsilon_1)$，$\lambda_n=R(\varepsilon_n)$.

证　对于 $\theta\neq\forall\,x\in\mathbf{C}^n$，有

$$x=\sum_{i=1}^{n}k_i\varepsilon_i \tag{6.19}$$

$k_i \in \mathbf{C}, k_i$ 不全为 $0, i=1,2,\cdots,n$，即

$$\sum_{i=1}^{n} \overline{k_i} k_i = \sum_{i=1}^{n} |k_i|^2 \neq 0$$

$$\boldsymbol{A}\boldsymbol{x} = \sum_{i=1}^{n} k_i \boldsymbol{A}\boldsymbol{\varepsilon}_i = \sum_{i=1}^{n} k_i \lambda_i \boldsymbol{\varepsilon}_i$$

$$R(\boldsymbol{x}) = \frac{\boldsymbol{x}^{\mathrm{H}}\boldsymbol{A}\boldsymbol{x}}{\boldsymbol{x}^{\mathrm{H}}\boldsymbol{x}} = \frac{(\sum_{i=1}^{n} \overline{k_i}\boldsymbol{\varepsilon}_i^{\mathrm{H}})(\sum_{i=1}^{n} k_i \lambda_i \boldsymbol{\varepsilon}_i)}{(\sum_{i=1}^{n} \overline{k_i}\boldsymbol{\varepsilon}_i^{\mathrm{H}})(\sum_{i=1}^{n} k_i \boldsymbol{\varepsilon}_i)} =$$

$$\frac{\sum_{i=1}^{n} \lambda_i \overline{k_i} k_i}{\sum_{i=1}^{n} \overline{k_i} k_i} =$$

$$\frac{\sum_{i=1}^{n} \lambda_i |k_i|^2}{\sum_{i=1}^{n} |k_i|^2} =$$

$$\sum_{i=1}^{n} \lambda_i \cdot \left(\frac{|k_i|^2}{\sum_{i=1}^{n} |k_i|^2}\right) \tag{6.20}$$

令 $c_i = \dfrac{|k_i|^2}{\sum_{i=1}^{n} |k_i|^2}$，得

$$\sum_{i=1}^{n} c_i = 1 \tag{6.21}$$

则

$$R(\boldsymbol{x}) = \sum_{i=1}^{n} c_i \lambda_i \tag{6.22}$$

在式(6.19)中，取 $\boldsymbol{x} = \boldsymbol{\varepsilon}_1$，有

$$\boldsymbol{\varepsilon}_1 = 1\boldsymbol{\varepsilon}_1 + 0\boldsymbol{\varepsilon}_2 + \cdots + 0\boldsymbol{\varepsilon}_n$$

于是

$$k_1 = 1, k_2 = \cdots = k_n = 0$$

故

$$c_1 = 1, c_2 = \cdots = c_n = 0$$

由式(6.21)，$R(\boldsymbol{\varepsilon}_1) = \lambda_1$.

在式(6.19)中，取 $\boldsymbol{x} = \boldsymbol{\varepsilon}_n$，于是

$$k_1 = \cdots = k_{n-1} = 0, k_n = 1$$

故

$$c_1 = \cdots = c_{n-1} = 0, c_n = 1$$

$$R(\boldsymbol{\varepsilon}_n) = \lambda_n$$

□

因为在单位球面 S 上，$\|\boldsymbol{\varepsilon}_1\| = \|\boldsymbol{\varepsilon}_n\| = 1$，所以 $\boldsymbol{\varepsilon}_1, \boldsymbol{\varepsilon}_n$ 分别是 $R(\boldsymbol{x})$ 的一个最小值点与一个最大值点.

例 6.7*　若 Hermite 矩阵 $\boldsymbol{A}$ 的特征值完全相等，即 $\lambda_1=\lambda_2=\cdots=\lambda_n$，则

$$R(\boldsymbol{x})=\lambda_1,\boldsymbol{x}\in\mathbf{C}^n$$

证　由 $\lambda_1=\lambda_2=\cdots=\lambda_n$ 及式(6.20)

$$R(x)=\frac{\sum_{i=1}^{n}\lambda_i|k_i|^2}{\sum_{i=1}^{n}|k_i|^2}=\frac{\lambda_1\sum_{i=1}^{n}|k_i|^2}{\sum_{i=1}^{n}|k_i|^2}=\lambda_1$$

这说明当 Hermite 矩阵特征值完全相等时，对应的 Rayleigh 商恒为常数，即为它的特征值.

定理 6.13*　设 Hermite 矩阵 $\boldsymbol{A}$ 的特征值为 $\lambda_1\leqslant\lambda_2\leqslant\cdots\leqslant\lambda_n$，$\boldsymbol{\varepsilon}_1,\boldsymbol{\varepsilon}_2,\cdots,\boldsymbol{\varepsilon}_n$ 为对应的标准正交特征向量系，$U_1=\mathrm{span}(\boldsymbol{\varepsilon}_1,\boldsymbol{\varepsilon}_n)$，$U_2=U_1^{\perp}=\mathrm{span}(\boldsymbol{\varepsilon}_2,\cdots,\boldsymbol{\varepsilon}_{n-1})$，则

$$\lambda_2=\min_{\boldsymbol{\theta}\neq\boldsymbol{x}\in U_2}R(\boldsymbol{x}),\ \lambda_{n-1}=\max_{\boldsymbol{\theta}\neq\boldsymbol{x}\in U_2}R(\boldsymbol{x})$$

证　$\boldsymbol{\theta}\neq\forall\boldsymbol{x}\in U_2=\mathrm{span}(\boldsymbol{\varepsilon}_2,\cdots,\boldsymbol{\varepsilon}_{n-1})$，存在 $k_2,\cdots,k_{n-1}$，使

$$\boldsymbol{x}=\sum_{i=2}^{n-1}k_i\boldsymbol{\varepsilon}_i$$

其中 $k_i\in\mathbf{C}$，且

$$\sum_{i=2}^{n-1}\overline{k_i}k_i=\sum_{i=2}^{n-1}|k_i|^2\neq 0$$

与定理 6.12 证明过程类似得

$$R(\boldsymbol{x})_{\boldsymbol{\theta}\neq\boldsymbol{x}\in U_2}=\sum_{i=2}^{n-1}c_i\lambda_i\tag{6.23}$$

其中

$$c_i=\frac{|k_i|^2}{\sum_{i=2}^{n-1}|k_i|^2},\ \sum_{i=2}^{n-1}c_i=1\tag{6.24}$$

故

$$\lambda_2\leqslant R(\boldsymbol{x})\leqslant\lambda_{n-1}\tag{6.25}$$

与定理 6.12 证明类似可得

$$\lambda_2=R(\boldsymbol{\varepsilon}_2),\lambda_{n-1}=R(\boldsymbol{\varepsilon}_{n-1})$$

故 $R(\boldsymbol{x})$ 在 $\boldsymbol{\varepsilon}_2,\boldsymbol{\varepsilon}_{n-1}$ 分别达到最小值、最大值.

因此

$$\lambda_2=\min_{\boldsymbol{\theta}\neq\boldsymbol{x}\in U_2}R(\boldsymbol{x}),\ \lambda_{n-1}=\max_{\boldsymbol{\theta}\neq\boldsymbol{x}\in U_2}R(\boldsymbol{x})$$

□

上述结论的一般情况为下面的定理.

定理 6.14*　设 $U=\mathrm{span}(\boldsymbol{\varepsilon}_s,\boldsymbol{\varepsilon}_{s+1},\cdots,\boldsymbol{\varepsilon}_t)$，$1\leqslant s\leqslant t\leqslant n$，$\boldsymbol{\varepsilon}_s,\boldsymbol{\varepsilon}_{s+1},\cdots,\boldsymbol{\varepsilon}_t$ 为标准正交特征向量系，则

$$\lambda_s = \min_{\theta \neq x \in U} R(x), \lambda_t = \max_{\theta \neq x \in U} R(x)$$

证　对于 $\theta \neq \forall x \in U = \mathrm{span}(\varepsilon_s, \varepsilon_{s+1}, \cdots, \varepsilon_t)$，有

$$x = \sum_{i=s}^{t} k_i \varepsilon_i$$

与定理 6.12 证明类似得

$$R(x)_{\theta \neq x \in U} = \sum_{i=s}^{t} c_i \lambda_i \tag{6.26}$$

$$c_i = \frac{|k_i|^2}{\sum_{i=s}^{t} |k_i|^2}, \sum_{i=s}^{t} c_i = 1 \tag{6.27}$$

由于
$$\lambda_s \leqslant \lambda_{s+1} \leqslant \cdots \leqslant \lambda_t$$

故
$$\lambda_s = \lambda_s \sum_{i=s}^{t} c_i \leqslant R(x) \leqslant \lambda_t \sum_{i=s}^{t} c_i = \lambda_t$$

所以
$$\lambda_s \leqslant \min_{\theta \neq x \in U} R(x),\ \max_{\theta \neq x \in U} R(x) \leqslant \lambda_t$$

显然
$$\lambda_s = R(\varepsilon_s), \lambda_t = R(\varepsilon_t)$$

故
$$\lambda_s = \min_{\theta \neq x \in U} R(x), \lambda_t = \max_{\theta \neq x \in U} R(x)$$
□

下面介绍极小极大原理或极大极小原理.

定理 6.15*　Hermite 矩阵 $\boldsymbol{A}$ 的特征值为 $\lambda_1 \leqslant \lambda_2 \leqslant \cdots \leqslant \lambda_n$，$\varepsilon_1, \varepsilon_2, \cdots, \varepsilon_n$ 为其对应的标准正交特征向量系，V_k 是 $\mathbf{C}^n$ 中的 k 维子空间，则

$$\lambda_k = \min_{V_k} \max_{\theta \neq x \in V_k} R(x) \tag{6.28}$$

$$\lambda_k = \max_{V_{n-k+1}} \min_{\theta \neq x \in V_{n-k+1}} R(x) \quad (\lambda_{n-k+1} = \max_{V_k} \min_{\theta \neq x \in V_k} R(x)) \tag{6.29}$$

证　令 $R_k = \mathrm{span}(\varepsilon_k, \varepsilon_{k+1}, \cdots, \varepsilon_n)$，则

$$\dim R_k = n - k + 1$$

显然 $V_k + R_k \subset \mathbf{C}^n$，故 $\dim(V_k + R_K) \leqslant n$.

由定理 1.7(子空间维数定理) 有

$$\dim(V_k + R_k) + \dim(V_k \cap R_k) = \dim V_k + \dim R_k = n + 1$$

故 $\dim(V_k \cap R_k) \geqslant 1$，因此，必有非零向量属于 $V_k \cap R_k$.

设 $\theta \neq y \in V_k \cap R_k$，在定理 6.14 中取 $s = k, t = n$ 由 $y \in R_k$，则有

$$\lambda_k = \min_{\theta \neq x \in R_k} R(x) \leqslant R(y)$$

又因为 $y \in V_k$，所以 $R(y) \leqslant \max_{\theta \neq x \in V_k} R(x)$，因此

$$\lambda_k \leqslant R(y) \leqslant \min_{V_k} \max_{\theta \neq x \in V_k} R(x) \tag{6.30}$$

另一方面，在定理 6.14 中取 $s = 1, t = k$，记

$$V_k^0 = \mathrm{span}(\varepsilon_1, \cdots, \varepsilon_k)$$

则 $\lambda_k = \max_{\theta \neq x \in V_k^0} R(x)$.

因为 V_k^0 是 $\mathbf{C}^n$ 中的一个 k 维子空间，故

$$\lambda_k = \max_{\boldsymbol{\theta} \neq \boldsymbol{x} \in V_k^0} R(\boldsymbol{x}) \geqslant \min_{V_k} \max_{\boldsymbol{\theta} \neq \boldsymbol{x} \in V_k} R(\boldsymbol{x}) \tag{6.31}$$

综合式(6.30)与式(6.31)即得

$$\lambda_k = \min_{V_k} \max_{\boldsymbol{\theta} \neq \boldsymbol{x} \in V_k} R(\boldsymbol{x}) \tag{6.32}$$

以下证式(6.29). 因为 λ_i 是 $\boldsymbol{A}$ 的特征值,易见 $-\lambda_i$ 是 $-\boldsymbol{A}$ 的特征值,且有

$$-\lambda_1 \geqslant -\lambda_2 \geqslant \cdots \geqslant -\lambda_n$$

令

$$-\lambda_n = \mu_1, -\lambda_{n-1} = \mu_2, \cdots, -\lambda_{n-i+1} = \mu_i, \cdots, -\lambda_2 = \mu_{n-1}, -\lambda_1 = \mu_n$$

则 $\mu_1 \leqslant \mu_2 \leqslant \cdots \leqslant \mu_i \leqslant \cdots \leqslant \mu_n$,为 $-\boldsymbol{A}$ 的排序递增的 n 个特征值,于是由式(6.32)有

$$\begin{aligned}\lambda_{n-i+1} = -\mu_i = &-\min_{V_i} \max_{\boldsymbol{\theta} \neq \boldsymbol{x} \in V_i} \frac{\boldsymbol{x}^{\mathrm{H}}(-\boldsymbol{A})\boldsymbol{x}}{\boldsymbol{x}^{\mathrm{H}}\boldsymbol{x}} = \\ &-\min_{V_i}\{\max_{\boldsymbol{\theta} \neq \boldsymbol{x} \in V_i} (-R(\boldsymbol{x}))\} = \\ &-\min_{V_i}\{-\min_{\boldsymbol{\theta} \neq \boldsymbol{x} \in V_i} R(\boldsymbol{x})\} = \\ &\max_{V_i} \min_{\boldsymbol{\theta} \neq \boldsymbol{x} \in V_i} R(\boldsymbol{x})\end{aligned}$$

令 $n-i+1=k$,则 $i=n-k+1$,上式即为

$$\lambda_k = \max_{V_{n-k+1}} \min_{\boldsymbol{\theta} \neq \boldsymbol{x} \in V_{n-k+1}} R(\boldsymbol{x}) \tag{6.33}$$

□

设 $\boldsymbol{U}_{n-1} \in \mathbf{C}^{n\times(n-1)}$ 为次酉矩阵,因此对于 n 阶 Hermite 矩阵 $\boldsymbol{A}$ 有

$$\boldsymbol{U}_{n-1}^{\mathrm{H}}\boldsymbol{U}_{n-1} = \boldsymbol{I}_{n-1}$$

令 $\boldsymbol{A}_1 = \boldsymbol{U}_{n-1}^{\mathrm{H}}\boldsymbol{A}\boldsymbol{U}_{n-1}$,易见 $\boldsymbol{A}_1$ 为 $n-1$ 阶的 Hermite 矩阵.

若 $\forall \boldsymbol{x} \in V_k$,$V_k$ 为 $\mathbf{C}^{n-1}$ 中 k 维子空间.

令 $\boldsymbol{y} = \boldsymbol{U}_{n-1}\boldsymbol{x}$,则所有形如 $\boldsymbol{y} = \boldsymbol{U}_{n-1}\boldsymbol{x}$ 的向量构成 $\mathbf{C}^n$ 中子空间,不妨形式上记之为 $\boldsymbol{U}_{n-1}V_k$,于是有如下的分隔定理.

定理 6.16* 设 $\boldsymbol{A}$ 与 $\boldsymbol{A}_1$ 的特征值分别为

$$\lambda_1 \leqslant \lambda_2 \leqslant \cdots \leqslant \lambda_k \leqslant \cdots \leqslant \lambda_n$$

$$\mu_1 \leqslant \mu_2 \leqslant \cdots \leqslant \mu_k \leqslant \cdots \leqslant \mu_{n-1}$$

则

$$\lambda_1 \leqslant \mu_1 \leqslant \lambda_2 \leqslant \mu_2 \leqslant \cdots \leqslant \lambda_k \leqslant \mu_k < \cdots \leqslant \mu_{n-1} \leqslant \lambda_n$$

证 由定理 6.15,对于 $\boldsymbol{A}_1$ 矩阵有

$$\mu_k = \min_{V_k} \max_{\boldsymbol{\theta} \neq \boldsymbol{x} \in V_k} \frac{\boldsymbol{x}^{\mathrm{H}}\boldsymbol{A}_1\boldsymbol{x}}{\boldsymbol{x}^{\mathrm{H}}\boldsymbol{x}} \tag{6.34}$$

$$\mu_k = \max_{V_{(n-1)-k+1}} \min_{\boldsymbol{\theta} \neq \boldsymbol{x} \in V_{(n-1)-k+1}} \frac{\boldsymbol{x}^{\mathrm{H}}\boldsymbol{A}_1\boldsymbol{x}}{\boldsymbol{x}^{\mathrm{H}}\boldsymbol{x}} \tag{6.35}$$

这里 V_k 是 $\mathbf{C}^{n-1}$ 中的 k 维子空间.

设 V_k^0 是使式(6.34)成立的一个子空间,于是

$$\begin{aligned}\mu_k = \max_{\boldsymbol{\theta} \neq \boldsymbol{x} \in V_k^0} \frac{\boldsymbol{x}^{\mathrm{H}}\boldsymbol{A}_1\boldsymbol{x}}{\boldsymbol{x}^{\mathrm{H}}\boldsymbol{x}} = \max_{\boldsymbol{\theta} \neq \boldsymbol{x} \in V_k^0} \frac{(\boldsymbol{U}_{n-1}\boldsymbol{x})^{\mathrm{H}}\boldsymbol{A}(\boldsymbol{U}_{n-1}\boldsymbol{x})}{(\boldsymbol{U}_{n-1}\boldsymbol{x})^{\mathrm{H}}(\boldsymbol{U}_{n-1}\boldsymbol{x})} = \\ \max_{\boldsymbol{\theta} \neq \boldsymbol{y} \in \boldsymbol{U}_{n-1}V_k^0} \frac{\boldsymbol{y}^{\mathrm{H}}\boldsymbol{A}\boldsymbol{y}}{\boldsymbol{y}^{\mathrm{H}}\boldsymbol{y}} \geqslant \\ \min_{\widetilde{V}_k} \max_{\boldsymbol{\theta} \neq \boldsymbol{y} \in \widetilde{V}_k} \frac{\boldsymbol{y}^{\mathrm{H}}\boldsymbol{A}\boldsymbol{y}}{\boldsymbol{y}^{\mathrm{H}}\boldsymbol{y}} =\end{aligned}$$

$$\lambda_k \quad k=1,2,\cdots,n-1 \tag{6.36}$$

这里$\widetilde{V_k}$是 $\mathbf{C}^n$ 中的 k 维子空间.

另一方面,设 $V^o_{(n-1)-k+1}$ 是使式(6.35) 成立的一个子空间,于是

$$\mu_k = \min_{\theta\neq x\in V^o_{(n-1)-k+1}} \frac{x^H A_1 x}{x^H x} = \min_{\theta\neq x\in V^o_{(n-1-k+1)}} \frac{(U_{n-1}x)^H A(U_{n-1}x)}{(U_{n-1}x)^H(U_{n-1}x)} =$$
$$\min_{\theta\neq y\in U_{n-1}V^o_{(n-1)-k+1}} \frac{y^H A y}{y^H y} \leqslant$$
$$\max_{\widetilde{V}_{n-(k+1)+1}} \min_{\theta\neq y\in \widetilde{V}n-(k+1)+1} \frac{y^H A y}{y^H y} =$$
$$\lambda_{k+1} \quad k=1,2,\cdots,n-1 \tag{6.37}$$

综合式(6.36)、式(6.37) 定理得证. □

例 6.8*　在定理 6.16 中,特取 $U_{n-1}=(e_1,\cdots,e_j,\cdots,e_{n-1})$,其中 e_j 为 I_n 第j 个列向量,则 $A_1=U^H_{n-1}AU_{n-1}=A_{n-1}$,这里 A_{n-1} 为 A 的 $n-1$ 阶顺序主子阵,若 A_{n-1} 的特征值记为 $\mu_1\leqslant \mu_2\leqslant\cdots\leqslant\mu_{n-1}$,则

$$\lambda_1\leqslant\mu_1\leqslant\lambda_2\leqslant\mu_2\leqslant\cdots\leqslant\mu_{n-1}\leqslant\lambda_n$$

由定理 6.14、定理 6.15 可以给出 Hermite 矩阵元素发生变化时,对应 Hermite 矩阵特征值的变化范围.

定理 6.17*　设 A,B 是 Hermite 矩阵,λ_k,μ_k,δ_k 分别表示 $A,A+B,B$ 的特征值,且特征值大小按下标递增排列,则

$$\lambda_k+\delta_1\leqslant\mu_k\leqslant\lambda_k+\delta_n \quad k=1,2,\cdots,n \tag{6.38}$$

证　因为 A,B 是 Hermite 矩阵,所以 $A+B$ 也是 Hermite 矩阵.

设 $\varepsilon_1,\varepsilon_2,\cdots,\varepsilon_n$ 是 A 的对应于特征值 $\lambda_1,\lambda_2,\cdots,\lambda_n$ 的标准正交特征向量系

取
$$V_k=\mathrm{span}(\varepsilon_1,\varepsilon_2,\cdots\varepsilon_k)$$

由式(6.32) 得

$$\mu_k=\min_{V_k}\max_{\theta\neq x\in V_k}\frac{x^H(A+B)x}{x^H x}\leqslant\max_{\theta\neq x\in V_k}\frac{x^H(A+B)x}{x^H x}\leqslant$$
$$\max_{\theta\neq x\in V_k}\frac{x^H A x}{x^H x}+\max_{\theta\neq x\in V_k}\frac{x^H B x}{x^H x}$$

由定理 6.14 及定理 6.11 之 ③ 可得

$$\mu_k\leqslant\lambda_k+\max_{\theta\neq x\in C^n}\frac{x^H B x}{x^H x}\leqslant\lambda_k+\delta_n \tag{6.39}$$

取
$$V_{n-k+1}=\mathrm{span}(\varepsilon_k,\varepsilon_{k+1},\cdots,\varepsilon_n)$$

由式(6.33) 得

$$\mu_k=\max_{V_{n-k+1}}\min_{\theta\neq x\in V_{n-k+1}}\frac{x^H(A+B)x}{x^H x}\geqslant\min_{\theta\neq x\in V_{n-k+1}}\frac{x^H(A+B)x}{x^H x}\geqslant$$
$$\min_{\theta\neq x\in V_{n-k+1}}\frac{x^H A x}{x^H x}+\min_{\theta\neq x\in V_{n-k+1}}\frac{x^H B x}{x^H x}$$

由定理 6.14 及定理 6.11 之 ③ 可得

$$\mu_k \geqslant \lambda_k + \min_{\boldsymbol{\theta} \neq \boldsymbol{x} \in V_{n-k+1}} \frac{\boldsymbol{x}^{\mathrm{H}} \boldsymbol{B} \boldsymbol{x}}{\boldsymbol{x}^{\mathrm{H}} \boldsymbol{x}} \geqslant \lambda_k + \delta_1 \tag{6.40}$$

综合式(6.39)、(6.40)即为式(6.38). □

例 6.9　设 $\boldsymbol{A},\boldsymbol{B}$ 均为 n 阶 Hermite 矩阵，且 $\boldsymbol{A},\boldsymbol{B}$ 的特征值分别为 λ_k,δ_k，特征值大小按下标递增排列，若 $\boldsymbol{A} \geqslant \boldsymbol{B}$，即 $\boldsymbol{A}-\boldsymbol{B} \geqslant 0$(非负定)，则 $\lambda_k \geqslant \delta_k, k=1,2,\cdots,n$.

证　记 $\boldsymbol{A}-\boldsymbol{B}=\boldsymbol{Q}$，则 $\boldsymbol{A}=\boldsymbol{B}+\boldsymbol{Q}$.

因为 $\boldsymbol{A},\boldsymbol{B}$ 均为 Hermite 矩阵，故 $\boldsymbol{Q}$ 也为 Hermite 矩阵，由于 $\boldsymbol{A} \geqslant \boldsymbol{B}$，故 $\boldsymbol{Q}=\boldsymbol{A}-\boldsymbol{B} \geqslant 0$ 为半正定矩阵. 设 $\boldsymbol{Q}$ 的特征值为 μ_k，则 $\mu_k \geqslant 0, k=1,2,\cdots,n$. 由定理 6.17，对于 $\boldsymbol{A}=\boldsymbol{B}+\boldsymbol{Q}$ 的特征值 λ_k 有

$$\delta_k + \mu_1 \leqslant \lambda_k \leqslant \delta_k + \mu_n \qquad k=1,2,\cdots,n$$

因为 $\mu_1 \geqslant 0$，故 $\lambda_k \geqslant \delta_k$. □

6.4　广义特征值与广义 Rayleigh 商

在振动理论、物理及工程技术中，常常涉及两个 Hermite 矩阵的广义特征值问题，现介绍如下.

定义 6.9　设 $\boldsymbol{A}$、$\boldsymbol{B}$ 均为 n 阶 Hermite 矩阵，且 $\boldsymbol{B}$ 正定，若存在 $\lambda \in \mathbf{C}$，及 $\boldsymbol{\theta} \neq \boldsymbol{x} \in \mathbf{C}^n$ 满足

$$\boldsymbol{A}\boldsymbol{x} = \lambda \boldsymbol{B}\boldsymbol{x} \tag{6.41}$$

则称 λ 为 $\boldsymbol{A}$ 相对于 $\boldsymbol{B}$ 的广义特征值，$\boldsymbol{x}$ 为属于 λ 的广义特征向量.

式(6.41)可以改写为

$$(\lambda \boldsymbol{B} - \boldsymbol{A})\boldsymbol{x} = \boldsymbol{\theta} \tag{6.42}$$

式(6.42)有非零解向量的充要条件是关于 λ 的 n 次代数方程

$$\det(\lambda \boldsymbol{B} - \boldsymbol{A}) = |\lambda \boldsymbol{B} - \boldsymbol{A}| = 0 \tag{6.43}$$

称方程(6.43)为 $\boldsymbol{A}$ 相对于 $\boldsymbol{B}$ 的特征方程，它的根 $\lambda_1,\cdots,\lambda_n$ 即为 $\boldsymbol{A}$ 相对于 $\boldsymbol{B}$ 的广义特征值. 把 λ_i 代入方程(6.42)，解得非零解向量即为 λ_i 的广义特征向量，$i=1,\cdots,n$.

由于 $\boldsymbol{B}$ 是 Hermite 正定矩阵，广义特征值问题(6.41)等价于下面的两种常义特征值问题：

(1) $\boldsymbol{B}^{-1}\boldsymbol{A}\boldsymbol{x} = \lambda \boldsymbol{x}$　(6.44)

因 $\boldsymbol{B}$ 非奇异，用 $\boldsymbol{B}^{-1}$ 左乘式(6.41)两端即得式(6.44)，这样广义特征值问题(6.41)等价地化为矩阵 $\boldsymbol{B}^{-1}\boldsymbol{A}$ 的常义特征值问题(6.44). 需要指出的是尽管 $\boldsymbol{A}$、$\boldsymbol{B}^{-1}$ 都是 Hermite 矩阵，但是 $\boldsymbol{B}^{-1}\boldsymbol{A}$ 则一般不再是 Hermite 矩阵.

(2) $\boldsymbol{S}\boldsymbol{y} = \lambda \boldsymbol{y}\ (\boldsymbol{B}=\boldsymbol{L}\boldsymbol{L}^{\mathrm{H}}, \boldsymbol{y}=\boldsymbol{L}^{\mathrm{H}}\boldsymbol{x}, \boldsymbol{S}=\boldsymbol{L}^{-1}\boldsymbol{A}(\boldsymbol{L}^{-1})^{\mathrm{H}})$　(6.45)

因 $\boldsymbol{B}$ 为 Hermite 正定阵，由定理 3.21，存在具有正对角元素的下三角矩阵 $\boldsymbol{L}$，使 $\boldsymbol{B}$ 有 Cholesky 分解，$\boldsymbol{B}=\boldsymbol{L}\boldsymbol{L}^{\mathrm{H}}$，于是方程(6.41)可写成

$$\boldsymbol{A}\boldsymbol{x} = \lambda \boldsymbol{L}\boldsymbol{L}^{\mathrm{H}}\boldsymbol{x} \tag{6.46}$$

令 $\boldsymbol{y}=\boldsymbol{L}^{\mathrm{H}}\boldsymbol{x}$，则 $\boldsymbol{x}=(\boldsymbol{L}^{\mathrm{H}})^{-1}\boldsymbol{y}=(\boldsymbol{L}^{-1})^{\mathrm{H}}\boldsymbol{y}$，代入上式

$$\boldsymbol{A}(\boldsymbol{L}^{-1})^{\mathrm{H}}\boldsymbol{y} = \lambda \boldsymbol{L}\boldsymbol{y}$$

左乘 $\boldsymbol{L}^{-1}$ 得

$$\boldsymbol{L}^{-1}\boldsymbol{A}(\boldsymbol{L}^{-1})^{\mathrm{H}}\boldsymbol{y}=\lambda\boldsymbol{y}$$

记 $\boldsymbol{S}=\boldsymbol{L}^{-1}\boldsymbol{A}(\boldsymbol{L}^{-1})^{\mathrm{H}}$，即得式(6.45).

显然 $\boldsymbol{S}$ 是 Hermite 矩阵，于是广义特征值问题(6.41) 转化为 Hermite 矩阵 $\boldsymbol{S}$ 的常义特征值问题(6.45).

例 6.10　求解广义特征值问题. $\boldsymbol{Ax}=\lambda\boldsymbol{Bx}$，其中

$$\boldsymbol{A}=\begin{bmatrix}1 & 0\\0 & 0\end{bmatrix},\boldsymbol{B}=\begin{bmatrix}1 & 1\\1 & 2\end{bmatrix}$$

解　方法一：直接求解

$$\boldsymbol{Ax}=\lambda\boldsymbol{Bx}$$

$$(\lambda\boldsymbol{B}-\boldsymbol{A})\boldsymbol{x}=\boldsymbol{\theta}$$

$$|\lambda\boldsymbol{B}-\boldsymbol{A}|=\begin{vmatrix}\lambda-1 & \lambda\\\lambda & 2\lambda\end{vmatrix}=\lambda^2-2\lambda=0,\lambda_1=0,\lambda_2=2$$

对于 $\lambda_1=0$

$$\lambda_1\boldsymbol{B}-\boldsymbol{A}=\begin{bmatrix}-1 & 0\\0 & 0\end{bmatrix}\xrightarrow{r}\begin{bmatrix}1 & 0\\0 & 0\end{bmatrix}$$

对应于 λ_1 的广义特征向量为 $k_1\begin{bmatrix}0\\1\end{bmatrix}$，$k_1\neq 0$.

对于 $\lambda_2=2$

$$\lambda_2\boldsymbol{B}-\boldsymbol{A}=\begin{bmatrix}1 & 2\\2 & 4\end{bmatrix}\xrightarrow{r}\begin{bmatrix}1 & 2\\0 & 0\end{bmatrix}$$

对应于 λ_2 的广义特征向量为 $k_2\begin{bmatrix}-2\\1\end{bmatrix}$，$k_2\neq 0$.

方法二：转化为求解

$$\boldsymbol{B}^{-1}\boldsymbol{Ax}=\lambda\boldsymbol{x}$$

$$\boldsymbol{B}^{-1}=\begin{bmatrix}2 & -1\\-1 & 1\end{bmatrix},\boldsymbol{B}^{-1}\boldsymbol{A}=\begin{bmatrix}2 & 0\\-1 & 0\end{bmatrix}$$

$$|\lambda\boldsymbol{I}-\boldsymbol{B}^{-1}\boldsymbol{A}|=\begin{vmatrix}\lambda-2 & 0\\1 & \lambda\end{vmatrix}=\lambda^2-2\lambda=0,\lambda_1=0,\lambda_2=2$$

对于 $\lambda_1=0$

$$\lambda_1\boldsymbol{I}-\boldsymbol{B}^{-1}\boldsymbol{A}=\begin{bmatrix}-2 & 0\\1 & 0\end{bmatrix}\rightarrow\begin{bmatrix}1 & 0\\0 & 0\end{bmatrix}$$

对应于 λ_1 的广义特征向量为 $k_1\begin{bmatrix}0\\1\end{bmatrix}$，$k_1\neq 0$.

对于 $\lambda_2=2$

$$\lambda_2\boldsymbol{I}-\boldsymbol{B}^{-1}\boldsymbol{A}=\begin{bmatrix}0 & 0\\1 & 2\end{bmatrix}\rightarrow\begin{bmatrix}1 & 2\\0 & 0\end{bmatrix}$$

对应于 λ_2 的广义特征向量为 $k_2\begin{bmatrix}-2\\1\end{bmatrix}$，$k_2\neq 0$.

方法三：转化为求解

$$Sy=\lambda y$$

$$B=\begin{bmatrix}1&1\\1&2\end{bmatrix}=\begin{bmatrix}1&0\\1&1\end{bmatrix}\begin{bmatrix}1&1\\0&1\end{bmatrix}=LL^{\mathrm H},L=\begin{bmatrix}1&0\\1&1\end{bmatrix},L^{-1}=\begin{bmatrix}1&0\\-1&1\end{bmatrix}$$

$$S=L^{-1}A(L^{-1})^{\mathrm H}=\begin{bmatrix}1&0\\-1&1\end{bmatrix}\begin{bmatrix}1&0\\0&0\end{bmatrix}\begin{bmatrix}1&-1\\0&1\end{bmatrix}=\begin{bmatrix}1&-1\\-1&1\end{bmatrix}$$

$$|\lambda I-S|=\begin{vmatrix}\lambda-1&1\\1&\lambda-1\end{vmatrix}=\lambda^2-2\lambda=0,\lambda_1=0,\lambda_2=2$$

对于 $\lambda_1=0$

$$\lambda_1 I-S=\begin{bmatrix}-1&1\\1&-1\end{bmatrix}\xrightarrow{r}\begin{bmatrix}1&-1\\0&0\end{bmatrix}$$

对应于 λ_1，矩阵 S 的常义特征向量为 $k_1\begin{bmatrix}1\\1\end{bmatrix}$，$k_1\neq 0$.

由 $x=(L^{-1})^{\mathrm H}y$ 求得

$$\begin{bmatrix}1&-1\\0&1\end{bmatrix}k_1\begin{bmatrix}1\\1\end{bmatrix}=k_1\begin{bmatrix}0\\1\end{bmatrix}$$

故 $k_1\begin{bmatrix}0\\1\end{bmatrix}$ 为 A 的属于 $\lambda_1=0$ 的广义特征向量，其中 $k_1\neq 0$.

对于 $\lambda_2=2$

$$\lambda_2 I-S=\begin{bmatrix}1&1\\1&1\end{bmatrix}\xrightarrow{r}\begin{bmatrix}1&1\\0&0\end{bmatrix}$$

对应于 λ_2 矩阵 S 的常义特征向量为 $k_2\begin{bmatrix}-1\\1\end{bmatrix}$，$k_2\neq 0$.

由 $x=(L^{-1})^{\mathrm H}y$，求得

$$\begin{bmatrix}1&-1\\0&1\end{bmatrix}k_2\begin{bmatrix}-1\\1\end{bmatrix}=k_2\begin{bmatrix}-2\\1\end{bmatrix}$$

故 $k_2\begin{bmatrix}-2\\1\end{bmatrix}$ 为 A 的属于 $\lambda_2=2$ 的广义特征向量，其中 $k_2\neq 0$.

定义 6.10　若 $x_1,\cdots,x_i,\cdots,x_j,\cdots,x_n$ 为问题(6.41)的线性无关的广义特征向量，且满足

$$x_i^{\mathrm H}Bx_j=\delta_{ij}\quad i,j=1,\cdots,n$$

则称 $x_1,\cdots,x_i,\cdots,x_j,\cdots,x_n$ 为 A 的按 B 标准正交的特征向量系.

定理 6.18　设 A,B 均为 n 阶 Hermite 矩阵，且 B 正定，则：

① A 的相对于 B 的 n 个广义特征值全为实数；

② A 存在一组按 B 标准正交的特征向量系.

证　由广义特征值问题 $Ax=\lambda Bx$ 的等价形式(6.45)有

$$Sy=\lambda y, S=L^{-1}A(L^{-1})^{H}, y=L^{H}x$$

因为 S 是 Hermite 矩阵，故 λ 为实数，① 得证.

由于 S 存在标准正交的特征向量系 $y_1, y_2, \cdots, y_n$，使

$$y_i^{H}y_j=\delta_{ij}$$

于是 $x_i=(L^{-1})^{H}y_i, i=1,\cdots,n$，即为 A 的相对于 B 的广义特征向量系

$$\begin{aligned} x_i^{H}Bx_j &= [(L^{-1})^{H}y_i]^{H}(LL^{H})(L^{-1})^{H}y_j = \\ & y_i^{H}L^{-1}LL^{H}(L^{H})^{-1}y_j = \\ & y_i^{H}y_j = \\ & \delta_{ij} \end{aligned} \tag{6.47}$$

以下只需证明 $x_1,\cdots,x_2,\cdots,x_n$ 线性无关即可，考察线性表达式

$$c_1x_1+\cdots+c_jx_j+\cdots+c_nx_n=\theta$$

用 $x_i^{H}B$ 左乘上式两端有

$$\sum_{j=1}^{n}c_jx_i^{H}Bx_j=0$$

由式(6.47) 得

$$c_i=0 \quad (i=1,\cdots,n)$$

故 $x_1,\cdots,x_n$ 线性无关. □

定义 6.11　设 A、B 为 n 阶 Hermite 矩阵，且 B 正定，对于 $\theta\neq\forall x\in\mathbf{C}^n$，称

$$R_B(x)=\frac{x^{H}Ax}{x^{H}Bx} \tag{6.48}$$

为矩阵 A 相对于矩阵 B 的**广义 Rayleigh 商**.

广义 Rayleigh 商(6.48) 与常义 Rayleigh 商(6.18) 有相类似的结论.

定理 6.19　A,B 为 n 阶 Hermite 矩阵，且 B 正定，广义特征值满足 $\lambda_1\leqslant\lambda_2\leqslant\cdots\leqslant\lambda_n$，则：

① $R_B(kx)=R_B(x)$，即 $R_B(x)$ 为零次齐次函数；

② $\lambda_1\leqslant R_B(x)\leqslant\lambda_n$；

③ $\min\limits_{x\neq\theta}R_B(x)=\lambda_1, \max\limits_{x\neq\theta}R_B(x)=\lambda_n$.

定理 6.20　设 V_k 为 $\mathbf{C}^n$ 中的任意一个 k 维子空间，则对于广义特征值问题(6.41) 有

$$\lambda_k=\min_{V_k}\max_{\theta\neq x\in V_k}R_B(x) \tag{6.49}$$

$$\lambda_k=\max_{V_{n-k+1}}\min_{\theta\neq x\in V_k}R_B(x) \quad (\lambda_{n-k+1}=\max_{V_k}\min_{\theta\neq x\in V_k}R_B(x)) \tag{6.50}$$

式(6.49)、式(6.50) 分别称之为广义特征值的极小极大原理或极大极小原理.

关于广义 Rayleigh 商还有如下重要结论：

定理 6.21　A,B 是 n 阶实对称矩阵，且 B 正定，$x\in\mathbf{R}^n$，则 $x_0\neq\theta$ 是 $R_B(x)$ 驻点的充要条件是 $R_B(x_0)$ 是 $Ax=\lambda Bx$ 的广义特征值，x_0 是属于 $R_B(x_0)$ 的广义特征向量.

本定理的证明见例 5.18.

习　题　六

1. 估计矩阵 A 的特征值的界限

$$A=\begin{bmatrix}0 & 0.2 & 0.1\\ -0.2 & 0 & 0.2\\ -0.1 & -0.2 & 0\end{bmatrix}$$

2. 估计矩阵 $\boldsymbol{A}$ 的特征值的分布范围

$$A \doteq \begin{bmatrix}2 & -1 & -2 & 0\\ -1 & 3 & 2\mathrm{i} & 0\\ 0 & -\mathrm{i} & 10 & \mathrm{i}\\ -2 & 0 & 0 & 6\mathrm{i}\end{bmatrix}$$

3. 估计矩阵 $\boldsymbol{A}=\begin{bmatrix}1 & -0.8\\ 0.5 & 0\end{bmatrix}$ 的特征值的分布范围.

4. 用圆盘定理(列盖尔圆) 隔离矩阵 $\boldsymbol{A}=\begin{bmatrix}20 & 3 & 2\\ 2 & 10 & 4\\ 4 & 0.5 & 0\end{bmatrix}$ 的特征值.

5. 若 $\boldsymbol{A}=(a_{ij})_{n\times n}$ 按列严格占优,即

$$|a_{jj}|>R_j \quad R_j=\sum_{\substack{i=1\\ i\neq j}}^{n}|a_{ij}|,j=1,2,\cdots,n$$

则 $\boldsymbol{A}$ 可逆.

6. 讨论矩阵 $\boldsymbol{A}=\begin{bmatrix}2.4 & 1.1 & 1\\ -0.8 & 3 & 1.2\\ 0.5 & 1.1 & 3\end{bmatrix}$ 的可逆性.

7. 设 $\boldsymbol{A}\in\mathbf{R}^{n\times n}$,且 $\boldsymbol{A}$ 的 n 个盖尔圆都是孤立的,则 $\boldsymbol{A}$ 有 n 个互不相同的实特征值.

8. 隔离矩阵 $\boldsymbol{A}=\begin{bmatrix}20 & 5 & 0.8\\ 4 & 10 & 1\\ 1 & 2 & 10\mathrm{i}\end{bmatrix}$ 的特征值.

9. 讨论矩阵 $\boldsymbol{A}=\begin{bmatrix}2 & 1.1 & 1\\ -0.8 & 3 & 2\\ 1.5 & 1.1 & 3\end{bmatrix}$ 的可逆性.

10. 设 $\boldsymbol{A}=(a_{ij})_{n\times n}$,求证:$\bigcup\limits_{i,j}\Omega_{ij}\subset\bigcup\limits_{i=1}^{n}G_i$.

11. 用圆盘定理证明矩阵

$$A=\begin{bmatrix}2 & \frac{1}{n} & \frac{1}{n} & \cdots & \frac{1}{n}\\ \frac{1}{n} & 4 & \frac{1}{n} & \cdots & \frac{1}{n}\\ \vdots & \vdots & \vdots & & \vdots\\ \frac{1}{n} & \frac{1}{n} & \frac{1}{n} & \cdots & 2n\end{bmatrix}$$

相似于对角阵,且 $\boldsymbol{A}$ 的特征值全为实数.

12. 证明定理 6.9($\boldsymbol{A}$ 为正定阵的等价命题).

13. 求证 Hermite 矩阵为正定阵的充要条件是它的顺序主子式均为正数.

14. 求解广义特征值问题 $\boldsymbol{Ax}=\lambda\boldsymbol{Bx}$，其中

$$\boldsymbol{A}=\begin{bmatrix}5 & 1\\1 & 1\end{bmatrix},\boldsymbol{B}=\begin{bmatrix}18 & 2\\2 & 2\end{bmatrix}$$

15. 设 $\boldsymbol{A},\boldsymbol{B}$ 为 n 阶 Hermite 矩阵，且 $\boldsymbol{B}$ 正定，证明广义特征值问题 $\boldsymbol{Ax}=\lambda\boldsymbol{Bx}$ 的对应于不同广义特征值的广义特征向量按 $\boldsymbol{B}$ 正交.

16*. 设 $\boldsymbol{A},\boldsymbol{B}$ 为 n 阶实正定矩阵，$\lambda_i(\boldsymbol{A}),\lambda_i(\boldsymbol{B}),\lambda_i(\boldsymbol{AB})$ 分别表示 $\boldsymbol{A},\boldsymbol{B},\boldsymbol{AB}$ 从小到大排列的第 i 个特征值，$i=1,\cdots,n$，证明

$$\lambda_1(\boldsymbol{AB})\geqslant\lambda_1(\boldsymbol{A})\lambda_1(\boldsymbol{B}),\lambda_n(\boldsymbol{AB})\leqslant\lambda_n(\boldsymbol{A})\lambda_n(\boldsymbol{B})$$

17. 设 $\lambda_1,\cdots,\lambda_n$ 为 $\boldsymbol{A}\in\mathbf{C}^{n\times n}$ 的特征值，求证

$$\sum_{i=1}^{n}|\lambda_i|^2\leqslant\sum_{i=1}^{n}\sum_{j=1}^{n}|a_{ij}|^2=\|\boldsymbol{A}\|_F^2$$

且等号成立的充要条件为 $\boldsymbol{A}$ 是正规矩阵.

18. 叙述并证明 Gershgorin 圆盘定理.

19. 若矩阵 $\boldsymbol{A}$ 按行严格对角占优，则 $\boldsymbol{A}$ 是可逆矩阵.

20. 设 $\lambda_1\leqslant\lambda_2\leqslant\cdots\leqslant\lambda_n$ 是 n 阶 Hermite 矩阵的特征值，$R(\boldsymbol{x})$ 是 $\boldsymbol{A}$ 的 Rayleigh 商，求证：

(1) $R(k\boldsymbol{x})=R(\boldsymbol{x})$，$k$ 为非零实数；

(2) $\lambda_1\leqslant R(\boldsymbol{x})\leqslant\lambda_n$；

(3) $\min\limits_{\boldsymbol{x}\neq\boldsymbol{0}}R(\boldsymbol{x})=\lambda_1,\max\limits_{\boldsymbol{x}\neq\boldsymbol{0}}R(\boldsymbol{x})=\lambda_n$.

第七章　广义逆矩阵

对于 n 阶方阵 $\boldsymbol{A},\boldsymbol{B}\in\mathbf{C}^{n\times n}$，若 $\boldsymbol{AB}=\boldsymbol{I}$，则 $\boldsymbol{B}=\boldsymbol{A}^{-1}$，称为 $\boldsymbol{A}$ 的逆矩阵，$\boldsymbol{A}$ 称为非奇异矩阵，即 $\boldsymbol{A}$ 是可逆的.

考虑线性方程组 $\boldsymbol{Ax}=\boldsymbol{b}$，若 $\boldsymbol{A}$ 非奇异，则 $\boldsymbol{x}=\boldsymbol{A}^{-1}\boldsymbol{b}$，方程组有唯一解. 现在的问题是如果 $\boldsymbol{A}$ 是奇异阵，或者 $\boldsymbol{A}$ 不是方阵而是长方形矩阵，那么能否将 $\boldsymbol{x}=\boldsymbol{A}^{-1}\boldsymbol{b}$ 这种形式，设法推广到一般形式下呢？

1920 年 Moore 首先提出了广义逆矩阵的概念，遗憾的是由于 Moore 的方程过于抽象，并未引起人们的重视. 30 多年后，1955 年 Penrose 提出了四个矩阵方程，给出了广义逆矩阵的概念. 这一比较实用、直观的定义，使广义逆矩阵的研究进入了新的阶段. 特别是由于电子计算机的兴起，推动了计算科学的发展，使广义逆矩阵理论更加完善. 如今它已成为矩阵论的重要分支，广泛应用于控制理论、系统识别和优化理论等领域.

本章主要学习广义逆矩阵与线性方程组的关系.

7.1　广义逆矩阵的概念

定义 7.1　设 $\boldsymbol{A}\in\mathbf{C}^{m\times n}$，若存在 $\boldsymbol{B}\in\mathbf{C}^{n\times m}$，满足下列 **Penrose** 方程：

①$\boldsymbol{ABA}=\boldsymbol{A}$；　(7.1)

②$\boldsymbol{BAB}=\boldsymbol{B}$；　(7.2)

③$(\boldsymbol{AB})^{\mathrm{H}}=\boldsymbol{AB}$；　(7.3)

④$(\boldsymbol{BA})^{\mathrm{H}}=\boldsymbol{BA}$；　(7.4)

中的某几个或全部，则称 $\boldsymbol{B}$ 为 $\boldsymbol{A}$ 的 **Penrose 广义逆矩阵**.

满足方程 ① 的广义逆矩阵记为 $\boldsymbol{A}^{-}$，称为减号逆.

满足全部四个方程的广义逆矩阵称为 $\boldsymbol{A}$ 的 **Moore-Penrose** 逆，记为 $\boldsymbol{A}^{+}$，称为加号逆或伪逆.

在把 n 阶方阵的逆 $\boldsymbol{A}^{-1}$ 推广到奇异阵及长方形矩阵定义广义逆矩阵时，自然要遵循下列原则：

(1) 对于奇异矩阵或长方形矩阵的广义逆矩阵存在；

(2) 保留 $\boldsymbol{A}^{-1}$ 的一些性质；

(3) 当 $\boldsymbol{A}$ 非奇异时，广义逆矩阵应还原回通常的逆矩阵.

显然，如果 $\boldsymbol{A}$ 是非奇异矩阵时，$\boldsymbol{B}=\boldsymbol{A}^{-1}$ 满足 Penrose 方程.

定义 7.2　设 $\boldsymbol{A}\in\mathbf{C}^{m\times n}$，若 $\boldsymbol{B}\in\mathbf{C}^{n\times m}$ 满足 Penrose 方程中的第 $i,j,\cdots,k$ 个方程，则称 $\boldsymbol{B}$ 为

$\boldsymbol{A}$ 的 $\{i,j,\cdots,k\}$ 逆，记为 $\boldsymbol{A}^{(i,j,\cdots,k)}$，其全体记为 $\boldsymbol{A}\{i,j,\cdots,k\}$.

根据定义 7.1 知，如果按照满足 Penrose 方程个数进行分类，广义逆矩阵共有

$$C_4^1+C_4^2+C_4^3+C_4^4=2^4-1=15(\text{种})$$

在应用中，这 15 种广义逆矩阵比较有用的为以下 5 种

$$\boldsymbol{A}\{1\},\boldsymbol{A}\{1,2\},\boldsymbol{A}\{1,3\},\boldsymbol{A}\{1,4\},\boldsymbol{A}^{+}=\boldsymbol{A}\{1,2,3,4\}$$

其中，$\boldsymbol{A}^{-}=\boldsymbol{A}^{(1)}\in\boldsymbol{A}\{1\}$ 最为基本，$\boldsymbol{A}^{+}=\{1,2,3,4\}$ 与 $\boldsymbol{A}^{-1}$ 最为接近，最为重要. 记 $\boldsymbol{A}^{(1,2)}=\boldsymbol{A}_r^{-}$，称为自反广义逆，$\boldsymbol{A}^{(1,3)}=\boldsymbol{A}_l^{-}$，称为最小二乘广义逆；$\boldsymbol{A}^{(1,4)}=\boldsymbol{A}_m^{-}$ 为极小范数广义逆.

7.2　广义逆矩阵 $\boldsymbol{A}^{-}$ 与自反广义逆 $\boldsymbol{A}_r^{-}$

定理 7.1　设 $\boldsymbol{A}\in\mathbf{C}_r^{m\times n}$，$r\geqslant 1$，若 $\boldsymbol{A}$ 的相抵标准形为

$$\boldsymbol{PAQ}=\begin{bmatrix}\boldsymbol{I}_r & \boldsymbol{O}\\ \boldsymbol{O} & \boldsymbol{O}\end{bmatrix}\tag{7.5}$$

其中，$\boldsymbol{P}\in\mathbf{C}_m^{m\times m}$，$\boldsymbol{Q}\in\mathbf{C}_n^{n\times n}$，则 $\boldsymbol{B}\in\boldsymbol{A}\{1\}$ 的充分必要条件是

$$\boldsymbol{B}=\boldsymbol{Q}\begin{bmatrix}\boldsymbol{I}_r & \boldsymbol{K}\\ \boldsymbol{L} & \boldsymbol{M}\end{bmatrix}\boldsymbol{P}\tag{7.6}$$

这里 $\boldsymbol{K}\in\mathbf{C}^{r\times(m-r)}$，$\boldsymbol{L}\in\mathbf{C}^{(n-r)\times r}$，$\boldsymbol{M}\in\mathbf{C}^{(n-r)\times(m-r)}$ 是任意的矩阵.

证　由式(7.5)有

$$\boldsymbol{A}=\boldsymbol{P}^{-1}\begin{bmatrix}\boldsymbol{I}_r & \boldsymbol{O}\\ \boldsymbol{O} & \boldsymbol{O}\end{bmatrix}\boldsymbol{Q}^{-1}\tag{7.7}$$

先证必要性.

设 $\boldsymbol{B}\in\boldsymbol{A}\{1\}$，则

$$\boldsymbol{ABA}=\boldsymbol{A}$$

于是

$$\boldsymbol{P}^{-1}\begin{bmatrix}\boldsymbol{I}_r & \boldsymbol{O}\\ \boldsymbol{O} & \boldsymbol{O}\end{bmatrix}\boldsymbol{Q}^{-1}\boldsymbol{BP}^{-1}\begin{bmatrix}\boldsymbol{I}_r & \boldsymbol{O}\\ \boldsymbol{O} & \boldsymbol{O}\end{bmatrix}\boldsymbol{Q}^{-1}=\boldsymbol{P}^{-1}\begin{bmatrix}\boldsymbol{I}_r & \boldsymbol{O}\\ \boldsymbol{O} & \boldsymbol{O}\end{bmatrix}\boldsymbol{Q}^{-1}$$

上式两端左乘 $\boldsymbol{P}$，右乘 $\boldsymbol{Q}$ 得

$$\begin{bmatrix}\boldsymbol{I}_r & \boldsymbol{O}\\ \boldsymbol{O} & \boldsymbol{O}\end{bmatrix}\boldsymbol{Q}^{-1}\boldsymbol{BP}^{-1}\begin{bmatrix}\boldsymbol{I}_r & \boldsymbol{O}\\ \boldsymbol{O} & \boldsymbol{O}\end{bmatrix}=\begin{bmatrix}\boldsymbol{I}_r & \boldsymbol{O}\\ \boldsymbol{O} & \boldsymbol{O}\end{bmatrix}$$

记 $\boldsymbol{Q}^{-1}\boldsymbol{BP}^{-1}=\begin{bmatrix}\boldsymbol{B}_1 & \boldsymbol{B}_2\\ \boldsymbol{B}_3 & \boldsymbol{B}_4\end{bmatrix}$，其中 $\boldsymbol{B}_1\in\mathbf{C}^{r\times r}$，$\boldsymbol{B}_2\in\mathbf{C}^{r\times(m-r)}$，$\boldsymbol{B}_3\in\mathbf{C}^{(n-r)\times r}$，$\boldsymbol{B}_4\in\mathbf{C}^{(n-r)\times(m-r)}$，代入上式得

$$\begin{bmatrix}\boldsymbol{I}_r & \boldsymbol{O}\\ \boldsymbol{O} & \boldsymbol{O}\end{bmatrix}\begin{bmatrix}\boldsymbol{B}_1 & \boldsymbol{B}_2\\ \boldsymbol{B}_3 & \boldsymbol{B}_4\end{bmatrix}\begin{bmatrix}\boldsymbol{I}_r & \boldsymbol{O}\\ \boldsymbol{O} & \boldsymbol{O}\end{bmatrix}=\begin{bmatrix}\boldsymbol{I}_r & \boldsymbol{O}\\ \boldsymbol{O} & \boldsymbol{O}\end{bmatrix}$$

即
$$\begin{bmatrix}\boldsymbol{B}_1 & \boldsymbol{O}\\ \boldsymbol{O} & \boldsymbol{O}\end{bmatrix}=\begin{bmatrix}\boldsymbol{I}_r & \boldsymbol{O}\\ \boldsymbol{O} & \boldsymbol{O}\end{bmatrix}$$

从而待定出 $\boldsymbol{B}_1=\boldsymbol{I}_r$，而 $\boldsymbol{B}_2$、$\boldsymbol{B}_3$、$\boldsymbol{B}_4$ 是任意的，分别记之为

$$\boldsymbol{B}_2=\boldsymbol{K},\boldsymbol{B}_3=\boldsymbol{L},\boldsymbol{B}_4=\boldsymbol{M}$$

故
$$\boldsymbol{Q}^{-1}\boldsymbol{B}\boldsymbol{P}^{-1}=\begin{bmatrix}\boldsymbol{I}_r & \boldsymbol{K}\\ \boldsymbol{L} & \boldsymbol{M}\end{bmatrix}$$

因此
$$\boldsymbol{B}=\boldsymbol{Q}\begin{bmatrix}\boldsymbol{I}_r & \boldsymbol{K}\\ \boldsymbol{L} & \boldsymbol{M}\end{bmatrix}\boldsymbol{P}$$

再证充分性.

设
$$\boldsymbol{B}=\boldsymbol{Q}\begin{bmatrix}\boldsymbol{I}_r & \boldsymbol{K}\\ \boldsymbol{L} & \boldsymbol{M}\end{bmatrix}\boldsymbol{P}$$

经验算

$$\boldsymbol{ABA}=\boldsymbol{P}^{-1}\begin{bmatrix}\boldsymbol{I}_r & \boldsymbol{O}\\ \boldsymbol{O} & \boldsymbol{O}\end{bmatrix}\boldsymbol{Q}^{-1}\boldsymbol{Q}\begin{bmatrix}\boldsymbol{I}_r & \boldsymbol{K}\\ \boldsymbol{L} & \boldsymbol{M}\end{bmatrix}\boldsymbol{P}\boldsymbol{P}^{-1}\begin{bmatrix}\boldsymbol{I}_r & \boldsymbol{O}\\ \boldsymbol{O} & \boldsymbol{O}\end{bmatrix}\boldsymbol{Q}^{-1}=\boldsymbol{A}$$

所以
$$\boldsymbol{B}\in\boldsymbol{A}\{1\}$$

这说明式(7.6)所定义的矩阵 $\boldsymbol{B}$ 满足 $\boldsymbol{ABA}=\boldsymbol{A}$，并且满足 $\boldsymbol{ABA}=\boldsymbol{A}$ 的矩阵 $\boldsymbol{B}$ 具有式(7.6)的形式. □

在证明定理7.1的过程中可见 $\boldsymbol{A}$ 的广义逆矩阵 $\boldsymbol{A}^-$ 一定存在，但由于 $\boldsymbol{K},\boldsymbol{L},\boldsymbol{M}$ 的任意性，显而易见 $\boldsymbol{A}^-$ 不唯一.

由式(7.6)可得 $\boldsymbol{A}^-$ 以下性质.

性质1　设 $\boldsymbol{A}\in\mathbf{C}^{m\times n}$，$\boldsymbol{A}^-=\boldsymbol{A}^{(1)}\in\boldsymbol{A}\{1\}$，则

$$(\boldsymbol{A}^-)^{\mathrm{T}}\in\boldsymbol{A}^{\mathrm{T}}\{1\},(\boldsymbol{A}^-)^{\mathrm{H}}\in\boldsymbol{A}^{\mathrm{H}}\{1\}$$

证　先证后式.

由 $\boldsymbol{A}(\boldsymbol{A}^-)\boldsymbol{A}=\boldsymbol{A}$ 两端取共轭转置得

$$\boldsymbol{A}^{\mathrm{H}}(\boldsymbol{A}^-)^{\mathrm{H}}\boldsymbol{A}^{\mathrm{H}}=\boldsymbol{A}^{\mathrm{H}}$$

这说明 $(\boldsymbol{A}^-)^{\mathrm{H}}$ 是 $\boldsymbol{A}^{\mathrm{H}}$ 的减号逆，所以 $(\boldsymbol{A}^-)^{\mathrm{H}}\in\boldsymbol{A}^{\mathrm{H}}\{1\}$.

前式是后式的特例. □

性质1说明 $\boldsymbol{A}^-$ 的共轭转置阵 $(\boldsymbol{A}^-)^{\mathrm{H}}$ 是 $\boldsymbol{A}^{\mathrm{H}}$ 的减号逆.

性质2　设 $\lambda\in\mathbf{C}$，$\lambda^+=\begin{cases}\lambda^{-1}, & \lambda\neq 0\\ 0, & \lambda=0\end{cases}$　则

$$\lambda^+\boldsymbol{A}^-\in(\lambda\boldsymbol{A})\{1\}$$

证　$\lambda=0$ 时

$$(\lambda\boldsymbol{A})(\lambda^+\boldsymbol{A}^-)(\lambda\boldsymbol{A})=(\lambda\boldsymbol{A})\cdot 0\boldsymbol{A}^-(\lambda\boldsymbol{A})=0\boldsymbol{A}=\lambda\boldsymbol{A}$$

$\lambda\neq 0$ 时

$$(\lambda\boldsymbol{A})(\lambda^+\boldsymbol{A}^-)\lambda\boldsymbol{A}=(\lambda\boldsymbol{A})(\frac{1}{\lambda}\boldsymbol{A}^-)(\lambda\boldsymbol{A})=\lambda\boldsymbol{A}\boldsymbol{A}^-\boldsymbol{A}=\lambda\boldsymbol{A}$$

总有

$$\lambda^{+} \boldsymbol{A}^{-}=(\lambda \boldsymbol{A})^{(1)} \in \lambda \boldsymbol{A}\{1\}$$ □

性质 3　$\operatorname{rank} \boldsymbol{A} \leqslant \operatorname{rank} \boldsymbol{A}^{-}$.

证　由式(7.6)知

$$\operatorname{rank} \boldsymbol{A}^{-}=\operatorname{rank}\begin{bmatrix}\boldsymbol{I}_r & \boldsymbol{K} \\ \boldsymbol{L} & \boldsymbol{M}\end{bmatrix} \geqslant r=\operatorname{rank} \boldsymbol{A}$$

性质 4　$\boldsymbol{AA}^{-}$ 和 $\boldsymbol{A}^{-}\boldsymbol{A}$ 是幂等阵，且 $\operatorname{rank}(\boldsymbol{AA}^{-})=\operatorname{rank}(\boldsymbol{A}^{-}\boldsymbol{A})=\operatorname{rank} \boldsymbol{A}$.

证　可得

$$(\boldsymbol{AA}^{-})^2=(\boldsymbol{AA}^{-})(\boldsymbol{AA}^{-})=(\boldsymbol{AA}^{-}\boldsymbol{A})\boldsymbol{A}^{-}=\boldsymbol{AA}^{-}$$

$$(\boldsymbol{A}^{-}\boldsymbol{A})^2=(\boldsymbol{A}^{-}\boldsymbol{A})(\boldsymbol{A}^{-}\boldsymbol{A})=\boldsymbol{A}^{-}(\boldsymbol{AA}^{-}\boldsymbol{A})=\boldsymbol{A}^{-}\boldsymbol{A}$$

故 $\boldsymbol{AA}^{-}$ 和 $\boldsymbol{A}^{-}\boldsymbol{A}$ 都是幂等阵，由定理 2.15 知它们都是投影矩阵.

由式(7.6)及式(7.7)有

$$\boldsymbol{AA}^{-}=\boldsymbol{P}^{-1}\begin{bmatrix}\boldsymbol{I}_r & \boldsymbol{O} \\ \boldsymbol{O} & \boldsymbol{O}\end{bmatrix}\boldsymbol{Q}^{-1}\boldsymbol{Q}\begin{bmatrix}\boldsymbol{I}_r & \boldsymbol{K} \\ \boldsymbol{L} & \boldsymbol{M}\end{bmatrix}\boldsymbol{P}=\boldsymbol{P}^{-1}\begin{bmatrix}\boldsymbol{I}_r & \boldsymbol{K} \\ \boldsymbol{O} & \boldsymbol{O}\end{bmatrix}\boldsymbol{P}$$

故 $\boldsymbol{AA}^{-}$ 与 $\begin{bmatrix}\boldsymbol{I}_r & \boldsymbol{K} \\ \boldsymbol{O} & \boldsymbol{O}\end{bmatrix}$ 相抵，它们的秩相等，后者的秩显然为 r.

所以　$$\operatorname{rank}(\boldsymbol{AA}^{-})=r=\operatorname{rank} \boldsymbol{A}$$

同理　$$\operatorname{rank}(\boldsymbol{A}^{-}\boldsymbol{A})=r=\operatorname{rank} \boldsymbol{A}$$

故　$$\operatorname{rank}(\boldsymbol{AA}^{-})=\operatorname{rank}(\boldsymbol{A}^{-}\boldsymbol{A})=\operatorname{rank} \boldsymbol{A}$$ □

例 7.1　已知　$$\boldsymbol{A}=\begin{bmatrix}1 & 0 \\ 1 & 0 \\ 1 & 0\end{bmatrix}, \boldsymbol{B}=\begin{bmatrix}1 & 0 & 0 \\ 0 & 1 & 0\end{bmatrix}, \boldsymbol{D}=\begin{bmatrix}1 & 0 & 1 \\ 0 & 1 & 0\end{bmatrix}$$

容易验证 $\boldsymbol{ABA}=\boldsymbol{A}, \boldsymbol{ADA}=\boldsymbol{A}$.

因此 $\boldsymbol{B}, \boldsymbol{D}$ 均为 $\boldsymbol{A}$ 的广义逆矩阵，可见 $\boldsymbol{A}^{-}$ 不唯一.

显然　$$\operatorname{rank} \boldsymbol{A}=1<2=\operatorname{rank} \boldsymbol{B}=\operatorname{rank} \boldsymbol{D}$$

而　$$\boldsymbol{AB}=\begin{bmatrix}1 & 0 & 0 \\ 1 & 0 & 0 \\ 1 & 0 & 0\end{bmatrix}, \boldsymbol{BA}=\begin{bmatrix}1 & 0 \\ 1 & 0\end{bmatrix}$$

于是有

$$\operatorname{rank} \boldsymbol{AB}=\operatorname{rank} \boldsymbol{BA}=\operatorname{rank} \boldsymbol{A}$$

需要注意的是 $\boldsymbol{AB} \neq \boldsymbol{I}_3, \boldsymbol{BA} \neq \boldsymbol{I}_2$，广义逆矩阵 $\boldsymbol{A}^{-}$ 的定义为 $\boldsymbol{AA}^{-}\boldsymbol{A}=\boldsymbol{A}$，与 $\boldsymbol{I}_2, \boldsymbol{I}_3$ 无直接联系，可见其定义更广泛.

性质 5　$\boldsymbol{AA}^{-}=\boldsymbol{I}_m$ 的充分必要条件是 $\operatorname{rank} \boldsymbol{A}=m$，即 $\boldsymbol{A}$ 行满秩. 此时称 $\boldsymbol{A}^{-}$ 为 $\boldsymbol{A}$ 的右逆，记为 $\boldsymbol{A}_R^{-1}$；

$\boldsymbol{A}^{-}\boldsymbol{A}=\boldsymbol{I}_n$ 的充分必要条件是 $\operatorname{rank} \boldsymbol{A}=n$，即 $\boldsymbol{A}$ 列满秩. 此时称 $\boldsymbol{A}^{-}$ 为 $\boldsymbol{A}$ 的左逆，记为 $\boldsymbol{A}_L^{-1}$.

证　先证必要性.

设 $\boldsymbol{AA}^{-}=\boldsymbol{I}_m$，则由性质 4 有

$$\operatorname{rank}(\boldsymbol{AA}^{-})=\operatorname{rank}\boldsymbol{A}$$

而

$$\operatorname{rank}(\boldsymbol{AA}^{-})=\operatorname{rank}\boldsymbol{I}_m=m$$

故 $\operatorname{rank}\boldsymbol{A}=m$，即 $\boldsymbol{A}$ 是行满秩的.

再证充分性.

设 $\operatorname{rank}\boldsymbol{A}=m$，于是 $\operatorname{rank}(\boldsymbol{AA}^{-})=\operatorname{rank}\boldsymbol{A}=m$.

因为 $\boldsymbol{AA}^{-}$ 是 m 阶方阵，故 $\boldsymbol{AA}^{-}$ 是满秩阵，因此有逆.

由性质 4 知 $\boldsymbol{AA}^{-}$ 是幂等阵，故

$$(\boldsymbol{AA}^{-})(\boldsymbol{AA}^{-})=\boldsymbol{AA}^{-}$$

上式两端左乘 $(\boldsymbol{AA}^{-})^{-1}$ 得

$$\boldsymbol{AA}^{-}=\boldsymbol{I}_m$$

同理可证 $\boldsymbol{A}^{-}\boldsymbol{A}=\boldsymbol{I}_n$ 充要条件为 $\operatorname{rank}(\boldsymbol{A}^{-}\boldsymbol{A})=n$. □

取

$$\boldsymbol{A}=\begin{bmatrix}1&0&0\\0&1&0\end{bmatrix},\boldsymbol{B}=\begin{bmatrix}1&0\\0&1\\a&b\end{bmatrix}$$

则 $\boldsymbol{AB}=\boldsymbol{I}_2$，故 $\boldsymbol{B}$ 为 $\boldsymbol{A}$ 的右逆 $\boldsymbol{A}_R^{-1}$. 由 a,b 的任意性，知 $\boldsymbol{A}_R^{-1}$ 不唯一.

取 $\boldsymbol{A}=\begin{bmatrix}1&0\\0&1\\0&0\end{bmatrix}$，$\boldsymbol{G}=\begin{bmatrix}1&0&a\\0&1&b\end{bmatrix}$，则 $\boldsymbol{GA}=\boldsymbol{I}_2$，故 $\boldsymbol{G}$ 为 $\boldsymbol{A}$ 的左逆 $\boldsymbol{A}_L^{-1}$. 由 a,b 的任意性，知 $\boldsymbol{A}_L^{-1}$ 不唯一.

根据定理 7.1，欲求 $\boldsymbol{A}^{-}$，理论上只要把 $\boldsymbol{A}$ 化为相抵标准形过程中的 $\boldsymbol{P},\boldsymbol{Q}$ 求出，即可构造出 $\boldsymbol{A}^{-}$. 一般地需要对 $\boldsymbol{A}$ 进行行与列的初等变换，如果仅仅考虑行的初等变换及列的置换，我们有以下定理.

定理 7.2　设 $\boldsymbol{A}\in\mathbf{C}_r^{m\times n}$，若存在 $\boldsymbol{P}\in\mathbf{C}_m^{m\times m}$，及 n 阶置换阵 $\boldsymbol{S}$，使得

$$\boldsymbol{PAS}=\begin{bmatrix}\boldsymbol{I}_r&\boldsymbol{K}\\\boldsymbol{O}&\boldsymbol{O}\end{bmatrix}$$

这里 $\boldsymbol{K}\in\mathbf{C}^{r\times(n-r)}$，则对任意 $\boldsymbol{M}\in\mathbf{C}^{(n-r)\times(m-r)}$

$$\boldsymbol{A}^{-}=\boldsymbol{S}\begin{bmatrix}\boldsymbol{I}_r&\boldsymbol{O}\\\boldsymbol{O}&\boldsymbol{M}\end{bmatrix}\boldsymbol{P}\tag{7.8}$$

定理 7.2 是定理 7.1 的特殊情况，故结论显然成立.

定理 7.2 提供了求 $\boldsymbol{A}^{-}$ 比较可行的作法.

例 7.2　求矩阵 $\boldsymbol{A}=\begin{bmatrix}1&3&2&1\\2&6&1&-1\\3&9&3&0\end{bmatrix}$ 的 $\boldsymbol{A}^{-}$.

解 关键在于把 $\boldsymbol{P},\boldsymbol{S}$ 求出,故构造增广矩阵

$$(\boldsymbol{A}\quad \boldsymbol{I}_3)=\begin{bmatrix}1&3&2&1&1&0&0\\2&6&1&-1&0&1&0\\3&9&3&0&0&0&1\end{bmatrix}\xrightarrow[r_3-3r_1]{r_2-2r_1}$$

$$\begin{bmatrix}1&3&2&1&1&0&0\\0&0&-3&-3&-2&1&0\\0&0&-3&-3&-3&0&1\end{bmatrix}\xrightarrow[r_2\times(-\frac{1}{3})]{r_3-r_2}$$

$$\begin{bmatrix}1&3&2&1&1&0&0\\0&0&1&1&\frac{2}{3}&-\frac{1}{3}&0\\0&0&0&0&-1&-1&1\end{bmatrix}\xrightarrow{r_1-2r_2}$$

$$\begin{bmatrix}1&3&0&-1&-\frac{1}{3}&\frac{2}{3}&0\\0&0&1&1&\frac{2}{3}&-\frac{1}{3}&0\\0&0&0&0&-1&-1&1\end{bmatrix}$$

于是

$$\boldsymbol{P}=\begin{bmatrix}-\frac{1}{3}&\frac{2}{3}&0\\\frac{2}{3}&-\frac{1}{3}&0\\-1&-1&1\end{bmatrix}$$

因为需将第 2,3 列交换可得相抵标准形,故

$$\boldsymbol{S}=(\boldsymbol{e}_1,\boldsymbol{e}_3,\boldsymbol{e}_2,\boldsymbol{e}_4)=\begin{bmatrix}1&0&0&0\\0&0&1&0\\0&1&0&0\\0&0&0&1\end{bmatrix}$$

即有

$$\boldsymbol{PAS}=\left[\begin{array}{cc:cc}1&0&3&-1\\0&1&0&1\\\hdashline 0&0&0&0\end{array}\right]$$

则

$$\boldsymbol{A}^{-}=\boldsymbol{S}\left[\begin{array}{cc:c}1&0&0\\0&1&0\\\hdashline 0&0&m_1\\0&0&m_2\end{array}\right]\boldsymbol{P}=$$

$$\begin{bmatrix}1&0&0\\0&0&m_1\\0&1&0\\0&0&m_2\end{bmatrix}\begin{bmatrix}-\frac{1}{3}&\frac{2}{3}&0\\\frac{2}{3}&-\frac{1}{3}&0\\-1&-1&1\end{bmatrix}=\begin{bmatrix}-\frac{1}{3}&\frac{2}{3}&0\\-m_1&-m_1&m_1\\\frac{2}{3}&-\frac{1}{3}&0\\-m_2&-m_2&m_2\end{bmatrix}$$

其中，$m_1,m_2\in\mathbf{C}$ 是任意的.

当然与式(7.6)相比，由矩阵的构造知式(7.8)得到的 $\boldsymbol{A}^-$ 并非是满足 $\boldsymbol{AXA}=\boldsymbol{A}$ 的全体，它只是 $\boldsymbol{A}\{1\}$ 的一部分.

以下学习 $\boldsymbol{A}^-$ 在矩阵方程与线性方程组求解方面的应用.

在线性代数里，若线性方程组 $\boldsymbol{Ax}=\boldsymbol{b}$ 有解，则称此方程组为相容方程组；若无解，则称之为不相容方程组或矛盾方程组.

矩阵 $\boldsymbol{B}$ 是否为 $\boldsymbol{A}^-$ 与 $\boldsymbol{Bb}$ 是否为相容方程组 $\boldsymbol{Ax}=\boldsymbol{b}$ 的解密切相关联，这就是下面的定理.

定理 7.3　设 $\boldsymbol{A}\in\mathbf{C}^{m\times n}$，则 $\boldsymbol{B}=\boldsymbol{A}^-$ 的充分必要条件是 $\boldsymbol{Bb}$ 是相容方程组 $\boldsymbol{Ax}=\boldsymbol{b}$ 的解.

证　先证必要性.

设 $\boldsymbol{B}=\boldsymbol{A}^-$，于是有 $\boldsymbol{ABA}=\boldsymbol{A}$，因为 $\boldsymbol{Ax}=\boldsymbol{b}$ 是相容方程组，所以 $\boldsymbol{b}\in R(\boldsymbol{A})$，因此 $\exists\,\boldsymbol{y}\in\mathbf{C}^n$，使 $\boldsymbol{Ay}=\boldsymbol{b}$，用 $\boldsymbol{y}$ 右乘等式 $\boldsymbol{ABA}=\boldsymbol{A}$ 两端有 $\boldsymbol{ABAy}=\boldsymbol{Ay}$，以 $\boldsymbol{Ay}=\boldsymbol{b}$ 代入得，$\boldsymbol{ABb}=\boldsymbol{b}$，这说明 $\boldsymbol{Bb}$ 是相容方程组 $\boldsymbol{Ax}=\boldsymbol{b}$ 的解.

再证充分性.

对 $\forall\,\boldsymbol{y}\in\mathbf{C}^n$，记 $\boldsymbol{Ay}=\boldsymbol{b}$，因为 $\boldsymbol{Bb}$ 是相容方程组 $\boldsymbol{Ax}=\boldsymbol{b}$ 的解，故 $\boldsymbol{ABb}=\boldsymbol{b}$. 以 $\boldsymbol{b}=\boldsymbol{Ay}$ 代入有

$$\boldsymbol{ABAy}=\boldsymbol{Ay}$$

由于 $\boldsymbol{y}$ 是任意的，特取 $\boldsymbol{y}=\boldsymbol{e}_j$，$j=1,2,\cdots,n$；$\boldsymbol{e}_j$ 为 $\boldsymbol{I}_n$ 的第 j 个列向量，故

$$\boldsymbol{ABA}(\boldsymbol{e}_1,\cdots,\boldsymbol{e}_j,\cdots,\boldsymbol{e}_n)=\boldsymbol{A}(\boldsymbol{e}_1,\cdots,\boldsymbol{e}_j,\cdots,\boldsymbol{e}_n)$$

即 $\boldsymbol{ABA}=\boldsymbol{A}$，故 $\boldsymbol{B}=\boldsymbol{A}^-$. □

定理 7.4(Penrose)　设 $\boldsymbol{A}\in\mathbf{C}^{m\times n}$，$\boldsymbol{B}\in\mathbf{C}^{p\times q}$，$\boldsymbol{D}\in\mathbf{C}^{m\times q}$，则矩阵方程

$$\boldsymbol{AXB}=\boldsymbol{D}\tag{7.9}$$

有解的充分必要条件是

$$\boldsymbol{AA}^-\boldsymbol{DB}^-\boldsymbol{B}=\boldsymbol{D}\tag{7.10}$$

并且在有解的情况下，其通解为

$$\boldsymbol{X}=\boldsymbol{A}^-\boldsymbol{DB}^-+\boldsymbol{Y}-\boldsymbol{A}^-\boldsymbol{AYBB}^-\tag{7.11}$$

其中 $\boldsymbol{Y}\in\mathbf{C}^{n\times p}$ 是任意的矩阵.

证　先证必要性.

设矩阵方程(7.9)有解，且 $\boldsymbol{X}$ 为其任一解，则

$$\begin{aligned}\boldsymbol{D}&=\boldsymbol{AXB}=(\boldsymbol{AA}^-\boldsymbol{A})\boldsymbol{X}(\boldsymbol{BB}^-\boldsymbol{B})=\\&\boldsymbol{AA}^-(\boldsymbol{AXB})\boldsymbol{B}^-\boldsymbol{B}=\\&\boldsymbol{AA}^-\boldsymbol{DB}^-\boldsymbol{B}\end{aligned}$$

再证充分性.

设式(7.10)成立,因此有

$$A(A^- DB^-)B = D$$

即 $X = A^- DB^-$ 为矩阵方程(7.9)的解,这说明矩阵方程(7.9)有解.

最后证明在有解的情况下式(7.11)是矩阵方程(7.9)的通解.

首先证明式(7.11)是式(7.9)的解,这只需在式(7.11)两端分别左乘 A,右乘 B 即有

$$AXB = A(A^- DB^-)B + AYB - A(A^- AYBB^-)B$$

于是得到

$$AXB = D$$

其次只要说明式(7.9)的任一解 X 可以通过适当选取 Y 表示成式(7.11)的形式即可,事实上有

$$X = A^- DB^- + X - A^- DB^-$$

故

$$X = A^- DB^- + X - A^- AXBB^-$$

这说明了式(7.11)是矩阵方程(7.9)的通解.

将定理 7.4 应用到线性方程组 $Ax = b$,即可得如下的结果.

推论 1　$A \in C^{m\times n}$,$b \in C^m$,则线性方程组 $Ax = b$ 有解的充分必要条件是

$$AA^- b = b \tag{7.12}$$

此时,$Ax = b$ 的通解是

$$x = A^- b + (I_n - A^- A)y \tag{7.13}$$

这里 $y \in C^n$ 是任意的.

由式(7.13)看出 $Ax = b$ 的通解由两部分组成,其中 $A^- b$ 是 $Ax = b$ 的一个特解,而 $(I - A^- A)y$ 为 $Ax = \theta$ 的通解.

推论 2　设 $A \in C^{m\times n}$,则

$$A\{1\} = \{A^- + K - A^- AKAA^- \mid K \in C^{n\times m} \text{ 是任意的}\}$$

证　将定理 7.4 应用到矩阵方程(7.9)中,取 $B = A$,$D = A$,则方程

$$AXA = A$$

其通解为

$$X = A^- AA^- + Y - A^- AYAA^-$$

其中 $Y \in C^{n\times m}$ 是任意的.

令 $Y = A^- + K$,代入上式得

$$X = A^- AA^- + A^- + K - A^- A(A^- + K)AA^- = A^- + K - A^- AKAA^-$$

这里 $K \in C^{n\times m}$ 是任意的.

对于给定的某一个 A^-,推论 2 给出了 $A\{1\}$ 的通式.

例 7.3　用广义逆矩阵 A^- 求解线性方程组

$$\begin{cases} x_1 + 3x_2 + 2x_3 + x_4 = 1 \\ 2x_1 + 6x_2 + x_3 - x_4 = 0 \\ 3x_1 + 9x_2 + 3x_3 = 1 \end{cases}$$

解　记

$$\boldsymbol{A} = \begin{bmatrix} 1 & 3 & 2 & 1 \\ 2 & 6 & 1 & -1 \\ 3 & 9 & 3 & 0 \end{bmatrix}, \boldsymbol{b} = \begin{bmatrix} 1 \\ 0 \\ 1 \end{bmatrix}$$

在例 7.2 中,令

$$m_1 = m_2 = 0$$

可取

$$\boldsymbol{A}^- = \begin{bmatrix} -\frac{1}{3} & \frac{2}{3} & 0 \\ 0 & 0 & 0 \\ \frac{2}{3} & -\frac{1}{3} & 0 \\ 0 & 0 & 0 \end{bmatrix} = \frac{1}{3}\begin{bmatrix} -1 & 2 & 0 \\ 0 & 0 & 0 \\ 2 & -1 & 0 \\ 0 & 0 & 0 \end{bmatrix}$$

经验证

$$\boldsymbol{A}\boldsymbol{A}^- \boldsymbol{b} = \begin{bmatrix} 1 & 0 & 0 \\ 0 & 1 & 0 \\ 1 & 1 & 0 \end{bmatrix}\begin{bmatrix} 1 \\ 0 \\ 1 \end{bmatrix} = \begin{bmatrix} 1 \\ 0 \\ 1 \end{bmatrix} = \boldsymbol{b}$$

所以线性方程组有解,且通解为

$$\boldsymbol{x} = \boldsymbol{A}^- \boldsymbol{b} + (\boldsymbol{I}_4 - \boldsymbol{A}^- \boldsymbol{A})\boldsymbol{y} =$$

$$\frac{1}{3}\begin{bmatrix} -1 \\ 0 \\ 2 \\ 0 \end{bmatrix} + (\boldsymbol{I}_4 - \begin{bmatrix} 1 & 3 & 0 & -1 \\ 0 & 0 & 0 & 0 \\ 0 & 0 & 1 & 1 \\ 0 & 0 & 0 & 0 \end{bmatrix})\boldsymbol{y} =$$

$$\frac{1}{3}\begin{bmatrix} -1 \\ 0 \\ 2 \\ 0 \end{bmatrix} + \begin{bmatrix} 0 & -3 & 0 & 1 \\ 0 & 1 & 0 & 0 \\ 0 & 0 & 0 & -1 \\ 0 & 0 & 0 & 1 \end{bmatrix}\begin{bmatrix} y_1 \\ y_2 \\ y_3 \\ y_4 \end{bmatrix}$$

其中,y_1, y_2, y_3, y_4 为任意实数.

对于任给的可逆矩阵 $\boldsymbol{A}$,若 $\boldsymbol{A}^{-1} = \boldsymbol{B}$,总有 $\boldsymbol{B}^{-1} = \boldsymbol{A}$,但对于广义逆矩阵来说,这一结论不再成立. 在例 7.1 中

$$\boldsymbol{A} = \begin{bmatrix} 1 & 0 \\ 1 & 0 \\ 1 & 0 \end{bmatrix}, \boldsymbol{B} = \begin{bmatrix} 1 & 0 & 0 \\ 0 & 1 & 0 \end{bmatrix}, \boldsymbol{B} \in \boldsymbol{A}\{1\}$$

但是

$$BAB = \begin{bmatrix} 1 & 0 & 0 \\ 0 & 1 & 0 \end{bmatrix} \begin{bmatrix} 1 & 0 \\ 1 & 0 \\ 1 & 0 \end{bmatrix} \begin{bmatrix} 1 & 0 & 0 \\ 0 & 1 & 0 \end{bmatrix} = \begin{bmatrix} 1 & 0 & 0 \\ 1 & 0 & 0 \end{bmatrix} \neq B$$

这说明 $A \overline{\in} B\{1\}$.

定义 7.3　在 Penrose 方程中满足 ①、② 即

$$ABA = A$$

$$BAB = B$$

的 B 称为 A 的自反广义逆,记为 A_r^-.

由 A^- 的性质 4 知 AA_r^- 和 A_r^-A 都是投影矩阵.

在例 7.1 中,还知 $D = \begin{bmatrix} 1 & 0 & 1 \\ 0 & 1 & 0 \end{bmatrix}$,$D \in A\{1\}$.

记 $G = BAD = \begin{bmatrix} 1 & 0 & 0 \\ 0 & 1 & 0 \end{bmatrix} \begin{bmatrix} 1 & 0 \\ 1 & 0 \\ 1 & 0 \end{bmatrix} \begin{bmatrix} 1 & 0 & 1 \\ 0 & 1 & 0 \end{bmatrix} = \begin{bmatrix} 1 & 0 & 1 \\ 1 & 0 & 1 \end{bmatrix}$.

容易验证 $G \in A\{1,2\}$,这不是偶然的,对于 A_r^- 有下面的性质.

性质 6　设 $B, D \in A\{1\}$,则 $G = BAD \in A\{1,2\}$.

证　因为 $B, D \in A\{1\}$,故

$$ABA = A, ADA = A$$

于是

$$AGA = A(BAD)A = (ABA)DA = ADA = A$$

$$GAG = (BAD)A(BAD) = B(ADA)BAD = B(ABA)D = BAD = G$$

即 $G \in A\{1,2\}$.　□

性质 6 给出一种构造自反广义逆 A_r^- 的方法. 显然 A_r^- 不唯一.

由广义逆矩阵 A^- 的性质 3 知,$\operatorname{rank} A \leqslant \operatorname{rank} A^-$,但是对于自反广义逆 A_r^-,则有下面的结论.

性质 7　$B \in A\{1\}$,则 $B \in A\{1,2\}$ 的充要条件为 $\operatorname{rank} A = \operatorname{rank} B$.

证　先证必要性.

由 $B \in A\{1,2\}$,故

$$ABA = A \qquad \operatorname{rank} B \geqslant \operatorname{rank} A$$

$$BAB = B \qquad \operatorname{rank} A \geqslant \operatorname{rank} B$$

所以

$$\operatorname{rank} A = \operatorname{rank} B$$

再证充分性.

由 $B \in A\{1\}$,于是 $ABA = A$,且有

$$\operatorname{rank} A = \operatorname{rank} B$$

由于 $R(BA) \subset R(B)$,故

$$\dim R(\boldsymbol{BA}) \leqslant \dim R(\boldsymbol{B})$$

而
$$\operatorname{rank} \boldsymbol{A} = \operatorname{rank}(\boldsymbol{ABA}) \leqslant \operatorname{rank}(\boldsymbol{BA}) \leqslant \operatorname{rank} \boldsymbol{B} = \operatorname{rank} \boldsymbol{A}$$

故
$$\operatorname{rank}(\boldsymbol{BA}) = \operatorname{rank} \boldsymbol{B}$$

所以
$$\dim R(\boldsymbol{BA}) = \dim R(\boldsymbol{B})$$

于是
$$R(\boldsymbol{BA}) = R(\boldsymbol{B})$$

设 $\boldsymbol{B} = (\boldsymbol{\beta}_1, \cdots, \boldsymbol{\beta}_j, \cdots, \boldsymbol{\beta}_m)$，$\boldsymbol{\beta}_j \in \mathbf{C}^n$，$\boldsymbol{\beta}_j \in R(\boldsymbol{B}) = R(\boldsymbol{BA})$，则有在 $\boldsymbol{x}_j \in \mathbf{C}^n$，使

$$\boldsymbol{BAx}_j = \boldsymbol{\beta}_j, j = 1, 2, \cdots, m$$

记 $\boldsymbol{D} = (\boldsymbol{x}_1, \cdots, \boldsymbol{x}_j, \cdots, \boldsymbol{x}_m)$，故

$$\boldsymbol{BAD} = \boldsymbol{B}$$

于是

$$\boldsymbol{A} = \boldsymbol{ABA} = \boldsymbol{A}(\boldsymbol{BAD})\boldsymbol{A} = \boldsymbol{ADA}$$

说明 $\boldsymbol{D} \in \boldsymbol{A}\{1\}$.

由性质 6 知 $\boldsymbol{B} = \boldsymbol{BAD} \in \boldsymbol{A}\{1,2\}$. □

性质 7 给出判断矩阵 $\boldsymbol{A}$ 的广义逆 $\boldsymbol{A}^-$ 是否是 $\boldsymbol{A}_r^-$ 的一种简单的方法，只需检查 $\boldsymbol{A}$ 与 $\boldsymbol{A}^-$ 的秩是否相同.

在例 7.1 中，$\boldsymbol{A} = \begin{bmatrix} 1 & 0 \\ 1 & 0 \\ 1 & 0 \end{bmatrix}$，$\boldsymbol{B} = \begin{bmatrix} 1 & 0 & 0 \\ 0 & 1 & 0 \end{bmatrix}$，$\boldsymbol{D} = \begin{bmatrix} 1 & 0 & 1 \\ 0 & 1 & 0 \end{bmatrix}$，$\boldsymbol{B} \in \boldsymbol{A}\{1\}$，$\boldsymbol{D} \in \boldsymbol{A}\{1\}$，但

$$\operatorname{rank} \boldsymbol{B} = \operatorname{rank} \boldsymbol{D} = 2 \neq 1 = \operatorname{rank} \boldsymbol{A}$$

故 $\boldsymbol{B} \overline{\in} \boldsymbol{A}\{1,2\}$，$\boldsymbol{D} \overline{\in} \boldsymbol{A}\{1,2\}$，但是 $\boldsymbol{G} = \begin{bmatrix} 1 & 0 & 1 \\ 1 & 0 & 1 \end{bmatrix}$ 是 $\boldsymbol{A}$ 的自反广义逆，$\operatorname{rank} \boldsymbol{G} = \operatorname{rank} \boldsymbol{A}$.

性质 8　设
$$\boldsymbol{A} \in \mathbf{C}^{m\times n}, \boldsymbol{B} = (\boldsymbol{A}^{\mathrm{H}}\boldsymbol{A})^- \boldsymbol{A}^{\mathrm{H}}, \boldsymbol{G} = \boldsymbol{A}^{\mathrm{H}}(\boldsymbol{AA}^{\mathrm{H}})^-$$

则
$$\boldsymbol{B} \in \boldsymbol{A}\{1,2\}, \boldsymbol{G} \in \boldsymbol{A}\{1,2\}$$

证　对 $\forall \boldsymbol{A} \in \mathbf{C}^{m\times n}$，定有

$$R(\boldsymbol{A}^{\mathrm{H}}\boldsymbol{A}) = R(\boldsymbol{A}^{\mathrm{H}})$$

因此存在矩阵 $\boldsymbol{D} \in \mathbf{C}^{n\times m}$，使

$$\boldsymbol{A}^{\mathrm{H}}\boldsymbol{AD} = \boldsymbol{A}^{\mathrm{H}}$$

取共轭转置即为

$$\boldsymbol{A} = \boldsymbol{D}^{\mathrm{H}}\boldsymbol{A}^{\mathrm{H}}\boldsymbol{A}$$

于是

$$\boldsymbol{ABA} = (\boldsymbol{D}^{\mathrm{H}}\boldsymbol{A}^{\mathrm{H}}\boldsymbol{A})[(\boldsymbol{A}^{\mathrm{H}}\boldsymbol{A})^- \boldsymbol{A}^{\mathrm{H}}]\boldsymbol{A} = \boldsymbol{D}^{\mathrm{H}}(\boldsymbol{A}^{\mathrm{H}}\boldsymbol{A})(\boldsymbol{A}^{\mathrm{H}}\boldsymbol{A})^- (\boldsymbol{A}^{\mathrm{H}}\boldsymbol{A}) = \boldsymbol{D}^{\mathrm{H}}\boldsymbol{A}^{\mathrm{H}}\boldsymbol{A} = \boldsymbol{A}$$

故
$$\boldsymbol{B} \in \boldsymbol{A}\{1\}$$

显然 $\operatorname{rank} \boldsymbol{B} \geqslant \operatorname{rank} \boldsymbol{A}$.

但由 $\boldsymbol{B} = (\boldsymbol{A}^{\mathrm{H}}\boldsymbol{A})^- \boldsymbol{A}^{\mathrm{H}}$ 又知

$$\operatorname{rank} \boldsymbol{B} \leqslant \operatorname{rank} \boldsymbol{A}^{\mathrm{H}} = \operatorname{rank} \boldsymbol{A}$$

故
$$\text{rank}\,\boldsymbol{B}=\text{rank}\,\boldsymbol{A}$$

由性质 7 知 $\boldsymbol{B}\in\boldsymbol{A}\{1,2\}$.

同理 $\boldsymbol{G}\in\boldsymbol{A}\{1,2\}$.

性质 9 设 $\boldsymbol{A}\in\mathbf{C}_r^{m\times n}(r>0)$ 有满秩分解
$$\boldsymbol{A}=\boldsymbol{FG}$$
其中，$\boldsymbol{F}\in\mathbf{C}_r^{m\times r}$，$\boldsymbol{G}\in\mathbf{C}_r^{r\times n}$，则 $\boldsymbol{B}\in\boldsymbol{A}\{1,2\}$，即 $\boldsymbol{B}$ 是 $\boldsymbol{A}$ 的自反广义逆的充分必要条件为有通式
$$\boldsymbol{B}=\boldsymbol{G}_R^{-1}\boldsymbol{F}_L^{-1}$$

证 先证必要性.

设 $\boldsymbol{B}\in\boldsymbol{A}\{1,2\}$，则
$$\boldsymbol{ABA}=\boldsymbol{A}$$
即
$$(\boldsymbol{FG})\boldsymbol{B}(\boldsymbol{FG})=\boldsymbol{FG}$$
上式两端分别左乘 $\boldsymbol{F}_L^{-1}$，右乘以 $\boldsymbol{G}_R^{-1}$，得
$$\boldsymbol{I}_r\boldsymbol{GBFI}_r=\boldsymbol{I}_r$$
$$\boldsymbol{GBF}=\boldsymbol{I}_r$$

这表明 $\boldsymbol{GB}$ 是列满秩阵 $\boldsymbol{F}$ 的左逆，不妨仍记之为 $\boldsymbol{F}_L^{-1}$，还说明 $\boldsymbol{BF}$ 是行满秩阵 $\boldsymbol{G}$ 的右逆，不妨仍记之为 $\boldsymbol{G}_R^{-1}$.

由 $\boldsymbol{BAB}=\boldsymbol{B}$，可得
$$\boldsymbol{B}=\boldsymbol{B}(\boldsymbol{FG})\boldsymbol{B}=(\boldsymbol{BF})(\boldsymbol{GB})=\boldsymbol{G}_R^{-1}\boldsymbol{F}_L^{-1}$$

再证充分性.

设 $\boldsymbol{B}=\boldsymbol{G}_R^{-1}\boldsymbol{F}_L^{-1}$，于是
$$\boldsymbol{ABA}=\boldsymbol{FGG}_R^{-1}\boldsymbol{F}_L^{-1}\boldsymbol{FG}=\boldsymbol{FG}=\boldsymbol{A}$$
$$\boldsymbol{BAB}=\boldsymbol{G}_R^{-1}\boldsymbol{F}_L^{-1}\boldsymbol{FGG}_R^{-1}\boldsymbol{F}_L^{-1}=\boldsymbol{G}_R^{-1}\boldsymbol{F}_L^{-1}=\boldsymbol{B}$$
故
$$\boldsymbol{B}\in\boldsymbol{A}\{1,2\}$$
□

实际运算中，当矩阵 $\boldsymbol{A}$ 给出具体值时，计算一个 $\boldsymbol{A}_r^-$ 并不是很困难的. 容易验证在定理7.2中，若
$$\boldsymbol{PAS}=\begin{bmatrix}\boldsymbol{I}_r & \boldsymbol{K}\\ \boldsymbol{O} & \boldsymbol{O}\end{bmatrix}$$
则
$$\boldsymbol{A}_r^-=\boldsymbol{S}\begin{bmatrix}\boldsymbol{I}_r & \boldsymbol{O}\\ \boldsymbol{O} & \boldsymbol{O}\end{bmatrix}\boldsymbol{P}$$
在例 7.2 中
$$\boldsymbol{A}_r^-=\boldsymbol{S}\begin{bmatrix}\boldsymbol{I}_2 & \boldsymbol{O}\\ \boldsymbol{O} & \boldsymbol{O}\end{bmatrix}\boldsymbol{P}=\frac{1}{3}\begin{bmatrix}-1 & 2 & 0\\ 0 & 0 & 0\\ 2 & -1 & 0\\ 0 & 0 & 0\end{bmatrix}$$

7.3　A_m^- 与相容线性方程组 $Ax=b$ 的极小范数解

定义 7.4　在 Penrose 方程中满足 ①、④ 即

$$ABA=A$$
$$(BA)^{\mathrm{H}}=BA$$

的 B 称为 A 的极小范数广义逆，记为 A_m^-.

因为 $(BA)^2=BA=(BA)^{\mathrm{H}}$，所以 A_m^-A 是正交投影矩阵.

定理 7.5　设 $A\in \mathbf{C}_r^{m\times n}$ 的奇异值分解为

$$A=U\begin{bmatrix}\Sigma & O\\ O & O\end{bmatrix}V^{\mathrm{H}}$$

其中，$U\in \mathbf{U}^{m\times m}$，$V\in \mathbf{U}^{n\times n}$，$\operatorname{rank}A=r$，$\Sigma=\operatorname{diag}(\sigma_1,\cdots,\sigma_r)$，$\sigma_i=\sqrt{\lambda_i}>0$ 为 A 的正奇异值，$i=1,\cdots,r$；则 $B\in A\{1,4\}$ 的充分必要条件是

$$B=V\begin{bmatrix}\Sigma^{-1} & K\\ O & M\end{bmatrix}U^{\mathrm{H}} \tag{7.14}$$

其中，$K\in \mathbf{C}^{r\times(m-r)}$，$M\in \mathbf{C}^{(n-r)\times(m-r)}$ 是任意的矩阵.

证　必要性的证明类似定理 7.1 的证明，以下证充分性. 直接计算有

$$ABA=U\begin{bmatrix}\Sigma & O\\ O & O\end{bmatrix}V^{\mathrm{H}}\cdot V\begin{bmatrix}\Sigma^{-1} & K\\ O & M\end{bmatrix}U^{\mathrm{H}}\cdot U\begin{bmatrix}\Sigma & O\\ O & O\end{bmatrix}V^{\mathrm{H}}=$$
$$U\begin{bmatrix}\Sigma & O\\ O & O\end{bmatrix}V^{\mathrm{H}}=$$
$$A$$

$$(BA)^{\mathrm{H}}=A^{\mathrm{H}}B^{\mathrm{H}}=$$
$$V\begin{bmatrix}\Sigma^{\mathrm{H}} & O\\ O & O\end{bmatrix}U^{\mathrm{H}}\cdot U\begin{bmatrix}(\Sigma^{-1})^{\mathrm{H}} & O\\ K^{\mathrm{H}} & M^{\mathrm{H}}\end{bmatrix}V^{\mathrm{H}}=$$
$$V\begin{bmatrix}I & O\\ O & O\end{bmatrix}V^{\mathrm{H}}=$$
$$V\begin{bmatrix}\Sigma^{-1} & K\\ O & M\end{bmatrix}U^{\mathrm{H}}U\begin{bmatrix}\Sigma & O\\ O & O\end{bmatrix}V^{\mathrm{H}}=$$
$$BA$$

可见 $B\in A\{1,4\}$，充分性得证.　□

定理 7.5 说明 A 的极小范数广义逆 A_m^- 一定存在，但不唯一.

定理 7.6　设 $A\in \mathbf{C}^{m\times n}$，则 $B\in A\{1,4\}$ 的充分必要条件是 B 满足

$$BAA^{\mathrm{H}}=A^{\mathrm{H}} \tag{7.15}$$

证　先证必要性.

设 $\boldsymbol{B} \in \boldsymbol{A}\{1,4\}$，于是

$$\boldsymbol{BAA}^{\mathrm{H}} = (\boldsymbol{BA})^{\mathrm{H}}\boldsymbol{A}^{\mathrm{H}} = \boldsymbol{A}^{\mathrm{H}}\boldsymbol{B}^{\mathrm{H}}\boldsymbol{A}^{\mathrm{H}} = (\boldsymbol{ABA})^{\mathrm{H}} = \boldsymbol{A}^{\mathrm{H}}$$

再证充分性.

设 $\boldsymbol{BAA}^{\mathrm{H}} = \boldsymbol{A}^{\mathrm{H}}$，则

$$\boldsymbol{BAA}^{\mathrm{H}}\boldsymbol{B}^{\mathrm{H}} = \boldsymbol{A}^{\mathrm{H}}\boldsymbol{B}^{\mathrm{H}}$$

故
$$\boldsymbol{BA}(\boldsymbol{BA})^{\mathrm{H}} = (\boldsymbol{BA})^{\mathrm{H}}$$

取共轭转置

$$\boldsymbol{BA}(\boldsymbol{BA})^{\mathrm{H}} = \boldsymbol{BA}$$

所以$(\boldsymbol{BA})^{\mathrm{H}} = \boldsymbol{BA}$.

于是由式(7.15)有

$$(\boldsymbol{ABA} - \boldsymbol{A})^{\mathrm{H}} = (\boldsymbol{BA})^{\mathrm{H}}\boldsymbol{A}^{\mathrm{H}} - \boldsymbol{A}^{\mathrm{H}} = (\boldsymbol{BAA}^{\mathrm{H}} - \boldsymbol{A}^{\mathrm{H}}) = \boldsymbol{O}$$

于是推出

$$\boldsymbol{ABA} - \boldsymbol{A} = \boldsymbol{O}, \text{即 } \boldsymbol{ABA} = \boldsymbol{A}$$

这说明 $\boldsymbol{B} \in \boldsymbol{A}\{1,4\}$. □

定理 7.7 设 $\boldsymbol{A} \in \mathbf{C}^{m\times n}$，则

$$\boldsymbol{A}\{1,4\} = \{\boldsymbol{B} \in \mathbf{C}^{n\times m} \mid \boldsymbol{BA} = \boldsymbol{A}_m^-\boldsymbol{A}\} \tag{7.16}$$

证 $\forall \boldsymbol{B} \in \{1,4\}$，则

$$\begin{aligned}\boldsymbol{A}_m^-\boldsymbol{A} = \boldsymbol{A}_m^-\boldsymbol{ABA} = (\boldsymbol{A}_m^-\boldsymbol{A})^{\mathrm{H}}(\boldsymbol{BA})^{\mathrm{H}} &= \\ \boldsymbol{A}^{\mathrm{H}}(\boldsymbol{A}_m^-)^{\mathrm{H}}\boldsymbol{A}^{\mathrm{H}}\boldsymbol{B}^{\mathrm{H}} &= \\ (\boldsymbol{AA}_m^-\boldsymbol{A})^{\mathrm{H}}\boldsymbol{B}^{\mathrm{H}} &= \\ \boldsymbol{A}^{\mathrm{H}}\boldsymbol{B}^{\mathrm{H}} = (\boldsymbol{BA})^{\mathrm{H}} &= \boldsymbol{BA}\end{aligned}$$

反之，若 $\boldsymbol{B}$ 满足

$$\boldsymbol{BA} = \boldsymbol{A}_m^-\boldsymbol{A} \tag{7.17}$$

则

$$\boldsymbol{ABA} = \boldsymbol{AA}_m^-\boldsymbol{A} = \boldsymbol{A}$$

$$(\boldsymbol{BA})^{\mathrm{H}} = (\boldsymbol{A}_m^-\boldsymbol{A})^{\mathrm{H}} = \boldsymbol{A}_m^-\boldsymbol{A} - \boldsymbol{BA}$$

这说明 $\boldsymbol{B} \in \boldsymbol{A}\{1,4\}$.

所以式(7.16)成立. □

下面给出 $\boldsymbol{A}\{1,4\}$ 的通式.

定理 7.8 设 $\boldsymbol{A} \in \mathbf{C}^{m\times n}$，则

$$\boldsymbol{A}\{1,4\} = \{\boldsymbol{B} \in \mathbf{C}^{n\times m} \mid \boldsymbol{B} = \boldsymbol{A}_m^- + \boldsymbol{K}(\boldsymbol{I}_m - \boldsymbol{AA}^-), \boldsymbol{K} \in \mathbf{C}^{n\times m}\} \tag{7.18}$$

证 由 Penrose 定理，在式(7.9)中，令

$$\boldsymbol{A} = \boldsymbol{I}, \boldsymbol{B} = \boldsymbol{A}, \boldsymbol{D} = \boldsymbol{A}_m^-\boldsymbol{A}$$

则有
$$\boldsymbol{A}_m^-\boldsymbol{AA}^-\boldsymbol{A} = \boldsymbol{A}_m^-\boldsymbol{A}$$

即对于矩阵方程(7.17)，$\boldsymbol{BA} = \boldsymbol{A}_m^-\boldsymbol{A}$ 满足式(7.10)，故 $\boldsymbol{BA} = \boldsymbol{A}_m^-\boldsymbol{A}$ 有解，并且由式(7.11)知其通解为

$$B = A_m^- AA^- + Y - YAA^-$$

其中 $Y \in \mathbf{C}^{n\times m}$ 是任意的,令

$$Y = A_m^- + K, K \in \mathbf{C}^{n\times m}$$

则
$$B = A_m^- + K(I_m - AA^-)$$
□

定义 7.5　若 $Ax = b$ 为相容线性方程组,则其解可能有无穷多个,记 $\|x_0\| = \min\limits_{Ax=b}\|x\|$,称 x_0 为极小范数解,其中 $\|\cdot\|$ 为向量 x 的 2- 范数,即 Euclid 范数.

下面讨论极小范数广义逆 A_m^- 与极小范数解的关系.

定理 7.9　设 $A \in \mathbf{C}^{m\times n}$,则 $B \in A\{1,4\}$ 的充分必要条件为 $x = Bb$ 是相容方程组 $Ax = b$ 的极小范数解.

证明　先证必要性.

设 $B \in A\{1,4\}$,则由定义 7.3 知 BA 是正交投影矩阵,故 $BA(I_n - BA) = O$. 由式(7.13)知相容线性方程组 $Ax = b$ 的通解为

$$x = Bb + (I_n - BA)y$$

于是

$$\begin{aligned}\|x\|^2 = \|Bb + (I_n - BA)y\|^2 = \\ (Bb + (I_n - BA)y)^H(Bb + (I_n - BA)y) = \\ \|Bb\|^2 + \|(I_n - BA)y\|^2 + (Bb)^H(I_n - BA)y + ((I_n - BA)y)^H Bb\end{aligned}$$

以下证明上式后两项之和为零. 因为 $Ax = b$ 是相容线性方程组,所以 $b \in R(A)$,故存在 $\alpha \in \mathbf{C}^n$,使得 $A\alpha = b$,于是

$$\begin{aligned}&(Bb)^H(I_n - BA)y = (BA\alpha)^H(I_n - BA)y = \alpha^H(BA)^H(I_n - BA)y = \\ &\alpha^H BA(I_m - BA)y = \alpha^H(BA - BABA)y = \alpha^H(BA - BA)y = 0 \\ &((I_n - BA)y)^H Bb = [(Bb)^H(I_n - BA)y]^H = 0\end{aligned}$$

则

$$\|x\|^2 = \|Bb\|^2 + \|(I_n - BA)y\|^2 \geqslant \|Bb\|^2$$

即 $x = Bb$ 是 $Ax = b$ 的极小范数解.

再证充分性.

设 $x = Bb$ 是相容方程组 $Ax = b$ 的极小范数解,故 $B \in A\{1\}$,且 $Ax = b$ 的通解为 $x = Bb + (I_n - BA)y$,又因 Bb 是 $Ax = b$ 的极小范数解,因此有

$$\|Bb\| \leqslant \|Bb + (I_n - BA)y\|$$

由 $b \in R(A)$,故存在 $\alpha \in \mathbf{R}^n$,使 $A\alpha = b$,则

$$\|BA\alpha\| \leqslant \|BA\alpha + (I_n - BA)y\|$$

要使上式恒成立,当且仅当

$$(BA\alpha)^H(I_n - BA)y = 0$$

由 y,α 的任意性,有

$$(BA)^H(I_n - BA) = O$$

即
$$(\boldsymbol{BA})^{\mathrm{H}} - (\boldsymbol{BA})^{\mathrm{H}}\boldsymbol{BA} = \boldsymbol{O}$$
取共轭转置有
$$\boldsymbol{BA} - (\boldsymbol{BA})^{\mathrm{H}}\boldsymbol{BA} = \boldsymbol{O}$$
比较上面二式得
$$(\boldsymbol{BA})^{\mathrm{H}} = \boldsymbol{BA}$$
因此 $\boldsymbol{B} \in \boldsymbol{A}\{1,4\}$. □

由定理 7.5 知极小范数广义逆存在,但不唯一,可是相容线性方程组 $\boldsymbol{Ax}=\boldsymbol{b}$ 的极小范数解是唯一的,这便是下面的定理.

定理 7.10 相容线性方程组 $\boldsymbol{Ax}=\boldsymbol{b}$ 的极小范数解是唯一的.

证 因为 $\boldsymbol{Ax}=\boldsymbol{b}$ 是相容线性方程组,故 $\boldsymbol{b} \in R(\boldsymbol{A})$,因此存在 $\boldsymbol{\alpha} \in \mathbf{C}^n$,使 $\boldsymbol{A\alpha}=\boldsymbol{b}$.

设 $\boldsymbol{B}_1,\boldsymbol{B}_2$ 是矩阵 $\boldsymbol{A}$ 的两个不同的极小范数广义逆,于是由定理 7.9 有
$$\boldsymbol{x}_1 = \boldsymbol{B}_1\boldsymbol{b} = \boldsymbol{B}_1\boldsymbol{A\alpha}$$
$$\boldsymbol{x}_2 = \boldsymbol{B}_2\boldsymbol{b} = \boldsymbol{B}_2\boldsymbol{A\alpha}$$
都是 $\boldsymbol{Ax}=\boldsymbol{b}$ 的极小范数解.

由定理 7.7 有
$$\boldsymbol{B}_1\boldsymbol{A} = \boldsymbol{B}_2\boldsymbol{A}$$
于是
$$(\boldsymbol{B}_1 - \boldsymbol{B}_2)\boldsymbol{A} = \boldsymbol{O}$$
所以
$$\boldsymbol{x}_1 - \boldsymbol{x}_2 = (\boldsymbol{B}_1 - \boldsymbol{B}_2)\boldsymbol{A\alpha} = \boldsymbol{\theta}$$
即
$$\boldsymbol{x}_1 = \boldsymbol{x}_2$$
□

定理 7.5 给出求 $\boldsymbol{A}_m^-$ 的方法,按式(7.14)知需求出 $\boldsymbol{A}$ 的奇异值分解式中的 $\boldsymbol{U},\boldsymbol{V},\boldsymbol{\Sigma}$.

另外 $\boldsymbol{A}_m^-$ 也可以由 $\boldsymbol{A}^-$ 构造出来,可以证明 $\boldsymbol{A}^{\mathrm{H}}(\boldsymbol{AA}^{\mathrm{H}})^- \in \boldsymbol{A}\{1,4\}$,由于篇幅所限,不再赘述.

7.4 $\boldsymbol{A}_l^-$ 与矛盾线性方程组 $\boldsymbol{Ax}=\boldsymbol{b}$ 的最小二乘解

定义 7.6 在 Penrose 方程中满足 ①、③ 即
$$\boldsymbol{ABA} = \boldsymbol{A}$$
$$(\boldsymbol{AB})^{\mathrm{H}} = \boldsymbol{AB}$$
的 $\boldsymbol{B}$ 称为 $\boldsymbol{A}$ 的最小二乘广义逆,记为 $\boldsymbol{A}_l^-$.

因为$(\boldsymbol{AB})^2 = \boldsymbol{AB} = (\boldsymbol{AB})^{\mathrm{H}}$,所以 $\boldsymbol{AA}_l^-$ 为正交投影矩阵.

与定理 7.5、定理 7.6、定理 7.7、定理 7.8 类似,有如下结论,其证明留给读者.

定理 7.11 $\boldsymbol{A} \in \mathbf{C}_r^{m\times n}$ 的奇异值分解为
$$\boldsymbol{A} = \boldsymbol{U}\begin{bmatrix}\boldsymbol{\Sigma} & \boldsymbol{O}\\ \boldsymbol{O} & \boldsymbol{O}\end{bmatrix}\boldsymbol{V}^{\mathrm{H}} \tag{7.19}$$

其中,$\boldsymbol{U}\in\mathbf{U}^{m\times m}$,$\boldsymbol{V}\in\mathbf{U}^{n\times n}$,$\operatorname{rank}\boldsymbol{A}=r$,$\boldsymbol{\Sigma}=\operatorname{diag}(\sigma_1,\cdots,\sigma_r)$,$\sigma_i=\sqrt{\lambda_i}>0$ 为 $\boldsymbol{A}$ 的正奇导值,$i=1,\cdots,r$; 则 $\boldsymbol{B}\in\boldsymbol{A}\{1,3\}$ 的充分必要条件是

$$\boldsymbol{B}=\boldsymbol{V}\begin{bmatrix}\boldsymbol{\Sigma}^{-1} & \boldsymbol{O}\\ \boldsymbol{L} & \boldsymbol{M}\end{bmatrix}\boldsymbol{U}^{\mathrm{H}} \tag{7.20}$$

其中,$\boldsymbol{L}\in\mathbf{C}^{(n-r)\times r}$,$\boldsymbol{M}\in\mathbf{C}^{(n-r)\times(m-r)}$.

定理 7.12　设 $\boldsymbol{A}\in\mathbf{C}^{m\times n}$,则 $\boldsymbol{B}\in\boldsymbol{A}\{1,3\}$ 的充分必要条件是 $\boldsymbol{B}$ 满足

$$\boldsymbol{A}^{\mathrm{H}}\boldsymbol{A}\boldsymbol{B}=\boldsymbol{A}^{\mathrm{H}} \tag{7.21}$$

定理 7.13　设 $\boldsymbol{A}\in\mathbf{C}^{m\times n}$,则

$$\boldsymbol{A}\{1,3\}=\{\boldsymbol{B}\in\mathbf{C}^{n\times m}\mid \boldsymbol{A}\boldsymbol{B}=\boldsymbol{A}\boldsymbol{A}_l^-\} \tag{7.22}$$

下面给出 $\boldsymbol{A}\{1,3\}$ 的通式.

定理 7.14　设 $\boldsymbol{A}\in\mathbf{C}^{m\times n}$,则

$$\boldsymbol{A}\{1,3\}=\{\boldsymbol{B}\in\mathbf{C}^{n\times m}\mid \boldsymbol{B}=\boldsymbol{A}_l^-+(\boldsymbol{I}_n-\boldsymbol{A}^-\boldsymbol{A})\boldsymbol{K},\boldsymbol{K}\in\mathbf{C}^{n\times m}\} \tag{7.23}$$

定义 7.7　若 $\boldsymbol{A}\boldsymbol{x}=\boldsymbol{b}$ 为矛盾线性方程组,则满足

$$\min\|\boldsymbol{A}\boldsymbol{x}-\boldsymbol{b}\|$$

的 $\boldsymbol{x}$ 称为矛盾线性方程组 $\boldsymbol{A}\boldsymbol{x}=\boldsymbol{b}$ 的最小二乘解,其中 $\|\cdot\|$ 为向量 2- 范数,即 Euclid 范数.

下面讨论最小二乘广义逆 $\boldsymbol{A}_l^-$ 与最小二乘解的关系.

定理 7.15　设 $\boldsymbol{A}\in\mathbf{C}^{m\times n}$,则 $\mathbf{B}\in\boldsymbol{A}\{1,3\}$ 的充分必要条件为 $\boldsymbol{x}=\boldsymbol{B}\boldsymbol{b}$ 是矛盾线性方程组 $\boldsymbol{A}\boldsymbol{x}=\boldsymbol{b}$ 的最小二乘解.

证　先证必要性.

设 $\boldsymbol{B}\in\boldsymbol{A}\{1,3\}$,对 $\forall\,\boldsymbol{x}\in\mathbf{C}^n$,有

$$\begin{aligned}\|\boldsymbol{A}\boldsymbol{x}-\boldsymbol{b}\|^2=&\|(\boldsymbol{A}\boldsymbol{B}\boldsymbol{b}-\boldsymbol{b})+\boldsymbol{A}(\boldsymbol{x}-\boldsymbol{B}\boldsymbol{b})\|^2=\\&((\boldsymbol{A}\boldsymbol{B}\boldsymbol{b}-\boldsymbol{b})+\boldsymbol{A}(\boldsymbol{x}-\boldsymbol{B}\boldsymbol{b}))^{\mathrm{H}}((\boldsymbol{A}\boldsymbol{B}\boldsymbol{b}-\boldsymbol{b})+\boldsymbol{A}(\boldsymbol{x}-\boldsymbol{B}\boldsymbol{b}))=\\&\|\boldsymbol{A}\boldsymbol{B}\boldsymbol{b}-\boldsymbol{b}\|^2+\|\boldsymbol{A}(\boldsymbol{x}-\boldsymbol{B}\boldsymbol{b})\|^2+(\boldsymbol{A}(\boldsymbol{x}-\boldsymbol{B}\boldsymbol{b}))^{\mathrm{H}}(\boldsymbol{A}\boldsymbol{B}\boldsymbol{b}-\boldsymbol{b})+\\&(\boldsymbol{A}\boldsymbol{B}\boldsymbol{b}-\boldsymbol{b})^{\mathrm{H}}\boldsymbol{A}(\boldsymbol{x}-\boldsymbol{B}\boldsymbol{b})\end{aligned} \tag{7.24}$$

由定理 7.12 有 $\boldsymbol{A}^{\mathrm{H}}\boldsymbol{A}\boldsymbol{B}=\boldsymbol{A}^{\mathrm{H}}$,于是

$$\begin{aligned}&(\boldsymbol{A}(\boldsymbol{x}-\boldsymbol{B}\boldsymbol{b}))^{\mathrm{H}}(\boldsymbol{A}\boldsymbol{B}\boldsymbol{b}-\boldsymbol{b})=\\&(\boldsymbol{x}-\boldsymbol{B}\boldsymbol{b})^{\mathrm{H}}\boldsymbol{A}^{\mathrm{H}}(\boldsymbol{A}\boldsymbol{B}\boldsymbol{b}-\boldsymbol{b})=\\&(\boldsymbol{x}-\boldsymbol{B}\boldsymbol{b})^{\mathrm{H}}(\boldsymbol{A}^{\mathrm{H}}\boldsymbol{A}\boldsymbol{B}\boldsymbol{b}-\boldsymbol{A}^{\mathrm{H}}\boldsymbol{b})=\\&(\boldsymbol{x}-\boldsymbol{B}\boldsymbol{b})^{\mathrm{H}}(\boldsymbol{A}^{\mathrm{H}}\boldsymbol{b}-\boldsymbol{A}^{\mathrm{H}}\boldsymbol{b})=0\end{aligned} \tag{7.25}$$

$$(\boldsymbol{A}\boldsymbol{B}\boldsymbol{b}-\boldsymbol{b})^{\mathrm{H}}\boldsymbol{A}(\boldsymbol{x}-\boldsymbol{B}\boldsymbol{b})=[(\boldsymbol{A}(\boldsymbol{x}-\boldsymbol{B}\boldsymbol{b}))^{\mathrm{H}}(\boldsymbol{A}\boldsymbol{B}\boldsymbol{b}-\boldsymbol{b})]^{\mathrm{H}}=0$$

故

$$\|\boldsymbol{A}\boldsymbol{x}-\boldsymbol{b}\|^2=\|\boldsymbol{A}\boldsymbol{B}\boldsymbol{b}-\boldsymbol{b}\|^2+\|\boldsymbol{A}(\boldsymbol{x}-\boldsymbol{B}\boldsymbol{b})\|^2\geqslant\|\boldsymbol{A}\boldsymbol{B}\boldsymbol{b}-\boldsymbol{b}\|^2$$

可见 $\boldsymbol{x}=\boldsymbol{B}\boldsymbol{b}$ 是 $\boldsymbol{A}\boldsymbol{x}=\boldsymbol{b}$ 的最小二乘解.

再证充分性.

设 $\boldsymbol{x}=\boldsymbol{B}\boldsymbol{b}$ 是矛盾线性方程组 $\boldsymbol{A}\boldsymbol{x}=\boldsymbol{b}$ 的最小二乘解,则对 $\forall\,\boldsymbol{x}\in\mathbf{C}^n$,$\boldsymbol{b}\in\mathbf{C}^m$,都有

$$\| ABb - b \|^2 \leqslant \| Ax - b \|^2 \tag{7.26}$$

将式(7.24)代入上式知,要想式(7.26)恒成立,当且仅当等式(7.25)恒成立.由 $x - Bb$ 和 b 的任意性,必须

$$A^H(AB - I_m) = O, \text{即 } A^H AB = A^H$$

再由定理7.12可知 $B \in A\{1,3\}$. □

定理7.16 x 是矛盾线性方程组 $Ax = b$ 的最小二乘解的充分必要条件是 x 是相容线性方程组

$$A^H Ax = A^H b \tag{7.27}$$

的解,其中 $A \in \mathbf{C}^{m\times n}$, $b \in \mathbf{C}^m$, $x \in \mathbf{C}^n$.

证略.

定理7.16中的相容线性方程组(7.27)称为矛盾线性方程组 $Ax = b$ 的法方程组或正规方程组.它的相容性是将 $x = A_l^- b$ 代入式(7.27),根据定理7.12即知.

定理7.17 x 是矛盾线性方程组 $Ax = b$ 的最小二乘解的充分必要条件为 x 是相容线性方程组

$$Ax = AA_l^- b \tag{7.28}$$

的解,并且最小二乘解的通式为

$$x = A_l^- b + (I_n - A^- A)y \tag{7.29}$$

其中 $y \in \mathbf{C}^n$ 是任意的.

证略.

由定理7.15知 $x = A_l^- b$ 是矛盾线性方程组 $Ax = b$ 的最小二乘解,显然 $x = A_l^- b$ 是(7.28)的解,因此式(7.28)是相容线性方程组.

在式(7.29)中,$A_l^- b$ 是相容线性方程组 $Ax = AA_l^- b$ 的一个特解,而 $(I_n - A^- A)y$ 是齐次线性方程组 $Ax = \theta$ 的通解,所以 $x = A_l^- b + (I_n - A^- A)y$ 可看作矛盾线性方程组 $Ax = b$ 的最小二乘解的通式.

7.5 A^+ 在解线性方程组 $Ax = b$ 中的应用

定义7.8 在Penrose方程中同时满足①,②,③,④即

$$ABA = A$$

$$BAB = B$$

$$(AB)^H = AB$$

$$(BA)^H = BA$$

的广义逆矩阵 B 称为 **Penrose 广义逆矩阵**,记为 A^+.

定理7.18 设 $A \in \mathbf{C}_r^{m\times n}$,则 A 的Penrose广义逆存在,且唯一.

证 先证存在性.

若 $r=0$，结论显然成立.

以下设 $r>0$，由定理 3.29，$\boldsymbol{A}$ 有奇异值分解

$$\boldsymbol{U}^{\mathrm{H}}\boldsymbol{A}\boldsymbol{V}=\begin{bmatrix}\boldsymbol{\Sigma} & \boldsymbol{O}\\ \boldsymbol{O} & \boldsymbol{O}\end{bmatrix}$$

$$\boldsymbol{A}=\boldsymbol{U}\begin{bmatrix}\boldsymbol{\Sigma} & \boldsymbol{O}\\ \boldsymbol{O} & \boldsymbol{O}\end{bmatrix}\boldsymbol{V}^{\mathrm{H}} \tag{7.30}$$

其中　$\boldsymbol{U}\in\mathbf{U}^{m\times m}$，$\boldsymbol{V}\in\mathbf{U}^{n\times n}$，$\mathrm{rank}\,\boldsymbol{A}=r$，$\boldsymbol{\Sigma}=\mathrm{diag}(\sigma_1,\cdots,\sigma_r)$，$\sigma_i=\sqrt{\lambda_i}>0$，$i=1,\cdots,r$

令

$$\boldsymbol{A}^{+}=\boldsymbol{V}\begin{bmatrix}\boldsymbol{\Sigma}^{-1} & \boldsymbol{O}\\ \boldsymbol{O} & \boldsymbol{O}\end{bmatrix}\boldsymbol{U}^{\mathrm{H}} \tag{7.31}$$

直接验证即知式(7.31)所定义的 $\boldsymbol{A}^{+}$ 满足全部 Penrose 方程，这就证明了 $\boldsymbol{A}^{+}$ 的存在性.

再证唯一性.

设 $\boldsymbol{B}$，$\boldsymbol{D}$ 都满足四个 Penrose 方程，则

$$\begin{aligned}\boldsymbol{B}&=\boldsymbol{BAB}=\boldsymbol{B}(\boldsymbol{ADA})\boldsymbol{B}=\boldsymbol{B}(\boldsymbol{AD})^{\mathrm{H}}(\boldsymbol{AB})^{\mathrm{H}}=\boldsymbol{BD}^{\mathrm{H}}\boldsymbol{A}^{\mathrm{H}}\boldsymbol{B}^{\mathrm{H}}\boldsymbol{A}^{\mathrm{H}}=\\ &\boldsymbol{BD}^{\mathrm{H}}(\boldsymbol{ABA})^{\mathrm{H}}=\boldsymbol{BD}^{\mathrm{H}}\boldsymbol{A}^{\mathrm{H}}=\boldsymbol{B}(\boldsymbol{AD})^{\mathrm{H}}=\boldsymbol{BAD}=\\ &(\boldsymbol{BA})^{\mathrm{H}}\boldsymbol{D}=\boldsymbol{A}^{\mathrm{H}}\boldsymbol{B}^{\mathrm{H}}\boldsymbol{D}=(\boldsymbol{ADA})^{\mathrm{H}}\boldsymbol{B}^{\mathrm{H}}\boldsymbol{D}=\boldsymbol{A}^{\mathrm{H}}\boldsymbol{D}^{\mathrm{H}}\boldsymbol{A}^{\mathrm{H}}\boldsymbol{B}^{\mathrm{H}}\boldsymbol{D}=\\ &(\boldsymbol{DA})^{\mathrm{H}}(\boldsymbol{BA})^{\mathrm{H}}\boldsymbol{D}=\boldsymbol{DABAD}=\boldsymbol{DAD}=\boldsymbol{D}\end{aligned}$$

从而 $\boldsymbol{A}^{+}$ 唯一.　□

事实上，只要 $\boldsymbol{A}$ 不是可逆矩阵，则除了 $\boldsymbol{A}^{+}$ 之外，其他 14 种广义逆矩阵全不唯一.

当 $m=n$，且 $\boldsymbol{A}$ 可逆时，$\boldsymbol{A}^{+}=\boldsymbol{A}^{-1}$.

定理 7.18 的证明给出了按 $\boldsymbol{A}$ 的奇异值分解计算 $\boldsymbol{A}^{+}$ 的方法，但更为实用的是下面按满秩分解计算 $\boldsymbol{A}^{+}$ 的方法.

定理 7.19　设 $\boldsymbol{A}\in\mathbf{C}_r^{m\times n}$，其满秩分解为

$$\boldsymbol{A}=\boldsymbol{FG} \tag{7.32}$$

其中 $\boldsymbol{F}\in\mathbf{C}_r^{m\times r}$ 为列满秩阵，$\boldsymbol{G}\in\mathbf{C}_r^{r\times n}$ 是行满秩阵，则

$$\boldsymbol{A}^{+}=\boldsymbol{G}^{\mathrm{H}}(\boldsymbol{GG}^{\mathrm{H}})^{-1}(\boldsymbol{F}^{\mathrm{H}}\boldsymbol{F})^{-1}\boldsymbol{F}^{\mathrm{H}}=\boldsymbol{G}^{+}\boldsymbol{F}^{+} \tag{7.33}$$

特别 $\boldsymbol{A}$ 是实矩阵时，则

$$\boldsymbol{A}^{+}=\boldsymbol{G}^{\mathrm{T}}(\boldsymbol{GG}^{\mathrm{T}})^{-1}(\boldsymbol{F}^{\mathrm{T}}\boldsymbol{F})^{-1}\boldsymbol{F}^{\mathrm{T}}=\boldsymbol{G}^{+}\boldsymbol{F}^{+}$$

证　直接验证知 $\boldsymbol{A}^{+}$ 满足 Penrose 四个方程.　□

例 7.4　设 $\boldsymbol{A}=\begin{bmatrix}1 & 3 & 2 & 1\\ 2 & 6 & 1 & -1\\ 3 & 9 & 3 & 0\end{bmatrix}$，求 $\boldsymbol{A}^{+}$.

解　由例 3.12 知 $\boldsymbol{A}$ 有满秩分解式

$$A = FG$$

其中

$$F = \begin{bmatrix} 1 & 2 \\ 2 & 1 \\ 3 & 3 \end{bmatrix}, G = \begin{bmatrix} 1 & 3 & 0 & -1 \\ 0 & 0 & 1 & 1 \end{bmatrix}$$

$$GG^{\mathrm{T}} = \begin{bmatrix} 1 & 3 & 0 & -1 \\ 0 & 0 & 1 & 1 \end{bmatrix} \begin{bmatrix} 1 & 0 \\ 3 & 0 \\ 0 & 1 \\ -1 & 1 \end{bmatrix} = \begin{bmatrix} 11 & -1 \\ -1 & 2 \end{bmatrix}$$

$$(GG^{\mathrm{T}})^{-1} = \frac{1}{21}\begin{bmatrix} 2 & 1 \\ 1 & 11 \end{bmatrix}$$

$$F^{\mathrm{T}}F = \begin{bmatrix} 1 & 2 & 3 \\ 2 & 1 & 3 \end{bmatrix} \begin{bmatrix} 1 & 2 \\ 2 & 1 \\ 3 & 3 \end{bmatrix} = \begin{bmatrix} 14 & 13 \\ 13 & 14 \end{bmatrix}$$

$$(F^{\mathrm{T}}F)^{-1} = \frac{1}{27}\begin{bmatrix} 14 & -13 \\ -13 & 14 \end{bmatrix}$$

故

$$A^{+} = G^{\mathrm{T}}(GG^{\mathrm{T}})^{-1}(F^{\mathrm{T}}F)^{-1}F^{\mathrm{T}}$$

$$\begin{bmatrix} 1 & 0 \\ 3 & 0 \\ 0 & 1 \\ -1 & 1 \end{bmatrix} \frac{1}{21}\begin{bmatrix} 2 & 1 \\ 1 & 11 \end{bmatrix} \frac{1}{27}\begin{bmatrix} 14 & -13 \\ -13 & 14 \end{bmatrix} \begin{bmatrix} 1 & 2 & 3 \\ 2 & 1 & 3 \end{bmatrix} =$$

$$\frac{1}{63}\begin{bmatrix} -1 & 2 & 1 \\ -3 & 6 & 3 \\ 17 & -13 & 4 \\ 18 & -15 & 3 \end{bmatrix}$$

推论 设 $A \in \mathbf{C}_r^{m\times n}$，则：

① 若 $r=m$，即 A 为行满秩，$A^{+}=A^{\mathrm{H}}(AA^{\mathrm{H}})^{-1}$；

② 若 $r=n$，即 A 为列满秩，$A^{+}=(A^{\mathrm{H}}A)^{-1}A^{\mathrm{H}}$.

证 显然 $A=I_mA=AI_n$，对应于 A 为行满秩与列满秩，分别得到满秩分解，代入式(7.33)即知结论正确. □

早在 1920 年 Moore 利用投影变换定义了一种广义逆，用矩阵形式表示，其定义如下.

定义 7.9 设 $A \in \mathrm{C}^{m\times n}$，若存在 $B \in \mathrm{C}^{n\times m}$，满足如下的 Moore 方程

$$AB = P_{R(A)}$$

$$BA = P_{R(B)}$$

其中 $\boldsymbol{P}_{R(\boldsymbol{A})}$ 表示 C^m 的子空间 $R(\boldsymbol{A})$ 上的正交投影矩阵，$\boldsymbol{P}_{R(\boldsymbol{B})}$ 表示 C^n 的子空间 $R(\boldsymbol{B})$ 上的正交投影矩阵，则称 $\boldsymbol{B}$ 为 $\boldsymbol{A}$ 的 Moore 广义逆.

定理 7.20 Moore 广义逆矩阵和 Penrose 广义逆矩阵是等价的.

证 设矩阵 $\boldsymbol{B}$ 满足 Moore 方程.

记 $\boldsymbol{A}=(\boldsymbol{\alpha}_1,\cdots,\boldsymbol{\alpha}_j,\cdots,\boldsymbol{\alpha}_n)$，显然 $\boldsymbol{\alpha}_j\in R(\boldsymbol{A}),j=1,\cdots,n$.

因为 $\boldsymbol{P}_{R(\boldsymbol{A})}$ 是 $R(\boldsymbol{A})$ 上的正交投影矩阵，所以 $\boldsymbol{P}_{R(\boldsymbol{A})}\boldsymbol{\alpha}_j=\boldsymbol{\alpha}_j$，故 $\boldsymbol{P}_{R(\boldsymbol{A})}\boldsymbol{A}=\boldsymbol{A}$，同理 $\boldsymbol{P}_{R(\boldsymbol{B})}\boldsymbol{B}=\boldsymbol{B}$.

于是有

$$\boldsymbol{ABA}=(\boldsymbol{AB})\boldsymbol{A}=\boldsymbol{P}_{R(\boldsymbol{A})}\boldsymbol{A}=\boldsymbol{A}$$

$$\boldsymbol{BAB}=(\boldsymbol{BA})\boldsymbol{B}=\boldsymbol{P}_{R(\boldsymbol{B})}\boldsymbol{B}=\boldsymbol{B}$$

$$(\boldsymbol{AB})^{\mathrm{H}}=(\boldsymbol{P}_{R(\boldsymbol{A})})^{\mathrm{H}}=\boldsymbol{P}_{R(\boldsymbol{A})}=\boldsymbol{AB}$$

$$(\boldsymbol{BA})^{\mathrm{H}}=(\boldsymbol{P}_{R(\boldsymbol{B})})^{\mathrm{H}}=\boldsymbol{P}_{R(\boldsymbol{B})}=\boldsymbol{BA}$$

可见 $\boldsymbol{B}$ 满足 Penrose 方程(7.1) ~ (7.4).

反之设 $\boldsymbol{B}$ 满足 Penrose 方程，于是有

$$(\boldsymbol{AB})^2=(\boldsymbol{AB})(\boldsymbol{AB})=(\boldsymbol{ABA})\boldsymbol{B}=\boldsymbol{AB}$$

$$(\boldsymbol{AB})^{\mathrm{H}}=\boldsymbol{AB}$$

这说明 $\boldsymbol{AB}$ 是幂等的 Hermite 矩阵，由定理 2.16 知 $\boldsymbol{AB}$ 是正交投影矩阵. 记 $\boldsymbol{AB}=\boldsymbol{P}$，于是可得

$$\boldsymbol{P}=\boldsymbol{P}_{R(\boldsymbol{P}),N(\boldsymbol{P})}=\boldsymbol{P}_{R(\boldsymbol{P}),N(\boldsymbol{P}^{\mathrm{H}})}=\boldsymbol{P}_{R(\boldsymbol{P}),R^{\perp}(\boldsymbol{P})}=\boldsymbol{P}_{R(\boldsymbol{P})}$$

因此

$$\boldsymbol{AB}=\boldsymbol{P}_{R(\boldsymbol{AB})}$$

又因为

$$R(\boldsymbol{A})\supset R(\boldsymbol{AB})\supset R(\boldsymbol{ABA})=R(\boldsymbol{A})$$

所以

$$R(\boldsymbol{AB})=R(\boldsymbol{A})$$

因此

$$\boldsymbol{AB}=\boldsymbol{P}_{R(\boldsymbol{AB})}=\boldsymbol{P}_{R(\boldsymbol{A})}$$

同理可证

$$\boldsymbol{BA}=\boldsymbol{P}_{R(\boldsymbol{B})}$$

故 $\boldsymbol{B}$ 满足 Moore 方程，因此 Moore 广义逆与 Penrose 广义逆等价. □

有了定理 7.20，故 $\boldsymbol{A}^+$ 也称为 Moore-Penrose 广义逆矩阵.

由于 $\boldsymbol{A}^+$ 是唯一的，因此它具有与通常的逆矩阵非常相似的性质，这可从下面定理看出.

定理 7.21 设 $\boldsymbol{A}\in\mathbf{C}^{m\times n}$，则：

①$(\boldsymbol{A}^+)^+=\boldsymbol{A}$；

②$(\boldsymbol{A}^+)^{\mathrm{H}}=(\boldsymbol{A}^{\mathrm{H}})^+$；

③$\operatorname{rank}\boldsymbol{A}^+=\operatorname{rank}\boldsymbol{A}$；

④$\operatorname{rank}(\boldsymbol{AA}^+)=\operatorname{rank}(\boldsymbol{A}^+\boldsymbol{A})=\operatorname{rank}\boldsymbol{A}$；

⑤$(\boldsymbol{A}^{\mathrm{H}}\boldsymbol{A})^+=\boldsymbol{A}^+(\boldsymbol{A}^{\mathrm{H}})^+,(\boldsymbol{AA}^{\mathrm{H}})^+=(\boldsymbol{A}^{\mathrm{H}})^+\boldsymbol{A}^+$；$\boldsymbol{A}^+=(\boldsymbol{A}^{\mathrm{H}}\boldsymbol{A})^+\boldsymbol{A}^{\mathrm{H}}=\boldsymbol{A}^{\mathrm{H}}(\boldsymbol{AA}^{\mathrm{H}})^+$；

⑥$\boldsymbol{A}^+=\boldsymbol{A}_m^-\boldsymbol{AA}_l^-$；

⑦ 若 rank $\boldsymbol{A}=m$,则

$$\boldsymbol{A}^{+}=\boldsymbol{A}^{\mathrm{H}}(\boldsymbol{A}\boldsymbol{A}^{\mathrm{H}})^{-1}$$

若 rank $\boldsymbol{A}=n$,则

$$\boldsymbol{A}^{+}=(\boldsymbol{A}^{\mathrm{H}}\boldsymbol{A})^{-1}\boldsymbol{A}^{\mathrm{H}}$$

于是当 $\boldsymbol{A}$ 有满秩分解 $\boldsymbol{A}=\boldsymbol{F}\boldsymbol{G}$ 时

$$\boldsymbol{A}^{+}=\boldsymbol{G}^{+}\boldsymbol{F}^{+}$$

⑧$R(\boldsymbol{A}^{+})=R(\boldsymbol{A}^{\mathrm{H}}),N(\boldsymbol{A}^{+})=N(\boldsymbol{A}^{\mathrm{H}})$;

⑨ 若 $\boldsymbol{U}\in\mathbf{U}^{m\times m},\boldsymbol{V}\in\mathbf{U}^{n\times n}$,则

$$(\boldsymbol{U}\boldsymbol{A}\boldsymbol{V})^{+}=\boldsymbol{V}^{\mathrm{H}}\boldsymbol{A}^{+}\boldsymbol{U}^{\mathrm{H}}$$

⑩ 若 $\boldsymbol{A}=\begin{bmatrix}\boldsymbol{R}&\boldsymbol{O}\\\boldsymbol{O}&\boldsymbol{O}\end{bmatrix}$,其中 $\boldsymbol{R}$ 为 r 阶非奇异矩阵,则

$$\boldsymbol{A}^{+}=\begin{bmatrix}\boldsymbol{R}^{-1}&\boldsymbol{O}\\\boldsymbol{O}&\boldsymbol{O}\end{bmatrix}_{n\times m}$$

证　此处仅证⑥,其余结论可直接用 $\boldsymbol{A}^{+}$ 的定义验证,或由列空间的关系式 $R(\boldsymbol{A}\boldsymbol{A}^{\mathrm{H}})=R(\boldsymbol{A}),R(\boldsymbol{A}^{\mathrm{H}}\boldsymbol{A})=R(\boldsymbol{A}^{\mathrm{H}})$ 来证明.

记 $\boldsymbol{B}=\boldsymbol{A}_m^{-}\boldsymbol{A}\boldsymbol{A}_l^{-}$,由 $\boldsymbol{A}_m^{-}$ 和 $\boldsymbol{A}_l^{-}$ 的性质,可得

$$\boldsymbol{A}\boldsymbol{B}\boldsymbol{A}=\boldsymbol{A}(\boldsymbol{A}_m^{-}\boldsymbol{A}\boldsymbol{A}_l^{-})\boldsymbol{A}=\boldsymbol{A}\boldsymbol{A}_l^{-}\boldsymbol{A}=\boldsymbol{A}$$

$$\boldsymbol{B}\boldsymbol{A}\boldsymbol{B}=(\boldsymbol{A}_m^{-}\boldsymbol{A}\boldsymbol{A}_l^{-})\boldsymbol{A}(\boldsymbol{A}_m^{-}\boldsymbol{A}\boldsymbol{A}_l^{-})=\boldsymbol{A}_m^{-}(\boldsymbol{A}\boldsymbol{A}_m^{-}\boldsymbol{A})\boldsymbol{A}_l^{-}=\boldsymbol{A}_m^{-}\boldsymbol{A}\boldsymbol{A}_l^{-}=\boldsymbol{B}$$

$$(\boldsymbol{A}\boldsymbol{B})^{\mathrm{H}}=(\boldsymbol{A}\boldsymbol{A}_m^{-}\boldsymbol{A}\boldsymbol{A}_l^{-})^{\mathrm{H}}=(\boldsymbol{A}\boldsymbol{A}_l^{-})^{\mathrm{H}}=\boldsymbol{A}\boldsymbol{A}_l^{-}=(\boldsymbol{A}\boldsymbol{A}_m^{-}\boldsymbol{A})\boldsymbol{A}_l^{-}=\boldsymbol{A}\boldsymbol{B}$$

$$(\boldsymbol{B}\boldsymbol{A})^{\mathrm{H}}=(\boldsymbol{A}_m^{-}\boldsymbol{A}\boldsymbol{A}_l^{-}\boldsymbol{A})^{\mathrm{H}}=(\boldsymbol{A}_m^{-}\boldsymbol{A})^{\mathrm{H}}=\boldsymbol{A}_m^{-}\boldsymbol{A}=\boldsymbol{A}_m^{-}(\boldsymbol{A}\boldsymbol{A}_l^{-}\boldsymbol{A})=\boldsymbol{B}\boldsymbol{A}$$

由 Moore-Penrose 广义逆矩阵的唯一性知

$$\boldsymbol{A}^{+}=\boldsymbol{A}_m^{-}\boldsymbol{A}\boldsymbol{A}_l^{-}$$ □

尽管 $\boldsymbol{A}^{+}$ 与 $\boldsymbol{A}^{-1}$ 性质非常接近,但它毕竟是广义逆矩阵,因此逆矩阵的有些性质对 $\boldsymbol{A}^{+}$ 并不成立.

例 7.5　举例说明对 Moore-Penrose 广义逆矩阵 $\boldsymbol{A}^{+}$ 下列结论不正确:

①$(\boldsymbol{A}\boldsymbol{B})^{+}=\boldsymbol{B}^{+}\boldsymbol{A}^{+}$;

②$(\boldsymbol{A}^{k})^{+}=(\boldsymbol{A}^{+})^{k}$,$k$ 为正整数;

③ 若 $\boldsymbol{P},\boldsymbol{Q}$ 为可逆矩阵,$(\boldsymbol{P}\boldsymbol{A}\boldsymbol{Q})^{+}=\boldsymbol{Q}^{-1}\boldsymbol{A}^{+}\boldsymbol{P}^{-1}$.

解　① 设 $\boldsymbol{A}=(1,1),\boldsymbol{B}=\begin{bmatrix}1\\0\end{bmatrix}$,则

$$\boldsymbol{A}\boldsymbol{B}=(1),(\boldsymbol{A}\boldsymbol{B})^{+}=(1)$$

根据定理 7.21 之⑧,因为 $\boldsymbol{A}$ 行满秩,所以

$$\boldsymbol{A}^{+}=\boldsymbol{A}^{\mathrm{H}}(\boldsymbol{A}\boldsymbol{A}^{\mathrm{H}})^{-1}=\begin{bmatrix}1\\1\end{bmatrix}\left[\begin{pmatrix}1&1\end{pmatrix}\begin{bmatrix}1\\1\end{bmatrix}\right]^{-1}=\frac{1}{2}\begin{bmatrix}1\\1\end{bmatrix}$$

因为 $\boldsymbol{B}$ 列满秩,所以

$$B^+=(B^H B)^{-1}B^H=\left[(1\quad 0)\begin{bmatrix}1\\0\end{bmatrix}\right]^{-1}(1\quad 0)=(1\quad 0)$$

$$B^+ A^+=(\frac{1}{2})\neq(1)=(AB)^+$$

可见
$$(AB)^+\neq B^+ A^+$$

② 取 $A=\begin{bmatrix}1&-1\\0&0\end{bmatrix}$，$A$ 本身是 Hermite 标准形，且是幂等阵

$$A=FG,\text{其中 } F=\begin{bmatrix}1\\0\end{bmatrix},G=(1\quad -1)$$

$$F^+=(F^H F)^{-1}F^H=\left[(1\quad 0)\begin{bmatrix}1\\0\end{bmatrix}\right]^{-1}(1\quad 0)=(1\quad 0)$$

$$G^+=G^H(GG^H)^{-1}=\begin{bmatrix}1\\-1\end{bmatrix}\left[(1\quad -1)\begin{bmatrix}1\\-1\end{bmatrix}\right]^{-1}=\frac{1}{2}\begin{bmatrix}1\\-1\end{bmatrix}$$

于是

$$A^+=G^+ F^+=\frac{1}{2}\begin{bmatrix}1&0\\-1&0\end{bmatrix}$$

$$(A^2)^+=A^+=\frac{1}{2}\begin{bmatrix}1&0\\-1&0\end{bmatrix}$$

$$(A^+)^2=\frac{1}{4}\begin{bmatrix}1&0\\-1&0\end{bmatrix}$$

故
$$(A^2)^+\neq(A^+)^2$$

③ 取 $A=\begin{bmatrix}1\\1\end{bmatrix}$，$P=\begin{bmatrix}1&1\\0&1\end{bmatrix}$，$Q=(1)$.

因为 A 是列满秩阵，所以有

$$A^+=(A^H A)^{-1}A^H=\left[(1\quad 1)\begin{bmatrix}1\\1\end{bmatrix}\right]^{-1}(1\quad 1)=\frac{1}{2}(1\quad 1)$$

$$PAQ=\begin{bmatrix}2\\1\end{bmatrix},(PAQ)^+=\left[(2\quad 1)\begin{bmatrix}2\\1\end{bmatrix}\right]^{-1}(2\quad 1)=\frac{1}{5}(2\quad 1)$$

$$P^{-1}=\begin{bmatrix}1&-1\\0&1\end{bmatrix},Q^{-1}=(1)$$

$$Q^{-1}A^+ P^{-1}=\frac{1}{2}(1\quad 0)$$

可见
$$(PAQ)^+\neq Q^{-1}A^+ P^{-1}$$

可以证明：

① 当 A 是列满秩阵，B 是行满秩阵时，$(AB)^+=B^+ A^+$.

② 当 A 是 n 阶正规矩阵时，对任一自然数 k，$(A^k)^+=(A^+)^k$.

③ 当 $\boldsymbol{P},\boldsymbol{Q}$ 为酉阵，即 $\boldsymbol{P}=\boldsymbol{U}\in \mathbf{U}^{m\times m},\boldsymbol{Q}=\boldsymbol{V}\in \mathbf{U}^{n\times n}$ 时，$(\boldsymbol{UAV})^{+}=\boldsymbol{V}^{\mathrm{H}}\boldsymbol{A}^{+}\boldsymbol{U}^{\mathrm{H}}$.

下面讨论 $\boldsymbol{A}^{+}$ 在解线性方程组 $\boldsymbol{Ax}=\boldsymbol{b}$ 中的应用. 一般地说，它的最小二乘解不是唯一的，在众多的最小二乘解中 2- 范数最小者尤为重要，我们有以下定义.

定义 7.10　设 $\boldsymbol{x}_0$ 是矛盾线性方程组 $\boldsymbol{Ax}=\boldsymbol{b}$ 的一个最小二乘解，如果对于任意的最小二乘解 $\boldsymbol{x}$ 都有 $\|\boldsymbol{x}_0\|\leqslant\|\boldsymbol{x}\|$，这里 $\|\cdot\|$ 表示 2- 范数，则称 $\boldsymbol{x}_0$ 为矛盾线性方程组 $\boldsymbol{Ax}=\boldsymbol{b}$ 的极小范数最小二乘解或最佳逼近解.

定理 7.22　设 $\boldsymbol{A}\in \mathbf{C}^{m\times n}$，则 $\boldsymbol{B}$ 是 Moore-Penrose 广义逆 $\boldsymbol{A}^{+}$ 的充分必要条件为 $\boldsymbol{x}=\boldsymbol{Bb}$ 是矛盾线性方程组 $\boldsymbol{Ax}=\boldsymbol{b}$ 的极小范数最小二乘解.

证　由定理 7.17 知矛盾线性方程组 $\boldsymbol{Ax}=\boldsymbol{b}$ 的最小二乘解就是相容方程组

$$\boldsymbol{Ax}=\boldsymbol{AA}_l^{-}\boldsymbol{b} \tag{7.34}$$

的解. 因此 $\boldsymbol{Ax}=\boldsymbol{b}$ 的极小范数最小二乘解就是方程(7.34) 的极小范数解，并且唯一. 而 $\boldsymbol{x}=\boldsymbol{A}_m^{-}\boldsymbol{AA}_l^{-}\boldsymbol{b}$ 显然满足方程(7.34)，由定理 7.21 之 ⑥ 知 $\boldsymbol{G}=\boldsymbol{A}_m^{-}\boldsymbol{AA}_l^{-}=\boldsymbol{A}^{+}$. 由于上述论证是可逆的，故结论成立. □

综上所述，用 $\boldsymbol{A}^{+}$ 可以得出求解线性方程的完整统一的结论，设 $\boldsymbol{A}\in \mathbf{C}^{m\times n},\boldsymbol{b}\in \mathbf{C}^{m}$，归纳起来为：

(1) 线性方程组 $\boldsymbol{Ax}=\boldsymbol{b}$ 相容的充分必要条件是 $\boldsymbol{AA}^{+}\boldsymbol{b}=\boldsymbol{b}$；

(2) 相容线性方程组 $\boldsymbol{Ax}=\boldsymbol{b}$ 的通解，或矛盾线性方程组 $\boldsymbol{Ax}=\boldsymbol{b}$ 的最小二乘解的通式为

$$\boldsymbol{x}=\boldsymbol{A}^{+}\boldsymbol{b}+(\boldsymbol{I}_n-\boldsymbol{A}^{+}\boldsymbol{A})\boldsymbol{y}\quad \boldsymbol{y}\in \mathbf{C}^{n}$$

(3) 相容线性方程组 $\boldsymbol{Ax}=\boldsymbol{b}$ 的唯一极小范数解或矛盾线性方程组 $\boldsymbol{Ax}=\boldsymbol{b}$ 的唯一极小范数最小二乘解为

$$\boldsymbol{x}_0=\boldsymbol{A}^{+}\boldsymbol{b}$$

例 7.6　用广义逆矩阵方法判断线性方程组

$$\begin{cases}2x_1+4x_2+x_3+x_4=3\\ x_1+2x_2-x_3+2x_4=0\\ -x_1-2x_2-2x_3+x_4=3\end{cases}$$

是否有解？如果有解，求通解和极小范数解；如果无解，求全部最小二乘解的通式和极小范数最小二乘解.

解　设

$$\boldsymbol{A}=\begin{bmatrix}2&4&1&1\\1&2&-1&2\\-1&-2&-2&1\end{bmatrix},\boldsymbol{b}=\begin{bmatrix}3\\0\\3\end{bmatrix}$$

于是原线性方程组为 $\boldsymbol{Ax}=\boldsymbol{b}$.

分以下四步进行.

第一步：求 $\boldsymbol{A}$ 的满秩分解

$$\boldsymbol{A}=\begin{bmatrix}2&4&1&1\\1&2&-1&2\\-1&-2&-2&1\end{bmatrix}\xrightarrow{r}\begin{bmatrix}1&2&0&1\\0&0&1&-1\\0&0&0&0\end{bmatrix}$$

故

$$F=\begin{bmatrix}2 & 1\\ 1 & -1\\ -1 & 2\end{bmatrix},G=\begin{bmatrix}1 & 2 & 0 & 1\\ 0 & 0 & 1 & -1\end{bmatrix}$$

$$A=FG$$

第二步:求 A^+

$$A^+=G^{\mathrm{T}}(GG^{\mathrm{T}})^{-1}(F^{\mathrm{T}}F)^{-1}F^{\mathrm{T}}=G^+F^+$$

$$\begin{bmatrix}1 & 0\\ 2 & 0\\ 0 & 1\\ 1 & -1\end{bmatrix}\begin{bmatrix}6 & -1\\ -1 & 2\end{bmatrix}^{-1}\begin{bmatrix}6 & 3\\ 3 & 6\end{bmatrix}^{-1}\begin{bmatrix}2 & 1 & -1\\ 1 & -1 & -2\end{bmatrix}=$$

$$\frac{1}{33}\begin{bmatrix}2 & 1 & -1\\ 4 & 2 & -2\\ 1 & -5 & -6\\ 1 & 6 & 5\end{bmatrix}$$

第三步:检验 $AA^+b=b$ 是否成立.

判断方程组的相容性,因为

$$AA^+b=\begin{bmatrix}1\\ 2\\ 1\end{bmatrix}\neq\begin{bmatrix}3\\ 0\\ 3\end{bmatrix}$$

故 $Ax=b$ 为矛盾线性方程组.

第四步:求最小二乘解的通式及极小范数最小二乘解.

最小二乘解的通式为

$$x=A^+b+(I_4-A^+A)y=\frac{1}{11}\begin{bmatrix}1\\ 2\\ -5\\ 6\end{bmatrix}+\frac{1}{11}\begin{bmatrix}9 & -4 & -1 & -1\\ -4 & 3 & -2 & -2\\ -1 & -2 & 5 & 5\\ -1 & -2 & 5 & 5\end{bmatrix}\begin{bmatrix}y_1\\ y_2\\ y_3\\ y_4\end{bmatrix}\quad (y_1,y_2,y_3,y_4\in\mathbf{C}\text{任意})$$

极小范数最小二乘解为

$$x_0=A^+b=\frac{1}{11}\begin{bmatrix}1\\ 2\\ -5\\ 6\end{bmatrix}$$

例 7.7　求解极值问题

$$f(x)=x^{\mathrm{T}}Ax-2b^{\mathrm{T}}x$$

其中 $\boldsymbol{A}^{\mathrm{T}}=\boldsymbol{A}$，且 $\boldsymbol{A}\in\mathbf{R}^{n\times n}$，$\boldsymbol{x}\in\mathbf{R}^{n}$，$\boldsymbol{b}\in\mathbf{R}^{n}$.

解 先求驻点

$$\frac{\mathrm{d}f}{\mathrm{d}\boldsymbol{x}}=\boldsymbol{\theta}$$

因为 $\boldsymbol{A}$ 是实对称矩阵，由例 5.17 得

$$\frac{\mathrm{d}f}{\mathrm{d}\boldsymbol{x}}=2\boldsymbol{A}\boldsymbol{x}-2\boldsymbol{b}=\boldsymbol{\theta}$$

所以

$$\boldsymbol{A}\boldsymbol{x}=\boldsymbol{b}$$

由此知相容方程组的唯一极小范数解或矛盾方程组的唯一极小范数最小二乘解为 $\boldsymbol{x}_0=\boldsymbol{A}^{+}\boldsymbol{b}$.

在对于带随机干扰的信号进行最小二乘法滤波处理时，就会遇到此类问题.

习 题 七

1. 已知

$$\boldsymbol{A}=\begin{bmatrix}2&4&1&1\\1&2&-1&2\\-1&-2&-2&1\end{bmatrix}$$

求：(1)$\boldsymbol{P}\in\mathbf{R}_3^{3\times 3}$ 和 4 阶置换阵 $\boldsymbol{S}$，使 $\boldsymbol{PAS}=\begin{bmatrix}\boldsymbol{I}_r&\boldsymbol{K}\\\boldsymbol{O}&\boldsymbol{O}\end{bmatrix}$；

(2) 求 $\boldsymbol{A}^{-}$.

2. 用广义逆矩阵 $\boldsymbol{A}^{-}$，求解线性方程组

$$\begin{cases}2x_1+4x_2+x_3+x_4=5\\x_1+2x_2-x_3+2x_4=1\\-x_1-2x_2-2x_3+x_4=-4\end{cases}$$

3. 设 $\boldsymbol{A}\in\mathbf{C}^{m\times n}$，求证 $(\boldsymbol{A}^{-})^{\mathrm{H}}\in\boldsymbol{A}^{\mathrm{H}}\{1\}$.

4. 设 $\boldsymbol{A}\in\mathbf{C}^{m\times n}$，求证 $R(\boldsymbol{A}\boldsymbol{A}^{-})=R(\boldsymbol{A})$，$N(\boldsymbol{A}^{-}\boldsymbol{A})=N(\boldsymbol{A})$.

5. 设 $\boldsymbol{A}=(\boldsymbol{\alpha}_1\cdots\boldsymbol{\alpha}_i\cdots\boldsymbol{\alpha}_j\cdots\boldsymbol{\alpha}_n)\in\mathbf{C}^{m\times n}$，且 $\boldsymbol{\alpha}_i^{\mathrm{H}}\boldsymbol{\alpha}_j=\delta_{ij}$，$i,j=1,\cdots,n$，则

$$\boldsymbol{A}^{\mathrm{H}}\in\boldsymbol{A}\{1,2\}$$

6. 设 $\boldsymbol{A}\in\mathbf{C}^{m\times n}$，$\boldsymbol{B}\in\mathbf{C}^{n\times m}$，则：

(1)$\boldsymbol{ABA}=\boldsymbol{A}$；

(2)$\boldsymbol{BAB}=\boldsymbol{B}$；

(3)$\mathrm{rank}\,\boldsymbol{A}=\mathrm{rank}\,\boldsymbol{B}$；

中任两个成立，可推出第三个成立.

7. 设 $\boldsymbol{A}=\begin{bmatrix}0&1&-1&-1&1\\0&-2&2&-2&6\\0&1&-1&-2&3\end{bmatrix}$，求 $\boldsymbol{A}_r^{-}$.

8. 求证：(1)$\boldsymbol{B}\in\boldsymbol{A}\{3\}$ 充要条件为 $\boldsymbol{B}^{\mathrm{H}}\in\boldsymbol{A}^{\mathrm{H}}\{4\}$；

(2)$\boldsymbol{B}\in\boldsymbol{A}\{4\}$ 充要条件为 $\boldsymbol{B}^{\mathrm{H}}\in\boldsymbol{A}^{\mathrm{H}}\{3\}$.

9. $\boldsymbol{A}\in\mathbf{C}^{m\times n}$，$\boldsymbol{A}\neq\boldsymbol{O}$，试用 $\boldsymbol{A}^{+}$ 表示出 $(\boldsymbol{A},\boldsymbol{A})^{+}$，$\begin{bmatrix}\boldsymbol{A}\\ \boldsymbol{A}\end{bmatrix}^{+}$.

10. 设 $\boldsymbol{A}$ 是 n 阶可逆矩阵，求 $\begin{bmatrix}\boldsymbol{A} & \boldsymbol{A}\\ \boldsymbol{A} & \boldsymbol{A}\end{bmatrix}^{+}$.

11. 设 $\boldsymbol{A}\in\mathbf{C}^{m\times n}$，$\boldsymbol{U}$，$\boldsymbol{V}$ 分别是 m 阶，n 阶酉矩阵，证明：$(\boldsymbol{UAV})^{+}=\boldsymbol{V}^{\mathrm{H}}\boldsymbol{A}^{+}\boldsymbol{U}^{\mathrm{H}}$.

12. 若 $\boldsymbol{A}=\begin{bmatrix}\boldsymbol{R} & \boldsymbol{O}\\ \boldsymbol{O} & \boldsymbol{O}\end{bmatrix}$，其中 $\boldsymbol{R}$ 为 r 阶非奇异矩阵，则

$$\boldsymbol{A}^{+}=\begin{bmatrix}\boldsymbol{R}^{-1} & \boldsymbol{O}\\ \boldsymbol{O} & \boldsymbol{O}\end{bmatrix}_{n\times m}$$

13. 设 $\boldsymbol{A}\in\mathbf{C}^{m\times n}$，证明：

(1)$(\boldsymbol{A}^{\mathrm{H}}\boldsymbol{A})^{+}=\boldsymbol{A}^{+}(\boldsymbol{A}^{\mathrm{H}})^{+}$；

(2)$(\boldsymbol{A}\boldsymbol{A}^{\mathrm{H}})^{+}=(\boldsymbol{A}^{\mathrm{H}})^{+}\boldsymbol{A}^{+}$.

14. 设 $\boldsymbol{A}\in\mathbf{C}_r^{m\times n}$，$\boldsymbol{A}$ 的奇异值分解为

$$\boldsymbol{A}=\boldsymbol{U}\begin{bmatrix}\boldsymbol{\Sigma} & \boldsymbol{O}\\ \boldsymbol{O} & \boldsymbol{O}\end{bmatrix}\boldsymbol{V}^{\mathrm{H}}$$

其中，$\boldsymbol{U}\in\mathbf{U}^{m\times m}$，$\boldsymbol{V}\in\mathbf{C}^{n\times n}$，$\boldsymbol{\Sigma}=\mathrm{diag}(\sigma_1,\cdots,\sigma_r)$，$\sigma_i$ 是 $\boldsymbol{A}$ 的非零奇异值，$i=1,\cdots,r$，则

$$\boldsymbol{A}^{+}=\boldsymbol{V}\begin{bmatrix}\boldsymbol{\Sigma}^{-1} & \boldsymbol{O}\\ \boldsymbol{O} & \boldsymbol{O}\end{bmatrix}\boldsymbol{U}^{\mathrm{H}}$$

15. 设 $\boldsymbol{A}\in\mathbf{C}_r^{m\times n}$，$\boldsymbol{A}$ 有满秩分解式 $\boldsymbol{A}=\boldsymbol{FG}$.

验证 $\boldsymbol{G}^{\mathrm{H}}(\boldsymbol{G}\boldsymbol{G}^{\mathrm{H}})^{-1}(\boldsymbol{F}^{\mathrm{H}}\boldsymbol{F})^{-1}\boldsymbol{F}^{\mathrm{H}}$ 为 $\boldsymbol{A}$ 的 Moore-Penrose 广义逆阵 $\boldsymbol{A}^{+}$.

16. 设 $\boldsymbol{A}=\begin{bmatrix}1 & 1 & 0 & 1 & 0\\ 0 & 1 & 1 & 1 & 1\\ 1 & 0 & 1 & 1 & 0\end{bmatrix}$，求 $\boldsymbol{A}^{+}$.

17. 设 $\boldsymbol{A}=\begin{bmatrix}1 & 0 & -1 & 1\\ 0 & 2 & 2 & 2\\ -1 & 4 & 5 & 3\end{bmatrix}$，求 $\boldsymbol{A}^{+}$.

18. 求线性方程组 $\begin{bmatrix}1 & 0 & -1 & 1\\ 0 & 2 & 2 & 2\\ -1 & 4 & 5 & 3\end{bmatrix}\boldsymbol{x}=\begin{bmatrix}4\\ 1\\ -2\end{bmatrix}$ 的极小范数解.

19. 用广义逆矩阵的方法解线性方程组

$$\begin{cases}x_1+x_2+\qquad\quad x_4=3\\ \qquad x_2+\quad x_3\qquad\quad=1\\ x_1+2x_2+x_3+x_4=4\end{cases}$$

20. 用广义逆矩阵方法判断线性方程组

$$\begin{cases} x_1 - x_3 + x_4 = 4 \\ 2x_2 + 2x_3 + 2x_4 = -2 \\ -x_1 + 4x_2 + 5x_3 + 3x_4 = -2 \end{cases}$$

是否有解？如果有解，求通解和极小范数解；如果无解，求全部最小二乘解的通式和极小范数最小二乘解.

第八章　矩阵的 Kronecker 积及其应用

矩阵的 **Kronecker** 积是一种重要的矩阵乘积，它不仅在矩阵方程的研究中有广泛的应用，而且在工程技术中也是一种重要的数学工具. 本章主要学习 Kronceker 积的性质，并以其为工具学习如何求解线性矩阵方程和矩阵微分方程.

8.1　矩阵的 Kronecker 积

定义 8.1　设 $\boldsymbol{A}=(a_{ij})\in \mathbf{C}^{m\times n}$，$\boldsymbol{B}=(b_{st})\in \mathbf{C}^{p\times q}$，称如下的分块矩阵

$$\boldsymbol{A}\otimes\boldsymbol{B}=\begin{bmatrix} a_{11}\boldsymbol{B} & a_{12}\boldsymbol{B} & \cdots & a_{1n}\boldsymbol{B} \\ a_{21}\boldsymbol{B} & a_{22}\boldsymbol{B} & \cdots & a_{2n}\boldsymbol{B} \\ \vdots & \vdots & & \vdots \\ a_{m1}\boldsymbol{B} & a_{m2}\boldsymbol{B} & \cdots & a_{mn}\boldsymbol{B} \end{bmatrix}=(a_{ij}\boldsymbol{B})\in \mathbf{C}^{mp\times nq} \tag{8.1}$$

为 $\boldsymbol{A}$ 与 $\boldsymbol{B}$ 的 Kronecker 积，也称为直积或张量积.

由上述定义有

$$\boldsymbol{B}\otimes\boldsymbol{A}=(b_{st}\boldsymbol{A})\in \mathbf{C}^{pm\times qn} \tag{8.2}$$

显而易见，$\boldsymbol{A}\otimes\boldsymbol{B}$ 与 $\boldsymbol{B}\otimes\boldsymbol{A}$ 是同型矩阵，由其结构看出，一般地 $\boldsymbol{A}\otimes\boldsymbol{B}\neq\boldsymbol{B}\otimes\boldsymbol{A}$，即矩阵的 Kronecker 积不满足交换律.

例 8.1　设 $\boldsymbol{A}=\begin{bmatrix}1 & 0\\ 0 & -1\end{bmatrix}$，$\boldsymbol{B}=[1,-1]$，则

$$\boldsymbol{A}\otimes\boldsymbol{B}=\begin{bmatrix}\boldsymbol{B} & 0\boldsymbol{B}\\ 0\boldsymbol{B} & -\boldsymbol{B}\end{bmatrix}=\begin{bmatrix}1 & -1 & 0 & 0\\ 0 & 0 & -1 & 1\end{bmatrix}$$

$$\boldsymbol{B}\otimes\boldsymbol{A}=(\boldsymbol{A}\ \ -\boldsymbol{A})=\begin{bmatrix}1 & 0 & -1 & 0\\ 0 & -1 & 0 & 1\end{bmatrix}$$

可见尽管 $\boldsymbol{A},\boldsymbol{B}$ 皆为 2×4 的同型矩阵，但 $\boldsymbol{A}\otimes\boldsymbol{B}\neq\boldsymbol{B}\otimes\boldsymbol{A}$，不满足交换律.

不过对于单位阵 $\boldsymbol{I}_m$，$\boldsymbol{I}_n$，有

$$\boldsymbol{I}_m\otimes\boldsymbol{I}_n=\boldsymbol{I}_n\otimes\boldsymbol{I}_m=\boldsymbol{I}_{mn} \tag{8.3}$$

定理 8.1　矩阵的 Kronecker 积有如下的基本性质：

① 设 k 为复常数，则

$$(k\boldsymbol{A})\otimes\boldsymbol{B}=\boldsymbol{A}\otimes(k\boldsymbol{B})=k(\boldsymbol{A}\otimes\boldsymbol{B}) \tag{8.4}$$

②$(\boldsymbol{A}\otimes\boldsymbol{B})\otimes\boldsymbol{C}=\boldsymbol{A}\otimes(\boldsymbol{B}\otimes\boldsymbol{C})$；　(8.5)

③$(\boldsymbol{A}_1+\boldsymbol{A}_2)\otimes\boldsymbol{B}=\boldsymbol{A}_1\otimes\boldsymbol{B}+\boldsymbol{A}_2\otimes\boldsymbol{B}$，　(8.6a)

$\boldsymbol{B}\otimes(\boldsymbol{A}_1+\boldsymbol{A}_2)=\boldsymbol{B}\otimes\boldsymbol{A}_1+\boldsymbol{B}\otimes\boldsymbol{A}_2$；　(8.6b)

④$(\boldsymbol{A}\otimes\boldsymbol{B})^{\mathrm{T}}=\boldsymbol{A}^{\mathrm{T}}\otimes\boldsymbol{B}^{\mathrm{T}}$，　(8.7)

$(\boldsymbol{A}\otimes\boldsymbol{B})^{\mathrm{H}}=\boldsymbol{A}^{\mathrm{H}}\otimes\boldsymbol{B}^{\mathrm{H}}$；　(8.8)

⑤ 设 $\boldsymbol{A}=(a_{ik})_{m\times n},\boldsymbol{B}=(b_{uv})_{p\times q},\boldsymbol{C}=(c_{kj})_{n\times s},\boldsymbol{D}=(d_{vw})_{q\times t}$，则

$$(\boldsymbol{A}\otimes\boldsymbol{B})(\boldsymbol{C}\otimes\boldsymbol{D})=(\boldsymbol{AC})\otimes(\boldsymbol{BD})\tag{8.9}$$

特别当 $\boldsymbol{A}\in\mathbf{C}^{m\times m},\boldsymbol{B}\in\mathbf{C}^{n\times n}$ 时

$$(\boldsymbol{A}\otimes\boldsymbol{B})^k=\boldsymbol{A}^k\otimes\boldsymbol{B}^k$$

⑥ 设 $\boldsymbol{A}\in\mathbf{C}^{m\times m},\boldsymbol{B}\in\mathbf{C}^{n\times n}$ 都是可逆矩阵，则 $\boldsymbol{A}\otimes\boldsymbol{B}$ 也可逆，且有

$$(\boldsymbol{A}\otimes\boldsymbol{B})^{-1}=\boldsymbol{A}^{-1}\otimes\boldsymbol{B}^{-1}\tag{8.10}$$

⑦$(\boldsymbol{A}\otimes\boldsymbol{B})^{+}=\boldsymbol{A}^{+}\otimes\boldsymbol{B}^{+}$；　(8.11)

⑧$\boldsymbol{A}\in\mathbf{U}^{m\times m},\boldsymbol{B}\in\mathbf{U}^{n\times n}$，则 $\boldsymbol{A}\otimes\boldsymbol{B}\in\mathbf{U}^{mn\times mn}$；　(8.12)

⑨$\boldsymbol{A}\in\mathbf{C}^{m\times m},\boldsymbol{B}\in\mathbf{C}^{n\times n}$，则 $\boldsymbol{A}\otimes\boldsymbol{B}\sim\boldsymbol{B}\otimes\boldsymbol{A}$.

证　由定义 8.1 即可证出 ① ～ ④.

例如 ② 称为满足结合律可证明如下

$$(\boldsymbol{A}\otimes\boldsymbol{B})\otimes\boldsymbol{C}=$$

$$\left(\begin{bmatrix}a_{11}&\cdots&a_{1n}\\\vdots&&\vdots\\a_{m1}&\cdots&a_{mn}\end{bmatrix}\otimes\boldsymbol{B}\right)\otimes\boldsymbol{C}=$$

$$\begin{bmatrix}a_{11}\boldsymbol{B}&\cdots&a_{1n}\boldsymbol{B}\\\vdots&&\vdots\\a_{m1}\boldsymbol{B}&\cdots&a_{mn}\boldsymbol{B}\end{bmatrix}\otimes\boldsymbol{C}=$$

$$\begin{bmatrix}(a_{11}\boldsymbol{B})\otimes\boldsymbol{C}&\cdots&(a_{1n}\boldsymbol{B})\otimes\boldsymbol{C}\\\vdots&&\vdots\\(a_{m1}\boldsymbol{B})\otimes\boldsymbol{C}&\cdots&(a_{mn}\boldsymbol{B})\otimes\boldsymbol{C}\end{bmatrix}=$$

$$\begin{bmatrix}a_{11}(\boldsymbol{B}\otimes\boldsymbol{C})&\cdots&a_{1n}(\boldsymbol{B}\otimes\boldsymbol{C})\\\vdots&&\vdots\\a_{m1}(\boldsymbol{B}\otimes\boldsymbol{C})&\cdots&a_{mn}(\boldsymbol{B}\otimes\boldsymbol{C})\end{bmatrix}=$$

$$\boldsymbol{A}\otimes(\boldsymbol{B}\otimes\boldsymbol{C})$$

④ 中第二式$(\boldsymbol{A}\otimes\boldsymbol{B})^{\mathrm{H}}=\boldsymbol{A}^{\mathrm{H}}\otimes\boldsymbol{B}^{\mathrm{H}}$ 证明如下

$$(\boldsymbol{A}\otimes\boldsymbol{B})^{\mathrm{H}}=\begin{bmatrix}a_{11}\boldsymbol{B}&\cdots&a_{1n}\boldsymbol{B}\\\vdots&&\vdots\\a_{m1}\boldsymbol{B}&\cdots&a_{mn}\boldsymbol{B}\end{bmatrix}^{\mathrm{H}}=$$

$$\begin{bmatrix}\bar{a}_{11}\boldsymbol{B}^{\mathrm{H}}&\cdots&\bar{a}_{m1}\boldsymbol{B}^{\mathrm{H}}\\\vdots&&\vdots\\\bar{a}_{1n}\boldsymbol{B}^{\mathrm{H}}&\cdots&\bar{a}_{mn}\boldsymbol{B}^{\mathrm{H}}\end{bmatrix}=$$

$$\begin{bmatrix} \bar{a}_{11} & \cdots & \bar{a}_{m1} \\ \vdots & & \vdots \\ \bar{a}_{1n} & \cdots & \bar{a}_{mn} \end{bmatrix} \otimes \boldsymbol{B}^{\mathrm{H}} =$$

$$\boldsymbol{A}^{\mathrm{H}} \otimes \boldsymbol{B}^{\mathrm{H}}$$

可见第二式成立,将 H 换成 T,则第一式成立.

⑤ 由定义 8.1 可得

$$(\boldsymbol{A} \otimes \boldsymbol{B})(\boldsymbol{C} \otimes \boldsymbol{D}) = \begin{bmatrix} a_{11}\boldsymbol{B} & \cdots & a_{1n}\boldsymbol{B} \\ \vdots & & \vdots \\ a_{m1}\boldsymbol{B} & \cdots & a_{mn}\boldsymbol{B} \end{bmatrix} \begin{bmatrix} c_{11}\boldsymbol{D} & \cdots & c_{1s}\boldsymbol{D} \\ \vdots & & \vdots \\ c_{n1}\boldsymbol{D} & \cdots & c_{ns}\boldsymbol{D} \end{bmatrix} =$$

$$\begin{bmatrix} \sum_{k=1}^{n}(a_{1k}\boldsymbol{B})(c_{k1}\boldsymbol{D}) & \cdots & \sum_{k=1}^{n}(a_{1k}\boldsymbol{B})(c_{ks}\boldsymbol{D}) \\ \vdots & & \vdots \\ \sum_{k=1}^{n}(a_{mk}\boldsymbol{B})(c_{k1}\boldsymbol{D}) & \cdots & \sum_{k=1}^{n}(a_{mk}\boldsymbol{B})(c_{ks}\boldsymbol{D}) \end{bmatrix} =$$

$$\begin{bmatrix} \sum_{k=1}^{n}a_{1k}c_{k1}(\boldsymbol{BD}) & \cdots & \sum_{k=1}^{n}a_{1k}c_{ks}(\boldsymbol{BD}) \\ \vdots & & \vdots \\ \sum_{k=1}^{n}a_{mk}c_{k1}(\boldsymbol{BD}) & \cdots & \sum_{k=1}^{n}a_{mk}c_{ks}(\boldsymbol{BD}) \end{bmatrix} =$$

$$\begin{bmatrix} \sum_{k=1}^{n}a_{1k}c_{k1} & \cdots & \sum_{k=1}^{n}a_{1k}c_{ks} \\ \vdots & & \vdots \\ \sum_{k=1}^{n}a_{mk}c_{k1} & \cdots & \sum_{k=1}^{n}a_{mk}c_{ks} \end{bmatrix} \otimes (\boldsymbol{BD}) =$$

$$(\boldsymbol{AC}) \otimes \boldsymbol{BD}$$

⑥ 由 ⑤ 有

$$(\boldsymbol{A} \otimes \boldsymbol{B})(\boldsymbol{A}^{-1} \otimes \boldsymbol{B}^{-1}) = (\boldsymbol{AA}^{-1}) \otimes (\boldsymbol{BB}^{-1}) = \boldsymbol{I}_m \otimes \boldsymbol{I}_n = \boldsymbol{I}_{mn}$$

这说明矩阵 $\boldsymbol{A} \otimes \boldsymbol{B}$ 可逆,且它的逆矩阵为$\boldsymbol{A}^{-1} \otimes \boldsymbol{B}^{-1}$,即$(\boldsymbol{A} \otimes \boldsymbol{B})^{-1} = \boldsymbol{A}^{-1} \otimes \boldsymbol{B}^{-1}$.

⑦ 这只要验证 Penrose 方程中的四个等式即可,其中用$\boldsymbol{A} \otimes \boldsymbol{B}$代替$\boldsymbol{A}$,$\boldsymbol{A}^{+} \otimes \boldsymbol{B}^{+}$ 代替 $\boldsymbol{B}$ 即可得证,验证如下:

由刚证得的 ⑤ 应有

$$(\boldsymbol{A} \otimes \boldsymbol{B})(\boldsymbol{A}^{+} \otimes \boldsymbol{B}^{+})(\boldsymbol{A} \otimes \boldsymbol{B}) =$$

$$(\boldsymbol{AA}^{+}\boldsymbol{A}) \otimes (\boldsymbol{BB}^{+}\boldsymbol{B}) = \boldsymbol{A} \otimes \boldsymbol{B}$$

$$(\boldsymbol{A}^{+} \otimes \boldsymbol{B}^{+})(\boldsymbol{A} \otimes \boldsymbol{B})(\boldsymbol{A}^{+} \otimes \boldsymbol{B}^{+}) =$$

$$(\boldsymbol{A}^{+}\boldsymbol{A}\boldsymbol{A}^{+})\otimes(\boldsymbol{B}^{+}\boldsymbol{B}\boldsymbol{B}^{+})=\boldsymbol{A}^{+}\otimes\boldsymbol{B}^{+}$$

由⑤及④得

$$\begin{aligned}&[(\boldsymbol{A}\otimes\boldsymbol{B})(\boldsymbol{A}^{+}\otimes\boldsymbol{B}^{+})]^{\mathrm{H}}=\\&[(\boldsymbol{A}\boldsymbol{A}^{+})\otimes(\boldsymbol{B}\boldsymbol{B}^{+})]^{\mathrm{H}}=\\&(\boldsymbol{A}\boldsymbol{A}^{+})^{\mathrm{H}}\otimes(\boldsymbol{B}\boldsymbol{B}^{+})^{\mathrm{H}}=\\&(\boldsymbol{A}\boldsymbol{A}^{+})\otimes(\boldsymbol{B}\boldsymbol{B}^{+})=\\&(\boldsymbol{A}\otimes\boldsymbol{B})(\boldsymbol{A}^{+}\otimes\boldsymbol{B}^{+})\\&[(\boldsymbol{A}^{+}\otimes\boldsymbol{B}^{+})(\boldsymbol{A}\otimes\boldsymbol{B})]^{\mathrm{H}}=\\&[(\boldsymbol{A}^{+}\boldsymbol{A})\otimes\boldsymbol{B}^{+}\boldsymbol{B}]^{\mathrm{H}}=\\&(\boldsymbol{A}^{+}\boldsymbol{A})^{\mathrm{H}}\otimes(\boldsymbol{B}^{+}\boldsymbol{B})^{\mathrm{H}}=\\&(\boldsymbol{A}^{+}\boldsymbol{A})\otimes(\boldsymbol{B}^{+}\boldsymbol{B})=\\&(\boldsymbol{A}^{+}\otimes\boldsymbol{B}^{+})(\boldsymbol{A}\otimes\boldsymbol{B})\end{aligned}$$

这说明$\boldsymbol{A}^{+}\otimes\boldsymbol{B}^{+}$是$\boldsymbol{A}\otimes\boldsymbol{B}$的加号逆,由加号逆的唯一性,即得

$$(\boldsymbol{A}\otimes\boldsymbol{B})^{+}=\boldsymbol{A}^{+}\otimes\boldsymbol{B}^{+}$$

⑧由④及⑤得

$$\begin{aligned}&(\boldsymbol{A}\otimes\boldsymbol{B})(\boldsymbol{A}\otimes\boldsymbol{B})^{\mathrm{H}}=\\&(\boldsymbol{A}\otimes\boldsymbol{B})(\boldsymbol{A}^{\mathrm{H}}\otimes\boldsymbol{B}^{\mathrm{H}})=\\&(\boldsymbol{A}\boldsymbol{A}^{\mathrm{H}})\otimes(\boldsymbol{B}\boldsymbol{B}^{\mathrm{H}})=\\&\boldsymbol{I}_m\otimes\boldsymbol{I}_n=\\&\boldsymbol{I}_{mn}\\&(\boldsymbol{A}\otimes\boldsymbol{B})^{\mathrm{H}}(\boldsymbol{A}\otimes\boldsymbol{B})=\\&(\boldsymbol{A}^{\mathrm{H}}\otimes\boldsymbol{B}^{\mathrm{H}})(\boldsymbol{A}\otimes\boldsymbol{B})=\\&(\boldsymbol{A}^{\mathrm{H}}\boldsymbol{A})\otimes(\boldsymbol{B}^{\mathrm{H}}\boldsymbol{B})=\\&\boldsymbol{I}_m\otimes\boldsymbol{I}_n=\\&\boldsymbol{I}_{mn}\end{aligned}$$

故

$$(\boldsymbol{A}\otimes\boldsymbol{B})(\boldsymbol{A}\otimes\boldsymbol{B})^{\mathrm{H}}=(\boldsymbol{A}\otimes\boldsymbol{B})^{\mathrm{H}}(\boldsymbol{A}\otimes\boldsymbol{B})=\boldsymbol{I}_{mn}$$

即

$$\boldsymbol{A}\otimes\boldsymbol{B}\in\mathbf{U}^{mn\times mn}$$ □

⑨证明留做习题.

8.2 矩阵 Kronecker 积的特征值

关于矩阵的 Kronecker 积的特征值有如下定理.

定理 8.2 设$\boldsymbol{A}\in\mathbf{C}^{m\times m}$的特征值为$\lambda_1,\lambda_2,\cdots,\lambda_m$;$\boldsymbol{B}\in\mathbf{C}^{n\times n}$的特征值为$\mu_1,\mu_2,\cdots,\mu_n$,则:

①$\boldsymbol{A}\otimes\boldsymbol{B}$的$mn$个特征值为$\lambda_i\mu_j(i=1,2,\cdots,m;j=1,2,\cdots,n)$; (8.13)

②$\boldsymbol{A}\otimes\boldsymbol{I}_n+\boldsymbol{I}_m\otimes\boldsymbol{B}^{\mathrm{T}}$的所有特征值为$\lambda_i+\mu_j(i=1,2,\cdots,m;j=1,2,\cdots,n)$. (8.14)

证　用 Jordan 标准形来完成本定理的证明.

① 由定理 3.10,对于矩阵 $\boldsymbol{A}$ 与 $\boldsymbol{B}$,存在可逆矩阵 $\boldsymbol{P}_1,\boldsymbol{P}_2$,使

$$\boldsymbol{P}_1^{-1}\boldsymbol{A}\boldsymbol{P}_1=\begin{bmatrix}\lambda_1 & \varepsilon_1 & & & & & \\ & \lambda_2 & \ddots & & & & \\ & & \ddots & \varepsilon_{i-1} & & & \\ & & & \lambda_i & \ddots & & \\ & & & & \ddots & \varepsilon_{m-1} \\ & & & & & \lambda_m\end{bmatrix}=\boldsymbol{J}_1$$

$$\boldsymbol{P}_2^{-1}\boldsymbol{B}\boldsymbol{P}_2=\begin{bmatrix}\mu_1 & \delta_1 & & & & \\ & \mu_2 & \ddots & & & \\ & & \ddots & \delta_{j-1} & & \\ & & & \mu_j & \ddots & \\ & & & & \ddots & \delta_{n-1} \\ & & & & & \mu_n\end{bmatrix}=\boldsymbol{J}_2$$

这里 ε_i,δ_j 为 1 或 0,其中 $i=1,\cdots,m-1;j=1,2,\cdots,n-1$.

由定理 8.1 之 ⑤ 与 ⑥ 有

$$\begin{aligned}&(\boldsymbol{P}_1\otimes\boldsymbol{P}_2)^{-1}(\boldsymbol{A}\otimes\boldsymbol{B})(\boldsymbol{P}_1\otimes\boldsymbol{P}_2)=\\&(\boldsymbol{P}_1^{-1}\otimes\boldsymbol{P}_2^{-1})(\boldsymbol{A}\otimes\boldsymbol{B})(\boldsymbol{P}_1\otimes\boldsymbol{P}_2)=\\&(\boldsymbol{P}_1^{-1}\boldsymbol{A}\boldsymbol{P}_1)\otimes(\boldsymbol{P}_2^{-1}\boldsymbol{B}\boldsymbol{P}_2)=\\&\boldsymbol{J}_1\otimes\boldsymbol{J}_2\end{aligned}$$

这说明 $\boldsymbol{A}\otimes\boldsymbol{B}$ 与 $\boldsymbol{J}_1\otimes\boldsymbol{J}_2$ 相似,故它们的特征值相同. 而

$$\boldsymbol{J}_1\otimes\boldsymbol{J}_2=\begin{bmatrix}\lambda_1\boldsymbol{J}_2 & \varepsilon_1\boldsymbol{J}_2 & & & & \\ & \lambda_2\boldsymbol{J}_2 & \ddots & & & \\ & & \ddots & & & \\ & & & \lambda_i\boldsymbol{J}_2 & \varepsilon_i\boldsymbol{J}_2 & \\ & & & & \ddots & \ddots \\ & & & & & \varepsilon_{m-1}\boldsymbol{J}_2 \\ & & & & & \lambda_m\boldsymbol{J}_2\end{bmatrix}$$

其中

$$\lambda_i\boldsymbol{J}_2=\begin{bmatrix}\lambda_i\mu_1 & \lambda_i\delta_1 & & & & \\ & \lambda_i\mu_2 & \ddots & & & \\ & & \ddots & \lambda_i\delta_{j-1} & & \\ & & & \lambda_i\mu_j & \ddots & \\ & & & & \ddots & \lambda_i\delta_{n-1} \\ & & & & & \lambda_i\mu_n\end{bmatrix},i=1,\cdots,m$$

可见$\boldsymbol{J}_1\otimes\boldsymbol{J}_2$是上三角矩阵,它的特征值恰为主对角元素$\lambda_i\mu_j(i=1,\cdots,m;j=1,\cdots,n)$.

② 因为$\det(\lambda\boldsymbol{I}-\boldsymbol{B})=\det(\lambda\boldsymbol{I}-\boldsymbol{B}^{\mathrm{T}})$,所以$\boldsymbol{B}^{\mathrm{T}}$与$\boldsymbol{B}$的特征值相同.

由定理3.10,存在可逆矩阵$\boldsymbol{P}_3$,使

$$\boldsymbol{P}_3^{-1}B^{\mathrm{T}}\boldsymbol{P}_3=\begin{bmatrix}\mu_1 & \delta'_1 & & & & \\ & \mu_2 & \ddots & & & \\ & & \ddots & \delta'_i & & \\ & & & \mu_{i+1} & \ddots & \\ & & & & \ddots & \delta'_{n-1} \\ & & & & & \mu_n\end{bmatrix}=\boldsymbol{J}_3$$

其中,δ'_i为1或0,$i=1,2,\cdots,n-1$.于是有

$$\begin{aligned}&(\boldsymbol{P}_1\otimes\boldsymbol{P}_3)^{-1}(\boldsymbol{A}\otimes\boldsymbol{I}_n+\boldsymbol{I}_m\otimes\boldsymbol{B}^{\mathrm{T}})(\boldsymbol{P}_1\otimes\boldsymbol{P}_3)=\\&(\boldsymbol{P}_1^{-1}\otimes\boldsymbol{P}_3^{-1})(\boldsymbol{A}\otimes\boldsymbol{I}_n+\boldsymbol{I}_m\otimes\boldsymbol{B}^{\mathrm{T}})(\boldsymbol{P}_1\otimes\boldsymbol{P}_3)=\\&(\boldsymbol{P}_1^{-1}\boldsymbol{A}\boldsymbol{P}_1)\otimes(\boldsymbol{P}_3^{-1}\boldsymbol{I}_n\boldsymbol{P}_3)+(\boldsymbol{P}_1^{-1}\boldsymbol{I}_m\boldsymbol{P}_1)\otimes(\boldsymbol{P}_3^{-1}\boldsymbol{B}^{\mathrm{T}}\boldsymbol{P}_3)=\\&\boldsymbol{J}_1\otimes\boldsymbol{I}_n+\boldsymbol{I}_m\otimes\boldsymbol{J}_3\end{aligned}$$

这说明$\boldsymbol{A}\otimes\boldsymbol{I}_n+\boldsymbol{I}_m\otimes\boldsymbol{B}^{\mathrm{T}}$与$\boldsymbol{J}_1\otimes\boldsymbol{I}_n+\boldsymbol{I}_m\otimes\boldsymbol{J}_3$相似,所以它们的特征值相同.

显然$\boldsymbol{J}_1\otimes\boldsymbol{I}_n$与$\boldsymbol{I}_m\otimes\boldsymbol{J}_3$都是上三角矩阵,故$\boldsymbol{J}_1\otimes\boldsymbol{I}_n+\boldsymbol{I}_m\otimes\boldsymbol{J}_3$也是上三角矩阵.它的特征值恰为$\lambda_i+\mu_j$,因此$\boldsymbol{A}\otimes\boldsymbol{I}_n+\boldsymbol{I}_m\otimes\boldsymbol{B}^{\mathrm{T}}$的特征值也为$\lambda_i+\mu_j$,这里$i=1,2,\cdots,m;j=1,2,\cdots,n$. □

由上述定理可知$\boldsymbol{A}\otimes\boldsymbol{I}_n+\boldsymbol{I}_m\otimes\boldsymbol{B}^{\mathrm{T}}$可逆与特征值$\lambda_i+\mu_j\neq0$是等价的$(i=1,2,\cdots,m;j=1,2,\cdots,n)$.

定理8.3 设$\boldsymbol{A}\in\mathbf{C}^{m\times m}$的特征值为$\lambda_1,\lambda_2,\cdots,\lambda_m$;$\boldsymbol{B}\in\mathbf{C}^{n\times n}$的特征值为$\mu_1,\mu_2,\cdots,\mu_n$,则:

①$\det(\boldsymbol{A}\otimes\boldsymbol{B})=(\det\boldsymbol{A})^n(\det\boldsymbol{B})^m$; (8.15)

②$\mathrm{tr}(\boldsymbol{A}\otimes\boldsymbol{B})=\mathrm{tr}(\boldsymbol{A})\mathrm{tr}(\boldsymbol{B})$. (8.16)

证 由定理8.2之①知

$$\begin{aligned}\det(\boldsymbol{A}\otimes\boldsymbol{B})=&\prod_{i=1}^{m}\prod_{j=1}^{n}\lambda_i\mu_j=\\&\prod_{i=1}^{m}(\lambda_i^n\prod_{j=1}^{n}\mu_j)=\\&\prod_{i=1}^{m}(\lambda_i^n)(\prod_{j=1}^{n}\mu_j)^m=\\&(\lambda_1^n\cdots\lambda_i^n\cdots\lambda_m^n)(\mu_1\cdots\mu_j\cdots\mu_n)^m=\\&(\det\boldsymbol{A})^n(\det\boldsymbol{B})^m\end{aligned}$$

② 有

$$\begin{aligned}\mathrm{tr}(\boldsymbol{A}\otimes\boldsymbol{B})=&\sum_{i=1}^{m}\sum_{j=1}^{n}\lambda_i\mu_j=\\&(\sum_{i=1}^{m}\lambda_i)(\sum_{j=1}^{n}\mu_j)=\end{aligned}$$

$$\mathrm{tr}(\boldsymbol{A})\mathrm{tr}(\boldsymbol{B})$$ □

定理 8.4　设 $\boldsymbol{A}\in\mathbf{C}_{r_1}^{m\times n}$，$\boldsymbol{B}\in\mathbf{C}_{r_2}^{p\times q}$，则

$$\mathrm{rank}(\boldsymbol{A}\otimes\boldsymbol{B})=r_1\cdot r_2=\mathrm{rank}\,\boldsymbol{A}\cdot\mathrm{rank}\,\boldsymbol{B}$$

证　因为 $\mathrm{rank}\,\boldsymbol{A}=r_1$，$\mathrm{rank}\,\boldsymbol{B}=r_2$，所以存在非奇异矩阵 $\boldsymbol{P},\boldsymbol{Q};\boldsymbol{M},\boldsymbol{N}$，使

$$\boldsymbol{PAQ}=\begin{bmatrix}\boldsymbol{I}_{r_1} & \boldsymbol{O}\\ \boldsymbol{O} & \boldsymbol{O}\end{bmatrix}=\boldsymbol{A}_1,\ \boldsymbol{MBN}=\begin{bmatrix}\boldsymbol{I}_{r_2} & \boldsymbol{O}\\ \boldsymbol{O} & \boldsymbol{O}\end{bmatrix}=\boldsymbol{B}_1$$

于是

$$\boldsymbol{A}=\boldsymbol{P}^{-1}\boldsymbol{A}_1\boldsymbol{Q}^{-1},\boldsymbol{B}=\boldsymbol{M}^{-1}\boldsymbol{B}_1\boldsymbol{N}^{-1}$$

由定理 8.1 之 ⑤ 有

$$\boldsymbol{A}\otimes\boldsymbol{B}=(\boldsymbol{P}^{-1}\boldsymbol{A}_1\boldsymbol{Q}^{-1})\otimes(\boldsymbol{M}^{-1}\boldsymbol{B}_1\boldsymbol{N}^{-1})=$$
$$(\boldsymbol{P}^{-1}\otimes\boldsymbol{M}^{-1})(\boldsymbol{A}_1\otimes\boldsymbol{B}_1)(\boldsymbol{Q}^{-1}\otimes\boldsymbol{N}^{-1})$$

由定理 8.1 之 ⑥ 知 $\boldsymbol{P}^{-1}\otimes\boldsymbol{M}^{-1}$，$\boldsymbol{Q}^{-1}\otimes\boldsymbol{N}^{-1}$ 都是非奇异矩阵，因此 $\boldsymbol{A}\otimes\boldsymbol{B}$ 与 $\boldsymbol{A}_1\otimes\boldsymbol{B}_1$ 相抵，所以它们的秩相等，即

$$\mathrm{rank}(\boldsymbol{A}\otimes\boldsymbol{B})=\mathrm{rank}(\boldsymbol{A}_1\otimes\boldsymbol{B}_1)$$

显然 $\mathrm{rank}(\boldsymbol{A}_1\otimes\boldsymbol{B}_1)=r_1r_2=\mathrm{rank}\,\boldsymbol{A}\cdot\mathrm{rank}\,\boldsymbol{B}$. □

定理 8.5　设 $\boldsymbol{x}$ 是 $\boldsymbol{A}\in\mathbf{C}^{m\times m}$ 的特征向量，$\boldsymbol{y}$ 是 $\boldsymbol{B}\in\mathbf{C}^{n\times n}$ 的特征向量，则 $\boldsymbol{x}\otimes\boldsymbol{y}$ 是 $\boldsymbol{A}\otimes\boldsymbol{B}$ 的特征向量.

证　设 $\boldsymbol{Ax}=\lambda\boldsymbol{x}$，$\boldsymbol{By}=\mu\boldsymbol{y}$，由定理 8.1 之 ⑤ 有

$$(\boldsymbol{A}\otimes\boldsymbol{B})(\boldsymbol{x}\otimes\boldsymbol{y})=$$
$$(\boldsymbol{Ax})\otimes(\boldsymbol{By})=$$
$$(\lambda\boldsymbol{x})\otimes(\mu\boldsymbol{y})=$$
$$(\lambda\mu)(\boldsymbol{x}\otimes\boldsymbol{y})$$

这说明 $\boldsymbol{x}\otimes\boldsymbol{y}$ 是矩阵 $\boldsymbol{A}\otimes\boldsymbol{B}$ 的属于特征值 $\lambda\mu$ 的特征向量.

例 8.2　若 $\boldsymbol{A}\in\mathbf{C}^{n\times n}$ 有 n 个线性无关的特征向量，则 $\boldsymbol{A}\otimes\boldsymbol{A}$ 有 n^2 个线性无关的特征向量.

证　设 $\boldsymbol{x}_1,\cdots,\boldsymbol{x}_i,\cdots,\boldsymbol{x}_n$ 为 $\boldsymbol{A}$ 的属于特征值 $\lambda_1,\cdots,\lambda_i,\cdots,\lambda_n$ 的 n 个线性无关的特征向量，于是有

$$\boldsymbol{Ax}_i=\lambda_i\boldsymbol{x}_i\quad i=1,2,\cdots,n$$

记 $\boldsymbol{P}=(\boldsymbol{x}_1,\cdots,\boldsymbol{x}_i,\cdots,\boldsymbol{x}_n)$，则 $\boldsymbol{P}$ 可逆，于是

$$\boldsymbol{P}^{-1}\boldsymbol{AP}=\mathrm{diag}(\lambda_1,\cdots,\lambda_i,\cdots,\lambda_n)=\boldsymbol{D}$$
$$(\boldsymbol{P}\otimes\boldsymbol{P})^{-1}(\boldsymbol{A}\otimes\boldsymbol{A})(\boldsymbol{P}\otimes\boldsymbol{P})=$$
$$(\boldsymbol{P}^{-1}\otimes\boldsymbol{P}^{-1})(\boldsymbol{A}\otimes\boldsymbol{A})(\boldsymbol{P}\otimes\boldsymbol{P})=$$
$$(\boldsymbol{P}^{-1}\boldsymbol{AP})\otimes(\boldsymbol{P}^{-1}\boldsymbol{AP})=$$
$$\boldsymbol{D}\otimes\boldsymbol{D}$$

显然 $\boldsymbol{D}\otimes\boldsymbol{D}$ 是 n^2 阶的对角阵，因此 $\boldsymbol{A}\otimes\boldsymbol{A}$ 相似于 n^2 阶的对角阵，它有 n^2 个线性无关的特征向量，它们正是 $\boldsymbol{P}\otimes\boldsymbol{P}$ 的 n^2 个列向量.

由直积的定义,有

$$\boldsymbol{x}_i \otimes \boldsymbol{P}=\boldsymbol{x}_i \otimes (\boldsymbol{x}_1,\cdots,\boldsymbol{x}_j,\cdots,\boldsymbol{x}_n)=(\boldsymbol{x}_i \otimes \boldsymbol{x}_1,\cdots,\boldsymbol{x}_i \otimes \boldsymbol{x}_j,\cdots,\boldsymbol{x}_i \otimes \boldsymbol{x}_n)$$

$$\begin{aligned}\boldsymbol{P} \otimes \boldsymbol{P}=&(\boldsymbol{x}_1,\cdots,\boldsymbol{x}_i,\cdots,\boldsymbol{x}_n) \otimes \boldsymbol{P}=\\&(\boldsymbol{x}_1 \otimes \boldsymbol{P},\cdots,\boldsymbol{x}_i \otimes \boldsymbol{P},\cdots,\boldsymbol{x}_n \otimes \boldsymbol{P})=\\&(\boldsymbol{x}_1 \otimes \boldsymbol{x}_1,\cdots,\boldsymbol{x}_1 \otimes \boldsymbol{x}_n,\cdots,\boldsymbol{x}_i \otimes \boldsymbol{x}_j,\cdots,\boldsymbol{x}_n \otimes \boldsymbol{x}_n)\end{aligned}$$

可见$\boldsymbol{x}_i \otimes \boldsymbol{x}_j(i=1,2,\cdots,n;j=1,2,\cdots,n)$ 即是 $\boldsymbol{A} \otimes \boldsymbol{A}$ 的 n^2 线性无关的特征向量.

定义 8.2 记 $\boldsymbol{A}^{[k]}=\underbrace{\boldsymbol{A} \otimes \boldsymbol{A} \otimes \cdots \otimes \boldsymbol{A}}_{k个}$,称为 Kronecker 积的幂.

定理 8.6 设 $\boldsymbol{A} \in \mathbf{C}^{m\times n},\boldsymbol{B} \in \mathbf{C}^{n\times p}$,则

$$(\boldsymbol{AB})^{[k]}=\boldsymbol{A}^{[k]}\boldsymbol{B}^{[k]} \tag{8.17}$$

证明作为习题请读者完成.

8.3 用矩阵 Kronecker 积求解矩阵方程

以下介绍矩阵 Kronecker 积在解线性矩阵方程中的应用.

定义 8.3 设 $\boldsymbol{A}=(a_{ij})_{m\times n}$,称 mn 维列向量

$$\operatorname{vec} \boldsymbol{A}=(a_{11},\cdots,a_{1n},a_{21},\cdots,a_{2n},\cdots,a_{m1},\cdots,a_{mn})^{\mathrm{T}} \tag{8.18}$$

为矩阵 $\boldsymbol{A}$ 的按行展开,或矩阵 $\boldsymbol{A}$ 按行拉直的列向量.

类似地矩阵 $\boldsymbol{A}$ 也可按列展开.

例 8.3 设 $\boldsymbol{A}=\begin{bmatrix}1&2&3\\4&5&6\\7&8&9\end{bmatrix}$,则

$$\operatorname{vec} \boldsymbol{A}=(1,2,3,4,5,6,7,8,9)^{\mathrm{T}}$$

容易证明:① $\operatorname{vec}(a\boldsymbol{A}+b\boldsymbol{B})=a\operatorname{vec} \boldsymbol{A}+b\operatorname{vec} \boldsymbol{B}$;

② $\operatorname{vec}\left(\dfrac{\mathrm{d}\boldsymbol{A}(t)}{\mathrm{d}t}\right)=\dfrac{\mathrm{d}}{\mathrm{d}t}(\operatorname{vec} \boldsymbol{A}(t))$.

定理 8.7 设 $\boldsymbol{A} \in \mathbf{C}^{m\times n},\boldsymbol{X} \in \mathbf{C}^{n\times p},\boldsymbol{B} \in \mathbf{C}^{p\times q}$,则

$$\operatorname{vec}(\boldsymbol{AXB})=(\boldsymbol{A} \otimes \boldsymbol{B}^{\mathrm{T}})\operatorname{vec} \boldsymbol{X} \tag{8.19}$$

证 设

$$\boldsymbol{A}=(a_{ij})_{m\times n},\boldsymbol{X}^{\mathrm{T}}=(\boldsymbol{x}_1,\boldsymbol{x}_2,\cdots,\boldsymbol{x}_{\mathrm{n}})_{p\times n},\boldsymbol{X}=\begin{bmatrix}\boldsymbol{x}_1^{\mathrm{T}}\\\vdots\\\boldsymbol{x}_n^{\mathrm{T}}\end{bmatrix}_{n\times p}$$

$$\operatorname{vec} \boldsymbol{X}=\begin{bmatrix}\boldsymbol{x}_1\\\vdots\\\boldsymbol{x}_n\end{bmatrix}$$

于是

$$\boldsymbol{AXB}=\boldsymbol{A}(\boldsymbol{XB})=$$

$$\begin{bmatrix} a_{11} & \cdots & a_{1j} & \cdots & a_{1n} \\ \vdots & & \vdots & & \vdots \\ a_{i1} & \cdots & a_{ij} & \cdots & a_{in} \\ \vdots & & \vdots & & \vdots \\ a_{m1} & \cdots & a_{mj} & \cdots & a_{mn} \end{bmatrix} \begin{bmatrix} \boldsymbol{x}_1^{\mathrm{T}}\boldsymbol{B} \\ \vdots \\ \boldsymbol{x}_j^{\mathrm{T}}\boldsymbol{B} \\ \vdots \\ \boldsymbol{x}_n^{\mathrm{T}}\boldsymbol{B} \end{bmatrix}_{n\times q} =$$

$$\begin{bmatrix} \sum_{j=1}^{n} a_{1j}\boldsymbol{x}_j^{\mathrm{T}}\boldsymbol{B} \\ \vdots \\ \sum_{j=1}^{n} a_{ij}\boldsymbol{x}_j^{\mathrm{T}}\boldsymbol{B} \\ \vdots \\ \sum_{j=1}^{n} a_{mj}\boldsymbol{x}_j^{\mathrm{T}}\boldsymbol{B} \end{bmatrix}_{m\times q} = \begin{bmatrix} (\sum_{j=1}^{n} a_{1j}\boldsymbol{B}^{\mathrm{T}}\boldsymbol{x}_j)^{\mathrm{T}} \\ \vdots \\ (\sum_{j=1}^{n} a_{ij}\boldsymbol{B}^{\mathrm{T}}\boldsymbol{x}_j)^{\mathrm{T}} \\ \vdots \\ (\sum_{j=1}^{n} a_{mj}\boldsymbol{B}^{\mathrm{T}}\boldsymbol{x}_j)^{\mathrm{T}} \end{bmatrix}_{m\times q}$$

所以

$$\mathrm{vec}(\boldsymbol{AXB}) = \begin{bmatrix} \sum_{j=1}^{n} a_{1j}\boldsymbol{B}^{\mathrm{T}}\boldsymbol{x}_j \\ \vdots \\ \sum_{j=1}^{n} a_{ij}\boldsymbol{B}^{\mathrm{T}}\boldsymbol{x}_j \\ \vdots \\ \sum_{j=1}^{n} a_{mj}\boldsymbol{B}^{\mathrm{T}}\boldsymbol{x}_j \end{bmatrix} =$$

$$\begin{bmatrix} a_{11}\boldsymbol{B}^{\mathrm{T}} & \cdots & a_{1j}\boldsymbol{B}^{\mathrm{T}} & \cdots & a_{1n}\boldsymbol{B}^{\mathrm{T}} \\ \vdots & & \vdots & & \vdots \\ a_{i1}\boldsymbol{B}^{\mathrm{T}} & \cdots & a_{ij}\boldsymbol{B}^{\mathrm{T}} & \cdots & a_{in}\boldsymbol{B}^{\mathrm{T}} \\ \vdots & & \vdots & & \vdots \\ a_{m1}\boldsymbol{B}^{\mathrm{T}} & \cdots & a_{mj}\boldsymbol{B}^{\mathrm{T}} & \cdots & a_{mn}\boldsymbol{B}^{\mathrm{T}} \end{bmatrix} \begin{bmatrix} \boldsymbol{x}_1 \\ \vdots \\ \boldsymbol{x}_j \\ \vdots \\ \boldsymbol{x}_n \end{bmatrix} =$$

$$(\boldsymbol{A}\otimes\boldsymbol{B}^{\mathrm{T}})\mathrm{vec}\boldsymbol{X}$$ □

推论　设 $\boldsymbol{A}\in\mathbf{C}^{m\times m}$，$\boldsymbol{B}\in\mathbf{C}^{n\times n}$，$\boldsymbol{X}\in\mathbf{C}^{m\times n}$，则：

①$\mathrm{vec}(\boldsymbol{AX})=(\boldsymbol{A}\otimes\boldsymbol{I}_n)\mathrm{vec}\ \boldsymbol{X}$；

②$\mathrm{vec}(\boldsymbol{XB})=(\boldsymbol{I}_m\otimes\boldsymbol{B}^{\mathrm{T}})\mathrm{vec}\ \boldsymbol{X}$；　　(8.20)

③$\mathrm{vec}(\boldsymbol{AX}+\boldsymbol{XB})=(\boldsymbol{A}\otimes\boldsymbol{I}_n+\boldsymbol{I}_m\otimes\boldsymbol{B}^{\mathrm{T}})\mathrm{vec}\ \boldsymbol{X}$.

以下学习矩阵方程的求解问题.

一、Lyapunov 矩阵方程

定义 8.4 设 $\boldsymbol{A} \in \mathbf{C}^{m\times m}$，$\boldsymbol{B} \in \mathbf{C}^{n\times n}$，$\boldsymbol{X} \in \mathbf{C}^{m\times n}$，$\boldsymbol{F} \in \mathbf{C}^{m\times n}$，则矩阵方程

$$\boldsymbol{AX} + \boldsymbol{XB} = \boldsymbol{F} \tag{8.21}$$

称为 **Lyapunov 矩阵方程**.

将矩阵方程(8.21) 两端矩阵按行拉直，由式(8.20) 可得

$$(\boldsymbol{A} \otimes \boldsymbol{I}_n + \boldsymbol{I}_m \otimes \boldsymbol{B}^{\mathrm{T}})\operatorname{vec} \boldsymbol{X} = \operatorname{vec} \boldsymbol{F} \tag{8.22}$$

因矩阵方程(8.21) 与线性方程组(8.22) 等价，故矩阵方程的求解问题转化成线性方程组的求解问题. 由 Kronecker 定理知道线性方程组有解的充分必要条件是系数矩阵的秩等于增广矩阵的秩，因此 Lyapunov(8.21) 有解的充要条件是

$$\operatorname{rank}(\boldsymbol{A} \otimes \boldsymbol{I}_n + \boldsymbol{I}_m \otimes \boldsymbol{B}^{\mathrm{T}}) = \operatorname{rank}(\boldsymbol{A} \otimes \boldsymbol{I}_n + \boldsymbol{I}_m \otimes \boldsymbol{B}^{\mathrm{T}} \vdots \operatorname{vec} \boldsymbol{F}) \tag{8.23}$$

定义 8.5 设 $\boldsymbol{A} \in \mathbf{C}^{m\times m}$，$\boldsymbol{B} \in \mathbf{C}^{n\times n}$，记

$$\boldsymbol{A} \oplus \boldsymbol{B} = \boldsymbol{A} \otimes \boldsymbol{I}_n + \boldsymbol{I}_m \otimes \boldsymbol{B}$$

称为矩阵 $\boldsymbol{A}$ 与 $\boldsymbol{B}$ 的 **Kronecker 和**.

有了矩阵 Kronecker 和的定义，则上述结论可归结为：

定理 8.8 Lyapunov 矩阵方程

$$\boldsymbol{AX} + \boldsymbol{XB} = \boldsymbol{F}$$

有解的充分必要条件是

$$\operatorname{rank}(\boldsymbol{A} \oplus \boldsymbol{B}^{\mathrm{T}}) = \operatorname{rank}(\boldsymbol{A} \oplus \boldsymbol{B}^{\mathrm{T}} \vdots \operatorname{vec} \boldsymbol{F})$$

推论 若 $\det(\boldsymbol{A} \oplus \boldsymbol{B}^{\mathrm{T}}) \neq 0$，则 Lyapunov 矩阵方程(8.21) 有唯一解.

由定理 8.2，上述结论可叙述为：若 $\boldsymbol{A}$、$\boldsymbol{B}$ 没有互为反号的特征值，则方程(8.21) 有唯一解.

例 8.4 解 Lyapunov 矩阵方程 $\boldsymbol{AX} + \boldsymbol{XB} = \boldsymbol{F}$，其中

$$\boldsymbol{A} = \begin{bmatrix} 1 & -1 \\ 0 & -1 \end{bmatrix},\boldsymbol{B} = \begin{bmatrix} 0 & 2 \\ 1 & 0 \end{bmatrix},\boldsymbol{F} = \begin{bmatrix} 1 & 3 \\ -2 & 2 \end{bmatrix}$$

解 容易算得 $\boldsymbol{A}$ 的特征值 $\lambda_1 = 1$，$\lambda_2 = -1$；$\boldsymbol{B}$ 的特征值 $\mu_1 = \sqrt{2}$，$\mu_2 = -\sqrt{2}$. 由于 $\boldsymbol{A}$、$\boldsymbol{B}$ 无反号的特征值，故 Lyapunov 矩阵方程有唯一解.

设

$$\boldsymbol{X} = \begin{bmatrix} x_1 & x_2 \\ x_3 & x_4 \end{bmatrix}$$

$$\boldsymbol{A} \otimes \boldsymbol{I}_2 + \boldsymbol{I}_2 \otimes \boldsymbol{B}^{\mathrm{T}} = \begin{bmatrix} 1 & 0 & -1 & 0 \\ 0 & 1 & 0 & -1 \\ 0 & 0 & -1 & 0 \\ 0 & 0 & 0 & -1 \end{bmatrix} + \begin{bmatrix} 0 & 1 & 0 & 0 \\ 2 & 0 & 0 & 0 \\ 0 & 0 & 0 & 1 \\ 0 & 0 & 2 & 0 \end{bmatrix} =$$

$$\begin{bmatrix} 1 & 1 & -1 & 0 \\ 2 & 1 & 0 & -1 \\ 0 & 0 & -1 & 1 \\ 0 & 0 & 2 & -1 \end{bmatrix}$$

则由式(8.22)有

$$\begin{bmatrix}1 & 1 & -1 & 0\\ 2 & 1 & 0 & -1\\ 0 & 0 & -1 & 1\\ 0 & 0 & 2 & -1\end{bmatrix}\begin{bmatrix}x_1\\ x_2\\ x_3\\ x_4\end{bmatrix}=\begin{bmatrix}1\\ 3\\ -2\\ 2\end{bmatrix}$$

解之 $x_1=0,x_2=1,x_3=0,x_4=-2$，于是 $\boldsymbol{X}=\begin{bmatrix}0 & 1\\ 0 & -2\end{bmatrix}$ 为矩阵方程的唯一解.

定理 8.9　如果矩阵 $\boldsymbol{A}$、$\boldsymbol{B}$ 为稳定矩阵，即 $\boldsymbol{A}$、$\boldsymbol{B}$ 的所有特征值都具有负实部，则 Lyapunov 方程(8.21)有唯一解

$$\boldsymbol{X}=-\int_0^{+\infty}\mathrm{e}^{\boldsymbol{A}t}\boldsymbol{F}\mathrm{e}^{\boldsymbol{B}t}\,\mathrm{d}t$$

证　先证存在性.

设 $\boldsymbol{G}(t)=\mathrm{e}^{\boldsymbol{A}t}\boldsymbol{F}\mathrm{e}^{\boldsymbol{B}t}$，于是有 $\boldsymbol{G}(0)=\boldsymbol{F}$，由函数矩阵性质④有

$$\frac{\mathrm{d}\boldsymbol{G}(t)}{\mathrm{d}t}=\boldsymbol{A}\mathrm{e}^{\boldsymbol{A}t}\boldsymbol{F}\mathrm{e}^{\boldsymbol{B}t}+\mathrm{e}^{\boldsymbol{A}t}\boldsymbol{F}\mathrm{e}^{\boldsymbol{B}t}\boldsymbol{B}=$$

$$\boldsymbol{A}\boldsymbol{G}(t)+\boldsymbol{G}(t)\boldsymbol{B}\tag{8.24}$$

设 $\boldsymbol{A}$ 的特征值为 $\lambda_i,i=1,2,\cdots,m$；$\boldsymbol{B}$ 的特征值为 $\mu_j,j=1,2,\cdots,n$.

由矩阵函数的 Jordan 标准形表示知，存在 $\boldsymbol{P}\in\mathbf{C}_m^{m\times m}$，使

$$\boldsymbol{P}^{-1}\boldsymbol{A}\boldsymbol{P}=\boldsymbol{J}=\mathrm{diag}(\boldsymbol{J}_1,\cdots,\boldsymbol{J}_i,\cdots,\boldsymbol{J}_s)$$

$$\boldsymbol{A}=\boldsymbol{P}\boldsymbol{J}\boldsymbol{P}^{-1}=\boldsymbol{P}\mathrm{diag}(\boldsymbol{J}_1,\cdots,\boldsymbol{J}_i,\cdots,\boldsymbol{J}_s)\boldsymbol{P}^{-1}$$

由式(5.26)知

$$\mathrm{e}^{\boldsymbol{A}t}=\boldsymbol{P}\mathrm{diag}(\mathrm{e}^{\boldsymbol{J}_1t},\cdots,\mathrm{e}^{\boldsymbol{J}_it},\cdots,\mathrm{e}^{\boldsymbol{J}_st})\boldsymbol{P}^{-1}$$

其中

$$\mathrm{e}^{\boldsymbol{J}_it}=\begin{bmatrix}\mathrm{e}^{\lambda_it} & \lambda_it\mathrm{e}^{\lambda_it} & \cdots & \dfrac{\lambda_i^{m_i-1}t^{m_i-1}}{(m_i-1)!}\mathrm{e}^{\lambda_it}\\ & \mathrm{e}^{\lambda_it} & \cdots & \\ & & \ddots & \vdots\\ \boldsymbol{0} & & & \mathrm{e}^{\lambda_it}\end{bmatrix}$$

这里 λ_i 表示 $\boldsymbol{A}$ 的互不相同的特征值，$i=1,\cdots,s$.

因为 $\boldsymbol{A}$ 的特征值 λ_i 全具有负实部，显然有

$$\lim_{t\to+\infty}\mathrm{e}^{\boldsymbol{J}_it}=\boldsymbol{O}\quad i=1,\cdots,s$$

故

$$\lim_{t\to+\infty}\mathrm{e}^{\boldsymbol{A}t}=\boldsymbol{O}$$

同理 $\lim\limits_{t\to+\infty}\mathrm{e}^{\boldsymbol{B}t}=\boldsymbol{O}$.

因此 $\boldsymbol{G}(+\infty)=\lim\limits_{t\to+\infty}\boldsymbol{G}(t)=\lim\limits_{t\to+\infty}\mathrm{e}^{\boldsymbol{A}t}\boldsymbol{F}\mathrm{e}^{\boldsymbol{B}t}=\boldsymbol{O}$.

由 $\mathrm{e}^{\boldsymbol{J}_it}$ 的结构知 $\mathrm{e}^{\boldsymbol{A}t}$ 的元素是形如 $t^k\mathrm{e}^{\lambda_it}(k\geqslant 0)$ 的项的线性组合，同样 $\mathrm{e}^{\boldsymbol{B}t}$ 的元素是形如

$t^l e^{\mu_j t}(l \geqslant 0)$ 的项的线性组合，所以 $e^{At} F e^{Bt}$ 则是形如 $t^r e^{(\lambda_i+\mu_j)t}(r \geqslant 0)$ 的项的线性组合. 由于广义积分 $\int_0^{+\infty} t^r e^{(\lambda_i+\mu_j)t} dt$ 都存在，所以矩阵函数的广义积分 $\int_0^{+\infty} e^{At} F e^{Bt} dt$ 存在.

对式(8.24)两端从 0 到 $+\infty$ 积分，有

$$G(+\infty) - G(0) = A\left(\int_0^{+\infty} G(t) dt\right) + \left(\int_0^{+\infty} G(t) dt\right)B$$

$$O - F = A\left(\int_0^{+\infty} G(t) dt\right) + \left(\int_0^{+\infty} G(t) dt\right)B$$

即

$$A\left(-\int_0^{+\infty} e^{At} F e^{Bt} dt\right) + \left(-\int_0^{+\infty} e^{At} F e^{Bt} dt\right)B = F$$

即

$$X = -\int_0^{+\infty} e^{At} F e^{Bt} dt$$

为方程(8.21)的解.

再证唯一性.

由于 A, B 的所有特征值都具有负实部，所以

$$\lambda_i + \mu_j \neq 0 \quad i = 1,2,\cdots,m; j = 1,2,\cdots,n$$

即 A, B 没有互为反号的特征值，由定理 8.8 之推论，Lyapunov 方程(8.21)有唯一解. □

二、$\sum_{k=1}^{t} A_k X B_k = F$ 型矩阵方程

设 $A_k \in C^{m\times n}, B_k \in C^{p\times q}, F \in C^{m\times q}$，现求解线性矩阵方程

$$\sum_{k=1}^{t} A_k X B_k = F \tag{8.25}$$

将式(8.25)两端矩阵按行拉直有

$$\left[\sum_{k=1}^{t} (A_k \otimes B_k^T)\right] \text{vec } X = \text{vec } F \tag{8.26}$$

由于矩阵方程(8.25)与线性方程组(8.26)等价，故与式(8.23)类似，可讨论是否有解，若有解是否唯一.

例 8.5　求解矩阵方程 $A_1 X B_1 + A_2 X B_2 = F$，其中

$$A_1 = \begin{bmatrix} 2 & 2 \\ 2 & -1 \end{bmatrix}, A_2 = \begin{bmatrix} 0 & 1 \\ -2 & -1 \end{bmatrix}, B_1 = \begin{bmatrix} 1 & 0 \\ -1 & 1 \end{bmatrix}, B_2 = \begin{bmatrix} 0 & 2 \\ -1 & 3 \end{bmatrix}, F = \begin{bmatrix} 0 & -2 \\ 3 & -2 \end{bmatrix}$$

解　设

$$X = \begin{bmatrix} x_1 & x_2 \\ x_3 & x_4 \end{bmatrix}$$

$$A_1 \otimes B_1^T = \begin{bmatrix} 2B_1^T & 2B_1^T \\ 2B_1^T & -B_1^T \end{bmatrix} = \begin{bmatrix} 2 & -2 & 2 & -2 \\ 0 & 2 & 0 & 2 \\ 2 & -2 & -1 & 1 \\ 0 & 2 & 0 & -1 \end{bmatrix}$$

$$\boldsymbol{A}_2 \otimes \boldsymbol{B}_2^{\mathrm{T}} = \begin{bmatrix} 0\boldsymbol{B}_2^{\mathrm{T}} & \boldsymbol{B}_2^{\mathrm{T}} \\ -2\boldsymbol{B}_2^{\mathrm{T}} & -\boldsymbol{B}_2^{\mathrm{T}} \end{bmatrix} = \begin{bmatrix} 0 & 0 & 0 & -1 \\ 0 & 0 & 2 & 3 \\ 0 & 2 & 0 & 1 \\ -4 & -6 & -2 & -3 \end{bmatrix}$$

由式(8.26)有

$$\begin{bmatrix} 2 & -2 & 2 & -3 \\ 0 & 2 & 2 & 5 \\ 2 & 0 & -1 & 2 \\ -4 & -4 & -2 & -4 \end{bmatrix} \begin{bmatrix} x_1 \\ x_2 \\ x_3 \\ x_4 \end{bmatrix} = \begin{bmatrix} 0 \\ -2 \\ 3 \\ -2 \end{bmatrix}$$

解之,该线性方程组有唯一解为 $x_1=1, x_2=0, x_3=-1, x_4=0$,故原矩阵方程的唯一解为

$$\boldsymbol{X} = \begin{bmatrix} 1 & 0 \\ -1 & 0 \end{bmatrix}$$

8.4 矩阵微分方程

本节讨论如何用矩阵的 Kronecker 积与矩阵按行拉直求解矩阵微分方程,为此先学习两个引理.

引理 1　设 $\boldsymbol{A} \in \mathbf{C}^{m\times m}, \boldsymbol{B} \in \mathbf{C}^{n\times n}$,则:

① $\mathrm{e}^{\boldsymbol{A}\otimes \boldsymbol{I}_n} = \mathrm{e}^{\boldsymbol{A}} \otimes \boldsymbol{I}_n$;

② $\mathrm{e}^{\boldsymbol{I}_m\otimes \boldsymbol{B}} = \boldsymbol{I}_m \otimes \mathrm{e}^{\boldsymbol{B}}$.　　(8.27)

证　由矩阵幂级数的定义及定理 8.1 之 ⑤ 可得

$$\begin{aligned} \mathrm{e}^{\boldsymbol{A}\otimes \boldsymbol{I}_n} &= \sum_{k=0}^{\infty} \frac{1}{k!}(\boldsymbol{A}\otimes \boldsymbol{I}_n)^k = \\ & \sum_{k=0}^{\infty} \frac{1}{k!}(\boldsymbol{A}^k \otimes \boldsymbol{I}_n^k) = \\ & \sum_{k=0}^{\infty}(\frac{\boldsymbol{A}^k}{k!} \otimes \boldsymbol{I}_n) = \\ & (\sum_{k=0}^{\infty} \frac{1}{k!}\boldsymbol{A}^k) \otimes \boldsymbol{I}_n = \\ & \mathrm{e}^{\boldsymbol{A}} \otimes \boldsymbol{I}_n \end{aligned}$$

故 ① 成立.

同理可证 ②.　□

引理 2　设 $\boldsymbol{A} \in \mathbf{C}^{m\times m}, \boldsymbol{B} \in \mathbf{C}^{n\times n}$,则

$$\mathrm{e}^{(\boldsymbol{A}\otimes \boldsymbol{I}_n + \boldsymbol{I}_m\otimes \boldsymbol{B})} = \mathrm{e}^{\boldsymbol{A}} \otimes \mathrm{e}^{\boldsymbol{B}} = \mathrm{e}^{\boldsymbol{B}} \otimes \mathrm{e}^{\boldsymbol{A}} \tag{8.28}$$

证　因为　$(\boldsymbol{A}\otimes \boldsymbol{I}_n)(\boldsymbol{I}_m \otimes \boldsymbol{B}) = \boldsymbol{A}\otimes \boldsymbol{B} = (\boldsymbol{I}_m \otimes \boldsymbol{B})(\boldsymbol{A}\otimes \boldsymbol{I}_n)$

这说明矩阵 $\boldsymbol{A}\otimes \boldsymbol{I}_n$ 与 $\boldsymbol{I}_m \otimes \boldsymbol{B}$ 可交换.

由定理 5.8 之 ① 及引理 1 可得

$$\begin{aligned}&e^{(A\otimes I_n+I_m\otimes B)}=\\&e^{A\otimes I_n}\cdot e^{I_m\otimes B}=\\&(e^{A}\otimes I_n)(I_m\otimes e^{B})=\\&e^{A}\otimes e^{B}\end{aligned}$$

同理可证另一等式成立.

有了上述的结果,我们就可以求解矩阵微分方程的初值问题.

定理 8.10　矩阵微分方程

$$\begin{cases}\dfrac{d\boldsymbol{X}(t)}{dt}=\boldsymbol{AX}(t)+\boldsymbol{X}(t)\boldsymbol{B}\\ \boldsymbol{X}(0)=\boldsymbol{X}_0\end{cases}\tag{8.29}$$

的解为

$$\boldsymbol{X}(t)=e^{\boldsymbol{A}t}\boldsymbol{X}_0e^{\boldsymbol{B}t}\tag{8.30}$$

其中,$\boldsymbol{A}\in\mathbf{C}^{m\times m}$,$\boldsymbol{X}\in\mathbf{C}^{m\times n}$,$\boldsymbol{B}\in\mathbf{C}^{n\times n}$.

证　将矩阵微分方程(8.29)两端矩阵按行拉直有

$$\begin{cases}\dfrac{d}{dt}(\mathrm{vec}\,\boldsymbol{X}(t))=(\boldsymbol{A}\otimes\boldsymbol{I}_n+\boldsymbol{I}_m\otimes\boldsymbol{B}^{\mathrm{T}})\mathrm{vec}\,\boldsymbol{X}(t)\\ \mathrm{vec}\,\boldsymbol{X}(0)=\mathrm{vec}\,\boldsymbol{X}_0\end{cases}\tag{8.31}$$

于是问题归结为求解常系数齐次线性微分方程组初值问题(8.31).

由定理 5.10 中式(5.39)及引理 2、定理 8.7 可得

$$\begin{aligned}\mathrm{vec}\,\boldsymbol{X}(t)&=e^{(\boldsymbol{A}\otimes\boldsymbol{I}_n+\boldsymbol{I}_m\otimes\boldsymbol{B}^{\mathrm{T}})t}\cdot\mathrm{vec}\,\boldsymbol{X}_0=\\&(e^{\boldsymbol{A}t}\otimes e^{\boldsymbol{B}^{\mathrm{T}}t})\mathrm{vec}\,\boldsymbol{X}_0=\\&\mathrm{vec}(e^{\boldsymbol{A}t}\boldsymbol{X}_0(e^{\boldsymbol{B}^{\mathrm{T}}t})^{\mathrm{T}})\end{aligned}$$

而

$$\begin{aligned}(e^{\boldsymbol{B}^{\mathrm{T}}t})^{\mathrm{T}}&=\Big(\sum_{k=0}^{\infty}\frac{1}{k!}(\boldsymbol{B}^{\mathrm{T}})^kt^k\Big)^{\mathrm{T}}=\\&\sum_{k=0}^{\infty}\frac{1}{k!}\boldsymbol{B}^kt^k=\\&e^{\boldsymbol{B}t}\end{aligned}$$

故

$$\mathrm{vec}\,\boldsymbol{X}(t)=\mathrm{vec}(e^{\boldsymbol{A}t}\boldsymbol{X}_0e^{\boldsymbol{B}t})$$

于是矩阵微分方程初值问题(8.29)的解为

$$\boldsymbol{X}(t)=e^{\boldsymbol{A}t}\boldsymbol{X}_0e^{\boldsymbol{B}t}$$

□

当 $\boldsymbol{B}=\boldsymbol{O}$ 时,矩阵微分方程

$$\begin{cases}\dfrac{d\boldsymbol{X}(t)}{dt}=A\boldsymbol{X}(t)\\ \boldsymbol{X}(0)=\boldsymbol{X}_0\end{cases}\tag{8.29a}$$

的解为

$$\boldsymbol{X}(t)=\mathrm{e}^{\boldsymbol{A}t}\boldsymbol{X}_0 \tag{8.30a}$$

当 $\boldsymbol{A}=\boldsymbol{O}$ 时，矩阵微分方程

$$\begin{cases}\dfrac{\mathrm{d}\boldsymbol{X}(t)}{\mathrm{d}t}=\boldsymbol{X}(t)\boldsymbol{B}\\ \boldsymbol{X}(0)=\boldsymbol{X}_0\end{cases} \tag{8.29b}$$

的解为

$$\boldsymbol{X}(t)=\boldsymbol{X}_0\mathrm{e}^{\boldsymbol{B}t} \tag{8.30b}$$

特别当 $\boldsymbol{B}=\boldsymbol{O}$ 时，记

$$\boldsymbol{X}(t)=(\boldsymbol{X}_1(t),\cdots,\boldsymbol{X}_j(t),\cdots,\boldsymbol{X}_n(t))$$

则式(8.29a)可等价为 n 个向量微分方程，解之后合并与式(8.29b)完全一致.

例 8.6　求解矩阵微分方程的初值问题

$$\begin{cases}\dfrac{\mathrm{d}\boldsymbol{X}(t)}{\mathrm{d}t}=\begin{bmatrix}-1&0\\0&3\end{bmatrix}\boldsymbol{X}(t)+\boldsymbol{X}(t)\begin{bmatrix}1&-1\\0&2\end{bmatrix}\\ \boldsymbol{X}(0)=\begin{bmatrix}-1&0\\0&1\end{bmatrix}\end{cases}$$

解　记

$$\boldsymbol{A}=\begin{bmatrix}-1&0\\0&3\end{bmatrix},\boldsymbol{B}=\begin{bmatrix}1&-1\\0&2\end{bmatrix},\boldsymbol{X}_0=\begin{bmatrix}-1&0\\0&1\end{bmatrix}$$

因 $\boldsymbol{A}$ 是对角阵，故

$$\mathrm{e}^{\boldsymbol{A}t}=\begin{bmatrix}\mathrm{e}^{-t}&0\\0&\mathrm{e}^{3t}\end{bmatrix}$$

以下用 Laplace 变换的方法计算 $\mathrm{e}^{\boldsymbol{B}t}$

$$(s\boldsymbol{I}-\boldsymbol{B})^{-1}=\begin{bmatrix}s-1&1\\0&s-2\end{bmatrix}=\frac{1}{(s-1)(s-2)}\begin{bmatrix}s-2&-1\\0&s-1\end{bmatrix}=\begin{bmatrix}\dfrac{1}{s-1}&\dfrac{1}{s-1}-\dfrac{1}{s-2}\\0&\dfrac{1}{s-2}\end{bmatrix}$$

$$\mathrm{e}^{\boldsymbol{B}t}=\mathscr{L}^{-1}[(s\boldsymbol{I}-\boldsymbol{B})^{-1}]=\begin{bmatrix}\mathrm{e}^{t}&\mathrm{e}^{t}-\mathrm{e}^{2t}\\0&\mathrm{e}^{2t}\end{bmatrix}$$

由定理 8.9 知

$$\boldsymbol{X}(t)=\mathrm{e}^{\boldsymbol{A}t}\boldsymbol{X}_0\mathrm{e}^{\boldsymbol{B}t}=$$

$$\begin{bmatrix}\mathrm{e}^{-t}&0\\0&\mathrm{e}^{3t}\end{bmatrix}\begin{bmatrix}-1&0\\0&1\end{bmatrix}\begin{bmatrix}\mathrm{e}^{t}&\mathrm{e}^{t}-\mathrm{e}^{2t}\\0&\mathrm{e}^{2t}\end{bmatrix}=$$

$$\begin{bmatrix}-1&-1+\mathrm{e}^{t}\\0&\mathrm{e}^{5t}\end{bmatrix}$$

习 题 八

1. 计算 $\boldsymbol{A}\otimes\boldsymbol{B},\boldsymbol{B}\otimes\boldsymbol{A}$,其中:

(1)$\boldsymbol{A}=\begin{bmatrix}1&2\\3&4\end{bmatrix},\boldsymbol{B}=(2,-1)$;

(2)$\boldsymbol{A}=\begin{bmatrix}1&0\\-1&1\end{bmatrix},\boldsymbol{B}=(1,-1)$.

2. k 为复常数,求证:$(k\boldsymbol{A})\otimes\boldsymbol{B}=\boldsymbol{A}\otimes(k\boldsymbol{B})=k(\boldsymbol{A}\otimes\boldsymbol{B})$.

3. 试证矩阵的 Kronecker 积满足分配律.

即证:(1)$(\boldsymbol{A}_1+\boldsymbol{A}_2)\otimes\boldsymbol{B}=\boldsymbol{A}_1\otimes\boldsymbol{B}+\boldsymbol{A}_2\otimes\boldsymbol{B}$;

(2)$\boldsymbol{B}\otimes(\boldsymbol{A}_1+\boldsymbol{A}_2)=\boldsymbol{B}\otimes\boldsymbol{A}_1+\boldsymbol{B}\otimes\boldsymbol{A}_2$.

4. 证明:$(\boldsymbol{A}\otimes\boldsymbol{B})^+=\boldsymbol{A}^+\otimes\boldsymbol{B}^+$.

5. 若 $\boldsymbol{A},\boldsymbol{B}$ 为对称矩阵,则 $\boldsymbol{A}\otimes\boldsymbol{B}$ 也为对称矩阵;

若 $\boldsymbol{A},\boldsymbol{B}$ 为 Hermite 矩阵,则 $\boldsymbol{A}\otimes\boldsymbol{B}$ 也为 Hermite 矩阵.

6. 设 $\boldsymbol{A}\in\mathbf{C}^{m\times n},\boldsymbol{B}\in\mathbf{C}^{n\times p}$,证明$(\boldsymbol{AB})^{[k]}=\boldsymbol{A}^{[k]}\boldsymbol{B}^{[k]}$,其中$[k]$表示 Kronecker 乘幂.

7. $\boldsymbol{x}_1,\cdots,\boldsymbol{x}_n$ 是n个线性无关的m维列向量,$\boldsymbol{y}_1,\cdots,\boldsymbol{y}_q$ 是q个线性无关的p维列向量,求证nq个mp维列向量$\boldsymbol{x}_i\otimes\boldsymbol{y}_j(i=1,\cdots,n,j=1,2,\cdots,q)$线性无关.

8. 解 Lyapunov 矩阵方程 $\boldsymbol{AX}+\boldsymbol{XB}=\boldsymbol{F}$,其中

$$\boldsymbol{A}=\begin{bmatrix}1&-1\\0&2\end{bmatrix},\boldsymbol{B}=\begin{bmatrix}-3&4\\0&-1\end{bmatrix},\boldsymbol{F}=\begin{bmatrix}0&5\\2&-9\end{bmatrix}$$

9. 设 $\boldsymbol{A}\in\mathbf{C}^{m\times m}$,求证齐次矩阵方程 $\boldsymbol{AX}-\boldsymbol{XA}=\boldsymbol{O}$ 必有非零解.

10. 求解矩阵微分方程的初值问题

$$\begin{cases}\dfrac{\mathrm{d}}{\mathrm{d}t}\boldsymbol{X}(t)=\begin{bmatrix}1&-1\\0&2\end{bmatrix}\boldsymbol{X}(t)+\boldsymbol{X}(t)\begin{bmatrix}1&0\\0&-1\end{bmatrix}\\ \boldsymbol{X}(0)=\begin{bmatrix}-2&0\\1&1\end{bmatrix}\end{cases}$$

11. 设 $\boldsymbol{A}=\begin{bmatrix}1&1&1&1\\2&2&2&2\\3&3&3&3\\4&4&4&4\end{bmatrix},\boldsymbol{B}=\begin{bmatrix}1&0&3\\4&-1&7\\5&-8&2\end{bmatrix}$,求 $\mathrm{tr}(\boldsymbol{A}\otimes\boldsymbol{B})$.

12. 设 $\boldsymbol{x}\in\mathbf{C}^m,\boldsymbol{y}\in\mathbf{C}^n$,且 $\|\boldsymbol{x}\|_2=\|\boldsymbol{y}\|_2=1$,求 $\|\boldsymbol{x}\otimes\boldsymbol{y}\|_2$.

13. 设 $\boldsymbol{A} \in \mathbf{C}^{n\times n}$ 是酉矩阵，$\boldsymbol{x} \in \mathbf{C}^{n}$，且 $\|\boldsymbol{x}\|_2 = 1$，求 $\|\boldsymbol{A} \otimes \boldsymbol{x}\|_F$.

14. 设 $\boldsymbol{A} \in \mathbf{C}^{m\times m}$，$\boldsymbol{B} \in \mathbf{C}^{n\times n}$，$\boldsymbol{X} \in \mathbf{C}^{m\times n}$，$\boldsymbol{F} \in \mathbf{C}^{m\times n}$，则矩阵方程 $\boldsymbol{A}^2\boldsymbol{X} + \boldsymbol{X}\boldsymbol{B}^2 = \boldsymbol{F}$，有唯一解的充要条件为 $\boldsymbol{A}$，$\boldsymbol{B}$ 至少一个可逆.

15. 若矩阵方程 $\boldsymbol{AXB} = \boldsymbol{D}$ 不相容，则它的极小范数最小二乘解 $\boldsymbol{X}_0 = \boldsymbol{A}^+ \boldsymbol{D}\boldsymbol{B}^+$.

16. $\boldsymbol{A} \in \mathbf{C}^{m\times m}$，$\boldsymbol{B} \in \mathbf{C}^{n\times n}$，则 $\boldsymbol{A} \otimes \boldsymbol{B} \sim \boldsymbol{B} \otimes \boldsymbol{A}$.

17. 设 $\boldsymbol{A} \in \mathbf{C}^{m\times n}$，$\boldsymbol{X} \in \mathbf{C}^{n\times p}$，$\boldsymbol{B} \in \mathbf{C}^{p\times q}$，求证

$$\operatorname{vec}(\boldsymbol{A} \times \boldsymbol{B}) = (\boldsymbol{A} \otimes \boldsymbol{B}^{\mathrm{T}}) \operatorname{vec} \boldsymbol{X}$$

18. 设矩阵 $\boldsymbol{A}$，$\boldsymbol{B}$ 为稳定矩阵，即 $\boldsymbol{A}$，$\boldsymbol{B}$ 的所有特征值都具有负实部，求证 Lyapunov 方程

$$\boldsymbol{AX} + \boldsymbol{XB} = \boldsymbol{F}$$

有唯一解

$$\boldsymbol{X} = -\int_0^{+\infty} \mathrm{e}^{\boldsymbol{A}t} \boldsymbol{F} \mathrm{e}^{\boldsymbol{B}t} \, \mathrm{d}t$$

其中，$\boldsymbol{A} \in \mathbf{C}^{m\times m}$，$\boldsymbol{B} \in \mathbf{C}^{n\times n}$，$\boldsymbol{X}, \boldsymbol{F} \in \mathbf{C}^{m\times n}$.

19. 设 $\boldsymbol{A} \in \mathbf{C}^{m\times m}$，$\boldsymbol{B} \in \mathbf{C}^{n\times n}$.

求证：(1) $\mathrm{e}^{\boldsymbol{A}} \otimes \boldsymbol{I}_n = \mathrm{e}^{\boldsymbol{A}} \otimes \boldsymbol{I}_n$；

(2) $\mathrm{e}^{\boldsymbol{I}_m \otimes \boldsymbol{B}} = \boldsymbol{I}_m \otimes \mathrm{e}^{\boldsymbol{B}}$.

20. 设 $\boldsymbol{A} \in \mathbf{C}^{m\times m}$，$\boldsymbol{B} \in \mathbf{C}^{n\times a}$，求证

$$\mathrm{e}^{(\boldsymbol{A} \otimes \boldsymbol{I}_n + \boldsymbol{I}_m \otimes \boldsymbol{B})} = \mathrm{e}^{\boldsymbol{A}} \otimes \mathrm{e}^{\boldsymbol{B}} = \mathrm{e}^{\boldsymbol{B}} \otimes \mathrm{e}^{\boldsymbol{A}}$$

习题答案与提示

习 题 一

1. 零元素为 1，负元素为$\frac{1}{a}$. $\mathbf{R}^+$ 的维数为 1，$\mathbf{R}^+$ 中除 1 之外，任何元素均为基.

2. (1) 否，对数乘运算不封闭；

(2) 是.

3. 当 $a \neq 1$ 且 $a \neq -3$ 时，线性无关；

当 $a = 1$ 或 $a = -3$ 时，线性相关.

4. $$\boldsymbol{P} = \begin{bmatrix} 1 & -a & (-a)^2 & \cdots & \cdots & (-a)^{n-1} \\ & 1 & 2(-a) & 3(-a)^2 & \cdots & (n-1)(-a)^{n-2} \\ & & 1 & 3(-a) & \cdots & \vdots \\ & & & \ddots & & \vdots \\ & & & & \ddots & \vdots \\ & & & & & 1 \end{bmatrix}.$$

5. $$\boldsymbol{P} = \begin{bmatrix} -1 & 0 & 2 & 1 \\ 0 & 3 & 1 & -3 \\ 0 & -1 & 0 & 0 \\ 2 & 4 & 1 & 2 \end{bmatrix};$$

$\boldsymbol{A}$ 在基 $\boldsymbol{\varepsilon}_1, \boldsymbol{\varepsilon}_2, \boldsymbol{\varepsilon}_3, \boldsymbol{\varepsilon}_4$ 下的坐标为

$$(-1,3,0,2)^{\mathrm{T}}$$

$\boldsymbol{A}$ 在 $\boldsymbol{\eta}_1, \boldsymbol{\eta}_2, \boldsymbol{\eta}_3, \boldsymbol{\eta}_4$ 下的坐标为

$$(1, \frac{1}{3}, \frac{1}{3}, -\frac{2}{3})^{\mathrm{T}}$$

6. 设 $\boldsymbol{\xi} \in V_1 \cap V_2$，则：

$\boldsymbol{\xi} \in V_1$，故 $\exists x_1, x_2 \in \mathbf{R}$，使

$$\boldsymbol{\xi} = x_1 \boldsymbol{\alpha}_1 + x_2 \boldsymbol{\alpha}_2$$

$\boldsymbol{\xi} \in V_2$，故 $\exists x_3, x_4 \in \mathbf{R}$，使

$$\boldsymbol{\xi} = x_3\boldsymbol{\beta}_1 + x_4\boldsymbol{\beta}_2$$

于是

$$x_1\boldsymbol{\alpha}_1 + x_2\boldsymbol{\alpha}_2 = x_3\boldsymbol{\beta}_1 + x_4\boldsymbol{\beta}_2$$

$$(\boldsymbol{\alpha}_1, \boldsymbol{\alpha}_2, -\boldsymbol{\beta}_1, -\boldsymbol{\beta}_2)\begin{bmatrix} x_1 \\ x_2 \\ x_3 \\ x_4 \end{bmatrix} = \boldsymbol{\theta}$$

即

$$\begin{bmatrix} 2 & -1 & -4 & -1 \\ 1 & 1 & -5 & -5 \\ 3 & -3 & -3 & 3 \\ 1 & 1 & 1 & -1 \end{bmatrix}\begin{bmatrix} x_1 \\ x_2 \\ x_3 \\ x_4 \end{bmatrix} = \boldsymbol{\theta}$$

设

$$\boldsymbol{A} = \begin{bmatrix} 2 & -1 & -4 & -1 \\ 1 & 1 & -5 & -5 \\ 3 & -3 & -3 & 3 \\ 1 & 1 & 1 & -1 \end{bmatrix} \xrightarrow{r} \begin{bmatrix} 1 & 0 & 0 & 0 \\ 0 & 1 & 0 & -\frac{5}{3} \\ 0 & 0 & 1 & \frac{2}{3} \\ 0 & 0 & 0 & 0 \end{bmatrix}$$

$$\boldsymbol{x} = k\begin{bmatrix} 0 \\ 5 \\ -2 \\ 3 \end{bmatrix}, k \text{ 为任意实数}$$

$$\boldsymbol{\xi} = 0\boldsymbol{\alpha}_1 + 5k\boldsymbol{\alpha}_2 = 5k\begin{bmatrix} -1 \\ 1 \\ -3 \\ 1 \end{bmatrix}$$

即

$$\dim(V_1 \cap V_2) = 1$$

取 $k = \frac{1}{5}$，则 $\boldsymbol{\alpha}_2 = \begin{bmatrix} -1 \\ 1 \\ -3 \\ 1 \end{bmatrix}$ 为 $V_1 \cap V_2$ 的基.

由于 $V_1+V_2=\mathrm{span}(\boldsymbol{\alpha}_1,\boldsymbol{\alpha}_2,\boldsymbol{\beta}_1,\boldsymbol{\beta}_2)$.

上述 $\boldsymbol{A}=(\boldsymbol{\alpha}_1,\boldsymbol{\alpha}_2,-\boldsymbol{\beta}_1,\boldsymbol{\beta}_2)$ 初等变换化简中，知 $\boldsymbol{\alpha}_1,\boldsymbol{\alpha}_2,\boldsymbol{\beta}_1$ 为 $\boldsymbol{\alpha}_1,\boldsymbol{\alpha}_2,\boldsymbol{\beta}_1,\boldsymbol{\beta}_2$ 的极大无关组，故 $\dim(V_1+V_2)=3$，$\boldsymbol{\alpha}_1,\boldsymbol{\alpha}_2,\boldsymbol{\beta}_1$ 为它的一个基.

7. $\dim S=3$.

8. S 的基为

$$\boldsymbol{E}_{11},(\boldsymbol{E}_{12}+\boldsymbol{E}_{21}),\cdots,(\boldsymbol{E}_{1n}+\boldsymbol{E}_{n1}),\cdots,(\boldsymbol{E}_{n-1n}+\boldsymbol{E}_{nn-1}),\boldsymbol{E}_{nn}$$

$$\dim S=n+(n-1)+\cdots+1=\frac{n(n+1)}{2}$$

9. 证 $\mathrm{span}(\boldsymbol{\alpha}_1,\cdots,\boldsymbol{\alpha}_r)+\mathrm{span}(\boldsymbol{\beta}_1,\cdots,\boldsymbol{\beta}_s)$ 与 $\mathrm{span}(\boldsymbol{\alpha}_1,\cdots,\boldsymbol{\alpha}_r,\boldsymbol{\beta}_1,\cdots,\boldsymbol{\beta}_s)$ 互相包含.

10. 对维数差 $n-m$ 用数学归纳法.

设 $n-m=0$，即 $n=m$，定理显然成立；

设 $n-m=k>0$ 时定理成立，现证 $n-m=k+1$ 时定理也成立.

如果 $n-m=k+1$ 时，$\boldsymbol{\alpha}_1,\boldsymbol{\alpha}_2,\cdots,\boldsymbol{\alpha}_m$，不是 $V_n(\mathbf{F})$ 的基，则在 $V_n(\mathbf{F})$ 中至少有一个向量不能被 $\boldsymbol{\alpha}_1,\cdots,\boldsymbol{\alpha}_m$ 线性表示. 不妨设该向量为 $\boldsymbol{\alpha}_{m+1}$，于是向量组 $\boldsymbol{\alpha}_1,\cdots,\boldsymbol{\alpha}_m,\boldsymbol{\alpha}_{m+1}$，线性无关. 这样由定理 1.2 有

$$\dim\mathrm{span}(\boldsymbol{\alpha}_1,\cdots,\boldsymbol{\alpha}_m,\boldsymbol{\alpha}_{m+1})=\mathrm{rank}(\boldsymbol{\alpha}_1,\cdots,\boldsymbol{\alpha}_m,\boldsymbol{\alpha}_{m+1})=m+1$$

而此时维数

$$n-(m+1)=n-m-1=(k+1)-1=k$$

由归纳法假设知，子空间 $\mathrm{span}(\boldsymbol{\alpha}_1,\cdots,\boldsymbol{\alpha}_m,\boldsymbol{\alpha}_{m+1})$ 的基 $\boldsymbol{\alpha}_1,\cdots,\boldsymbol{\alpha}_m,\boldsymbol{\alpha}_{m+1}$ 可扩充为 $V_n(\mathbf{F})$ 的基，也就是 $W_m(\mathbf{F})$ 的基 $\boldsymbol{\alpha}_1,\cdots,\boldsymbol{\alpha}_m$ 可扩为 $V_n(\mathbf{F})$ 的基.

11. 用基的扩充定理及子空间的维数定理证.

12. 用线性变换定义证.

13. $\forall\boldsymbol{\alpha}\in\mathbf{R}^3$，设 $\boldsymbol{\alpha}$ 在自然基 $\boldsymbol{e}_1,\boldsymbol{e}_2,\boldsymbol{e}_3$ 下的坐标为 x_1,x_2,x_3，即

$$\boldsymbol{\alpha}=(x_1,x_2,x_3)$$

设 $\boldsymbol{\beta}$ 为 $\boldsymbol{\alpha}$ 在 xOy 平面 $\mathbf{R}^2$ 上的投影，则

$$\boldsymbol{\beta}=(x_1,x_2,0)$$

于是在投影变换 $\mathscr{P}$ 下有

$$\mathscr{P}(\boldsymbol{\alpha})=\boldsymbol{\beta}$$

即

$$\mathscr{P}(x_1,x_2,x_3)=(x_1,x_2,0)$$

所以对 $\mathbf{R}^3$ 中任意的 $\boldsymbol{\alpha}_1=(a_1,a_2,a_3)$，$\boldsymbol{\alpha}_2=(b_1,b_2,b_3)$ 及 $\forall k,l\in\mathbf{R}$ 有

$$\mathscr{P}(k\boldsymbol{\alpha}_1+l\boldsymbol{\alpha}_2)=$$

$$\mathscr{P}(ka_1+lb_1,ka_2+lb_2,ka_3+lb_3)=$$
$$(ka_1+lb_1,ka_2+lb_2,0)=$$
$$(ka_1,ka_2,0)+(lb_1,lb_2,0)=$$
$$k(a_1,a_2,0)+l(b_1,b_2,0)=$$
$$k\mathscr{P}(\boldsymbol{\alpha}_1)+l\mathscr{P}(\boldsymbol{\alpha}_2)$$

这说明投影变换是线性变换.

14. 将 $\boldsymbol{A},\boldsymbol{B}$ 按列向量分块后用列空间的定义证.

15. 证 $\boldsymbol{\alpha},\mathscr{A}(\boldsymbol{\alpha}),\cdots,\mathscr{A}^{n-1}(\boldsymbol{\alpha})$ 线性无关,即为基.

表示矩阵 $\boldsymbol{A}=\begin{bmatrix}0 & & & & \\ 1 & 0 & & & \\ & 1 & \ddots & & \\ & & \ddots & \ddots & \\ & & & 1 & 0\end{bmatrix}$.

16. 由线性变换的加法及数乘性质容易验证 End(V) 是线性空间,以下求它的基与维数.

详见附录中 2007 年秋季学期试题第八题参考答案.

17. (1) $\forall\, \boldsymbol{y}\in R(\boldsymbol{AB})$, $\exists\, \boldsymbol{x}\in \mathbf{C}^p$,使

$$\boldsymbol{y}=(\boldsymbol{AB})\boldsymbol{x}=\boldsymbol{A}(\boldsymbol{Bx}),\boldsymbol{Bx}\in\mathbf{C}^n$$

故 $\boldsymbol{y}\in R(\boldsymbol{A})$,所以 $R(\boldsymbol{AB})\subset R(\boldsymbol{A})$.

(2) $\forall\, \boldsymbol{x}\in N(\boldsymbol{B})$,则

$$\boldsymbol{Bx}=\boldsymbol{\theta}$$

左乘 $\boldsymbol{A}$ 有

$$\boldsymbol{ABx}=\boldsymbol{\theta}$$

故 $\boldsymbol{x}\in N(\boldsymbol{AB})$,所以 $N(\boldsymbol{AB})\supset N(\boldsymbol{B})$.

18. $\forall\, \boldsymbol{x}\in N(\boldsymbol{A})\cap N(\boldsymbol{B})$,则 $\boldsymbol{x}\in N(\boldsymbol{A})$,且 $\boldsymbol{x}\in N(\boldsymbol{B})$,于是有

$$\boldsymbol{Ax}=\boldsymbol{\theta},\boldsymbol{Bx}=\boldsymbol{\theta}$$

故
$$(\boldsymbol{A}+\boldsymbol{B})\boldsymbol{x}=\boldsymbol{\theta},(\boldsymbol{A}-\boldsymbol{B})\boldsymbol{x}=\boldsymbol{\theta}$$

所以
$$\boldsymbol{x}\in N(\boldsymbol{A}+\boldsymbol{B}),\boldsymbol{x}\in N(\boldsymbol{A}-\boldsymbol{B})$$

则
$$\boldsymbol{x}\in N(\boldsymbol{A}+\boldsymbol{B})\cap N(\boldsymbol{A}-\boldsymbol{B})$$

因此

$$N(\boldsymbol{A})\cap N(\boldsymbol{B})\subset N(\boldsymbol{A}+\boldsymbol{B})\cap N(\boldsymbol{A}-\boldsymbol{B}) \tag{1}$$

另一方面

$$\forall \boldsymbol{y} \in N(\boldsymbol{A}+\boldsymbol{B}) \cap N(\boldsymbol{A}-\boldsymbol{B})$$

则
$$\boldsymbol{y} \in N(\boldsymbol{A}+\boldsymbol{B}) \text{ 且 } \boldsymbol{y} \in N(\boldsymbol{A}-\boldsymbol{B})$$

于是有

$$(\boldsymbol{A}+\boldsymbol{B})\boldsymbol{y}=\boldsymbol{A}\boldsymbol{y}+\boldsymbol{B}\boldsymbol{y}=\boldsymbol{\theta}$$

$$(\boldsymbol{A}-\boldsymbol{B})\boldsymbol{y}=\boldsymbol{A}\boldsymbol{y}-\boldsymbol{B}\boldsymbol{y}=\boldsymbol{\theta}$$

由上面二式可得

$$\boldsymbol{A}\boldsymbol{y}=\boldsymbol{\theta}, \boldsymbol{y} \in N(\boldsymbol{A})$$

$$\boldsymbol{B}\boldsymbol{y}=\boldsymbol{\theta}, \boldsymbol{y} \in N(\boldsymbol{B})$$

所以
$$\boldsymbol{y} \in N(\boldsymbol{A}) \cap N(\boldsymbol{B})$$

故

$$N(\boldsymbol{A}+\boldsymbol{B}) \cap (\boldsymbol{A}-\boldsymbol{B}) \subset N(\boldsymbol{A}) \cap N(\boldsymbol{B}) \tag{2}$$

由(1)、(2)两式即知

$$N(\boldsymbol{A}) \cap N(\boldsymbol{B})=N(\boldsymbol{A}+\boldsymbol{B}) \cap N(\boldsymbol{A}-\boldsymbol{B})$$

19. $\mathscr{A}(V_n(\mathbf{F}))=\{\mathscr{A}(\boldsymbol{\alpha}) \mid \boldsymbol{\alpha} \in V_n(\mathbf{F})\}$.

$\mathscr{A}^{-1}(\boldsymbol{\theta})=\{\boldsymbol{\alpha} \mid \mathscr{A}(\boldsymbol{\alpha})=\boldsymbol{\theta}, \boldsymbol{\alpha} \in V_n(\mathbf{F})\}$.

由定理 1.10 知 $\mathscr{A}(V_n(\mathbf{F}))$ 与 $\mathscr{A}^{-1}(\boldsymbol{\theta})$ 都是 $V_n(\mathbf{F})$ 的子空间.

$\forall \boldsymbol{\xi} \in \mathscr{A}[\mathscr{A}(V_n(\mathbf{F}))]$, $\exists \beta \in \mathscr{A}(V_n(\mathbf{F}))$,使

$$\boldsymbol{\xi}=\mathscr{A}(\boldsymbol{\beta})$$

因为 $\boldsymbol{\beta} \in \mathscr{A}(V_n(\mathbf{F})) \subset V_n(\mathbf{F})$,所以

$$\boldsymbol{\beta} \in V_n(\boldsymbol{F})$$

故
$$\boldsymbol{\xi}=\mathscr{A}(\boldsymbol{\beta}) \in \mathscr{A}(V_n(\mathbf{F}))$$

即
$$\mathscr{A}[\mathscr{A}(V_n(\mathbf{F}))] \subset \mathscr{A}(V_n(\mathbf{F}))$$

即 $\mathscr{A}(V_n(\mathbf{F}))$ 是 $\mathscr{A}$ 的不变子空间.

$\forall \boldsymbol{\eta} \in \mathscr{A}[\mathscr{A}^{-1}(\boldsymbol{\theta})]$, $\exists \boldsymbol{\xi} \in \mathscr{A}^{-1}(\boldsymbol{\theta})$,使

$$\boldsymbol{\eta}=\mathscr{A}(\boldsymbol{\xi})$$

由于 $\boldsymbol{\xi} \in \mathscr{A}^{-1}(\boldsymbol{\theta})$,故

$$\mathscr{A}(\boldsymbol{\xi})=\boldsymbol{\theta}$$

所以
$$\boldsymbol{\eta}=\mathscr{A}(\boldsymbol{\xi})=\boldsymbol{\theta}$$

当然
$$\boldsymbol{\eta} \in \mathscr{A}^{-1}(\boldsymbol{\theta})$$

因此
$$\mathscr{A}[\mathscr{A}^{-1}(\boldsymbol{\theta})] \subset \mathscr{A}^{-1}(\boldsymbol{\theta})$$

即 $\mathscr{A}^{-1}(\boldsymbol{\theta})$ 是 $\mathscr{A}$ 的不变子空间.

20.(1) $\forall \boldsymbol{\xi} \in V_\lambda \cap V_\mu$.

由 $\boldsymbol{\xi} \in V_\lambda$ 有

$$\mathscr{A}(\boldsymbol{\xi}) = \lambda\boldsymbol{\xi}$$

由 $\boldsymbol{\xi} \in V_\mu$ 有

$$\mathscr{A}(\boldsymbol{\xi}) = \mu\boldsymbol{\xi}$$

两式相减得 $(\lambda - \mu)\boldsymbol{\xi} = \boldsymbol{\theta}$，因为 $\lambda \neq \mu$，故 $\lambda - \mu \neq 0$，所以 $\boldsymbol{\xi} = \boldsymbol{\theta}$.

即 $V_\lambda \cap V_\mu = \{\boldsymbol{\theta}\}$，因此 $V_\lambda + V_\mu = V_\lambda \oplus V_\mu$.

(2) 由 V_λ 是 $\mathscr{A}$ 的属于特征值 λ 的特征子空间，则

$$V_\lambda = \{\boldsymbol{\xi} \mid \mathscr{A}(\boldsymbol{\xi}) = \lambda\boldsymbol{\xi}\}$$

$$\mathscr{A}(V_\lambda) = \{\mathscr{A}(\boldsymbol{\xi}) \mid \boldsymbol{\xi} \in V_\lambda\}$$

$\forall \boldsymbol{\beta} \in \mathscr{A}(V_\lambda)$，则 $\exists \boldsymbol{\xi} \in V_\lambda$，使

$$\boldsymbol{\beta} = \mathscr{A}(\boldsymbol{\xi}) = \lambda\boldsymbol{\xi}$$

于是有

$$\mathscr{A}(\boldsymbol{\beta}) = \mathscr{A}(\mathscr{A}(\boldsymbol{\xi})) = \mathscr{A}(\lambda\boldsymbol{\xi}) = \lambda\mathscr{A}(\boldsymbol{\xi}) = \lambda\boldsymbol{\beta}$$

这说明

$$\boldsymbol{\beta} \in V_\lambda$$

故

$$\mathscr{A}(V_\lambda) \subset V_\lambda$$

所以 V_λ 是 $\mathscr{A}$ 的不变子空间.

习　题　二

1.(1) 不是：$\boldsymbol{A} \neq \boldsymbol{O}$，$a_{ii} = 0$，$i = 1,2,\cdots,n$，有 $(\boldsymbol{A},\boldsymbol{A}) = 0$；

(2) 是.

2.用定义验算.

3.用定义验算.

4.用内积证.

5.不一定，$\boldsymbol{\sigma}(\boldsymbol{x}) = \boldsymbol{x} + \boldsymbol{x}_0$，$\boldsymbol{x}_0$ 是非零常向量，保持距离不变，但不是线性变换，所以不是酉变换.

6.设初等旋转矩阵

$$G_{ij}=\begin{bmatrix}1 & & & & & & & & \\ & \ddots & & & & & & & \\ & & \cos\theta & & & & \sin\theta & & \\ & & & 1 & & & & & \\ & & & & \ddots & & & & \\ & & & & & 1 & & & \\ & & -\sin\theta & & & & \cos\theta & & \\ & & & & & & & 1 & \\ & & & & & & & & \ddots \\ & & & & & & & & & 1\end{bmatrix}\begin{matrix} \\ \\ i\text{ 行} \\ \\ \\ \\ j\text{ 行} \\ \\ \\ \\ \end{matrix}$$

取
$$\boldsymbol{u}=(0,\cdots,0,\sin\frac{\theta}{4},0,\cdots,0,\cos\frac{\theta}{4},0,\cdots,0)^{\mathrm{T}}$$

其中，$\sin\frac{\theta}{4}$，$\cos\frac{\theta}{4}$ 分别为 $\boldsymbol{u}$ 的第 i 个，第 j 个分量，取

$$\boldsymbol{v}=(0,\cdots,0,\sin\frac{3\theta}{4},0,\cdots,\cos\frac{3\theta}{4},0,\cdots,0)$$

其中，$\sin\frac{3\theta}{4}$，$\cos\frac{3\theta}{4}$ 分别为 $\boldsymbol{v}$ 的第 i 个，第 j 个分量

$$\boldsymbol{H}_u=\boldsymbol{I}-2\boldsymbol{u}\boldsymbol{u}^{\mathrm{T}},\boldsymbol{H}_v=\boldsymbol{I}-2\boldsymbol{v}\boldsymbol{v}^{\mathrm{T}}$$

经验算 $\boldsymbol{G}_{ij}=\boldsymbol{H}_u\boldsymbol{H}_v$.

7. 设 $\boldsymbol{A}$ 是 $\boldsymbol{x}_1,\boldsymbol{x}_2,\cdots,\boldsymbol{x}_n$ 的度量矩阵，因为 $\boldsymbol{A}$ 是正定矩阵，所以 $\boldsymbol{A}$ 是实对称矩阵，因此存在正交矩阵 $\boldsymbol{Q}$，使得

$$\boldsymbol{Q}^{\mathrm{T}}\boldsymbol{A}\boldsymbol{Q}=\mathrm{diag}(\lambda_1,\cdots,\lambda_i,\cdots,\lambda_n)$$

其中 $\lambda_i>0$，为 $\boldsymbol{A}$ 的特征值，$i=1,2,\cdots,n$.

记 $\boldsymbol{D}=\mathrm{diag}(\sqrt{\lambda_1},\cdots,\sqrt{\lambda_i},\cdots,\sqrt{\lambda_n})$，则

$$\boldsymbol{A}=\boldsymbol{Q}\boldsymbol{D}^2\boldsymbol{Q}^{\mathrm{T}}=(\boldsymbol{Q}\boldsymbol{D}\boldsymbol{Q}^{\mathrm{T}})(\boldsymbol{Q}\boldsymbol{D}\boldsymbol{Q}^{\mathrm{T}})$$

令 $\boldsymbol{C}=(\boldsymbol{Q}\boldsymbol{D}\boldsymbol{Q}^{\mathrm{T}})^{-1}=\boldsymbol{Q}\boldsymbol{D}^{-1}\boldsymbol{Q}^{\mathrm{T}}$，则

$$\boldsymbol{C}^{\mathrm{T}}=(\boldsymbol{Q}\boldsymbol{D}^{-1}\boldsymbol{Q}^{\mathrm{T}})^{\mathrm{T}}=(\boldsymbol{Q}^{\mathrm{T}})^{\mathrm{T}}(\boldsymbol{D}^{-1})^{\mathrm{T}}\boldsymbol{Q}^{\mathrm{T}}=\boldsymbol{Q}(\boldsymbol{D}^{\mathrm{T}})^{-1}\boldsymbol{Q}^{\mathrm{T}}=\boldsymbol{Q}\boldsymbol{D}^{-1}\boldsymbol{Q}^{\mathrm{T}}=\boldsymbol{C}$$

即 $\boldsymbol{C}$ 为实对称矩阵.

显然 $\boldsymbol{C}$ 与 $\boldsymbol{D}^{-1}$ 相似，其特征值为 $\frac{1}{\sqrt{\lambda_i}}>0$，$i=1,\cdots,n$.

所以 $\boldsymbol{C}$ 为正定矩阵，且

$$\boldsymbol{C}^{\mathrm{T}}\boldsymbol{A}\boldsymbol{C}=(\boldsymbol{Q}\boldsymbol{D}^{-1}\boldsymbol{Q}^{\mathrm{T}})^{\mathrm{T}}(\boldsymbol{Q}\boldsymbol{D}^2\boldsymbol{Q}^{\mathrm{T}})(\boldsymbol{Q}\boldsymbol{D}^{-1}\boldsymbol{Q}^{\mathrm{T}})=\boldsymbol{I}_n$$

设 $\boldsymbol{B}$ 为 $\boldsymbol{y}_1,\boldsymbol{y}_2,\cdots,\boldsymbol{y}_n$ 的度量矩阵,由

$$(\boldsymbol{y}_1,\boldsymbol{y}_2,\cdots,\boldsymbol{y}_n)=(\boldsymbol{x}_1,\boldsymbol{x}_2,\cdots,\boldsymbol{x}_n)\boldsymbol{C}$$

及定理 2.2 知

$$\boldsymbol{B}=\boldsymbol{C}^{\mathrm{T}}\boldsymbol{A}\boldsymbol{C}=\boldsymbol{I}_n$$

由

$$\boldsymbol{B}=((\boldsymbol{y}_i,\boldsymbol{y}_j))_{n\times n}=(\delta_{ij})_{n\times n}=\boldsymbol{I}_n$$

知 $\boldsymbol{y}_1,\boldsymbol{y}_2,\cdots,\boldsymbol{y}_n$ 是标准正交基.

8.(1) 对 $\forall\boldsymbol{\alpha}\in(S+T)^{\perp}$,则 $\boldsymbol{\alpha}\perp(S+T)$,于是 $\boldsymbol{\alpha}\perp S$ 且 $\boldsymbol{\alpha}\perp T$,故 $\boldsymbol{\alpha}\in S^{\perp}$,且 $\boldsymbol{\alpha}\in T^{\perp}$,因此

$$\boldsymbol{\alpha}\in S^{\perp}\cap T^{\perp}$$

所以

$$(S+T)^{\perp}\subset S^{\perp}\cap T^{\perp} \tag{1}$$

另一方面,对 $\forall\boldsymbol{\beta}\in S^{\perp}\cap T^{\perp}$,则

$$\boldsymbol{\beta}\in S^{\perp},\text{故 }\boldsymbol{\beta}\perp S$$

且 $\boldsymbol{\beta}\in T^{\perp}$,故 $\boldsymbol{\beta}\perp T$,因此

$$\boldsymbol{\beta}\perp(S+T)$$

故

$$\boldsymbol{\beta}\in(S+T)^{\perp}$$

所以

$$S^{\perp}\cap T^{\perp}\subset(S+T)^{\perp} \tag{2}$$

由式(1)、(2) 可知 $(S+T)^{\perp}=S^{\perp}\cap T^{\perp}$.

(2) 在(1) 中用 $S^{\perp}$、$T^{\perp}$ 代替 S,T 有

$$(S^{\perp}+T^{\perp})^{\perp}=(S^{\perp})^{\perp}\cap(T^{\perp})^{\perp}=S\cap T$$

即 $(S\cap T)^{\perp}=S^{\perp}+T^{\perp}$.

9. 用幂等阵定义验证.

10. 因为 $\boldsymbol{P}$ 是幂等阵,故

$$\boldsymbol{P}(\boldsymbol{I}-\boldsymbol{P})=\boldsymbol{O}$$

$\forall\boldsymbol{\beta}\in R(\boldsymbol{I}-\boldsymbol{P})$,$\exists\boldsymbol{\alpha}$,使

$$\boldsymbol{\beta}=(\boldsymbol{I}-\boldsymbol{P})\boldsymbol{\alpha}$$

于是

$$\boldsymbol{P\beta}=\boldsymbol{P}(\boldsymbol{I}-\boldsymbol{P})\boldsymbol{\alpha}=\boldsymbol{\theta}$$

故

$$\boldsymbol{\beta}\in N(\boldsymbol{P})$$

所以

$$R(\boldsymbol{I}-\boldsymbol{P}) \subset N(\boldsymbol{P}) \tag{1}$$

$\forall \boldsymbol{\alpha} \in N(\boldsymbol{P})$,则

$$\boldsymbol{P\alpha}=\boldsymbol{\theta}$$

$$\boldsymbol{\alpha}=\boldsymbol{I\alpha}-\boldsymbol{P\alpha}=(\boldsymbol{I}-\boldsymbol{P})\boldsymbol{\alpha}$$

故
$$\boldsymbol{\alpha} \in R(\boldsymbol{I}-\boldsymbol{P})$$

所以
$$N(\boldsymbol{P}) \subset R(\boldsymbol{I}-\boldsymbol{P}) \tag{2}$$

由(1)、(2) 两式即知

$$N(\boldsymbol{P})=R(\boldsymbol{I}-\boldsymbol{P})$$

11. 用幂等阵及列空间 $R(\boldsymbol{P})$ 的定义证.

12. (1) 先证必要性.

设$(\boldsymbol{P}_1+\boldsymbol{P}_2)^2=\boldsymbol{P}_1+\boldsymbol{P}_2$,则有

$$\boldsymbol{P}_1^2+\boldsymbol{P}_1\boldsymbol{P}_2+\boldsymbol{P}_2\boldsymbol{P}_1+\boldsymbol{P}_2^2=\boldsymbol{P}_1+\boldsymbol{P}_2$$

故

$$\boldsymbol{P}_1\boldsymbol{P}_2+\boldsymbol{P}_2\boldsymbol{P}_1=\boldsymbol{O} \tag{1}$$

将上式左乘 P_1,右乘 P_1,得

$$\boldsymbol{P}_1\boldsymbol{P}_2+\boldsymbol{P}_1\boldsymbol{P}_2\boldsymbol{P}_1=\boldsymbol{O}$$

$$\boldsymbol{P}_1\boldsymbol{P}_2\boldsymbol{P}_1+\boldsymbol{P}_2\boldsymbol{P}_1=\boldsymbol{O}$$

两式相减

$$\boldsymbol{P}_1\boldsymbol{P}_2-\boldsymbol{P}_2\boldsymbol{P}_1=\boldsymbol{O} \tag{2}$$

由(1),(2) 两式即得

$$\boldsymbol{P}_1\boldsymbol{P}_2=\boldsymbol{P}_2\boldsymbol{P}_1=\boldsymbol{O} \tag{3}$$

再证充分性.

由式(3) 显然$(\boldsymbol{P}_1+\boldsymbol{P}_2)^2=\boldsymbol{P}_1+\boldsymbol{P}_2$.

(2) 先证必要性.

设
$$(\boldsymbol{P}_1-\boldsymbol{P}_2)^2=\boldsymbol{P}_1-\boldsymbol{P}_2$$

易见

$$\boldsymbol{P}_1\boldsymbol{P}_2+\boldsymbol{P}_2\boldsymbol{P}_1=2\boldsymbol{P}_2 \tag{4}$$

将上式分别左乘和右乘 $\boldsymbol{P}_2$,得以下两式

$$\boldsymbol{P}_2\boldsymbol{P}_1\boldsymbol{P}_2+\boldsymbol{P}_2\boldsymbol{P}_1=2\boldsymbol{P}_2$$

$$\boldsymbol{P}_1\boldsymbol{P}_2+\boldsymbol{P}_2\boldsymbol{P}_1\boldsymbol{P}_2=2\boldsymbol{P}_2$$

两式相减得

$$\boldsymbol{P}_2\boldsymbol{P}_1-\boldsymbol{P}_1\boldsymbol{P}_2=\boldsymbol{O} \tag{5}$$

式(5)代入(4),即得

$$\boldsymbol{P}_1\boldsymbol{P}_2=\boldsymbol{P}_2\boldsymbol{P}_1=\boldsymbol{P}_2$$

充分性显然.

(3) 可得

$$(\boldsymbol{P}_1\boldsymbol{P}_2)^2=(\boldsymbol{P}_1\boldsymbol{P}_2)(\boldsymbol{P}_1\boldsymbol{P}_2)=\boldsymbol{P}_1(\boldsymbol{P}_2\boldsymbol{P}_1)\boldsymbol{P}_2=\boldsymbol{P}_1(\boldsymbol{P}_1\boldsymbol{P}_2)\boldsymbol{P}_2=$$
$$\boldsymbol{P}_1^2\boldsymbol{P}_2^2=\boldsymbol{P}_1\boldsymbol{P}_2$$

即 $\boldsymbol{P}_1\boldsymbol{P}_2$ 是幂等阵.

13. 可得

$$\boldsymbol{M}=\begin{bmatrix}1&0\\2&1\\0&1\end{bmatrix}$$

$$\boldsymbol{M}^{\mathrm{H}}\boldsymbol{M}=\begin{bmatrix}1&2&0\\0&1&1\end{bmatrix}\begin{bmatrix}1&0\\2&1\\0&1\end{bmatrix}=\begin{bmatrix}5&2\\2&2\end{bmatrix}$$

$$(\boldsymbol{M}^{\mathrm{H}}\boldsymbol{M})^{-1}=\frac{1}{6}\begin{bmatrix}2&-2\\-2&5\end{bmatrix}$$

$$\boldsymbol{P}=\boldsymbol{M}(\boldsymbol{M}^{\mathrm{H}}\boldsymbol{M})^{-1}\boldsymbol{M}^{\mathrm{H}}=\frac{1}{6}\begin{bmatrix}2&2&-2\\2&5&1\\-2&1&5\end{bmatrix}$$

$$\boldsymbol{P}\boldsymbol{x}=\begin{bmatrix}0\\\frac{5}{2}\\\frac{5}{2}\end{bmatrix}$$

14. 设

$$\boldsymbol{A}=(\boldsymbol{\alpha}_1,\cdots,\boldsymbol{\alpha}_i,\cdots,\boldsymbol{\alpha}_n),\boldsymbol{\alpha}_i\in\mathbf{C}^n,i=1,\cdots,n$$

$$\boldsymbol{B}=(\boldsymbol{\beta}_1,\cdots,\boldsymbol{\beta}_j,\cdots,\boldsymbol{\beta}_n),\boldsymbol{\beta}_j\in\mathbf{C}^n,j=1,\cdots,n$$

$$\boldsymbol{A}^{\mathrm{H}}\boldsymbol{B}=\begin{bmatrix}\boldsymbol{\alpha}_1^{\mathrm{H}}\\\boldsymbol{\alpha}_2^{\mathrm{H}}\\\boldsymbol{\alpha}_n^{\mathrm{H}}\end{bmatrix}(\boldsymbol{\beta}_1,\cdots,\boldsymbol{\beta}_j,\cdots,\boldsymbol{\beta}_n)=$$

$$\begin{bmatrix} \boldsymbol{\alpha}_1^{\mathrm{H}}\boldsymbol{\beta}_1 & \cdots & \boldsymbol{\alpha}_1^{\mathrm{H}}\boldsymbol{\beta}_j & \cdots & \boldsymbol{\alpha}_1^{\mathrm{H}}\boldsymbol{\beta}_n \\ \vdots & & \vdots & & \vdots \\ \boldsymbol{\alpha}_i^{\mathrm{H}}\boldsymbol{\beta}_1 & \cdots & \boldsymbol{\alpha}_i^{\mathrm{H}}\boldsymbol{\beta}_j & \cdots & \boldsymbol{\alpha}_i^{\mathrm{H}}\boldsymbol{\beta}_n \\ \vdots & & \vdots & & \vdots \\ \boldsymbol{\alpha}_n^{\mathrm{H}}\boldsymbol{\beta}_1 & \cdots & \boldsymbol{\alpha}_n^{\mathrm{H}}\boldsymbol{\beta}_j & \cdots & \boldsymbol{\alpha}_n^{\mathrm{H}}\boldsymbol{\beta}_n \end{bmatrix}$$

故

$$\boldsymbol{A}^{\mathrm{H}}\boldsymbol{B}=\boldsymbol{O}\Leftrightarrow\boldsymbol{\alpha}_i^{\mathrm{H}}\boldsymbol{\beta}_j=(\boldsymbol{\alpha}_i,\boldsymbol{\beta}_j)=0 \tag{1}$$

$$\forall\, \boldsymbol{x}\in R(\boldsymbol{A}),\text{则 } \boldsymbol{x}=\sum_{i=1}^{n}x_i\boldsymbol{\alpha}_i$$

$$\forall\, \boldsymbol{y}\in R(\boldsymbol{B}),\text{则 } \boldsymbol{y}=\sum_{J=1}^{n}y_j\boldsymbol{\beta}_j$$

$$(\boldsymbol{x},\boldsymbol{y})=(\sum_{i=1}^{n}x_i\boldsymbol{\alpha}_i,\sum_{j=1}^{n}y_j\boldsymbol{\beta}_j)=$$

$$\sum_{i=1}^{n}\sum_{j=1}^{n}\overline{x}_i y_i(\boldsymbol{\alpha}_i,\boldsymbol{\beta}_j) \tag{2}$$

由式(1) 与(2) 可得

$$\boldsymbol{A}^{\mathrm{H}}\boldsymbol{B}=\boldsymbol{O}\Leftrightarrow(\boldsymbol{x},\boldsymbol{y})=0$$

而$(\boldsymbol{x},\boldsymbol{y})=0$,即 $R(\boldsymbol{A})\perp R(\boldsymbol{B})$.

15. $\forall\,\boldsymbol{\alpha}\in R$,则 $T\boldsymbol{\alpha}=\boldsymbol{\alpha}$.

$\forall\,\boldsymbol{\beta}\in S$,则 $\boldsymbol{\beta}=\boldsymbol{x}-T\boldsymbol{x},\boldsymbol{x}\in V$.

因为 T 是 V 上的正交变换,故

$$(T\boldsymbol{\alpha},T\boldsymbol{x})=(\boldsymbol{\alpha},\boldsymbol{x})$$

于是 $$(\boldsymbol{\alpha},\boldsymbol{\beta})=(T\boldsymbol{\alpha},\boldsymbol{x}-T\boldsymbol{x})=(T\boldsymbol{\alpha},\boldsymbol{x})-(T\boldsymbol{\alpha},T\boldsymbol{x})=(\boldsymbol{\alpha},\boldsymbol{x})-(\boldsymbol{\alpha},\boldsymbol{x})=0$$

故 $\boldsymbol{\alpha}\perp\boldsymbol{\beta}$,因此 $\boldsymbol{\alpha}\perp S$,即 $\boldsymbol{\alpha}\in S^{\perp}$,所以

$$R\subset S^{\perp} \tag{1}$$

$\forall\,\boldsymbol{x}\in S^{\perp}$,则 $\boldsymbol{x}\perp S$.

由 S 的定义知,$\boldsymbol{x}-T\boldsymbol{x}\in S$,因此有 $\boldsymbol{x}\perp(\boldsymbol{x}-T\boldsymbol{x})$,故$(\boldsymbol{x},\boldsymbol{x}-T\boldsymbol{x})=0$,即

$$(\boldsymbol{x},\boldsymbol{x})-(\boldsymbol{x},T\boldsymbol{x})=0$$

于是 $$(\boldsymbol{x}-T\boldsymbol{x},\boldsymbol{x}-T\boldsymbol{x})=(\boldsymbol{x},\boldsymbol{x})-2(\boldsymbol{x},T\boldsymbol{x})+(T\boldsymbol{x},T\boldsymbol{x})=2(\boldsymbol{x},\boldsymbol{x})-2(\boldsymbol{x},T\boldsymbol{x})=0$$

所以 $\boldsymbol{x}-T\boldsymbol{x}=\boldsymbol{\theta}$,即 $T\boldsymbol{x}=\boldsymbol{x}$.

因此 $\boldsymbol{x}\in R$,即有

$$S^{\perp}\subset R \tag{2}$$

由(1)、(2) 两式得

$$R=S^{\perp}$$

16. 用反对称变换的定义证.

17. 因 $\boldsymbol{\varepsilon}_1,\cdots,\boldsymbol{\varepsilon}_n$ 是基,由 Gram-Schmidt 正交化,存在标准正交基 $\boldsymbol{y}_1,\cdots,\boldsymbol{y}_n$,使

$$(\boldsymbol{y}_1,\cdots,\boldsymbol{y}_n)=(\boldsymbol{\varepsilon}_1,\cdots,\boldsymbol{\varepsilon}_n)\boldsymbol{C}$$

其中 $\boldsymbol{C}$ 是可逆矩阵,故

$$(\boldsymbol{\varepsilon}_1,\cdots,\boldsymbol{\varepsilon}_n)=(\boldsymbol{y}_1,\cdots,\boldsymbol{y}_n)\boldsymbol{C}^{-1}$$

$$(\mathscr{A}(\boldsymbol{\varepsilon}_1),\cdots,\mathscr{A}(\boldsymbol{\varepsilon}_n))=\mathscr{A}(\boldsymbol{\varepsilon}_1,\cdots,\boldsymbol{\varepsilon}_n)=\mathscr{A}(\boldsymbol{y}_1,\cdots,\boldsymbol{y}_n)\boldsymbol{C}^{-1}=(\mathscr{A}(\boldsymbol{y}_1),\cdots,\mathscr{A}(\boldsymbol{y}_n))\boldsymbol{C}^{-1}$$

由 $\mathscr{A}(\boldsymbol{y}_1),\cdots,\mathscr{A}(\boldsymbol{y}_n)$ 仍是标准正交基,知 $\mathscr{A}(\boldsymbol{\varepsilon}_1),\cdots,\mathscr{A}(\boldsymbol{\varepsilon}_n)$ 线性无关,也是 V_n 的基,于是由

$$(\mathscr{A}(\boldsymbol{\varepsilon}_1),\cdots,\mathscr{A}(\boldsymbol{\varepsilon}_n))=\mathscr{A}(\boldsymbol{\varepsilon}_1,\cdots,\boldsymbol{\varepsilon}_n)=(\boldsymbol{\varepsilon}_1,\cdots,\boldsymbol{\varepsilon}_n)\boldsymbol{A}$$

知 $\boldsymbol{A}$ 为 $\boldsymbol{\varepsilon}_1,\cdots,\boldsymbol{\varepsilon}_n$ 到 $\mathscr{A}(\boldsymbol{\varepsilon}_1),\cdots,\mathscr{A}(\boldsymbol{\varepsilon}_n)$ 的过渡矩阵,所以 $\mathscr{A}(\boldsymbol{\varepsilon}_1),\cdots,\mathscr{A}(\boldsymbol{\varepsilon}_n)$ 的度量矩阵为 $\boldsymbol{A}^{\mathrm{T}}\boldsymbol{G}\boldsymbol{A}$.

另一方面由 $\mathscr{A}$ 是正交变换可得

$$(\mathscr{A}(\boldsymbol{\varepsilon}_i),\mathscr{A}(\boldsymbol{\varepsilon}_j))=(\boldsymbol{\varepsilon}_i,\boldsymbol{\varepsilon}_j)$$

这样 $\mathscr{A}(\boldsymbol{\varepsilon}_1),\cdots,\mathscr{A}(\boldsymbol{\varepsilon}_n)$ 的度量矩阵也是 $\boldsymbol{G}$,故

$$\boldsymbol{A}^{\mathrm{T}}\boldsymbol{G}\boldsymbol{A}=\boldsymbol{G}$$

18. (1) 由习题一之 17 题有

$$N(\boldsymbol{A}^{\mathrm{H}}\boldsymbol{A})\supset N(\boldsymbol{A})$$

$\forall \boldsymbol{x}\in N(\boldsymbol{A}^{\mathrm{H}}\boldsymbol{A}),\boldsymbol{A}^{\mathrm{H}}\boldsymbol{A}\boldsymbol{x}=\boldsymbol{\theta}$.

左乘 $\boldsymbol{x}^{\mathrm{H}}$,$\boldsymbol{x}^{\mathrm{H}}\boldsymbol{A}^{\mathrm{H}}\boldsymbol{A}\boldsymbol{x}=0$,即$(\boldsymbol{A}\boldsymbol{x},\boldsymbol{A}\boldsymbol{x})=0$,故 $\boldsymbol{A}\boldsymbol{x}=\boldsymbol{\theta}$.

说明 $\boldsymbol{x}\in N(\boldsymbol{A})$,因此 $N(\boldsymbol{A}^{\mathrm{H}}\boldsymbol{A})\subset N(\boldsymbol{A})$,所以

$$N(\boldsymbol{A}^{\mathrm{H}}\boldsymbol{A})=N(\boldsymbol{A})$$

(2) 将(1) 中的 $\boldsymbol{A}$ 用 $\boldsymbol{A}^{\mathrm{H}}$ 代替,即知(2) 成立.

19. 由上题有

$$N(\boldsymbol{A}^{\mathrm{H}}\boldsymbol{A})=N(\boldsymbol{A})$$

故 $$\dim N(\boldsymbol{A}^{\mathrm{H}}\boldsymbol{A})=\dim N(\boldsymbol{A})$$

因此 $$n-\operatorname{rank}(\boldsymbol{A}^{\mathrm{H}}\boldsymbol{A})=n-\operatorname{rank}\boldsymbol{A}$$

所以 $$\operatorname{rank}(\boldsymbol{A}^{\mathrm{H}}\boldsymbol{A})=\operatorname{rank}\boldsymbol{A}$$

同理 $$\operatorname{rank}(\boldsymbol{A}\boldsymbol{A}^{\mathrm{H}})=\operatorname{rank}\boldsymbol{A}^{\mathrm{H}}$$

由于 $$\operatorname{rank}\boldsymbol{A}=\operatorname{rank}\boldsymbol{A}^{\mathrm{H}}$$

所以 $$\operatorname{rank}(\boldsymbol{A}^{\mathrm{H}}\boldsymbol{A})=\operatorname{rank}(\boldsymbol{A}\boldsymbol{A}^{\mathrm{H}})=\operatorname{rank}\boldsymbol{A}$$

20. (1) 方法一:由习题一之 17 题有

$$R(\mathbf{A}^{\mathrm{H}}\mathbf{A}) \subset R(\mathbf{A}^{\mathrm{H}})$$

由定理 1.2 知

$$\dim R(\mathbf{A}^{\mathrm{H}}\mathbf{A}) = \mathrm{rank}(\mathbf{A}^{\mathrm{H}}\mathbf{A})$$

$$\dim R(\mathbf{A}^{\mathrm{H}}) = \mathrm{rank}(\mathbf{A}^{\mathrm{H}})$$

由上题得

$$\dim R(\mathbf{A}^{\mathrm{H}}\mathbf{A}) = \dim R(\mathbf{A}^{\mathrm{H}})$$

故

$$R(\mathbf{A}^{\mathrm{H}}\mathbf{A}) = R(\mathbf{A}^{\mathrm{H}})$$

方法二:由定理 2.13 的推论 ② 有

$$N(\mathbf{A}) \oplus R(\mathbf{A}^{\mathrm{H}}) = \mathbf{C}^n$$

上式中的 $\mathbf{A}^{\mathrm{H}}\mathbf{A}$ 代替 $\mathbf{A}$ 得到

$$N(\mathbf{A}^{\mathrm{H}}\mathbf{A}) \oplus R(\mathbf{A}^{\mathrm{H}}\mathbf{A}) = \mathbf{C}^n$$

因为 $N(\mathbf{A}^{\mathrm{H}}\mathbf{A}) = N(\mathbf{A})$,且它们的正交补是唯一的,所以

$$R(\mathbf{A}^{\mathrm{H}}\mathbf{A}) = R(\mathbf{A}^{\mathrm{H}})$$

(2) 将(1) 中的 $\mathbf{A}$ 用 $\mathbf{A}^{\mathrm{H}}$ 代替即为(2).

习　题　三

1.(1) 行列式因子

$$D_1(\lambda) = \lambda, D_2(\lambda) = \lambda^2(\lambda^2 - 10\lambda - 3)$$

故不变因子

$$d_1(\lambda) = \lambda, d_2(\lambda) = \lambda^3 - 10\lambda^2 - 3\lambda$$

Smith 标准形为

$$\begin{bmatrix} \lambda & 0 \\ 0 & \lambda^3 - 10\lambda^2 - 3\lambda \end{bmatrix}$$

(2) $\begin{bmatrix} 1 & & & \\ & \lambda(\lambda-1) & & \\ & & \lambda(\lambda-1) & \\ & & & \lambda^2(\lambda-1)^2 \end{bmatrix}$.

2.(1) $\begin{bmatrix} 1 & & \\ & 1 & \\ & & \lambda^3 + 2\lambda^2 - 7\lambda - 6 \end{bmatrix}$;

(2) $\begin{bmatrix}1 & & & \\ & \ddots & & \\ & & 1 & \\ & & & f(\lambda)\end{bmatrix}$，其中 $f(\lambda)=\lambda^n+a_1\lambda^{n-1}+\cdots+a_{n-1}\lambda+a_n$.

3.(1) $1,1,(\lambda-2)^3$.

(2) $1,1,1,\lambda^4+2\lambda^3+5$.

(3) 将所给矩阵 $\boldsymbol{A}(\lambda)$ 化成 Smith 标准形有

$$\boldsymbol{A}(\lambda)=\begin{bmatrix}\lambda+\alpha & \beta & 1 & 0\\ -\beta & \lambda+\alpha & 0 & 1\\ 0 & 0 & \lambda+\alpha & \beta\\ 0 & 0 & -\beta & \lambda+\alpha\end{bmatrix}\xrightarrow[c_2\leftrightarrow c_4]{c_1\leftrightarrow c_3}\begin{bmatrix}1 & 0 & \lambda+\alpha & \beta\\ 0 & 1 & -\beta & \lambda+\alpha\\ \lambda+\alpha & \beta & 0 & 0\\ -\beta & \lambda+\alpha & 0 & 0\end{bmatrix}\xrightarrow{\substack{r_3-(\lambda+\alpha)r_1\\ r_4+\beta r_1}}$$

$$\begin{bmatrix}1 & 0 & \lambda+\alpha & \beta\\ 0 & 1 & -\beta & \lambda+\alpha\\ 0 & \beta & -(\lambda+\alpha)^2 & -\beta(\lambda+\alpha)\\ 0 & \lambda+\alpha & \beta(\lambda+\alpha) & \beta^2\end{bmatrix}\xrightarrow[\substack{c_3-(\lambda+\alpha)c_1\\ c_4-\beta c_1\\ c_3+\beta c_2\\ c_4-(\lambda+\alpha)c_2}]{\substack{r_3-\beta r_2\\ r_4-(\lambda+\alpha)r_2}}$$

$$\begin{bmatrix}1 & 0 & 0 & 0\\ 0 & 1 & 0 & 0\\ 0 & 0 & \beta^2-(\lambda+\alpha)^2 & -2\beta(\lambda+\alpha)\\ 0 & 0 & 2\beta(\lambda+\alpha) & \beta^2-(\lambda+\alpha)^2\end{bmatrix}$$

以下分两种情况讨论：

①$\beta=0$ 时

$$\boldsymbol{A}(\lambda)\xrightarrow[c]{r}\begin{bmatrix}1 & 0 & 0 & 0\\ 0 & 1 & 0 & 0\\ 0 & 0 & (\lambda+\alpha)^2 & 0\\ 0 & 0 & 0 & (\lambda+\alpha)^2\end{bmatrix}$$

故不变因子为 $1,1,(\lambda+\alpha)^2,(\lambda+\alpha)^2$.

②$\beta\neq 0$ 时，记

$$f(\lambda)=\beta^2-(\lambda+\alpha)^2$$

因为

$$f(-\alpha)=\beta^2\neq 0$$

说明二次式 $\beta^2-(\lambda+\alpha)^2$ 不能被一次式$(\lambda+\alpha)$整除. 于是 $\beta^2-(\lambda+\alpha)^2$ 与 $2\beta(\lambda+\alpha)$ 互素，故它们首 1 的最大公因式为 1. 所以行列式因子

$$D_3(\lambda)=1$$

$$D_4(\lambda)=\begin{vmatrix}\beta^2-(\lambda+\alpha)^2 & -2\beta(\lambda+\alpha)\\ 2\beta(\lambda+\alpha) & \beta^2-(\lambda+\alpha)^2\end{vmatrix}=$$

$$[\beta^2-(\lambda+\alpha)^2]2+4\beta^2(\lambda+\alpha)^2=[\beta^2+(\lambda+\alpha)^2]^2$$

故不变因子为

$$1,1,1,[\beta^2+(\lambda+\alpha)^2]^2$$

(4) 1,1,1,$(\lambda+2)^4$.

4. (1)$\lambda-1,\lambda+1,\lambda-2$;

(2)$\lambda-2,(\lambda-1)^2$.

5. 取特征子空间 V_{λ_i} 的基，将其扩充为 $\mathbf{C}^n$ 的基，由特征多项式表达式证之. 也可通过 Jordan 标准形的 Jordan 块 $\boldsymbol{J}_i$ 的结构说明.

6. (1) $\boldsymbol{J}=\begin{bmatrix}1&0&0\\0&1&0\\0&0&-2\end{bmatrix}$;

(2) $\boldsymbol{J}=\begin{bmatrix}-1&1&0\\0&-1&0\\0&0&-2\end{bmatrix}$;

(3) $\boldsymbol{J}=\begin{bmatrix}1&1&0\\0&1&0\\0&0&2\end{bmatrix}$;

(4) $\boldsymbol{J}=\begin{bmatrix}1&1&0&0\\0&1&1&0\\0&0&1&1\\0&0&0&1\end{bmatrix}$.

7. 只需证 Jordan 块 $\boldsymbol{J}_i\sim\boldsymbol{J}_i^{\mathrm{T}}$.

取 $\boldsymbol{P}_i=\begin{bmatrix}\boldsymbol{0}&&&&1\\&&&1&\\&&\cdot^{\cdot^{\cdot}}&&\\&1&&&\\1&&&&\boldsymbol{0}\end{bmatrix}$，验证 $\boldsymbol{P}_i^{-1}\boldsymbol{J}_i\boldsymbol{P}_i=\boldsymbol{J}_i^{\mathrm{T}}$.

8. (1) $\boldsymbol{P}^{-1}\boldsymbol{AP}=\boldsymbol{D},\boldsymbol{A}=\boldsymbol{PDP}^{-1},\boldsymbol{A}^k=\boldsymbol{PD}^k\boldsymbol{P}^{-1}$，其中

$$\boldsymbol{P}=\begin{bmatrix}-2&2&-1\\1&0&-2\\0&1&2\end{bmatrix},\boldsymbol{D}=\begin{bmatrix}2&0&0\\0&2&0\\0&0&-7\end{bmatrix},\boldsymbol{P}^{-1}=\frac{1}{9}\begin{bmatrix}-2&5&4\\2&4&5\\-1&-2&2\end{bmatrix}$$

$\boldsymbol{A}^{100}=\boldsymbol{PD}^{100}\boldsymbol{P}^{-1}=$

$$\frac{1}{9}\begin{bmatrix}2^{103}+(-7)^{100}&-2^{101}+2(-7)^{100}&2^{101}-2(-7)^{100}\\-2^{100}++2(-7)^{100}&5\cdot2^{100}+4(-7)^{100}&2^{102}-4(-7)^{100}\\2^{101}-2(-7)^{100}&2^{102}-4(-7)^{100}&5\cdot2^{100}+4(-7)^{100}\end{bmatrix}$$

(2)$\boldsymbol{P}^{-1}\boldsymbol{AP}=\boldsymbol{J},\boldsymbol{A}=\boldsymbol{PJP}^{-1},\boldsymbol{A}^k=\boldsymbol{PJ}^kP^{-1}$，其中

$$\boldsymbol{P}=\begin{bmatrix}1&0&0\\-1&-1&1\\2&1&0\end{bmatrix},\boldsymbol{J}=\begin{bmatrix}1&1&0\\0&1&0\\0&0&2\end{bmatrix},\boldsymbol{P}^{-1}=\begin{bmatrix}1&0&0\\-2&0&1\\-1&1&1\end{bmatrix},\boldsymbol{J}^k=\begin{bmatrix}1&k&0\\0&1&0\\0&0&2^k\end{bmatrix}$$

$$A^{100}=PJ^{100}P^{-1}=\left.\begin{bmatrix}-2k+1 & 0 & k\\ 2k+1-2^k & 2^k & -k-1+2^k\\ -4k & 0 & 2k+1\end{bmatrix}\right|_{k=100}=\begin{bmatrix}-199 & 0 & 100\\ 201-2^{100} & 2^{100} & -101+2^{100}\\ -400 & 0 & 201\end{bmatrix}$$

9. $\begin{cases}x_1=-e^{2t}(c_1+c_2+c_3+c_3t)\\ x_2=e^{2t}(c_1+2c_2+2c_3t)\\ x_3=e^{2t}(c_2+c_3t)\end{cases}\quad (c_1,c_2,c_3\in \mathbf{C}).$

10. $f(A)=\begin{bmatrix}-3 & 48 & -26\\ 0 & 95 & -61\\ 0 & -61 & 34\end{bmatrix}.$

11. 证法一:设

$$B=P^{-1}AP$$

$$m_A(B)=m_A(P^{-1}AP)=P^{-1}m_A(A)P=O$$

这说明 $m_A(\lambda)$ 是 B 的一个化零多项式,故

$$m_B(\lambda)\mid m_A(\lambda)$$

$$m_B(A)=m_B(PBP^{-1})=Pm_B(B)P^{-1}=O$$

这说明 $m_B(\lambda)$ 是 A 的一个化零多项式,故

$$m_A(\lambda)\mid m_B(\lambda)$$

所以 $m_A(\lambda)=m_B(\lambda)$.

证法二:由 $B=P^{-1}AP$,则对任给的多项式 $f(\lambda)$,有

$$f(B)=P^{-1}f(A)P$$

所以 A,B 有相同的化零多项式.

由定理 3.13,它们有相同的最小多项式.

12. $m_A(\lambda)=(\lambda-2)^2$.

13. $A=\begin{bmatrix}1 & 0\\ 0 & -1\\ 1 & 1\end{bmatrix}\begin{bmatrix}1 & 2 & 3 & 0\\ 0 & -2 & -1 & 1\end{bmatrix}=\begin{bmatrix}1 & 3\\ 0 & 1\\ 1 & 2\end{bmatrix}\begin{bmatrix}1 & -4 & 0 & 3\\ 0 & 2 & 1 & -1\end{bmatrix}.$

14.

$$A_1=F_1G_1,A_2=F_2G_2$$

$$A_1+A_2=(F_1,F_2)\begin{bmatrix}G_1\\ G_2\end{bmatrix}$$

$$\operatorname{rank}(A_1+A_2)\leqslant\operatorname{rank}(F_1,F_2)\leqslant \operatorname{rank}F_1+\operatorname{rank}F_2=\operatorname{rank}A_1+\operatorname{rank}A_2$$

15. 可得

$$\lambda_1=\lambda_2=1,\lambda_3=-1$$

$$A=\lambda_1E_1+\lambda_3E_2=$$

$$\begin{bmatrix}-14 & 3 & 9\\ -10 & 3 & 6\\ -20 & 4 & 13\end{bmatrix}-\begin{bmatrix}15 & -3 & -9\\ 10 & -2 & -6\\ 20 & -4 & -12\end{bmatrix}$$

16. 设 $\boldsymbol{x},\boldsymbol{y}$ 为属于正规矩阵 $\boldsymbol{A}$ 的不同特征值 λ,μ 的特征向量，因为 $\boldsymbol{A}$ 是正规矩阵，所以存在 $\boldsymbol{U}\in\mathbf{U}^{n\times n}$，使

$$\boldsymbol{U}^{\mathrm{H}}\boldsymbol{A}\boldsymbol{U}=\boldsymbol{D}=\mathrm{diag}(\lambda_1,\cdots,\lambda_n)$$

故取共轭转置有

$$\boldsymbol{U}^{\mathrm{H}}\boldsymbol{A}^{\mathrm{H}}\boldsymbol{U}=\boldsymbol{D}^{\mathrm{H}}=\mathrm{diag}(\overline{\lambda_1},\cdots,\overline{\lambda_n})$$

记 $\boldsymbol{U}=(\boldsymbol{U}_1,\cdots,\boldsymbol{U}_i,\cdots,\boldsymbol{U}_n)$，则

$$\boldsymbol{A}\boldsymbol{U}_i=\lambda_i\boldsymbol{U}_i,\boldsymbol{A}^{\mathrm{H}}\boldsymbol{U}_i=\overline{\lambda_i}\boldsymbol{U}_i$$

因此有

$$\boldsymbol{A}\boldsymbol{y}=\lambda_i\boldsymbol{y},\boldsymbol{A}^{\mathrm{H}}\boldsymbol{y}=\overline{\lambda_i}\boldsymbol{y}$$

由于 $\boldsymbol{x},\boldsymbol{y}$ 为 $\boldsymbol{A}$ 的属于不同特征值 λ,μ 的特征向量，故

$$\boldsymbol{A}\boldsymbol{x}=\lambda\boldsymbol{x},\boldsymbol{A}\boldsymbol{y}=\mu\boldsymbol{y},\lambda\neq\mu$$

于是

$$(\boldsymbol{A}\boldsymbol{x},\boldsymbol{y})=(\lambda\boldsymbol{x},\boldsymbol{y})=\overline{\lambda}(\boldsymbol{x},\boldsymbol{y})$$

另一方面

$$(\boldsymbol{A}\boldsymbol{x},\boldsymbol{y})=(\boldsymbol{A}\boldsymbol{x})^{\mathrm{H}}\boldsymbol{y}=\boldsymbol{x}^{\mathrm{H}}(\boldsymbol{A}^{\mathrm{H}}\boldsymbol{y})=(\boldsymbol{x},\boldsymbol{A}^{\mathrm{H}}\boldsymbol{y})=$$
$$(\boldsymbol{x},\overline{\mu}\boldsymbol{y})=\overline{\mu}(\boldsymbol{x},\boldsymbol{y})$$

所以

$$\overline{\lambda}(\boldsymbol{x},\boldsymbol{y})=\overline{\mu}(\boldsymbol{x},\boldsymbol{y})$$
$$(\overline{\lambda}-\overline{\mu})(\boldsymbol{x},\boldsymbol{y})=0$$

由 $\lambda\neq\mu$，故 $\overline{\lambda}-\overline{\mu}\neq0$，所以 $(\boldsymbol{x},\boldsymbol{y})=0$.

17. $\boldsymbol{A}=\begin{bmatrix}a_{11} & \cdots & a_{1n}\\ & \ddots & \vdots\\ \boldsymbol{0} & & a_{nn}\end{bmatrix}$，$\boldsymbol{A}^{\mathrm{H}}=\begin{bmatrix}\overline{a_{11}} & & \boldsymbol{0}\\ \vdots & \ddots & \\ \overline{a_{1n}} & \cdots & \overline{a_{nn}}\end{bmatrix}$.

由 $\boldsymbol{A}\boldsymbol{A}^{\mathrm{H}}=\boldsymbol{A}^{\mathrm{H}}\boldsymbol{A}$，比较两端对角元素，根据 $a_{ij}\overline{a_{ij}}\geqslant0$，得 $a_{ij}=0(i\neq j)$ 即 $\boldsymbol{A}$ 为对角阵.

18. (1) 因为 $\boldsymbol{A}$ 是对称矩阵，显然 $\boldsymbol{A}\boldsymbol{A}^{\mathrm{T}}=\boldsymbol{A}^{\mathrm{T}}\boldsymbol{A}$，故 $\boldsymbol{A}$ 是正规矩阵.

(2) $\boldsymbol{A}$ 的特征值为 $\lambda_1=\lambda_2=-1,\lambda_3=2$.

对于 $\lambda_1=\lambda_2=-1$，求得 $\boldsymbol{\xi}_1=\begin{bmatrix}-1\\1\\0\end{bmatrix}$，$\boldsymbol{\xi}_2=\begin{bmatrix}-1\\0\\1\end{bmatrix}$，标准正交化后

$$\boldsymbol{\alpha}_1=\begin{bmatrix}-\frac{1}{\sqrt{2}}\\ \frac{1}{\sqrt{2}}\\ 0\end{bmatrix},\boldsymbol{\alpha}_2=\begin{bmatrix}-\frac{1}{\sqrt{6}}\\ -\frac{1}{\sqrt{6}}\\ \frac{2}{\sqrt{6}}\end{bmatrix}$$

对于 $\lambda_3=2$，$\boldsymbol{\xi}_3=\begin{bmatrix}1\\1\\1\end{bmatrix}$，标准化后 $\boldsymbol{\alpha}_3=\begin{bmatrix}\frac{1}{\sqrt{3}}\\\frac{1}{\sqrt{3}}\\\frac{1}{\sqrt{3}}\end{bmatrix}$，于是

$$\boldsymbol{P}_1=\boldsymbol{\alpha}_1\boldsymbol{\alpha}_1^{\mathrm{T}}+\boldsymbol{\alpha}_2\boldsymbol{\alpha}_2^{\mathrm{T}}=\begin{bmatrix}\frac{2}{3} & -\frac{1}{3} & -\frac{1}{3}\\-\frac{1}{3} & \frac{2}{3} & -\frac{1}{3}\\-\frac{1}{3} & -\frac{1}{3} & \frac{2}{3}\end{bmatrix}$$

$$\boldsymbol{P}_2=\boldsymbol{\alpha}_3\boldsymbol{\alpha}_3^{\mathrm{T}}=\begin{bmatrix}\frac{1}{3} & \frac{1}{3} & \frac{1}{3}\\\frac{1}{3} & \frac{1}{3} & \frac{1}{3}\\\frac{1}{3} & \frac{1}{3} & \frac{1}{3}\end{bmatrix}$$

正规矩阵 $\boldsymbol{A}$ 的谱分解为

$$\boldsymbol{A}=-1\boldsymbol{P}_1+2\boldsymbol{P}_2$$

19.第一步:求 $\boldsymbol{A}$ 的奇异值

$$\boldsymbol{A}^{\mathrm{T}}\boldsymbol{A}=\begin{bmatrix}2 & 1\\1 & 2\end{bmatrix}$$

$$|\lambda\boldsymbol{I}-\boldsymbol{A}^{\mathrm{T}}\boldsymbol{A}|=\lambda^2-4\lambda-3=0,\lambda_1=3,\lambda_2=1$$

故 $\boldsymbol{A}$ 的奇异值全是正数

$$\sigma_1=\sqrt{3},\sigma_2=1$$

$$\boldsymbol{\Sigma}=\begin{bmatrix}\sqrt{3} & 0\\0 & 1\end{bmatrix}$$

第二步:求 $\boldsymbol{A}^{\mathrm{T}}\boldsymbol{A}$ 正交对角化的正交阵 $\boldsymbol{V}$

$$\boldsymbol{V}=\begin{bmatrix}\frac{1}{\sqrt{2}} & -\frac{1}{\sqrt{2}}\\\frac{1}{\sqrt{2}} & \frac{1}{\sqrt{2}}\end{bmatrix}$$

$$\boldsymbol{V}^{\mathrm{T}}(\boldsymbol{A}^{\mathrm{T}}\boldsymbol{A})\boldsymbol{V}=\begin{bmatrix}3 & 0\\0 & 1\end{bmatrix}=\boldsymbol{\Sigma}^2$$

第三步:求正交阵 $\boldsymbol{U}$.

因为 $\boldsymbol{A}$ 的秩为 2,故

$$\boldsymbol{V}_1=\boldsymbol{V}$$

$$U_1 = AV_1\Sigma^{-1} = \begin{bmatrix} \frac{1}{\sqrt{6}} & -\frac{1}{\sqrt{2}} \\ \frac{1}{\sqrt{6}} & \frac{1}{\sqrt{2}} \\ \frac{2}{\sqrt{6}} & 0 \end{bmatrix}$$

为求 U_2,先作向量积.

令 $$\alpha = \begin{bmatrix} 1 \\ 1 \\ 2 \end{bmatrix}, \beta = \begin{bmatrix} -1 \\ 1 \\ 0 \end{bmatrix}, r = \alpha \times \beta = \begin{bmatrix} -2 \\ -2 \\ 2 \end{bmatrix}$$

取 $\widetilde{U}_2 = \begin{bmatrix} 1 \\ 1 \\ -1 \end{bmatrix}$,标准化后

$$U_2 = \begin{bmatrix} \frac{1}{\sqrt{3}} \\ \frac{1}{\sqrt{3}} \\ -\frac{1}{\sqrt{3}} \end{bmatrix}$$

$$U = (U_1, U_2) = \begin{bmatrix} \frac{1}{\sqrt{6}} & -\frac{1}{\sqrt{2}} & \frac{1}{\sqrt{3}} \\ \frac{1}{\sqrt{6}} & \frac{1}{\sqrt{2}} & \frac{1}{\sqrt{3}} \\ \frac{2}{\sqrt{6}} & 0 & -\frac{1}{\sqrt{3}} \end{bmatrix}$$

第四步:求 A 的奇异值分解

$$A = U\begin{bmatrix} \Sigma \\ O \end{bmatrix}V^{\mathrm{T}} = \begin{bmatrix} \frac{1}{\sqrt{6}} & -\frac{1}{\sqrt{2}} & \frac{1}{\sqrt{3}} \\ \frac{1}{\sqrt{6}} & \frac{1}{\sqrt{2}} & \frac{1}{\sqrt{3}} \\ \frac{2}{\sqrt{6}} & 0 & -\frac{1}{\sqrt{3}} \end{bmatrix} \begin{bmatrix} \sqrt{3} & 0 \\ 0 & 1 \\ 0 & 0 \end{bmatrix} \begin{bmatrix} \frac{1}{\sqrt{2}} & \frac{1}{\sqrt{2}} \\ -\frac{1}{\sqrt{2}} & \frac{1}{\sqrt{2}} \end{bmatrix}$$

20. $$A = \begin{bmatrix} \frac{1}{\sqrt{2}} & -\frac{1}{\sqrt{2}} & 0 \\ \frac{1}{\sqrt{2}} & \frac{1}{\sqrt{2}} & 0 \\ 0 & 0 & 1 \end{bmatrix} \begin{bmatrix} \sqrt{3} & 0 & 0 \\ 0 & 1 & 0 \\ 0 & 0 & 0 \end{bmatrix} \begin{bmatrix} \frac{1}{\sqrt{6}} & \frac{1}{\sqrt{6}} & \frac{2}{\sqrt{6}} \\ \frac{1}{\sqrt{2}} & -\frac{1}{\sqrt{2}} & 0 \\ -\frac{1}{\sqrt{3}} & -\frac{1}{\sqrt{3}} & \frac{1}{\sqrt{3}} \end{bmatrix}.$$

习　题　四

1. $\|\boldsymbol{x}\|_1 = 7+\sqrt{2}$;

$\|\boldsymbol{x}\|_2 = \sqrt{23}$;

$\|\boldsymbol{x}\|_\infty = 4$.

2. 用定义验证.

3. 用定义验证.

4. ① 当 $\boldsymbol{x}=\boldsymbol{\theta}$，$\|\boldsymbol{x}\| = \max\{0,0\} = 0$;

当 $\boldsymbol{x}\neq\boldsymbol{\theta}$ 时，由 $\|\boldsymbol{x}\|_a > 0$，$\|\boldsymbol{x}\|_b > 0$，故 $\|\boldsymbol{x}\| > 0$.

$\forall k\in\mathbf{C}$，有

$$\begin{aligned}\|k\boldsymbol{x}\| = &\max\{\|k\boldsymbol{x}\|_a, \|k\boldsymbol{x}\|_b\} = \\ &\max\{|k|\,\|\boldsymbol{x}\|_a, |k|\,\|\boldsymbol{x}\|_b\} = \\ &|k|\max\{\|\boldsymbol{x}\|_a, \|\boldsymbol{x}\|_b\} = \\ &|k|\,\|\boldsymbol{x}\|\end{aligned}$$

$\forall \boldsymbol{y}\in\mathbf{C}^n$，有

$$\begin{aligned}\|\boldsymbol{x}+\boldsymbol{y}\| = &\max\{\|\boldsymbol{x}+\boldsymbol{y}\|_a, \|\boldsymbol{x}+\boldsymbol{y}\|_b\} \leqslant \\ &\max\{\|\boldsymbol{x}\|_a + \|\boldsymbol{y}\|_a, \|\boldsymbol{x}\|_b + \|\boldsymbol{y}\|_b\} \leqslant \\ &\max\{\|\boldsymbol{x}\|_a, \|\boldsymbol{x}\|_b\} + \max\{\|\boldsymbol{y}\|_b, \|\boldsymbol{y}\|_b\} = \\ &\|\boldsymbol{x}\| + \|\boldsymbol{y}\|\end{aligned}$$

这说明 $\|\boldsymbol{x}\| = \max\{\|\boldsymbol{x}\|_a, \|\boldsymbol{x}\|_b\}$ 是 $\mathbf{C}^n$ 中的向量范数.

② 当 $\boldsymbol{x}=\boldsymbol{\theta}$ 时，$\|\boldsymbol{x}\| = k_1\cdot 0 + k_2\cdot 0 = 0$;

当 $\boldsymbol{x}\neq\boldsymbol{\theta}$ 时，因 $\|\boldsymbol{x}\|_a > 0$，$\|\boldsymbol{x}\|_b > 0$，$k_1 > 0$，$k_2 > 0$，故 $\|\boldsymbol{x}\| > 0$.

$\forall k\in\mathbf{C}$，有

$$\begin{aligned}\|k\boldsymbol{x}\| = &k_1\|k\boldsymbol{x}\|_a + k_2\|k\boldsymbol{x}\|_b = \\ &|k|(k_1\|\boldsymbol{x}\|_a + k_2\|\boldsymbol{x}\|_b) = \\ &|k|\,\|\boldsymbol{x}\|\end{aligned}$$

$\forall \boldsymbol{y}\in\mathbf{C}^n$，有

$$\begin{aligned}\|\boldsymbol{x}+\boldsymbol{y}\| = &k_1\|\boldsymbol{x}+\boldsymbol{y}\|_a + k_2\|\boldsymbol{x}+\boldsymbol{y}\|_b \leqslant \\ &k_1(\|\boldsymbol{x}\|_a + \|\boldsymbol{y}\|_a) + k_2(\|\boldsymbol{x}\|_b + \|\boldsymbol{y}\|_b) = \\ &(k_1\|\boldsymbol{x}\|_a + k_2\|\boldsymbol{x}\|_b) + (k_1\|\boldsymbol{y}\|_a + k_2\|\boldsymbol{y}\|_b) = \\ &\|\boldsymbol{x}\| + \|\boldsymbol{y}\|\end{aligned}$$

这说明 $\|\boldsymbol{x}\| = k_1\|\boldsymbol{x}\|_a + k_2\|x\|_b$ 是 $\mathbf{C}^n$ 中的向量范数.

5. 验证如下：

(1) 当 $\boldsymbol{A}=\boldsymbol{O}$ 时，$\|\boldsymbol{A}\| = 0$；当 $\boldsymbol{A}\neq\boldsymbol{O}$ 时，$\boldsymbol{P}^{-1}\boldsymbol{A}\boldsymbol{P}\neq\boldsymbol{O}$，故

$$\|\boldsymbol{A}\| = \|\boldsymbol{P}^{-1}\boldsymbol{A}\boldsymbol{P}\|_m > 0$$

(2) $\forall k\in\mathbf{C}$，有

$$\|k\boldsymbol{A}\|\ \| = \boldsymbol{P}^{-1}(k\boldsymbol{A})\boldsymbol{P}\|_m = |k|\,\|\boldsymbol{P}^{-1}\boldsymbol{A}\boldsymbol{P}\|_m = |k|\,\|\boldsymbol{A}\|$$

(3) $\|\boldsymbol{A}+\boldsymbol{B}\| = \|\boldsymbol{P}^{-1}(\boldsymbol{A}+\boldsymbol{B})\boldsymbol{P}\|_m =$

$\|\boldsymbol{P}^{-1}\boldsymbol{AP}+\boldsymbol{P}^{-1}\boldsymbol{BP}\|_m \leqslant$

$\|\boldsymbol{P}^{-1}\boldsymbol{AP}\|_m + \|\boldsymbol{P}^{-1}\boldsymbol{BP}\|_m =$

$\|\boldsymbol{A}\| + \|\boldsymbol{B}\|$

(4) $\|\boldsymbol{AB}\| = \|\boldsymbol{P}^{-1}(\boldsymbol{AB})\boldsymbol{P}\|_m =$

$\|(\boldsymbol{P}^{-1}\boldsymbol{AP})(\boldsymbol{P}^{-1}\boldsymbol{BP})\|_m \leqslant$

$\|\boldsymbol{P}^{-1}\boldsymbol{AP}\|_m \|\boldsymbol{P}^{-1}\boldsymbol{BP}\|_m =$

$\|\boldsymbol{A}\| \|\boldsymbol{B}\|$

可见 $\|\boldsymbol{A}\|$ 是 $\mathbf{C}^{n\times n}$ 上的一种矩阵范数.

6. 设 $\boldsymbol{A}=(a_{ij})_{n\times n}\in\mathbf{C}^{n\times n}$，$\boldsymbol{x}=(x_1,x_2,\cdots,x_n)^{\mathrm{T}}$.

(1)
$$\begin{aligned}\|\boldsymbol{Ax}\|_1 &= \sum_{i=1}^n\left|\sum_{j=1}^n a_{ij}x_j\right| \leqslant \\ &\sum_{i=1}^n\sum_{j=1}^n |a_{ij}||x_j| \leqslant \\ &\sum_{i=1}^n\sum_{j=1}^n (\max_{i,j}|a_{ij}|)|x_j| = \\ &\sum_{i=1}^n \max_{i,j}|a_{ij}|\sum_{j=1}^n|x_j| = \\ &\sum_{i=1}^n \max_{i,j}|a_{ij}|\cdot\|\boldsymbol{x}\|_1 = \\ &n\cdot\max_{i,j}|a_{ij}|\cdot\|\boldsymbol{x}\|_1 = \\ &\|\boldsymbol{A}\|_{m_\infty}\cdot\|\boldsymbol{x}\|_1\end{aligned}$$

(2)
$$\begin{aligned}\|\boldsymbol{Ax}\|_2 &= \sqrt{\sum_{i=1}^n\left|\sum_{j=1}^n a_{ij}x_j\right|^2} \leqslant \\ &\sqrt{\sum_{i=1}^n\left(\sum_{j=1}^n|a_{ij}||x_j|\right)^2}\end{aligned}$$

由 Cauchy-Schwarz 不等式

$$\begin{aligned}\|\boldsymbol{Ax}\|_2 &\leqslant \sqrt{\sum_{i=1}^n\left[\left(\sum_{j=1}^n|a_{ij}|^2\right)\left(\sum_{j=1}^n|x_j|^2\right)\right]} = \\ &\sqrt{\sum_{j=1}^n|x_j|^2}\cdot\sqrt{\sum_{i=1}^n\sum_{j=1}^n|a_{ij}|^2} \leqslant \\ &\|\boldsymbol{x}\|_2\cdot\sqrt{\sum_{i=1}^n\sum_{j=1}^n(\max_{i,j}|a_{ij}|)^2} = \\ &\|\boldsymbol{x}\|_2\sqrt{n^2(\max_{i,j}|a_{ij}|)^2} = \\ &n\max_{i,j}|a_{ij}|\cdot\|\boldsymbol{x}\|_2 = \\ &\|\boldsymbol{A}\|_{m_\infty}\|\boldsymbol{x}\|_2\end{aligned}$$

(1)，(2) 即证出 $\|\boldsymbol{A}\|_{m_\infty}$ 与 $\|\boldsymbol{x}\|_1$，$\|\boldsymbol{x}\|_2$ 分别相容.

7. $\|\boldsymbol{A}\|_{m_1}=11$，

$\|\boldsymbol{A}\|_F=\sqrt{23}$，

$\|A\|_{m_\infty}=9$,

$\|A\|_1=5$,

$$|\lambda I-A^HA|=\begin{vmatrix}\lambda-5 & 0 & 0\\ 0 & \lambda-9 & -6\\ 0 & -6 & \lambda-9\end{vmatrix}=(\lambda-5)(\lambda-3)(\lambda-15),$$

$\|A\|_2=(\lambda_{\max}(A^HA))^{\frac{1}{2}}=\sqrt{15}$,

$\|A\|_\infty=5$.

8. $\|A\|_{m_1}=18+\sqrt{2}$,

$\|A\|_F=\sqrt{66}$,

$\|A\|_{m_\infty}=15$,

$\|A\|_1=7+\sqrt{2}$,

$\|A\|_\infty=9$.

9. 由

$$\|A\|_2=\sqrt{\max_i\lambda_i(A^HA)}$$

故

$$\|A\|_2^2=\max_i\lambda_i(A^HA)$$

由定理 4.17 有 $\rho(A)\leqslant\|A\|$, $\|\cdot\|$ 为 $\mathbf{C}^{n\times n}$ 任一矩阵范数.

故

$$\begin{aligned}\max_i\lambda_i(A^HA)\leqslant\|A^HA\|_1\leqslant\\ \|A^H\|_1\|A\|_1=\\ \|A\|_\infty\|A\|_1\end{aligned}$$

10. 用定义验证.

11. 不相容. 取

$$A_0=\begin{bmatrix}1 & 1 & \cdots & 1\\ 0 & 0 & \cdots & 0\\ \vdots & \vdots & & \vdots\\ 0 & 0 & \cdots & 0\end{bmatrix},\alpha_0=\begin{bmatrix}1\\1\\ \vdots\\1\end{bmatrix}$$

则

$$\|A_0\|_1=1,\ \|\alpha_0\|_\infty=1$$

$$A_0\alpha_0=(n,0,\cdots,0)^T,\ \|A_0\alpha_0\|_\infty=n$$

由 $n>1$, $\|A_0\alpha_0\|_\infty>\|A_0\|_1\|\alpha_0\|_\infty$.

12. 不构成 $\mathbf{C}^{n\times n}$ 中的矩阵范数,反例如下:

取 $A_0=\begin{bmatrix}1 & 1 & \cdots & 1\\ 0 & 0 & \cdots & 0\\ \vdots & \vdots & & \vdots\\ 0 & 0 & \cdots & 0\end{bmatrix}$, $B_0=A_0^T$, 则

$$A_0B_0=\begin{bmatrix}n & 0 & \cdots & 0\\ 0 & 0 & \cdots & 0\\ \vdots & \vdots & & \vdots\\ 0 & 0 & \cdots & 0\end{bmatrix}$$

由

$$\|A\|=\max_{i,j}|a_{ij}|$$

$$\|A_0\|=\|B_0\|=1,\ \|A_0B_0\|=n$$

因为 $n>1$，所以

$$\|A_0B_0\|>\|A_0\|\ \|B_0\|$$

从而矩阵乘法的相容性不成立.

13. 设

$$A=(a_{ij})_{m\times n},\alpha=(x_1,x_2,\cdots,x_n)^{\mathrm{T}},A=\sum_{i=1}^{m}\sum_{j=1}^{n}a_{ij}E_{ij}$$

$$E_{ij}\alpha=(0,\cdots,0,x_j,\cdots,0)^{\mathrm{T}},\ \|E_{ij}\alpha\|_p\leqslant\|\alpha\|_p$$

$$\begin{aligned}\|A\alpha\|_P=\|\sum_{i=1}^{m}\sum_{j=1}^{n}a_{ij}E_{ij}\alpha\|_p\leqslant\\ \sum_{i=1}^{m}\sum_{j=1}^{n}|a_{ij}|\ \|E_{ij}\alpha\|_p\leqslant\\ \sum_{i=1}^{m}\sum_{j=1}^{n}|a_{ij}|\ \|\alpha\|_p=\\ \|A\|_{m_1}\ \|\alpha\|_p\end{aligned}$$

即矩阵范数 $\|A\|_{m_1}$ 与向量范数 p- 范数相容.

14. 令

$$B=(\beta_1,\cdots,\beta_j,\cdots,\beta_n)$$

因为 $\|A\beta_j\|_2\leqslant\|A\|_2\|\beta_j\|_2,j=1,2,\cdots,n$. 由定理 4.8 之 ① 有

$$\begin{aligned}\|AB\|_F^2=\|A\beta_1\|_2^2+\cdots+\|A\beta_n\|_2^2\leqslant\\ \|A\|_2^2(\|\beta_1\|_2^2+\cdots+\|\beta_n\|_2^2)=\\ \|A\|_2^2\|B\|_F^2\end{aligned}$$

即

$$\|AB\|_F\leqslant\|A\|_2\|B\|_F$$

由上述结果有

$$\begin{aligned}\|AB\|_F=\|(AB)^{\mathrm{H}}\|_F=\|B^{\mathrm{H}}A^{\mathrm{H}}\|_F\leqslant\\ \|B^{\mathrm{H}}\|_2\|A^{\mathrm{H}}\|_F=\|B\|_2\|A\|_F=\\ \|A\|_F\|B\|_2\end{aligned}$$

故

$$\|AB\|_F\leqslant\min\{\|A\|_2\|B\|_F,\|A\|_F\|B\|_2\}$$

15. (1) 因 $A^2=(I-uu^{\mathrm{T}})^2=I-uu^{\mathrm{T}}=A$，故 A 是幂等阵，它的特征值只能是 0 或 1.

当 $n>1$ 时

$$\det(I-A)=\det(uu^{\mathrm{T}})=0\quad(\text{因 rank}\,uu^{\mathrm{T}}=1)$$

这说明 1 是 A 的一个特征值，于是 $\rho(A)=1$.

又因为 $A^{\mathrm{T}}=A$，A 是对称矩阵，从而 A 是正规矩阵，由定理 4.16 之 ③ $\|A\|_2=\rho(A)=1$.

(2) 由 $Ax\neq x$ 得

$$y=x-Ax\neq\theta$$

再由 $A^{\mathrm{T}}A=A$ 得

$$\begin{aligned}(y,Ax)=(x,Ax)-(Ax,Ax)=\\ x^{\mathrm{T}}Ax-(Ax)^{\mathrm{T}}Ax=\end{aligned}$$

$$x^{\mathrm{T}}Ax - x^{\mathrm{T}}(A^{\mathrm{T}}A)x =$$

$$0$$

$$\|x\|_2^2 = \|y + Ax\|_2^2 = (y + Ax)^{\mathrm{T}}(y + Ax) =$$

$$\|Ax\|_2^2 + \|y\|_2^2 > \|Ax\|_2^2$$

即

$$\|Ax\|_2 < \|x\|_2$$

16. $\forall A \in \mathbf{C}_r^{m\times n}$，存在酉矩阵 U，V，使

$$U^{\mathrm{H}}AV = \begin{bmatrix} \Sigma & O \\ O & O \end{bmatrix}$$

其中，$\Sigma = \mathrm{diag}(\sigma_1, \cdots, \sigma_i, \cdots, \sigma_r)$，$\sigma_i$ 为 A 的正奇异值，$i = 1, \cdots, r$.

由定理 4.8 之 ③ 矩阵 F- 范数的酉不变性

$$\|A\|_F^2 = \|U^{\mathrm{H}}AV\|_F^2 = \left\|\begin{bmatrix} \Sigma & O \\ O & O \end{bmatrix}\right\|_F^2 = \mathrm{tr}(\Sigma^{\mathrm{H}}\Sigma) = \sigma_1^2 + \cdots + \sigma_i^2 + \cdots + \sigma_r^2$$

17. 可得

$$\|A\|_{m_1} = \sum_{i=1}^{n}\sum_{j=1}^{n} |a_{ij}| \leqslant$$

$$n^2 \max_{i,j} |a_{ij}| \leqslant$$

$$n^2\left[\sum_{i=1}^{n}\sum_{j=1}^{n} |a_{ij}|^2\right]^{\frac{1}{2}} = n^2 \|A\|_F$$

另一方面

$$\|A\|_{m_1} = \sum_{i=1}^{n}\sum_{j=1}^{n} |a_{ij}| \geqslant$$

$$\max_{i,j} |a_{ij}| =$$

$$\frac{1}{n}(n^2 \max_{i,j} |a_{ij}|^2)^{\frac{1}{2}} \geqslant$$

$$\frac{1}{n}\left(\sum_{i=1}^{n}\sum_{j=1}^{n} |a_{ij}|^2\right)^{\frac{1}{2}} = \frac{1}{n}\|A\|_F$$

因此

$$\frac{1}{n}\|A\|_{m_1} \leqslant \|A\|_{m_1} \leqslant n^2 \|A\|_F$$

即 $\|A\|_{m_1}$ 与 $\|A\|_F$ 等价.

18. 由 Schur 定理(定理 3.25)，对于矩阵 A，存在酉矩阵 $U \in U^{n\times n}$ 及对角元为 λ_i 的上三角阵 R，使得

$$U^{\mathrm{H}}AU = R = \begin{bmatrix} \lambda_1 & * & \cdots & * \\ & \ddots & \ddots & \vdots \\ \mathbf{0} & & \lambda_i & * \\ & & & \lambda_n \end{bmatrix}$$

由定理 4.8 之 ③ 知 $\|A\|_F = \|R\|_F$，于是有

$$\|A\|_F^2 = \|R\|_F^2 \geqslant |\lambda_1|^2 + \cdots + |\lambda_i|^2 + \cdots + |\lambda_n|^2 = \sum_{i=1}^{n} |\lambda_i|^2$$

故
$$\|A\|_F \geqslant \left(\sum_{i=1}^{n} |\lambda_i|^2\right)^{\frac{1}{2}}$$

19. 因为 $\|A\| < 1$，由定理 4.19 知 $I - A$ 可逆，因此有
$$(I-A)^{-1}(I-A) = I$$
展开有
$$(I-A)^{-1}I - (I-A)^{-1}A = I$$
移项为
$$(I-A)^{-1} = I + (I-A)^{-1}A$$
由矩阵范数三角不等式及相容性有
$$\|(I-A)^{-1}\| \leqslant \|I\| + \|(I-A)^{-1}\| \|A\|$$
因 $\|\cdot\|$ 表示算子范数，则 $\|I\| = 1$，且 $1 - \|A\| > 0$，故
$$(1 - \|A\|)\|(I-A)^{-1}\| \leqslant 1$$
即
$$\|(I-A)^{-1}\| \leqslant \frac{1}{1-\|A\|}$$

20. 设 x 为 A 的属于特征值 λ 的特征向量，则
$$Ax = \lambda x \quad x \neq \theta$$
因 A 是可逆矩阵，故 $\lambda \neq 0$，且有
$$A^{-1}x = \frac{1}{\lambda}x$$
令 $\|x\|$ 表示与矩阵范数 $\|A\|$ 相容的向量范数，于是
$$\left|\frac{1}{\lambda}\right| \|x\| = \left\|\frac{1}{\lambda}x\right\| = \|A^{-1}x\| \leqslant \|A^{-1}\| \|x\|$$
由 $x \neq \theta$，故 $\|x\| > 0$，故
$$\left|\frac{1}{\lambda}\right| \leqslant \|A^{-1}\|$$
即
$$|\lambda| \geqslant \frac{1}{\|A^{-1}\|}$$

习　题　五

1. (1) $\|A\|_1 = 0.9 < 1$，故 A 是收敛矩阵.

(2) A 的特征值 $\lambda_1 = \frac{5}{6}$，$\lambda_2 = -\frac{1}{2}$，$\rho(A) = \frac{5}{6} < 1$，故 A 是收敛矩阵.

2. $S = \lim\limits_{N\to\infty} S^{(N)} = \begin{bmatrix} 2 & \frac{3}{2} \\ 1 & 0 \end{bmatrix}$.

$\sum\limits_{k=0}^{\infty} A^{(k)}$ 收敛，其和为 S.

3. 由 $\cos A = \frac{1}{2}(e^{iA} + e^{-iA})$，$\sin A = \frac{1}{2i}(e^{iA} - e^{-iA})$ 计算即可.（注意 $e^o = I$）

4. $e^{A}=\begin{bmatrix} -e & 0 & e \\ 3e-e^2 & e^2 & -2e+e^2 \\ -4e & 0 & 3e \end{bmatrix}$;

$\sin At=\begin{bmatrix} \sin t-2t\cos t & 0 & t\cos t \\ \sin t+2t\cos t-\sin 2t & \sin 2t & -t\cos t-\sin t+\sin 2t \\ -4t\cos t & 0 & 2t\cos t+\sin t \end{bmatrix}$.

5. $e^{At}=e^{2t}\begin{bmatrix} 1+t & t & -t \\ -2t & 1-2t & 2t \\ -t & -t & 1+t \end{bmatrix}$;

$\sin A=\begin{bmatrix} \sin 2+\cos 2 & \cos 2 & -\cos 2 \\ -2\cos 2 & \sin 2-2\cos 2 & 2\cos 2 \\ -\cos 2 & -\cos 2 & \sin 2+\cos 2 \end{bmatrix}$.

6. (1) $(e^{A})^{T}=(\sum\limits_{k=0}^{\infty}\frac{A^k}{k!})^{T}=\sum\limits_{k=0}^{\infty}\frac{(A^{T})^k}{k!}=e^{A^{T}}$.

因 A 是实反对称阵，则 $A^{T}=-A$.

$(e^{A})(e^{A})^{T}=e^{A}\cdot e^{A^{T}}=e^{A}\cdot e^{-A}=e^{o}=I$，即 e^{A} 为正交阵.

(2) $(e^{iA})^{H}=e^{(iA)^{H}}=e^{-iA^{H}}=e^{-iA}$，$(e^{iA})^{H}e^{iA}=e^{-iA}e^{iA}=e^{o}=I$.

(3) 设 J 为 A 的 Jordan 标准形，故 $\exists P\in C_n^{n\times n}$，使

$$P^{-1}AP=J=\begin{bmatrix} \lambda_1 & \delta_1 & & \\ & \ddots & \ddots & \\ & & \ddots & \delta_{n-1} \\ & & & \lambda_n \end{bmatrix}$$

$$A=PJP^{-1}$$

$$e^{A}=P\begin{bmatrix} e^{\lambda_1} & & & * \\ & e^{\lambda_2} & & \\ & & \ddots & \\ & & & e^{\lambda_n} \end{bmatrix}P^{-1}$$

故

$$\det e^{A}=\det P\cdot\det\begin{bmatrix} e^{\lambda_1} & & * \\ & \ddots & \\ & & e^{\lambda_n} \end{bmatrix}\det P^{-1}=$$

$$e^{\lambda_1+\lambda_2+\cdots+\lambda_n}=$$

$$e^{\operatorname{tr} A}$$

7. (1) 由

$$\sin At=\sum_{k=1}^{\infty}\frac{(-1)^k}{(2k+1)!}(At)^{2k+1}$$

利用逐项积分证之.

同理可证(2).

8. 由

$$A(t)B(t)=(\sum_{k=1}^{\infty}a_{ik}(t)b_{kj}(t))_{m\times n}$$

用求导证之.

9. $\det \boldsymbol{X}=\sum_{j=1}^{n} x_{ij}\boldsymbol{X}_{ij}$,其中 $\boldsymbol{X}_{ij}$ 是 x_{ij} 的代数余子式,它不含 x_{ij},故$\dfrac{\partial}{\partial x_{ij}}\det \boldsymbol{X}=\boldsymbol{X}_{ij}$.

$\dfrac{\mathrm{d}}{\mathrm{d}t}\det \boldsymbol{X}=(\boldsymbol{X}_{ij})_{n\times n}=(\boldsymbol{X}^{*})^{\mathrm{T}}=((\det \boldsymbol{X})\boldsymbol{X}^{-1})^{\mathrm{T}}=\det \boldsymbol{X}(\boldsymbol{X}^{-1})^{\mathrm{T}}$.

10. $\dfrac{\mathrm{d}f}{\mathrm{d}\boldsymbol{x}}=\boldsymbol{A}\boldsymbol{x}-\boldsymbol{b}$.

11. $\dfrac{\mathrm{d}\boldsymbol{\alpha}^{\mathrm{T}}\boldsymbol{x}}{\mathrm{d}\boldsymbol{x}}=\boldsymbol{\alpha}$, $\dfrac{\mathrm{d}\boldsymbol{x}^{\mathrm{T}}\boldsymbol{\alpha}}{\mathrm{d}\boldsymbol{x}}=\boldsymbol{\alpha}$, $\dfrac{\mathrm{d}\boldsymbol{x}^{\mathrm{T}}\boldsymbol{\alpha}}{\mathrm{d}\boldsymbol{x}^{\mathrm{T}}}=\boldsymbol{\alpha}^{\mathrm{T}}$.

12. $\begin{bmatrix} a_1 & 0 & a_2 & 0 & a_3 & 0 & a_4 & 0 \\ 0 & a_1 & 0 & a_2 & 0 & a_3 & 0 & a_4 \end{bmatrix}$.

13. $\dfrac{\mathrm{d}f}{\mathrm{d}\boldsymbol{X}}=2\boldsymbol{X}$.

14. $\dfrac{\mathrm{d}\boldsymbol{F}}{\mathrm{d}\boldsymbol{x}}=(a_{11},\cdots,a_{m1},\cdots,a_{1n},\cdots,a_{mn})^{\mathrm{T}}$.

15. (1) $\mathrm{e}^{\boldsymbol{A}t}=\dfrac{1}{3}\begin{bmatrix} \mathrm{e}^{5t}+2\mathrm{e}^{-t} & \mathrm{e}^{5t}-\mathrm{e}^{-t} \\ 2\mathrm{e}^{5t}-2\mathrm{e}^{-t} & 2\mathrm{e}^{5t}+\mathrm{e}^{-t} \end{bmatrix}$;

(2) $\mathrm{e}^{\boldsymbol{A}t}=\begin{bmatrix} \mathrm{e}^{2t} & \mathrm{e}^{-t}-\mathrm{e}^{2t} & -\mathrm{e}^{-t}+\mathrm{e}^{2t} \\ -\mathrm{e}^{-2t}+\mathrm{e}^{2t} & \mathrm{e}^{-t}+\mathrm{e}^{-2t}-\mathrm{e}^{2t} & -\mathrm{e}^{-t}+\mathrm{e}^{2t} \\ -\mathrm{e}^{-2t}+\mathrm{e}^{2t} & \mathrm{e}^{-2t}-\mathrm{e}^{2t} & \mathrm{e}^{2t} \end{bmatrix}$.

16. 可得

$$s\boldsymbol{I}-\boldsymbol{A}=\begin{bmatrix} s-2 & -1 \\ 1 & s-4 \end{bmatrix}$$

$$\det(s\boldsymbol{I}-\boldsymbol{A})=s^2-6s+9=(s-3)^2$$

$$\operatorname{adj}(s\boldsymbol{I}-\boldsymbol{A})=\begin{bmatrix} s-4 & 1 \\ -1 & s-2 \end{bmatrix}$$

故

$$(s\boldsymbol{I}-\boldsymbol{A})^{-1}=\begin{bmatrix} \dfrac{s-4}{(s-3)^2} & \dfrac{1}{(s-3)^2} \\ \dfrac{-1}{(s-3)^2} & \dfrac{s-2}{(s-3)^2} \end{bmatrix}=$$

$$\begin{bmatrix} \dfrac{1}{s-3}-\dfrac{1}{(s-3)^2} & \dfrac{1}{(s-3)^2} \\ \dfrac{-1}{(s-3)^2} & \dfrac{1}{s-3}+\dfrac{1}{(s-3)^2} \end{bmatrix}$$

于是

$$\boldsymbol{x}(t)=\mathscr{L}^{-1}[(s\boldsymbol{I}-\boldsymbol{A})^{-1}x_0]=$$

$$\begin{bmatrix} \mathrm{e}^{3t}-t\mathrm{e}^{3t} \\ -t\mathrm{e}^{3t} \end{bmatrix}=$$

$$\mathrm{e}^{3t}\begin{bmatrix} 1-t \\ -t \end{bmatrix}$$

17. 对微分方程组 Laplace 变换得

$$sX(s)-x(0)=AX(s)+\begin{bmatrix}0\\ \dfrac{1}{s-3}\end{bmatrix}$$

$$(sI-A)X(s)=\begin{bmatrix}1\\0\end{bmatrix}+\begin{bmatrix}0\\ \dfrac{1}{s-3}\end{bmatrix}$$

$$X(s)=(sI-A)^{-1}\begin{bmatrix}1\\ \dfrac{1}{s-3}\end{bmatrix}=$$

$$\begin{bmatrix}\dfrac{1}{s-3}-\dfrac{1}{(s-3)^2} & \dfrac{1}{(s-3)^2}\\ -\dfrac{1}{(s-3)^2} & \dfrac{1}{s-3}+\dfrac{1}{(s-3)^2}\end{bmatrix}\begin{bmatrix}1\\ \dfrac{1}{s-3}\end{bmatrix}=$$

$$\begin{bmatrix}\dfrac{1}{s-3}-\dfrac{1}{(s-3)^2}+\dfrac{1}{(s-3)^3}\\ \dfrac{1}{(s-3)^3}\end{bmatrix}$$

再取 Laplace 反变换(或查表)得

$$x(t)=\begin{bmatrix}e^{3t}-te^{3t}+\dfrac{1}{2}t^2e^{3t}\\ \dfrac{1}{2}t^2e^{3t}\end{bmatrix}=e^{3t}\begin{bmatrix}1-t+\dfrac{1}{2}t^2\\ \dfrac{1}{2}t^2\end{bmatrix}$$

18. 由

$$x(t)=\begin{bmatrix}x_1(t)\\x_2(t)\\x_3(t)\end{bmatrix}=\begin{bmatrix}(2-t)e^t-1\\(t-1)e^t+1\\(3-2t)e^t-2\end{bmatrix}$$

其中求得

$$e^{At}=\begin{bmatrix}e^t-2te^t & 0 & te^t\\ -e^{2t}+e^t+2te^t & e^{2t} & e^{2t}-e^t-te^t\\ -4te^t & 0 & 2te^t+e^t\end{bmatrix}=e^t\begin{bmatrix}1-2t & 0 & t\\ -e^t+1+2t & e^t & e^t-1-t\\ -4t & 0 & -1+2t\end{bmatrix}$$

19. A 的特征值为 $\lambda_1=\lambda_2=1,\lambda_3=2$.

对于 $\lambda_1=\lambda_2=1$,仅求得一个特征向量

$$P_1=\begin{bmatrix}1\\1\\1\end{bmatrix}$$

为求相似变换矩阵 P,需求 $\lambda_1=1$ 的广义特征向量 P_2,为此需解非齐次线性方程组

$$(\lambda_1 I-A)P_2=-P_1$$

其通解为

$$k\begin{bmatrix}1\\1\\1\end{bmatrix}+\begin{bmatrix}-2\\-1\\0\end{bmatrix}$$

令
$$k=1,\boldsymbol{P}_2=\begin{bmatrix}-1\\0\\1\end{bmatrix}$$

对于 $\lambda_3=2$,可求得特征向量
$$\boldsymbol{P}_3=\begin{bmatrix}1\\2\\4\end{bmatrix}$$

于是
$$\boldsymbol{P}=(\boldsymbol{P}_1,\boldsymbol{P}_2,\boldsymbol{P}_3)=\begin{bmatrix}1&-1&1\\1&0&2\\1&1&4\end{bmatrix},\boldsymbol{P}^{-1}=\begin{bmatrix}-2&5&-2\\-2&3&-1\\1&-2&1\end{bmatrix}$$
$$\boldsymbol{P}^{-1}\boldsymbol{A}\boldsymbol{P}=\boldsymbol{J}=\begin{bmatrix}1&1&0\\0&1&0\\0&0&2\end{bmatrix}$$
$$\boldsymbol{\Phi}(t)=\mathrm{e}^{\boldsymbol{A}t}=\boldsymbol{P}\mathrm{e}^{\boldsymbol{J}t}\boldsymbol{P}^{-1}=$$
$$\begin{bmatrix}1&-1&1\\1&0&2\\1&1&4\end{bmatrix}\begin{bmatrix}\mathrm{e}^t&t\mathrm{e}^t&0\\0&\mathrm{e}^t&0\\0&0&\mathrm{e}^{2t}\end{bmatrix}\begin{bmatrix}-2&5&-2\\-2&3&-1\\1&-2&1\end{bmatrix}=$$
$$\mathrm{e}^t\begin{bmatrix}-2t+\mathrm{e}^t&2+3t-2\mathrm{e}^t&-1-t+\mathrm{e}^t\\-2-2t+2\mathrm{e}^t&5+3t-4\mathrm{e}^t&-2-t+2\mathrm{e}^t\\-4-2t+4\mathrm{e}^t&8+3t-8\mathrm{e}^t&-3-t+4\mathrm{e}^t\end{bmatrix}$$

20.(1) 可得
$$\boldsymbol{G}(s)=\boldsymbol{C}(s\boldsymbol{I}-\boldsymbol{A})^{-1}\boldsymbol{B}=$$
$$\begin{bmatrix}1&1\\0&-1\end{bmatrix}\frac{1}{(s-3)^2}\begin{bmatrix}s-4&1\\-1&s-2\end{bmatrix}\begin{bmatrix}1&-1\\0&1\end{bmatrix}=$$
$$\frac{1}{(s-3)^2}\begin{bmatrix}s-5&4\\1&-s+1\end{bmatrix}$$

(2) 可得
$$\det(s\boldsymbol{I}-\boldsymbol{A})=(s-1)^2(s-2)$$
$$(s\boldsymbol{I}-\boldsymbol{A})^{-1}=\frac{1}{(s-1)^2(s-2)}\begin{bmatrix}(s-1)(s-2)&0&0\\s-1&(s-1)(s-2)&s-1\\s-1&0&(s-1)^2\end{bmatrix}$$
$$\boldsymbol{G}(s)=\boldsymbol{C}(s\boldsymbol{I}-\boldsymbol{A})^{-1}\boldsymbol{B}=$$
$$\begin{bmatrix}0&1&0\\-1&0&0\end{bmatrix}\frac{1}{(s-1)^2(s-2)}\begin{bmatrix}(s-1)(s-2)&0&0\\s-1&(s-1)(s-2)&s-1\\s-1&0&(s-1)^2\end{bmatrix}\begin{bmatrix}1&0\\0&0\\0&1\end{bmatrix}=$$
$$\frac{1}{(s-1)(s-2)}\begin{bmatrix}1&1\\-(s-2)&0\end{bmatrix}$$

习　题　六

1. $|\lambda|\leqslant 0.6$.

$|\mathrm{Re}(\lambda)|\leqslant 0$,即 $\mathrm{Re}(\lambda)=0$.

$|\mathrm{Im}(\lambda)|\leqslant 0.6$.

若用定理 6.3,$|\mathrm{Im}(\lambda)|\leqslant 0.346$.

直接计算 $\boldsymbol{A}$ 的特征值为 $\lambda_1=0,\lambda_2=0.3\mathrm{i},\lambda_3=-0.3\mathrm{i}$.

2. 矩阵 $\boldsymbol{A}$ 的 4 个盖尔圆为

$$G_1:|z-2|\leqslant 3$$
$$G_2:|z-3|\leqslant 3$$
$$G_3:|z-10|\leqslant 3$$
$$G_4:|z-6\mathrm{i}|\leqslant 2$$

故 $\boldsymbol{A}$ 的 4 个特征值在 $\bigcup\limits_{i=1}^{4} G_i$ 之中.

3. 矩阵 $\boldsymbol{A}$ 的两个盖尔圆为

$$G_1:|z-1|\leqslant 0.8$$
$$G_2:|z|\leqslant 0.5$$

$$\lambda_1=\frac{1+\sqrt{0.6}\mathrm{i}}{2},\lambda_2=\frac{1-\sqrt{0.6}\mathrm{i}}{2}$$

$\lambda_1 \overline{\in}=G_2,\lambda_2 \overline{\in} G_2$,但 λ_1,λ_2 都在 G_1 中.

4. $\boldsymbol{A}$ 的 3 个盖尔圆为

$$G_1:|z-20|\leqslant 5$$
$$G_2:|z-10|\leqslant 6$$
$$G_3:|z-0|\leqslant 4.5$$

在复平面内,G_2 分别与 G_1,G_3 相交.

矩阵 $\boldsymbol{A}$ 的 3 个列盖尔圆为

$$G'_1:|z-20|\leqslant 6$$
$$G'_2:|z-10|\leqslant 3.5$$
$$G'_3:|z|\leqslant 6$$

显然 G'_1,G'_2,G'_3 不再相交,它们各包含 $\boldsymbol{A}$ 的一个特征值.

5. 参照定理 6.6 即证.

6. 因 $\boldsymbol{A}$ 按行严格对角占优,故非奇异.

7. 设 $\boldsymbol{A}$ 的 n 个孤立的盖尔圆为 $G_1,\cdots,G_i,\cdots,G_n$,则 G_i 中有一个且仅有一个特征值. 因 $\boldsymbol{A}$ 是实矩阵,它的复特征值一定成对共轭出现,而 $\boldsymbol{A}$ 的对角元素为实数,它的盖尔圆关于实轴对称,所以特征值只能是实数,且互不相等.

8. 取 $\boldsymbol{D}=\begin{bmatrix}1&0&0\\0&1&0\\0&0&2\end{bmatrix}$,则

$$B = DAD^{-1} = \begin{bmatrix} 20 & 5 & 0.4 \\ 4 & 10 & 0.5 \\ 2 & 4 & 10 \end{bmatrix}$$

B 的三个盖尔圆为

$$G'_1: |z-20| \leqslant 5.4$$
$$G'_2: |z-10| \leqslant 4.5$$
$$G'_3: |z-10\mathrm{i}| \leqslant 6$$

9. 由 **A** 的第一行、第一列元素知 **A** 不是按行、按列对角线严格占优

$$R_1 = 2.1, R_2 = 2.8, R_3 = 2.6$$
$$|a_{11}||a_{22}| = 6 > 2.1 \times 2.8 = 5.88 = R_1 \cdot R_2$$
$$|a_{11}||a_{33}| = 6 > 2.1 \times 2.6 = 5.46 = R_1 \cdot R_3$$
$$|a_{22}||a_{33}| = 9 > 2.8 \times 2.6 = 7.28 = R_2 \cdot R_3$$

故 **A** 按行广义严格对角占优，由定理 6.8 知 A 可逆.

10. $\forall z \in \bigcup\limits_{i,j} \Omega_{ij}$，存在 $\Omega_{i_0 j_0}(i_0 < j_0)$，使 $z \in \Omega_{i_0 j_0}$，即

$$|z - a_{i_0 i_0}||z - a_{j_0 j_0}| \leqslant R_{i_0} R_{j_0}$$

于是，不等式

$$|z - a_{i_0 i_0}| > R_{i_0}, |z - a_{j_0 j_0}| > R_{j_0}$$

不能同时成立，也就是不等式

$$|z - a_{i_0 i_0}| \leqslant R_{i_0}, |z - a_{j_0 j_0}| \leqslant R_{j_0}$$

至少有一个成立.

故 $z \in G_{i_0} \cup G_{j_0}$，因此 $z \in \bigcup\limits_{i=1}^{n} G_i$，由 z 的任意性，所以

$$\bigcup_{i,j} \Omega_{ij} \subset \bigcup_{i=1}^{n} G_i$$

11. **A** 的第 k 个盖尔圆的半径为

$$R_k = (n-1) \cdot \frac{1}{n} = \frac{n-1}{n} < 1$$

因为圆心为 $2k$，半径小于 1 的圆($k=1,\cdots,n$)互不相交，所以 **A** 的 n 个盖尔圆都是孤立的，故 **A** 的特征值互不相同，因此 **A** 相似于对角阵. 又因为 **A** 是实矩阵，所以 **A** 的特征值不会共轭成对出现，所以是实的，这与对称矩阵 **A** 的特征值为实数是一致的.

12. 循环论证.

13. 必要性取 $\boldsymbol{x} = (x_1, \cdots, x_k, 0, \cdots, 0)$，由 $\boldsymbol{x}^{\mathrm{H}} \boldsymbol{A} \boldsymbol{x} > 0$ 证 $|\boldsymbol{A}_k| > 0$，其中 $\boldsymbol{A}_k$ 为 **A** 的 k 阶顺序主子阵.

充分性由数学归纳法及分块矩阵可证.

14. 广义特征值为 $\lambda_1 = \dfrac{1}{2}, \lambda_2 = \dfrac{1}{4}$.

对应于 λ_1, λ_2 的广义特征向量分别为

$$\boldsymbol{\xi}_1 = k_1 \begin{bmatrix} 0 \\ 1 \end{bmatrix}, \boldsymbol{\xi}_2 = k_2 \begin{bmatrix} 1 \\ -1 \end{bmatrix}, k_1 \neq 0, k_2 \neq 0$$

15. 设 $\boldsymbol{\xi}, \boldsymbol{\eta}$ 分别为对应于两个不同广义特征值 λ, μ 的广义特征向量，故

$$\boldsymbol{A\xi}=\lambda\boldsymbol{B\xi},\boldsymbol{A\eta}=\mu\boldsymbol{B\eta}$$

于是分别用 $\boldsymbol{\eta}^{\mathrm{H}},\boldsymbol{\xi}^{\mathrm{H}}$ 左乘上面第一式与第二式的两端,则

$$\boldsymbol{\eta}^{\mathrm{H}}\boldsymbol{A\xi}=\lambda\boldsymbol{\eta}^{\mathrm{H}}\boldsymbol{B\xi},\boldsymbol{\xi}^{\mathrm{H}}\boldsymbol{A\eta}=\mu\boldsymbol{\xi}^{\mathrm{H}}\boldsymbol{B\eta}$$

因为 λ,μ 是实数且 $\boldsymbol{\eta}^{\mathrm{H}}\boldsymbol{A\xi}=(\boldsymbol{\xi}^{\mathrm{H}}\boldsymbol{A\eta})^{\mathrm{H}}$,所以

$$\lambda\boldsymbol{\eta}^{\mathrm{H}}\boldsymbol{B\xi}=(\mu\boldsymbol{\xi}^{\mathrm{H}}\boldsymbol{B\eta})^{\mathrm{H}}=\mu\boldsymbol{\eta}^{\mathrm{H}}\boldsymbol{B\xi}$$

即

$$(\lambda-\mu)(\boldsymbol{\eta}^{\mathrm{H}}\boldsymbol{B\xi})=0$$

因为 $\lambda\neq\mu$,故 $\boldsymbol{\eta}^{\mathrm{H}}\boldsymbol{B\xi}=0$,即 $\boldsymbol{\eta}$ 与 $\boldsymbol{\xi}$ 按 $\boldsymbol{B}$ 正交.

16*. 设 $\boldsymbol{x}$ 为 $\boldsymbol{AB}$ 的属于特征值 λ 的特征向量,于是 $(\boldsymbol{AB})\boldsymbol{x}=\lambda\boldsymbol{x}$ 的特征值问题等价于 $\boldsymbol{Bx}=\lambda\boldsymbol{A}^{-1}\boldsymbol{x}$ 广义特征值问题.

由定理 6.19 之 ③ 有

$$\begin{aligned}\lambda_1(\boldsymbol{AB})&=\min_{x\neq\theta}R_{\boldsymbol{A}^{-1}}(\boldsymbol{x})=\min_{x\neq\theta}\frac{\boldsymbol{x}^{\mathrm{T}}\boldsymbol{Bx}}{\boldsymbol{x}^{\mathrm{T}}\boldsymbol{A}^{-1}\boldsymbol{x}}=\min_{x\neq\theta}\left(\frac{\boldsymbol{x}^{\mathrm{T}}\boldsymbol{Bx}}{\boldsymbol{x}^{\mathrm{T}}\boldsymbol{x}}\Big/\frac{\boldsymbol{x}^{\mathrm{T}}\boldsymbol{A}^{-1}\boldsymbol{x}}{\boldsymbol{x}^{\mathrm{T}}\boldsymbol{x}}\right)\geqslant\\&\left(\min_{x\neq\theta}\frac{\boldsymbol{x}^{\mathrm{T}}\boldsymbol{Bx}}{\boldsymbol{x}^{\mathrm{T}}\boldsymbol{x}}\right)\Big/\left(\max_{x\neq\theta}\frac{\boldsymbol{x}^{\mathrm{T}}\boldsymbol{A}^{-1}\boldsymbol{x}}{\boldsymbol{x}^{\mathrm{T}}\boldsymbol{x}}\right)=\\&\frac{\lambda_1(\boldsymbol{B})}{(\lambda_1(\boldsymbol{A}))^{-1}}=\\&\lambda_1(\boldsymbol{A})\lambda_1(\boldsymbol{B})\end{aligned}$$

$$\begin{aligned}\lambda_n(\boldsymbol{AB})&=\max_{x\neq\theta}R_{\boldsymbol{A}^{-1}}(\boldsymbol{x})=\max_{x\neq\theta}\frac{\boldsymbol{x}^{\mathrm{T}}\boldsymbol{Bx}}{\boldsymbol{x}^{\mathrm{T}}\boldsymbol{A}^{-1}\boldsymbol{x}}=\max_{x\neq\theta}\left(\frac{\boldsymbol{x}^{\mathrm{T}}\boldsymbol{Bx}}{\boldsymbol{x}^{\mathrm{T}}\boldsymbol{x}}\Big/\frac{\boldsymbol{x}^{\mathrm{T}}\boldsymbol{A}^{-1}\boldsymbol{x}}{\boldsymbol{x}^{\mathrm{T}}\boldsymbol{x}}\right)\leqslant\\&\left(\max_{x\neq\theta}\frac{\boldsymbol{x}^{\mathrm{T}}\boldsymbol{Bx}}{\boldsymbol{x}^{\mathrm{T}}\boldsymbol{x}}\right)\Big/\left(\min_{x\neq\theta}\frac{\boldsymbol{x}^{\mathrm{T}}\boldsymbol{A}^{-1}\boldsymbol{x}}{\boldsymbol{x}^{\mathrm{T}}\boldsymbol{x}}\right)=\\&\frac{\lambda_n(\boldsymbol{B})}{(\lambda_n(\boldsymbol{A}))^{-1}}=\\&\lambda_n(\boldsymbol{A})\lambda_n(\boldsymbol{B})\end{aligned}$$

17. 见定理 6.1 的证明.

18. 见定理 6.4 的证明.

19. 见定理 6.6 的证明.

20. 见定理 6.11 的证明.

习 题 七

1. (1) 可得

$$(\boldsymbol{A}\ \vdots\ \boldsymbol{I}_3)\xrightarrow{r}\left[\begin{array}{cccc:ccc}1&2&0&1&\frac{1}{3}&\frac{1}{3}&0\\0&0&1&-1&\frac{1}{3}&-\frac{2}{3}&0\\0&0&0&0&1&-1&1\end{array}\right]$$

则

$$\boldsymbol{P}=\begin{bmatrix}\frac{1}{3}&\frac{1}{3}&0\\\frac{1}{3}&-\frac{2}{3}&0\\1&-1&1\end{bmatrix}$$

由 $\boldsymbol{A}$ 的 Hermite 标准形知

$$\boldsymbol{S}=(\boldsymbol{e}_1,\boldsymbol{e}_3,\boldsymbol{e}_2,\boldsymbol{e}_4)=\begin{bmatrix}1&0&0&0\\0&0&1&0\\0&1&0&0\\0&0&0&1\end{bmatrix}$$

$$\boldsymbol{PAS}=\left[\begin{array}{cc:cc}1&0&2&1\\0&1&0&-1\\\hdashline 0&0&0&0\end{array}\right]=\begin{bmatrix}\boldsymbol{I}_r&\boldsymbol{K}\\\boldsymbol{O}&\boldsymbol{O}\end{bmatrix}$$

$$(2)\boldsymbol{A}^-=\boldsymbol{S}\begin{bmatrix}\boldsymbol{I}_r&\boldsymbol{O}\\\boldsymbol{O}&\boldsymbol{L}\end{bmatrix}\boldsymbol{P}=\boldsymbol{S}\left[\begin{array}{ccc}1&0&0\\0&1&0\\\hdashline 0&0&l_1\\0&0&l_2\end{array}\right]\boldsymbol{P}=\begin{bmatrix}\frac{1}{3}&\frac{1}{3}&0\\l_1&-l_1&l_1\\\frac{1}{3}&-\frac{2}{3}&0\\l_2&-l_2&l_2\end{bmatrix}\quad(l_1,l_2\in\mathbf{C}).$$

2. 令

$$\boldsymbol{A}=\begin{bmatrix}2&4&1&1\\1&2&-1&2\\-1&-2&-2&1\end{bmatrix},\boldsymbol{b}=\begin{bmatrix}5\\1\\-4\end{bmatrix}$$

上题算出

$$\boldsymbol{A}^-=\begin{bmatrix}\frac{1}{3}&\frac{1}{3}&0\\0&0&0\\\frac{1}{3}&-\frac{2}{3}&0\\0&0&0\end{bmatrix}\quad(\text{取 } l_1=l_2=0)$$

经验证

$$\boldsymbol{AA}^-\boldsymbol{b}=(5,1,-4)^{\mathrm{T}}=\boldsymbol{b}$$

故线性方程组有解,其通解为

$$\boldsymbol{x}=\boldsymbol{A}^-\boldsymbol{b}+(\boldsymbol{I}_4-\boldsymbol{A}^-\boldsymbol{A})\boldsymbol{y}=$$

$$\begin{bmatrix}2\\0\\1\\0\end{bmatrix}+\begin{bmatrix}0&-2&0&-1\\0&1&0&0\\0&0&0&1\\0&0&0&1\end{bmatrix}\begin{bmatrix}y_1\\y_2\\y_3\\y_4\end{bmatrix},y_1,y_2,y_3,y_4\text{ 为任意常数}$$

3. 由 $\boldsymbol{AA}^-\boldsymbol{A}=\boldsymbol{A}$,取共轭转置

$$\boldsymbol{A}^{\mathrm{H}}(\boldsymbol{A}^-)^{\mathrm{H}}\boldsymbol{A}^{\mathrm{H}}=\boldsymbol{A}^{\mathrm{H}}$$

由广义逆矩阵定义说明 $(\boldsymbol{A}^-)^{\mathrm{H}}\in\boldsymbol{A}^{\mathrm{H}}\{1\}$.

4. 首先注意 $\forall\boldsymbol{A}\in\mathbf{C}^{m\times n},\boldsymbol{B}\in\mathbf{C}^{n\times p}$,有

$$R(\boldsymbol{A})\supset R(\boldsymbol{AB})$$

这是因为 $\forall\boldsymbol{y}\in R(\boldsymbol{AB})$,一定 $\exists\boldsymbol{x}\in\mathbf{C}^p$,使

$$\boldsymbol{y}=(\boldsymbol{AB})\boldsymbol{x}=\boldsymbol{A}(\boldsymbol{Bx})=\boldsymbol{Ax}_1 \quad (\boldsymbol{Bx}=\boldsymbol{x}_1\in \mathbf{C}^n)$$

这说明 $\boldsymbol{y}\in R(\boldsymbol{A})$，所以 $R(\boldsymbol{A})\supset R(\boldsymbol{AB})$.

于是有

$$R(\boldsymbol{A})\supset R(\boldsymbol{AA}^-)\supset R(\boldsymbol{AA}^-\boldsymbol{A})=R(\boldsymbol{A})$$

故

$$R(\boldsymbol{AA}^-)=R(\boldsymbol{A})$$

另外有

$$N(\boldsymbol{B})\subset N(\boldsymbol{AB})$$

这是因为

$$\forall\, \boldsymbol{x}\in N(\boldsymbol{B}),\text{则 } \boldsymbol{Bx}=\boldsymbol{\theta}$$

故

$$\boldsymbol{ABx}=\boldsymbol{\theta},\boldsymbol{x}\in N(\boldsymbol{AB})$$

所以

$$N(\boldsymbol{B})\subset N(\boldsymbol{AB})$$

于是有

$$N(\boldsymbol{A})\subset N(\boldsymbol{A}^-\boldsymbol{A})\subset N(\boldsymbol{AA}^-\boldsymbol{A})=N(\boldsymbol{A})$$

故

$$N(\boldsymbol{A}^-\boldsymbol{A})=N(\boldsymbol{A})$$

5. 由 $\boldsymbol{\alpha}_i^{\mathrm{H}}\boldsymbol{\alpha}_j=\delta_{ij}$ 得

$$\boldsymbol{A}^{\mathrm{H}}\boldsymbol{A}=\boldsymbol{I}_n$$

故

$$\boldsymbol{AA}^{\mathrm{H}}\boldsymbol{A}=\boldsymbol{AI}_n=\boldsymbol{A}$$

$$\boldsymbol{A}^{\mathrm{H}}\boldsymbol{AA}^{\mathrm{H}}=\boldsymbol{I}_n\boldsymbol{A}^{\mathrm{H}}=\boldsymbol{A}^{\mathrm{H}}$$

即

$$\boldsymbol{A}^{\mathrm{H}}\in \boldsymbol{A}\{1,2\}$$

6. 由(1)、(2) 成立知 $\boldsymbol{B}\in \boldsymbol{A}\{1,2\}$，由性质 7 知(3) 成立.

由(1)、(3) 成立，由性质 7 推出 $\boldsymbol{B}\in \boldsymbol{A}\{1,2\}$，故(2) 成立.

由(2)、(3) 成立，由性质 7 知 $\boldsymbol{A}\in \boldsymbol{B}\{1,2\}$，故(1) 成立.

7. 可得

$$(\boldsymbol{A},\boldsymbol{I})\xrightarrow{r}(\boldsymbol{H},\boldsymbol{P})$$

$$\boldsymbol{H}=\begin{bmatrix}0&1&-1&0&-1\\0&0&0&1&-2\\0&0&0&0&0\end{bmatrix}$$

取

$$\boldsymbol{S}=(\boldsymbol{e}_2,\boldsymbol{e}_4,\boldsymbol{e}_3,\boldsymbol{e}_1,\boldsymbol{e}_5)=\begin{bmatrix}\boldsymbol{e}_4^{\mathrm{T}}\\\boldsymbol{e}_1^{\mathrm{T}}\\\boldsymbol{e}_3^{\mathrm{T}}\\\boldsymbol{e}_2^{\mathrm{T}}\\\boldsymbol{e}_5^{\mathrm{T}}\end{bmatrix}$$

$$\boldsymbol{PAS}=\begin{bmatrix}\boldsymbol{I}_r&\boldsymbol{K}\\\boldsymbol{O}&\boldsymbol{O}\end{bmatrix}$$

$$A_r^- = S\begin{bmatrix} I_r & O \\ O & O \end{bmatrix} P = \begin{bmatrix} 0 & 0 & 0 \\ 2 & 0 & -1 \\ 0 & 0 & 0 \\ 1 & 0 & -1 \\ 0 & 0 & 0 \end{bmatrix}$$

8. 由 Penrose 方程中的 ③、④ 取共轭转置及 $A\{3\}$,$A\{4\}$ 的含义即证.

9. A 的满秩分解为 $A = FG$,其中 F 列满秩,G 行满秩.

令 $B = (A,A) = (FG,FG) = F(G,G)$.

记 $G_1 = (G,G)$,则 $B = FG_1$,G_1 仍是行满秩

$$G_1^+ = G_1^H(G_1G_1^H)^{-1} = \begin{bmatrix} G^H \\ G^H \end{bmatrix}\left((G,G)\begin{bmatrix} G^H \\ G^H \end{bmatrix}\right)^{-1} =$$

$$\begin{bmatrix} G^H \\ G^H \end{bmatrix}(2GG^H)^{-1} = \frac{1}{2}\begin{bmatrix} G^H(GG^H)^{-1} \\ G^H(GG^H)^{-1} \end{bmatrix} = \frac{1}{2}\begin{bmatrix} G^+ \\ G^+ \end{bmatrix}$$

故
$$(A,A)^+ = B^+ = G_1^+F^+ = \frac{1}{2}\begin{bmatrix} G^+ \\ G^+ \end{bmatrix}F^+ = \frac{1}{2}\begin{bmatrix} G^+F^+ \\ G^+F^+ \end{bmatrix} = \frac{1}{2}\begin{bmatrix} A^+ \\ A^+ \end{bmatrix}$$

类似可证

$$\begin{bmatrix} A \\ A \end{bmatrix}^+ = \frac{1}{2}(A^+,A^+)$$

10. $\begin{bmatrix} A & A \\ A & A \end{bmatrix} = \begin{bmatrix} I_n \\ I_n \end{bmatrix}(A,A) = FG$,其中 $F = \begin{bmatrix} I_n \\ I_n \end{bmatrix}$ 列满秩,$G = (A,A)$ 行满秩.

由上题

$$G^+ = (A,A)^+ = \frac{1}{2}\begin{bmatrix} A^+ \\ A^+ \end{bmatrix} = \frac{1}{2}\begin{bmatrix} A^{-1} \\ A^{-1} \end{bmatrix}$$

$$F^+ = \begin{bmatrix} I_n \\ I_n \end{bmatrix}^+ = \frac{1}{2}(I_n^+,I_n^+) = \frac{1}{2}(I_n,I_n)$$

故
$$\begin{bmatrix} A & A \\ A & A \end{bmatrix}^+ = G^+F^+ = \frac{1}{4}\begin{bmatrix} A^{-1} \\ A^{-1} \end{bmatrix}(I_n,I_n) = \frac{1}{4}\begin{bmatrix} A^{-1} & A^{-1} \\ A^{-1} & A^{-1} \end{bmatrix}$$

11. 验证 UAV 与 $B = V^HA^+U^H$ 满足 Penrose 四个方程即证.

12. 验证 A 与 $B = \begin{bmatrix} R^{-1} & O \\ O & O \end{bmatrix}$ 满足 Penrose 四个方程.

13. 易验证 $(A^H)^+ = (A^+)^H$.

因为 $A^+ \in A\{1,3\}$,由定理 7.12 有

$$A^HAA^+ = A^H$$

因为 $A^+ \in A\{1,4\}$,由定理 7.6 有

$$A^+AA^H = A^H$$

所以
$$A^+AA^H = A^H = A^HAA^+$$

以下验证 A^HA 与 $A^+(A^H)^+$ 满足 Penrose 方程.

① $(A^HA)(A^+(A^H)^+)(A^HA) = (A^HAA^+)(A^H)^+A^HA =$

$$A^H(A^+)^HA^HA = (AA^+A)^HA = A^HA$$

②$(A^{+}(A^{H})^{+})(A^{H}A)(A^{+}(A^{H})^{+})=A^{+}(A^{+})^{H}(A^{H}AA^{+})(A^{H})^{+}=$

$A^{+}(A^{+})^{H}A^{H}(A^{+})^{H}=A^{+}(A^{+}AA^{+})^{H}=$

$A^{+}(A^{+})^{H}=A^{+}(A^{H})^{+}$

③$[(A^{H}A)(A^{+}(A^{H})^{+})]^{H}=[(A^{H}AA^{+})(A^{H})^{+}]^{H}=$

$[A^{H}(A^{+})^{H}]^{H}=A^{+}A=(A^{+}A)^{H}=A^{H}(A^{+})^{H}=$

$A^{H}AA^{+}(A^{H})^{+}=(A^{H}A)(A^{+}(A^{H})^{+})$

④$[(A^{+}(A^{H})^{+})(A^{H}A)]^{H}=[(A^{+})((A^{H})^{+}A^{H}A)]^{H}=$

$((A^{+})^{H}A^{H}A)^{H}(A^{+})^{H}=(A^{H}AA^{+})(A^{+})^{H}=$

$(A^{+}AA^{H})(A^{+})^{H}=(A^{+})(AA^{H}(A^{+})^{H})=$

$(A^{+})(A^{+}AA^{H})^{H}=(A^{+})(A^{H}AA^{+})^{H}=$

$(A^{+})(A^{H})^{+}A^{H}A=(A^{+}(A^{H})^{+})(A^{H}A)$

由$(A^{H}A)^{+}$的唯一性,所以

$$(A^{H}A)^{+}=A^{+}(A^{H})^{+}$$

上式中的以 A^{H} 代替 A 即为

$$(AA^{H})^{+}=(A^{H})^{+}A^{+}$$

本题说明尽管一般地说$(AB)^{+}\neq B^{+}A^{+}$,但对于 $B=A^{H}$ 时,结果是对的.

14. 令 $B=V\begin{bmatrix}\Sigma^{-1} & O\\ O & O\end{bmatrix}U^{H}$,验证 4 个 Penrose 方程:

为节省计算量,先验算 ③,④,后验算 ①,②.

$AB=U\begin{bmatrix}\Sigma & O\\ O & O\end{bmatrix}V^{H}V\begin{bmatrix}\Sigma^{-1} & O\\ O & O\end{bmatrix}U^{H}=U\begin{bmatrix}I_r & O\\ O & O\end{bmatrix}U^{H}=(AB)^{H}.$

$BA=V\begin{bmatrix}\Sigma^{-1} & O\\ O & O\end{bmatrix}U^{H}U\begin{bmatrix}\Sigma & O\\ O & O\end{bmatrix}V^{H}=V\begin{bmatrix}I_r & O\\ O & O\end{bmatrix}V^{H}=(BA)^{H}.$

$ABA=(AB)A=U\begin{bmatrix}I_r & O\\ O & O\end{bmatrix}U^{H}U\begin{bmatrix}\Sigma & O\\ O & O\end{bmatrix}V^{H}=U\begin{bmatrix}\Sigma & O\\ O & O\end{bmatrix}V^{H}=A.$

$BAB=(BA)B=V\begin{bmatrix}I_r & O\\ O & O\end{bmatrix}V^{H}V\begin{bmatrix}\Sigma^{-1} & O\\ O & O\end{bmatrix}U^{H}=V\begin{bmatrix}\Sigma^{-1} & O\\ O & O\end{bmatrix}U^{H}=B.$

由 A^{+} 的唯一性知 $A^{+}=B=V\begin{bmatrix}\Sigma^{-1} & O\\ O & O\end{bmatrix}U^{H}.$

15. 令 $X=G^{H}(GG^{H})^{-1}(F^{H}F)^{-1}F^{H}$,验证

$$AXA=FG=A$$

$$XAX=X$$

$$AX=FG\cdot G^{H}(GG^{H})^{-1}(F^{H}F)^{-1}F^{H}=$$

$$F(F^{H}F)^{-1}F^{H}=[F(F^{H}F)^{-1}F^{H}]^{H}=(AX)^{H}$$

类似地可验证

$$XA=(XA)^{H}$$

由 A^{+} 的唯一性知 $A^{+}=G^{H}(GG^{H})^{-1}(F^{H}F)^{-1}F^{H}.$

16. 对 A 进行满秩分解有

$$A=FG=\begin{bmatrix}1&1&0\\0&1&1\\1&0&1\end{bmatrix}\begin{bmatrix}1&0&0&\frac{1}{2}&-\frac{1}{2}\\0&1&0&\frac{1}{2}&\frac{1}{2}\\0&0&1&\frac{1}{2}&\frac{1}{2}\end{bmatrix}$$

由定理 7.19 之推论 2 知

$$A^{+}=G^{+}F^{+}$$

因 F 可逆,故

$$F^{+}=F^{-1}=\begin{bmatrix}\frac{1}{2}&-\frac{1}{2}&\frac{1}{2}\\\frac{1}{2}&\frac{1}{2}&-\frac{1}{2}\\-\frac{1}{2}&\frac{1}{2}&\frac{1}{2}\end{bmatrix}$$

又因 G 行满秩

$$G^{+}=G^{H}(GG^{H})^{-1}$$

$$G^{+}=\begin{bmatrix}1&0&0\\0&1&0\\0&0&1\\\frac{1}{2}&\frac{1}{2}&\frac{1}{2}\\-\frac{1}{2}&\frac{1}{2}&\frac{1}{2}\end{bmatrix}\begin{bmatrix}\frac{2}{3}&0&0\\0&\frac{3}{4}&-\frac{1}{4}\\0&-\frac{1}{4}&\frac{3}{4}\end{bmatrix}=\begin{bmatrix}\frac{2}{3}&0&0\\0&\frac{3}{4}&-\frac{1}{4}\\0&-\frac{1}{4}&\frac{3}{4}\\\frac{1}{3}&\frac{1}{4}&\frac{1}{4}\\-\frac{1}{3}&\frac{1}{4}&\frac{1}{4}\end{bmatrix}$$

$$A^{+}=G^{+}F^{+}=\begin{bmatrix}\frac{2}{3}&0&0\\0&\frac{3}{4}&-\frac{1}{4}\\0&-\frac{1}{4}&\frac{3}{4}\\\frac{1}{3}&\frac{1}{4}&\frac{1}{4}\\-\frac{1}{3}&\frac{1}{4}&\frac{1}{4}\end{bmatrix}\begin{bmatrix}\frac{1}{2}&-\frac{1}{2}&\frac{1}{2}\\\frac{1}{2}&\frac{1}{2}&-\frac{1}{2}\\-\frac{1}{2}&\frac{1}{2}&\frac{1}{2}\end{bmatrix}=$$

$$\begin{bmatrix} \frac{2}{3} & -\frac{1}{3} & \frac{1}{3} \\ \frac{1}{2} & \frac{1}{4} & -\frac{1}{2} \\ -\frac{1}{2} & \frac{1}{4} & \frac{1}{2} \\ \frac{1}{6} & \frac{1}{12} & \frac{1}{6} \\ -\frac{1}{6} & \frac{5}{12} & -\frac{1}{6} \end{bmatrix}$$

17. 可得

$$\boldsymbol{A}=\begin{bmatrix} 1 & 0 & -1 & 1 \\ 0 & 2 & 2 & 2 \\ -1 & 4 & 5 & 3 \end{bmatrix} \xrightarrow{r} \begin{bmatrix} 1 & 0 & -1 & 1 \\ 0 & 1 & 1 & 1 \\ 0 & 0 & 0 & 0 \end{bmatrix}=\boldsymbol{H}$$

故 $\boldsymbol{A}$ 的 Hermite 标准形为 $\boldsymbol{H}$.

因此 $\boldsymbol{A}$ 有满秩分解

$$\boldsymbol{A}=\boldsymbol{F}\boldsymbol{G}=\begin{bmatrix} 1 & 0 \\ 0 & 2 \\ -1 & 4 \end{bmatrix}\begin{bmatrix} 1 & 0 & -1 & 1 \\ 0 & 1 & 1 & 1 \end{bmatrix}$$

$$\boldsymbol{A}^{+}=\boldsymbol{G}^{\mathrm{T}}(\boldsymbol{G}\boldsymbol{G}^{\mathrm{T}})^{-1}(\boldsymbol{F}^{\mathrm{T}}\boldsymbol{F})^{-1}\boldsymbol{F}^{\mathrm{T}}=$$

$$\begin{bmatrix} 1 & 0 \\ 0 & 1 \\ -1 & 1 \\ 1 & 1 \end{bmatrix}\begin{bmatrix} 3 & 0 \\ 0 & 3 \end{bmatrix}^{-1}\begin{bmatrix} 2 & -4 \\ -4 & 20 \end{bmatrix}^{-1}\begin{bmatrix} 1 & 0 & -1 \\ 0 & 2 & 4 \end{bmatrix}=$$

$$\frac{1}{18}\begin{bmatrix} 5 & 2 & -1 \\ 1 & 1 & 1 \\ -4 & -1 & 2 \\ 6 & 3 & 0 \end{bmatrix}$$

18. $\boldsymbol{A}\boldsymbol{x}=\boldsymbol{b},\boldsymbol{A}=\begin{bmatrix} 1 & 0 & -1 & 1 \\ 0 & 2 & 2 & 2 \\ -1 & 4 & 5 & 3 \end{bmatrix},\boldsymbol{b}=\begin{bmatrix} 4 \\ 1 \\ -2 \end{bmatrix}$.

由上题知

$$\boldsymbol{A}^{+}=\frac{1}{18}\begin{bmatrix} 5 & 2 & -1 \\ 1 & 1 & 1 \\ -4 & -1 & 2 \\ 6 & 3 & 0 \end{bmatrix}$$

$$\boldsymbol{A}^{+}\boldsymbol{b}=\frac{1}{18}\begin{bmatrix} 24 \\ 3 \\ -21 \\ -27 \end{bmatrix}=\frac{1}{6}\begin{bmatrix} 8 \\ 1 \\ -7 \\ 9 \end{bmatrix}$$

由
$$AA^{+}b=\begin{bmatrix}1&0&-1&1\\0&2&2&2\\-1&4&5&3\end{bmatrix}\frac{1}{6}\begin{bmatrix}8\\1\\-7\\9\end{bmatrix}=\frac{1}{6}\begin{bmatrix}24\\6\\12\end{bmatrix}=\begin{bmatrix}4\\1\\-2\end{bmatrix}=b$$
知线性方程组 $Ax=b$ 是相容的,故它的唯一的极小范数解为
$$x_0=A^{+}b=\frac{1}{6}\begin{bmatrix}8\\1\\-7\\9\end{bmatrix}$$

19. 可得
$$A=\begin{bmatrix}1&1&0&1\\0&1&1&0\\1&2&1&1\end{bmatrix},b=\begin{bmatrix}3\\1\\4\end{bmatrix}$$

A 的满秩分解为 $A=FG$,其中
$$F=\begin{bmatrix}1&1\\0&1\\1&2\end{bmatrix},G=\begin{bmatrix}1&0&-1&1\\0&1&1&0\end{bmatrix}$$
$$A^{+}=\frac{1}{15}\begin{bmatrix}5&-4&1\\0&3&3\\-5&7&2\\5&-4&1\end{bmatrix},A^{+}b=\begin{bmatrix}1\\1\\0\\1\end{bmatrix}$$
因为 $AA^{+}b=b$,故为相容方程组.

方程组的通解为
$$x=\begin{bmatrix}1\\1\\0\\1\end{bmatrix}+\frac{1}{5}\begin{bmatrix}3&-1&1&-2\\-1&2&-2&-1\\1&-2&2&1\\-2&-1&1&3\end{bmatrix}\begin{bmatrix}y_1\\y_2\\y_3\\y_4\end{bmatrix}$$
其中,y_1,y_2,y_3,y_4 为任意常数.

$x_0=A^{+}b=\begin{bmatrix}1\\1\\0\\1\end{bmatrix}$ 为极小范数解.

20. 记 $A=\begin{bmatrix}1&0&-1&1\\0&2&2&2\\-1&4&5&3\end{bmatrix},b=\begin{bmatrix}4\\-2\\-2\end{bmatrix}$.

所给线性方程组为 $Ax=b$.

经计算 $A^{+}=\frac{1}{18}\begin{bmatrix}5 & 2 & -1\\ 1 & 1 & 1\\ -4 & -1 & 2\\ 6 & 3 & 0\end{bmatrix}$ 由

$$A^{+}b=\begin{bmatrix}1\\0\\-1\\1\end{bmatrix}$$

$$AA^{+}b=\begin{bmatrix}3\\0\\-3\end{bmatrix}\neq b$$

故线性方程组为矛盾方程组,无解.

全部最小二乘解的通式为

$$x=A^{+}b+(I_4-A^{+}A)y=$$

$$\begin{bmatrix}1\\0\\-1\\1\end{bmatrix}+(I_4-\frac{1}{3}\begin{bmatrix}1 & 0 & -1 & 1\\ 0 & 1 & 1 & 1\\ -1 & 1 & 2 & 0\\ 1 & 1 & 0 & 2\end{bmatrix})y=$$

$$\begin{bmatrix}1\\0\\-1\\1\end{bmatrix}+\frac{1}{3}\begin{bmatrix}2 & 0 & 1 & -1\\ 0 & 2 & -1 & -1\\ 1 & -1 & 1 & 0\\ -1 & -1 & 0 & 1\end{bmatrix}\begin{bmatrix}y_1\\y_2\\y_3\\y_4\end{bmatrix}$$

其中,y_1,y_2,y_3,y_4 为任意常数.

极小范数最小二乘解为

$$x_0=A^{+}b=\begin{bmatrix}1\\0\\-1\\1\end{bmatrix}$$

习 题 八

1. (1)$A\otimes B=\begin{bmatrix}2 & -1 & 4 & -2\\ 6 & -3 & 8 & -4\end{bmatrix}$,

$B\otimes A=\begin{bmatrix}2 & 4 & -1 & -2\\ 6 & 8 & -3 & -4\end{bmatrix}$;

(2)$A\otimes B=\begin{bmatrix}1 & -1 & 0 & 0\\ -1 & 1 & 1 & -1\end{bmatrix}$,

$B\otimes A=\begin{bmatrix}1 & 0 & -1 & 0\\ -1 & 1 & 1 & -1\end{bmatrix}$.

2. 用定义验证.

3. 用定义验证.

4. 用定理 8.1 的 ④、⑤ 验证：

① $(\boldsymbol{A}\otimes\boldsymbol{B})(\boldsymbol{A}^{+}\otimes\boldsymbol{B}^{+})(\boldsymbol{A}\otimes\boldsymbol{B})=\boldsymbol{A}\otimes\boldsymbol{B}$；

② $(\boldsymbol{A}^{+}\otimes\boldsymbol{B}^{+})(\boldsymbol{A}\otimes\boldsymbol{B})(\boldsymbol{A}^{+}\otimes\boldsymbol{B}^{+})=\boldsymbol{A}^{+}\otimes\boldsymbol{B}^{+}$；

③ $[(\boldsymbol{A}\otimes\boldsymbol{B})(\boldsymbol{A}^{+}\otimes\boldsymbol{B}^{+})]^{\mathrm{H}}=(\boldsymbol{A}\otimes\boldsymbol{B})(\boldsymbol{A}^{+}\otimes\boldsymbol{B}^{+})$；

④ $[(\boldsymbol{A}^{+}\otimes\boldsymbol{B}^{+})(\boldsymbol{A}\otimes\boldsymbol{B})]^{\mathrm{H}}=(\boldsymbol{A}^{+}\otimes\boldsymbol{B}^{+})(\boldsymbol{A}\otimes\boldsymbol{B})$.

这就证明了 $(\boldsymbol{A}\otimes\boldsymbol{B})^{+}=\boldsymbol{A}^{+}\otimes\boldsymbol{B}^{+}$.

5. 由定理 8.1④ 推出.

6. 用数学归纳法证明.

7. 令 $\boldsymbol{A}=(\boldsymbol{x}_1,\cdots,\boldsymbol{x}_n)$，则 $\operatorname{rank}\boldsymbol{A}=n$.

$\boldsymbol{B}=(\boldsymbol{y}_1,\cdots,\boldsymbol{y}_q)$，则 $\operatorname{rank}\boldsymbol{B}=q$.

$\boldsymbol{A}\otimes\boldsymbol{B}=(\boldsymbol{x}_1\otimes\boldsymbol{y}_1,\cdots,\boldsymbol{x}_1\otimes\boldsymbol{y}_q,\cdots,\boldsymbol{x}_n\otimes\boldsymbol{y}_1,\cdots,\boldsymbol{x}_n\otimes\boldsymbol{y}_q)$.

$\operatorname{rank}(\boldsymbol{A}\otimes\boldsymbol{B})=\operatorname{rank}\boldsymbol{A}\cdot\operatorname{rank}\boldsymbol{B}=nq$.

因 $\boldsymbol{A}\otimes\boldsymbol{B}$ 是 $mp\times nq$ 矩阵，故列满秩，这说明 $\boldsymbol{A}\otimes\boldsymbol{B}$ 的列向量组 $\boldsymbol{x}_i\otimes\boldsymbol{y}_j(i=1,\cdots,n;j=1,\cdots,q)$ 线性无关.

8. $\boldsymbol{A}$ 的特征值 $\lambda_1=1,\lambda_2=2$；

$\boldsymbol{B}$ 的特征值 $\mu_1=-3,\mu_2=-1$.

显然 $\lambda_1+\mu_2=0$.

设 $\boldsymbol{X}=\begin{bmatrix}x_1 & x_2\\ x_3 & x_4\end{bmatrix}$，等价线性方程组为

$$\begin{bmatrix}-2 & 0 & -1 & 0\\ 4 & 0 & 0 & -1\\ 0 & 0 & -1 & 0\\ 0 & 0 & 4 & 1\end{bmatrix}\begin{bmatrix}x_1\\ x_2\\ x_3\\ x_4\end{bmatrix}=\begin{bmatrix}0\\ 5\\ 2\\ -9\end{bmatrix}$$

其通解为 $x_1=1,x_2=k,x_3=-2,x_4=-1$，故矩阵方程通解为

$$\boldsymbol{X}=\begin{bmatrix}1 & 0\\ -2 & -1\end{bmatrix}+k\begin{bmatrix}0 & 1\\ 0 & 0\end{bmatrix}$$

k 为任意常数.

9. 将矩阵方程 $\boldsymbol{AX}-\boldsymbol{XA}=\boldsymbol{O}$，两端矩阵按行拉直得

$$(\boldsymbol{A}\otimes\boldsymbol{I}_n-\boldsymbol{I}_n\otimes\boldsymbol{A}^{\mathrm{T}})\operatorname{vec}\boldsymbol{X}=\boldsymbol{\theta}$$

由定理 8.2 知 $\boldsymbol{A}\otimes\boldsymbol{I}_n-\boldsymbol{I}_n\otimes\boldsymbol{A}^{\mathrm{T}}$ 的特征值为

$$\lambda_i-\mu_j,i,j=1,\cdots,n$$

因 $\boldsymbol{A},\boldsymbol{A}^{\mathrm{T}}$ 有相同的特征值，即 $\lambda_i=\mu_i,i=1,\cdots,n$，故 $\det(\boldsymbol{A}\otimes\boldsymbol{I}_n-\boldsymbol{I}_n\otimes\boldsymbol{A}^{\mathrm{T}})=0$，因此必有非零解.

10. 令 $\boldsymbol{A}=\begin{bmatrix}1 & -1\\ 0 & 2\end{bmatrix}$，$\boldsymbol{B}=\begin{bmatrix}1 & 0\\ 0 & -1\end{bmatrix}$，$\boldsymbol{X}_0=\begin{bmatrix}-2 & 0\\ 1 & 1\end{bmatrix}$ 可求得

$$\mathrm{e}^{\boldsymbol{A}t}=\begin{bmatrix}\mathrm{e}^{t} & \mathrm{e}^{t}-\mathrm{e}^{2t}\\ 0 & \mathrm{e}^{2t}\end{bmatrix},\mathrm{e}^{\boldsymbol{B}t}=\begin{bmatrix}\mathrm{e}^{t} & 0\\ 0 & \mathrm{e}^{-t}\end{bmatrix}$$

故矩阵方程初值问题的解为

$$\boldsymbol{X}(t)=\mathrm{e}^{\boldsymbol{A}t}\boldsymbol{X}_0\mathrm{e}^{\boldsymbol{B}t}=\begin{bmatrix}-\mathrm{e}^{2t}-\mathrm{e}^{3t} & 1-\mathrm{e}^{t}\\ \mathrm{e}^{3t} & \mathrm{e}^{t}\end{bmatrix}$$

11. $\mathrm{tr}(\boldsymbol{A}\otimes\boldsymbol{B})=(\mathrm{tr}\,\boldsymbol{A})(\mathrm{tr}\,\boldsymbol{B})=10\times 2=20.$

12. $\|\boldsymbol{x}\otimes\boldsymbol{y}\|_2^2=(\boldsymbol{x}\otimes\boldsymbol{y})^{\mathrm{H}}(\boldsymbol{x}\otimes\boldsymbol{y})=(\boldsymbol{x}^{\mathrm{H}}\otimes\boldsymbol{y}^{\mathrm{H}})(\boldsymbol{x}\otimes\boldsymbol{y})=(\boldsymbol{x}^{\mathrm{H}}\boldsymbol{x})\otimes(\boldsymbol{y}^{\mathrm{H}}\boldsymbol{y})=1.$

因此 $\|\boldsymbol{x}\otimes\boldsymbol{y}\|_2=1.$

13. 可得

$$\|\boldsymbol{A}\otimes\boldsymbol{x}\|_F^2=\mathrm{tr}[(\boldsymbol{A}\otimes\boldsymbol{x})^{\mathrm{H}}(\boldsymbol{A}\otimes\boldsymbol{x})]=\mathrm{tr}[(\boldsymbol{A}^{\mathrm{H}}\boldsymbol{A})\otimes(\boldsymbol{x}^{\mathrm{H}}\boldsymbol{x})]=\mathrm{tr}[\boldsymbol{I}_n\otimes\boldsymbol{I}_1]=\mathrm{tr}\,\boldsymbol{I}_n=n$$

因此 $\|\boldsymbol{A}\otimes\boldsymbol{x}\|_F=\sqrt{n}.$

14. 设 $\boldsymbol{A}$ 的特征值为 $\lambda_i,i=1,\cdots,m$,则 $\boldsymbol{A}^2$ 的特征值为 $\lambda_i^2,i=1,\cdots,m.$

设 $\boldsymbol{B}$ 的特征值为 $\mu_j,j=1,\cdots,n$,则 $\boldsymbol{B}^2$ 的特征值为 $\mu_j^2,j=1,\cdots,n.$

$\boldsymbol{A}^2\boldsymbol{X}+\boldsymbol{B}^2\boldsymbol{X}=\boldsymbol{F}\Leftrightarrow[\boldsymbol{A}^2\otimes\boldsymbol{I}_n+\boldsymbol{I}_m\otimes(\boldsymbol{B}^2)^{\mathrm{T}}]\mathrm{vec}\,\boldsymbol{X}=\mathrm{vec}\,\boldsymbol{F}.$

由 Cramer 法则,线性方程组 $[\boldsymbol{A}^2\otimes\boldsymbol{I}_n+\boldsymbol{I}_m\otimes(\boldsymbol{B}^2)^{\mathrm{T}}]\mathrm{vec}\,\boldsymbol{X}=\mathrm{vec}\,\boldsymbol{F}$ 有唯一解的充要条件为

$$\det[\boldsymbol{A}^2\otimes\boldsymbol{I}_n+\boldsymbol{I}_m\otimes(\boldsymbol{B}^2)^{\mathrm{T}}]\neq 0$$

而 $\boldsymbol{A}^2\otimes\boldsymbol{I}_n+\boldsymbol{I}_m\otimes(\boldsymbol{B}^2)^{\mathrm{T}}$ 的特征值为 $\lambda_i^2+\mu_j^2,i,j=1,\cdots,n$,而 $\lambda_i^2+\mu_j^2\neq 0\Leftrightarrow\boldsymbol{A},\boldsymbol{B}$ 至少有一个可逆.

15. 矩阵方程 $\boldsymbol{AXB}=\boldsymbol{D}\Leftrightarrow$ 线性方程组 $(\boldsymbol{A}\otimes\boldsymbol{B}^{\mathrm{T}})\mathrm{vec}\,\boldsymbol{X}=\mathrm{vec}\,\boldsymbol{D}.$

矛盾方程组 $(\boldsymbol{A}\otimes\boldsymbol{B}^{\mathrm{T}})\mathrm{vec}\,\boldsymbol{X}=\mathrm{vec}\,\boldsymbol{D}$ 的极小范数最小二乘解

$$\mathrm{vec}\,\boldsymbol{X}_0=(\boldsymbol{A}\otimes\boldsymbol{B}^{\mathrm{T}})^{+}\,\mathrm{vec}\,\boldsymbol{D}=[\boldsymbol{A}^{+}\otimes(\boldsymbol{B}^{\mathrm{T}})^{+}]\mathrm{vec}\,\boldsymbol{D}=[\boldsymbol{A}^{+}\otimes(\boldsymbol{B}^{+})^{\mathrm{T}}]\mathrm{vec}\,\boldsymbol{D}=\mathrm{vec}(\boldsymbol{A}^{+}\boldsymbol{D}\boldsymbol{B}^{+})$$

因此 $\boldsymbol{X}_0=\boldsymbol{A}^{+}\boldsymbol{D}\boldsymbol{B}^{+}$ 为不相容矩阵方程 $\boldsymbol{AXB}=\boldsymbol{D}$ 的极小范数最小二乘解.

16. 有

$$\boldsymbol{A}\otimes\boldsymbol{B}=(\boldsymbol{A}\otimes\boldsymbol{I}_n)(\boldsymbol{I}_m\otimes\boldsymbol{B})$$

$$\boldsymbol{A}\otimes\boldsymbol{I}_n=(a_{ij}\boldsymbol{I}_n)=\begin{bmatrix}a_{11}\boldsymbol{I}_n & \cdots & a_{1m}\boldsymbol{I}_n\\ \vdots & & \vdots\\ a_{m1}\boldsymbol{I}_n & \cdots & a_{mm}\boldsymbol{I}_n\end{bmatrix}$$

它是以 m^2 个 n 阶数量矩阵 $a_{ij}\boldsymbol{I}_n$ 为子块的分块矩阵.

经适当互换它的两行,及同时互换同样序号的两列这种一系列的对换后,可以使之变为

$$\boldsymbol{I}_n\otimes\boldsymbol{A}=\begin{bmatrix}\boldsymbol{A} & & & & \boldsymbol{O}\\ & \ddots & & & \\ & & \boldsymbol{A} & & \\ & & & \ddots & \\ \boldsymbol{O} & & & & \boldsymbol{A}\end{bmatrix}$$

它是以 n 个 $\boldsymbol{A}$ 为子块组成的分块对角阵.

互换 s,t 两行相当于左乘 $\boldsymbol{E}_{st}$,其中 $\boldsymbol{E}_{st}$ 是 mn 阶的初等换行矩阵.

互换 s,t 两列相当于右乘 $\boldsymbol{E}_{st}$,而 $\boldsymbol{E}_{st}^{-1}=\boldsymbol{E}_{st}.$

上述一系列行、列互换相当左、右乘一系列的换行、换列矩阵. 设它们的乘积为 $\boldsymbol{P}$,显然 $\boldsymbol{P}$

是可逆矩阵.

于是有

$$P^{-1}(A \otimes I_n)P = I_n \otimes A$$

用把 $A \otimes I_n$ 变为 $I_n \otimes A$ 时所用的行与列的互换作用于 $I_m \otimes B$,则还是同一个 P,应有

$$P^{-1}(I_m \otimes B)P = B \otimes I_m$$

最后有

$$\begin{aligned} P^{-1}(A \otimes B)P = P^{-1}[(A \otimes I_n)(I_m \otimes B)]P = \\ P^{-1}(A \otimes I_n)PP^{-1}(I_m \otimes B)P = \\ (I_n \otimes A)(B \otimes I_m) = B \otimes A \end{aligned}$$

即

$$A \otimes B \sim B \otimes A$$

17. 见定理 8.7 的证明.

18. 见定理 8.9 的证明.

19. 见 8.4 节引理 1 的证明.

20. 见 8.4 节引理 2 的证明.

附录：哈尔滨工业大学研究生《矩阵分析》课程考试试题及参考答案

2007 年秋季学期试题

一、填空题(每小题 5 分，共 30 分)

1. $A=\begin{bmatrix}1 & -1\\1 & 1\end{bmatrix}$，则 $\|A\|_F=$__________.

2. $A=\begin{bmatrix}-1 & 0 & 1\\1 & 2 & 0\\-4 & 0 & 3\end{bmatrix}$ 的 Jordan 标准形为__________.

3. 设 $x=(x_1,\cdots,x_i,\cdots,x_n)^T$，则 $\dfrac{dx^T}{dx}$ 为________.

4. $A=\begin{bmatrix}1 & 0 & 3\\2 & -2 & 4\\7 & 5 & 6\end{bmatrix}$，$B=\begin{bmatrix}16 & -9\\8 & 4\end{bmatrix}$，则 $\mathrm{tr}(A\otimes B)=$__________.

5. $A=\begin{bmatrix}2 & 5 & 4\\1 & -3 & 6\\9 & 8 & 3\end{bmatrix}$，则 $\det e^A=$__________.

6. $A=\begin{bmatrix}1 & 2 & -3\\4 & -5 & 6\end{bmatrix}$，则 $\mathrm{vec}\,A=$__________.

二、设 $A\in C^{m\times n}$，$B\in C^{n\times p}$，

求证：① $R(AB)\subset R(A)$；

② $N(AB)\supset N(B)$. (8 分)

三、设 $A=\begin{bmatrix}1 & 0 & 1\\0 & -1 & 1\end{bmatrix}$，求 A 的奇异值. (10 分)

四、求 $Ax=\lambda Bx$ 的广义特征值及广义特征向量.

其中 $A=\begin{bmatrix}1 & 0\\0 & 0\end{bmatrix}$，$B=\begin{bmatrix}1 & 1\\1 & 2\end{bmatrix}$ (10 分)

五、求解线性非齐次微分方程组的初值问题 (14 分)

$$\begin{cases}\dfrac{dx(t)}{dt}=Ax(t)+f(t)\\ x(0)=\begin{bmatrix}1\\0\end{bmatrix}\end{cases}$$

其中，$A=\begin{bmatrix}0 & -1\\0 & 1\end{bmatrix}$，$f(t)=\begin{bmatrix}e^t\\-e^t\end{bmatrix}$.

六、设 $A\in C^{m\times n}$，$B\in C^{n\times m}$，求证：$B\in A\{1,3\}$ 的充分必要条件是

$$A^H AB = A^H$$ (8 分)

七、设

$$A=\begin{bmatrix}1&1&0&1\\0&1&1&0\\1&2&1&1\end{bmatrix},b=\begin{bmatrix}3\\0\\0\end{bmatrix}$$

求:①A 的满秩分解;

② A^+;

③ 用广义逆矩阵的方法求解线性方程组 $Ax=b$. (16 分)

八、数域 F 上的 n 维线性空间 $V_n(\mathbf{F})$ 上一切线性变换所组成的线性空间记为 End(V),求 End(V) 的一组基及维数. (4 分)

2007 年秋季学期试题参考答案

一、填空题

1. $\underline{2}$. 2. $J=\begin{bmatrix}1&1&0\\0&1&0\\0&0&2\end{bmatrix}$ 或 $\begin{bmatrix}2&0&0\\0&1&1\\0&0&1\end{bmatrix}$. 3. $\underline{I_n}$. 4. $\underline{100}$. 5. $\underline{e^2}$.

6. $\underline{(1,2,-3,4,-5,6)^T}$.

二、证明:① $\forall y\in R(AB)$,$\exists x\in \mathbf{C}^p$,使得

$$y=(AB)x=A(Bx)$$

由于 $Bx\in \mathbf{C}^n$,则 $y\in R(A)$,故

$$R(AB)\subset R(A)$$

② $\forall x\in N(B)$,则

$$Bx=\theta$$

A 左乘上式有

$$(AB)x=\theta$$

即
$$x\in N(AB)$$

故
$$N(AB)\supset N(B)$$

三、解

$$A^TA=\begin{bmatrix}1&0\\0&-1\\1&1\end{bmatrix}\begin{bmatrix}1&0&1\\0&-1&1\end{bmatrix}=\begin{bmatrix}1&0&1\\0&1&-1\\1&-1&2\end{bmatrix}$$

$$|\lambda I-A^TA|=\lambda(\lambda-1)(\lambda-3)$$

故 $\lambda_1=0,\lambda_2=1,\lambda_3=3$. 于是奇异值 $\sigma_1=0,\sigma_2=1,\sigma_3=\sqrt{3}$.

四、解:$(\lambda B-A)x=\theta$.

求得广义特征值 $\lambda_1=0$,对应的广义特征向量 $\xi_1=k_1\begin{bmatrix}0\\1\end{bmatrix}$,$k_1\neq 0$;

广义特征值 $\lambda_2=2$,对应的广义特征向量 $\xi_2=k_2\begin{bmatrix}-2\\1\end{bmatrix}$,$k_2\neq 0$.

五、解法一:(Laplace 变换)

$$X(s)=(s\boldsymbol{I}-\boldsymbol{A})^{-1}\left(\begin{bmatrix}1\\0\end{bmatrix}+\begin{bmatrix}\dfrac{1}{s-1}\\-\dfrac{1}{s-1}\end{bmatrix}\right)$$

$$\boldsymbol{x}(t)=\begin{bmatrix}1+te^{t}\\-te^{t}\end{bmatrix}$$

解法二:(Jordan 标准形)

$$e^{\boldsymbol{A}t}=\begin{bmatrix}1 & 1-e^{t}\\0 & e^{t}\end{bmatrix}$$

$$\boldsymbol{x}(t)=e^{\boldsymbol{A}t}x_0+\int_0^t e^{\boldsymbol{A}(t-\tau)}\boldsymbol{f}(\tau)d\tau=$$

$$\begin{bmatrix}1+te^{t}\\-te^{t}\end{bmatrix}$$

六、证明:先证必要性.

由 $\boldsymbol{B}\in\boldsymbol{A}\{1,3\}$,则 $\boldsymbol{B}$ 满足 Penrose 方程中的 ①③,即

$$①\boldsymbol{ABA}=\boldsymbol{A}$$

$$③(\boldsymbol{AB})^{H}=\boldsymbol{AB}$$

于是

$$\boldsymbol{A}^{H}\boldsymbol{AB}\overset{③}{=\!=}\boldsymbol{A}^{H}(\boldsymbol{AB})^{H}=\boldsymbol{A}^{H}\boldsymbol{B}^{H}\boldsymbol{A}^{H}=(\boldsymbol{ABA})^{H}\overset{①}{=\!=}\boldsymbol{A}^{H}$$

再证充分性.

设 $\boldsymbol{A}^{H}\boldsymbol{AB}=\boldsymbol{A}^{H}$,两端左乘 $\boldsymbol{B}^{H}$ 得

$$\boldsymbol{B}^{H}\boldsymbol{A}^{H}\boldsymbol{AB}=\boldsymbol{B}^{H}\boldsymbol{A}^{H}$$

$$(\boldsymbol{AB})^{H}\boldsymbol{AB}=(\boldsymbol{AB})^{H}$$

上式两端取共轭转置

$$(\boldsymbol{AB})^{H}\boldsymbol{AB}=\boldsymbol{AB}$$

从而 $(\boldsymbol{AB})^{H}=\boldsymbol{AB}$,Penrose 方程的 ③ 成立.

由 $\boldsymbol{A}^{H}\boldsymbol{AB}=\boldsymbol{A}^{H}$,故 $\boldsymbol{A}^{H}(\boldsymbol{AB})^{H}=\boldsymbol{A}^{H}$,即

$$(\boldsymbol{ABA})^{H}=\boldsymbol{A}^{H}\text{,则 }\boldsymbol{ABA}=\boldsymbol{A}$$

Penrose 方程的 ① 成立,所以 $\boldsymbol{B}\in\boldsymbol{A}\{1,3\}$.

七、解:①$\boldsymbol{A}\xrightarrow{r}\begin{bmatrix}1 & 0 & -1 & 1\\0 & 1 & 1 & 0\\0 & 0 & 0 & 0\end{bmatrix}$,则

$$\boldsymbol{F}=\begin{bmatrix}1 & 1\\0 & 1\\1 & 2\end{bmatrix}$$

$$\boldsymbol{G}=\begin{bmatrix}1 & 0 & -1 & 1\\0 & 1 & 1 & 0\end{bmatrix},\boldsymbol{A}=\boldsymbol{FG}$$

②$A^{+}=\frac{1}{15}\begin{bmatrix}5 & -4 & 1\\0 & 3 & 3\\-5 & 7 & 2\\5 & -4 & 1\end{bmatrix}$.

③$A^{+}b=\begin{bmatrix}1\\0\\-1\\0\end{bmatrix}$，$AA^{+}b=\begin{bmatrix}2\\-1\\1\end{bmatrix}\neq\begin{bmatrix}3\\0\\0\end{bmatrix}=b$，$Ax=b$ 为矛盾方程组.

最小二乘解通式为

$$x=\begin{bmatrix}1\\0\\-1\\1\end{bmatrix}+\frac{1}{5}\begin{bmatrix}3 & -1 & 1 & -2\\-1 & 2 & -2 & 1\\1 & -2 & 2 & 1\\-2 & -1 & 1 & 3\end{bmatrix}y,\ \forall y\in\mathbf{C}^{4}$$

极小范数最小二乘解 $x_0=A^{+}b=\begin{bmatrix}1\\0\\-1\\1\end{bmatrix}$.

八、解法一：设 $\boldsymbol{\varepsilon}_1,\cdots,\boldsymbol{\varepsilon}_k,\cdots,\boldsymbol{\varepsilon}_n$ 是 $V_n(\mathbf{F})$ 的一组基. 则构造线性变换 $\mathscr{E}_{ij}\in\mathrm{End}(\mathbf{V})$，令

$$\mathscr{E}_{ij}(\boldsymbol{\varepsilon}_k)=\delta_{jk}\boldsymbol{\varepsilon}_i,i,j,k=1,2,\cdots,n$$

考虑线性表达式：$\sum_{i=1}^{n}\sum_{j=1}^{n}c_{ij}\mathscr{E}_{ij}=\mathscr{O}$，其中 $c_{ij}\in\mathbf{F}$.

上式两端对 $\boldsymbol{\varepsilon}_k$ 作线性变换，$k=1,2,\cdots,n$.

因为 $\boldsymbol{\varepsilon}_1,\cdots,\boldsymbol{\varepsilon}_k,\cdots,\boldsymbol{\varepsilon}_n$ 线性无关，所以

$$c_{ik}=0\quad i,k=1,2,\cdots,n$$

即

$$c_{ij}=0\quad i,j=1,2,\cdots,n$$

这说明 $\mathscr{E}_{ij}(i,j=1,2,\cdots,n)$ 线性无关.

以下只要证出 $\forall\mathscr{A}\in\mathrm{End}(V)$，$\mathscr{A}$ 可以表成 $\mathscr{E}_{ij}(i,j=1,2,\cdots,n)$ 的线性组合即可.

记 $\mathscr{A}(\boldsymbol{\varepsilon}_k)=\sum_{i=1}^{n}a_{ik}\boldsymbol{\varepsilon}_i,k=1,2,\cdots,n;a_{ik}\in\mathbf{F}$. 于是有

$$\left(\sum_{i=1}^{n}\sum_{j=1}^{n}a_{ij}\mathscr{E}_{ij}\right)(\boldsymbol{\varepsilon}_k)=\sum_{i=1}^{n}\sum_{j=1}^{n}a_{ij}\delta_{jk}\boldsymbol{\varepsilon}_i=\sum_{i=1}^{n}a_{ik}\boldsymbol{\varepsilon}_i=\mathscr{A}(\boldsymbol{\varepsilon}_k),k=1,2,\cdots,n$$

由于线性变换 $\sum_{i=1}^{n}\sum_{j=1}^{n}a_{ij}\mathscr{E}_{ij}$ 与线性变换 $\mathscr{A}$ 对于基 $\boldsymbol{\varepsilon}_1,\cdots,\boldsymbol{\varepsilon}_k,\cdots,\boldsymbol{\varepsilon}_n$ 的变换相等，故

$$\mathscr{A}=\sum_{i=1}^{n}\sum_{j=1}^{n}a_{ij}\mathscr{E}_{ij}$$

从而证出 $\mathscr{A}$ 可以表成 $\mathscr{E}_{ij}(i,j=1,2,\cdots,n.)$ 的线性组合.

这表明 $\mathscr{E}_{ij}(i,j=1,2,\cdots,n)$ 是 $\mathrm{End}(V)$ 的一组基，且有 $\dim\mathrm{End}(V)=n^2$.

解法二：(各种符号的含义同方法一)

(一) $\forall\mathscr{A}\in\mathrm{End}(V)$，$\exists A\in\mathbf{R}^{n\times n}$，使

$$\mathscr{A}(\boldsymbol{\varepsilon}_1,\cdots,\boldsymbol{\varepsilon}_i,\cdots,\boldsymbol{\varepsilon}_j,\cdots,\boldsymbol{\varepsilon}_n)=(\boldsymbol{\varepsilon}_1,\cdots,\boldsymbol{\varepsilon}_i,\cdots,\boldsymbol{\varepsilon}_j,\cdots,\boldsymbol{\varepsilon}_n)A\qquad(*)$$

这里 $\boldsymbol{A}$ 为线性变换 $\mathscr{A}$ 在基 $\boldsymbol{\varepsilon}_1,\cdots,\boldsymbol{\varepsilon}_i,\cdots,\boldsymbol{\varepsilon}_j,\cdots,\boldsymbol{\varepsilon}_n$ 下的表示矩阵.

由

$$\mathscr{E}_{ij}(\boldsymbol{\varepsilon}_i)=\delta_{ji}\,\boldsymbol{\varepsilon}_i=0\,\boldsymbol{\varepsilon}_i=0\,\boldsymbol{\varepsilon}_1+\cdots+0\,\boldsymbol{\varepsilon}_i+\cdots+0\,\boldsymbol{\varepsilon}_j+\cdots+0\,\boldsymbol{\varepsilon}_n$$
$$\mathscr{E}_{ij}(\boldsymbol{\varepsilon}_j)=\delta_{jj}\,\boldsymbol{\varepsilon}_i=1\,\boldsymbol{\varepsilon}_i=0\,\boldsymbol{\varepsilon}_1+\cdots+1\,\boldsymbol{\varepsilon}_i+\cdots+0\,\boldsymbol{\varepsilon}_j+\cdots+0\,\boldsymbol{\varepsilon}_n$$
$$(i,j=1,2,\cdots,n.)$$

于是有

$$\mathscr{E}_{ij}(\boldsymbol{\varepsilon}_1,\cdots,\boldsymbol{\varepsilon}_i,\cdots,\boldsymbol{\varepsilon}_j,\cdots,\boldsymbol{\varepsilon}_n)=(\boldsymbol{\varepsilon}_1,\cdots,\boldsymbol{\varepsilon}_i,\cdots,\boldsymbol{\varepsilon}_j,\cdots,\boldsymbol{\varepsilon}_n)\,\boldsymbol{E}_{ij}$$

这里 $\boldsymbol{E}_{ij}\in\mathbf{R}^{n\times n}$，$\boldsymbol{E}_{ij}=(e_{st})_{n\times n}$，其中 $e_{st}=\begin{cases}1, & s=i \text{ 且 } t=j\\ 0, & \text{其余}\end{cases}$.

（二）构造映射 $\boldsymbol{\sigma}(\mathscr{A})=\boldsymbol{A}$.

① 由（∗）有

$$\boldsymbol{A}(\varepsilon_1,\cdots,\varepsilon_i,\cdots,\varepsilon_n)=(\varepsilon_1,\cdots,\varepsilon_i,\cdots,\varepsilon_n)\boldsymbol{A}$$
$$\boldsymbol{B}(\varepsilon_1,\cdots,\varepsilon_i,\cdots,\varepsilon_n)=(\varepsilon_1,\cdots,\varepsilon_i,\cdots,\varepsilon_n)\boldsymbol{B}$$
$$(\boldsymbol{A}+\boldsymbol{B})(\varepsilon_1,\cdots,\varepsilon_i,\cdots,\varepsilon_n)=(\varepsilon_1,\cdots,\varepsilon_i,\cdots,\varepsilon_n)(\boldsymbol{A}+\boldsymbol{B})$$
$$(k\boldsymbol{A})(\varepsilon_1,\cdots,\varepsilon_i,\cdots,\varepsilon_n)=(\varepsilon_1,\cdots,\varepsilon_i,\cdots,\varepsilon_n)(k\boldsymbol{A})$$

因此

$$\boldsymbol{\sigma}(\boldsymbol{A}+\boldsymbol{B})=(\boldsymbol{A}+\boldsymbol{B})=\boldsymbol{\sigma}(\boldsymbol{A})+\boldsymbol{\sigma}(\boldsymbol{B})$$
$$\boldsymbol{\sigma}(k\boldsymbol{A})=(k\boldsymbol{A})=k\boldsymbol{\sigma}(\boldsymbol{A})$$

这说明 $\boldsymbol{\sigma}$ 是线性映射；

② 由线性变换 $\mathscr{A}$ 在基 $\boldsymbol{\varepsilon}_1,\cdots,\boldsymbol{\varepsilon}_i,\cdots,\boldsymbol{\varepsilon}_j,\cdots,\boldsymbol{\varepsilon}_n$ 下的表示矩阵 $\boldsymbol{A}$ 唯一知 $\boldsymbol{\sigma}$ 是单射；

③ 由 $\boldsymbol{\sigma}(\mathrm{End}(V))=\mathbf{R}^{n\times n}$ 知 $\boldsymbol{\sigma}$ 是满射.

所以线性空间 $\mathrm{End}(V)$ 与 $\mathbf{R}^{n\times n}$ 同构.

（三）因为 $\boldsymbol{E}_{ij}(i,j=1,2,\cdots,n)$ 是 $\mathbf{R}^{n\times n}$ 的基，且

$$\dim\mathbf{R}^{n\times n}=n^2$$

所以 $\mathscr{E}_{ij}(i,j=1,2,\cdots,n)$ 是 $\mathrm{End}(V)$ 的基，故

$$\dim\mathrm{End}(\mathbf{V})=n^2$$

2008 年秋季学期试题

一、填空题(每小题 5 分,共 30 分)

1. 设 $\boldsymbol{A}=\begin{bmatrix}2\sqrt{2} & 3+4\mathrm{i}\\ 6 & -10\end{bmatrix}$,则 $\|\boldsymbol{A}\|_F=$__________.

2. 矩阵 $\boldsymbol{A}=\begin{bmatrix}2 & 0 & 1\\ 1 & 2 & 2\\ 0 & 0 & 3\end{bmatrix}$ 的 Jordan 标准形为__________.

3. 设 $\boldsymbol{A}$ 是实对称矩阵,$\boldsymbol{x}=(x_1,\cdots,x_i,\cdots,x_n)^{\mathrm{T}}$,$f(\boldsymbol{x})=\boldsymbol{x}^{\mathrm{T}}\boldsymbol{A}\boldsymbol{x}$,则$\dfrac{\mathrm{d}f}{\mathrm{d}\boldsymbol{x}}=$__________.

4. 设 $\boldsymbol{A}=\begin{bmatrix}1 & 0 & 0\\ 2 & -2 & 0\\ 9 & 3 & 1\end{bmatrix}$,$\boldsymbol{B}=\begin{bmatrix}1 & -6\\ 0 & -1\end{bmatrix}$,则 $\det(\boldsymbol{A}\otimes\boldsymbol{B})=$________.

5. 设 $\boldsymbol{A}=\begin{bmatrix}0 & -6 & 2\\ 7 & -5 & 8\\ 4 & 9 & 5\end{bmatrix}$,则 $\det \mathrm{e}^{\boldsymbol{A}}=$__________.

6. 设$\boldsymbol{\varepsilon}_1,\boldsymbol{\varepsilon}_2,\cdots,\boldsymbol{\varepsilon}_n$ 是 $\mathbf{R}^n$ 中的标准正交基,则它的度量矩阵为__________.

二、设 $\mathscr{A}$ 是线性空间 $V_n(\mathbf{F})$ 的线性变换,$\mathscr{A}(V_n(\mathbf{F}))$,$\mathscr{A}^{-1}(\boldsymbol{\theta})$ 分别为 $\mathscr{A}$ 的值域与核.
求证:$\dim\mathscr{A}(V_n(\mathbf{F}))+\dim\mathscr{A}^{-1}(\boldsymbol{\theta})=n$.　　(10 分)

三、设 $\boldsymbol{A}=\begin{bmatrix}1 & 0\\ 0 & -1\\ 1 & 1\end{bmatrix}$,求 $\boldsymbol{A}$ 的奇异值.　　(8 分)

四、求 $\boldsymbol{A}\boldsymbol{x}=\lambda\boldsymbol{B}\boldsymbol{x}$ 的广义特征值.

其中,$\boldsymbol{A}=\begin{bmatrix}1 & 0\\ 0 & -2\end{bmatrix}$,$\boldsymbol{B}=\begin{bmatrix}1 & 1\\ 1 & 2\end{bmatrix}$.　　(8 分)

五、用 Laplace 变换求解线性非齐次微分方程组的初值问题　　(14 分)

$$\begin{cases}\dfrac{\mathrm{d}\boldsymbol{x}(t)}{\mathrm{d}t}=\boldsymbol{A}\boldsymbol{x}(t)+\boldsymbol{f}(t)\\ \boldsymbol{x}(0)=(1,0,0)^{\mathrm{T}}\end{cases}$$

其中,$\boldsymbol{A}=\begin{bmatrix}-1 & -2 & 6\\ -1 & 0 & 3\\ -1 & -1 & 4\end{bmatrix}$,$\boldsymbol{f}(t)=\begin{bmatrix}-\mathrm{e}^t\\ 0\\ \mathrm{e}^t\end{bmatrix}$.

六、求解 Lyapunov 矩阵方程 $\boldsymbol{AX}+\boldsymbol{XB}=\boldsymbol{F}$,其中

$$\boldsymbol{A}=\begin{bmatrix}1 & -1\\ 0 & -1\end{bmatrix},\boldsymbol{B}=\begin{bmatrix}0 & 2\\ 1 & 0\end{bmatrix},\boldsymbol{F}=\begin{bmatrix}1 & 3\\ -2 & 2\end{bmatrix}$$　　(10 分)

七、设 $\boldsymbol{A}=\begin{bmatrix}1 & 0 & -1 & 1\\ 0 & 2 & 2 & 2\\ -1 & 4 & 5 & 3\end{bmatrix}$,$\boldsymbol{b}=\begin{bmatrix}1\\ 0\\ 1\end{bmatrix}$.

求:① $\boldsymbol{A}$ 的满秩分解;

② $\boldsymbol{A}^+$;

③ 用广义逆矩阵的方法求解线性方程组 $\boldsymbol{Ax}=\boldsymbol{b}$. (16 分)

八、设 $\boldsymbol{A}\in\mathbf{C}^{m\times n}$,求证:① $R(\boldsymbol{A}\boldsymbol{A}^-)=R(\boldsymbol{A})$;② $N(\boldsymbol{A}^-\boldsymbol{A})=N(\boldsymbol{A})$. (4 分)

2008 年秋季学期试题参考答案

一、填空题

1. $\underline{13}$. 2. $\boldsymbol{J}=\begin{bmatrix}2&1&0\\0&2&0\\0&0&3\end{bmatrix}$ 或 $\begin{bmatrix}3&0&0\\0&2&1\\0&0&2\end{bmatrix}$. 3. $\underline{2\boldsymbol{Ax}}$. 4. $\underline{-4}$. 5. $\underline{1}$. 6. $\underline{\boldsymbol{I}_n}$.

二、证明:设 $\dim\mathscr{A}^{-1}(\boldsymbol{\theta})=r$,$\boldsymbol{\varepsilon}_1,\boldsymbol{\varepsilon}_2,\cdots,\boldsymbol{\varepsilon}_r$ 为 $\mathscr{A}^{-1}(\boldsymbol{\theta})$ 中的一组基,将其扩充为 $V_n(\mathbf{F})$ 的基 $\boldsymbol{\varepsilon}_1,\boldsymbol{\varepsilon}_2,\cdots,\boldsymbol{\varepsilon}_r,\boldsymbol{\varepsilon}_{r+1},\cdots,\boldsymbol{\varepsilon}_n$.

$\forall\mathscr{A}(\boldsymbol{\alpha})\in\mathscr{A}(V_n(\mathbf{F}))$,设

$$\boldsymbol{\alpha}=k_1\boldsymbol{\varepsilon}_1+\cdots+k_r\boldsymbol{\varepsilon}_r+k_{r+1}\boldsymbol{\varepsilon}_{r+1}+\cdots+k_n\boldsymbol{\varepsilon}_n$$

则有

$$\begin{aligned}\mathscr{A}(\boldsymbol{\alpha})&=k_1\mathscr{A}(\boldsymbol{\varepsilon}_1)+\cdots+k_r\mathscr{A}(\boldsymbol{\varepsilon}_r)+k_{r+1}\mathscr{A}(\boldsymbol{\varepsilon}_{r+1})+\cdots+k_n\mathscr{A}(\boldsymbol{\varepsilon}_n)\\&=k_{r+1}\mathscr{A}(\boldsymbol{\varepsilon}_{r+1})+\cdots+k_n\mathscr{A}(\boldsymbol{\varepsilon}_n)\end{aligned}$$

于是 $$\mathscr{A}(\boldsymbol{\alpha})\in\operatorname{span}(\mathscr{A}(\boldsymbol{\varepsilon}_{r+1}),\cdots,\mathscr{A}(\boldsymbol{\varepsilon}_n))$$

所以 $$\mathscr{A}(V_n(\mathbf{F}))\subset\operatorname{span}(\mathscr{A}(\boldsymbol{\varepsilon}_{r+1}),\cdots,\mathscr{A}(\boldsymbol{\varepsilon}_n))$$

显然 $$\mathscr{A}(V_n(\mathbf{F}))\supset\operatorname{span}(\mathbf{A}(\boldsymbol{\varepsilon}_{r+1}),\cdots,\mathscr{A}(\boldsymbol{\varepsilon}_n))$$

故 $$\mathscr{A}(V_n(\mathbf{F}))=\operatorname{span}(\mathscr{A}(\boldsymbol{\varepsilon}_{r+1}),\cdots,\mathscr{A}(\boldsymbol{\varepsilon}_n))$$

以下证 $\mathscr{A}(\boldsymbol{\varepsilon}_{r+1}),\cdots,\mathscr{A}(\boldsymbol{\varepsilon}_n)$ 线性无关. 设

$$c_{r+1}\mathscr{A}(\boldsymbol{\varepsilon}_{r+1})+c_{r+2}\mathscr{A}(\boldsymbol{\varepsilon}_{r+2})+\cdots+c_n\mathscr{A}(\boldsymbol{\varepsilon}_n)=\boldsymbol{\theta}$$

上式为

$$\mathscr{A}(c_{r+1}\boldsymbol{\varepsilon}_{r+1}+c_{r+2}\boldsymbol{\varepsilon}_{r+2}+\cdots+c_n\boldsymbol{\varepsilon}_n)=\boldsymbol{\theta}$$

因此 $$c_{r+1}\boldsymbol{\varepsilon}_{r+1}+c_{r+2}\boldsymbol{\varepsilon}_{r+2}+\cdots+c_n\boldsymbol{\varepsilon}_n\in\mathscr{A}^{-1}(\boldsymbol{\theta})$$

所以存在常数 $c_1,c_2,\cdots,c_r$,使

$$c_{r+1}\boldsymbol{\varepsilon}_{r+1}+c_{r+2}\boldsymbol{\varepsilon}_{r+2}+\cdots+c_n\boldsymbol{\varepsilon}_n=c_1\boldsymbol{\varepsilon}_1+c_2\boldsymbol{\varepsilon}_2+\cdots+c_r\boldsymbol{\varepsilon}_r$$

因为 $\boldsymbol{\varepsilon}_1,\cdots,\boldsymbol{\varepsilon}_r,\boldsymbol{\varepsilon}_{r+1},\cdots,\boldsymbol{\varepsilon}_n$ 是基,故

$$c_{r+1}=c_{r+2}=\cdots=c_n=0$$

于是 $\mathscr{A}(\boldsymbol{\varepsilon}_{r+1}),\cdots,\mathscr{A}(\boldsymbol{\varepsilon}_n)$ 线性无关,即

$$\dim\mathscr{A}(V_n(\mathbf{F}))=n-r$$

所以 $$\dim\mathscr{A}(V_n(\mathbf{F}))+\dim\mathscr{A}^{-1}(\boldsymbol{\theta})=n$$

三、解 $$\mathbf{A}^{\mathrm{T}}\mathbf{A}=\mathbf{A}=\begin{bmatrix}1&0&1\\0&-1&1\end{bmatrix}\begin{bmatrix}1&0\\0&-1\\1&1\end{bmatrix}=\begin{bmatrix}2&1\\1&2\end{bmatrix}$$

$\mathbf{A}^{\mathrm{T}}\mathbf{A}$ 的特征值为

$$\lambda_1=3,\lambda_2=1$$

故 $\mathbf{A}$ 的奇异值为

$$\sigma_1=\sqrt{3},\sigma_2=1$$

四、解法一

$$|\lambda \boldsymbol{B}-\boldsymbol{A}|=\begin{vmatrix}\lambda-1 & \lambda\\ \lambda & 2\lambda+2\end{vmatrix}=\lambda^2-2$$

故广义特征值为 $\lambda_1=\sqrt{2},\lambda_2=-\sqrt{2}$.

解法二

$$\boldsymbol{B}^{-1}\boldsymbol{A}=\begin{bmatrix}2 & 2\\ -1 & -2\end{bmatrix}$$

$$|\lambda \boldsymbol{E}-\boldsymbol{B}^{-1}\boldsymbol{A}|=\begin{vmatrix}\lambda-2 & -2\\ 1 & \lambda+2\end{vmatrix}=\lambda^2-2$$

则广义特征值为 $\lambda_1=\sqrt{2},\lambda_2=-\sqrt{2}$.

五、解:对微分方程组两端取 Laplace 变换得

$$s\boldsymbol{X}(s)-\boldsymbol{x}(0)=\boldsymbol{A}\boldsymbol{X}(s)+\boldsymbol{F}(s)$$

$$(s\boldsymbol{I}-\boldsymbol{A})\boldsymbol{X}(s)=\begin{bmatrix}1\\0\\0\end{bmatrix}+\begin{bmatrix}\dfrac{-1}{s-1}\\0\\\dfrac{1}{s-1}\end{bmatrix}$$

$$\boldsymbol{X}(s)=(s\boldsymbol{I}-\boldsymbol{A})^{-1}\left(\begin{bmatrix}1\\0\\0\end{bmatrix}+\begin{bmatrix}\dfrac{-1}{s-1}\\0\\\dfrac{1}{s-1}\end{bmatrix}\right)$$

经计算有

$$(s\boldsymbol{I}-\boldsymbol{A})^{-1}=\begin{bmatrix}\dfrac{1}{s-1}-\dfrac{2}{(s-1)^2} & \dfrac{-2}{(s-1)^2} & \dfrac{6}{(s-1)^2}\\ \dfrac{-1}{(s-1)^2} & \dfrac{1}{s-1}-\dfrac{1}{(s-1)^2} & \dfrac{3}{(s-1)^2}\\ \dfrac{-1}{(s-1)^2} & \dfrac{-1}{(s-1)^2} & \dfrac{1}{s-1}+\dfrac{3}{(s-1)^2}\end{bmatrix}$$

代入上式得

$$\boldsymbol{X}(s)=\begin{bmatrix}\dfrac{1}{s-1}-\dfrac{2}{(s-1)^2}\\ \dfrac{-1}{(s-1)^2}\\ \dfrac{-1}{(s-1)^2}\end{bmatrix}+\begin{bmatrix}\dfrac{-1}{(s-1)^2}+\dfrac{8}{(s-1)^3}\\ \dfrac{4}{(s-1)^3}\\ \dfrac{1}{(s-1)^2}+\dfrac{4}{(s-1)^3}\end{bmatrix}=\begin{bmatrix}\dfrac{1}{s-1}-\dfrac{3}{(s-1)^2}+\dfrac{8}{(s-1)^3}\\ \dfrac{-1}{(s-1)^2}+\dfrac{4}{(s-1)^3}\\ \dfrac{4}{(s-1)^3}\end{bmatrix}$$

由 Laplace 反变换即知

$$\boldsymbol{x}(t)=\begin{bmatrix}e^t-3te^t+4t^2e^t\\ -te^t+2t^2e^t\\ 2t^2e^t\end{bmatrix}=e^t\begin{bmatrix}1-3t+4t^2\\ -t+2t^2\\ 2t^2\end{bmatrix}$$

六、解:容易算得 $\boldsymbol{A}$ 的特征值 $\lambda_1=1,\lambda_2=-1$;$\boldsymbol{B}$ 的特征值 $\mu_1=\sqrt{2},\mu_2=-\sqrt{2}$.

由于 $\boldsymbol{A},\boldsymbol{B}$ 无互为反号的特征值,故 Lyapunov 矩阵方程有唯一解

$$\boldsymbol{A}\otimes\boldsymbol{I}_2+\boldsymbol{I}_2\otimes\boldsymbol{B}^{\mathrm{T}}=\begin{bmatrix}1&0&-1&0\\0&1&0&-1\\0&0&-1&0\\0&0&0&-1\end{bmatrix}+\begin{bmatrix}0&1&0&0\\2&0&0&0\\0&0&0&1\\0&0&2&0\end{bmatrix}=\begin{bmatrix}1&1&-1&0\\2&1&0&-1\\0&0&-1&1\\0&0&2&-1\end{bmatrix}$$

设

$$\boldsymbol{X}=\begin{bmatrix}x_1&x_2\\x_3&x_4\end{bmatrix}$$

则由式 $\boldsymbol{A}\otimes\boldsymbol{I}_2+\boldsymbol{I}_2\otimes\boldsymbol{B}^{\mathrm{T}}\operatorname{vec}\boldsymbol{X}=\operatorname{vec}\boldsymbol{F}$ 有

$$\begin{bmatrix}1&1&-1&0\\2&1&0&-1\\0&0&-1&1\\0&0&2&-1\end{bmatrix}\begin{bmatrix}x_1\\x_2\\x_3\\x_4\end{bmatrix}=\begin{bmatrix}1\\3\\-2\\2\end{bmatrix}$$

解之

$$x_1=0,x_2=1,x_3=0,x_4=-2$$

于是 $\boldsymbol{X}=\begin{bmatrix}0&1\\0&-2\end{bmatrix}$ 为 Lyapunov 矩阵方程的唯一解.

七、解:①

$$\boldsymbol{A}=\begin{bmatrix}1&0&-1&1\\0&2&2&2\\-1&4&5&3\end{bmatrix}\xrightarrow{r}\begin{bmatrix}1&0&-1&1\\0&1&1&1\\0&0&0&0\end{bmatrix}$$

故 $\boldsymbol{F}=\begin{bmatrix}1&0\\0&2\\-1&4\end{bmatrix},\boldsymbol{G}=\begin{bmatrix}1&0&-1&1\\0&1&1&1\end{bmatrix},\boldsymbol{A}=\boldsymbol{F}\boldsymbol{G}$.

② $\boldsymbol{A}^{+}=\boldsymbol{G}^{\mathrm{T}}(\boldsymbol{G}\boldsymbol{G}^{\mathrm{T}})^{-1}(\boldsymbol{F}^{\mathrm{T}}\boldsymbol{F})^{-1}\boldsymbol{F}^{\mathrm{T}}=\dfrac{1}{18}\begin{bmatrix}5&2&-1\\1&1&1\\-4&-1&2\\6&3&0\end{bmatrix}$.

③ $\boldsymbol{A}^{+}\boldsymbol{b}=\dfrac{1}{9}\begin{bmatrix}2\\1\\-1\\3\end{bmatrix},\boldsymbol{A}\boldsymbol{A}^{+}\boldsymbol{b}=\dfrac{2}{3}\begin{bmatrix}1\\1\\1\end{bmatrix}\neq\begin{bmatrix}1\\0\\1\end{bmatrix}=\boldsymbol{b}$,故为矛盾方程组.

最小二乘解的通式为

$$\boldsymbol{x}=\boldsymbol{A}^{+}\boldsymbol{b}+(\boldsymbol{I}-\boldsymbol{A}^{+}\boldsymbol{A})\boldsymbol{y}=$$

$$\frac{1}{9}\begin{bmatrix}2\\1\\-1\\3\end{bmatrix}+\frac{1}{3}\begin{bmatrix}2&0&1&-1\\0&2&-1&-1\\1&-1&1&0\\-1&-1&0&1\end{bmatrix}\begin{bmatrix}y_1\\y_2\\y_3\\y_4\end{bmatrix}$$

y_1,y_2,y_3,y_4 为任意常数.

极小范数最小二乘解为

$$\boldsymbol{x}=\boldsymbol{A}^{+}\boldsymbol{b}=\frac{1}{9}\begin{bmatrix}2\\1\\-1\\3\end{bmatrix}$$

八、证明：① 由 $R(\boldsymbol{A})\supset R(\boldsymbol{AB})$ 有

$$R(\boldsymbol{A})\supset R(\boldsymbol{A}\boldsymbol{A}^{-})\supset R(\boldsymbol{A}\boldsymbol{A}^{-}\boldsymbol{A})=R(\boldsymbol{A})$$

故

$$R(\boldsymbol{A})=R(\boldsymbol{A}\boldsymbol{A}^{-})$$

② 由 $N(\boldsymbol{B})\subset N(\boldsymbol{AB})$ 有

$$N(\boldsymbol{A})\subset N(\boldsymbol{A}^{-}\boldsymbol{A})\subset N(\boldsymbol{A}\boldsymbol{A}^{-}\boldsymbol{A})=N(\boldsymbol{A})$$

故

$$N(\boldsymbol{A})=N(\boldsymbol{A}^{-}\boldsymbol{A})$$

2009 年秋季学期试题

一、填空题(每小题 5 分,共 30 分)

1. 矩阵 $\boldsymbol{A}=\begin{bmatrix}-2 & 0 & 1\\ 2 & 2 & 3\\ -1 & 0 & 0\end{bmatrix}$ 的 Jordan 标准形为__________.

2. 设 $\boldsymbol{A}=\begin{bmatrix}2\sqrt{2} & 10\\ 3-4\mathrm{i} & 6\end{bmatrix}$,则 $\|\boldsymbol{A}\|_F=$__________.

3. 设 $\boldsymbol{x}=(x_1,\cdots,x_i,\cdots,x_n)^{\mathrm{T}}$,则 $\dfrac{\mathrm{d}\boldsymbol{x}}{\mathrm{d}\,\boldsymbol{x}^{\mathrm{T}}}=$__________.

4. 设 $\boldsymbol{A}=\begin{bmatrix}1 & 0 & 0\\ 0 & 5 & 0\\ 0 & 0 & -2\end{bmatrix}$,$\boldsymbol{B}=\begin{bmatrix}1 & 0\\ 3 & 2\end{bmatrix}$,则 $\det(\boldsymbol{A}\otimes\boldsymbol{B})=$__________.

5. 设 $\boldsymbol{A}=\begin{bmatrix}2 & -7 & 11\\ 8 & 2 & 8\\ 0 & 16 & -3\end{bmatrix}$,则 $\det \mathrm{e}^{\boldsymbol{A}}=$__________.

6. 设 $\boldsymbol{A}=\begin{bmatrix}1 & 2\\ 0 & 0\\ 0 & 0\end{bmatrix}$,则 $\boldsymbol{A}$ 的正奇异值为__________.

二、在 $\mathbf{R}^{2\times 2}$ 中,求由基

$$\boldsymbol{A}_1=\begin{bmatrix}1 & 0\\ 0 & 0\end{bmatrix},\boldsymbol{A}_2=\begin{bmatrix}1 & 1\\ 0 & 0\end{bmatrix},\boldsymbol{A}_3=\begin{bmatrix}1 & 1\\ 1 & 0\end{bmatrix},\boldsymbol{A}_4=\begin{bmatrix}1 & 1\\ 1 & 1\end{bmatrix}$$

到基

$$\boldsymbol{B}_1=\begin{bmatrix}1 & 0\\ 1 & 0\end{bmatrix},\boldsymbol{B}_2=\begin{bmatrix}-1 & 1\\ 0 & 0\end{bmatrix},\boldsymbol{B}_3=\begin{bmatrix}-1 & 0\\ 1 & 0\end{bmatrix},\boldsymbol{B}_4=\begin{bmatrix}-1 & 0\\ 0 & 1\end{bmatrix}$$

的过渡矩阵. (10 分)

三、设 $\boldsymbol{S}=\mathrm{span}\begin{bmatrix}1\\ 1\end{bmatrix}$,求:

① 正交投影矩阵 $\boldsymbol{P}$;

② $\boldsymbol{\alpha}=\begin{bmatrix}-2\\ 0\end{bmatrix}$ 沿 $S^{\perp}$ 到 S 的投影. (10 分)

四、设 $\mathscr{A}$ 为 $V_n(\mathbf{C},\mathbf{U})$ 的酉变换,$\forall\,\boldsymbol{\alpha},\boldsymbol{\beta}\in V_n(\mathbf{C},\mathbf{U})$.

求证:$\mathscr{A}(\boldsymbol{\alpha}+\boldsymbol{\beta})=\mathscr{A}(\boldsymbol{\alpha})+\mathscr{A}(\boldsymbol{\beta})$. (10 分)

五、用 Laplace 变换计算 $\mathrm{e}^{\boldsymbol{A}t}$,其中 $\boldsymbol{A}=\begin{bmatrix}0 & 1\\ -1 & 0\end{bmatrix}$. (10 分)

六、求证:若矩阵 $\boldsymbol{A}$ 按行严格对角占优,则 $\boldsymbol{A}$ 可逆. (10 分)

七、设 $\boldsymbol{A}=\begin{bmatrix}1 & 1 & 1 & 1\\ 1 & 2 & 3 & 4\\ 0 & 1 & 2 & 3\end{bmatrix}$,$\boldsymbol{b}=\begin{bmatrix}1\\ 0\\ 1\end{bmatrix}$.

求:①$\boldsymbol{A}$ 的满秩分解;

② $\boldsymbol{A}^{+}$；

③ 用广义逆矩阵的方法判断线性方程 $\boldsymbol{Ax}=\boldsymbol{b}$ 的相容性；

④ 用广义逆矩阵的方法解线性方程 $\boldsymbol{Ax}=\boldsymbol{b}$. （16 分）

八、设非零矩阵 $\boldsymbol{A}\in \mathbf{C}_n^{m\times n}$（列满秩），求证：$\|\boldsymbol{A}\boldsymbol{A}^{+}\|_2=1$. （4 分）

2009 年秋季学期试题参考答案

一、填空题

1. $\boldsymbol{J}=\begin{bmatrix}2&0&0\\0&-1&1\\0&0&-1\end{bmatrix}$ 或 $\boldsymbol{J}=\begin{bmatrix}-1&1&0\\0&-1&0\\0&0&2\end{bmatrix}$.

2. 13. 3. $\boldsymbol{I}_n$. 4. 800. 5. e. 6. $\sqrt{5}$.

二、解：将

$$\boldsymbol{A}_1=\begin{bmatrix}1&0\\0&0\end{bmatrix},\boldsymbol{A}_2=\begin{bmatrix}1&1\\0&0\end{bmatrix},\boldsymbol{A}_3=\begin{bmatrix}1&1\\1&0\end{bmatrix},\boldsymbol{A}_4=\begin{bmatrix}1&1\\1&1\end{bmatrix}$$

横排竖放得到矩阵

$$\boldsymbol{A}=\begin{bmatrix}1&1&1&1\\0&1&1&1\\0&0&1&1\\0&0&0&1\end{bmatrix}$$

将 $$\boldsymbol{B}_1=\begin{bmatrix}1&0\\1&0\end{bmatrix},\boldsymbol{B}_2=\begin{bmatrix}-1&1\\0&0\end{bmatrix},\boldsymbol{B}_3=\begin{bmatrix}-1&0\\1&0\end{bmatrix},\boldsymbol{B}_4=\begin{bmatrix}-1&0\\0&1\end{bmatrix}$$

横排竖放得到矩阵

$$\boldsymbol{B}=\begin{bmatrix}1&-1&-1&-1\\0&1&0&0\\1&0&1&0\\0&0&0&1\end{bmatrix}$$

则 $\boldsymbol{B}=\boldsymbol{AP}$，于是过渡矩阵

$$\boldsymbol{P}=\boldsymbol{A}^{-1}\boldsymbol{B}=\begin{bmatrix}1&-2&-1&-1\\-1&1&-1&0\\1&0&1&-1\\0&0&0&1\end{bmatrix}$$

三、解：① 正交投影矩阵

$$\boldsymbol{P}=\boldsymbol{M}(\boldsymbol{M}^{\mathrm{T}}\boldsymbol{M})^{-1}\boldsymbol{M}^{\mathrm{T}}=\begin{bmatrix}1\\1\end{bmatrix}\left(\begin{bmatrix}1&1\end{bmatrix}\begin{bmatrix}1\\1\end{bmatrix}\right)^{-1}\begin{bmatrix}1&1\end{bmatrix}=\frac{1}{2}\begin{bmatrix}1&1\\1&1\end{bmatrix}$$

②$P(\boldsymbol{\alpha})=\boldsymbol{P\alpha}=\dfrac{1}{2}\begin{bmatrix}1&1\\1&1\end{bmatrix}\begin{bmatrix}-2\\0\end{bmatrix}=\begin{bmatrix}-1\\-1\end{bmatrix}$.

四、证明：因 $\boldsymbol{A}$ 为 $V_n(\mathbf{C},\mathbf{U})$ 的酉变换，$\forall\,\boldsymbol{\alpha},\boldsymbol{\beta}\in V_n(\mathbf{C},\mathbf{U})$，有 $(\mathscr{A}(\boldsymbol{\alpha}),\mathscr{A}(\boldsymbol{\beta}))=(\boldsymbol{\alpha},\boldsymbol{\beta})$，经计算由分配律得

$$(\mathscr{A}(\boldsymbol{\alpha}+\boldsymbol{\beta})-\mathscr{A}(\boldsymbol{\alpha})-\mathscr{A}(\boldsymbol{\beta}),\mathscr{A}(\boldsymbol{\alpha}+\boldsymbol{\beta})-\mathscr{A}(\boldsymbol{\alpha})-\mathscr{A}(\boldsymbol{\beta}))=0$$

因此

$$\mathscr{A}(\boldsymbol{\alpha}+\boldsymbol{\beta})-\mathscr{A}(\boldsymbol{\alpha})-\mathscr{A}(\boldsymbol{\beta})=\boldsymbol{\theta}$$

即

$$\mathscr{A}(\boldsymbol{\alpha}+\boldsymbol{\beta})=\mathscr{A}(\boldsymbol{\alpha})+\mathscr{A}(\boldsymbol{\beta})$$

五、解

$$(s\boldsymbol{I}-\boldsymbol{A})^{-1}=\begin{bmatrix}\dfrac{s}{s^2+1} & \dfrac{1}{s^2+1}\\ -\dfrac{1}{s^2+1} & \dfrac{s}{s^2+1}\end{bmatrix}$$

$$\mathrm{e}^{\boldsymbol{A}t}=\mathscr{L}^{-1}[(s\boldsymbol{I}-\boldsymbol{A})^{-1}]=\begin{bmatrix}\cos t & \sin t\\ -\sin t & \cos t\end{bmatrix}$$

六、证明:$\boldsymbol{A}$ 可逆 $\Leftrightarrow\boldsymbol{A}$ 的特征值均非零.

反证法:若 $\boldsymbol{A}$ 有零特征值,则存在某盖尔圆 G_k,使 $0\in G_k$ 于是

$$|a_{kk}|=|0-a_{kk}|\leqslant R_k$$

这与矩阵 $\boldsymbol{A}$ 按行严格对角占优矛盾,故 $\boldsymbol{A}$ 可逆.

七、解:①

$$\boldsymbol{A}=\begin{bmatrix}1&1&1&1\\1&2&3&4\\0&1&2&3\end{bmatrix}\xrightarrow{r}\begin{bmatrix}1&0&-1&-2\\0&1&2&3\\0&0&0&0\end{bmatrix}$$

令

$$\boldsymbol{F}=\begin{bmatrix}1&1\\1&2\\0&1\end{bmatrix},\quad \boldsymbol{G}=\begin{bmatrix}1&0&-1&-2\\0&1&2&3\end{bmatrix}$$

则 $\boldsymbol{A}$ 有满秩分解

$$\boldsymbol{A}=\boldsymbol{F}\boldsymbol{G}$$

② $\boldsymbol{A}^{+}=\dfrac{1}{30}\begin{bmatrix}17&4&-13\\9&3&-6\\1&2&1\\-7&1&8\end{bmatrix}$.

③ $\boldsymbol{A}^{+}\boldsymbol{b}=\dfrac{1}{30}\begin{bmatrix}4\\3\\2\\1\end{bmatrix}$,$\boldsymbol{A}\boldsymbol{A}^{+}\boldsymbol{b}=\dfrac{1}{3}\begin{bmatrix}1\\2\\1\end{bmatrix}\neq\boldsymbol{b}=\begin{bmatrix}1\\0\\1\end{bmatrix}$.

线性方程组 $\boldsymbol{A}\boldsymbol{x}=\boldsymbol{b}$ 为矛盾方程组,不相容.

④ $\boldsymbol{A}^{+}\boldsymbol{A}=\dfrac{1}{30}\begin{bmatrix}21&12&3&-6\\12&9&6&3\\3&6&9&12\\-6&3&12&21\end{bmatrix}=\dfrac{1}{10}\begin{bmatrix}7&4&1&-2\\4&3&2&1\\1&2&3&4\\-2&1&4&7\end{bmatrix}$.($\boldsymbol{A}^{+}\boldsymbol{A}$ 一定是对称阵,否则计算有误)

最小二乘解的通式为

$$\boldsymbol{x}=\boldsymbol{A}^{+}\boldsymbol{b}+(\boldsymbol{I}_n-\boldsymbol{A}^{+}\boldsymbol{A})\boldsymbol{y}=$$

$$\frac{1}{10}\begin{bmatrix}4\\3\\2\\1\end{bmatrix}+\frac{1}{10}\begin{bmatrix}3&-4&-1&2\\-4&7&-2&-1\\-1&-2&7&-4\\2&-1&-4&3\end{bmatrix}\begin{bmatrix}y_1\\y_2\\y_3\\y_4\end{bmatrix}$$

其中，y_1,y_2,y_3,y_4 为任意常数，$\boldsymbol{x}_0=\boldsymbol{A}^+\boldsymbol{b}=\frac{1}{30}\begin{bmatrix}4\\3\\2\\1\end{bmatrix}$ 为极小范数最小二乘解.

八、证法一(特征值，酉相似对角阵)

$$(\boldsymbol{A}\boldsymbol{A}^+)^2=(\boldsymbol{A}\boldsymbol{A}^+)(\boldsymbol{A}\boldsymbol{A}^+)=(\boldsymbol{A}\boldsymbol{A}^+\boldsymbol{A})\boldsymbol{A}^+=\boldsymbol{A}\boldsymbol{A}^+$$

故 $\boldsymbol{A}\boldsymbol{A}^+$ 是幂等阵，因此它的特征值只能为 0 或 1.

由$\boldsymbol{A}^+$ 的定义知$(\boldsymbol{A}\boldsymbol{A}^+)^{\mathrm{H}}=(\boldsymbol{A}\boldsymbol{A}^+)$，$\boldsymbol{A}\boldsymbol{A}^+$ 是 Hermite 矩阵，故 $\boldsymbol{A}\boldsymbol{A}^+$ 是正规矩阵，因此酉相似对阵角，于是存在酉矩阵 $\boldsymbol{U}$，使

$$\boldsymbol{U}^{\mathrm{H}}(\boldsymbol{A}\boldsymbol{A}^+)\boldsymbol{U}=\boldsymbol{D}$$

其对角元即为它的特征值. 现断言 $\boldsymbol{A}\boldsymbol{A}^+$ 必有 1 特征值，否则其特征值全为 0，于是推得 $\boldsymbol{A}\boldsymbol{A}^+=\boldsymbol{U}\boldsymbol{D}\boldsymbol{U}^{\mathrm{H}}=\boldsymbol{O}$，故

$$\mathrm{rank}(\boldsymbol{A}\boldsymbol{A}^+)=0$$

这与 $\mathrm{rank}(\boldsymbol{A}\boldsymbol{A}^+)=\mathrm{rank}(\boldsymbol{A})=n$ 矛盾.

因 $\boldsymbol{A}\boldsymbol{A}^+$ 是正规矩阵，故 $\|\boldsymbol{A}\boldsymbol{A}^+\|_2=\rho(\boldsymbol{A}\boldsymbol{A}^+)=1$.

证法二(特征值，特征向量)

$$(\boldsymbol{A}\boldsymbol{A}^+)^2=(\boldsymbol{A}\boldsymbol{A}^+)(\boldsymbol{A}\boldsymbol{A}^+)=(\boldsymbol{A}\boldsymbol{A}^+\boldsymbol{A})\boldsymbol{A}^+=\boldsymbol{A}\boldsymbol{A}^+$$

故 $\boldsymbol{A}\boldsymbol{A}^+$ 是幂等阵，因此它的特征值只能为 0 或 1.

设 $\boldsymbol{\theta}\neq\boldsymbol{\xi}\in\mathbf{C}^n$ 为 $\boldsymbol{A}\boldsymbol{A}^+$ 的特征向量，因为 $\boldsymbol{A}\in\mathbf{C}_n^{m\times n}$(列满秩)，所以 $\boldsymbol{A}\boldsymbol{\xi}\neq\boldsymbol{\theta}$，于是有

$$(\boldsymbol{A}\boldsymbol{A}^+)(\boldsymbol{A}\boldsymbol{\xi})=(\boldsymbol{A}\boldsymbol{A}^+\boldsymbol{A})\boldsymbol{\xi}=\boldsymbol{A}\boldsymbol{\xi}=1\cdot(\boldsymbol{A}\boldsymbol{\xi})$$

这说明 $\boldsymbol{A}\boldsymbol{\xi}$ 是 $\boldsymbol{A}\boldsymbol{A}^+$ 的属于特征值 1 的特征向量，因此 $\rho(\boldsymbol{A}\boldsymbol{A}^+)=1$.

由

$$(\boldsymbol{A}\boldsymbol{A}^+)^{\mathrm{H}}(\boldsymbol{A}\boldsymbol{A}^+)=(\boldsymbol{A}\boldsymbol{A}^+)(\boldsymbol{A}\boldsymbol{A}^+)=\boldsymbol{A}\boldsymbol{A}^+$$

$$\rho[(\boldsymbol{A}\boldsymbol{A}^+)^{\mathrm{H}}(\boldsymbol{A}\boldsymbol{A}^+)]=\rho(\boldsymbol{A}\boldsymbol{A}^+)$$

$$\|\boldsymbol{A}\boldsymbol{A}^+\|_2=\sqrt{\rho[(\boldsymbol{A}\boldsymbol{A}^+)^{\mathrm{H}}(\boldsymbol{A}\boldsymbol{A}^+)]}=\sqrt{\rho(\boldsymbol{A}\boldsymbol{A}^+)}=1$$

证法三(奇异值分解)

由 $\boldsymbol{A}\in\mathbf{C}_n^{m\times n}$(列满秩)，可得 $\boldsymbol{A}$ 的奇异值分解

$$\boldsymbol{A}=\boldsymbol{U}\begin{bmatrix}\boldsymbol{\Sigma}\\\boldsymbol{O}\end{bmatrix}\boldsymbol{V}^{\mathrm{H}}，其中\ \boldsymbol{U}\in\mathbf{U}^{m\times m},\boldsymbol{V}\in\mathbf{U}^{n\times n}$$

$$\boldsymbol{\Sigma}=\mathrm{diag}(\sigma_1,\cdots,\sigma_i,\cdots,\sigma_n),\sigma_i=\sqrt{\lambda_i(\boldsymbol{A}^H\boldsymbol{A})}>0,i=1,\cdots,n$$

$$\boldsymbol{A}^+=\boldsymbol{V}[\boldsymbol{\Sigma}^{-1}\quad\boldsymbol{O}]\boldsymbol{U}^{\mathrm{H}}$$

于是

$$\boldsymbol{A}\boldsymbol{A}^+=\boldsymbol{U}\begin{bmatrix}\boldsymbol{I}_n&\boldsymbol{O}\\\boldsymbol{O}&\boldsymbol{O}\end{bmatrix}\boldsymbol{U}^{\mathrm{H}}$$

因为矩阵 2 范数具有酉不变性，且 $\begin{bmatrix}\boldsymbol{I}_n&\boldsymbol{O}\\\boldsymbol{O}&\boldsymbol{O}\end{bmatrix}$ 为正规矩阵，故

$$\|\boldsymbol{A}\boldsymbol{A}^{+}\|_2=\left\|\begin{bmatrix}\boldsymbol{I}_n & \boldsymbol{O}\\ \boldsymbol{O} & \boldsymbol{O}\end{bmatrix}\right\|_2=\rho\left(\begin{bmatrix}\boldsymbol{I}_n & \boldsymbol{O}\\ \boldsymbol{O} & \boldsymbol{O}\end{bmatrix}\right)=1$$

证法四(特征值,幂等阵的秩)

$$(\boldsymbol{A}\boldsymbol{A}^{+})^2=(\boldsymbol{A}\boldsymbol{A}^{+})(\boldsymbol{A}\boldsymbol{A}^{+})=(\boldsymbol{A}\boldsymbol{A}^{+}\boldsymbol{A})\boldsymbol{A}^{+}=\boldsymbol{A}\boldsymbol{A}^{+}$$

故 $\boldsymbol{A}\boldsymbol{A}^{+}$ 是幂等阵,因此它的特征值只能为 0 或 1.

显然$(\boldsymbol{I}_m-\boldsymbol{A}\boldsymbol{A}^{+})(\boldsymbol{A}\boldsymbol{A}^{+})=\boldsymbol{O}$,易知

$$\text{rank}(\boldsymbol{I}_m-\boldsymbol{A}\boldsymbol{A}^{+})+\text{rank}(\boldsymbol{A}\boldsymbol{A}^{+})=m \tag{*}$$

又 $$\text{rank}(\boldsymbol{A})=\text{rank}(\boldsymbol{A}\boldsymbol{A}^{+}\boldsymbol{A})\leqslant\text{rank}(\boldsymbol{A}\boldsymbol{A}^{+})\leqslant\text{rank}(\boldsymbol{A})=n$$

故 $\text{rank}(\boldsymbol{A}\boldsymbol{A}^{+})=n$. 由式(*)知

$$\text{rank}(\boldsymbol{I}_m-\boldsymbol{A}\boldsymbol{A}^{+})=m-\text{rank}(\boldsymbol{A}\boldsymbol{A}^{+})=m-n<m$$

所以$|1\cdot\boldsymbol{I}_m-\boldsymbol{A}\boldsymbol{A}^{+}|=0$,即 1 是 $\boldsymbol{A}\boldsymbol{A}^{+}$ 的特征值,由 $\boldsymbol{A}\boldsymbol{A}^{+}$ 是正规矩阵得

$$\|\boldsymbol{A}\boldsymbol{A}^{+}\|_2=\rho(\boldsymbol{A}\boldsymbol{A}^{+})=1$$

证法五(满秩分解与特征多项式降阶定理)

$\boldsymbol{A}\boldsymbol{A}^{+}$ 是幂等阵,因此它的特征值只能为 0 或 1.

因 $\boldsymbol{A}\in\mathbf{C}_n^{m\times n}$,由满秩分解有

$$\boldsymbol{A}^{+}=(\boldsymbol{A}^{\mathrm{H}}\boldsymbol{A})^{-1}\boldsymbol{A}^{\mathrm{H}}$$

故 $$\boldsymbol{A}^{+}\boldsymbol{A}=(\boldsymbol{A}^{\mathrm{H}}\boldsymbol{A})^{-1}\boldsymbol{A}^{\mathrm{H}}\boldsymbol{A}=\boldsymbol{I}_n$$

由特征多项式降阶定理有

$$|\lambda\boldsymbol{I}_m-\boldsymbol{A}\boldsymbol{A}^{+}|=\lambda^{m-n}|\lambda\boldsymbol{I}_n-\boldsymbol{A}^{+}\boldsymbol{A}|$$

故 $\boldsymbol{A}\boldsymbol{A}^{+}$ 与$\boldsymbol{A}^{+}\boldsymbol{A}$ 的非零特征值完全相同,因此

$$\rho(\boldsymbol{A}\boldsymbol{A}^{+})=\rho(\boldsymbol{A}^{+}\boldsymbol{A})=\rho(\boldsymbol{I}_n)=1$$

显然 $\boldsymbol{A}\boldsymbol{A}^{+}$ 是 Hermite 矩阵,故为正规矩阵,因而

$$\|\boldsymbol{A}\boldsymbol{A}^{+}\|_2=\rho(\boldsymbol{A}\boldsymbol{A}^{+})=1$$

2010 年春季学期试题

一、填空题(每小题 5 分,共 30 分)

1. 矩阵 $\boldsymbol{A}=\begin{bmatrix}2&0&-1\\1&2&4\\0&0&5\end{bmatrix}$ 的 Jordan 标准形为____________.

2. 设 $\boldsymbol{A}=\begin{bmatrix}6\mathrm{i}&3+4\mathrm{i}\\2\sqrt{2}&-10\end{bmatrix}$, 则 $\|\boldsymbol{A}\|_F=$____________.

3. 设 $\boldsymbol{X}=(x_{ij})_{n\times n}$,则 $\dfrac{\mathrm{d}}{\mathrm{d}\boldsymbol{X}}(\mathrm{tr}\,\boldsymbol{X})=$____________.

4. 设 $\boldsymbol{A}=\begin{bmatrix}0&1&1\\-1&0&1\\-1&-1&0\end{bmatrix}$,则 $\rho(\boldsymbol{A})=$____________.

5. 设 $\boldsymbol{A}=\begin{bmatrix}1&-4&1\\0&3&18\\9&6&-2\end{bmatrix}$,则 $\det \mathrm{e}^{\boldsymbol{A}}=$____________.

6. 设 $\boldsymbol{A}=\begin{bmatrix}1&0\\0&-1\\1&2\end{bmatrix}$,则 $\boldsymbol{A}$ 的最大奇异值为____________.

二、在 $\mathbf{R}^{2\times 2}$ 中,求由基

$$\boldsymbol{A}_1=\begin{bmatrix}1&0\\0&0\end{bmatrix},\boldsymbol{A}_2=\begin{bmatrix}1&1\\0&0\end{bmatrix},\boldsymbol{A}_3=\begin{bmatrix}1&1\\1&0\end{bmatrix},\boldsymbol{A}_4=\begin{bmatrix}1&1\\1&1\end{bmatrix}$$

到基

$$\boldsymbol{B}_1=\begin{bmatrix}1&0\\0&0\end{bmatrix},\boldsymbol{B}_2=\begin{bmatrix}-1&1\\0&0\end{bmatrix},\boldsymbol{B}_3=\begin{bmatrix}0&3\\1&0\end{bmatrix},\boldsymbol{B}_4=\begin{bmatrix}-4&0\\0&1\end{bmatrix}$$

的过渡矩阵. (10 分)

三、在$\mathbf{R}^2$ 中,设 $\boldsymbol{S}=\mathrm{span}\begin{bmatrix}1\\0\end{bmatrix}$,$\boldsymbol{T}=\mathrm{span}\begin{bmatrix}1\\1\end{bmatrix}$,$\mathscr{P}$为沿 $\boldsymbol{T}$ 到 $\boldsymbol{S}$ 的投影变换.

求:① 投影矩阵 $\boldsymbol{P}$;

② $\boldsymbol{\alpha}=\begin{bmatrix}4\\1\end{bmatrix}$沿 $\boldsymbol{T}$ 到 $\boldsymbol{S}$ 的投影. (10 分)

四、证明圆盘定理,即矩阵 $\boldsymbol{A}\in\mathbf{C}^{n\times n}$ 的 n 个特征值都在它的 n 个盖尔圆的并集中. (10 分)

五、用 Laplace 变换的方法求解线性非齐次微分方程组的初值问题

$$\begin{cases}\dfrac{\mathrm{d}\boldsymbol{x}}{\mathrm{d}t}=\boldsymbol{A}\boldsymbol{x}+\boldsymbol{f}(t)\\ \boldsymbol{x}(0)=\boldsymbol{x}_0\end{cases}$$

其中,$\boldsymbol{A}=\begin{bmatrix}2&1\\-1&4\end{bmatrix}$,$\boldsymbol{f}(t)=\begin{bmatrix}0\\\mathrm{e}^{3t}\end{bmatrix}$,$\boldsymbol{x}_0=\begin{bmatrix}1\\0\end{bmatrix}$. (12 分)

六、设 $\boldsymbol{x}$ 是 $\boldsymbol{A}\in\mathbf{C}^{m\times m}$ 的特征向量,$\boldsymbol{y}$ 是 $\boldsymbol{B}\in\mathbf{C}^{n\times n}$ 的特征向量.

求证:$\boldsymbol{x}\otimes\boldsymbol{y}$ 是 $\boldsymbol{A}\otimes\boldsymbol{B}$ 的特征向量. (8分)

七、设 $\boldsymbol{A}=\begin{bmatrix}1&1&1&1\\1&2&3&4\\0&1&2&3\end{bmatrix}$,$\boldsymbol{b}=\begin{bmatrix}1\\2\\1\end{bmatrix}$.

求:①$\boldsymbol{A}$ 的满秩分解;

② $\boldsymbol{A}^+$;

③ 用广义逆矩阵的方法判断线性方程组 $\boldsymbol{Ax}=\boldsymbol{b}$ 的相容性;

④ 用广义逆矩阵的方法解线性方程组 $\boldsymbol{Ax}=\boldsymbol{b}$. (16分)

八、设非零矩阵 $\boldsymbol{A}\in\mathbf{C}_m^{m\times n}$(行满秩),求证:$\|\boldsymbol{A}^+\boldsymbol{A}\|_2=1$. (4分)

2010 年春季学期试题参考答案

一、填空题

1. $\boldsymbol{J}=\underline{\begin{bmatrix}2&1&0\\0&2&0\\0&0&5\end{bmatrix}}$ 或 $\boldsymbol{J}=\underline{\begin{bmatrix}5&0&0\\0&2&1\\0&0&2\end{bmatrix}}$.

2. $\underline{13}$. 3. $\underline{\boldsymbol{I}_n}$. 4. $\underline{\sqrt{3}}$. 5. $\underline{\mathrm{e}^2}$. 6. $\underline{\sqrt{6}}$.

二、解:将

$$\boldsymbol{A}_1=\begin{bmatrix}1&0\\0&0\end{bmatrix},\boldsymbol{A}_2=\begin{bmatrix}1&1\\0&0\end{bmatrix},\boldsymbol{A}_3=\begin{bmatrix}1&1\\1&0\end{bmatrix},\boldsymbol{A}_4=\begin{bmatrix}1&1\\1&1\end{bmatrix}$$

横排竖放得到矩阵

$$\boldsymbol{A}=\begin{bmatrix}1&1&1&1\\0&1&1&1\\0&0&1&1\\0&0&0&1\end{bmatrix}$$

将
$$\boldsymbol{B}_1=\begin{bmatrix}1&0\\0&0\end{bmatrix},\boldsymbol{B}_2=\begin{bmatrix}-1&1\\0&0\end{bmatrix},\boldsymbol{B}_3=\begin{bmatrix}0&3\\1&0\end{bmatrix},\boldsymbol{B}_4=\begin{bmatrix}-4&0\\0&1\end{bmatrix}$$

横排竖放得到矩阵

$$\boldsymbol{B}=\begin{bmatrix}1&-1&0&-4\\0&1&3&0\\0&0&1&0\\0&0&0&1\end{bmatrix}$$

则 $\boldsymbol{B}=\boldsymbol{AP}$,于是过渡矩阵

$$\boldsymbol{P}=\boldsymbol{A}^{-1}\boldsymbol{B}=\begin{bmatrix}1&-2&-3&-4\\0&1&2&0\\0&0&1&-1\\0&0&0&1\end{bmatrix}$$

三、解:① 求投影矩阵

$$\boldsymbol{P}=(\boldsymbol{M},\boldsymbol{O})(\boldsymbol{M},\boldsymbol{N})^{-1}=$$

$$\begin{bmatrix}1 & 0\\0 & 0\end{bmatrix}\begin{bmatrix}1 & 1\\0 & 1\end{bmatrix}^{-1}=\begin{bmatrix}1 & 0\\0 & 0\end{bmatrix}\begin{bmatrix}1 & -1\\0 & 1\end{bmatrix}=\begin{bmatrix}1 & -1\\0 & 0\end{bmatrix}$$

②$\mathscr{P}(\boldsymbol{\alpha})=\boldsymbol{P\alpha}=\begin{bmatrix}1 & -1\\0 & 0\end{bmatrix}\begin{bmatrix}4\\1\end{bmatrix}=\begin{bmatrix}3\\0\end{bmatrix}$.

四、证明:设λ为$\boldsymbol{A}$的任一特征值,$\boldsymbol{x}=(x_1,\cdots,x_j,\cdots,x_n)^{\mathrm{T}}\in\mathbf{C}^n$为$\boldsymbol{A}$的属于特征值$\lambda$的特征向量,故$\boldsymbol{Ax}=\lambda\boldsymbol{x}$,$\boldsymbol{x}\neq\boldsymbol{\theta}$.

设$|x_k|=\max\limits_j|x_j|$,则$|x_k|\neq 0$.由于

$$\sum_{j=1}^{n}a_{ij}x_j=\lambda x_i,i=1,2,\cdots,n$$

所以

$$\sum_{j=1}^{n}a_{kj}x_j=\lambda x_k$$

$$\lambda=\sum_{j=1}^{n}a_{kj}\frac{x_j}{x_k}=a_{k1}\frac{x_1}{x_k}+\cdots+a_{kk-1}\frac{x_{k-1}}{x_k}+a_{kk}+a_{kk+1}\frac{x_{k+1}}{x_k}+\cdots+a_{kn}\frac{x_n}{x_k}$$

$$|\lambda-a_{kk}|\leqslant\sum_{j=1,j\neq k}^{n}|a_{kj}|\left|\frac{x_j}{x_k}\right|\leqslant\sum_{j=1,j\neq k}^{n}|a_{kj}|=R_k$$

这说明

$$\lambda\in G_k$$

因此λ在n个盖尔圆的并集中;由于λ为$\boldsymbol{A}$的任一特征值,所以$\boldsymbol{A}$的n个特征值都在它的n个盖尔圆的并集中.

五、解:对微分方程组两边取 Laplace 变换得

$$s\boldsymbol{X}(s)-\boldsymbol{x}(0)=\boldsymbol{AX}(s)+\boldsymbol{F}(s)$$

$$(s\boldsymbol{I}-\boldsymbol{A})\boldsymbol{X}(s)=\begin{bmatrix}1\\0\end{bmatrix}+\begin{bmatrix}0\\\dfrac{1}{s-3}\end{bmatrix}$$

$$\boldsymbol{X}(s)=(s\boldsymbol{I}-\boldsymbol{A})^{-1}\begin{bmatrix}1\\\dfrac{1}{s-3}\end{bmatrix}=$$

$$\begin{bmatrix}\dfrac{1}{s-3}-\dfrac{1}{(s-3)^2} & \dfrac{1}{(s-3)^2}\\-\dfrac{1}{(s-3)^2} & \dfrac{1}{s-3}+\dfrac{1}{(s-3)^2}\end{bmatrix}\begin{bmatrix}1\\\dfrac{1}{s-3}\end{bmatrix}=$$

$$\begin{bmatrix}\dfrac{1}{s-3}-\dfrac{1}{(s-3)^2}+\dfrac{1}{(s-3)^3}\\\dfrac{1}{(s-3)^3}\end{bmatrix}$$

由 Laplace 的反变换即得

$$\boldsymbol{x}(t)=\begin{bmatrix}\mathrm{e}^{3t}-t\mathrm{e}^{3t}+\dfrac{1}{2}t^2\mathrm{e}^{3t}\\\dfrac{1}{2}t^2\mathrm{e}^{3t}\end{bmatrix}$$

六、证明:设 $\boldsymbol{Ax}=\lambda\boldsymbol{x}$,$\boldsymbol{By}=\mu\boldsymbol{y}$,由定理 8.1 之(5) 有

$$(\boldsymbol{A}\otimes\boldsymbol{B})(\boldsymbol{x}\otimes\boldsymbol{y})=(\boldsymbol{Ax})\otimes(\boldsymbol{By})=$$
$$(\lambda\boldsymbol{x})\otimes(\mu\boldsymbol{y})=(\lambda\mu)(\boldsymbol{x}\otimes\boldsymbol{y})$$

由 $\boldsymbol{x}\neq\boldsymbol{\theta}$,$\boldsymbol{y}\neq\boldsymbol{\theta}$,故$(\boldsymbol{x}\otimes\boldsymbol{y})\neq\boldsymbol{\theta}$,这说明 $\boldsymbol{x}\otimes\boldsymbol{y}$ 是矩阵$\boldsymbol{A}\otimes\boldsymbol{B}$ 的属于特征值$\lambda\mu$ 的特征向量.

七、解:①

$$\boldsymbol{A}=\begin{bmatrix}1&1&1&1\\1&2&3&4\\0&1&2&3\end{bmatrix}\xrightarrow{r}\begin{bmatrix}1&0&-1&-2\\0&1&2&3\\0&0&0&0\end{bmatrix}$$

令

$$\boldsymbol{F}=\begin{bmatrix}1&1\\1&2\\0&1\end{bmatrix},\boldsymbol{G}=\begin{bmatrix}1&0&-1&-2\\0&1&2&3\end{bmatrix}$$

则 $\boldsymbol{A}$ 有满秩分解

$$\boldsymbol{A}=\boldsymbol{FG}$$

② $\boldsymbol{A}^{+}=\dfrac{1}{30}\begin{bmatrix}17&4&-13\\9&3&-6\\1&2&1\\-7&1&8\end{bmatrix}$.

③ $\boldsymbol{A}^{+}\boldsymbol{b}=\dfrac{1}{10}\begin{bmatrix}4\\3\\2\\1\end{bmatrix}$,$\boldsymbol{AA}^{+}\boldsymbol{b}=\begin{bmatrix}1\\2\\1\end{bmatrix}=\boldsymbol{b}$.

线性方程组 $\boldsymbol{Ax}=\boldsymbol{b}$ 为相容方程组.

④ $\boldsymbol{A}^{+}\boldsymbol{A}=\dfrac{1}{30}\begin{bmatrix}21&12&3&-6\\12&9&6&3\\3&6&9&12\\-6&3&12&21\end{bmatrix}=\dfrac{1}{10}\begin{bmatrix}7&4&1&-2\\4&3&2&1\\1&2&3&4\\-2&1&4&7\end{bmatrix}$.

相容方程组 $\boldsymbol{Ax}=\boldsymbol{b}$ 的通解为

$$\boldsymbol{x}=\boldsymbol{A}^{+}\boldsymbol{b}+(\boldsymbol{I}_n-\boldsymbol{A}^{+}\boldsymbol{A})\boldsymbol{y}=$$
$$\frac{1}{10}\begin{bmatrix}4\\3\\2\\1\end{bmatrix}+\frac{1}{10}\begin{bmatrix}3&-4&-1&2\\-4&7&-2&-1\\-1&-2&7&-4\\2&-1&-4&3\end{bmatrix}\begin{bmatrix}y_1\\y_2\\y_3\\y_4\end{bmatrix}$$

其中,y_1,y_2,y_3,y_4 为任意常数,$\boldsymbol{x}_0=\boldsymbol{A}^{+}\boldsymbol{b}=\dfrac{1}{10}\begin{bmatrix}4\\3\\2\\1\end{bmatrix}$ 为极小范数解.

八、证法一(特征值,酉相似对角阵)

$$(\boldsymbol{A}^{+}\boldsymbol{A})^2=(\boldsymbol{A}^{+}\boldsymbol{A})(\boldsymbol{A}^{+}\boldsymbol{A})=\boldsymbol{A}^{+}(\boldsymbol{AA}^{+}\boldsymbol{A})=\boldsymbol{A}^{+}\boldsymbol{A}$$

故$\boldsymbol{A}^{+}\boldsymbol{A}$ 是幂等阵,因此它的特征值只能为 0 或 1. 由$\boldsymbol{A}^{+}$ 的定义知$(\boldsymbol{A}^{+}\boldsymbol{A})^{\mathrm{H}}=(\boldsymbol{A}^{+}\boldsymbol{A})$,$\boldsymbol{A}^{+}\boldsymbol{A}$ 是

Hermite 矩阵，故A^+A是正规矩阵，因此酉相似对角阵，即存在酉矩阵U，使$U^H(A^+A)U=D$，D的对角元即为它的特征值.

现断言A^+A必有1特征值，否则其特征值全为0，于是推得$A^+A=UDU^H=O$，故

$$\operatorname{rank}(A^+A)=0$$

这与$\operatorname{rank}(A^+A)=\operatorname{rank}(A)=m>0$矛盾. 因$A^+A$是正规矩阵，故

$$\|A^+A\|_2=\rho(A^+A)=1$$

证法二(满秩分解与特征多项式降阶定理)

A^+A是幂等阵，因此它的特征值只能为0或1.

因$A\in \mathbf{C}_m^{m\times n}$，由满秩分解有

$$A^+=A^H(AA^H)^{-1}$$

故
$$AA^+=AA^H(AA^H)^{-1}=I_m\text{（注意}A^+A\neq I_n\text{）}$$

由特征多项式降阶定理有

$$|\lambda I_n-A^+A|=\lambda^{n-m}|\lambda I_m-AA^+|$$

故A^+A与AA^+的非零特征值完全相同，因此

$$\rho(A^+A)=\rho(AA^+)=\rho(I_m)=1$$

显然A^+A是 Hermite 矩阵，故为正规矩阵，因而

$$\|A^+A\|_2=\rho(A^+A)=1$$

本题有多种证法，其他方法可参照2009年秋季试题第八题解答，请读者自行完成.

2010 年秋季学期试题

一、填空题(每小题 5 分,共 30 分)

1. 矩阵 $\boldsymbol{A}=\begin{bmatrix}3 & 0 & 8\\1 & 3 & -2\\0 & 0 & 5\end{bmatrix}$ 的 Jordan 标准形为__________.

2. 设 $\boldsymbol{A}=\begin{bmatrix}0 & -1 & -1\\1 & 0 & -1\\1 & 1 & 0\end{bmatrix}$,则 $\|\boldsymbol{A}\|_2=$__________.

3. 设 $\boldsymbol{A}$ 为 n 阶实对称矩阵,$\boldsymbol{x}$ 为 n 维列向量,$f(\boldsymbol{x})=\boldsymbol{x}^{\mathrm{T}}\boldsymbol{A}\boldsymbol{x}$,则 $\dfrac{\mathrm{d}f}{\mathrm{d}\boldsymbol{x}}=$__________.

4. 设 $\boldsymbol{A}=\begin{bmatrix}-5 & 0 & 0\\0 & 2 & 0\\0 & 0 & 2\end{bmatrix}$,$\boldsymbol{B}=\begin{bmatrix}-1 & 9\\0 & -1\end{bmatrix}$,则 $\det(\boldsymbol{A}\otimes\boldsymbol{B})=$__________.

5. 设 $\boldsymbol{A}=\begin{bmatrix}1 & 0\\0 & 1\\1 & 1\end{bmatrix}$,则 $\boldsymbol{A}$ 的最小奇异值为__________.

6. 设 $\boldsymbol{A}\in\mathbf{C}^{m\times m}$,$\boldsymbol{B}\in\mathbf{C}^{n\times n}$,$\boldsymbol{X}\in\mathbf{C}^{m\times n}$,则 $\mathrm{vec}(\boldsymbol{AX}+\boldsymbol{XB})=$__________.

二、设 $\boldsymbol{\alpha}_i\in\mathbf{V}(\mathbf{F})$,$i=1,2,\cdots,m$.

求证:$\dim\ \mathrm{span}(\boldsymbol{\alpha}_1,\boldsymbol{\alpha}_2,\cdots,\boldsymbol{\alpha}_m)=\mathrm{rank}\{\boldsymbol{\alpha}_1,\boldsymbol{\alpha}_2,\cdots,\boldsymbol{\alpha}_m\}$. (8 分)

三、求广义特征值问题 $\boldsymbol{Ax}=\lambda\boldsymbol{Bx}$ 的广义特征值与广义特征向量,其中

$$\boldsymbol{A}=\begin{bmatrix}1 & 0\\0 & 0\end{bmatrix},\boldsymbol{B}=\begin{bmatrix}1 & 1\\1 & 2\end{bmatrix}$$ (10 分)

四、设欧氏空间 $P[x]_3$ 中的内积为

$$(f(x),g(x))=\int_{-1}^{1}f(x)g(x)\mathrm{d}x$$

求基 $1,x,x^2$ 的度量矩阵. (10 分)

五、设 $\mathscr{A}$ 为酉空间 $\mathbf{V}_n(\mathbf{C},\mathbf{U})$ 中的线性变换.

求证:$\mathscr{A}$ 是 Hermite 变换的充要条件为它在标准正交基 $\boldsymbol{\varepsilon}_1,\cdots,\boldsymbol{\varepsilon}_i,\cdots,\boldsymbol{\varepsilon}_j,\cdots,\boldsymbol{\varepsilon}_n$ 下的表示矩阵 $\boldsymbol{A}$ 是 Hermite 矩阵. (12 分)

六、求解矩阵微分方程的初值问题

$$\begin{cases}\dfrac{\mathrm{d}\boldsymbol{X}(t)}{\mathrm{d}t}=\begin{bmatrix}1 & 0\\0 & -2\end{bmatrix}\boldsymbol{X}(t)+\boldsymbol{X}(t)\begin{bmatrix}0 & 1\\-1 & 0\end{bmatrix}\\ \boldsymbol{X}(0)=\begin{bmatrix}1 & 0\\0 & -1\end{bmatrix}\end{cases}$$ (10 分)

七、设 $\boldsymbol{A}=\begin{bmatrix}1 & 0 & -1 & 1\\1 & -2 & -3 & -1\\-1 & 4 & 5 & 3\end{bmatrix}$,$\boldsymbol{b}=\begin{bmatrix}1\\1\\-1\end{bmatrix}$.

求:① $\boldsymbol{A}$ 的满秩分解;

② $\boldsymbol{A}^{+}$;

③ 用广义逆矩阵的方法判断线性方程组 $\boldsymbol{Ax}=\boldsymbol{b}$ 的相容性；

④ 用广义逆矩阵的方法解线性方程组 $\boldsymbol{Ax}=\boldsymbol{b}$. (16 分)

八、设 $\boldsymbol{A}\in\mathbf{C}^{m\times n}$，求证：$(\boldsymbol{A}^{\mathrm{H}}\boldsymbol{A})^{+}=\boldsymbol{A}^{+}(\boldsymbol{A}^{\mathrm{H}})^{+}$. (4 分)

2010 年秋季学期试题参考答案

一、填空题

1. $\boldsymbol{J}=\begin{bmatrix}5&0&0\\0&3&1\\0&0&3\end{bmatrix}$ 或 $\boldsymbol{J}=\begin{bmatrix}3&1&0\\0&3&0\\0&0&5\end{bmatrix}$. 2. $\sqrt{3}$. 3. $2\boldsymbol{Ax}$. 4. 400. 5. 1.

6. $\mathrm{vec}(\boldsymbol{AX}+\boldsymbol{XB})=(\boldsymbol{A}\otimes\boldsymbol{I}_n+\boldsymbol{I}_m\otimes\boldsymbol{B}^{\mathrm{T}})\mathrm{vec}\,\boldsymbol{X}$.

二、证明：不妨设 $\boldsymbol{\alpha}_1,\boldsymbol{\alpha}_2,\cdots,\boldsymbol{\alpha}_r(r\leqslant m)$ 为向量组 $\boldsymbol{\alpha}_1,\boldsymbol{\alpha}_2,\cdots,\boldsymbol{\alpha}_m$ 的一个极大无关组，于是

$$\mathrm{rank}(\boldsymbol{\alpha}_1,\boldsymbol{\alpha}_2,\cdots,\boldsymbol{\alpha}_m)=r$$

对 $\forall\boldsymbol{\alpha}\in\mathrm{span}(\boldsymbol{\alpha}_1,\boldsymbol{\alpha}_2,\cdots,\boldsymbol{\alpha}_m)$，$\exists k_i\in\mathbf{F},i=1,\cdots,m$，使

$$\begin{aligned}\boldsymbol{\alpha}=\sum_{i=1}^{m}k_i\boldsymbol{\alpha}_i=\\ \sum_{i=1}^{r}k_i\boldsymbol{\alpha}_i+\sum_{i=r+1}^{m}k_i\boldsymbol{\alpha}_i=\sum_{i=1}^{r}k_i\boldsymbol{\alpha}_i+\sum_{j=r+1}^{m}k_j\boldsymbol{\alpha}_j=\\ \sum_{i=1}^{r}k_i\boldsymbol{\alpha}_i+\sum_{j=r+1}^{m}k_j(\sum_{i=1}^{r}p_{ij}\boldsymbol{\alpha}_i)=\\ \sum_{i=1}^{r}k_i\boldsymbol{\alpha}_i+\sum_{i=1}^{r}(\sum_{j=r+1}^{m}k_jp_{ij})\boldsymbol{\alpha}_i=\\ \sum_{i=1}^{r}(k_i+\sum_{j=r+1}^{m}k_jp_{ij})\boldsymbol{\alpha}_i\end{aligned}$$

这说明 $\boldsymbol{\alpha}$ 可表成向量组 $\boldsymbol{\alpha}_1,\boldsymbol{\alpha}_2,\cdots,\boldsymbol{\alpha}_r$ 的线性组合，因此 $\boldsymbol{\alpha}_1,\boldsymbol{\alpha}_2,\cdots,\boldsymbol{\alpha}_r$ 为线性空间 $\mathrm{span}(\boldsymbol{\alpha}_1,\boldsymbol{\alpha}_2,\cdots,\boldsymbol{\alpha}_m)$ 的基，故

$$\dim\mathrm{span}(\boldsymbol{\alpha}_1,\boldsymbol{\alpha}_2,\cdots,\boldsymbol{\alpha}_m)=r=\mathrm{rank}\{\boldsymbol{\alpha}_1,\boldsymbol{\alpha}_2,\cdots,\boldsymbol{\alpha}_m\}$$

三、解法一：直接求解 $\boldsymbol{Ax}=\lambda\boldsymbol{Bx}$. 得

$$(\lambda\boldsymbol{B}-\boldsymbol{A})\boldsymbol{\xi}=\boldsymbol{\theta}$$

$$|\lambda\boldsymbol{B}-\boldsymbol{A}|=\begin{vmatrix}\lambda-1&\lambda\\\lambda&2\lambda\end{vmatrix}=\lambda^2-2\lambda=0$$

广义特征值为 $\lambda_1=0,\lambda_2=2$.

对于

$$\lambda_1=0,\lambda_1\boldsymbol{B}-\boldsymbol{A}=\begin{bmatrix}-1&0\\0&0\end{bmatrix}\xrightarrow{r}\begin{bmatrix}1&0\\0&0\end{bmatrix}$$

广义特征向量为 $k_1\begin{bmatrix}0\\1\end{bmatrix}$，$k_1$ 为不等于零的任意常数.

对于

$$\lambda_2=2,\lambda_2\boldsymbol{B}-\boldsymbol{A}=\begin{bmatrix}1&2\\2&4\end{bmatrix}\xrightarrow{r}\begin{bmatrix}1&2\\0&0\end{bmatrix}$$

广义特征向量为 $k_2\begin{bmatrix}-2\\1\end{bmatrix}$,$k_2$ 为不等于零的任意常数.

方法二:转化求解$\boldsymbol{B}^{-1}\boldsymbol{A}\boldsymbol{x}=\lambda\boldsymbol{x}$.得

$$\boldsymbol{B}^{-1}=\begin{bmatrix}2&-1\\-1&1\end{bmatrix},\boldsymbol{B}^{-1}\boldsymbol{A}=\begin{bmatrix}2&0\\-1&0\end{bmatrix}$$

$$|\lambda\boldsymbol{I}-\boldsymbol{B}^{-1}\boldsymbol{A}|=\begin{vmatrix}\lambda-2&0\\1&\lambda\end{vmatrix}=\lambda^2-2\lambda=0$$

广义特征值为 $\lambda_1=0,\lambda_2=2$.

对于

$$\lambda_1=0,\lambda_1\boldsymbol{I}-\boldsymbol{B}^{-1}\boldsymbol{A}=\begin{bmatrix}-2&0\\1&0\end{bmatrix}\xrightarrow{r}\begin{bmatrix}1&0\\0&0\end{bmatrix}$$

广义特征向量为 $k_1\begin{bmatrix}0\\1\end{bmatrix}$,$k_1$ 为不等于零的任意常数.

对于

$$\lambda_2=0,\lambda_2\boldsymbol{I}-\boldsymbol{B}^{-1}\boldsymbol{A}=\begin{bmatrix}0&0\\1&2\end{bmatrix}\xrightarrow{r}\begin{bmatrix}1&2\\0&0\end{bmatrix}$$

广义特征向量为 $k_2\begin{bmatrix}-2\\1\end{bmatrix}$,$k_2$ 为不等于零的任意常数.

四、解:设基 $1,x,x^2$ 的度量矩阵为 $\boldsymbol{A}=(a_{ij})_{3\times3}$,因为 $\boldsymbol{A}$ 实对称,故只需计算 $a_{ij}(i\leqslant j)$

$$a_{11}=(1,1)=\int_{-1}^{1}1\cdot1\mathrm{d}x=2,a_{22}=(x,x)=\int_{-1}^{1}x\cdot x\mathrm{d}x=\frac{2}{3}$$

$$a_{12}=(1,x)=\int_{-1}^{1}1\cdot x\mathrm{d}x=0,a_{23}=(x,x^2)=\int_{-1}^{1}x\cdot x^2\mathrm{d}x=0$$

$$a_{13}=(1,x^2)=\int_{-1}^{1}1\cdot x^2\mathrm{d}x=\frac{2}{3},a_{33}=(x^2,x^2)=\int_{-1}^{1}x^2\cdot x^2\mathrm{d}x=\frac{2}{5}$$

所以

$$\boldsymbol{A}=\begin{bmatrix}2&0&\frac{2}{3}\\0&\frac{2}{3}&0\\\frac{2}{3}&0&\frac{2}{5}\end{bmatrix}$$

五、证明:设 $\boldsymbol{\varepsilon}_1,\cdots,\boldsymbol{\varepsilon}_i,\cdots,\boldsymbol{\varepsilon}_j,\cdots,\boldsymbol{\varepsilon}_n$ 为酉空间$\boldsymbol{V}_n(\boldsymbol{C},\boldsymbol{U})$ 的标准正交基,线性变换 $\mathscr{A}$ 在此基下的表示矩阵为 $\boldsymbol{A}$.

欲证对于 $\boldsymbol{\alpha},\boldsymbol{\beta}$ 的一般结论,先证 $\boldsymbol{\varepsilon}_i,\boldsymbol{\varepsilon}_j$ 的特殊情况.于是有

$$\mathscr{A}(\boldsymbol{\varepsilon}_1,\cdots,\boldsymbol{\varepsilon}_i,\cdots,\boldsymbol{\varepsilon}_j,\cdots,\boldsymbol{\varepsilon}_n)=(\boldsymbol{\varepsilon}_1,\cdots,\boldsymbol{\varepsilon}_k,\cdots,\boldsymbol{\varepsilon}_n)\boldsymbol{A}$$

因此

$$\mathscr{A}(\boldsymbol{\varepsilon}_i)=\sum_{k=1}^{n}a_{ki}\boldsymbol{\varepsilon}_k$$

故

$$(\mathscr{A}(\boldsymbol{\varepsilon}_i),\boldsymbol{\varepsilon}_j)=(\sum_{k=1}^{n}a_{ki}\boldsymbol{\varepsilon}_k,\boldsymbol{\varepsilon}_j)=\overline{a_{ji}} \qquad ①$$

$$\mathscr{A}(\boldsymbol{\varepsilon}_j)=\sum_{k=1}^{n}a_{kj}\boldsymbol{\varepsilon}_k$$

故

$$(\boldsymbol{\varepsilon}_i,\mathscr{A}(\boldsymbol{\varepsilon}_j))=(\boldsymbol{\varepsilon}_i,\sum_{k=1}^{n}a_{kj}\boldsymbol{\varepsilon}_k)=a_{ij} \qquad ②$$

先证必要性.

设 $\mathscr{A}$ 是酉空间$\mathbf{V}_n(\mathbf{C},\mathbf{U})$ 的 Hermite 变换,则对于指定的 $\boldsymbol{\varepsilon}_i,\boldsymbol{\varepsilon}_j$ 有

$$(\mathscr{A}(\boldsymbol{\varepsilon}_i),\boldsymbol{\varepsilon}_j)=(\boldsymbol{\varepsilon}_i,\mathscr{A}(\boldsymbol{\varepsilon}_j))$$

由 ①② 两式得$\overline{a_{ji}}=a_{ij}$.

这说明$\boldsymbol{A}^{\mathrm{H}}=\boldsymbol{A}$,即 $\boldsymbol{A}$ 是 Hermite 矩阵,必要性得证.

再证充分性.

设$\boldsymbol{A}^{\mathrm{H}}=\boldsymbol{A}$,则$\overline{a_{ji}}=a_{ij}$,故

$$(\mathscr{A}(\boldsymbol{\varepsilon}_i),\boldsymbol{\varepsilon}_j)=(\boldsymbol{\varepsilon}_i,\mathscr{A}(\boldsymbol{\varepsilon}_j))$$

对 $\forall\boldsymbol{\alpha},\boldsymbol{\beta}\in\mathbf{V}_n(\mathbf{C},\mathbf{U})$,由 $\boldsymbol{\alpha}=\sum_{i=1}^{n}x_i\boldsymbol{\varepsilon}_i$,则

$$\mathscr{A}(\boldsymbol{\alpha})=\sum_{i=1}^{n}x_i\mathscr{A}(\boldsymbol{\varepsilon}_i)$$

由 $\boldsymbol{\beta}=\sum_{j=1}^{n}y_j\boldsymbol{\varepsilon}_j$,则

$$\mathscr{A}(\boldsymbol{\beta})=\sum_{j=1}^{n}y_j\mathscr{A}(\boldsymbol{\varepsilon}_j)$$

$$(\mathscr{A}(\boldsymbol{\alpha}),\boldsymbol{\beta})=(\sum_{i=1}^{n}x_i\mathscr{A}(\boldsymbol{\varepsilon}_i),\sum_{j=1}^{n}y_j\boldsymbol{\varepsilon}_j)=$$

$$\sum_{i=1}^{n}\sum_{j=1}^{n}\overline{x_i}y_j(\mathscr{A}(\boldsymbol{\varepsilon}_i),\boldsymbol{\varepsilon}_j)$$

$$(\boldsymbol{\alpha},\mathscr{A}(\boldsymbol{\beta}))=(\sum_{i=1}^{n}x_i\boldsymbol{\varepsilon}_i,\sum_{j=1}^{n}y_j\mathscr{A}(\boldsymbol{\varepsilon}_j))=$$

$$\sum_{i=1}^{n}\sum_{j=1}^{n}\overline{x_i}y_j(\boldsymbol{\varepsilon}_i,\mathscr{A}(\boldsymbol{\varepsilon}_j))$$

故$(\mathscr{A}(\boldsymbol{\alpha}),\boldsymbol{\beta})=(\boldsymbol{\alpha},\mathscr{A}(\boldsymbol{\beta}))$,即 $\mathscr{A}$ 是 Hermite 变换.

六、解:记

$$\boldsymbol{A}=\begin{bmatrix}1&0\\0&-2\end{bmatrix},\boldsymbol{B}=\begin{bmatrix}0&1\\-1&0\end{bmatrix},\boldsymbol{X}_0=\begin{bmatrix}1&0\\0&-1\end{bmatrix}$$

因 $\boldsymbol{A}$ 是对角阵,故

$$\mathrm{e}^{\boldsymbol{A}t}=\begin{bmatrix}\mathrm{e}^{t}&0\\0&\mathrm{e}^{-2t}\end{bmatrix}$$

以下用 Laplace 变换的方法计算 $\mathrm{e}^{\boldsymbol{B}t}$,有

$$\mathrm{e}^{\boldsymbol{B}t}=\mathscr{L}^{-1}[(s\boldsymbol{I}-\boldsymbol{B})^{-1}]$$

由

$$s\boldsymbol{I}-\boldsymbol{B}=\begin{bmatrix}s&-1\\1&s\end{bmatrix}$$

则

$$(s\boldsymbol{I}-\boldsymbol{B})^{-1}=\frac{\operatorname{adj}(s\boldsymbol{I}-\boldsymbol{B})}{\det(s\boldsymbol{I}-\boldsymbol{B})}=\frac{(s\boldsymbol{I}-\boldsymbol{B})^{*}}{|s\boldsymbol{I}-\boldsymbol{B}|}=$$

$$\frac{1}{s^2+1}\begin{bmatrix}s & 1\\ -1 & s\end{bmatrix}=\begin{bmatrix}\dfrac{s}{s^2+1} & \dfrac{1}{s^2+1}\\ -\dfrac{1}{s^2+1} & \dfrac{s}{s^2+1}\end{bmatrix}$$

于是

$$\mathrm{e}^{\boldsymbol{B}t}=\mathscr{L}^{-1}[(s\boldsymbol{I}-\boldsymbol{B})^{-1}]=\begin{bmatrix}\cos t & \sin t\\ -\sin t & \cos t\end{bmatrix}$$

最后有

$$\boldsymbol{X}(t)=\mathrm{e}^{\boldsymbol{A}t}\boldsymbol{X}(0)\mathrm{e}^{\boldsymbol{B}t}=$$

$$\begin{bmatrix}\mathrm{e}^{t} & 0\\ 0 & \mathrm{e}^{-2t}\end{bmatrix}\begin{bmatrix}1 & 0\\ 0 & -1\end{bmatrix}\begin{bmatrix}\cos t & \sin t\\ -\sin t & \cos t\end{bmatrix}=$$

$$\begin{bmatrix}\mathrm{e}^{t} & 0\\ 0 & -\mathrm{e}^{-2t}\end{bmatrix}\begin{bmatrix}\cos t & \sin t\\ -\sin t & \cos t\end{bmatrix}=$$

$$\begin{bmatrix}\mathrm{e}^{t}\cos t & \mathrm{e}^{t}\sin t\\ \mathrm{e}^{-2t}\sin t & -\mathrm{e}^{-2t}\cos t\end{bmatrix}$$

七、解:①

$$\boldsymbol{A}=\begin{bmatrix}1 & 0 & -1 & 1\\ 1 & -2 & -3 & -1\\ -1 & 4 & 5 & 3\end{bmatrix}\xrightarrow{r}\begin{bmatrix}1 & 0 & -1 & 1\\ 0 & 1 & 1 & 1\\ 0 & 0 & 0 & 0\end{bmatrix}$$

令

$$\boldsymbol{F}=\begin{bmatrix}1 & 0\\ 1 & -2\\ -1 & 4\end{bmatrix},\boldsymbol{G}=\begin{bmatrix}1 & 0 & -1 & 1\\ 0 & 1 & 1 & 1\end{bmatrix}$$

则 $\boldsymbol{A}$ 有满秩分解

$$\boldsymbol{A}=\boldsymbol{F}\boldsymbol{G}$$

② 可得

$$\boldsymbol{G}^{+}=\boldsymbol{G}^{\mathrm{T}}(\boldsymbol{G}\boldsymbol{G}^{\mathrm{T}})^{-1}=\begin{bmatrix}1 & 0\\ 0 & 1\\ -1 & 1\\ 1 & 1\end{bmatrix}\frac{1}{3}\begin{bmatrix}1 & 0\\ 0 & 1\end{bmatrix}=\frac{1}{3}\begin{bmatrix}1 & 0\\ 0 & 1\\ -1 & 1\\ 1 & 1\end{bmatrix}$$

$$\boldsymbol{F}^{+}=(\boldsymbol{F}^{\mathrm{T}}\boldsymbol{F})-1\,\boldsymbol{F}^{\mathrm{T}}=\frac{1}{24}\begin{bmatrix}20 & 6\\ 6 & 3\end{bmatrix}\begin{bmatrix}1 & 1 & -1\\ 0 & -2 & 4\end{bmatrix}=\frac{1}{12}\begin{bmatrix}10 & 4 & 2\\ 3 & 0 & 3\end{bmatrix}$$

$$\boldsymbol{A}^{+}=\boldsymbol{G}^{\mathrm{T}}(\boldsymbol{G}\boldsymbol{G}^{\mathrm{T}})^{-1}(\boldsymbol{F}^{\mathrm{T}}\boldsymbol{F})^{-1}\boldsymbol{F}^{\mathrm{T}}=\boldsymbol{G}^{+}\boldsymbol{F}^{+}=$$

$$\frac{1}{36}\begin{bmatrix}10 & 4 & 2\\ 3 & 0 & 3\\ -7 & -4 & 1\\ 13 & 4 & 5\end{bmatrix}$$

③ 可得

$$A^+ b=\frac{1}{36}\begin{bmatrix}10 & 4 & 2\\3 & 0 & 3\\-7 & -4 & 1\\13 & 4 & 5\end{bmatrix}\begin{bmatrix}1\\1\\-1\end{bmatrix}=\frac{1}{36}\begin{bmatrix}12\\0\\-12\\12\end{bmatrix}=\frac{1}{3}\begin{bmatrix}1\\0\\-1\\1\end{bmatrix}$$

$$AA^+ b=\begin{bmatrix}1 & 0 & -1 & 1\\1 & -2 & -3 & -1\\-1 & 4 & 5 & 3\end{bmatrix}\frac{1}{3}\begin{bmatrix}1\\0\\-1\\1\end{bmatrix}=\begin{bmatrix}1\\1\\-1\end{bmatrix}=b$$

线性方程组 $Ax=b$ 为相容线性方程组.

④ 可得

$$A^+ A=\frac{1}{36}\begin{bmatrix}12 & 0 & -12 & 12\\0 & 12 & 12 & 12\\-12 & 12 & 24 & 0\\12 & 12 & 0 & 24\end{bmatrix}=\frac{1}{3}\begin{bmatrix}1 & 0 & -1 & 1\\0 & 1 & 1 & 1\\-1 & 1 & 2 & 0\\1 & 1 & 0 & 2\end{bmatrix}$$

($A^+ A$ 一定是对称阵,否则计算有误).

线性方程组 $Ax=b$ 的通解为

$$x=A^+ b+(I_n-A^+ A)y=$$

$$\frac{1}{3}\begin{bmatrix}1\\0\\-1\\1\end{bmatrix}+\frac{1}{3}\begin{bmatrix}2 & 0 & 1 & -1\\0 & 2 & -1 & -1\\1 & -1 & 1 & 0\\-1 & -1 & 0 & 1\end{bmatrix}\begin{bmatrix}y_1\\y_2\\y_3\\y_4\end{bmatrix}$$

其中,y_1,y_2,y_3,y_4 为任意常数,$x_0=A^+ b=\frac{1}{3}\begin{bmatrix}1\\0\\-1\\1\end{bmatrix}$ 为极小范数解.

八、证:注意以下结论成立

$$A^H AA^+=A^+ AA^H=A^H$$

$$(A^H)^+ A^H A=(A^H)^+ A^H(A^H)^H=(A^H)^H=A$$

以下验证 $A^+ (A^H)^+$ 满足四个 Penrose 方程.

① $(A^H A)(A^+ (A^H)^+)(A^H A)=$

$(A^H AA^+)\cdot((A^H)^+ A^H A)=$

$A^H\cdot A=$

$A^H A$

② $(A^+ (A^H)^+)(A^H A)(A^+ (A^H)^+)=$

$A^+ ((A^H)^+ A^H A)(A^+ (A^H)^+)=$

$A^+ AA^+ (A^H)^+=$

$(A^+ AA^+)(A^H)^+=$

$A^+ (A^H)^+$

③ $[(\boldsymbol{A}^{\mathrm{H}}\boldsymbol{A})(\boldsymbol{A}^{+}(\boldsymbol{A}^{\mathrm{H}})^{+})]^{\mathrm{H}}=$

$[(\boldsymbol{A}^{\mathrm{H}}\boldsymbol{A}\boldsymbol{A}^{+})(\boldsymbol{A}^{\mathrm{H}})^{+}]^{\mathrm{H}}=$

$[\boldsymbol{A}^{\mathrm{H}}(\boldsymbol{A}^{\mathrm{H}})^{+}]^{\mathrm{H}}=$

$\boldsymbol{A}^{\mathrm{H}}(\boldsymbol{A}^{\mathrm{H}})^{+}=$

$(\boldsymbol{A}^{\mathrm{H}}\boldsymbol{A}\boldsymbol{A}^{+})(\boldsymbol{A}^{\mathrm{H}})^{+}=$

$(\boldsymbol{A}^{\mathrm{H}}\boldsymbol{A})(\boldsymbol{A}^{+}(\boldsymbol{A}^{\mathrm{H}})^{+})$

④ $[(\boldsymbol{A}^{+}(\boldsymbol{A}^{\mathrm{H}})^{+})(\boldsymbol{A}^{\mathrm{H}}\boldsymbol{A})]^{\mathrm{H}}=$

$[(\boldsymbol{A}^{+})((\boldsymbol{A}^{\mathrm{H}})^{+}\boldsymbol{A}^{\mathrm{H}}\boldsymbol{A})]^{\mathrm{H}}=$

$[(\boldsymbol{A}^{+})(\boldsymbol{A})]^{\mathrm{H}}=$

$(\boldsymbol{A}^{+})(\boldsymbol{A})=$

$(\boldsymbol{A}^{+})(\boldsymbol{A}^{\mathrm{H}})^{+}\boldsymbol{A}^{\mathrm{H}}\boldsymbol{A}=$

$(\boldsymbol{A}^{+}(\boldsymbol{A}^{\mathrm{H}})^{+})(\boldsymbol{A}^{\mathrm{H}}\boldsymbol{A})$

由$(\boldsymbol{A}^{\mathrm{H}}\boldsymbol{A})^{+}$的唯一性即得$(\boldsymbol{A}^{\mathrm{H}}\boldsymbol{A})^{+}=\boldsymbol{A}^{+}(\boldsymbol{A}^{\mathrm{H}})^{+}$.

2011 年秋季学期试题

一、填空题(每小题 5 分,共 30 分)

1. 若 $\mathscr{A}$ 是线性空间 $\mathbf{V}_n(\mathbf{F})$ 上的线性变换,则 $\dim \mathscr{A}(\mathbf{V}_n(\mathbf{F}))+\dim \mathscr{A}^{-1}(\boldsymbol{\theta})=$____________.

2. 矩阵 $\boldsymbol{A}=\begin{bmatrix}0 & -4 & 0\\1 & -4 & 0\\1 & -2 & 3\end{bmatrix}$ 的 Jordan 标准形为____________.

3. 设 $\boldsymbol{x}=(x_1,\cdots,x_i,\cdots,x_n)^{\mathrm{T}}$,$f(\boldsymbol{x})=\boldsymbol{x}^{\mathrm{T}}\boldsymbol{x}$,则 $\dfrac{\mathrm{d}f}{\mathrm{d}\boldsymbol{x}^{\mathrm{T}}}=$____________.

4. 设 $\boldsymbol{A}=\begin{bmatrix}1 & 0 & 0\\-1 & 0 & 0\end{bmatrix}$,则 $\boldsymbol{A}$ 的正奇异值为____________.

5. 设 $\boldsymbol{A}=\begin{bmatrix}6 & -9 & 8\\9 & -5 & 0\\7 & 23 & 2\end{bmatrix}$,则 $\det \mathrm{e}^{\boldsymbol{A}}=$____________.

6. 设 $\boldsymbol{A}=\begin{bmatrix}1 & 7\\0 & 1\end{bmatrix}$,$\boldsymbol{B}=\begin{bmatrix}-1 & 0 & 0\\9 & 15 & 0\\8 & 13 & 26\end{bmatrix}$,则 $\mathrm{rank}(\boldsymbol{A}\otimes\boldsymbol{B})=$____________.

二、设 $\boldsymbol{A}\in\mathbf{C}^{m\times n}$,求证:$R(\boldsymbol{A})\perp N(\boldsymbol{A}^{\mathrm{H}})$.　(8 分)

三、设 $\boldsymbol{A}=\begin{bmatrix}0 & -2 & -2\\2 & 0 & -2\\2 & 2 & 0\end{bmatrix}$,求:$\|\boldsymbol{A}\|_{\infty}$,$\|\boldsymbol{A}\|_F$,$\|\boldsymbol{A}\|_2$.　(8 分)

四、设 $\mathscr{A}$ 是 $\mathbf{R}^{2\times 2}$ 上的线性变换,$\forall \boldsymbol{M}\in\mathbf{R}^{2\times 2}$,有 $\mathscr{A}(\boldsymbol{M})=\begin{bmatrix}1 & 0\\0 & -1\end{bmatrix}\boldsymbol{M}$.

求:$\mathscr{A}$ 在基 $\boldsymbol{A}_1=\begin{bmatrix}1 & 0\\0 & 0\end{bmatrix}$,$\boldsymbol{A}_2=\begin{bmatrix}-1 & 1\\0 & 0\end{bmatrix}$,$\boldsymbol{A}_3=\begin{bmatrix}-1 & 0\\1 & 0\end{bmatrix}$,$\boldsymbol{A}_4=\begin{bmatrix}-1 & 0\\0 & 1\end{bmatrix}$ 下的表示矩阵 $\boldsymbol{A}$.

(10 分)

五、设 $\lambda_1,\cdots,\lambda_i,\cdots,\lambda_n$ 为 $\boldsymbol{A}=(a_{ij})_{n\times n}\in\mathbf{C}^{n\times n}$ 的特征值,求证:下列 Schur 不等式

$$\sum_{i=1}^{n}|\lambda_i|^2\leqslant\sum_{i=1}^{n}\sum_{j=1}^{n}|a_{ij}|^2=\|\boldsymbol{A}\|_F^2$$

等号成立的充要条件为 $\boldsymbol{A}$ 是正规矩阵.　(12 分)

六、求解常系数非齐次微分方程的初值问题

$$\begin{cases}\dfrac{\mathrm{d}\boldsymbol{x}}{\mathrm{d}t}=\boldsymbol{A}\boldsymbol{x}+\boldsymbol{f}(t)\\ \boldsymbol{x}(0)=\boldsymbol{x}_0\end{cases}$$

其中,$\boldsymbol{A}=\begin{bmatrix}1 & 0\\-1 & 0\end{bmatrix}$,$\boldsymbol{f}(t)=\begin{bmatrix}-\mathrm{e}^t\\ \mathrm{e}^t\end{bmatrix}$,$\boldsymbol{x}_0=\begin{bmatrix}1\\0\end{bmatrix}$.　(12 分)

七、设 $\boldsymbol{A}=\begin{bmatrix}1 & -1 & 0 & -1\\0 & 0 & 1 & -1\\-1 & 1 & -1 & 2\end{bmatrix}$,$\boldsymbol{b}=\begin{bmatrix}-3\\3\\3\end{bmatrix}$.

求:①$\boldsymbol{A}$ 的满秩分解;

②$\boldsymbol{A}^{+}$;

③ 用广义逆矩阵方法判断线性方程组的相容性;

④ 用广义逆矩阵方法解线性方程组 $\boldsymbol{Ax}=\boldsymbol{b}$. (16分)

八、设 $\boldsymbol{A}\in\mathbf{C}^{n\times n}$ 为正规矩阵,求证:$\boldsymbol{A}^{+}\boldsymbol{A}=\boldsymbol{A}\boldsymbol{A}^{+}$. (4分)

2011年秋季学期试题参考答案

一、填空题

1. $\underline{n}$. 2. $\underline{\begin{bmatrix}3&0&0\\0&-2&1\\0&0&-2\end{bmatrix}}$ 或 $\underline{\begin{bmatrix}-2&1&0\\0&-2&0\\0&0&3\end{bmatrix}}$.

3. $\underline{2\boldsymbol{x}^{\mathrm{T}}}$. 4. $\underline{\sqrt{2}}$. 5. $\underline{\mathrm{e}^{3}}$. 6. $\underline{6}$.

二、证明:$\forall\boldsymbol{\beta}\in R(\boldsymbol{A})$,则 $\boldsymbol{\beta}\in\mathbf{C}^{m}$,于是 $\exists\boldsymbol{\alpha}\in\mathbf{C}^{n}$,使 $\boldsymbol{\beta}=\boldsymbol{A\alpha}$,故 $\boldsymbol{\beta}^{\mathrm{H}}=\boldsymbol{\alpha}^{\mathrm{H}}\boldsymbol{A}^{\mathrm{H}}$.
$\forall\boldsymbol{\gamma}\in N(\boldsymbol{A}^{\mathrm{H}})$,则 $\boldsymbol{\gamma}\in\mathbf{C}^{m}$,有 $\boldsymbol{A}^{\mathrm{H}}\boldsymbol{\gamma}=\boldsymbol{\theta}_n$,于是

$$(\boldsymbol{\beta},\boldsymbol{\gamma})=\boldsymbol{\alpha}^{\mathrm{H}}\boldsymbol{A}^{\mathrm{H}}\boldsymbol{\gamma}=\boldsymbol{\alpha}^{\mathrm{H}}(\boldsymbol{A}^{\mathrm{H}}\boldsymbol{\gamma})=\boldsymbol{\alpha}^{\mathrm{H}}\boldsymbol{\theta}_n=0$$

由 $\boldsymbol{\beta},\boldsymbol{\gamma}$ 的任意性,说明 $R(\boldsymbol{A})\perp N(\boldsymbol{A}^{\mathrm{H}})$.

三、解法一

$$\|\boldsymbol{A}\|_{\infty}=\max_{i}\sum_{j=1}^{3}|a_{ij}|=4$$

$$\|\boldsymbol{A}\|_F^2=\sum_{i=1}^{3}\sum_{j=1}^{3}|a_{ij}|^2=24,\ \|\boldsymbol{A}\|_F=2\sqrt{6}$$

$$\boldsymbol{A}^{\mathrm{H}}\boldsymbol{A}=\begin{bmatrix}8&4&-4\\4&8&4\\-4&4&8\end{bmatrix}$$

$|\lambda\boldsymbol{I}-\boldsymbol{A}^{\mathrm{H}}\boldsymbol{A}|=\lambda(\lambda-12)^2$,故

$$\lambda_1=0,\lambda_2=\lambda_3=12$$

$$\|\boldsymbol{A}\|_2=\sqrt{\max_i\lambda_i(\boldsymbol{A}^{\mathrm{H}}\boldsymbol{A})}=2\sqrt{3}$$

解法二

$$\|\boldsymbol{A}\|_{\infty}=4$$

$$\|\boldsymbol{A}\|_F=\sqrt{\mathrm{tr}(\boldsymbol{A}^{\mathrm{H}}\boldsymbol{A})}=\sqrt{8+8+8}=2\sqrt{6}$$

以下计算 $\boldsymbol{A}$ 的特征值

$$|\lambda\boldsymbol{I}-\boldsymbol{A}|=\begin{vmatrix}\lambda&2&2\\-2&\lambda&2\\-2&-2&\lambda\end{vmatrix}=\lambda(\lambda^2+12)$$

$\boldsymbol{A}$ 的特征值为 $\lambda_1=0,\lambda_2=2\sqrt{3}\mathrm{i},\lambda_3=-2\sqrt{3}\mathrm{i}$.

因为 $\boldsymbol{A}$ 是正规矩阵,故

$$\|\boldsymbol{A}\|_2=\rho(\boldsymbol{A})=2\sqrt{3}$$

解法三

$$\boldsymbol{A}=\begin{bmatrix}0&-2&-2\\2&0&-2\\2&2&0\end{bmatrix}=2\begin{bmatrix}0&-1&-1\\1&0&-1\\1&1&0\end{bmatrix}=2\boldsymbol{A}_1$$

由 $\|\boldsymbol{A}\|=2\|\boldsymbol{A}_1\|$，计算出 $\boldsymbol{A}_1$ 的范数后乘 2 即可.

四、解：第一步：

求基$\boldsymbol{A}_j$ 的象 $\mathscr{A}(\boldsymbol{A}_j)(j=1,2,3,4)$

$$\mathscr{A}(\boldsymbol{A}_1)=\begin{bmatrix}1&0\\0&-1\end{bmatrix}\begin{bmatrix}1&0\\0&0\end{bmatrix}=\begin{bmatrix}1&0\\0&0\end{bmatrix}$$

$$\mathscr{A}(\boldsymbol{A}_2)=\begin{bmatrix}1&0\\0&-1\end{bmatrix}\begin{bmatrix}-1&1\\0&0\end{bmatrix}=\begin{bmatrix}-1&1\\0&0\end{bmatrix}$$

$$\mathscr{A}(\boldsymbol{A}_3)=\begin{bmatrix}1&0\\0&-1\end{bmatrix}\begin{bmatrix}-1&0\\1&0\end{bmatrix}=\begin{bmatrix}-1&0\\-1&0\end{bmatrix}$$

$$\mathscr{A}(\boldsymbol{A}_4)=\begin{bmatrix}1&0\\0&-1\end{bmatrix}\begin{bmatrix}-1&0\\0&1\end{bmatrix}=\begin{bmatrix}-1&0\\0&-1\end{bmatrix}$$

第二步：

将$\boldsymbol{A}_j$ 横排竖放得到的列向量，记为$\boldsymbol{\varepsilon}_j$，$j=1,2,3,4$.

于是有

$$\boldsymbol{\varepsilon}_1=\begin{bmatrix}1\\0\\0\\0\end{bmatrix},\boldsymbol{\varepsilon}_2=\begin{bmatrix}-1\\1\\0\\0\end{bmatrix},\boldsymbol{\varepsilon}_3=\begin{bmatrix}-1\\0\\1\\0\end{bmatrix},\boldsymbol{\varepsilon}_4=\begin{bmatrix}-1\\0\\0\\1\end{bmatrix}$$

将象 $\mathscr{A}(\boldsymbol{A}_j)$ 横排竖放得到的列向量，记为$\boldsymbol{\eta}_j$，$j=1,2,3,4$.

于是有

$$\boldsymbol{\eta}_1=\begin{bmatrix}1\\0\\0\\0\end{bmatrix},\boldsymbol{\eta}_2=\begin{bmatrix}-1\\1\\0\\0\end{bmatrix},\boldsymbol{\eta}_3=\begin{bmatrix}-1\\0\\-1\\0\end{bmatrix},\boldsymbol{\eta}_4=\begin{bmatrix}-1\\0\\0\\-1\end{bmatrix}$$

第三步：

写出基象，基，表示矩阵的相关表达式

$$\mathscr{A}(\boldsymbol{A}_j)=\sum_{i=1}^{4}a_{ij}\boldsymbol{A}_i=(\boldsymbol{A}_1,\boldsymbol{A}_2,\boldsymbol{A}_3,\boldsymbol{A}_4)\begin{bmatrix}a_{1j}\\a_{2j}\\a_{3j}\\a_{4j}\end{bmatrix},j=1,2,3,4$$

$$(\mathscr{A}(\boldsymbol{A}_1),\mathscr{A}(\boldsymbol{A}_2),\mathscr{A}(\boldsymbol{A}_3),\mathscr{A}(\boldsymbol{A}_4))=(\boldsymbol{A}_1,\boldsymbol{A}_2,\boldsymbol{A}_3,\boldsymbol{A}_4)\boldsymbol{A}$$

其中 $\boldsymbol{A}=(a_{ij})_{4\times 4}$.

第四步：

求 $\mathscr{A}$ 在基$\boldsymbol{A}_1,\boldsymbol{A}_2,\boldsymbol{A}_3,\boldsymbol{A}_4$ 下的表示矩阵

$$\boldsymbol{A}=(\boldsymbol{\varepsilon}_1,\boldsymbol{\varepsilon}_2,\boldsymbol{\varepsilon}_3,\boldsymbol{\varepsilon}_4)^{-1}(\boldsymbol{\eta}_1,\boldsymbol{\eta}_2,\boldsymbol{\eta}_3,\boldsymbol{\eta}_4)=$$

$$\begin{bmatrix}1&-1&-1&-1\\0&1&0&0\\0&0&1&0\\0&0&0&1\end{bmatrix}^{-1}\begin{bmatrix}1&-1&-1&-1\\0&1&0&0\\0&0&-1&0\\0&0&0&-1\end{bmatrix}=\begin{bmatrix}1&0&-2&-2\\0&1&0&0\\0&0&-1&0\\0&0&0&-1\end{bmatrix}$$

五、证明:由 Schur 定理,$\forall \boldsymbol{A}\in\mathbf{C}^{n\times n}$,存在$\boldsymbol{U}\in\mathbf{U}^{n\times n}$,使

$$\boldsymbol{U}^{\mathrm{H}}\boldsymbol{A}\boldsymbol{U}=\boldsymbol{R} \qquad ①$$

其中$\boldsymbol{R}=(r_{ij})_{n\times n}$是对角元为$\boldsymbol{A}$的特征值$\lambda_1,\cdots,\lambda_i,\cdots,\lambda_n$的上三角矩阵.

取共轭转置有

$$\boldsymbol{U}^{\mathrm{H}}\boldsymbol{A}^{\mathrm{H}}\boldsymbol{U}=\boldsymbol{R}^{\mathrm{H}} \qquad ②$$

上述 ②① 二式相乘得

$$\boldsymbol{U}^{\mathrm{H}}(\boldsymbol{A}^{\mathrm{H}}\boldsymbol{A})\boldsymbol{U}=\boldsymbol{R}^{\mathrm{H}}\boldsymbol{R}$$

这说明$\boldsymbol{A}^{\mathrm{H}}\boldsymbol{A}$与$\boldsymbol{R}^{\mathrm{H}}\boldsymbol{R}$酉相似,故它们的迹相等

$$\operatorname{tr}(\boldsymbol{A}^{\mathrm{H}}\boldsymbol{A})=\operatorname{tr}(\boldsymbol{R}^{\mathrm{H}}\boldsymbol{R}) \qquad ③$$

因为上三角阵$\boldsymbol{R}$的对角元为$\boldsymbol{A}$的特征值,故

$$\sum_{i=1}^{n}|\lambda_i|^2=\sum_{i=1}^{n}|r_{ii}|^2\leqslant\sum_{i=1}^{n}\sum_{j=1}^{n}|r_{ij}|^2=\operatorname{tr}(\boldsymbol{R}^{\mathrm{H}}\boldsymbol{R})$$

由式 ③ 知

$$\sum_{i=1}^{n}\sum_{j=1}^{n}|a_{ij}|^2=\operatorname{tr}(\boldsymbol{A}^{\mathrm{H}}\boldsymbol{A})=\operatorname{tr}(\boldsymbol{R}^{\mathrm{H}}\boldsymbol{R})=\sum_{i=1}^{n}\sum_{j=1}^{n}|r_{ij}|^2$$

故

$$\sum_{i=1}^{n}|\lambda_i|^2\leqslant\sum_{i=1}^{n}\sum_{j=1}^{n}|a_{ij}|^2=\|\boldsymbol{A}\|_F^2$$

Schur 不等式取等号的充要条件为

$$\sum_{i=1}^{n}|r_{ii}|^2=\sum_{i=1}^{n}\sum_{j=1}^{n}|r_{ij}|^2$$

即$i\neq j$时,必有$|r_{ij}|=0$.这说明$\boldsymbol{R}$是对角阵,由定理 3.26 知$\boldsymbol{A}$是正规矩阵.

六、解法一(公式法)

$$\boldsymbol{x}(t)=\mathrm{e}^{\boldsymbol{A}t}\boldsymbol{x}_0+\int_0^t\mathrm{e}^{\boldsymbol{A}(t-\tau)}\boldsymbol{f}(\tau)\mathrm{d}\tau$$

以下用三种方法求$\mathrm{e}^{\boldsymbol{A}t}$

①Jordan 标准形法

易知$\boldsymbol{A}$的特征值为$\lambda_1=0,\lambda_2=1$.(互异,$\boldsymbol{J}=\boldsymbol{D}$)

算得对应的特征向量为

$$\boldsymbol{\xi}_1=\begin{bmatrix}0\\1\end{bmatrix},\boldsymbol{\xi}_2=\begin{bmatrix}-1\\1\end{bmatrix}$$

于是$\boldsymbol{P}=(\boldsymbol{\xi}_1,\boldsymbol{\xi}_2)=\begin{bmatrix}0&-1\\1&1\end{bmatrix}$,求得

$$\boldsymbol{P}^{-1}=\begin{bmatrix}1&1\\-1&0\end{bmatrix}$$

$$\mathrm{e}^{\boldsymbol{A}t}=\boldsymbol{P}\begin{bmatrix}\mathrm{e}^{0t}&0\\0&\mathrm{e}^{1t}\end{bmatrix}\boldsymbol{P}^{-1}=\begin{bmatrix}\mathrm{e}^{t}&0\\1-\mathrm{e}^{t}&1\end{bmatrix}$$

② 有限级数法

设 $r(\lambda)=\alpha_0(t)+\alpha_1(t)\lambda$，于是

$$\begin{cases} r(0)=\alpha_0(t)+\alpha_1(t)0=\mathrm{e}^{0t} \\ r(1)=\alpha_0(t)+\alpha_1(t)1=\mathrm{e}^{1t} \end{cases}$$

解之 $\alpha_0(t)=1,\alpha_1(t)=\mathrm{e}^t-1$，于是

$$\mathrm{e}^{\boldsymbol{A}t}=\alpha_0(t)\boldsymbol{I}+\alpha_1(t)\boldsymbol{A}=\begin{bmatrix} \mathrm{e}^t & 0 \\ 1-\mathrm{e}^t & 1 \end{bmatrix}$$

③ 单纯矩阵谱分解法

求得 **A** 的特征值为 $\lambda_1=0,\lambda_2=1$，(互异) 故 **A** 是单纯矩阵.

求得

$$\boldsymbol{P}=\begin{bmatrix} 0 & -1 \\ 1 & 1 \end{bmatrix},\boldsymbol{P}^{-1}=\begin{bmatrix} 1 & 1 \\ -1 & 0 \end{bmatrix}$$

$$\boldsymbol{E}_1=\begin{bmatrix} 0 \\ 1 \end{bmatrix}\begin{bmatrix} 1 & 1 \end{bmatrix}=\begin{bmatrix} 0 & 0 \\ 1 & 1 \end{bmatrix},\boldsymbol{E}_2=\begin{bmatrix} -1 \\ 1 \end{bmatrix}\begin{bmatrix} -1 & 0 \end{bmatrix}=\begin{bmatrix} 1 & 0 \\ -1 & 0 \end{bmatrix}$$

$$\mathrm{e}^{\boldsymbol{A}t}=\mathrm{e}^{0t}\begin{bmatrix} 0 & 0 \\ 1 & 1 \end{bmatrix}+\mathrm{e}^{1t}\begin{bmatrix} 1 & 0 \\ -1 & 0 \end{bmatrix}=\begin{bmatrix} \mathrm{e}^t & 0 \\ 1-\mathrm{e}^t & 1 \end{bmatrix}$$

最后有

$$x(t)=\begin{bmatrix} \mathrm{e}^t & 0 \\ 1-\mathrm{e}^t & 1 \end{bmatrix}\begin{bmatrix} 1 \\ 0 \end{bmatrix}+\int_0^t\begin{bmatrix} \mathrm{e}^{t-\tau} & 0 \\ 1-\mathrm{e}^{t-\tau} & 1 \end{bmatrix}\begin{bmatrix} -\mathrm{e}^{\tau} \\ \mathrm{e}^{\tau} \end{bmatrix}\mathrm{d}\tau=$$

$$\begin{bmatrix} \mathrm{e}^t \\ 1-\mathrm{e}^t \end{bmatrix}+\int_0^t\begin{bmatrix} -\mathrm{e}^t \\ \mathrm{e}^t \end{bmatrix}\mathrm{d}\tau=$$

$$\begin{bmatrix} \mathrm{e}^t-t\mathrm{e}^t \\ 1-\mathrm{e}^t+t\mathrm{e}^t \end{bmatrix}.$$

解法二(Laplace 变换法)

对微分方程组两边取 Laplace 变换得

$$s\boldsymbol{X}(s)-\boldsymbol{x}(0)=\boldsymbol{A}\boldsymbol{X}(s)+\boldsymbol{F}(s)$$

$$(s\boldsymbol{I}-\boldsymbol{A})\boldsymbol{X}(s)=\boldsymbol{x}(0)+\boldsymbol{F}(s)$$

$$\boldsymbol{X}(s)=(s\boldsymbol{I}-\boldsymbol{A})^{-1}(\boldsymbol{x}(0)+\boldsymbol{F}(s))=$$

$$\begin{bmatrix} s-1 & 0 \\ 1 & s \end{bmatrix}^{-1}\left(\begin{bmatrix} 1 \\ 0 \end{bmatrix}+\begin{bmatrix} -\dfrac{1}{s-1} \\ \dfrac{1}{s-1} \end{bmatrix}\right)=$$

$$\frac{1}{s(s-1)}\begin{bmatrix} s & 0 \\ -1 & s-1 \end{bmatrix}\begin{bmatrix} 1-\dfrac{1}{s-1} \\ \dfrac{1}{s-1} \end{bmatrix}=$$

$$\begin{bmatrix} \dfrac{1}{s-1}-\dfrac{1}{(s-1)^2} \\ \dfrac{1}{s}-\dfrac{1}{(s-1)}+\dfrac{1}{(s-1)^2} \end{bmatrix}$$

由 Laplace 反变换得

$$x(t)=\begin{bmatrix}e^t-te^t\\1-e^t+te^t\end{bmatrix}$$

解法三(相似变换法)

由解法一求得 $P=\begin{bmatrix}0&-1\\1&1\end{bmatrix}$,$P^{-1}=\begin{bmatrix}1&1\\-1&0\end{bmatrix}$.

令 $x=Py$,于是原微分方程组化成

$$\frac{dPy}{dt}=APy+f(t)$$

即

$$\frac{dy}{dt}=(P^{-1}AP)y+P^{-1}f(t)$$

将 $P^{-1}AP=\begin{bmatrix}0&0\\0&1\end{bmatrix}$,$P^{-1}f(t)=\begin{bmatrix}-e^t+e^t\\e^t\end{bmatrix}$,代入得

$$\begin{cases}\dfrac{dy_1}{dt}=0y_1+(-e^t+e^t)\\\dfrac{dy_2}{dt}=1y_2+e^t\end{cases}$$

解之

$$y_1=C_1,y_2=e^t(C_2+t)$$

回代

$$x=Py=\begin{bmatrix}0&-1\\1&1\end{bmatrix}\begin{bmatrix}C_1\\e^t(C_2+t)\end{bmatrix}=\begin{bmatrix}-e^t(C_2+t)\\C_1+e^t(C_2+t)\end{bmatrix}$$

代入初始条件得

$$C_1=1,C_2=-1$$

最后有

$$x(t)=\begin{bmatrix}e^t-te^t\\1-e^t+te^t\end{bmatrix}$$

七、解:①

$$A=\begin{bmatrix}1&-1&0&-1\\0&0&1&-1\\-1&1&-1&2\end{bmatrix}\xrightarrow{r}\begin{bmatrix}1&-1&0&-1\\0&0&1&-1\\0&0&0&0\end{bmatrix}$$

令

$$F=\begin{bmatrix}1&0\\0&1\\-1&-1\end{bmatrix},G=\begin{bmatrix}1&-1&0&-1\\0&0&1&-1\end{bmatrix}$$

则 A 有满秩分解

$$A=FG$$

② 可得

$$G^{+}=G^{T}(GG^{T})^{-1}=\begin{bmatrix}1&0\\-1&0\\0&1\\-1&-1\end{bmatrix}\frac{1}{5}\begin{bmatrix}2&-1\\-1&3\end{bmatrix}=\frac{1}{5}\begin{bmatrix}2&-1\\-2&1\\-1&3\\-1&-2\end{bmatrix}$$

$$F^+=(F^T F)^{-1} F^T=\frac{1}{3}\begin{bmatrix}2 & -1\\ -1 & 2\end{bmatrix}\begin{bmatrix}1 & 0 & -1\\ 0 & 1 & -1\end{bmatrix}=\frac{1}{3}\begin{bmatrix}2 & -1 & -1\\ -1 & 2 & -1\end{bmatrix}$$

$$A^+=G^T(GG^T)^{-1}(F^T F)^{-1} F^T=G^+ F^+=\frac{1}{15}\begin{bmatrix}5 & -4 & -1\\ -5 & 4 & 1\\ -5 & 7 & -2\\ 0 & -3 & 3\end{bmatrix}$$

③ 可得

$$A^+ b=\frac{1}{15}\begin{bmatrix}5 & -4 & -1\\ -5 & 4 & 1\\ -5 & 7 & -2\\ 0 & -3 & 3\end{bmatrix}\begin{bmatrix}-3\\ 3\\ 3\end{bmatrix}=\frac{1}{5}\begin{bmatrix}-10\\ 10\\ 10\\ 0\end{bmatrix}=\begin{bmatrix}-2\\ 2\\ 2\\ 0\end{bmatrix}=2\begin{bmatrix}-1\\ 1\\ 1\\ 0\end{bmatrix}$$

$$AA^+ b=\begin{bmatrix}1 & -1 & 0 & -1\\ 0 & 0 & 1 & -1\\ -1 & 1 & -1 & 2\end{bmatrix}2\begin{bmatrix}-1\\ 1\\ 1\\ 0\end{bmatrix}=\begin{bmatrix}-4\\ 2\\ 2\end{bmatrix}\neq b=\begin{bmatrix}-3\\ 3\\ 3\end{bmatrix}$$

线性方程组 $Ax=b$ 为不相容线性方程组.

④ 可得

$$A^+ A=\frac{1}{15}\begin{bmatrix}5 & -4 & -1\\ -5 & 4 & 1\\ -5 & 7 & -2\\ 0 & -3 & 3\end{bmatrix}\begin{bmatrix}1 & -1 & 0 & -1\\ 0 & 0 & 1 & -1\\ -1 & 1 & -1 & 2\end{bmatrix}=\frac{1}{5}\begin{bmatrix}2 & -2 & -1 & -1\\ -2 & 2 & 1 & 1\\ -1 & 1 & 3 & -2\\ -1 & 1 & -2 & 3\end{bmatrix}$$

矛盾线性方程组 $Ax=b$ 的最小二乘解的通式为

$$x=A^+ b+(I_n-A^+ A)y=\begin{bmatrix}-2\\ 2\\ 2\\ 0\end{bmatrix}+\frac{1}{5}\begin{bmatrix}3 & 2 & 1 & 1\\ 2 & 3 & -1 & -1\\ 1 & -1 & 2 & 2\\ 1 & -1 & 2 & 2\end{bmatrix}\begin{bmatrix}y_1\\ y_2\\ y_3\\ y_4\end{bmatrix}$$

其中，y_1,y_2,y_3,y_4 为任意常数，$x_0=A^+ b=\begin{bmatrix}-2\\ 2\\ 2\\ 0\end{bmatrix}$ 为极小范数最小二乘解.

八、证法一：设 $\operatorname{rank} A=r$，若 $r=0$，结论显然成立.

以下设 $r>0$，记 A 的特征值为 $\lambda_1,\cdots,\lambda_r,0,\cdots,0$，其中 $\lambda_1,\cdots,\lambda_r$ 不为零.

因 $A\in \mathbf{C}^{n\times n}$ 为正规矩阵，故存在酉矩阵 $U\in \mathbf{U}^{n\times n}$，使

$$U^{H}AU=\Lambda=\mathrm{diag}(\lambda_1,\cdots,\lambda_r,0,\cdots,0)$$

于是 $A=U\Lambda U^{H}$,则

$$A^{+}=(U\Lambda U^{H})^{+}=U\Lambda^{+}U^{H}$$

因此 $$A^{+}A=(U\Lambda^{+}U^{H})(U\Lambda U^{H})=U\Lambda^{+}\Lambda U^{H}$$

而 $$AA^{+}=(U\Lambda U^{H})(U\Lambda^{+}U^{H})=U\Lambda\Lambda^{+}U^{H}$$

注意 $$\Lambda^{+}=\mathrm{diag}(\lambda_1^{-1},\cdots,\lambda_r^{-1},0,\cdots,0)$$

显然$\Lambda^{+}\Lambda=\Lambda\Lambda^{+}=\mathrm{diag}(1,\cdots,1,0,\cdots,0)$,故$A^{+}A=AA^{+}$.

证法二:首先有

$$A^{+}=(A^{H}A)^{+}A^{H}=A^{H}(AA^{H})^{+}$$

因 $A\in\mathbf{C}^{n\times n}$ 为正规矩阵,故

$$A^{H}A=AA^{H}$$

于是

$$\begin{aligned}A^{+}A&=[(A^{H}A)^{+}A^{H}]A=[(A^{H}A)^{+}(A^{H}A)]^{H}=\\&(A^{H}A)^{H}[(A^{H}A)^{+}]^{H}=(A^{H}A)[(A^{H}A)^{H}]^{+}=\\&(A^{H}A)(A^{H}A)^{+}=A[A^{H}.(AA^{H})^{+}]=\\&AA^{+}\end{aligned}$$

证法三:因 $A\in\mathbf{C}^{n\times n}$ 为正规矩阵,故

$$A^{H}A=AA^{H}$$

于是 $$(A^{H}A)^{+}=(AA^{H})^{+}$$

则$A^{+}(A^{H})^{+}=(A^{H})^{+}A^{+}$,即

$$A^{+}(A^{+})^{H}=(A^{+})^{H}A^{+}$$

这说明A^{+}也是正规矩阵.因此

$$\begin{aligned}A^{+}A&=(A^{+}AA^{+})A=(A^{+}A)(A^{+}A)=(A^{+}A)^{H}(A^{+}A)^{H}=\\&[A^{H}(A^{+})^{H}][A^{H}(A^{+})^{H}]=A^{H}[(A^{+})^{H}A^{H}](A^{+})^{H}=\\&A^{H}[(AA^{+})^{H}](A^{+})^{H}=A^{H}[(AA^{+})](A^{+})^{H}=\\&(A^{H}A)[A^{+}(A^{+})^{H}]=(AA^{H})[(A^{+})^{H}A^{+}]=\\&A[A^{H}(A^{+})^{H}]A^{+}=A[(A^{+}A)^{H}]A^{+}=\\&A[(A^{+}A)A^{+}]=A(A^{+}AA^{+})=AA^{+}\end{aligned}$$

证法四:

$$\begin{aligned}A^{+}A&=(A^{+}A)^{H}=A^{H}(A^{+})^{H}=A^{H}(A^{+}AA^{+})^{H}=A^{H}[A^{+}(AA^{+})]^{H}=\\&A^{H}[(AA^{+})]^{H}(A^{+})^{H}=A^{H}[(AA^{+})](A^{+})^{H}=\\&(A^{H}A)[A^{+}(A^{+})^{H}]=(AA^{H})[(A^{+})^{H}A^{+}]=\\&A[A^{H}(A^{+})^{H}]A^{+}=A[(A^{+}A)^{H}]A^{+}=\\&A[(A^{+}A)A^{+}]=A(A^{+}AA^{+})=AA^{+}\end{aligned}$$

若对上述符号感到不太清楚,可用 $B=A^{+}$ 代之.

证法五:

$$\begin{aligned}A^{+}A&=(A^{+}A)^{H}=A^{H}(A^{+})^{H}=A^{H}[(A^{H}A)^{+}A^{H}]^{H}=\\&A^{H}[A(A^{H}A)^{+}]=A^{H}A(A^{H}A)^{+}=AA^{H}(A^{H}A)^{+}=\\&A[A^{H}(A^{H}A)^{+}]=AA^{+}\end{aligned}$$

□

2012 年春季学期试题

一、填空题(每小题 5 分,共 30 分)

1. 数域 $\mathbf{F}$ 上的 n 维线性空间 $V_n(\mathbf{F})$ 上一切线性变换所组成的线性空间记为 $\mathrm{End}(V)$,则 $\dim \mathrm{End}(V) =$ ____________.

2. 设 $\boldsymbol{\varepsilon}_1,\cdots,\boldsymbol{\varepsilon}_i,\cdots,\boldsymbol{\varepsilon}_n$ 为 $\mathbf{C}^n$ 中的标准正交基,则它的度量矩阵为____________.

3. $\boldsymbol{A} = \begin{bmatrix} 1 & 1 & 1 \\ 0 & 1 & 1 \\ 0 & 0 & 1 \end{bmatrix}$ 的 Jordan 标准形为____________.

4. 设 $\boldsymbol{A} = \begin{bmatrix} 0 & -1 & -1 \\ 1 & 0 & -1 \\ 1 & 1 & 0 \end{bmatrix}$,则 $\|\boldsymbol{A}\|_F =$ ____________.

5. 设 $\boldsymbol{A} = \begin{bmatrix} -1 & 0 \\ 0 & 0 \end{bmatrix}$,$\boldsymbol{B} = \begin{bmatrix} 1 & 1 \\ 1 & 2 \end{bmatrix}$. 则满足 $\boldsymbol{Ax} = \lambda \boldsymbol{Bx}$ 的非零广义特征值为____________.

6. 若 $\mathrm{rank}\,\boldsymbol{A} = 5$,$\mathrm{rank}\,\boldsymbol{B} = 4$,则 $\mathrm{rank}(\boldsymbol{A} \otimes \boldsymbol{B}) =$ ____________.

二、设 $\boldsymbol{A} \in \mathbf{C}^{m\times n}$,$N(\boldsymbol{A})$ 表示矩阵 $\boldsymbol{A}$ 的零空间,即

$$N(\boldsymbol{A}) = \{\boldsymbol{x} \mid \boldsymbol{Ax} = \boldsymbol{\theta}, \boldsymbol{x} \in \mathbf{C}^n\}$$

求证:$N(\boldsymbol{A}^{\mathrm{H}}\boldsymbol{A}) = N(\boldsymbol{A})$. (10 分)

三、$\mathscr{A}$ 是 $\mathbf{R}^{2\times 2}$ 上的线性变换,$\forall \boldsymbol{M} \in \mathbf{R}^{2\times 2}$ 有

$$\mathscr{A}(\boldsymbol{M}) = \begin{bmatrix} 1 & 0 \\ 0 & -1 \end{bmatrix} \boldsymbol{M}$$

求:① 线性变换 $\mathscr{A}$ 在基

$$\boldsymbol{E}_{11} = \begin{bmatrix} 1 & 0 \\ 0 & 0 \end{bmatrix}, \boldsymbol{E}_{12} = \begin{bmatrix} 0 & 1 \\ 0 & 0 \end{bmatrix}, \boldsymbol{E}_{21} = \begin{bmatrix} 0 & 0 \\ 1 & 0 \end{bmatrix}, \boldsymbol{E}_{22} = \begin{bmatrix} 0 & 0 \\ 0 & 1 \end{bmatrix}$$

下的表示矩阵 $\boldsymbol{A}$.

② 线性变换 $\mathscr{A}$ 的特征值. (12 分)

四、设 $\boldsymbol{A} = \begin{bmatrix} 1 & 2 & -1 & 0 \\ -1 & -2 & 2 & 1 \\ 2 & 4 & 1 & -1 \end{bmatrix}$.

求:① $\boldsymbol{A}$ 的满秩分解;② $\boldsymbol{A}^+$. (10 分)

五、设 $\boldsymbol{A} \in \mathbf{C}^{n\times n}$ 是正规矩阵.

求证:$\|\boldsymbol{A}\|_2 = \rho(\boldsymbol{A})$. (10 分)

六、求解 Lyapunov 矩阵方程

$$\boldsymbol{AX} + \boldsymbol{XB} = \boldsymbol{F}$$

其中

$$\boldsymbol{A} = \begin{bmatrix} 1 & -1 \\ 0 & 1 \end{bmatrix}, \boldsymbol{B} = \begin{bmatrix} 0 & 0 \\ 1 & 0 \end{bmatrix}, \boldsymbol{F} = \begin{bmatrix} 1 & 1 \\ -1 & 1 \end{bmatrix}$$ (10 分)

七、求解常系数线性齐次微分方程组初值问题

$$\begin{cases} \dfrac{\mathrm{d}\boldsymbol{x}}{\mathrm{d}t} = \boldsymbol{Ax} \\ \boldsymbol{x}(0) = (0,0,1)^{\mathrm{T}} \end{cases}$$

其中
$$\boldsymbol{A}=\begin{bmatrix}4&6&0\\-3&-5&0\\-3&-6&1\end{bmatrix}$$ (14 分)

八、设矩阵 $\boldsymbol{A}\in\mathbf{C}_r^{m\times n}$,$\boldsymbol{B}\in\mathbf{C}_s^{n\times p}$,若 $\boldsymbol{AB}=\boldsymbol{O}_{m\times p}$.

求证:$\boldsymbol{B}^+\boldsymbol{A}^+=\boldsymbol{O}_{p\times m}$. (4 分)

2012 年春季学期试题参考答案

一、填空题

1. $\underline{n^2}$. 2. $\underline{\boldsymbol{I}_n}$. 3. $\underline{\begin{bmatrix}1&1&0\\0&1&1\\0&0&1\end{bmatrix}}$. 4. $\underline{\sqrt{6}}$. 5. $\underline{-2}$. 6. $\underline{20}$.

二、证法一:$\forall\boldsymbol{x}\in N(\boldsymbol{A})$,则
$$\boldsymbol{Ax}=\boldsymbol{\theta}_m$$
上式两端左乘 $\boldsymbol{A}^{\mathrm{H}}$,有
$$(\boldsymbol{A}^{\mathrm{H}}\boldsymbol{A})\boldsymbol{x}=\boldsymbol{\theta}_n$$
这说明
$$\boldsymbol{x}\in N(\boldsymbol{A}^{\mathrm{H}}\boldsymbol{A})$$
因此
$$N(\boldsymbol{A})\subset N(\boldsymbol{A}^{\mathrm{H}}\boldsymbol{A}) \tag{1}$$
$\forall\boldsymbol{x}\in N(\boldsymbol{A}^{\mathrm{H}}\boldsymbol{A})$,则
$$\boldsymbol{A}^{\mathrm{H}}\boldsymbol{Ax}=\boldsymbol{\theta}_n$$
上式两端左乘$\boldsymbol{x}^{\mathrm{H}}$ 有$\boldsymbol{x}^{\mathrm{H}}\boldsymbol{A}^{\mathrm{H}}\boldsymbol{Ax}=0$,即
$$(\boldsymbol{Ax},\boldsymbol{Ax})=0$$
故 $\boldsymbol{Ax}=\boldsymbol{\theta}_m$,这说明
$$\boldsymbol{x}\in N(\boldsymbol{A}^{\mathrm{H}}\boldsymbol{A})$$
因此
$$N(\boldsymbol{A}^{\mathrm{H}}\boldsymbol{A})\subset N(\boldsymbol{A}) \tag{2}$$
由(1)(2) 知
$$N(\boldsymbol{A}^{\mathrm{H}}\boldsymbol{A})=N(\boldsymbol{A})$$

证法二:由 $N(\boldsymbol{B})\subset N(\boldsymbol{AB})$,应有
$$N(\boldsymbol{A})\subset N(\boldsymbol{A}^{\mathrm{H}}\boldsymbol{A})$$
$$\dim N(\boldsymbol{A})=n-\operatorname{rank}(\boldsymbol{A})=n-\operatorname{rank}(\boldsymbol{A}^{\mathrm{H}}\boldsymbol{A})=\dim N(\boldsymbol{A}^{\mathrm{H}}\boldsymbol{A})$$
故 $N(\boldsymbol{A})=N(\boldsymbol{A}^{\mathrm{H}}\boldsymbol{A})$.

证法三:由 $N(\boldsymbol{A})\oplus R(\boldsymbol{A}^{\mathrm{H}})=\mathbf{C}^n$,应有
$$N(\boldsymbol{A}^{\mathrm{H}}\boldsymbol{A})\oplus R(\boldsymbol{A}^{\mathrm{H}}\boldsymbol{A})=\mathbf{C}^n$$
可以证明 $R(\boldsymbol{A}^{\mathrm{H}}\boldsymbol{A})=R(\boldsymbol{A}^{\mathrm{H}})$,因为其正交补是唯一的,故 $N(\boldsymbol{A})=N(\boldsymbol{A}^{\mathrm{H}}\boldsymbol{A})$.

三、解:① 第一步:求
$$\boldsymbol{E}_{11}=\begin{bmatrix}1&0\\0&0\end{bmatrix},\boldsymbol{E}_{12}=\begin{bmatrix}0&1\\0&0\end{bmatrix},\boldsymbol{E}_{21}=\begin{bmatrix}0&0\\1&0\end{bmatrix},\boldsymbol{E}_{22}=\begin{bmatrix}0&0\\0&1\end{bmatrix}$$

在线性变换 $\mathscr{A}$ 下的象

$$\mathscr{A}(\boldsymbol{E}_{11})=\begin{bmatrix}1&0\\0&-1\end{bmatrix}\begin{bmatrix}1&0\\0&0\end{bmatrix}=\begin{bmatrix}1&0\\0&0\end{bmatrix}$$

$$\mathscr{A}(\boldsymbol{E}_{12})=\begin{bmatrix}1&0\\0&-1\end{bmatrix}\begin{bmatrix}0&1\\0&0\end{bmatrix}=\begin{bmatrix}0&1\\0&0\end{bmatrix}$$

$$\mathscr{A}(\boldsymbol{E}_{21})=\begin{bmatrix}1&0\\0&-1\end{bmatrix}\begin{bmatrix}0&0\\1&0\end{bmatrix}=\begin{bmatrix}0&0\\-1&0\end{bmatrix}$$

$$\mathscr{A}(\boldsymbol{E}_{22})=\begin{bmatrix}1&0\\0&-1\end{bmatrix}\begin{bmatrix}0&0\\0&1\end{bmatrix}=\begin{bmatrix}0&0\\0&-1\end{bmatrix}$$

第二步：将基 $\boldsymbol{E}_{11},\boldsymbol{E}_{12},\boldsymbol{E}_{21},\boldsymbol{E}_{22}$ 横排竖放得到的列向量记为 $\boldsymbol{\varepsilon}_j$，$j=1,2,3,4$. 于是有

$$\boldsymbol{\varepsilon}_1=\begin{bmatrix}1\\0\\0\\0\end{bmatrix},\boldsymbol{\varepsilon}_2=\begin{bmatrix}0\\1\\0\\0\end{bmatrix},\boldsymbol{\varepsilon}_3=\begin{bmatrix}0\\0\\1\\0\end{bmatrix},\boldsymbol{\varepsilon}_4=\begin{bmatrix}0\\0\\0\\1\end{bmatrix}$$

将象 $\mathscr{A}(\boldsymbol{E}_{11}),\mathscr{A}(\boldsymbol{E}_{12}),\mathscr{A}(\boldsymbol{E}_{21}),\mathscr{A}(\boldsymbol{E}_{22})$ 横排竖放得到的列向量记为 $\boldsymbol{\eta}_j$，$j=1,2,3,4$. 于是有

$$\boldsymbol{\eta}_1=\begin{bmatrix}1\\0\\0\\0\end{bmatrix},\boldsymbol{\eta}_2=\begin{bmatrix}0\\1\\0\\0\end{bmatrix},\boldsymbol{\eta}_3=\begin{bmatrix}0\\0\\-1\\0\end{bmatrix},\boldsymbol{\eta}_4=\begin{bmatrix}0\\0\\0\\-1\end{bmatrix}$$

第三步：由基象，基，表示矩阵的关系式求表示矩阵 $\boldsymbol{A}$

$$(\boldsymbol{\eta}_1,\boldsymbol{\eta}_2,\boldsymbol{\eta}_3,\boldsymbol{\eta}_4)=(\boldsymbol{\varepsilon}_1,\boldsymbol{\varepsilon}_2,\boldsymbol{\varepsilon}_3,\boldsymbol{\varepsilon}_4)\boldsymbol{A}\text{，其中 }\boldsymbol{A}=(a_{ij})_{4\times 4}$$

$$\boldsymbol{A}=(\boldsymbol{\varepsilon}_1,\boldsymbol{\varepsilon}_2,\boldsymbol{\varepsilon}_3,\boldsymbol{\varepsilon}_4)^{-1}(\boldsymbol{\eta}_1,\boldsymbol{\eta}_2,\boldsymbol{\eta}_3,\boldsymbol{\eta}_4)=$$

$$\begin{bmatrix}1&0&0&0\\0&1&0&0\\0&0&1&0\\0&0&0&1\end{bmatrix}^{-1}\begin{bmatrix}1&0&0&0\\0&1&0&0\\0&0&-1&0\\0&0&0&-1\end{bmatrix}=\begin{bmatrix}1&0&0&0\\0&1&0&0\\0&0&-1&0\\0&0&0&-1\end{bmatrix}$$

② 显然表示矩阵 $\boldsymbol{A}$ 的特征值为

$$\lambda_1=\lambda_2=1,\lambda_3=\lambda_4=-1$$

因此线性变换 $\mathscr{A}$ 的特征值为

$$\lambda_1=\lambda_2=1,\lambda_3=\lambda_4=-1$$

四、解法一：①$\boldsymbol{A}=\begin{bmatrix}1&2&-1&0\\-1&-2&2&1\\2&4&1&-1\end{bmatrix}\xrightarrow[r_3-2r_1]{r_2+r_1}\begin{bmatrix}1&2&-1&0\\0&0&1&1\\0&0&3&-1\end{bmatrix}\xrightarrow[r_3/(-4)]{r_3-3r_2}$

$$\begin{bmatrix}1&2&-1&0\\0&0&1&1\\0&0&0&1\end{bmatrix}\xrightarrow[r_1+r_2]{r_2-r_3}\begin{bmatrix}1&2&0&0\\0&0&1&0\\0&0&0&1\end{bmatrix}=\boldsymbol{H}$$

由此可得

$$\boldsymbol{F}=\begin{bmatrix}1&-1&0\\-1&-2&1\\2&1&-1\end{bmatrix},\quad \boldsymbol{G}=\begin{bmatrix}1&2&0&0\\0&0&1&0\\0&0&0&1\end{bmatrix}$$

则 $\boldsymbol{A}$ 有满秩分解

$$\boldsymbol{A}=\boldsymbol{FG}$$

② 可得

$$\boldsymbol{GG}^{\mathrm{T}}=\begin{bmatrix}1&2&0&0\\0&0&1&0\\0&0&0&1\end{bmatrix}\begin{bmatrix}1&0&0\\2&0&0\\0&1&0\\0&0&1\end{bmatrix}=\begin{bmatrix}5&0&0\\0&1&0\\0&0&1\end{bmatrix}$$

$$\boldsymbol{G}^{+}=\boldsymbol{G}^{\mathrm{T}}(\boldsymbol{GG}^{\mathrm{T}})^{-1}=\begin{bmatrix}1&0&0\\2&0&0\\0&1&0\\0&0&1\end{bmatrix}\frac{1}{5}\begin{bmatrix}1&0&0\\0&5&0\\0&0&5\end{bmatrix}=\frac{1}{5}\begin{bmatrix}1&0&0\\2&0&0\\0&5&0\\0&0&5\end{bmatrix}$$

为求 $\boldsymbol{F}^{+}$ 有以下两种作法:

第一种:$\boldsymbol{F}^{\mathrm{T}}\boldsymbol{F}=\begin{bmatrix}6&-1&-3\\-1&6&1\\-3&1&2\end{bmatrix}$,求得

$$(\boldsymbol{F}^{\mathrm{T}}\boldsymbol{F})^{-1}=\frac{1}{16}\begin{bmatrix}11&-1&17\\-1&3&-3\\17&-3&35\end{bmatrix}$$

$$\boldsymbol{F}^{+}=(\boldsymbol{F}^{\mathrm{T}}\boldsymbol{F})^{-1}\boldsymbol{F}^{\mathrm{T}}=\frac{1}{4}\begin{bmatrix}3&1&1\\-1&1&1\\5&3&-1\end{bmatrix}$$

第二种:易知 $\boldsymbol{F}$ 可逆,则

$$\boldsymbol{F}^{+}=\boldsymbol{F}^{-1}=\frac{1}{4}\begin{bmatrix}3&1&1\\-1&1&1\\5&3&-1\end{bmatrix}$$

最后有

$$\boldsymbol{A}^{+}=\boldsymbol{G}^{+}\boldsymbol{F}^{+}=\frac{1}{5}\begin{bmatrix}1&0&0\\2&0&0\\0&5&0\\0&0&5\end{bmatrix}\frac{1}{4}\begin{bmatrix}3&1&1\\-1&1&1\\5&3&-1\end{bmatrix}=\frac{1}{20}\begin{bmatrix}3&1&1\\6&2&2\\-5&5&5\\25&15&-5\end{bmatrix}$$

解法二:①

$$\boldsymbol{A}=\begin{bmatrix}1&2&-1&0\\-1&-2&2&1\\2&4&1&-1\end{bmatrix}\xrightarrow{\text{行}}\begin{bmatrix}1&2&-1&0\\0&0&1&1\\0&0&0&-4\end{bmatrix}$$

这说明 $\boldsymbol{A}$ 是行满秩阵,取

$$F=I_3, G=A$$

于是 A 的满秩分解为

$$A=FG=I_3A$$

② 可得

$$AA^{T}=\begin{bmatrix}6&-7&9\\-7&10&-9\\9&-9&22\end{bmatrix},\ |AA^{T}|=80$$

$$(AA^{T})^{*}=\begin{bmatrix}139&73&-27\\73&51&-9\\-27&-9&11\end{bmatrix}$$

$$(AA^{T})^{-1}=\frac{1}{80}\begin{bmatrix}139&73&-27\\73&51&-9\\-27&-9&11\end{bmatrix}$$

$$A^{+}=A^{T}AA^{T})^{-1}=\frac{1}{80}\begin{bmatrix}12&4&4\\24&8&8\\-20&20&20\\100&60&-20\end{bmatrix}=\frac{1}{20}\begin{bmatrix}3&1&1\\6&2&2\\-5&5&5\\25&15&-5\end{bmatrix}$$

（此处用伴随矩阵求逆比用初等行变换要简单）

五、证明：因为 $A\in \mathbf{C}^{n\times n}$ 是正规矩阵，所以 A 酉相似对角阵.

故存在酉矩阵 $U\in \mathbf{U}^{n\times n}$，使

$$U^{H}AU=\operatorname{diag}(\lambda_1,\cdots,\lambda_i,\cdots,\lambda_n)$$

则有

$$U^{H}A^{H}U=\operatorname{diag}(\overline{\lambda_1},\cdots,\overline{\lambda_i},\cdots,\overline{\lambda_n})$$

其中，$\lambda_1,\cdots,\lambda_i,\cdots,\lambda_n$ 是 A 的特征值. 上述两式相乘可得

$$U^{H}A^{H}AU=\operatorname{diag}(\overline{\lambda_1}\lambda_1,\cdots,\overline{\lambda_i}\lambda_i,\cdots,\overline{\lambda_n}\lambda_n)=$$
$$\operatorname{diag}(|\lambda_1|^2,\cdots,|\lambda_i|^2,\cdots,|\lambda_n|^2)$$

这说明$A^{H}A$ 的特征值为

$$|\lambda_1|^2,\cdots,|\lambda_i|^2,\cdots,|\lambda_n|^2$$

由定义

$$\|A\|_2=\sqrt{A^{H}A\text{ 的最大的特征值}}=$$
$$\sqrt{\max_i|\lambda_i|^2}=\max_i|\lambda_i|=\rho(A)$$

六、解：易见 A 的特征值为 $\lambda_1=1,\lambda_2=1$；B 的特征值为 $\mu_1=0,\mu_2=0$.

由于 A,B 无互为反号的特征值，故 Lyapunov 矩阵方程有唯一解

$$A\otimes I_2+I_2\otimes B^{T}=\begin{bmatrix}1&0&-1&0\\0&1&0&-1\\0&0&1&0\\0&0&0&1\end{bmatrix}+\begin{bmatrix}0&1&0&0\\0&0&0&0\\0&0&0&1\\0&0&0&0\end{bmatrix}=\begin{bmatrix}1&1&-1&0\\0&1&0&-1\\0&0&1&1\\0&0&0&1\end{bmatrix}$$

设 $X=\begin{bmatrix}x_1&x_2\\x_3&x_4\end{bmatrix}$，则有

$$\begin{bmatrix}1&1&-1&0\\0&1&0&-1\\0&0&1&1\\0&0&0&1\end{bmatrix}\begin{bmatrix}x_1\\x_2\\x_3\\x_4\end{bmatrix}=\begin{bmatrix}1\\1\\-1\\1\end{bmatrix}$$

解之

$$x_1=-3,x_2=2,x_3=-2,x_4=1$$

于是 $\boldsymbol{X}=\begin{bmatrix}-3&2\\-2&1\end{bmatrix}$为 Lyapunov 矩阵方程的唯一解.

七、解法一(公式法)

$$\boldsymbol{x}(t)=\mathrm{e}^{\boldsymbol{A}t}\boldsymbol{x}_0$$

(因为 $\mathrm{e}^{\boldsymbol{A}t}$ 是中间结果,求出表达式与$\boldsymbol{x}_0$ 相乘,使计算简化)

以下可用三种作法求 $\mathrm{e}^{\boldsymbol{A}t}$.

①Jordan 标准形法

$$|\lambda\boldsymbol{I}-\boldsymbol{A}|=\begin{vmatrix}\lambda-4&-6&0\\3&+5&0\\3&6&\lambda-1\end{vmatrix}=(\lambda-1)^2(\lambda+2)$$

故 $\boldsymbol{A}$ 的特征值为

$$\lambda_1=\lambda_2=1,\lambda_3=-2$$

算得 λ_1 对应的性的特征向量为

$$\boldsymbol{\xi}_1=\begin{bmatrix}-2\\1\\0\end{bmatrix},\boldsymbol{\xi}_2=\begin{bmatrix}0\\0\\1\end{bmatrix}$$

这表明 $\boldsymbol{A}$ 相似对角阵.

算得 λ_3 对应的特征向量为

$$\boldsymbol{\xi}_3=\begin{bmatrix}-1\\1\\1\end{bmatrix}$$

于是 $\boldsymbol{P}=(\boldsymbol{\xi}_1,\boldsymbol{\xi}_2,\boldsymbol{\xi}_3)=\begin{bmatrix}-2&0&-1\\1&0&1\\0&1&1\end{bmatrix}$,求得

$$\boldsymbol{P}^{-1}=\begin{bmatrix}-1&-1&0\\-1&-2&1\\1&2&0\end{bmatrix}$$

$$\boldsymbol{x}(t)=\mathrm{e}^{\boldsymbol{A}t}\boldsymbol{x}_0=\boldsymbol{P}\begin{bmatrix}\mathrm{e}^t&0&0\\0&\mathrm{e}^t&0\\0&0&\mathrm{e}^{-2t}\end{bmatrix}\boldsymbol{P}^{-1}\begin{bmatrix}0\\0\\1\end{bmatrix}=\begin{bmatrix}0\\0\\\mathrm{e}^t\end{bmatrix}$$

② 有限级数法

设 $r(\lambda)=\alpha_0(t)+\alpha_1(t)\lambda+\alpha_2(t)\lambda^2$,于是

$$\begin{cases} r(1)=\alpha_0(t)+\alpha_1(t)1+\alpha_2(t)1=\mathrm{e}^{1t} \\ r'(1)= \qquad \alpha_1(t)+2\alpha_2(t)1=t\mathrm{e}^{1t} \\ r(-2)=\alpha_0(t)-2\alpha_1(t)+\alpha_2(t)(-2)^2=\mathrm{e}^{-2t} \end{cases}$$

解之

$$\alpha_0(t)=\frac{1}{9}(8\mathrm{e}^t-6t\mathrm{e}^t+\mathrm{e}^{-2t})$$

$$\alpha_1(t)=\frac{1}{9}(2\mathrm{e}^t+3t\mathrm{e}^t-2\mathrm{e}^{-2t})$$

$$\alpha_2(t)=\frac{1}{9}(-\mathrm{e}^t+3t\mathrm{e}^t+\mathrm{e}^{-2t})$$

$$\mathrm{e}^{\boldsymbol{A}t}=\alpha_0(t)\boldsymbol{I}+\alpha_1(t)\boldsymbol{A}+\alpha_2(t)\boldsymbol{A}^2$$

最后有

$$\boldsymbol{x}(t)=\mathrm{e}^{\boldsymbol{A}t}\boldsymbol{x}_0=\alpha_0(t)\boldsymbol{x}_0+\alpha_1(t)\boldsymbol{A}\boldsymbol{x}_0+\alpha_2(t)\boldsymbol{A}^2\boldsymbol{x}_0=$$

$$\alpha_0(t)\begin{bmatrix}0\\0\\1\end{bmatrix}+\alpha_1(t)\begin{bmatrix}4&6&0\\-3&-5&0\\-3&-6&1\end{bmatrix}\begin{bmatrix}0\\0\\1\end{bmatrix}+\alpha_2(t)\begin{bmatrix}-2&-6&0\\3&7&0\\3&6&1\end{bmatrix}\begin{bmatrix}0\\0\\1\end{bmatrix}=$$

$$\alpha_0(t)\begin{bmatrix}0\\0\\1\end{bmatrix}+\alpha_1(t)\begin{bmatrix}0\\0\\1\end{bmatrix}+\alpha_2(t)\begin{bmatrix}0\\0\\1\end{bmatrix}=$$

$$(\alpha_0(t)+\alpha_1(t)+\alpha_2(t))\begin{bmatrix}0\\0\\1\end{bmatrix}=\begin{bmatrix}0\\0\\\mathrm{e}^t\end{bmatrix}$$

③ 单纯矩阵谱分解法

由解法一知 $\boldsymbol{A}$ 是单纯矩阵

$$\boldsymbol{P}^{-1}\boldsymbol{A}\boldsymbol{P}=\boldsymbol{J}=\boldsymbol{D}=\mathrm{diag}(1,1,-2)$$

且有

$$\boldsymbol{P}=\begin{bmatrix}-2&0&-1\\1&0&1\\0&1&1\end{bmatrix},\boldsymbol{P}^{-1}=\begin{bmatrix}-1&-1&0\\-1&-2&1\\1&2&0\end{bmatrix}$$

记 $\boldsymbol{P}=(\boldsymbol{P}_1,\boldsymbol{P}_2)$，其中

$$\boldsymbol{P}_1=\begin{bmatrix}-2&0\\1&0\\0&1\end{bmatrix},\boldsymbol{P}_2=\begin{bmatrix}-1\\1\\1\end{bmatrix}$$

记 $\boldsymbol{P}^{-1}=\begin{bmatrix}\widetilde{\boldsymbol{P}}_1^{\mathrm{T}}\\\widetilde{\boldsymbol{P}}_2^{\mathrm{T}}\end{bmatrix}$，其中

$$\widetilde{\boldsymbol{P}}_1^{\mathrm{T}}=\begin{bmatrix}-1&-1&0\\-1&-2&1\end{bmatrix},\widetilde{\boldsymbol{P}}_2^{\mathrm{T}}=[1\quad 2\quad 0]$$

于是

$$\boldsymbol{E}_1=\boldsymbol{P}_1\widetilde{\boldsymbol{P}}_1^{\mathrm{T}},\boldsymbol{E}_2=\boldsymbol{P}_2\widetilde{\boldsymbol{P}}_2^{\mathrm{T}}$$

$$\mathrm{e}^{\boldsymbol{A}t}\boldsymbol{x}_0=(\mathrm{e}^{1t}\boldsymbol{E}_1+\mathrm{e}^{-2t}\boldsymbol{E}_2)\boldsymbol{x}_0=\mathrm{e}^t\boldsymbol{E}_1\boldsymbol{x}_0+\mathrm{e}^{-2t}\boldsymbol{E}_2\boldsymbol{x}_0=$$

$$\mathrm{e}^t\begin{bmatrix}-2&0\\1&0\\0&1\end{bmatrix}\begin{bmatrix}-1&-1&0\\-1&-2&1\end{bmatrix}\begin{bmatrix}0\\0\\1\end{bmatrix}+\mathrm{e}^{-2t}\begin{bmatrix}-1\\1\\1\end{bmatrix}\begin{bmatrix}1&2&0\end{bmatrix}\begin{bmatrix}0\\0\\1\end{bmatrix}=$$

$$\mathrm{e}^t\begin{bmatrix}-2&0\\1&0\\0&1\end{bmatrix}\begin{bmatrix}0\\1\end{bmatrix}+\mathrm{e}^{-2t}\begin{bmatrix}-1\\1\\1\end{bmatrix}\cdot 0=\begin{bmatrix}0\\0\\\mathrm{e}^t\end{bmatrix}$$

解法二(Laplace 变换)

$$s\boldsymbol{I}-\boldsymbol{A}=\begin{bmatrix}s-4&-6&0\\3&s+5&0\\3&6&s-1\end{bmatrix}$$

$$|s\boldsymbol{I}-\boldsymbol{A}|=(s-1)^2(s+2)$$

$$(s\boldsymbol{I}-\boldsymbol{A})^*=\begin{bmatrix}(s+5)(s-1)&6(s-1)&0\\-3(s-1)&(s-4)(s-1)&0\\-3(s-1)&-6(s-1)&(s+2)(s-1)\end{bmatrix}$$

$$(s\boldsymbol{I}-\boldsymbol{A})^{-1}=\frac{(s\boldsymbol{I}-\boldsymbol{A})^*}{|s\boldsymbol{I}-\boldsymbol{A}|}=\begin{bmatrix}\frac{(s+5)}{(s-1)(s+2)}&\frac{6}{(s-1)(s+2)}&0\\\frac{-3}{(s-1)(s+2)}&\frac{(s-4)}{(s-1)(s+2)}&0\\\frac{-3}{(s-1)(s+2)}&\frac{-6}{(s-1)(s+2)}&\frac{1}{(s-1)}\end{bmatrix}$$

$$\boldsymbol{X}(s)=(s\boldsymbol{I}-\boldsymbol{A})^{-1}\boldsymbol{x}_0=\begin{bmatrix}\frac{(s+5)}{(s-1)(s+2)}&\frac{6}{(s-1)(s+2)}&0\\\frac{-3}{(s-1)(s+2)}&\frac{(s-4)}{(s-1)(s+2)}&0\\\frac{-3}{(s-1)(s+2)}&\frac{-6}{(s-1)(s+2)}&\frac{1}{(s-1)}\end{bmatrix}\begin{bmatrix}0\\0\\1\end{bmatrix}=$$

$$\begin{bmatrix}0\\0\\\frac{1}{(s-1)}\end{bmatrix}$$

由 Laplace 反变换得

$$\boldsymbol{x}(t)=\mathscr{L}^{-1}[(s\boldsymbol{I}-\boldsymbol{A})^{-1}\boldsymbol{x}_0]=\begin{bmatrix}0\\0\\\mathrm{e}^t\end{bmatrix}$$

解法三(相似变换法)

由解法一 ①Jordan 标准形法,知

$$\boldsymbol{P}^{-1}\boldsymbol{AP}=\boldsymbol{J}=\boldsymbol{D}=\mathrm{diag}(1,1,-2)$$

其中
$$\boldsymbol{P}=\begin{bmatrix}-2&0&-1\\1&0&1\\0&1&1\end{bmatrix},\boldsymbol{P}^{-1}=\begin{bmatrix}-1&-1&0\\-1&-2&1\\1&2&0\end{bmatrix}$$

令 $\boldsymbol{x}=\boldsymbol{Py}$,于是原微分方程组化成

$$\frac{d\boldsymbol{Py}}{dt}=\boldsymbol{APy}$$

即
$$\frac{d\boldsymbol{y}}{dt}=(\boldsymbol{P}^{-1}\boldsymbol{AP})\boldsymbol{y}=\boldsymbol{Dy}$$

于是
$$\begin{cases}\dfrac{dy_1}{dt}=1y_1\\ \dfrac{dy_2}{dt}=1y_2\\ \dfrac{dy_3}{dt}=-2y_3\end{cases}$$

解之
$$y_1=C_1e^t$$
$$y_2=C_2e^t$$
$$y_3=C_3e^{-2t}$$

$\boldsymbol{x}=\boldsymbol{Py}=\begin{bmatrix}-2&0&-1\\1&0&1\\0&1&1\end{bmatrix}\begin{bmatrix}C_1e^t\\C_2e^t\\C_3e^{-2t}\end{bmatrix}$，代入初始条件得

$$\begin{bmatrix}0\\0\\1\end{bmatrix}=\begin{bmatrix}-2&0&-1\\1&0&1\\0&1&1\end{bmatrix}\begin{bmatrix}C_1\\C_2\\C_3\end{bmatrix}$$

则
$$\begin{bmatrix}C_1\\C_2\\C_3\end{bmatrix}=\begin{bmatrix}-1&-1&0\\-1&-2&1\\1&2&0\end{bmatrix}\begin{bmatrix}0\\0\\1\end{bmatrix}=\begin{bmatrix}0\\1\\0\end{bmatrix}$$

最后有
$$\boldsymbol{x}=\boldsymbol{Py}=\begin{bmatrix}-2&0&-1\\1&0&1\\0&1&1\end{bmatrix}\begin{bmatrix}0\\e^t\\0\end{bmatrix}=\begin{bmatrix}0\\0\\e^t\end{bmatrix}$$

八、若 r,s 之中有一个是 0，结论显然成立.

以下设 $r>0,s>0$.

证法一（满秩分解）

设 $\boldsymbol{A},\boldsymbol{B}$ 有如下的满秩分解

$$\boldsymbol{A}=\boldsymbol{FG}，其中\ \boldsymbol{F}\in\mathbf{C}_r^{m\times r},\boldsymbol{G}\in\mathbf{C}_r^{r\times n}$$
$$\boldsymbol{B}=\boldsymbol{KL}，其中\ \boldsymbol{K}\in\mathbf{C}_s^{n\times s},\boldsymbol{L}\in\mathbf{C}_s^{s\times p}$$

则
$$\boldsymbol{F}(\boldsymbol{GK})\boldsymbol{L}=\boldsymbol{AB}=\boldsymbol{O}_{m\times p}$$

上式两端左乘 $\boldsymbol{F}$ 的左逆 $\boldsymbol{F}_L^{-1}$，右乘 $\boldsymbol{L}$ 的右逆 $\boldsymbol{L}_R^{-1}$，有

$$\boldsymbol{GK}=\boldsymbol{O}_{r\times s}$$

从而 $\boldsymbol{K}^H\boldsymbol{G}^H=\boldsymbol{O}_{s\times r}$，于是

$$\begin{aligned}\boldsymbol{B}^+\boldsymbol{A}^+=(\boldsymbol{L}^+\boldsymbol{K}^+)(\boldsymbol{G}^+\boldsymbol{F}^+)=\boldsymbol{L}^+(\boldsymbol{K}^+)(\boldsymbol{G}^+)\boldsymbol{F}^+=\\ \boldsymbol{L}^+(\boldsymbol{K}^H\boldsymbol{K})^{-1}\boldsymbol{K}^H\boldsymbol{G}^H(\boldsymbol{GG}^H)^{-1}\boldsymbol{F}^+=\\ \boldsymbol{O}_{p\times m}\end{aligned}$$

证法二（奇异值分解）

$\boldsymbol{A}$ 的奇异值分解为

$$\boldsymbol{A}=\boldsymbol{U}\begin{bmatrix}\boldsymbol{\Sigma} & \boldsymbol{O}\\ \boldsymbol{O} & \boldsymbol{O}\end{bmatrix}\boldsymbol{V}^{\mathrm{H}},\boldsymbol{A}^{+}=\boldsymbol{V}\begin{bmatrix}\boldsymbol{\Sigma}^{-1} & \boldsymbol{O}\\ \boldsymbol{O} & \boldsymbol{O}\end{bmatrix}\boldsymbol{U}^{\mathrm{H}}$$

其中,$\boldsymbol{U}\in\mathrm{U}^{m\times m}$,$\boldsymbol{V}\in\mathrm{U}^{n\times n}$ 为酉矩阵,$\boldsymbol{\Sigma}=\mathrm{diag}(\sigma_1,\cdots,\sigma_i,\cdots,\sigma_r)$,$\sigma_i=\sqrt{\lambda_i}>0$ 为 $\boldsymbol{A}$ 的正奇异值,$i=1,\cdots,r$.

$\boldsymbol{B}$ 的奇异值分解为

$$\boldsymbol{B}=\boldsymbol{P}\begin{bmatrix}\boldsymbol{T} & \boldsymbol{O}\\ \boldsymbol{O} & \boldsymbol{O}\end{bmatrix}\boldsymbol{Q}^{\mathrm{H}},\boldsymbol{B}^{+}=\boldsymbol{Q}\begin{bmatrix}\boldsymbol{T}^{-1} & \boldsymbol{O}\\ \boldsymbol{O} & \boldsymbol{O}\end{bmatrix}\boldsymbol{P}^{\mathrm{H}}$$

其中,$\boldsymbol{P}\in\mathrm{U}^{n\times n}$,$\boldsymbol{Q}\in\mathrm{U}^{p\times p}$ 为酉矩阵,$\boldsymbol{T}=\mathrm{diag}(\tau_1,\cdots,\tau_j,\cdots,\tau_s)$,$\tau_j=\sqrt{\mu_j}>0$ 为 $\boldsymbol{B}$ 的正奇异值,$j=1,\cdots,s$.

由
$$\boldsymbol{AB}=\boldsymbol{U}\begin{bmatrix}\boldsymbol{\Sigma} & \boldsymbol{O}\\ \boldsymbol{O} & \boldsymbol{O}\end{bmatrix}\boldsymbol{V}^{\mathrm{H}}\boldsymbol{P}\begin{bmatrix}\boldsymbol{T} & \boldsymbol{O}\\ \boldsymbol{O} & \boldsymbol{O}\end{bmatrix}\boldsymbol{Q}^{\mathrm{H}}=\boldsymbol{O}_{m\times p}$$

得
$$\begin{bmatrix}\boldsymbol{\Sigma} & \boldsymbol{O}\\ \boldsymbol{O} & \boldsymbol{O}\end{bmatrix}\boldsymbol{V}^{\mathrm{H}}\boldsymbol{P}\begin{bmatrix}\boldsymbol{T} & \boldsymbol{O}\\ \boldsymbol{O} & \boldsymbol{O}\end{bmatrix}\boldsymbol{Q}^{\mathrm{H}}=\boldsymbol{O}_{m\times p}$$

记 $\boldsymbol{V}^{\mathrm{H}}\boldsymbol{P}=\begin{bmatrix}\boldsymbol{X} & \boldsymbol{K}\\ \boldsymbol{L} & \boldsymbol{M}\end{bmatrix}$,其中 $\boldsymbol{X}\in\mathbf{C}^{r\times s}$,$\boldsymbol{K}\in\mathbf{C}^{r\times(n-s)}$,$\boldsymbol{L}\in\mathbf{C}^{(n-r)\times s}$,$\boldsymbol{M}\in\mathbf{C}^{(n-r)\times(n-s)}$,可得 $\boldsymbol{\Sigma XT}=\boldsymbol{O}_{r\times s}$,于是有 $\boldsymbol{X}=\boldsymbol{O}_{r\times s}$,则

$$\boldsymbol{P}^{\mathrm{H}}\boldsymbol{V}=\begin{bmatrix}\boldsymbol{O}_{s\times r} & \boldsymbol{L}^{\mathrm{H}}\\ \boldsymbol{K}^{\mathrm{H}} & \boldsymbol{M}^{\mathrm{H}}\end{bmatrix}$$

$$\boldsymbol{B}^{+}\boldsymbol{A}^{+}=\boldsymbol{Q}\begin{bmatrix}\boldsymbol{T}^{-1} & \boldsymbol{O}\\ \boldsymbol{O} & \boldsymbol{O}\end{bmatrix}\boldsymbol{P}^{\mathrm{H}}\boldsymbol{V}\begin{bmatrix}\boldsymbol{\Sigma}^{-1} & \boldsymbol{O}\\ \boldsymbol{O} & \boldsymbol{O}\end{bmatrix}\boldsymbol{U}^{\mathrm{H}}=\boldsymbol{Q}\begin{bmatrix}\boldsymbol{O} & \boldsymbol{O}\\ \boldsymbol{O} & \boldsymbol{O}\end{bmatrix}\boldsymbol{U}^{\mathrm{H}}=\boldsymbol{O}_{p\times m}$$

证法三(Penrose 方程)

由 $\boldsymbol{AB}=\boldsymbol{O}_{m\times p}$,得

$$(\boldsymbol{AB})^{\mathrm{H}}=\boldsymbol{B}^{\mathrm{H}}\boldsymbol{A}^{\mathrm{H}}=\boldsymbol{O}_{p\times m}$$

由 Penrose 方程有

$$\boldsymbol{A}^{+}=\boldsymbol{A}^{+}\boldsymbol{A}\boldsymbol{A}^{+}=(\boldsymbol{A}^{+}\boldsymbol{A})^{\mathrm{H}}\boldsymbol{A}^{+}=\boldsymbol{A}^{\mathrm{H}}(\boldsymbol{A}^{+})^{\mathrm{H}}\boldsymbol{A}^{+}$$
$$\boldsymbol{B}^{+}=\boldsymbol{B}^{+}\boldsymbol{B}\boldsymbol{B}^{+}=\boldsymbol{B}^{+}(\boldsymbol{B}\boldsymbol{B}^{+})^{\mathrm{H}}=\boldsymbol{B}^{+}(\boldsymbol{B}^{+})^{\mathrm{H}}\boldsymbol{B}^{\mathrm{H}}$$

于是
$$\boldsymbol{B}^{+}\boldsymbol{A}^{+}=\boldsymbol{B}^{+}(\boldsymbol{B}^{+})^{\mathrm{H}}\boldsymbol{B}^{\mathrm{H}}\boldsymbol{A}^{\mathrm{H}}(\boldsymbol{A}^{+})^{\mathrm{H}}\boldsymbol{A}^{+}=\boldsymbol{O}_{p\times m}$$

证法四(Moore-Penrose 广义逆的性质)

由 $\boldsymbol{AB}=\boldsymbol{O}_{m\times p}$,得

$$(\boldsymbol{AB})^{\mathrm{H}}=\boldsymbol{B}^{\mathrm{H}}\boldsymbol{A}^{\mathrm{H}}=\boldsymbol{O}_{p}$$

由 Moore-Penrose 广义逆的性质知

$$\boldsymbol{A}^{+}=\boldsymbol{A}^{\mathrm{H}}(\boldsymbol{A}\boldsymbol{A}^{\mathrm{H}})^{+},\boldsymbol{B}^{+}=(\boldsymbol{B}^{\mathrm{H}}\boldsymbol{B})^{+}\boldsymbol{B}^{\mathrm{H}}$$

于是
$$\boldsymbol{B}^{+}\boldsymbol{A}^{+}=(\boldsymbol{B}^{\mathrm{H}}\boldsymbol{B})^{+}\boldsymbol{B}^{\mathrm{H}}\boldsymbol{A}^{\mathrm{H}}(\boldsymbol{A}\boldsymbol{A}^{\mathrm{H}})^{+}=\boldsymbol{O}_{p\times m}$$

2012 年秋季学期试题

一、填空题(每小题 5 分,共 30 分)

1. 两个子空间V_1,V_2 的维数公式为 $\dim V_1 + \dim V_2 =$ ____________.

2. 设 $\boldsymbol{A} \in \mathbf{C}^{m\times n}$,则 $R(\boldsymbol{A}) + N(\boldsymbol{A}^{\mathrm{H}}) =$ ____________.

3. 矩阵 $\boldsymbol{A} = \begin{bmatrix} 3 & 2 & 1 \\ 0 & 3 & 2 \\ 0 & 0 & 3 \end{bmatrix}$ 的 Jordan 标准形为____________.

4. n 阶单纯矩阵 $\boldsymbol{A}$ 的谱分解为 $\boldsymbol{A} = \sum_{i=1}^{s} \lambda_i \boldsymbol{E}_i$,则 $\sum_{i=1}^{s} \boldsymbol{E}_i =$ ____________.

5. 设 $\boldsymbol{A} = \begin{bmatrix} 2 & -7 & -6 \\ 5 & 3 & 9 \\ 8 & 1 & -4 \end{bmatrix}$,则 $\det \mathrm{e}^{\boldsymbol{A}} =$ ____________.

6. 设 $\boldsymbol{A} \in \mathbf{C}^{3\times 3}$,$\det \boldsymbol{A} = 10$;$\boldsymbol{B} \in \mathbf{C}^{2\times 2}$,$\det \boldsymbol{B} = -1$,则 $\det(\boldsymbol{A} \otimes \boldsymbol{B}) =$ ____________.

二、在 $\mathbf{R}^{2\times 2}$ 中,求基$\boldsymbol{A}_1 = \begin{bmatrix} 1 & 1 \\ 1 & 1 \end{bmatrix}$,$\boldsymbol{A}_2 = \begin{bmatrix} 0 & 1 \\ 1 & 1 \end{bmatrix}$,$\boldsymbol{A}_3 = \begin{bmatrix} 0 & 0 \\ 1 & 1 \end{bmatrix}$,$\boldsymbol{A}_4 = \begin{bmatrix} 0 & 0 \\ 0 & 1 \end{bmatrix}$到基$\boldsymbol{B}_1 = \begin{bmatrix} 1 & 0 \\ 0 & 0 \end{bmatrix}$,$\boldsymbol{B}_2 = \begin{bmatrix} -2 & 1 \\ 0 & 0 \end{bmatrix}$,$\boldsymbol{B}_3 = \begin{bmatrix} 3 & -2 \\ 1 & 0 \end{bmatrix}$,$\boldsymbol{B}_4 = \begin{bmatrix} -4 & 3 \\ -2 & 1 \end{bmatrix}$的过渡矩阵. (10 分)

三、设 V_1,V_2 为线性空间 $\mathbf{V}(\mathbf{F})$ 的两个子空间 $\boldsymbol{\varepsilon}_1,\cdots,\boldsymbol{\varepsilon}_i,\cdots,\boldsymbol{\varepsilon}_s$ 及 $\boldsymbol{\eta}_1,\cdots,\boldsymbol{\eta}_j,\cdots,\boldsymbol{\eta}_t$ 分别为 V_1,V_2 的基.

求证:$V_1 \perp V_2$ 的充分必要条件是内积$(\boldsymbol{\varepsilon}_i,\boldsymbol{\eta}_j) = 0(i = 1,2,\cdots,s;j = 1,2,\cdots,t)$. (10 分)

四、设 $\boldsymbol{A} = \begin{bmatrix} 0 & 1 & 0 \\ 0 & 0 & 1 \\ 1 & 0 & 0 \end{bmatrix}$,求 $\boldsymbol{A}^{10} - \boldsymbol{A}^7 + 2\boldsymbol{A}$. (6 分)

五、设 $\boldsymbol{A} \in \mathbf{C}^{n\times n}$,求证对 $\mathbf{C}^{n\times n}$ 上的任一矩阵范数 $\|\cdot\|$,皆有

$$\rho(\boldsymbol{A}) \leqslant \|\boldsymbol{A}\| \qquad (10 \text{ 分})$$

六、求解常系数线性非齐次微分方程组初值问题

$$\begin{cases} \dfrac{\mathrm{d}\boldsymbol{x}}{\mathrm{d}t} = \boldsymbol{A}\boldsymbol{x} + f(t) \\ \boldsymbol{x}(0) = (1,0,1)^{\mathrm{T}} \end{cases}$$

其中,$\boldsymbol{A} = \begin{bmatrix} -1 & 0 & 1 \\ 1 & 2 & 0 \\ -4 & 0 & 3 \end{bmatrix}$,$\boldsymbol{f}(t) = (1,-1,2)^{\mathrm{T}}$. (14 分)

七、设

$$\boldsymbol{A} = \begin{bmatrix} 1 & 1 & -1 & 0 \\ 1 & -1 & 1 & 2 \\ -1 & -1 & 1 & 0 \end{bmatrix},\boldsymbol{b} = \begin{bmatrix} 1 \\ -1 \\ 0 \end{bmatrix}$$

求:①$\boldsymbol{A}$ 的满秩分解;

②$\boldsymbol{A}^{+}$;

③ 用广义逆矩阵方法判断相容性;

④ 用广义逆矩阵方法解线性方程组 $\boldsymbol{A}\boldsymbol{x} = \boldsymbol{b}$. (16 分)

八、求证:正规矩阵的奇异值为它的特征值的模. (4 分)

2012 年秋季学期试题参考答案

一、填空题

1. $\underline{\dim(V_1+V_2)+\dim(V_1\cap V_2)}$； 2. $\underline{\mathbf{C}^m}$； 3. $\underline{\begin{bmatrix}3&1&0\\0&3&1\\0&0&3\end{bmatrix}}$； 4. $\underline{\boldsymbol{I}_n}$； 5. $\underline{\mathrm{e}}$； 6. $\underline{-100}$.

二、解:由基变换公式有

$$(\boldsymbol{B}_1,\boldsymbol{B}_2,\boldsymbol{B}_3,\boldsymbol{B}_4)=(\boldsymbol{A}_1,\boldsymbol{A}_2,\boldsymbol{A}_3,\boldsymbol{A}_4)\boldsymbol{P}$$

其中

$$\boldsymbol{P}=(p_{ij})_{4\times4}\in\mathbf{R}^{4\times4}$$

$$\boldsymbol{B}_j=\sum_{i=1}^{4}p_{ij}\boldsymbol{A}_i,j=1,2,3,4$$

把上述矩阵方程转化成等价的线性方程组:

将 $\boldsymbol{A}_1,\boldsymbol{A}_2,\boldsymbol{A}_3,\boldsymbol{A}_4$ 及 $\boldsymbol{B}_1,\boldsymbol{B}_2,\boldsymbol{B}_3,\boldsymbol{B}_4$ 横排竖放得到 4 元列向量,并成矩阵 $\boldsymbol{A}$ 及 $\boldsymbol{B}$,于是

$$\boldsymbol{A}=\begin{bmatrix}1&0&0&0\\1&1&0&0\\1&1&1&0\\1&1&1&1\end{bmatrix}=(\boldsymbol{\alpha}_1,\boldsymbol{\alpha}_2,\boldsymbol{\alpha}_3,\boldsymbol{\alpha}_4),\boldsymbol{\alpha}_j\in\mathbf{R}^4,j=1,2,3,4.$$

$$\boldsymbol{B}=\begin{bmatrix}1&-2&3&-4\\0&1&-2&3\\0&0&1&-2\\0&0&0&1\end{bmatrix}=(\boldsymbol{\beta}_1,\boldsymbol{\beta}_2,\boldsymbol{\beta}_3,\boldsymbol{\beta}_4),\boldsymbol{\beta}_j\in\mathbf{R}^4,j=1,2,3,4$$

因此有

$$\boldsymbol{\beta}_j=\sum_{i=1}^{4}p_{ij}\boldsymbol{\alpha}_i=(\boldsymbol{\alpha}_1,\boldsymbol{\alpha}_2,\boldsymbol{\alpha}_3,\boldsymbol{\alpha}_4)\begin{bmatrix}p_{1j}\\p_{2j}\\p_{3j}\\p_{4j}\end{bmatrix},j=1,2,3,4$$

故
$$(\boldsymbol{\beta}_1,\boldsymbol{\beta}_2,\boldsymbol{\beta}_3,\boldsymbol{\beta}_4)=(\boldsymbol{\alpha}_1,\boldsymbol{\alpha}_2,\boldsymbol{\alpha}_3,\boldsymbol{\alpha}_4)\boldsymbol{P},\boldsymbol{P}=(p_{ij})_{4\times4}$$

此即
$$\boldsymbol{B}=\boldsymbol{AP}$$

由
$$(\boldsymbol{A},\boldsymbol{B})\xrightarrow{r}(\boldsymbol{I},\boldsymbol{A}^{-1}\boldsymbol{B})$$

于是过渡矩阵

$$\boldsymbol{P}=\boldsymbol{A}^{-1}\boldsymbol{B}=\begin{bmatrix}1&-2&3&-4\\-1&3&-5&7\\0&-1&3&-5\\0&0&-1&3\end{bmatrix}$$

三、证明:先证必要性.

由 $V_1\perp V_2$,故 $\forall\boldsymbol{\alpha}\in V_1,\forall\boldsymbol{\beta}\in V_2$,有$(\boldsymbol{\alpha},\boldsymbol{\beta})=0$.

特取 $\boldsymbol{\alpha}=\boldsymbol{\varepsilon}_i,\boldsymbol{\beta}=\boldsymbol{\eta}_j$,则

$$(\boldsymbol{\varepsilon}_i,\boldsymbol{\eta}_j)=0(i=1,2,\cdots,s;j=1,2,\cdots,t)$$

再证充分性.

设$(\boldsymbol{\varepsilon}_i,\boldsymbol{\eta}_j)=0(i=1,2,\cdots,s;j=1,2,\cdots,t)$.

$\forall \boldsymbol{\alpha}\in V_1$,因 $\boldsymbol{\varepsilon}_1,\cdots,\boldsymbol{\varepsilon}_i,\cdots,\boldsymbol{\varepsilon}_s$ 是 $\boldsymbol{V}_1$ 的基,故存在

$$x_1,\cdots,x_i,\cdots,x_s\in \mathbf{F}$$

使
$$\boldsymbol{\alpha}=\sum_{i=1}^{s}x_i\boldsymbol{\varepsilon}_i$$

$\forall \boldsymbol{\beta}\in V_2$,因 $\eta_1,\cdots,\eta_j,\cdots,\eta_t$ 是 V_2 的基,故存在

$$y_1,\cdots,y_j,\cdots,y_t\in \mathbf{F}$$

使
$$\boldsymbol{\beta}=\sum_{i=1}^{t}y_j\boldsymbol{\eta}_j$$

于是

$$(\boldsymbol{\alpha},\boldsymbol{\beta})=(\sum_{i=1}^{s}x_i\boldsymbol{\varepsilon}_i,\sum_{j=1}^{t}y_j\boldsymbol{\eta}_j)=\sum_{i=1}^{s}\sum_{j=1}^{t}\overline{x_i}(\boldsymbol{\varepsilon}_i,\boldsymbol{\eta}_j)y_j=0$$

这说明 $\boldsymbol{\alpha}\perp\boldsymbol{\beta}$,由 $\boldsymbol{\alpha},\boldsymbol{\beta}$ 的任意性,故 $V_1\perp V_2$.

四、解:$\varphi(\lambda)=|\lambda\boldsymbol{I}-\boldsymbol{A}|=\begin{bmatrix}\lambda & -1 & 0\\ 0 & \lambda & -1\\ -1 & 0 & \lambda\end{bmatrix}=\lambda^3-1.$

由 Cayley-Hamilton 定理

$$\varphi(\boldsymbol{A})=\boldsymbol{A}^3-\boldsymbol{I}_3=\boldsymbol{O}$$

故

$$\boldsymbol{A}^{10}-\boldsymbol{A}^7+2\boldsymbol{A}=\boldsymbol{A}^7(\boldsymbol{A}^3-\boldsymbol{I}_3)+2\boldsymbol{A}=2\boldsymbol{A}=\begin{bmatrix}0 & 2 & 0\\ 0 & 0 & 2\\ 2 & 0 & 0\end{bmatrix}$$

五、证明:设 λ 为 $\boldsymbol{A}$ 的特征值,$\boldsymbol{x}$ 为 $\boldsymbol{A}$ 的属于特征值 λ 的特征向量,故 $\boldsymbol{x}\neq\boldsymbol{\theta}$,所以 $\|\boldsymbol{x}\|>0$.

另设 $\|\cdot\|_v$ 是 $\mathbf{C}^n$ 上与矩阵范数 $\|\cdot\|$ 相容的向量范数,由 $\boldsymbol{Ax}=\lambda\boldsymbol{x}$ 应有

$$\|\boldsymbol{Ax}\|_v=|\lambda|\ \|\boldsymbol{x}\|_v$$

由相容性有

$$\|\boldsymbol{Ax}\|_v\leqslant\|\boldsymbol{A}\|\ \ \|\boldsymbol{x}\|_v$$

故
$$|\lambda|\ \|\boldsymbol{x}\|_v\leqslant\|\boldsymbol{A}\|\ \ \|\boldsymbol{x}\|_v$$

同除 $\|\boldsymbol{x}\|>0$,则

$$|\lambda|\leqslant\|\boldsymbol{A}\|$$

所以
$$\max_i\lambda\leqslant\|\boldsymbol{A}\|$$

即
$$\rho(\boldsymbol{A})\leqslant\|\boldsymbol{A}\|$$

六、(一) 公式法

常系数线性非齐次微分方程组初值问题解的公式为

$$\boldsymbol{x}(t)=\mathrm{e}^{\boldsymbol{A}t}\boldsymbol{x}_0+\int_0^t \mathrm{e}^{\boldsymbol{A}(t-\tau)}f(\tau)\mathrm{d}\tau$$

因积分式中含 $\mathrm{e}^{\boldsymbol{A}(t-\tau)}$,故需求出 $\mathrm{e}^{\boldsymbol{A}t}$,有以下两种方法:

(1)Jordan 标准形法

$$|\lambda\boldsymbol{I}-\boldsymbol{A}|=\begin{vmatrix}\lambda+1 & 0 & -1\\ -1 & \lambda-2 & 0\\ 4 & 0 & \lambda-3\end{vmatrix}=(\lambda-2)(\lambda-1)^2$$

易知 $\boldsymbol{A}$ 不是单纯矩阵,它的 Jordan 标准形为

$$\boldsymbol{J}=\begin{bmatrix}2 & 0 & 0\\ 0 & 1 & 1\\ 0 & 0 & 1\end{bmatrix}$$

因此存在可逆矩阵 $\boldsymbol{P}=(\boldsymbol{P}_1,\boldsymbol{P}_2,\boldsymbol{P}_3)$,使

$$\boldsymbol{P}^{-1}\boldsymbol{AP}=\boldsymbol{J}$$

由此 $\boldsymbol{AP}=\boldsymbol{PJ}$,代入可得

$$(\boldsymbol{A}\boldsymbol{P}_1,\boldsymbol{A}\boldsymbol{P}_2,\boldsymbol{A}\boldsymbol{P}_3)=(\boldsymbol{P}_1,\boldsymbol{P}_2,\boldsymbol{P}_3)\begin{bmatrix}2 & 0 & 0\\ 0 & 1 & 1\\ 0 & 0 & 1\end{bmatrix}$$

比较上式两边可得

$$\boldsymbol{A}\boldsymbol{P}_1=2\boldsymbol{P}_1 \qquad ①$$

$$\boldsymbol{A}\boldsymbol{P}_2=\boldsymbol{P}_2 \qquad ②$$

$$\boldsymbol{A}\boldsymbol{P}_3=\boldsymbol{P}_2+\boldsymbol{P}_3 \qquad ③$$

由 ① 有

$$(2\boldsymbol{I}_3-\boldsymbol{A})\boldsymbol{x}=\boldsymbol{\theta}$$

解之可取

$$\boldsymbol{P}_1=\begin{bmatrix}0\\ 1\\ 0\end{bmatrix}$$

由 ② 有

$$(1\cdot\boldsymbol{I}_3-\boldsymbol{A})\boldsymbol{x}=\boldsymbol{\theta}$$

解之可取

$$\boldsymbol{P}_2=\begin{bmatrix}-1\\ 1\\ -2\end{bmatrix}$$

将$\boldsymbol{P}_2$ 代入 ③ 有

$$(1\cdot\boldsymbol{I}_3-\boldsymbol{A})\boldsymbol{x}=-\boldsymbol{P}_2$$

解之可取

$$\boldsymbol{P}_3=\begin{bmatrix}1\\0\\1\end{bmatrix}$$

于是

$$\boldsymbol{P}=(\boldsymbol{P}_1,\boldsymbol{P}_2,\boldsymbol{P}_3)=\begin{bmatrix}0&-1&1\\1&1&0\\0&-2&1\end{bmatrix}$$

由此求得

$$\boldsymbol{P}^{-1}=\begin{bmatrix}-1&1&1\\1&0&-1\\2&0&-1\end{bmatrix}$$

则

$$\mathrm{e}^{\boldsymbol{A}t}=\boldsymbol{P}\begin{bmatrix}\mathrm{e}^{2t}&&\\&\mathrm{e}^{t}&t\mathrm{e}^{t}\\&&\mathrm{e}^{t}\end{bmatrix}\boldsymbol{P}^{-1}=$$

$$\mathrm{e}^{t}\begin{bmatrix}0&-1&1\\1&1&0\\0&-2&1\end{bmatrix}\begin{bmatrix}\mathrm{e}^{t}&&\\&1&t\\&&1\end{bmatrix}\begin{bmatrix}-1&1&1\\1&0&-1\\2&0&-1\end{bmatrix}=$$

$$\mathrm{e}^{t}\begin{bmatrix}0&-1&-t+1\\\mathrm{e}^{t}&1&t\\0&-2&-2t+1\end{bmatrix}\begin{bmatrix}-1&1&1\\1&0&-1\\2&0&-1\end{bmatrix}=$$

$$\mathrm{e}^{t}\begin{bmatrix}-2t+1&0&t\\-\mathrm{e}^{t}+1+2t&\mathrm{e}^{t}&\mathrm{e}^{t}-1-t\\-4t&0&-2t+1\end{bmatrix}$$

(2) 有限级数法

$$|\lambda\boldsymbol{I}-\boldsymbol{A}|=\begin{vmatrix}\lambda+1&0&-1\\-1&\lambda-2&0\\4&0&\lambda-3\end{vmatrix}=(\lambda-2)(^{\lambda}-1)2$$

故 $\boldsymbol{A}$ 的特征值为

$$\lambda_1=2,\lambda_2=\lambda_3=1$$

易知 $\boldsymbol{A}$ 不是单纯矩阵.

设
$$r(\lambda)=a_0+a_1\lambda+a_2\lambda^2$$

则有

$$\begin{cases}r(2)=a_0+a_1 2+a_2 2^2=\mathrm{e}^{2t} & ①\\ r(1)=a_0+a_1 1+a_2 1^2=\mathrm{e}^{1t} & ②\\ r'(1)=a_1 1+2a_2=t\mathrm{e}^{1t} & ③\end{cases}$$

① − ② − ③

$$a_2=\mathrm{e}^{t}(\mathrm{e}^{t}-1-t)$$

代入 ③

$$a_1 = e^t(-2e^t + 2 + 3t)$$

代入 ②

$$a_0 = e^t(e^t - 2t)$$

(也可以用矩阵解上述线性方程组)于是

$$e^{\boldsymbol{A}t} = a_0\boldsymbol{I} + a_1\boldsymbol{A} + a_2\boldsymbol{A}^2$$

经计算

$$\boldsymbol{A}^2 = \begin{bmatrix} -1 & 0 & 1 \\ 1 & 2 & 0 \\ -4 & 0 & 3 \end{bmatrix}^2 = \begin{bmatrix} -3 & 0 & 2 \\ 1 & 4 & 1 \\ -8 & 0 & 5 \end{bmatrix}$$

因此

$$e^{\boldsymbol{A}t} = e^t(e^t - 2t)\begin{bmatrix} 1 & & \\ & 1 & \\ & & 1 \end{bmatrix} + e^t(-2e^t + 2 + 3t)\begin{bmatrix} -1 & 0 & 1 \\ 1 & 2 & 0 \\ -4 & 0 & 3 \end{bmatrix} +$$

$$e^t(e^t - 1 - t)\begin{bmatrix} -3 & 0 & 2 \\ 1 & 4 & 1 \\ -8 & 0 & 5 \end{bmatrix} = e^t\begin{bmatrix} 1-2t & 0 & t \\ -e^t + 1 + 2t & e^t & e^t - 1 - t \\ -4t & 0 & -1 + 2t \end{bmatrix}$$

由上述两种方法求出 $e^{\boldsymbol{A}t}$ 后,再计算以下各量

$$e^{\boldsymbol{A}t}\boldsymbol{x}_0 = e^t\begin{bmatrix} 1-2t & 0 & t \\ -e^t + 1 + 2t & e^t & e^t - 1 - t \\ -4t & 0 & -1 + 2t \end{bmatrix}\begin{bmatrix} 1 \\ 0 \\ 1 \end{bmatrix} = e^t\begin{bmatrix} 1-t \\ t \\ 1-2t \end{bmatrix}$$

$$e^{\boldsymbol{A}(t-\tau)}\boldsymbol{f}(\tau) = e^t\begin{bmatrix} 1-2(t-\tau) & 0 & (t-\tau) \\ -e^{(t-\tau)} + 1 + 2(t-\tau) & e^{(t-\tau)} & e^{(t-\tau)} - 1 - (t-\tau) \\ -4(t-\tau) & 0 & -1 + 2(t-\tau) \end{bmatrix}\begin{bmatrix} 1 \\ -1 \\ 2 \end{bmatrix} =$$

$$e^{(t-\tau)}\begin{bmatrix} 1 \\ -1 \\ 2 \end{bmatrix}$$

$$\int_0^t e^{\boldsymbol{A}(t-\tau)}\boldsymbol{f}(\tau)\,d\tau = \int_0^t e^{(t-\tau)}\begin{bmatrix} 1 \\ -1 \\ 2 \end{bmatrix}d\tau =$$

$$e^t\begin{bmatrix} 1 \\ -1 \\ 2 \end{bmatrix}\int_0^t e^{-\tau}\,d\tau = \begin{bmatrix} e^t - 1 \\ -e^t + 1 \\ 2e^{t-2} \end{bmatrix}$$

于是微分方程组满足初始条件的解为

$$\boldsymbol{x}(t) = e^{\boldsymbol{A}t}\boldsymbol{x}_0 + \int_0^t e^{\boldsymbol{A}(t-\tau)}f(\tau)\,d\tau =$$

$$e^t\begin{bmatrix} 1-t \\ t \\ 1-2t \end{bmatrix} + \begin{bmatrix} e^t - 1 \\ -e^t + 1 \\ 2e^{t-2} \end{bmatrix} = \begin{bmatrix} -te^t + 2e^t - 1 \\ te^t - e^t + 1 \\ -2te^t + 3e^t - 2 \end{bmatrix}$$

（二）Laplace 变换法

$$\boldsymbol{sI}-\boldsymbol{A}=\begin{bmatrix} s+1 & 0 & -1 \\ -1 & s-2 & 0 \\ 4 & 0 & s-3 \end{bmatrix}$$

$$\det(\boldsymbol{sI}-\boldsymbol{A})=|\boldsymbol{sI}-\boldsymbol{A}|=\begin{vmatrix} s+1 & 0 & -1 \\ -1 & s-2 & 0 \\ 4 & 0 & s-3 \end{vmatrix}=(s-2)(s-1)^2$$

$$\mathrm{adj}(\boldsymbol{sI}-\boldsymbol{A})=\begin{bmatrix} (s-2)(s-3) & 0 & s-2 \\ s-3 & (s-1)^2 & 1 \\ -4(s-2) & 0 & (s+1)(s-2) \end{bmatrix}$$

$$(\boldsymbol{sI}-\boldsymbol{A})^{-1}=\frac{\mathrm{adj}(\boldsymbol{sI}-\boldsymbol{A})}{\det(\boldsymbol{sI}-\boldsymbol{A})}=\begin{bmatrix} \dfrac{s-3}{(s-1)^2} & 0 & \dfrac{1}{(s-1)^2} \\ \dfrac{s-3}{(s-2)\ (s-1)^2} & \dfrac{1}{(s-2)} & \dfrac{1}{(s-2)\ (s-1)^2} \\ -\dfrac{4}{(s-1)^2} & 0 & \dfrac{s+1}{(s-1)^2} \end{bmatrix}$$

对微分方程作 Laplce 变换得

$$s\boldsymbol{X}(s)-\boldsymbol{x}(0)=\boldsymbol{AX}(s)+\boldsymbol{F}(s)$$

则

$$(\boldsymbol{sI}-\boldsymbol{A})\boldsymbol{X}(s)=\boldsymbol{x}(0)+\boldsymbol{F}(s)$$

这里

$$\boldsymbol{F}(s)=\begin{bmatrix} \dfrac{1}{s} \\ -\dfrac{1}{s} \\ \dfrac{2}{s} \end{bmatrix}=\begin{bmatrix} 1 \\ -1 \\ 2 \end{bmatrix}\frac{1}{s}$$

于是

$$\boldsymbol{X}(s)=(s\boldsymbol{I}-\boldsymbol{A})^{-1}\boldsymbol{x}(0)+(s\boldsymbol{I}-\boldsymbol{A})^{-1}\boldsymbol{F}(s)\quad（分开算）$$

$$\boldsymbol{X}(s)=(s\boldsymbol{I}-\boldsymbol{A})^{-1}\begin{bmatrix} 1 \\ 0 \\ 1 \end{bmatrix}+(s\boldsymbol{I}-\boldsymbol{A})^{-1}\begin{bmatrix} 1 \\ -1 \\ 2 \end{bmatrix}\frac{1}{s}=$$

$$\begin{bmatrix} \dfrac{(s-1)-1}{(s-1)^2} \\ \dfrac{1}{(s-1)^2} \\ \dfrac{(s-1)-2}{(s-1)^2} \end{bmatrix}+\begin{bmatrix} \dfrac{1}{s(s-1)} \\ -\dfrac{1}{s(s-1)} \\ \dfrac{2}{s(s-1)} \end{bmatrix}=$$

$$\begin{bmatrix} \frac{1}{(s-1)} - \frac{1}{(s-1)^2} \\ \frac{1}{(s-1)^2} \\ \frac{1}{(s-1)} - \frac{2}{(s-1)^2} \end{bmatrix} + \begin{bmatrix} \frac{1}{s-1} - \frac{1}{s} \\ -(\frac{1}{s-1} - \frac{1}{s}) \\ 2(\frac{1}{s-1} - \frac{1}{s}) \end{bmatrix} =$$

$$\begin{bmatrix} \frac{2}{(s-1)} - \frac{1}{(s-1)^2} - \frac{1}{s} \\ -\frac{1}{s-1} + \frac{1}{(s-1)^2} + \frac{1}{s} \\ \frac{3}{(s-1)} - \frac{2}{(s-1)^2} - \frac{2}{s} \end{bmatrix}$$

由 Laplce 反变换最后得

$$\boldsymbol{x}(t) = \begin{bmatrix} 2e^t - te^t - 1 \\ -e^t + te^t + 1 \\ 3e^t - 2te^t - 2 \end{bmatrix}$$

（三）相似变换法

由方法一之 Jordan 准形法知存在可逆阵 $\boldsymbol{P}$，使

$$\boldsymbol{P}^{-1}\boldsymbol{AP} = \boldsymbol{J} = \begin{bmatrix} 2 & 0 & 0 \\ 0 & 1 & 1 \\ 0 & 0 & 1 \end{bmatrix}$$

其中

$$\boldsymbol{P} = (\boldsymbol{P}_1, \boldsymbol{P}_2, \boldsymbol{P}_3) = \begin{bmatrix} 0 & -1 & 1 \\ 1 & 1 & 0 \\ 0 & -2 & 1 \end{bmatrix}, \boldsymbol{P}^{-1} = \begin{bmatrix} -1 & 1 & 1 \\ 1 & 0 & -1 \\ 2 & 0 & -1 \end{bmatrix}$$

令 $\boldsymbol{x} = \boldsymbol{Py}$，即

$$\begin{bmatrix} x_1 \\ x_2 \\ x_3 \end{bmatrix} = \boldsymbol{P} \begin{bmatrix} y_1 \\ y_2 \\ y_3 \end{bmatrix}$$

则

$$\frac{d\boldsymbol{x}}{dt} = \boldsymbol{Ax} + \boldsymbol{f}(t)$$

变为

$$\frac{d\boldsymbol{y}}{dt} = \boldsymbol{P}^{-1}\boldsymbol{APy} + \boldsymbol{P}^{-1}\boldsymbol{f}(t)$$

写成分量形式为

$$\begin{bmatrix} \frac{dy_1}{dt} \\ \frac{dy_2}{dt} \\ \frac{dy_3}{dt} \end{bmatrix} = \begin{bmatrix} 2 & & \\ & 1 & 1 \\ & & 1 \end{bmatrix} \begin{bmatrix} y_1 \\ y_2 \\ y_3 \end{bmatrix} + \begin{bmatrix} -1 & 1 & 1 \\ 1 & 0 & -1 \\ 2 & 0 & -1 \end{bmatrix} \begin{bmatrix} 1 \\ -1 \\ 2 \end{bmatrix}$$

于是

$$\begin{cases}\dfrac{dy_1}{dt}=y_1 & ①\\ \dfrac{dy_2}{dt}=\quad y_2+y_3-1 & ②\\ \dfrac{dy_3}{dt}=\quad +y_3 & ③\end{cases}$$

由上述微分方程组的 ①③ 直接分别解得

$$y_1=C_1e^t,y_3=C_3e^t$$

将 $y_3=C_3e^t$ 代入 ② 有

$$\frac{dy_2}{dt}-y_2=C_3e^t-1$$

解得

$$y_2=C_2e^t+C_3te^t+1$$

从而

$$y=\begin{bmatrix}y_1\\y_2\\y_3\end{bmatrix}=\begin{bmatrix}C_1e^t\\C_2e^t+C_3te^t+1\\C_3e^t\end{bmatrix}$$

于是

$$\boldsymbol{x}=\boldsymbol{Py}=\begin{bmatrix}0&-1&1\\1&1&0\\0&-2&1\end{bmatrix}\begin{bmatrix}C_1e^t\\C_2e^t+C_3te^t+1\\C_3e^t\end{bmatrix}$$

为确定任意常数 C_1,C_2,C_3,以初始条件代入有

$$\begin{bmatrix}1\\0\\1\end{bmatrix}=\begin{bmatrix}0&-1&1\\1&1&0\\0&-2&1\end{bmatrix}\begin{bmatrix}C_1\\C_2+1\\C_3\end{bmatrix}$$

即

$$\begin{bmatrix}C_1\\C_2+1\\C_3\end{bmatrix}=\begin{bmatrix}-1&1&1\\1&0&-1\\2&0&-1\end{bmatrix}\begin{bmatrix}1\\0\\1\end{bmatrix}$$

解得

$$\begin{bmatrix}C_1\\C_2\\C_3\end{bmatrix}=\begin{bmatrix}0\\-1\\1\end{bmatrix}$$

最后有

$$x=\begin{bmatrix}0&-1&1\\1&1&0\\0&-2&1\end{bmatrix}\begin{bmatrix}0\\-e^t+te^t+1\\e^t\end{bmatrix}=\begin{bmatrix}2e^t-te^t-1\\-e^t+te^t+1\\3e^t-2te^t-2\end{bmatrix}$$

七、解:① 可得

$$A=\begin{bmatrix}1&1&-1&0\\1&-1&1&2\\-1&-1&1&0\end{bmatrix}\xrightarrow{\text{行}}\begin{bmatrix}1&0&0&1\\0&1&-1&-1\\0&0&0&0\end{bmatrix}$$

令

$$F=\begin{bmatrix}1&1\\1&-1\\-1&-1\end{bmatrix},G=\begin{bmatrix}1&0&0&1\\0&1&-1&-1\end{bmatrix}$$

则 A 有满秩分解

$$A=FG$$

② 可得

$$G^{+}=G^{\mathrm{T}}(GG^{\mathrm{T}})^{-1}=\begin{bmatrix}1&0\\0&1\\0&-1\\1&-1\end{bmatrix}\frac{1}{5}\begin{bmatrix}3&1\\1&2\end{bmatrix}=\frac{1}{5}\begin{bmatrix}3&1\\1&2\\-1&-2\\2&-1\end{bmatrix}$$

$$F^{+}=(F^{\mathrm{T}}F)^{-1}F^{\mathrm{T}}=\frac{1}{8}\begin{bmatrix}3&-1\\-1&3\end{bmatrix}\begin{bmatrix}1&1&-1\\1&-1&-1\end{bmatrix}=\frac{1}{8}\begin{bmatrix}2&4&-2\\2&-4&-2\end{bmatrix}=$$

$$\frac{1}{4}\begin{bmatrix}1&2&-1\\1&-2&-1\end{bmatrix}$$

$$A^{+}=G^{+}F^{+}=$$

$$\frac{1}{5}\begin{bmatrix}3&1\\1&2\\-1&-2\\2&-1\end{bmatrix}\frac{1}{4}\begin{bmatrix}1&2&-1\\1&-2&-1\end{bmatrix}=$$

$$\frac{1}{20}\begin{bmatrix}4&4&-4\\3&-2&-3\\-3&2&3\\1&6&-1\end{bmatrix}$$

③ 可得

$$A^{+}b=\frac{1}{20}\begin{bmatrix}4&4&-4\\3&-2&-3\\-3&2&3\\1&6&-1\end{bmatrix}\begin{bmatrix}1\\-1\\0\end{bmatrix}=\frac{1}{20}\begin{bmatrix}0\\5\\-5\\-5\end{bmatrix}=\frac{1}{4}\begin{bmatrix}0\\1\\-1\\-1\end{bmatrix}$$

$$AA^{+}b=\begin{bmatrix}1&1&-1&0\\1&-1&1&2\\-1&-1&1&0\end{bmatrix}\cdot\frac{1}{4}\begin{bmatrix}0\\1\\-1\\-1\end{bmatrix}=\frac{1}{4}\begin{bmatrix}2\\-4\\-2\end{bmatrix}\neq b=\begin{bmatrix}1\\-1\\0\end{bmatrix}$$

线性方程组 $Ax=b$ 为不相容线性方程组.

④ 可得

$$A^{+}A=\frac{1}{20}\begin{bmatrix}4&4&-4\\3&-2&-3\\-3&2&3\\1&6&-1\end{bmatrix}\begin{bmatrix}1&1&-1&0\\1&-1&1&2\\-1&-1&1&0\end{bmatrix}=$$

$$\frac{1}{20}\begin{bmatrix}12&4&-4&8\\4&8&-8&-4\\-4&-8&8&4\\8&-4&4&12\end{bmatrix}=\frac{1}{5}\begin{bmatrix}3&1&-1&2\\1&2&-2&-1\\-1&-2&2&1\\2&-1&1&3\end{bmatrix}$$

矛盾线性方程组 $Ax=b$ 的最小二乘解的通式为

$$x=A^{+}b+(I_4-A^{+}A)y=$$

$$\frac{1}{4}\begin{bmatrix}0\\1\\-1\\-1\end{bmatrix}+\frac{1}{5}\begin{bmatrix}2&-1&1&-2\\-1&3&2&1\\1&2&3&-1\\-2&1&-1&2\end{bmatrix}\begin{bmatrix}y_1\\y_2\\y_3\\y_4\end{bmatrix}$$

其中，y_1,y_2,y_3,y_4 为任意常数，$x_0=A^{+}b=\frac{1}{4}\begin{bmatrix}0\\1\\-1\\-1\end{bmatrix}$ 为极小范数最小二乘解.

八、证明：设 $\lambda_1,\cdots,\lambda_i,\cdots,\lambda_n$ 是正规矩阵 A 的特征值，则存在酉矩阵 $U\in U^{n\times n}$，使 A 酉相似于对角阵，即

$$U^{H}AU=\mathrm{diag}(\lambda_1,\cdots,\lambda_i,\cdots,\lambda_n) \quad ①$$

取共轭转置有

$$U^{H}A^{H}U=\mathrm{diag}(\overline{\lambda_1},\cdots,\overline{\lambda_i},\cdots,\overline{\lambda_n}) \quad ②$$

② 乘 ① 有

$$U^{H}A^{H}AU=\mathrm{diag}(\overline{\lambda_1}\lambda_1,\cdots,\overline{\lambda_i}\lambda_i,\cdots,\overline{\lambda_n}\lambda_n)=$$

$$\mathrm{diag}(|\lambda_1|^2,\cdots,|\lambda_i|^2,\cdots,|\lambda_n|^2)$$

这说明 $A^{H}A$ 的特征值为

$$|\lambda_1|^2,\cdots,|\lambda_i|^2,\cdots,|\lambda_n|^2$$

因此 A 的奇异值恰为

$$|\lambda_1|,\cdots,|\lambda_i|,\cdots,|\lambda_n|$$

参　考　文　献

[1] 游宏,吴勃英,董增福.线性代数与解析几何[M].北京:科学出版社,2001.

[2] 杨克劭,包学游.矩阵分析[M].哈尔滨:哈尔滨工业大学出版社,1988.

[3] 韩京清,何关钰,许可康.线性系统理论代数基础[M].沈阳:辽宁科学技术出版社,1985.

[4] 戴华.矩阵论[M].北京:科学出版社,2001.

[5] 罗家洪.矩阵分析引论[M].第3版.广州:华南理工大学出版社,2000.

[6] 史荣昌.矩阵分析[M].北京:北京理工大学出版社,1996.

[7] 张凯院,徐仲,陆全.矩阵论典型题解析及自测试题[M].西安:西北工业大学出版社,2001.

[8] 徐仲,张凯院,陆全,等.矩阵论简明教程[M].北京:科学出版社,2001.

[9] 陈景良,陈向辉.特殊矩阵[M].北京:清华大学出版社,2001.

[10] 王高雄,周之铭,朱思铭,等.常微分方程[M].第2版.北京:高等教育出版社,1982.

[11] LANCASTER P, TISMENETSKY M. The Theory of Matrices with Applications[M]. 2nd Edition. London: Academic Press, 1985.

[12] ANDREW P SAGE, CHELSEA C WHITE. Optimum Systems Control[M]. 2nd Edition. Upper Saddle River: Prentice-Hall. Inc, 1977.

[13] APTE Y S. Linear Multivariable Control Theory[M]. New York: Tata McGraw-Hili Publishing Company Limited, 1981.